碳酸盐岩储层测井与录井评价技术

高成军　陈科贵　卫扬安　等著

石油工业出版社

内 容 提 要

本书以碳酸盐岩储层评价为核心，从碳酸盐岩的储层特点及储层地质学基础入手，介绍了现代测井和地质录井的基本原理、技术要点、应用方法和应用示例。

本书可供从事油气勘探和开发的科研技术人员参考，也可作为大专院校相关专业师生的教学参考书。

图书在版编目（CIP）数据

碳酸盐岩储层测井与录井评价技术/高成军等著．
北京：石油工业出版社，2007.2
ISBN 978-7-5021-5770-8

Ⅰ．碳⋯

Ⅱ．高⋯

Ⅲ．①碳酸岩油气田－测井
　　②碳酸岩油气田－录井

Ⅳ．TE344

中国版本图书馆 CIP 数据核字（2007）第 022345 号

出版发行：石油工业出版社
　　　　　（北京安定门外安华里2区1号　100011）
　　　网　址：www.petropub.cn
　　　发行部：（010）64210392
经　销：全国新华书店
印　刷：石油工业出版社印刷厂

2007年2月第1版　2010年9月第2次印刷
787×1092毫米　开本：1/16　印张：24.25
字数：619千字　印数：1001—3000册
定价：80.00元
（如出现印装质量问题，我社发行部负责调换）
版权所有，翻印必究

序

新中国成立的 50 多年来，我国石油工作者在陆相油气田的勘探与开发中取得了巨大成就，年产量达到世界第 5 位的水平。但随着国民经济快速发展对油气需求的急剧增加，从 1993 年开始，国家又重新进口石油，当年进口石油 3000 万吨（相当于国内年产量的 17%），到 2000 年进口原油已达 7000 万吨（相当于国内年产量的 40%）。为此，国家对石油战略进行了重大调整，一方面是"立足国内"——"稳定东部，发展西部"，不断加大对新疆、长庆、四川等含油气盆地的油气勘探开发的力度；另一方面积极"走出国门"——参与国际石油资源的勘探和开发。但油气勘探与开发具有成本高、风险大、见效周期长等特点，要解决像中国这样一个大国的长远的石油战略接替问题，还是要立足国内油气勘探，而从石油地质条件和勘探成果分析，碳酸盐岩是当前重要的油气勘探方向。

国内外在碳酸盐岩地层中找到大型和特大型油气田的实例很多，而且我国前新生代和古生代碳酸盐岩地层分布范围广、油气资源潜力很大，给我们提供了极大的找油空间，这将会成为我国石油天然气工业第二次创业的突破口。近年来，塔里木盆地轮南—塔河大油田、四川普光大气田的发现证实了碳酸盐岩地层的油气勘探开发大有可为。

但是，我国碳酸盐岩找油存在一系列困难，确定烃源岩及其分布、储层类型、横向变化及预测孔、洞、缝对控油的作用等问题都与陆相油田差异很大，再加上国外以新生界为主的碳酸盐岩油气田勘探开发经验，与我国以中、古生界为主的同类油气田相比，各有特色，差异较大，加大了这方面的困难。因此，更要立足于实践、探索，立足于取足取好第一手资料。测井与录井正是获取原始基础资料的主要手段，加强测井、录井工作，取全取准原始资料，为正确认识碳酸盐岩油气田打好坚实的基础。

本书针对碳酸盐岩地层油气勘探的诱人前景，通过多年在塔里木油田和扎那诺尔油田碳酸盐岩的勘探和开发实践，对碳酸盐岩储层的录井和测井评价技术在应用中所积累的成熟经验和有效方法进行全面介绍，作者从碳酸盐岩储层的特点、测井和录井理论基础出发，结合在生产实践中应用和发展的技术成果、现场经验，深入浅出地介绍了录井和测井技术、方法及其应用技巧，全文注重科学性、实用性，一方面通过基础理论引导学习者全面了解和掌握碳酸盐岩储层特点、录井和测井新技术，另一方面通过应用分析达到启迪创新思维和示范应用技巧的目的。

高成军等几位 20 世纪 80 年代的毕业生，能在繁忙的生产工作中不忘记学习，不忘记总结，产学研相结合，共同完成这样一本对生产、科研、教学都很有用处的著作，令人钦佩。望继续努力，攀登科学技术的更高峰。

前　言

随着在我国碳酸盐岩储层中大型和特大型油气田的相继发现和开发，人们已广泛注意并竞相开展相关微观和宏观研究工作。碳酸盐岩储集岩其形成机理和化学活性与砂岩明显不同，表现为碳酸盐岩的沉积作用和成岩作用明显受沉积环境、气候及其变化的影响。碳酸盐岩的成岩作用（如胶结作用、重结晶作用、白云化作用、缝合线化作用等）以及多孔网络的形成，都会改变碳酸盐岩的沉积序列和储层特性，可以改变岩石组构和矿物成分，即直接影响储层空间的形成和分布，是大油气田形成与得以保存的主要控制因素。

我国塔里木盆地、鄂尔多斯盆地等大盆地、西南地区和大陆架海域海相碳酸盐岩分布广泛、油气资源潜力大，但因碳酸盐岩储油构造受晚期造山作用的破坏程度大、地震资料对其内幕的分辨能力还有限等，客观上加大了勘探难度。加上有的储层埋深大、有的为盐岩层所覆盖，有的还甚至处于山前构造，钻井难度大、周期长、成本高，对钻井技术形成挑战，只有广泛采用新技术、新理论、新观点和新方法，不断总结和推广成熟的经验和工艺，才能有效提高勘探的成功率和勘探速度。

录井和测井是油气勘探开发的重要技术和方法。根据录井和测井资料能随钻发现油气显示，现场评价含油气丰度、估算产能，有效提高碳酸盐岩储层的评价能力。经过多年的工作，在塔里木等油气勘探的实践中已经积累了配套技术、成熟做法和成功经验。为此，本书注重钻井现场实用技术和方法，从碳酸盐岩储层的特点和研究方法出发，对测井和录井的基本技术、基本理论和基本方法进行了针对性介绍，深刻剖析塔里木盆地、扎那诺尔油田的应用实例，并通过不同方法在使用过程中应注意的条件分析启迪读者进行创新思维。

本书整体上由基础理论（第1篇、第2篇和第3篇）和实践应用（第4篇、第5篇和第6篇）两大板块组成。

参加本书编写的人员和具体分工如下。现任新疆石油管理局钻井公司总地质师、高级地质师高成军，负责完成的内容：第三篇第一章第1和第2节、第三章第1、第2和第3节；第三篇第五章第1和第2节；第三篇第六章第1至第4节；第三篇第八章第1和第2节；第六篇第三章第1和第2节；第六篇第四章第1至第3节。现任西南石油大学资环院教授陈科贵，负责完成的内容：第二篇第三章第1至第5节；第二篇第四章第1至第4节；第二篇第五章第1至第5节；第四篇第二章第1至第4节；第四篇第三章第1至第3节；第四篇第四章第1至第3节；第五篇第三章第1至第4节；第五篇第五章第1至第4节；第五篇第六章第1和第2节。现任新疆石油管理局地质录井公司生产副经理、高级地质师卫扬安，负责完成的内容：第三篇第三章第4和第5节；第三篇第四章第1至第4节；第三篇第六章第5至第7节；第三篇第八章第3和第4节；第六篇第二章第1节和第3至第5节；第六篇第四章第4和第5节。西南石油大学资环院硕士研究生赵志恒，负责完成的内容：第一篇第二章第1和第2节；第一篇第四章第4和第5节；第二篇第八章第1至第4节；第四篇第二章第5和第6节；第五篇第四章第1和第2节；第五篇第七章第1至第3节。西南石油大学资环院硕士研究生伍玉平，负责完成的内容：第一篇第二章第1和第2节；第一篇第四章第1至第3节；第二篇第七章第1至第4节；第五篇第一章第1和第2节。西南石油大学资环院硕士研究生王刚，负责完成的内容：第一篇第一章第 1 和第 2 节；第一篇第二章第 3 节；第二篇第二章第 5 节；第二篇第六章第 1 至第 3 节。新疆石油管理局钻井公司地质师路进刚，负责完成的内容：第三篇第一章第 1 和第 2 节；第三篇第二章第 1 至第 4 节；第三篇第七章第 1 节；第六篇第二章第 2 节。新疆石油管理局钻井公司地质师王岩军，负责完成的内容：第一篇第三章第 1 和第 2 节；第三篇第二章第 5 和第 6 节；第三篇第七章第 2 节；第六篇第一章；第六篇第二章第 6 节。

  本书在编写过程中有关专家和现场工程师提供了部分原始资料，在此表示衷心的感谢。限于笔者水平，书中难免有不妥之处，敬请读者批评指正。

目 录

第一篇 碳酸盐岩储层地质学基础

第一章 碳酸盐岩储层的沉积学基础 ……………………………………………（3）
  第一节 碳酸盐岩的特点 …………………………………………………………（3）
  第二节 影响碳酸盐岩储层的沉积环境 …………………………………………（17）

第二章 碳酸盐岩储层的孔隙结构 ………………………………………………（23）
  第一节 碳酸盐岩储层的储渗空间 ………………………………………………（23）
  第二节 孔隙结构的概念与类型 …………………………………………………（27）
  第三节 孔隙结构的研究方法 ……………………………………………………（29）

第三章 碳酸盐岩储层类型 ………………………………………………………（41）
  第一节 概述 ………………………………………………………………………（41）
  第二节 碳酸盐岩的储层类型 ……………………………………………………（44）

第四章 碳酸盐岩的成岩作用与孔隙演化 ………………………………………（48）
  第一节 概述 ………………………………………………………………………（48）
  第二节 海底成岩作用与孔隙演化 ………………………………………………（53）
  第三节 大气淡水成岩作用与孔隙演化 …………………………………………（66）
  第四节 埋藏成岩作用与孔隙演化 ………………………………………………（75）

第二篇 测井原理及储层评价技术

第一章 概述 ………………………………………………………………………（89）

第二章 电法测井 …………………………………………………………………（90）
  第一节 普通电阻率测井原理 ……………………………………………………（90）
  第二节 双侧向测井 ………………………………………………………………（94）
  第三节 微侧向测井 ………………………………………………………………（94）
  第四节 微球形聚焦测井 …………………………………………………………（95）
  第五节 电阻率测井曲线对裂缝的响应特征 ……………………………………（97）

第三章 声波测井 …………………………………………………………………（102）
  第一节 补偿声波测井 ……………………………………………………………（102）
  第二节 声波全波列测井 …………………………………………………………（103）
  第三节 碳酸盐岩地层声波孔隙度的计算 ………………………………………（107）
  第四节 声波测井曲线的裂缝响应特征 …………………………………………（107）

第四章 放射性测井 ………………………………………………………………（114）
  第一节 自然伽马测井和自然伽马能谱测井 ……………………………………（114）
  第二节 补偿中子测井 ……………………………………………………………（117）
  第三节 岩石密度测井 ……………………………………………………………（120）

第四节　放射性测井曲线的裂缝响应特征 ……………………………………… (123)
　　第五节　放射性测井曲线的溶洞响应特征 ……………………………………… (124)
第五章　核磁共振测井 …………………………………………………………………… (125)
　　第一节　核磁共振现象 …………………………………………………………… (125)
　　第二节　物质的弛豫特征 ………………………………………………………… (126)
　　第三节　核磁共振测井仪 ………………………………………………………… (129)
　　第四节　核磁共振测井的用途 …………………………………………………… (131)
　　第五节　核磁共振测井在碳酸盐岩储层评价中的应用 ………………………… (140)
第六章　成像测井 ………………………………………………………………………… (143)
　　第一节　电阻率成像测井理论 …………………………………………………… (143)
　　第二节　声波成像测井 …………………………………………………………… (153)
第七章　地层倾角测井 …………………………………………………………………… (162)
　　第一节　地层倾角测井的基本原理 ……………………………………………… (162)
　　第二节　地层倾角测井资料处理及成果显示 …………………………………… (165)
　　第三节　地层倾角测井基本图件 ………………………………………………… (168)
　　第四节　地层倾角测井资料在裂缝地层中的应用 ……………………………… (171)
第八章　碳酸盐岩储层及地层流体的测井响应特征 …………………………………… (174)
　　第一节　岩溶型储层的测井响应特征 …………………………………………… (174)
　　第二节　裂缝的测井响应与识别 ………………………………………………… (180)
　　第三节　孔喉的测井响应特征 …………………………………………………… (189)
　　第四节　地层流体的测井响应特征及流体性质的判别方法 …………………… (190)

第三篇　地质录井原理及储层评价技术

第一章　概述 ……………………………………………………………………………… (205)
　　第一节　现代录井的含义 ………………………………………………………… (205)
　　第二节　现代录井的服务项目 …………………………………………………… (206)
第二章　常规地质录井 …………………………………………………………………… (208)
　　第一节　钻时录井 ………………………………………………………………… (208)
　　第二节　岩屑录井 ………………………………………………………………… (208)
　　第三节　岩心录井（包括井壁取心） …………………………………………… (210)
　　第四节　荧光录井 ………………………………………………………………… (215)
　　第五节　钻井液录井 ……………………………………………………………… (216)
　　第六节　碳酸盐岩的岩屑描述 …………………………………………………… (218)
第三章　气测录井 ………………………………………………………………………… (223)
　　第一节　气测仪的基本原理 ……………………………………………………… (223)
　　第二节　气测仪的安装与操作 …………………………………………………… (227)
　　第三节　气测资料的录取 ………………………………………………………… (229)
　　第四节　油气上窜速度的计算 …………………………………………………… (229)
　　第五节　气测原始记录的标注 …………………………………………………… (230)
第四章　工程录井 ………………………………………………………………………… (231)

第一节	工程录井参数及用途	(231)
第二节	录井仪器安装要点	(234)
第三节	传感器标定和检测要点	(238)
第四节	常见故障的排除	(238)

第五章 地化录井 (241)
| 第一节 | 地化录井方法及技术特点 | (241) |
| 第二节 | 地化录井参数及其影响因素 | (242) |

第六章 特殊项目录井 (244)
第一节	硫化氢（H_2S）气体监测与预防	(244)
第二节	二氧化碳（CO_2）气体监测	(248)
第三节	定量荧光与荧光光谱录井	(249)
第四节	P—K录井（岩屑孔隙度、渗透率测定）	(250)
第五节	碳酸盐含量测定	(251)
第六节	泥岩密度测定	(252)
第七节	岩心扫描	(253)

第七章 油气水层的录井资料特征 (254)
| 第一节 | 井筒中烃类气体的来源 | (254) |
| 第二节 | 油气水显示的录井特征 | (255) |

第八章 录井储层评价技术 (263)
第一节	图版解释法与制作图版的模版系统	(263)
第二节	Fisher准则解释系统（多维坐标系统）	(267)
第三节	神经网络解释系统	(268)
第四节	录井解释方法的综合应用	(269)

第四篇 扎纳若尔油田碳酸盐岩储层测井评价

第一章 油田勘探简况及地质构造特点 (273)
第一节	地面勘探简况	(273)
第二节	地层层序划分与岩性特点	(273)
第三节	区域构造简况	(275)
第四节	扎纳若尔油田的构造特点	(275)

第二章 测井系列 (277)
| 第一节 | 钻井基本情况 | (277) |
| 第二节 | 测井项目简况 | (277) |

第三章 测井解释方法研究 (279)
第一节	有关解释方法论述	(279)
第二节	孔隙度模型的研究基础	(282)
第三节	迭代法确定碳酸盐岩剖面矿物含量的原理	(285)
第四节	基本解释模型	(286)
第五节	孔隙度公式的精度评价	(302)
第六节	地层水电阻率的计算	(307)

第四章　测井资料处理与油气水层解释 ··· (308)
　　第一节　测井曲线编辑 ··· (308)
　　第二节　油气水层解释 ··· (309)
　　第三节　单井岩性剖面与缝洞特性处理 ····································· (309)
第五章　储层参数对比与评价 ··· (310)
　　第一节　储层参数评价 ··· (310)
　　第二节　缝洞特征描述 ··· (319)
　　第三节　油气水的区域分布特点 ··· (320)

第五篇　塔里木油田碳酸盐岩储层测井评价

第一章　资料的编辑整理与标准化 ··· (329)
　　第一节　测井资料的编辑整理 ··· (329)
　　第二节　测井资料的标准化 ··· (329)
第二章　储层参数解释方法原理 ··· (332)
　　第一节　泥质含量 ··· (332)
　　第二节　孔隙度的计算 ··· (332)
　　第三节　渗透率的计算 ··· (334)
　　第四节　饱和度的计算 ··· (335)
第三章　储层储集空间类型的判别和有效储层的划分 ····························· (337)
　　第一节　体积模型 ··· (337)
　　第二节　有效储集孔隙空间类型的划分 ····································· (337)
　　第三节　含油饱和度的下限及油水层的划分 ································· (338)
第四章　编程与资料处理 ··· (341)
　　第一节　程序运行环境 ··· (341)
　　第二节　输入、输出资料 ··· (342)
第五章　储层参数综合评价 ··· (344)
　　第一节　储层厚度在平面上的分布特点 ····································· (344)
　　第二节　总孔隙度、基质孔隙度和裂缝孔隙度在平面上分布特征 ··············· (344)
　　第三节　孔隙度与厚度之积、含油体积的平面分布特征 ······················· (345)
　　第四节　渗透率的分布特征 ··· (345)
第六章　岩溶在测井曲线上的特征 ··· (346)
　　第一节　岩溶的纵向发育规律 ··· (346)
　　第二节　岩溶相带测井响应特征 ··· (346)
第七章　解释精度评价 ··· (350)
　　第一节　基质孔隙度 ··· (350)
　　第二节　裂缝孔隙度解释 ··· (352)
　　第三节　储层对比 ··· (353)

第六篇　塔里木盆地地质录井储层评价

第一章　区域地质概况 ··· (357)

第二章　油气水层的录井资料特征 ……………………………………………… (358)
第一节　气测资料特征 …………………………………………………… (358)
第二节　后效资料特征 …………………………………………………… (361)
第三节　出口电导率资料特征 …………………………………………… (362)
第四节　出口温度资料特征 ……………………………………………… (362)
第五节　地化资料特征 …………………………………………………… (363)
第六节　钻井液添加剂对录井的影响与排除 …………………………… (365)

第三章　气测解释方法及其图版的建立和应用 ………………………………… (366)
第一节　常用气测解释方法的适用性 …………………………………… (366)
第二节　分区、分层系建立和优选气测解释图版 ……………………… (366)

第四章　地质录井综合识别方法 ………………………………………………… (369)
第一节　依奇克里克地区 ………………………………………………… (369)
第二节　克拉苏地区 ……………………………………………………… (370)
第三节　羊塔克—英买力地区 …………………………………………… (371)
第四节　牙哈—提尔根地区 ……………………………………………… (373)
第五节　巴楚玛扎塔克地区 ……………………………………………… (374)

参考文献 …………………………………………………………………………… (377)

第一篇　碳酸盐岩储层地质学基础

第一章 碳酸盐岩储层的沉积学基础

第一节 碳酸盐岩的特点

一、碳酸盐岩的组成

碳酸盐岩是以碳酸盐矿物为主要成分，且主要由颗粒、胶结物、基质、孔隙所组成的沉积岩。

1. 颗粒

颗粒是支撑沉积物格架的质点，所以，它们一般是砂级或更大粒级的，也是岩石的主要组成部分。碳酸盐岩中的颗粒按成因可分为两大类，即盆内颗粒和盆外颗粒。前者主要，后者次之。但对于近岸和远洋的碳酸盐岩来说，盆外颗粒也占有重要的地位。

盆内颗粒是指沉积盆地内形成的各种碳酸盐成分的颗粒，常见的有内碎屑、鲕粒、生物颗粒、球粒等。这些颗粒可以是机械破碎作用成因的，也有生物成因的，或者是化学凝聚作用形成的。福克把这些盆内成因的颗粒称作"异化颗粒"。国内也称为"粒屑"。

1）内碎屑

内碎屑是沉积盆地中沉积不久的未固结或固结的碳酸盐岩层，在波浪或水流等作用下破碎而形成的。内碎屑主要来自于潮坪泥晶灰岩的碎片，常有塑性变形，呈棱角状或磨圆状。其成分和结构往往可以在下伏或相邻较老层位的岩石中找到，有的甚至与基质成分一致。它与碎屑岩的碎屑形成有同样的机理，破碎、搬运、腐蚀、再沉积，也可以由其他的作用形成。

内碎屑的划分和命名通常是根据颗粒的大小，划分为砾屑、砂屑、粉屑和泥屑，砂屑和粉屑还可以再细分。目前内碎屑粒级划分国内外并不统一，主要分歧在泥屑分界以及粉屑与砂屑的分界。

一般通用的粒级分类为：

砾屑：>2mm；

砂屑：2～0.1mm；

粉屑：0.1～0.005mm；

泥屑：<0.005mm。

在实际运用中泥屑通常与泥晶混淆起来，在粒级划分上通常是一样的，国外泥屑或泥晶是指粒级小于0.004mm的颗粒，但国内也有人把泥屑划分为小于0.02mm的颗粒，而泥晶为小于0.005mm。这说明在实际工作中泥屑与泥晶很难区别，不过它们的成因是有区别的。

2）鲕粒

也有称"鲕石"、"鲕"。鲕粒是指具有核心和同心层状或放射状包壳结构的，大小为2～0.25mm之间的碳酸盐颗粒。

核心可以由各种颗粒组成，如内碎屑、球粒、化石碎片、石英碎屑等物质。其包壳主要由针状或粒状的泥级碳酸盐矿物晶体组成。一般认为，放射状排列代表缓慢的沉淀和弱搅动的水动力环境，同心状排列则代表快速沉淀和强烈搅动的水动力环境。在成岩作用过程中，这些鲕粒的结构会受到改造甚至会消失。现代鲕粒一般是文石，也发现由高镁方解石组成的鲕粒。

鲕粒的成因有两种观点，即无机沉淀成因说和生物成因说。无机沉淀成因说是认为鲕粒是水扰动作用形成的。生物成因说是指鲕粒同心层结构是由藻的参与下形成的，因此也称为藻鲕。

大多数学者认为鲕粒是多成因颗粒的组合体，大多数鲕粒的成因是无机的，即水体的机械搅动作用是其形成的主要机制。实际上，做出这样的结论还为时过早，现在对鲕粒的成因认识似乎只是对其表面现象的认识。

根据鲕粒的形态特征，可分为如下类型：

  正常鲕：同心层厚度大于核心的直径；
  表鲕：同心层厚度小于核心直径，有的只有一层同心层结构；
  复鲕：在一个鲕粒中包含有两个以上的鲕粒；
  单晶鲕：由于发生重结晶作用，整个鲕粒基本上为一个方解石晶体组成；
  多晶鲕：由多个方解石晶体组成；
  假鲕：不具有鲕粒内部结构，但大小和形态与鲕粒相似；
  负鲕：这是鲕粒内部被溶解而形成的一种鲕粒。

鲕粒的显微组构有三种类型：切线型、放射状和紊乱状。切线型是主要的显微结构。有些鲕粒不只是发育一种显微结构，而是由几种组构共同构成。

现在流行的关于鲕粒成因的观点还难以解释上面三种不同显微组构的形成。可以肯定的讲，矿物学特征是一个主要的控制因素，但怎么控制还不清楚；生物对鲕粒显微组构的影响等还不能肯定。现在所知道的是，水体能量对显微组构的类型有控制作用。许多研究表明：在低能环境下主要发育放射状显微组构；在高能环境中主要发育切线型显微组构；在鲕粒上快速生长的文石晶体常呈放射状及紊乱状组构。当鲕粒被搬运到更剧烈动荡的环境中时，其文石晶体变成扁平状且被破碎，最后形成沿切线方向的定向排列；在颗粒间产生碰撞时，沿切线方向排列的晶体更容易保存下来。

鲕状灰岩在世界油气田中是一种重要的储层类型，这是由于它形成于一定水流强度的沉积环境中，可以形成一定的孔隙。

3) 生物颗粒

生物颗粒是指由生物碎屑组成的颗粒。这种生物碎屑可以是经过搬运和磨蚀在异地形成的，也可以是原地沉积的化石个体。生物碎屑常指那些受到改造而破坏的生物硬体，不同类型的生物就会有不同形态、结构、组分的生物硬体。

生物颗粒在碳酸盐岩中分布广泛，在各种类型碳酸盐岩中常能见到。不仅碳酸盐岩颗粒中有之，连细粒的泥晶灰岩也可由超微化石组成。地质历史时期中几乎每一种介壳及骨骼生物都会产生生物颗粒。

生物颗粒组成的颗粒岩，在世界油气田中常常也是一种重要的储层类型，它所形成的储集空间具有自身的特点。

4) 球粒

球粒是一种由微晶或泥晶碳酸盐构成的较细粒的、不具有内部结构、分选良好的球形或卵球形颗粒。大小均一，透射光下颜色较暗。球粒与其他颗粒的明显区别是缺乏内部构造,是一个多成因颗粒的组合。在石灰岩中要想精确的鉴别其成因是很困难的,一般认为球粒有两种类型:一种是细粒生物屑和无机沉淀的泥晶方解石和文石发生凝聚作用,经流水搬运、滚动造成,也叫球状粒;另一种是无脊椎动物的粪粒。还有些球粒是来源于先前基底中简单的内碎屑和岩屑,叫假球粒。

关于球粒的成因还存在争议,不少学者认为是生物的粪便;有的人则认为无机也可以形成。应该说这两种机理都可以形成球粒,但在实际工作中不易辨别。

2. 胶结物

胶结物是指在碳酸盐岩石固结作用时,充填于颗粒之间的结晶方解石或其他矿物,与砂岩胶结物相似。严格来说应该称为"亮晶胶结物",因为方解石晶粒粗大,一般都大于粉晶。

亮晶胶结物是在颗粒沉积之后,在颗粒之间由粒间水化学沉淀方式生成的,因此也有人称之为"淀晶方解石"。它具有特殊的结构,可以分为纤状皮壳、马牙状栉壳、晶粒栉壳、粒状、嵌晶、增生、世代胶结。这些胶结物的结构由于沉积期后的成岩作用往往被改造,所以在古代的石灰岩中多数呈嵌晶粒状。

胶结作用是沉积物从松散状态转变成坚硬岩石过程中的重要机制。

3. 基质

基质是指泥晶和粘土充填于颗粒之间的物质。泥晶又叫碳酸盐泥,如果它在基质中的数量丰富,便可形成泥晶灰岩或灰泥岩。产生灰泥的作用有几种,如风、波浪和潮汐作用可把生物壳碎屑及其他颗粒破碎,最后将其磨蚀成同成分的泥晶。在把碳酸盐岩颗粒破碎成泥晶或灰泥的过程中,生物活动也起着重要的作用。

基质与亮晶胶结物不仅在晶粒上不同,更重要的是它们形成于不同的沉积环境中,亮晶胶结物形成于较为动荡的沉积环境,而泥晶基质则形成于平静的沉积环境。因此形成亮晶胶结的颗粒能够形成较好的储层,而被泥晶基质所充填的颗粒多形成较差的储层。

4. 孔隙

孔隙将在下一部分作专门讨论。

二、碳酸盐岩孔隙

像颗粒、基质和胶结物一样重要,碳酸盐岩中的孔隙在近年来受到高度重视,因为它是石油和天然气的重要储集场所。岩石中孔隙空间的总体积与岩石总体积的百分比率称为总孔隙度,或绝对孔隙度,用以表征岩石孔隙的发育程度。岩石的总孔隙度越大,说明岩石的孔隙空间越多。但岩石中不同大小的孔隙对流体的储存和流动所起的作用不同。碳酸盐岩储集性能主要取决于渗透率,孔隙度大有可能渗透率也大。但有时岩石的孔隙度很大但其渗透率却很低,所以能连通的有效孔隙对油气的储集特征特别重要。

1. 孔隙的概念与时间性

广义地讲,孔隙是指岩石中未被固体物质所占据的空间。在一般压力条件下能允许流体在其中流动的孔隙就称为有效孔隙。有效孔隙总体积与岩石总体积之百分比称为有效孔隙度,显然,有效孔隙度只能小于或等于绝对孔隙度。通常所说的孔隙度一般就是指有效孔隙度。

孔隙的大小通常是按可放入其中的最大球体直径来度量的。在一般薄片研究中则以二维平面上孔隙的最大内切圆直径来代替。

碳酸盐岩中孔隙的形成时间和受改造的程度对油气藏的形成都有重要的意义,但不同阶段所形成孔隙的重要性却各不相同。

（1）根据岩石的孔隙度大小和对流体的作用可划分为如下三个类型。

①超毛细管孔隙：其管形孔隙直径大于 0.5mm，或裂缝宽度大于 0.25mm。在重力作用下流体可以自由流动。

②毛细管孔隙：其管形孔隙直径介于 0.5～0.0002mm，或裂隙宽度小于 0.0001mm。流体在其中因受毛细管力所阻塞而不能自由流动；只有在外力大于毛细管力的情况下，流体才能在其中流动。

③微毛细管孔隙：其管形孔隙直径小于 0.0002mm，或裂隙宽度小于 0.0001mm。在通常温度压力条件下，流体不能在其中流动。

在储集岩中，只有那些相互连通的超毛细管孔隙和毛细管孔隙才有实际意义。

（2）根据大小，孔隙可被划分为微孔、小型中孔、小型宏孔和大型宏孔。

①微孔：通常只能用放大镜或者显微镜来观察研究。

②中孔：在手标本或岩心上一般能看出来。

③宏孔：可在露头上观察描述，在井下可依据钻井过程中钻具放空程度进行推断。

（3）根据其形成所处的沉积阶段，孔隙可划分为早成的、中成的和晚成的。

一个碳酸盐岩沉积旋回，开始于碳酸盐颗粒的形成或生长构架的分泌或沉淀，结束于长期被埋藏的碳酸盐岩的变质作用或侵蚀作用。上述时间通常很长，从形成沉积物颗粒开始，到这些颗粒或者碎块的聚集体静止在它们沉积过程中最后位置上及随后被埋藏的任何时间内，都能够发生孔隙的形成、变化和消亡。孔隙发展史可能非常复杂，但可分为三个大的时期，即沉积前、沉积期和沉积后。沉积后时间与前两个时期相比，时间更长，对孔隙形成演化意义更大，因而根据地质背景将沉积后时期分为与埋藏条件有关的三个阶段，即早成的、中成的和晚成的，早成的、中成的和晚成的这三个时间术语可用于这三个阶段产生的孔隙，也可用于这些阶段内发生的各种作用，或各自的埋藏带。

（4）以成岩作用开始为界，可将孔隙按其形成的时间划分为原生孔隙和次生孔隙。次生孔隙的发育程度则反映岩石在成岩过程中受改造的程度。

①原生孔隙：沉积过程结束时存在于沉积物或岩石中的任何孔隙都叫原生孔隙，包括沉积前孔隙和沉积期孔隙。

沉积前期，从沉积物质初始形成开始，到这些物质或由这些物质形成的沉积颗粒最后沉积时结束。沉积前期形成的孔隙为沉积前孔隙。沉积前期主要是指有虫孔、球粒、鲕粒及其他非骨屑颗粒等这些单个的沉积组分形成并包括粒间孔隙这一时期。这一阶段形成的孔隙在某些特定的沉积物中是非常重要的。此时期沉积作用缓慢，并伴有对底部沉积物进行间歇再冲刷过程的地区，沉积前期可长达几千年；而生物建隆原地堆积实质上没有沉积前期。

沉积期包括沉积物或者生物骨架在其被埋藏位置最后沉积的时期。沉积期在孔隙形成方面十分重要，但持续时间很短，形成的孔隙为沉积期孔隙。在碳酸盐岩中，沉积期孔隙主要是粒间孔隙，还有生物生长的骨架孔隙；也包括在沉积界面上由于生物钻孔、溶解或其他作用形成的孔隙。

现代碳酸盐沉积物中，原生孔隙数量很大。但由于形成后要受到各种成岩作用的改造和影响，因而在古代岩石中原生空隙的特征、含量及重要性常因此而被掩盖。

②次生孔隙：相对原生孔隙而言，产生次生孔隙的时间可能会更长。次生孔隙就是形成并发育于最终沉积之后任何阶段的孔隙。根据浅层成岩环境与深埋藏成岩环境下孔隙改

造过程的不同，可将其分为不同的成岩时期。一般分为三个阶段：早期成岩阶段、中期成岩阶段和晚期成岩阶段。

早期成岩阶段：指最后沉积作用之后，经历浅地表成岩作用影响，被埋藏之前所经历的时期。早期成岩带的上限是沉积物界面，可以是陆上的，也可以是水下的。早期成岩带的下限位于由重力或对流作用引起的表层充注的各类水介质停止循环的位置。一般情况下早期成岩带的沉积物或岩石其矿物具有不稳定性，或者说其正处于矿物稳定化过程之中。由溶解、胶结和白云石化作用引起的孔隙度变化很快完成，其孔隙体积变化意义重大。该阶段碳酸盐沉积物矿物是准稳定的，包括大气渗流、大气潜流、海洋潜流等成岩作用环境。孔隙发展主要表现在溶解、胶结和白云石化作用对原生孔隙的改造。

中期成岩阶段：指沉积物被埋藏在表层成岩过程影响面之下的这一时期。相对来讲，中期成岩作用对孔隙度的改造速度较慢，以压实及与其相关的成岩作用为主。尽管速度慢，但由于成岩作用过程持续时间很长，因此孔隙度的改造能够进行得很彻底。中期成岩阶段大致与晚期成岩阶段相当，对原生孔隙的改造绝大部分中止于这个阶段。埋藏成岩环境与中期成岩阶段相对应。

晚期成岩阶段：指经历中期成岩作用阶段，重新回到地表范围，受大气水作用所经历的时期，一般都与地壳上升造成的不整合有关。应当注意的是，虽然早期成岩阶段和晚期阶段都可受大气淡水影响，但两者有极大的差别。早期成岩阶段大气淡水作用的是准稳定的文石和镁方解石组成的沉积物或沉积岩；晚期成岩阶段大气水作用的是稳定的方解石或白云石组成的老岩石。因而这两个阶段的成岩变化及其对孔隙形成、改造的影响都不相同。

2. 孔隙的基本类型

（1）粒间孔隙：分布于颗粒之间的、未胶结或充填的孔隙（图1-1-1）。颗粒的形状、大小、圆度和分选以及堆积方式等直接影响粒间孔隙的数量和连通性，是沉积期形成的原生孔隙。粒间孔隙是最常见的具有经济意义的孔隙。

（2）粒内孔隙：颗粒内部的孔隙（图1-1-2），这种孔隙往往是由于沉积阶段溶解作用形成的。可以是沉积作用之前形成的原生孔隙，但大多数情况是沉积后形成的次生孔隙。要区别原生的和次生的粒内孔隙有时比较困难，但生物颗粒内的体腔孔肯定是原生的；对于溶蚀形成的粒内孔，若在大部分颗粒内发育，则多为次生的，即大气水溶蚀作用的后果；若只是在少数或个别同类型颗粒中发育，则很可能是原生的；粒内孔在碳酸盐岩储层中是

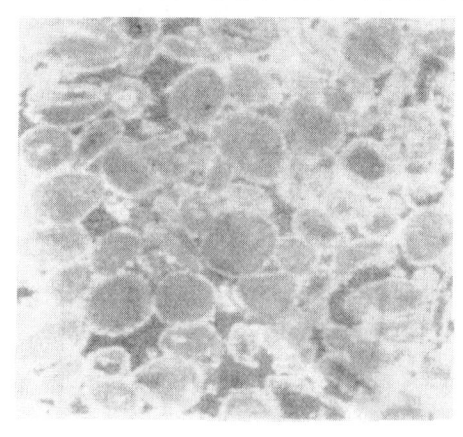

图1-1-1 粒间孔隙

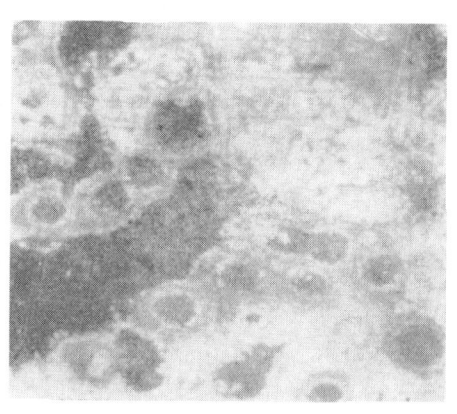

图1-1-2 粒内孔隙

一种极为重要的孔隙。颗粒的变化归因于生物成因和粒内孔隙的广泛出现。

粒内孔隙在沉积物总体中占有显著的比例。它的来源很多，各种具房室的生物，如有孔虫、生物虫壳和骨屑的超微构造，如由文石针毡状格架构成的仙掌藻碎片的开放组构也可以提供粒内孔隙；此外，真菌及藻类等微生物在碳酸盐颗粒沉积期间和沉积前后也可产生一定数量的粒内孔隙，而且这是碳酸盐岩与碎屑岩之间的主要差别之一。然而由于它们往往呈孤立的孔洞群状分布，所以当缺乏其他类型的孔隙伴生时，虽然可具有很高的孔隙度，但渗透率并不一定高。若与粒间孔或者裂缝同时发育，则可具有很高的渗透率。

（3）晶间孔隙：是指方解石或白云石晶体之间未被胶结或者充填的孔隙（图1-1-3）。这种孔隙可以是原生的，也可以是次生的，但实际这种孔隙对碳酸盐岩储层来说，有意义的主要是次生晶间孔隙，特别是白云岩的晶间孔，在碳酸盐岩储层中占有重要的地位。它不包括充填粒间孔、裂缝以及溶孔、溶洞的方解石胶结物晶体间的孔隙。其形成及控制因素主要与白云石化作用有关。

（4）骨架孔隙：这是碳酸盐岩储层特有的原生孔隙，是生物骨架生长形成的孔隙，为造礁油气田中一种重要的孔隙类型。它的大小、形状、分布规律等都受生物种类、生长特点和沉积环境的控制。但在古代礁中，这种孔隙常被内部沉积物或胶结物部分或全部充填，因而在许多生物礁储层中骨架孔并不一定都具有储集意义（图1-1-4）。

图1-1-3 晶间孔隙

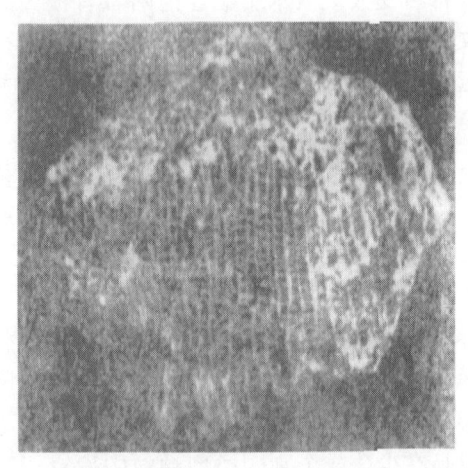

图1-1-4 骨架孔隙

（5）遮蔽孔隙：指那些在沉积时，由于相对大的沉积颗粒的遮蔽结果产生的，也就是说，片状、板状、壳形颗粒沉积时水平取向，阻碍了细粒沉积物对其下面空间的充填而保存下来的饿孔隙，是粒间孔的一个特殊类型（图1-1-5）。这些相对大的沉积颗粒阻止细小碎屑颗粒的充填，在下方形成孔隙。这种孔隙类型在许多碎屑灰岩中很普遍且重要。

这种孔隙多比那些原始粒间孔隙大，所以它不易被成岩作用所改造。通常遮蔽孔的数量有限，且彼此连通性较差，因此，遮蔽孔作为一种辅助性孔隙只有与其他类型孔隙一起出现才具有储集意义。

（6）网格状孔隙：也叫窗格状孔隙，相当于鸟眼孔隙，与鸟眼构造的形成相同。它是多成因的，由于藻垫的腐烂、沉积物在干燥过程中的收缩以及气囊或水囊的聚集等所致。它一般呈扁平状或圆的、不规则状，多与纹层平行或与岩石的层面平行。在沉积碳酸盐岩中非常重要，而且易于识别，分布非常广泛，从碳酸盐泥岩到颗粒状岩石以及粘结岩中都有分布。所以它是碳酸盐岩储层中重要的原始孔隙类型之一（图1-1-6）。窗格孔一般为单个的，形状不规则，相对孤立，但常有一定排列方位的孔洞群，孔隙度比较高。由于常发育在潮坪的白云石化岩相中，即常伴生有渗透性较好的晶间孔，因而具有较高的渗透率。尽管孔隙度很高，若白云石化很弱，则渗透率也会比较低。

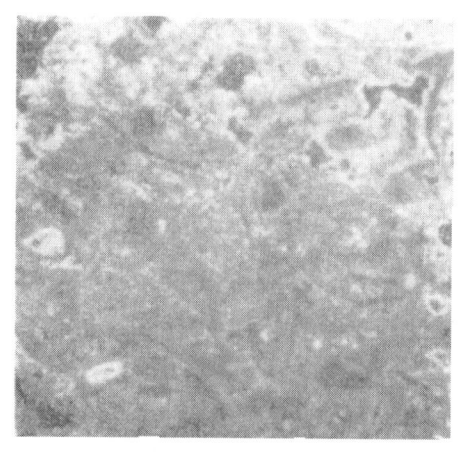

图1-1-5 遮蔽孔隙

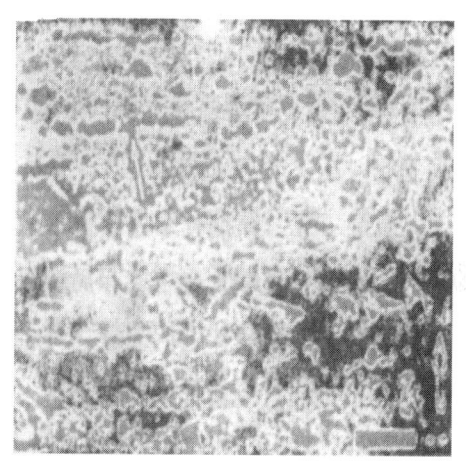

图1-1-6 网格状孔隙

（7）晶洞孔隙：为肉眼看得见的孔隙，其位置、形状与所在岩石各自的组构要素无关。溶解作用是形成晶洞的主要机制。多与其他原始孔隙有关，也就是说，其他原始孔隙经过溶解作用和扩大而使原来的面貌全非，无法辨认。这种孔隙在碳酸盐岩储层中分布比较广泛，占有重要的地位（图1-1-7）。

（8）收缩孔隙：由未固结的沉积物暴露地表发生干裂和收缩而形成的孔隙。实际上这种孔隙形成中或形成后常被新的沉积物再充填，一般不具有储集意义。它不仅可以在干燥气候中沉积物暴露出水面形成，而且也可以在水下沉积环境中产生。实际上收缩孔隙是一种破裂孔隙（图1-1-8）。

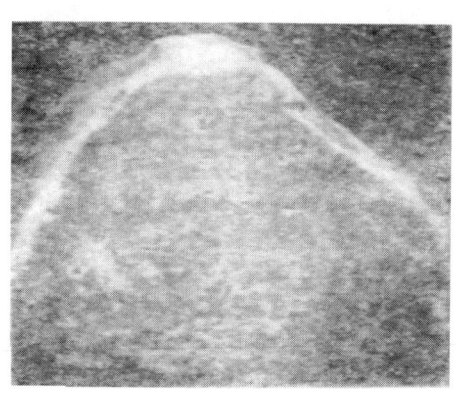

图1-1-7 晶洞孔隙

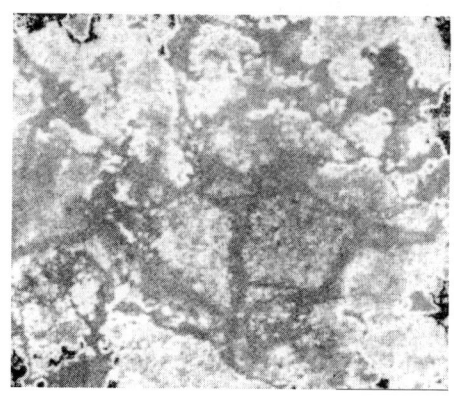

图1-1-8 收缩孔隙

（9）裂缝孔隙：在碳酸盐岩中是一种重要的裂缝类型，分布十分广泛。但现在对于裂缝在储层中的作用还有不同的认识。裂缝有很多类型，有张开裂缝、充填裂缝、封闭裂缝、部分充填裂缝等。对于储层来说，只注意裂缝的性质和成因是不够的，还应该注意裂缝形成的时期。一些研究者认为，裂缝一般不会增加孔隙度，只会增加渗透率的作用。另一些研究者认为，裂缝在增加孔隙度和渗透率方面都是重要的。无论如何，裂缝对改善储层渗透性的作用是明显的。

（10）潜穴孔隙：由于生物在未固结的沉积物上掘穴形成的孔隙。绝大多数潜穴往往为沉积物充填，或坍塌埋藏。只有次生作用才能形成孔隙，一般不易保存下来，所以没有多大的储集意义。

（11）溶孔：溶解作用形成的大小和形状都不规则的常成群出现的孔隙，一般大于2mm。溶孔常是铸模孔进一步发展而来，与铸模孔的重要区别在于铸模孔具有颗粒外形，边界规则，大小相对一致；溶孔边界不规则，多见港湾状，大小也不均一，一般比铸模孔大。最重要的是溶孔常切割颗粒和其他次生组分。常见的是溶孔与其他类型孔隙共同发育，渗透性得到改善。溶孔若不与其他类型孔隙伴生，虽然有较高孔隙度，但由于相互连通较差而渗透率不高。溶孔是一种具有重要储集意义的孔隙类型。

（12）溶沟：与不整合的晚期溶解作用有关。通常是在裂缝基础上溶解扩大而成，因而呈长条状，有时延伸很远。与溶孔不同，溶沟常具有较好的连通性，这是从裂缝继承来的。

（13）溶洞：与溶孔是同成因的，也是由溶解作用形成的形状不规则的孔隙。常与溶孔伴生，由溶孔进一步发展而来。溶洞底部常残留有溶解塌陷物，其大量出现多与不整合晚期溶解作用有关。

这种孔隙较溶孔大，有时达到几米以上，因而在钻井过程中常造成钻具放空和钻井液漏失。当然裂缝也可以造成这种情况，但在井下要区别两者有时十分困难。同溶孔一样，溶洞也常常是构成碳酸盐岩储层最重要的孔隙。

（14）渠道孔隙：明显呈长条状，其分布有局限性，与层状晶洞构造有关（图1-1-9）。

（15）钻孔孔隙：指那些固结在石灰岩上生物钻孔形成的孔隙。这种孔隙数量有限，在碳酸盐岩储层中居次要的地位。一般出现在生物礁中，但很少具有储集意义，通常被胶结物和其他沉积物所充填（图1-1-10）。

图1-1-9　渠道孔隙

图1-1-10　钻孔孔隙

（16）铸模孔隙：多是成岩阶段或后生阶段溶解作用形成的，是生物体或矿物晶体的铸模（图1-1-11）。它们与溶解形成的粒内孔有一定亲缘关系，即是粒内孔进一步发展形成的。因此，孔隙度和渗透性特征与粒内孔很相似。这种孔隙在碳酸盐岩储层中分布相当广泛，占有重要的地位。

（17）角砾孔隙：角砾灰岩在碳酸盐岩中分布十分广泛，但角砾孔隙只是具有局部的定量意义。角砾灰岩的成因很多。沉积的角砾灰岩，如果其颗粒分选好，且是由相对大的颗粒组成，那么可能保留原始孔隙，但这种角砾灰岩分布很少。更多的是构造运动或溶解垮塌等破坏作用而形成的角砾灰岩。角砾孔隙也是具有一定储集意义的孔隙（图1-1-12），特别是与不整合溶解塌陷有关的角砾孔，常与溶孔、溶洞和溶沟共同组合成有效储层。

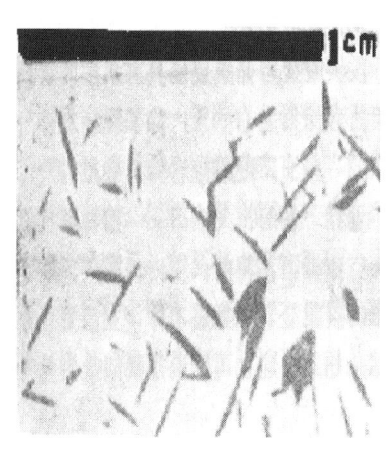
图1-1-11 铸模孔隙

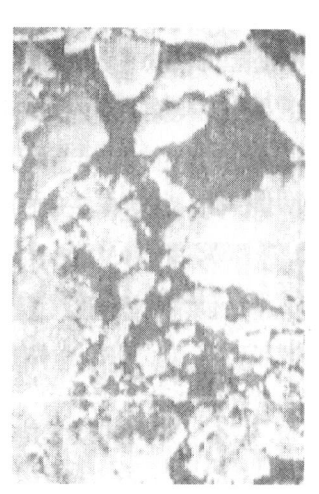
图1-1-12 角砾孔隙

3. 孔隙的组构选择性

碳酸盐岩的固体组分包括各种原始沉积颗粒以及后来的各种成岩产物，如胶结物、重结晶晶粒及交代产物。沉积物或岩石中的固体沉积和成岩组分及其空间排列方式称之为组构。

孔隙的组构选择性是指孔隙空间与岩石固体组分之间的关系。这些原生的和次生的固体组分连同其结构、构造特征总称为组构选择性孔隙，否则为非组构选择性孔隙。显然，组构选择性孔隙的大小、形状、含量及连通性都不同程度地受沉积或成岩组分的控制。而非组构选择性孔隙则与之无关。

确定孔隙是否具有组构选择性依据两个因素：孔隙边界的形状和孔隙位置与组构要素之间的关系，与孔隙大小无关。如果孔隙边界是由组构要素边界所限制，孔隙位置受组构要素控制，那么这种孔隙就具有组构选择性。如铸模孔的边界就是被溶掉的组分边界；原生粒间孔隙的边界完全是由孔隙周围颗粒边界确定；粒间孔、骨架孔的位置严格地受组分控制。若孔隙的边界和位置与组构要素无明显关系，则孔隙是属非组构选择性的，如裂缝等，可任意切割原生或次生组分。为了更好地描述、解释和对孔隙进行系统分类，进行组构选择性评价是很重要的。

一般来说，组构选择性孔隙的形状、大小、含量及渗透性都不同程度地受到沉积和成岩的组分控制，而非组构选择性孔隙则与之无关。

在碳酸盐岩中，大多数原生孔隙是组构选择性孔隙，绝大多数原生孔隙的孔隙边缘形态和孔隙位置完全取决于组构单元。那么未固结沉积物中原生粒间孔隙显然具有组构选择性，原因是其孔隙形态只取决于沉积颗粒。原生粒内孔也是如此，其孔隙特征取决于产生这些孔洞的生物和生物的生长习性。次生孔隙既可是组构选择性的，也可是非组构选择性的。主要取决于其成岩历史。如铸模孔通常具有组构选择性，原因是在早期矿物平衡过程中某些组构单元，如文石鲕粒和生物碎屑等被优先从岩石中运移出去；在晚期成岩过程中硬石膏、石膏甚至方解石等组分也被从白云石基质中溶解掉。而在许多情况下，次生孔隙不具有组构选择性，如在岩溶序列中，潜流孔洞往往横切大多数组构单元，孔洞的发育在很大程度上受控于节理系统。组构选择性次生孔隙主要形成于普遍胶结作用以前，及不稳定组分仍对孔隙发展发生影响的时期；而非组构选择性次生孔隙则主要形成于普遍胶结及矿物稳定化作用之后。

4. 孔隙的命名

为了综合反映碳酸盐岩中孔隙的地质成因及特征，乔奎特—普瑞孔隙分类方案包含四个基本要素：基本孔隙类型、成因修饰语、大小修饰语和丰度修饰语，如图1-1-13所示。

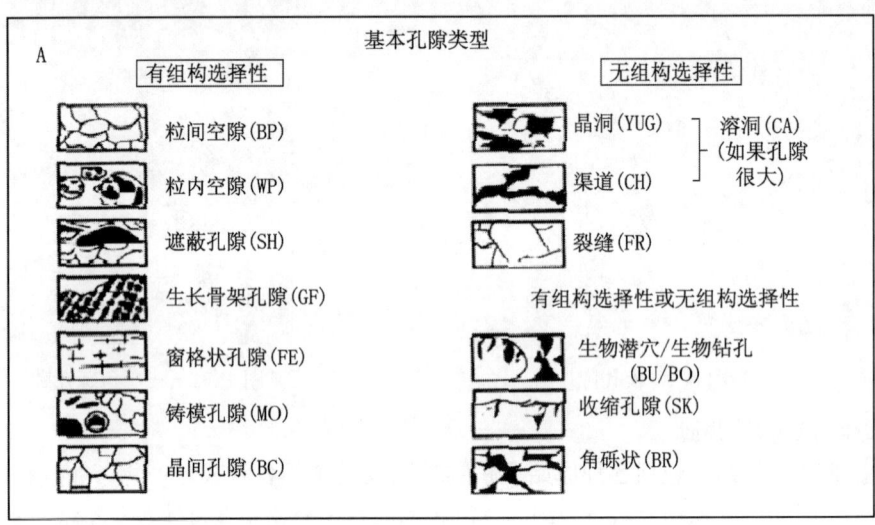

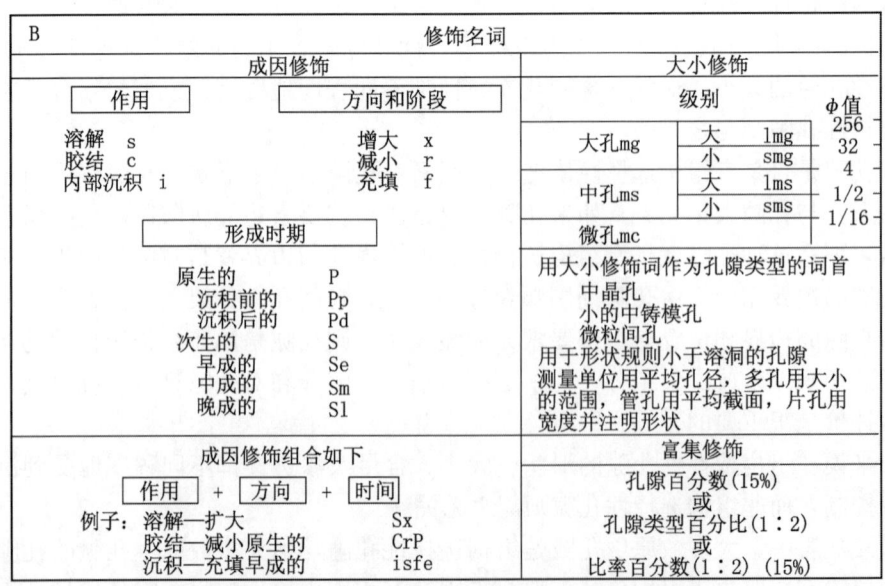

图1-1-13　Choquette和Pray提出的孔隙分类方案

成因修饰语用来提供孔隙形成或改造的信息，孔隙形成时间的信息，以及在埋藏过程中孔隙度是否增大或减小的信息。

大小修饰语用于区分孔隙系统不同大小的级别，如大孔隙与小孔隙之间的区别。

丰度修饰语用于表明碳酸盐岩序列中孔隙类型的含量或所占比例。

为综合反映碳酸盐岩中孔隙的地质成因及特征，孔隙命名可将上述四个基本要素联结成如图 1-1-14 所示的形式。

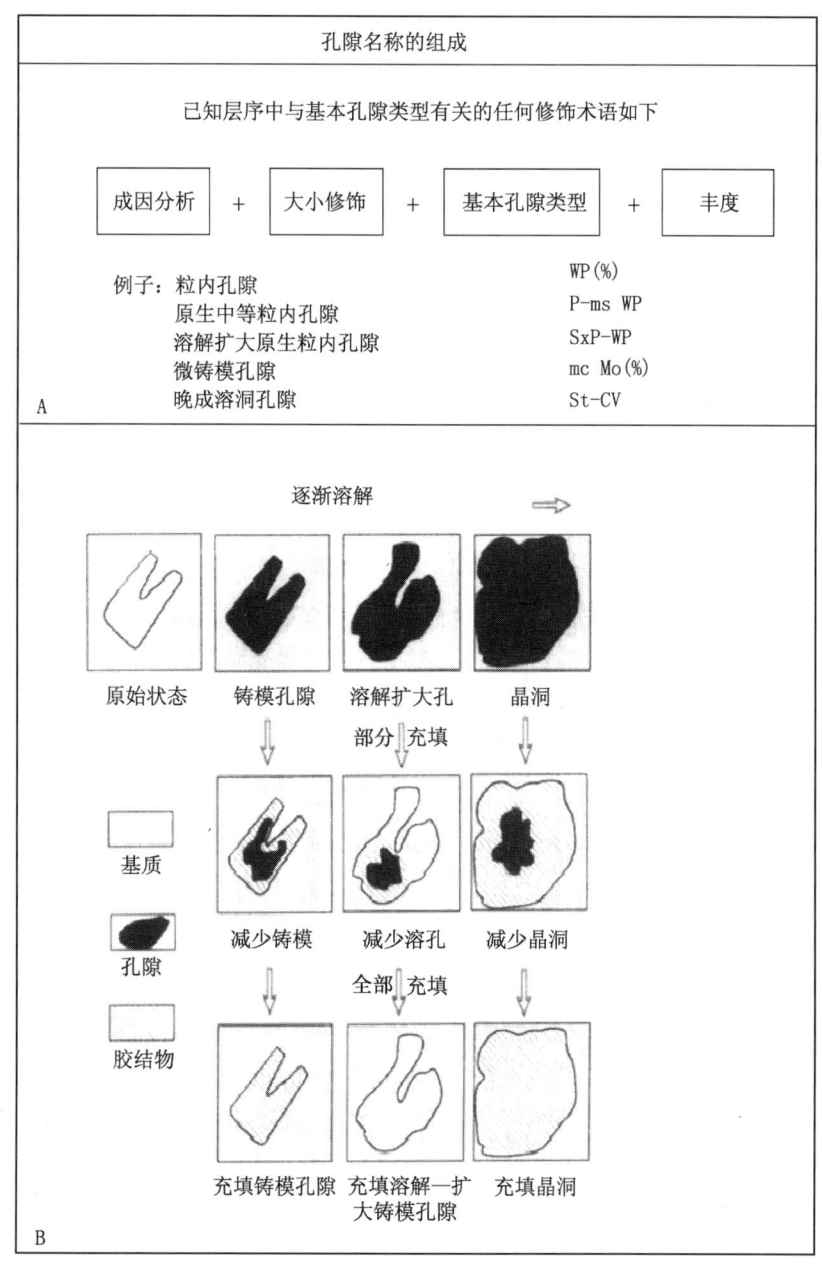

图 1-1-14　Choquette 和 Pray 孔隙命名原则
A—孔隙名称命名规则的组成形式；B—孔隙演化、成因修饰模型

可以看出命名包括基本孔隙类型、成因、大小及含量四个方面，一般按下列顺序进行：成因＋大小＋基本孔隙类型＋含量。其中成因包括孔隙形成时间、形成或改造作用及形成

过程中演化方向。含量则只以该类型孔隙体积占岩石总体积计。例如：原生中粒孔隙、溶解扩大的原生粒间孔隙、早成微铸模孔隙、晚成溶孔等。

三、碳酸盐岩的分类和命名

1. 概述

由于确定碳酸盐岩类型的参数很多，如化学成分、颗粒大小、孔隙度和类型、结晶程度以及含泥量等，所以碳酸盐岩的分类方案很多。在研究过程中，曾出现过三种类型的分类：化学成分分类、矿物成分分类以及结构成因分类。而在地质学上应用最广的是结构成因分类。因为能反映沉积环境特征的不是碳酸盐岩的矿物成分和化学成分，而是它的结构成分。在某种程度上讲，结构成分特征也能反映岩石的储集特征。

随着大型碳酸盐岩油气藏不断发现，现代和古代碳酸盐岩研究工作的不断深入和发展，需要对前人研究成果进行总结和概括，福克的石灰岩结构分类就是在这样的背景条件下产生的。其后出现很多碳酸盐岩的分类和命名方法，如邓哈姆分类等。

现在的碳酸盐岩分类有许多共同点，也有各自的特点。但由于分类学是综合性很强的带总结性的学科，碳酸盐岩的分类和命名还要随着碳酸盐岩研究的发展而不断完善，因而也就还有继续研究的必要。而不同人提出的分类和命名的原则和目的可能不同，各自有其针对性，应根据工作目的和需要选用。在此只介绍福克和邓哈姆两人代表性很强的分类和命名方案。

2. 福克的分类和命名

福克的分类（表1-1-1）是碳酸盐岩新认识的起点，也是最有代表性的。由于他成功地运用碎屑岩的成因观点解释和划分了碳酸盐岩的结构—成因和建立了新的分类方案，所以在勘探碳酸盐岩油气田中起了指导和推进作用。

表1-1-1 碳酸盐岩的分类（据 R. L. Folk，1959，1962）

异化颗粒的体积含量			石灰岩、部分白云化石灰岩及原生白云岩				礁石灰岩未受搅动（Ⅳ）	交代白云岩	
			异化颗粒>10% 异常化学岩（Ⅰ和Ⅱ）		异化颗粒<10% 微晶石灰岩（Ⅲ）			有异化颗粒痕迹	无异化颗粒痕迹
			亮晶方解石胶结物>微晶泥基质	亮晶方解石胶结物<微晶泥基质	异化颗粒1%~10%	异化颗粒<1%			
			亮晶异常化学岩	微晶异常化学岩					
内碎屑>25%			内碎屑亮晶砾屑石灰岩；内碎屑亮晶石灰岩	内碎屑微晶砾屑石灰岩；内碎屑微晶石灰岩	内碎屑，含内碎屑微晶石灰岩	假如为原生白云岩则称微晶白云岩，假如受过搅动则称搅动微晶石灰岩，微晶白云岩	最主要的异化颗粒类型	细晶内碎屑白云岩	中晶白云岩；细晶白云岩
内碎屑<25%	鲕粒>25%		鲕粒砾屑亮晶石灰岩；鲕粒亮晶石灰岩	鲕粒微晶砾屑石灰岩；鲕粒微晶石灰岩	鲕粒，含鲕粒微晶石灰岩			粗晶鲕粒白云岩	
	鲕粒<25%	化石与球粒的体积比 >3:1	生物亮晶砾屑石灰岩；生物亮晶石灰岩	微晶生物砾屑石灰岩；生物微晶石灰岩	化石，含化石微晶石灰岩		生物岩	隐晶生物白云岩	
		3:1~1:3	生物球粒亮晶石灰岩	生物球粒微晶石灰岩	球粒，含球粒微晶石灰岩		异化颗粒明显	极细晶球粒白云岩	
		<1:3	球粒亮晶石灰岩	球粒微晶石灰岩					

福克特别强调岩石的结构，同时也强调其成因意义。他首先指出石灰岩基本是由异化颗粒、泥晶方解石基质和亮晶方解石胶结物三端元组分构成的。

从根本上讲，碳酸盐岩在沉积作用和成岩机理方面和砂岩、页岩基本是相同的。以这样的认识为基础，他把石灰岩划分为三个基本类型，异常化学岩、正常化学岩、原地礁岩。所谓异常化学岩，就是其形成除了正常的化学沉淀成因外，水动力条件还起着重要的控制作用。构成异常化学岩的主要组分是异化颗粒、鲕粒、化石、球粒等，填隙组分则为泥晶基质和亮晶方解石。碳酸盐岩的分类命名则根据泥晶方解石、亮晶方解石和颗粒质点三个端元组分进行的。福克创立了用上述六个基本组分为词根组合的命名方法，得到了较为广泛的应用（图1-1-15）。碳酸盐岩的这种命名方法既合乎逻辑又有一定的伸缩性。

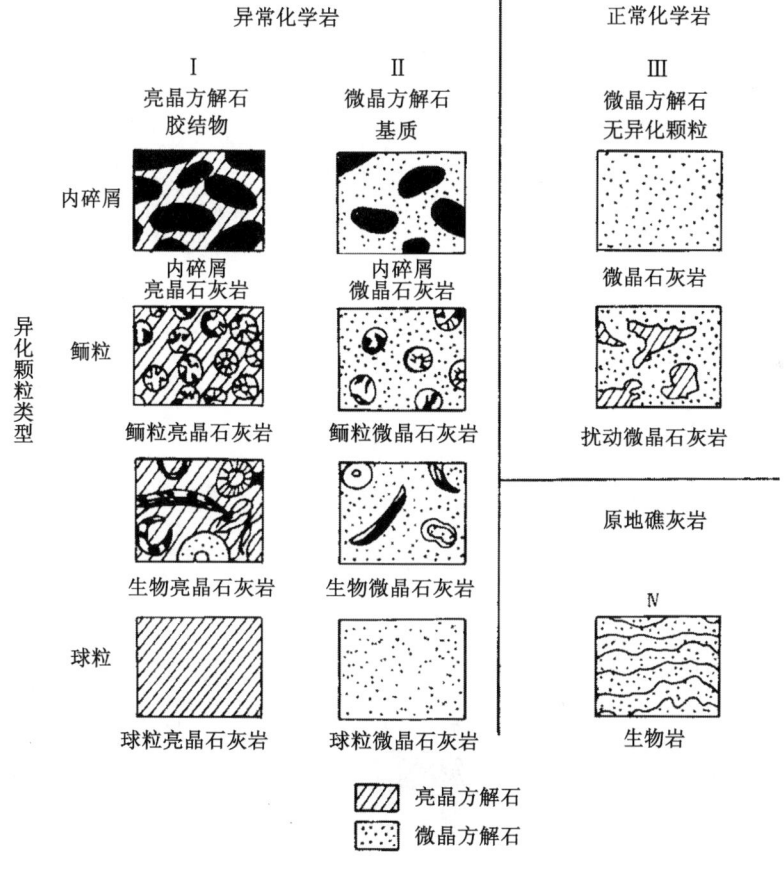

图1-1-15 福克的石灰岩分类

福克分类强调岩石的结构，还根据类似于砂岩的结构成熟度的概念把石灰岩分为三个大类和八个亚类，编成碳酸盐岩结构分类图谱，以表示不同的水动力条件，即反映从深水盆地、浅水陆架到近岸环境下沉积的岩类，并根据异化颗粒和泥晶方解石的相对含量以及分选磨圆程度，定量地确定各组岩类的界限。

福克分类也有着较为严重的缺点，那就是有些地方过于繁琐，使用就难免费事耗时。例如福克分类表中关于异化颗粒的含量界限就很死板，但实际中并没有多大意义。福克分类的另一个缺点是笼统地把可能是多成因的泥晶石灰岩划分为同一类正常的化学岩。作为一个力求全面而正确反映岩石成因的分类来看这显然不妥。在他的分类中还把相当于粉砂级的颗粒划归泥级颗粒组分，事实上，粉屑石灰岩有时可以成为高产油藏，在分类中理应占有适当的位置。也还有人提出核形石应该作为一个独立的颗粒组分列入分类中去，而福克却忽略了。福克定的泥晶的界限也太小了。

总的来说，福克分类力图求全，必然太过详细，反而有太多的人为痕迹。

3. 邓哈姆的分类和命名

邓哈姆把原地礁岩单独归类，称粘结岩。第二类是结晶碳酸盐岩，其原生沉积组构难以确定。同时把其他碳酸盐岩按其组构的颗粒支撑或泥晶支撑而分成四类（表1-1-2）。颗粒岩只有颗粒支撑的碳酸盐砂，无泥晶基质；含颗粒岩也以颗粒支撑的砂为主，但有少量基质。微颗粒岩则由泥晶支撑，但含有相当数量的分散颗粒。泥岩则全部由碳酸盐泥组成。

表1-1-2 碳酸盐岩的沉积结构分类（据 R.J. Dunham, 1962）

沉积结构能辨认				沉积结构不能辨认
在沉积作用过程中原始组分未被粘结			在沉积作用过程中，原始组分被粘结在一起，其标志有连生的骨骼物质，与重力作用相反的纹理，沉积底盘的孔洞等。	（本类岩石还可根据结构和成岩特征作进一步的划分）
有泥（粘土和细粉砂大小的质点）		无泥颗粒支撑		
泥支撑的		颗粒支撑的		
颗粒<10%	颗粒>10%			
泥岩	颗粒质泥岩	泥质颗粒岩	颗粒岩	粘结岩	结晶碳酸盐岩

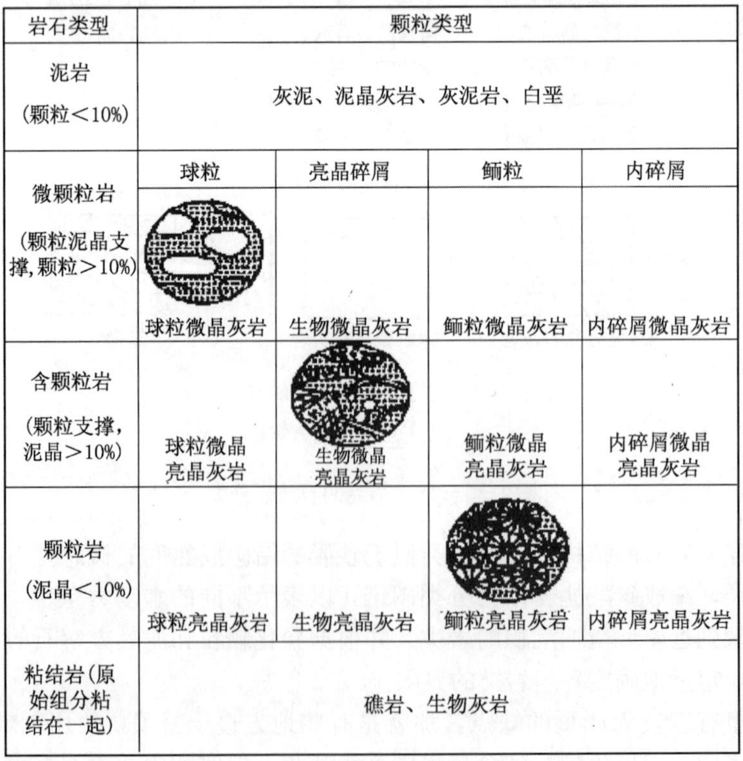

岩石类型	颗粒类型			
泥岩 (颗粒<10%)	灰泥、泥晶灰岩、灰泥岩、白垩			
	球粒	亮晶碎屑	鲕粒	内碎屑
微颗粒岩 (颗粒泥晶支撑,颗粒>10%)	球粒微晶灰岩	生物微晶灰岩	鲕粒微晶灰岩	内碎屑微晶灰岩
含颗粒岩 (颗粒支撑,泥晶>10%)	球粒微晶亮晶灰岩	生物微晶亮晶灰岩	鲕粒微晶亮晶灰岩	内碎屑微晶亮晶灰岩
颗粒岩 (泥晶<10%)	球粒亮晶灰岩	生物亮晶灰岩	鲕粒亮晶灰岩	内碎屑亮晶灰岩
粘结岩(原始组分粘结在一起)	礁岩、生物灰岩			

图1-1-16 碳酸盐岩的命名（据 R.J. Dunham, 1962）

这个分类简明扼要，很有特色；分类中有许多见解对于碳酸盐岩的研究有着很深远的意义。其中心思想是以岩石结构——颗粒与灰泥的相对含量，颗粒与灰泥的支撑性质为依据，邓哈姆分类中强调带出水流的作用，因此把灰泥的含量多少与有无作为重要标志。他更进一步强调了支架的作用，认为灰泥支撑还是颗粒支撑似乎比任何百分含量的界限都更有意义。同时还注意到颗粒状对于支撑格架的作用。这些都是十分出色的构想。分类中的粒级界限和含量界限仅以 0.02mm 为泥与颗粒的界限，10% 为灰泥与颗粒灰泥岩界限，都是适当的。界限并未给定很多，这可能是想留有较多余地，但实际应用时有时也觉得不方便。

邓哈姆分类和命名方法还是很有用的，它与福克的命名方法结合起来，能把大部分石灰岩包括进去（图 1-1-16）。

邓哈姆分类中明确提出了各种主要岩石类型的意义，这个分类的轮廓很清楚，大处着眼，不拘枝节，用于岩相古地理研究是比较方便的。其不足之处是不少界限有时不易准确把握。就颗粒与灰泥构成的谱系看，碎屑的粒径范围还不够完整，如缺少较大粒径的部分，粉砂级并入了泥的范畴而未划出等。

第二节　影响碳酸盐岩储层的沉积环境

一、碳酸盐岩储集岩类型

碳酸盐岩储集岩的孔隙度和渗透率来自于一些有利的原生沉积类型和各种成岩作用过程的相互作用，受储集岩区整个地质历史的控制，其形成演化是非常复杂的。

由沉积特征、地层关系及有利成岩作用影响，可将碳酸盐岩储集岩划归 6 种类型：保存原生孔隙的颗粒岩席状或线状岩体、陆棚边缘生物礁建造、碳酸盐陆棚边缘外下斜坡碎屑沉积、相变形成的天然地层圈闭的潮下颗粒岩和潮间白云岩、区域不整合面下溶解、破裂和白云石化形成的储集岩和白垩状结构的储集岩。

许多碳酸盐岩油气的储集岩是由以上两种或多种类型复合而成的。

1. 保存原生孔隙的颗粒岩

保存原生孔隙的颗粒岩是高能环境产物，一般为一系列线状沙坝构成的广阔进积席状体或沿盆地边缘的宽带状体。整体呈平行陆棚边缘的带状，单个沙坝可平行切割陆棚的水流方向延长，或者在陆棚内形成与岬角相对的脊状。

岩石颗粒主要为鲕粒及圆形的其他颗粒，沉积物的原生孔隙约为 40%，随粗颗粒和不规则生屑颗粒含量增加可达到 75%。一般早期环边胶结物保护岩石免遭压溶，颗粒的包壳和泥晶化起到阻止晶体自生加大的作用。白云石化不常见，但可发生于夹层的粒泥岩内。晚期多世代的块状它形方解石可充填残余孔隙，这在露头上很常见，使颗粒岩形成抗风化能力强的陡崖。胶结作用缺乏的原因可能有几种：该地区在地质历史中缺乏流体的流动，岩石早期被非饱和水充填，早期环边胶结阻碍压溶焊接作用发生；或埋深较浅，不足以发生压溶或晚期胶结；或油气早期运移阻碍胶结作用进行。

2. 陆棚边缘的生物碳酸盐建隆

陆棚边缘的生物碳酸盐建隆规模变化很大，可以是隆起幅度仅数十米的环带或圆丘，也可以是厚达数百米的线状体。结构复杂，有礁骨架、碎屑堆、翼部层及形成圈闭的更细粒沉积物。礁和伴生的生屑滩大致平行陆棚边缘分布。横切盆地的雁列状线性礁群是沿活化断块分布的。在陆棚边缘外的大斜坡常见塔礁群。

礁体的原生孔隙度可以很高，主要是生物内部束状构造的微孔和生物骨架的内部洞穴。大洞穴上迅速生长的结壳有利于原生孔隙的保存。一般原生孔隙很多，以至于内部沉积物、生物碎屑和灰泥的正常堆积或生物和非生物的海洋胶结物都不能将它们完全充填。生物礁中植物根的作用及动物钻孔作用也增加了孔隙度和渗透率。礁体附近的、粗的礁角砾沉积物也有很高的孔隙度和渗透率。生物礁中的原生孔隙和空洞很容易遭受大气水渗流和潜流的成岩作用改造。一旦海平面下降，礁体暴露，就会发生文石的淋滤，同时在礁体下部的潜流带发生低镁方解石沉淀。

块状碳酸盐生物建隆周围通常沉积的是含泥质条带或夹层的薄层。在褶皱过程中，甚至在单纯的压实作用下，块状礁岩常发生破裂、节理和断裂在礁建隆内部或边缘发育。由于增加了岩石渗透率，有利于后来的淋滤作用进行。生物礁体具有显著的孔隙度和渗透率可能还是其普遍发生白云石化作用的原因之一。白云石化可增加基质渗透率，对改善储集岩性质有辅助作用。巨型生物礁油气田相当多，主要是在碳酸盐台地边缘或者横穿盆地线状延伸。盆地内的礁规模较小但数量很多，一般是在边缘缓坡上的塔礁群。有时盆地礁储集岩是白云石化作用形成的，尤其是蒸发岩地层包围礁体时。

3. 下斜坡碳酸盐碎屑堆积体

一般是厚达数十米的席状体，可进入盆地若干千米，由大量生物碎屑包围的直径可达数米的粗大岩块组成。海洋碳酸盐碎屑流沉积平面上呈不规则斑块状，在碳酸盐陆棚之下或围绕滨外滩周边线状展布。大约两万年前的一次海平面剧烈下降和其后的迅速上升，就在许多碳酸盐岩台地的向海斜坡脚形成大量的这类沉积，其成岩特征还在研究之中，粗的粒度通常会产生高的原生孔隙。大多数情况下不会发生白云石化，地下的淡水透镜体在这些碎屑的胶结、淋滤和稳定化过程中起着重要作用，这类堆积体有的是主要储层。随着被动克拉通边缘上发育的滨外碳酸盐岩勘探的进一步深入，这类储层将会占更重要的地位。

4. 陆棚旋回中的地层圈闭储集体

陆棚旋回中包含两类储层：

（1）球状粒和鲕粒灰砂，常受浪花溅落带胶结作用强烈影响，发育渗流豆粒，为很少有周期性淡水侵入的干燥环境中水下或水上滩改造沉积。

（2）白云石化的生屑粒泥岩，孔隙为含量很高的分散状介壳碎屑溶解形成的铸模孔，由于靠下倾方向，距富镁流体来源较远，晶体生长缓慢，形成的白云石可以很粗。陆棚沉积很多是旋回性的，相变很规律，由滨外较深水的泥质沉积，到上斜坡陆棚边缘生物灰岩和灰砂，再到潟湖或海湾的细粒碳酸盐沉积，以潮坪沉积告终。干旱气候则发育潮上萨布哈蒸发岩，蒸发岩一方面增加潮间和潮下潟湖碳酸盐岩白云石化的可能性，使不渗透的灰泥转变成渗透性较好的糖粒状白云岩储层；另一方面蒸发岩可形成储层上倾方向的封隔。

一般陆棚旋回沉积是进积的，向盆地方向逐渐扩展。当向盆地扩展很大时，上面旋回上倾方向的萨布哈硬石膏直接盖在下面旋回的颗粒岩或潮间白云岩储层上，而形成地层圈闭。

潮间藻纹层和沼泽沉积也常发生白云石化，不过由于晶粒较小，缺少生物碎屑及交代硬石膏或粉砂粘土的混染，只可能形成储渗性能不好的储集岩。

5. 区域不整合之下由淋滤和白云石化形成的储集岩

碳酸盐岩向上建造形成的原始地形在控制淋滤作用和白云石化作用范围和强度上也很重要。理论上讲，碳酸盐建造边部比其内部遭受淋滤和白云石化的可能性更大，因为在滩边缘地区，有更多的流体流经地层。

虽然产生孔隙的主要作用是淋滤和白云石化,不过塌积—角砾化和去白云石化也可能有意义。孔隙主要发育于不整合之下的大陆暴露面上。暴露面可以是不规则的,油气分布受储集岩相变、暴露面古地形和不整合面下的断裂和破裂共同控制。发生淋滤时,泥晶基质、颗粒和方解石质化石有可能被保存,但文石质生屑通常被完全淋滤掉。在大多数情况下要确定这种淋滤作用是淡水透镜体或是原生水的影响是很困难的。区域不整合下的白云石化作用常常是叠加在早期的、较规则的地层控制的白云岩上。由不整合面向下渗漏的流体可以是蒸发卤水,也可以是淡水,这取决于气候。可能这两种流体对不整合面下白云石化作用都是必要的。来自上倾方向的淡水通过饱含高镁卤水或正常海水的地层,形成混合带。倘若如此,从蒸发条件到潮湿条件的气候变化对这种白云石化就最有利。

大型盆地边缘的区域性不整合是最常见的一种与不整合伴生的油气聚集模式,通常不整合面都具有勘探价值。蒸发岩包围和覆盖盆地中白云石化的礁以及丘在海平面下降期间被暴露,遭淋滤、角砾化和破裂,在富叶状藻的碳酸盐岩地层中形成储层,这也是不整合油气藏的模式。

成因是多种多样的,有的是不整合面下白云石化成因的;有的是厚壳蛤礁顶部的淋滤和喀斯特化作用的产物,原始地形隆起和极高的原生孔隙度促进了形成储层成岩作用的发生;还有的是不整合面下的角砾岩带状体和管状体。

6. 白垩状结构的储集岩

在泥晶基质中均匀散布在微形孔隙空间的碳酸盐沉积物为白垩状结构的碳酸盐岩。主要是沉积在海盆中的远洋沉积物,基质为低镁方解石的颗石藻碎屑,厚度上百米,没有相变。储层呈宽广席状分布,不存在由不连续沉积体控制的孔隙。

白垩状结构中保存大量原生孔隙的原因,最主要的可能是远洋白垩的原始矿物成分主要是低镁方解石,所以不会发生淡水碳酸盐那样的稳定化作用;以及埋藏深度较浅。另一个重要原因是缺乏对压溶有利的泥质物质。此外早期油气运移和后来的埋藏封锁,也阻止了压溶作用的发生。地层中的超压则使流体能够克服渗透率低的弱点。白垩状结构碳酸盐沉积物的原生孔隙度可高达80%,经早期机械压实和后期埋藏作用,孔隙度也很高,常可保持在20%~30%。但是由于粒很细,渗透率通常很低。

虽然碳酸盐岩储层是沉积环境和成岩作用共同影响的产物,但由于原生孔隙可影响淋滤、胶结、白云石化及其他成岩作用,因而研究储层沉积特征十分必要。沉积环境、碳酸盐岩与蒸发岩的关系、区域不整合的发育与分布,都可能提供储集岩沉积体类型、形状和延伸趋势、孔隙类型等方面的信息。对于白垩这样的均一沉积物,在一定程度的压溶焊接作用影响下会具有刚性,因而仅在上覆地层压力下也可能会发生破裂。显然破裂作用对改善其渗透性是很重要的。

二、碳酸盐岩储层与沉积环境的关系

碳酸盐沉积环境与陆源碎屑的沉积环境截然不同,图1-1-17是以浅水陆棚和深水盆地间水深突然变化为特征的碳酸盐岩沉积环境模式。沉积环境包括近滨、滨岸平原、台地内部、台地边缘、台地斜坡或礁前和半深水到深水盆地。沉积范围从礁的仅覆盖几公顷($1ha = 10^4 m^2$)到陆棚或滨外滩的展布达数千平方千米。各种环境中沉积的碳酸盐岩都有可能由于沉积和成岩的影响而成为储集岩,但不同相的碳酸盐岩成为储集岩的潜力却不相同,储层的孔隙特征也不一样。

发育的储集岩集合形态和与共生非储集岩的关系主要由局部或区域的沉积环境所控制。

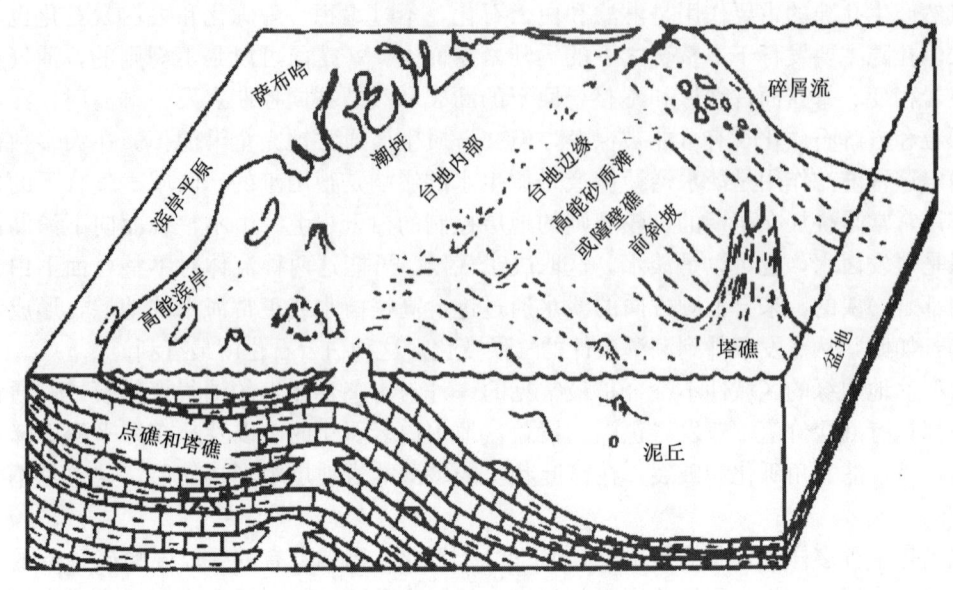

图 1-1-17　碳酸盐沉积环境模式（据 D. Jardine 和 J. W. Wilshart，1987）

沉积环境与储集岩有关的主要特征概括在图 1-1-18 中，包括正常碳酸盐沉积物及通常伴生的其他类型沉积物、可能的储层形态、颗粒大小的相对含量、主要孔隙类型相对丰度等。

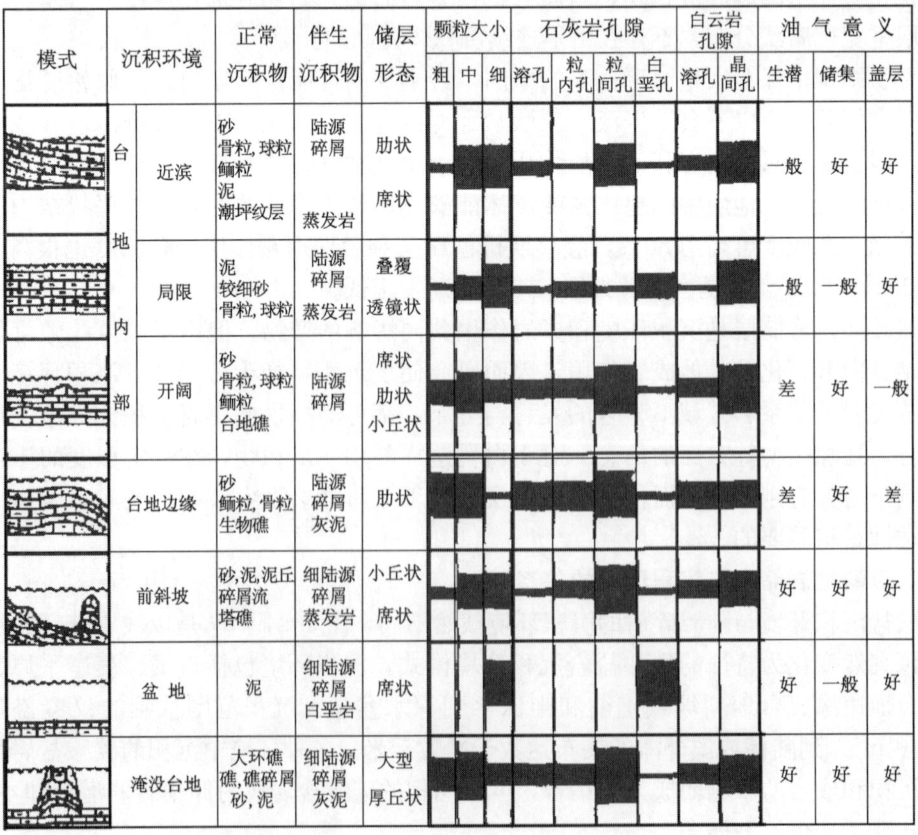

模式	沉积环境	正常沉积物	伴生沉积物	储层形态	颗粒大小 粗	中	细	石灰岩孔隙 溶孔	粒内孔	粒间孔	白垩孔	白云岩孔隙 溶孔	晶间孔	生潜	储集	盖层
	台地内部 近滨	砂 骨粒,球粒 鲕粒 泥 潮坪纹层	陆源碎屑 蒸发岩	肋状 席状										一般	好	好
	台地内部 局限	泥 较细砂 骨粒,球粒	陆源碎屑 蒸发岩	叠覆 透镜状										一般	一般	好
	台地内部 开阔	砂 骨粒,球粒 鲕粒 台地礁	陆源碎屑	席状 肋状 小丘状										差	好	一般
	台地边缘	砂 鲕粒,骨粒 生物礁	陆源碎屑 灰泥	肋状										差	好	差
	前斜坡	砂,泥,泥丘 碎屑流 塔礁	细陆源碎屑 蒸发岩	小丘状 席状										好	好	好
	盆地	泥	细陆源碎屑 白垩岩	席状										好	一般	好
	淹没台地	大环礁,礁碎屑 砂,泥	细陆源碎屑 灰泥	大型厚丘状										好	好	好

图 1-1-18　碳酸盐岩储层特征概要（据 D. Jardine 和 J. W. Wilshart，1987）

1. 近滨

由于与大陆紧连，所以受大陆块的影响较大，特别是大陆块的气候影响很大。而且经常暴露于大气中，在滨岸平原边缘，灰砂常常形成沿滨线展布的海滩，在向陆方向形成以藻结壳纹层为特征的潮上泥坪，在干热气候条件下发育萨布哈，泥坪碳酸盐岩与薄层蒸发岩伴生。储层几何形态在滨线沉积中应是似带状，但进积可以产生似席状。一些极薄的储层频繁地相互叠覆，沉积物粒度中—细。以粒间孔为主，常发生白云石化而发育微型溶孔和细小晶间孔。基质若发生了重结晶和部分白云石化，则岩石渗透率增加，束缚水饱和度降低，而成为有效储层。白云化或破裂的藻席纹层或滨线砂质沉积常形成良好储层。

2. 台地内部

局限台地细结构低能沉积中，有时可发育白垩孔隙，但除非发生白云石化，一般不形成有效储层。可发育小型点礁和灰砂浅滩。与点礁和浅滩有关的储层相互叠置、局部发育。开阔台地沉积颗粒大小变化很大，储层几何形态为似席状，可发育小到大的溶孔，但以粒间和晶间孔为主。储层成层性好，垂向上储层间连通性较差，水平渗透率局部可以很高。

3. 台地边缘

储层为条带状，通常较厚，溶孔、粒内、粒间孔隙发育。若发生白云石化，则多形成由大溶孔和粗—中粒间孔构成的孔隙系统。一般不是一个独立的碳酸盐沉积环境，而是由多个相组成。以高能、搅动环境沉积的骨骼碎屑或鲕粒构成的灰砂浅滩为特征。台地边缘很陡时，常发育由造架生物和结壳生物构成的障壁礁，特别在台地迎风侧。沉积物粒度为粗—中粒，因高能环境中细粒物质被淘汰掉。储集岩成层性较差，但水平和垂直渗透率都可以很好。

4. 台地斜坡和礁前

一般由台地边缘向盆地方向沉积物粒度逐渐加粗，因而孔隙度、渗透率也逐渐降低。沉积物类型变化大，很大程度上取决于斜坡坡度和台地边缘性质。在不同条件下可形成斜坡塌积、灰砂、灰泥、泥丘和塔礁沉积。虽然斜坡上的生物礁面积小，但是厚度大，可成为很好的储层。

5. 盆地

在特殊情况下，巨厚的白垩沉积可以成为储层。盆地的碳酸盐岩通常为细的灰泥岩，不能成为储集岩，却是良好的生油岩。纯的均一白垩沉积具有极高的原生孔隙度，但埋藏压实作用会使其急剧减少。即使保留较高的孔隙度而成为储集岩，也会由于颗粒太细，只具有几个毫达西的渗透率。

6. 淹没台地

典型的沉积环境包括礁内潟湖，主要沉积成层性好的局限相灰泥，局部发育的灰砂滩可构成垂向连通性差的不连续的储层；边缘礁体主要由生物骨架和伴生的礁碎屑构成，可形成厚层状具良好侧向和垂向连通性的优良储层。白云石化作用常常改善各种储集岩的渗透率及连通性。淹没台地的储层意义在于大型环礁的发育。碳酸盐岩台地模式与缓坡环境模式主要差异在于高能带沉积位于滨岸附近，细粒沉积物位于滨外，其他方面与台地相似。

在研究储层，特别是预测储层分布时，了解沉积作用历史和相带组合关系是十分重要的。

上述简单化模式在地下是很少存在的。这是由于在地质历史时期中，海平面是反复地相对上升和下降。海平面上升期间，较深水沉积会掩埋先前沉积的浅水沉积物。海平面保持相对稳定时，浅水沉积物会进积覆盖于较深水沉积物之上。如果海平面下降，碳酸盐沉积物则可能在向盆地很远的位置再发育。海平面缓慢长期上升造成巨厚的、范围广阔的灰泥为主的台地发育，通常也称陆棚或滨外滩。海平面迅速上升则造成台地淹没。若碳酸盐沉积作用重新开始，往往形成厚的生物礁和滨外滩。海平面的升降变化引起沉积作用的变化，对储层分布和特征有着重要控制作用。

第二章 碳酸盐岩储层的孔隙结构

第一节 碳酸盐岩储层的储渗空间

一、孔隙喉道

储集岩中连接两个孔隙的狭窄部分称为孔隙喉道。孔隙喉道的大小以及体积直接控制着碳酸盐岩储层的储集性质。孔隙之间连通的喉道不止一个。连接每一孔隙的喉道数目称为孔隙的配合数或配位数。碳酸盐岩的孔隙大小限定为2mm以下。所以孔隙喉道也常常出现在一些碳酸盐颗粒内。根据近年来的研究,孔隙喉道也是控制毛细管效应、采收率大小的主要因素。因此研究孔隙喉道是十分重要的。

根据国内外研究,孔隙喉道主要有三种类型(图1-2-1)。

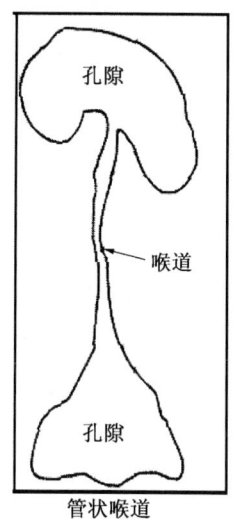
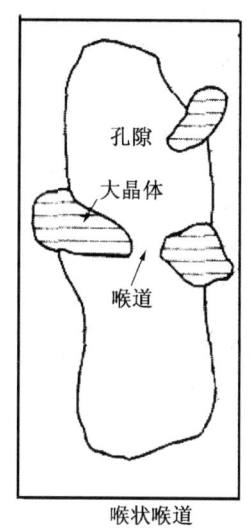
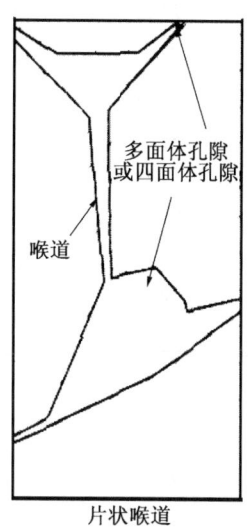

图 1-2-1 碳酸盐岩喉道类型

(1) 喉状喉道:孔隙和喉道之间无明显界限,孔隙收缩部分成为喉道,喉道扩大部分为孔隙,属一种曲面之间不等大喉道,因此这类喉道又被称为"孔隙缩小部分成为喉道"。

(2) 管状或纤维状喉道:孔隙之间由细而长的管子连通,其横断面接近圆型,如负鲕粒灰岩鲕粒内空间的相互连通通道即为此种类型。

(3) 片状喉道:在白云岩中孔隙的发育是经由四面体到多面体孔,最后在晶粒之间形成片状喉道,因此片状喉道连通着多面体或四面体到多面体孔隙,但片状喉道一般很窄,多为几微米到十几微米。

1943年,捷奥多罗维奇研究了碳酸盐岩储层孔隙空间的大小、形状及连通性,发现碳酸盐岩的孔隙系统十分复杂,而且碳酸盐岩储层中孔隙度和渗透率的正比关系不太明显。他指出除与裂缝连通有关外,孔隙的连通有如下四种类型。

(1) 孔隙空间由孤立、狭窄的喉道连通:喉道内径0.01~0.005mm,直径大的在薄片中可鉴别出。

（2）孔隙由其缩小部分连接：当它们渐渐变宽时逐渐过渡到孔隙。

（3）孔隙由具细孔的粗通道连接：通道在薄片下呈细脉状，也可具细孔，渗透率会因其通道有细孔而明显增大。

（4）孔隙及连通孔隙的喉道以反映岩石颗粒外形为特征。

具有粒间孔的碳酸盐岩，有的和砂岩的储集性能相类似，其孔隙和喉道的结构也与砂岩近似。孔隙喉道与孔隙的大小有一定的关系，基本上呈对数正态分布。串珠状溶蚀孔之间的溶蚀缝，其形状也是片状的，但由于缝面不规则，且粗细不等，所以其喉道宽度应采用缝的最窄处来计算。石灰岩的颗粒多呈圆形，所以其喉道多呈弯片状。

二、孔洞

孔径大于 2mm 的孔隙空间叫做孔洞。它可以发生在不同的成岩环境中，孔洞大多是溶蚀作用形成的。

碳酸盐岩中大的洞穴是表生作用下古岩溶的产物，其形成与碳酸盐岩的长期暴露、剥蚀有关。它们多发育在大的不整合面下的厚度较大、质地较纯的碳酸盐岩中。当在这样的地层中钻井时，常会遇到钻具放空的现象。古岩溶形成的溶解空间是非选择性溶解的结果。它们大小悬殊，从小的孔隙、数毫米大的小孔洞到巨大洞穴都有。溶解作用也常沿裂缝发育，这时形成的孔洞系统呈线状分布。

早期的溶解孔洞主要是在大气水成岩环境中形成的，发育在与暴露有关的沉积间断面之下。因此这类孔洞层常出现在碳酸盐岩沉积层序的一定部位，如向上变浅层序的上部。早期溶解孔洞多数是大小相近的选择性溶孔，孔径一般小于 10mm。在微溶解缝发育时，这些孔洞层能成为极好的储层。

在埋藏期也能形成大量的溶解孔洞，这种溶解作用与有机质热演化过程中排放出的有机酸、二氧化碳、粘土矿物转化时释放的吸附水或结晶水以及地层中排出的压实水有关。这种埋藏期的溶解孔洞也是非选择性溶蚀的，且溶解作用常常沿微裂缝发生。

一般情况下，小溶解孔洞和孔隙的渗流作用大体相同，而大溶解洞穴与裂缝相似。

三、裂缝

1. 裂缝的概念

在研究储集岩时，裂缝仅指沿延伸方向岩块没有发生明显相对位移的断裂。裂缝可以发生在各种岩石中，它对碳酸盐岩储层有重大影响。"岩石裂缝"包括了地壳中大小及成因不同的各种断裂变形，这既包括了大的断层，也包括了显微镜下可见的微缝。裂缝分为构造缝和非构造缝两大类。

构造缝是固结岩石在区域构造应力或局部构造应力作用下破裂而形成的裂缝。构造缝的发育特点与相关应力作用下岩石发生构造变形的情况密切相关。它常常成组地出现在岩层变形单元的一定部位，具有一定的方向性，常联结成规则的网格状。根据形成裂缝的应力性质，构造缝又分为张裂缝和剪裂缝两种。张裂缝是岩石的张应力超过岩石的抗张强度时岩石破裂所形成的裂缝。这种裂缝多是张开的，裂缝面粗糙、无擦痕。在纵剖面上张裂缝宽度上大下小，呈楔状，向下逐渐消失，很少穿层发育。在张应力作用下常形成两组相互直交的张裂缝，但其中一组常不明显。剪裂缝是岩石中剪切应力超过岩石抗剪切强度时形成的裂缝。常同时形成具有一定交角的两组裂缝，在压扭应力下形成的一组呈闭合状，在张扭应力下形成的一组呈张开状，两组裂缝常联结成规则的网格。剪切缝的裂缝面光滑平整，切过岩石颗粒，裂缝面上还常见擦痕。裂缝垂向延伸稳定，常穿层。碳酸盐岩储层中经常可以见到十分发育的复杂构造裂缝系统，其中既有同构造期形成的，也可以有不同构造期形成的，都按一定规律分布，其复杂的组合可以呈不规则网纹状。

非构造裂缝的形成与构造作用产生的应力无关，其成因包括沉积物失水收缩、压实、压溶、岩石崩塌滑坡、表生风化等。这类裂缝的发育大多无明显规律，变化大。裂缝面多呈弯曲状，缝壁不平整，缝的宽度变化大，缝内常有围岩或上覆岩石碎屑物充填，很少有穿层现象。这些裂缝有时呈网状发育，甚至形成角砾化。溶解作用有时也沿这些裂缝发生，形成不规则的溶解缝。

陈定宝（1988）还划分出一种过渡类型的沉积—构造裂缝，主要指在构造应力的作用下沿岩石的层理面或层内的沉积不均匀面裂开形成的层理缝、层间缝、层内缝，为沉积作用和构造作用复合成因，其延伸方向与层面或层理面平行，被限制在层内发育。沉积形成的裂缝多是闭合的，由构造作用叠加增大其张开度，甚至形成层间滑脱孔隙。

据斯麦霍夫（1974）研究，地下深处最常见的裂缝张开的宽度小于 $50\mu m$，并认为它们是油、气运移的重要通道。此类裂缝称为微裂缝。在地面露头、坑道及取出的岩心中肉眼可见的裂缝称为大裂缝，多是由微裂缝发展而成。虽然可以见到宽达数十厘米的充填裂缝，但地下所见的张开缝都是张开宽度小于 $100\mu m$ 的裂缝。

裂缝形成后可能成为各种流体流动的通道。裂缝内常见到各种充填物，在碳酸盐岩储层裂缝中最常出现的充填矿物是方解石、白云石、石膏及硬石膏等，也有自生石英，此外，还有沥青、泥质等。依充填程度又可分为充填缝、半充填缝及未充填缝（张开缝）。

通常将溶解缝仍归入裂缝范围，因流体在其内的渗流状态大致与裂缝相同。溶解作用常沿各种裂缝发生。

2. 裂缝参数

国内目前常见的裂缝参数有以下几个：

（1）面密度：单位面积内所测裂缝类型的条数；
（2）面长度：单位面积内所测裂缝类型的累计长度；
（3）线密度：切过垂直裂缝组系的单位法线长度内所测裂缝类型的条数；
（4）面裂缝率：单位面积内张开裂缝的面积。

斯麦霍夫（1974）提出了用裂缝密度、裂缝空间方位、裂缝张开度来描述岩石中裂缝发育程度的方案，并推导了由这些参数来确定裂缝率（裂缝孔隙度）、裂缝渗透率的公式。

由于地下裂缝的张开度一般小于 $50\mu m$，故岩石的裂缝率很少超过1％。裂缝组系指由最大主应力（剪应力或正应力）的作用形成的一套裂缝，它有一定的方向性。统计面裂缝率时切面应与裂缝面垂直，而要确定岩层的裂缝率较困难。

3. 岩石裂缝发育的规律

裂缝发育规律受岩石类型、岩层厚度、局部构造、区域构造及断层等5大因素的影响。

1）裂缝发育与岩石类型的关系

基尔基斯卡娅（1981）认为沉积岩中裂缝发育的程度与岩石的强度有关，岩石裂缝减少的顺序为：泥灰岩—泥质白云岩—白云岩—白云质灰岩—石灰岩—砂岩—硬石膏—石膏。很多的统计资料都表明碳酸盐岩中裂缝发育程度高于陆源沉积的砾岩、砂岩及石膏岩，碳酸盐岩中裂缝是比较发育的。在泥质岩中微裂缝很发育，但其张开度一般都很低，只有几微米，因此一般不会影响其作为非渗透层的性质。

2）裂缝发育与岩层厚度的关系

在岩性相同的岩层中，薄层中的裂缝数量要比厚层中的多。中东地区阿斯玛里石灰岩的有关统计资料（表 1-2-1）和四川统计资料都说明了这种对应关系。

表 1-2-1　阿斯玛里石灰岩中层厚与裂缝密度的关系

厚　度 （cm）	裂缝密度 （条/30.5m）	裂缝间距 （cm）
15～45	62	51
47～76	36	66
76～168	25	127
168～366	20	152
366～762	14	234
762～1524	5	662

赵从俊（1976）对四川地区小南海采石场碳酸盐岩裂缝发育情况调查结果显示厚层状石灰岩中裂缝密度为 15 条/m^2，其中一薄层的达 41 条/m^2。薄层石灰岩中虽然数量多，但其张开度却低，延伸距离短，有效性差；厚层石灰岩中裂缝张开度高，延伸距离长，有效性好。

3）裂缝发育与局部（背斜）构造的关系

一般认为地下岩石裂缝发育规律与地面露头裂缝发育规律一致。因此地表裂缝资料研究结果在一定程度上可以用来指导对地下裂缝发育情况的研究。但由于风化作用等因素的影响，地表岩石的裂缝密度及张开度比地下岩石裂缝的要大得多。在局部构造上，裂缝总是发育在岩石应力最集中、变形剧烈即岩层变形曲率最大的部位。总的看来，在局部构造上裂缝主要发育在背斜的轴部、端部、翼部挠曲以及与断层有关的牵引褶曲处。在向斜（或背斜鞍部）中岩层曲率增加、产状突变部位也是裂缝发育部位。

4）裂缝发育与区域构造的关系

在同一区域应力场的大地区内主要裂缝组系发育特点具有一致性。这些裂缝都是构造成因的，被称为区域裂缝。区域构造对裂缝有明显控制作用，区域裂缝的发育情况受局部构造的影响较小。例如，鄂尔多斯盆地从三叠系到白垩系都发育着延伸方向相同的裂缝组系，它们与东部华北地台上的裂缝组系特征相一致，很可能是太平洋板块与亚洲板块作用的结果。

斯麦霍夫（1974）将与局部构造不存在任何关系，而与单个巨大构造单元走向相一致的区域裂缝称为"行星裂缝"。局部构造形成时生成的裂缝可能叠加在其上或将其改造，使裂缝组系变得复杂。

5）裂缝发育与断层的关系

构造裂缝与断层的关系主要为裂缝的力学性质和相邻断层的力学性质相近似，它们形成于同一应力场。在邻近断层发育的裂缝中总有一组裂缝的走向与断层方向一致，并且在断层附近岩石中裂缝组系增多。羽状裂缝及在牵引褶曲上发育的张性裂缝（纵张缝、横张缝）都发育在断层附近，它们随离断层距离的逐渐增加而消失。

第二节 孔隙结构的概念与类型

一、孔隙结构的概念

孔隙结构指储集岩中孔、洞、缝的大小、形状、发育程度及其相互连通关系。目前研究孔隙结构最常用和最有效的方法有：毛细管压力法、染色树脂法和电镜扫描法等。

储集体内存在多相流体运动，要了解和掌握多相流体的运动规律，就要认识影响这些流体的孔隙大小、形状、连通情况、发育情况和孔壁的特点等。碳酸盐岩储集体的特点通常是通过孔隙度、渗透率和残余水饱和度来认识。但是油气勘探开发实践证明，仅限于这些是不够的。

一般用三个指标定量反映孔隙结构，也是孔隙结构研究中的重要参数。其中孔隙分布是孔隙结构研究中最有理论意义和实际意义的指标。

所谓孔隙分布是指孔隙间连通的孔隙喉道大小及其分别连通的孔隙体积。表现孔隙分布最有效的方法是毛细管压力曲线，即通过毛细管压力与岩石饱和度关系曲线来反映。一定大小的毛细管压力反映一定大小的孔隙喉道，在一定毛细管压力下饱和度反映该孔隙喉道所连通的孔隙体积。

Jodry（1972）研究发现，两种岩心的孔隙度和渗透率相似，但因它们的孔隙结构不同，其毛细管压力曲线不同。而另外一种情况是两种岩心具有完全不同的孔隙度和渗透率，但因其孔隙结构的不同，其实际储集性能则表现得更为复杂。由以上事实，Jodry（1972）认为控制碳酸盐岩的生产能力不是孔隙度和渗透率，而是碳酸盐岩孔隙的几何形状，而且碳酸盐岩孔隙喉道的几何形状可能是储层产油气能力的关键因素。换句话说，碳酸盐岩能否产出油气主要取决于孔隙的连通性。Harbaugh（1967）指出，碳酸盐岩储层的性能在相当大程度上取决于孔隙的大小、形状和排列。罗蛰潭也特别强调碳酸盐岩储集岩孔隙结构研究对油气勘探和开发的重要性。

二、孔隙结构的类型

Tebdorov 根据孔隙空间的大小、形状及其连通性对碳酸盐岩储集岩进行了详细的研究。它将碳酸盐岩储集岩的孔隙结构分成6种类型：

（1）孔隙空间由相对孤立的孔隙及近乎狭窄的连通喉道组成，这种孔隙和喉道的连通情况如图 1-2-2 所示。这种孔喉的等效直径为 $5\mu m$ 到 $10\mu m$，在镜下的薄片内通常是看不到的，只有当孔喉直径较大时，才可以从镜下发现。

（2）孔隙空间连通喉道仅由孔隙空间的缩小部分组成，喉道逐步变宽即为孔隙空间本身（图 1-2-3）。这种孔隙结构类型的孔喉比较小，所需排驱压力较低，常可形成较好的储集岩。

（3）第三类孔隙结构的特征是孔隙系统在白云岩的主体胶结结构的颗粒之间发育，白云岩中的菱面体孔隙可以作为这种孔隙结构的最好例子（图 1-2-4）。这些孔隙大部分反映了颗粒的外形。

（4）第四类孔隙结构可细分为具有良好渗透率的大孔隙和细孔隙两个亚类。对细孔来说，储层可能具有中等甚至较高的孔隙度，但渗透率很低，多数情况下需要经大型压裂改造才可能获得工业油气流。

（5）第五类孔隙结构适用于裂缝性油藏，基本孔隙度小于5%，渗透率都小于 $0.1\times$

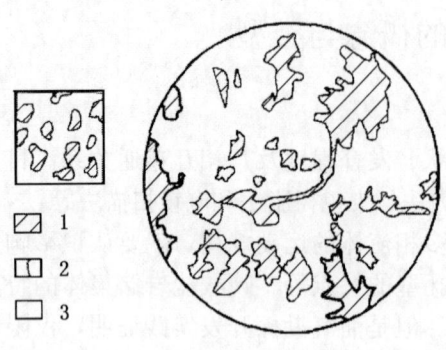
图1-2-2 第一类孔隙结构示意图
1—孔隙；2—喉道；3—基质

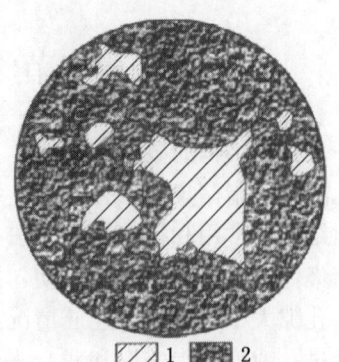
图1-2-3 第二类孔隙结构示意图
1—孔隙；2—固体部分

第三类孔隙

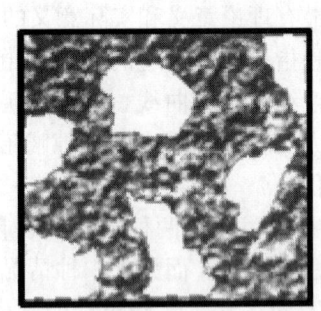
第四类孔隙

 1　　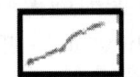 2　　 3　　 4

图1-2-4 第三、四类孔隙结构示意图
1—孔隙；2—喉道；3—粒间孔隙；4—连通支脉

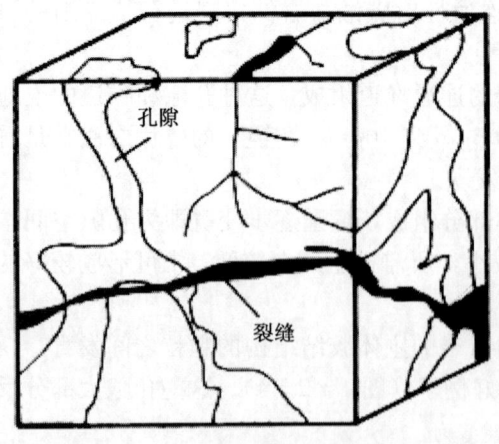

图1-2-5 裂缝性储集岩示意图

$10^{-3}\mu m^2$，它们既无储集能力，又无渗透能力。孔隙主要由裂缝构成（图1-2-5）。

（6）第六种孔隙结构类型的特征是具有两种或两种以上的基本孔隙结构类型所构成。可以用复合名字来表示，如"孔隙—裂缝"或"裂缝—孔隙"，后一名称表示主要的孔隙空间类型。不同地区有不同的特点，必须根据实际情况来确定该地区的孔隙结构类型与储集性能之间的关系。绝大多数的碳酸盐岩储层都有许多种孔隙结构。

至今还没有一个完善而广泛的孔隙结构的分类方案，没有一个统一的分类标准。研究者只能根据具体的研究对象和碳酸盐岩孔隙结构特点提出或采用具体的分类方案。

孔金祥以孔隙孔喉的大小为主要依据，结合孔隙大小组合，把四川盆地碳酸盐岩储集岩孔隙结构分为 4 类（表 1-2-2）：

表 1-2-2　四川含油气盆地碳酸盐岩孔隙结构分类表

孔隙结构类型	中值喉道宽度（μm）	绝对渗透率（×10⁻³μm²）		孔隙度（%）		评　价	样品数（块）
		界限	范围	界限	范围		
粗孔大喉型	>2	>10	65～10	>12	30.8～12.25	工业性孔隙型储集岩	6
粗孔中喉型或细孔中喉型	2～0.5	10～0.25	5.32～0.26	6～12	17.38～6	较好的工业性储集岩且易储易采	24
粗孔小喉型或细孔小喉型	0.5～0.04	0.25～0.02	0.17～0.04	2～6	19.29～2	中等储集岩，储集能力中等，渗透性差	56
微隙微喉型	<0.04	<0.02	0.00225～0.00005	<2	8.02～0.3	差的储集岩	51

（1）粗孔大喉型：一般为亮晶鲕粒白云岩和粉晶藻屑白云岩，为好的孔隙型储集岩。

（2）粗孔中喉型或细孔中喉型：大多为粉晶白云岩、泥晶砂屑白云岩、亮晶砂屑白云岩、亮晶鲕粒白云岩及泥晶藻白云岩等，为较好的储集岩，油气易储易采，在四川地区较为多见。

（3）粗孔小喉型或细孔小喉型：大多为粉晶白云岩、亮晶鲕粒灰岩、亮晶凝块白云岩、亮晶砂屑白云岩及藻粘结凝块白云岩等，储集能力中等，渗透能力差。

（4）微隙微喉型：一般为生屑泥晶灰岩、泥晶含泥质灰岩、泥晶含泥质白云岩及细粉晶白云岩等，为非孔隙性储集岩。

第一类到第四类，毛细管压力曲线从粗度、分选好变为细度、分选极差，孔喉分布从高分选中粗喉道变为微喉道。这四类孔隙结构及其所代表的储层，无论其显微特征和超显微特征还是毛细管压力曲线和孔喉分布直方图都有其显著的特征，而且该分类方案简化了描述内容。

第三节　孔隙结构的研究方法

对碳酸盐岩孔隙结构而言，常用、行之有效的孔隙结构研究方法主要有显微观察、压汞曲线分析和一般的数学统计计算等，其中对油气勘探开发最有参考意义的是通过毛细管压力曲线分析的结果。研究储集岩孔隙结构最常用的方法是测定毛细管压力法和岩石孔隙铸体法。

可以将各种复杂形状的喉道横截面都用一个等效的圆面来代替。这样每一支喉道都可看作一根毛细管。于是各种测定毛细管压力的方法便可以用来测定储集岩中各种大小的喉道所连通的孔隙体积占总孔隙体积的百分数。这种被不同半径的喉道所连通的孔隙体积大小分布称为储集的视孔隙—喉道大小分布或孔喉大小分布。岩石孔隙铸体法则可用来研究真实的岩石孔隙结构。由于碳酸盐岩储层的复杂性和非均质性等特点，一些适用于碎屑岩储层的分析方法应用到碳酸盐岩中须进行较大改进。因此下面重点介绍测定毛细管压力法和岩石孔隙铸体法在碳酸盐岩储层孔隙结构研究中的有关问题。

一、毛细管压力测定方法

有三种比较实用的毛细管压力测定方法。

（1）半渗透隔板法：用一渗透隔板，在隔板上面因非润湿液体充满并提高压力，以迫使非润湿液体进入岩心，在克服了毛细管压力之后，将饱和在岩心中的润湿液体排驱出来。它模拟真实，可靠性大。这是一种经典的方法，又称状态多元法。

（2）离心法：该法优点是快速、精确。用高速旋转离心分离器，排出饱和在岩心中的流体。利用离心计算出相应压力差，即毛细管压力。

（3）压汞法（汞注入法）：利用汞的非润湿性，注入被抽空的岩样中去，必然要克服岩石孔隙系统的毛细管压力。注入汞的过程就是测量毛细管压力的过程。汞注入法由于仪器简单、操作方便，目前已成为测定岩石孔隙大小、分布的主要方法。此方法的缺点是有汞污染。

1. 毛细管压力的基本原理

毛细管压力指在毛细管中，气—液分界面以下的液相压力小于在这个界面以上的气相压力

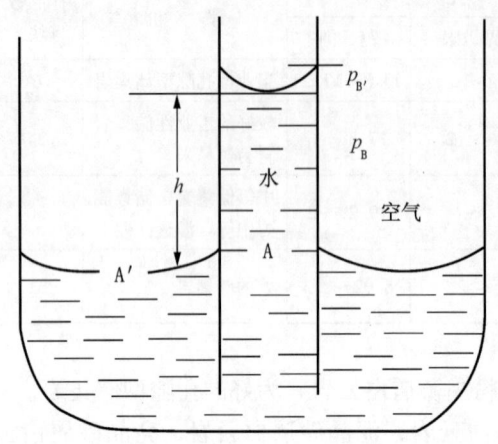

图 1-2-6 毛细管中空气—水分界面上的压力

（也即图 1-2-6 中 $p_B < p'_B$），该分界面两面之压力差用公式表示为：

$$p_c = p'_B - p_B = 2\sigma_{wg}\cos\theta_{wg}/r$$

式中　σ_{wg}——气水界面的表面张力，10^{-5}N/cm^2；

　　　θ_{wg}——气水界面的润湿接触角；

　　　p_c——半径为 r 时，气水弯月面两侧的压力差，也就是毛细管压力，10^{-5}N/cm^2。

如果流体是油和水两相，并处于平衡状态下，则公式变成：

$$p_c = 2\sigma_{ow}\cos\theta_{ow}/r$$

式中　σ_{ow}——油水界面的表面张力，10^{-5}N/cm^2；

　　　θ_{ow}——油水界面的润湿接触角。

毛细管压力受多种因素影响，使它变得更为复杂。主要影响因素有：

（1）孔隙—喉道为可变断面，流体在可变断面孔隙中，其润湿角不同，当孔隙表面粗糙时，还具有相当大的湿润滞后；

（2）由于储层具有多种矿物成分而使岩石的孔隙表面呈现斑状湿润；

（3）毛细管压力是饱和度的函数，然而，饱和度本身不仅是毛细管压力的函数，而且还取决于流体对多孔介质的饱和顺序；

（4）孔隙大小、分布是任意的，不同大小的孔隙和分布状态直接影响"毛细管压力—饱和度"关系曲线。

2. 压汞法（毛细管压力的测定方法之一）

1）（压汞法）进汞曲线的特征

储集岩中连通各种孔隙的喉道可以近似地看作为大小不同的毛细管。求毛细管压力公式为：

$$p_c = 2\sigma\cos\theta/r$$

式中　r——毛细管半径；

　　　p_c——毛细管压力；

σ——表面张力；

θ——接触角。

在汞作为非润湿相加压挤入储集岩中时，压力与汞进入的毛细管（喉道）半径之间的关系为：

$$p_c = 7.5/r$$

式中　p_c——注入压力，kgf/cm^2（$1kgf/cm^2 = 0.0980665MPa$）；

r——喉道半径，μm。

将逐渐加压进入抽空岩石孔隙系统内的汞量换算成汞饱和度对应于所施加的压力绘制压力—注入汞饱和度曲线，便得到了岩石的汞注入毛管压力曲线即进汞曲线（图1-2-7）。根据毛细管压力与喉道半径的对应关系，从该曲线上可得到视孔隙—喉道大小分布，进而了解岩石的孔隙结构特点。

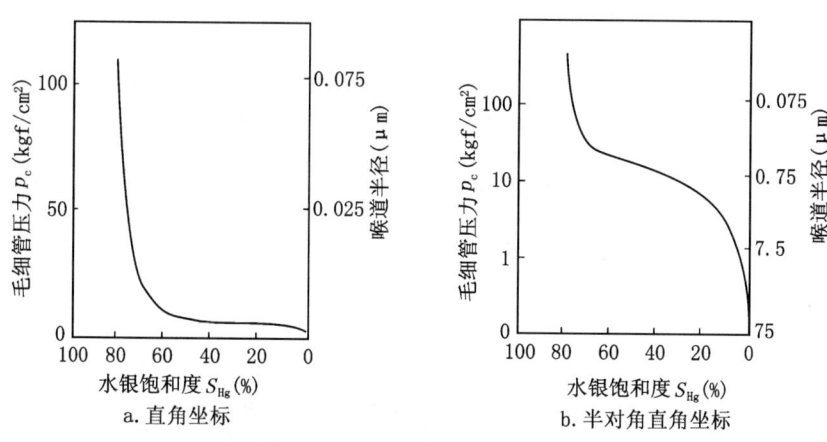

图1-2-7　储集岩的进汞曲线

储集岩进汞曲线的形状反映了孔喉的分选性和分布的歪度（图1-2-8）。所谓歪度是指孔喉大小分布相对集中于粗大孔喉或细小孔喉，实质上是从较粗的喉道到较细的喉道所控制的孔隙空间体积的累计曲线。曲线孔喉的分选性是指孔喉大小分布的均一程度。汞注入曲线上出现明显的水平平台是孔喉数量所占分量都很相近，分布分散，分选性很差。曲线的平台或相对平缓段出现在下部表示孔喉分布偏粗，称为粗歪度。若出现在上部，则表示孔喉分布偏细，称为细歪度。对于油、气储集岩，孔隙结构具有分选好、粗歪度分布的是好储层。

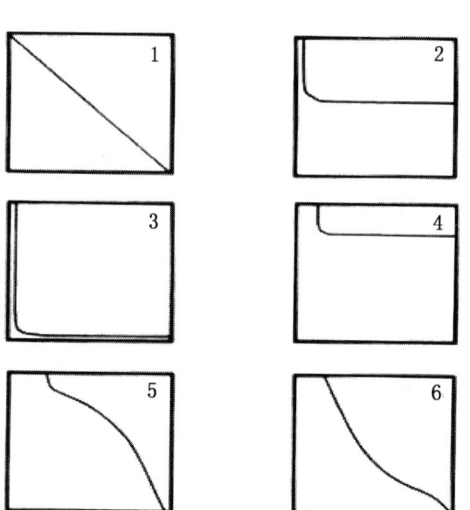

图1-2-8　具有不同分选和歪度分布的典型进汞曲线

1—分选差；2—分选好；3—分选好、粗歪度；
4—分选好、细歪度；5—分选不好、略细歪度；
6—分选不好、略粗歪度

依据数理统计的理论和方法对进汞曲线进行分析可以求出描述其孔喉分布特征的各种参数值，如均值、峰态、分选系数、歪度、尖度等。

依据岩石样品的汞注入曲线可以方便地作出岩石样品的孔隙喉道分布的频率直方图（图

1-2-9),它直观地表现了孔喉分布的峰态、歪度、尖度等。

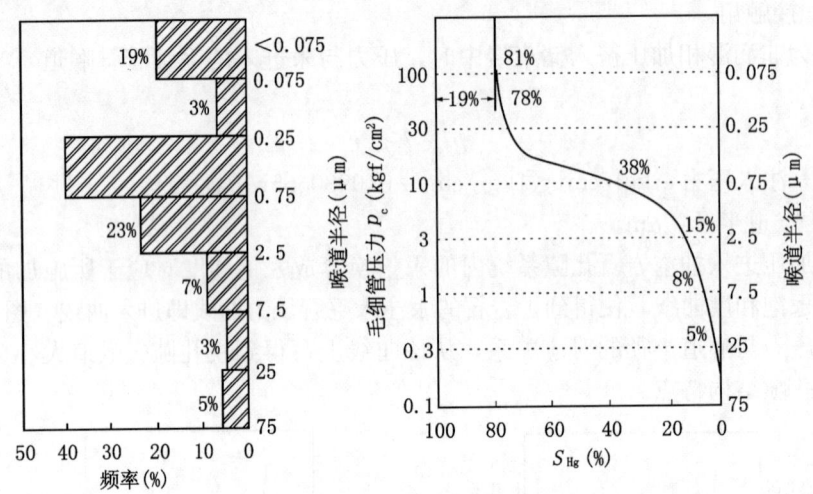

图1-2-9 根据汞注入曲线作孔喉分布直方图

在研究毛细管压力曲线时,不仅要注意它的形态分布、有关孔隙喉道的情况,而且还要注意下列3个重要参数。

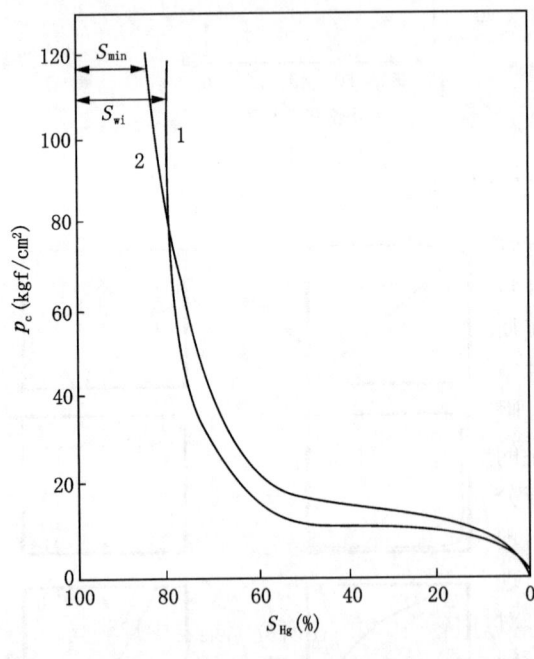

图1-2-10 束缚水饱和度与最小
非饱和孔隙体积百分数
1—曲线尾段平行于纵轴;2—曲线尾段不平行于纵轴

(1) 最小非饱和孔隙体积百分数(S_{min},%):指当汞注入压力达到最大值时,没有被汞侵入的孔隙体积百分数,在汞注入曲线上就是曲线顶端到纵坐标轴的距离(图1-2-10),该值就是仪器测定的最高压力所对应的孔隙喉道半径占整个岩样孔隙体积的百分数。显然,S_{min}值越大,岩石的储集性就越差。一般说来,S_{min}小于10%的其储集性能较好,相反,S_{min}大于80%的则储集性能极差。

S_{min}的大小还决定于所用仪器的最高注入压力。在使用汞注入法时,往往所得到的毛细管压力曲线的尾部不平行于压力轴,仪器的最高压力越高,曲线越向纵轴偏移。在这种情况下,把它作为束缚水饱和度会引起错误,特别是对于低孔隙度、含晶洞的样品,其误差更大。某些岩石样品的S_{min}值表现为当汞注入压力超过某一定值后,它不再随注入压力的增高而降低,使曲线具有平行于纵轴(压力轴)的尾段(图1-2-10曲线1)。此时的S_{min}值被认为是该岩样的束缚水饱和度。严格地说,这只是一种近似,只有当使用油—水系统来测定岩石样品的毛细管压力曲线时得到与纵轴平行的尾端确定的S_{min}才是样品的真实束缚水饱和度。

S_{min}应与岩石样品的润湿性结合起来考虑。当岩石是水湿性的,按照润湿相流体的分布规律,水将占据细小的孔隙与喉道,因此可以认为某一孔隙喉道半径以下的孔隙都被水所占据,故S_{min}是水饱和度的一部分。

(2)排驱压力与最大连通喉道半径(r_d):使汞在岩样孔隙空间中开始连续流动的注入压力就是该岩样的排驱压力,记为p_d。排驱压力又常被称为入口压力、进入压力、门槛压力、突破压力等。在实验中用汞作润湿相加压挤入岩样孔隙空间,在该过程中汞要通过喉道进入孔隙,随着压力的逐渐升高汞前沿的曲面逐渐收缩,当达到某一压力时,汞前沿曲面突过喉道而连续地进入岩样孔隙空间。

排驱压力是储集岩孔隙系统中最粗毛细管连通孔隙的毛细管压力。在进汞曲线上沿曲线的平坦部分向下倾方向作切线与图形右侧纵轴的交点所对应的压力值即是该样品的p_d值(图1-2-11)。与该值相对应的毛细管半径值就是岩样的最大连通喉道半径r_d。

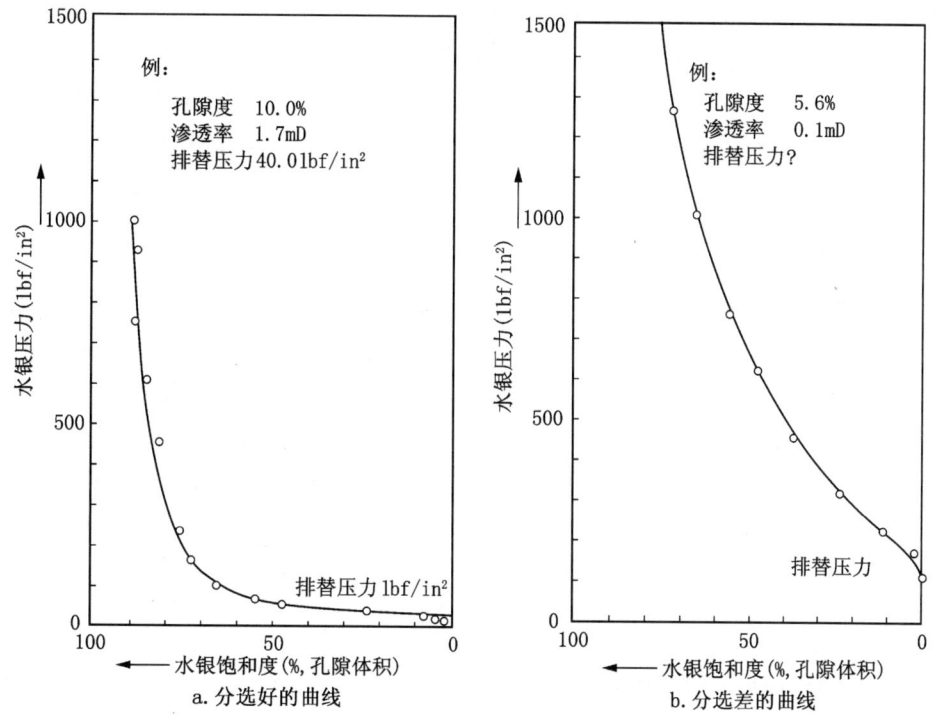

图1-2-11 进汞曲线的排驱压力
1lbf/in = 6.89476kPa

根据史密斯(1966)把排驱压力作为在饱和水岩石的最大连通孔隙喉道中建立一个连续的烃链所需要的最小压力的观点,T. T. Schwalter(1979)在研究储集岩中烃类运移条件时对如何确定储集岩的排驱压力作了进一步研究。他提出以进汞曲线上汞饱和度等于10%时所对应的注入压力岩样的排驱压力,对应的喉道半径为岩样的最大连通孔喉半径。这意味着10%的油或气饱和度是储层能否产出油或气的临界饱和度。孔喉分选性较差岩样的进汞曲线上没有明显的平坦段(图1-2-11b)。

排驱压力是判断储集性能的重要指标之一。它的大小与岩石样品的孔隙度、渗透率关系密切。一般来说,孔隙度高、渗透率高的岩石样品的排驱压力低。如某些经过强烈溶蚀的细晶白云岩、颗粒灰岩,其排驱压力可低于0.05MPa。孔隙度高、渗透率低的储集岩的排驱压力一般较高，这是因为其储集空间虽然较大但连通喉道较狭窄。孔隙度低于5%、渗透率小于0.1mD（$0.0989623×10^{-3}\mu m^2$）的岩石样品的排驱压力可以高达5MPa，如四川地区的一些石灰岩及泥晶—微晶白云岩。其中一些实际上已是不具储集性的封隔层。

（3）饱和度中值毛细管压力与喉道半径中值：饱和度中值毛细管压力是指汞注入饱和度为50%时的汞注入压力，记为p_{c50}。在进汞曲线上就是与饱和度50%的点对应的压力值。一般来说，排驱压力越高，其岩样的饱和度中值毛细管压力也越高，这是生产能力小的特征。

对水湿性油层可将从岩样进汞曲线上求出p_{c50}值换算到油层条件下的p_{c50}（油层），再折算为相应的油柱高度h_{50}，与油藏实际高度即闭合度进行比较即可用来判别产液性质：

（1）$h_{50}>$油藏闭合高度时，只产水，不出油；

（2）$h_{50}=$油藏闭合高度时，油水同产，水量多于油量；

（3）$h_{50}<$油藏闭合高度时，有较大产油能力；

（4）$h_{50}\ll$油藏闭合高度时，很大产纯油能力。

在缺乏油水相对渗透率的情况下，用p_{c50}值来估计油藏石油产能的大小，虽然与实际情况有些出入，但仍具有较大的现实意义。与样品饱和度中值毛细管压力相对应的喉道半径即为该样品的喉道半径中值，记为r_{50}。与岩样的p_{c50}相一致，r_{50}越大，表示岩石的储渗性越好。喉道半径中值可以近似地看作为样品的喉道半径平均值。

2）进汞曲线的应用

进汞曲线为研究油气储集提供了大量信息，反映了岩石的孔隙结构。通过作图法可以进一步确定储层的平均孔喉大小、计算储集岩的岩石孔隙表面积、渗透率、相渗透率，判别储集岩的润湿特征，可以确切地评估岩石的孔隙结构对储油气性的作用。下边做一些相关的介绍。

（1）根据压汞曲线和相对渗透率曲线确定储集岩的生产能力：将一支毛细管插入润湿相液体中，该液体将沿毛细管上升并达到一定的高度而静止。此时其界面上的毛细管压力等于沿毛细管上升的液柱的重量，即：

$$p_c = \Delta \rho g h$$

式中　p_c——毛细管压力；

　　　$\Delta\rho$——润湿相与非润湿相密度差；

　　　g——重力加速度；

　　　h——液柱高度。

当流体密度差一定时，一定的毛细管压力就相当于一定的液柱高度。所以对于某一确定的油（气）层就可以用液（气）柱高度来作为该储集岩进汞曲线的压力坐标。使用工程制单位时，毛细管压力和液（气）柱高度的关系可表达为：

$$p_c = \Delta\rho h/10 \quad 即 \quad h = 10 p_c/\Delta\rho$$

图1-2-12下部是某油藏储集岩的进汞曲线，其纵坐标以油水接触面以上的油柱高度表示。与其相对渗透率曲线配合，它清楚地划分出了油藏上部束缚水饱和区及下部含可动水的油水过渡带饱和区，并精确地说明该油藏的产油能力。图1-2-12表明，储集岩的束缚水饱和度为5%，对应的油柱高度为140ft。即油藏具有140ft以上的油柱高度时，油井产纯油。图上表明当水饱和度低于40%时，水的相渗透率为零，其对应的油柱高为25ft。即25~140ft油柱之间也产无水石油。也就是说油藏距油水界面25ft以上的储集岩都将产纯

油。当水饱和度大于90%时，油相的相对渗透率为零，对应的油柱高度为10ft。这就是说，在10~25ft油柱高度范围内将是油水同产，在10ft油柱高度之下不具产油能力。对于由性质均匀的岩石形成的油气藏，当使用液柱高度来作为进汞曲线的纵坐标时，可以清楚地表现出储层中油、水沿高度分布的情况。

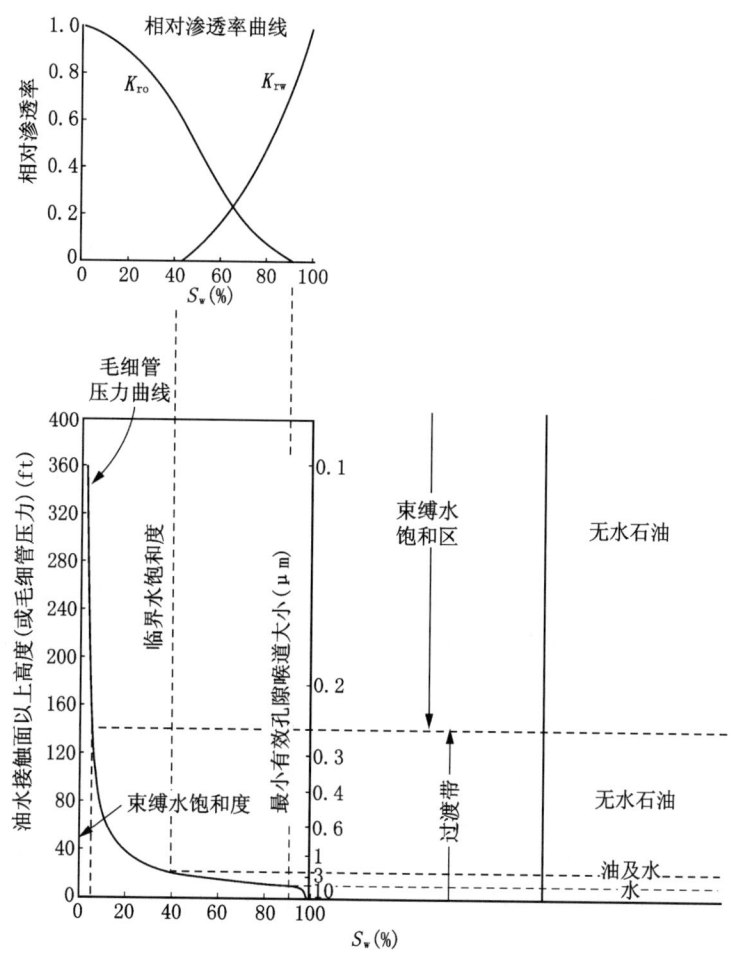

图1-2-12 由毛细管压力及相对渗透率曲线确定储集岩的生产能力

图1-2-12中进汞曲线形态特征表明岩石的孔喉分布分选好、歪度偏粗，是储集性很好的油层。因此它的油藏只需要很小的闭合高度（充满度100%，下同）即可产纯油。如果储层孔喉分选差，虽然歪度偏粗，仍会有一个厚的油水过渡带，此时油藏将会有较大的闭合高度不能产纯油。如果油藏的闭合高度太低，储层虽然含油，也不会产油。对于气藏，由于天然气密度小，故$\Delta\rho$很大。因此，在储层特点相同的条件下，产纯气的气藏所需要的闭合高度就低得多。

（2）碳酸盐岩片状喉道的毛细管压力及渗透率计算：沃德洛（1976）提出晶粒白云岩和结晶灰岩晶粒间的喉道是片状而不是管状的，因此不能将他们假设为管状毛细管束。他假设这些片状喉道为平行面间的缝，则片状缝的缝宽d的毛细管压力关系式为：

$$p_c = 2\sigma\cos\theta/d$$

在进汞曲线上与压力值对应的即是晶粒状碳酸盐岩储层的片状喉道的宽度。表明它与管状喉道半径相当。

Dabbous 和 Rezenik（1976）研究煤岩的毛细管压力时提出了计算煤岩中主裂缝渗透率的方法。假定裂缝是两个无限平行的光滑面，液体在裂缝中流动状态是层流，因裂缝性岩石也是一种多孔介质，流体在其中流动也服从达西定律。则裂缝宽度：

$$d^3 = 12 \times 10^{-8} Q \mu L / h \Delta \rho$$

式中　d——裂缝宽度，cm；
　　　Q——流量，cm³/s；
　　　μ——流体粘度，cP；
　　　L——裂缝长度，cm；
　　　h——裂缝高度，cm；
　　　$\Delta \rho$——压力差，atm。

将达西定律公式与上式合并得：

$$K = 10^{11} d^3 h / (12A)$$

式中　K——裂缝渗透率，mD；
　　　A——样品横截面积，cm²。

Dabbous 等（1976）的资料显示其样品的计算渗透率值比实测值要低，仅为实测值的 15%～74%。这表明煤岩中除裂缝外还有其他的渗流通道。

王允诚（1978）在以上的基础上提出用片状喉道渗透率贡献叠加法来确定碳酸盐岩样品的渗透率。其基本假设是将岩样中对渗透率作出贡献的各种宽度级别的片状喉道用一条宽度为 W 的等渗透率裂缝来代替。毛细管压力曲线上每一个压力增量间隔所对应的片状喉道宽度的平均值为：

$$W = (W_{i-1} + W_i)/2$$

其相对应的饱和度为：

$$\Delta S_i = (S_i - S_{i-1})$$

这里将随机分布的片状喉道看成为平均宽度为 W 的在渗透率上等效的简单裂缝。它在总的等效裂缝宽度 d 中所占的比例为 $S \Delta S_i / S_{max}$。所以可以写出：

$$W^3 = \sum_{i=1}^{n} (W_i \Delta S_i / S_{max})^3$$

岩样的总渗透率为：

$$K = (10^{11} h / 12A) \sum_{i=1}^{n} (W_i \Delta S_i / S_{max})^3$$

式中　S_{max}——汞注入最大饱和度，%；
　　　n——毛细管压力曲线上划分的区间数；
　　　i——角标，$i = 1, 2 \cdots \cdots, n$；
　　　h——等效裂缝高，cm，取岩样直径；
　　　A——岩样横截面积，cm²；
　　　W_i——第 i 区间的平均片状喉道宽度，cm；
　　　S_i——第 i 区间所占的饱和度，%；
　　　K——岩样计算渗透率，mD。

由公式和毛细管压力曲线资料（图 1-2-13）建立类似上面公式的函数关系，就可以

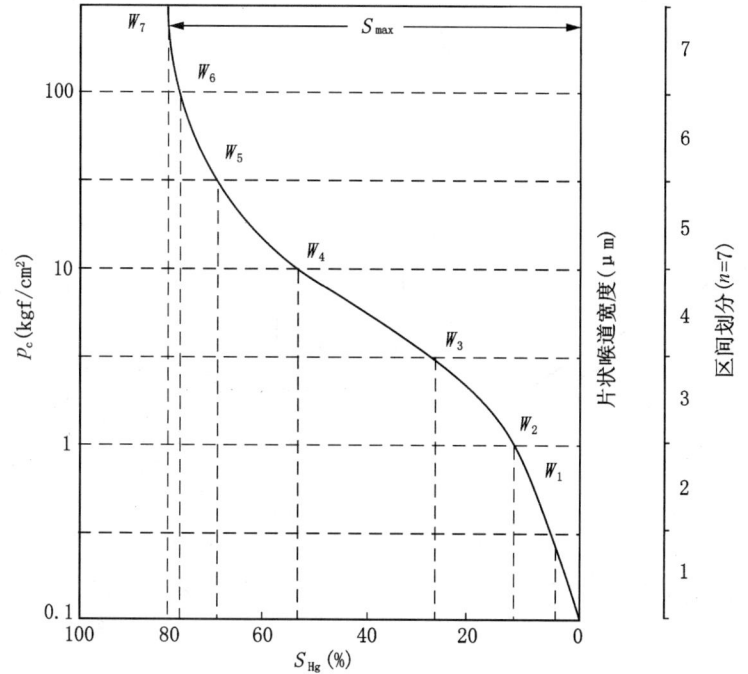

图 1-2-13 确定碳酸盐岩样品渗透率图解（据王允诚，1978）

迅速地计算出岩样的总渗透率值和每个区间对总渗透率的贡献值。

岩石的真实渗透率值通常还需要用"λ"系数来校正。λ 是计算渗透率值与实测渗透率值的比值。对于渗透率极低的碳酸盐岩，这样计算渗透率更为实用。

3）退汞曲线的特征

储层岩石样品的退汞量越大，在实际生产中其水驱油的效率越高，即会有更高的采收率。退汞过程类似于水湿性油层中用水驱油的过程。使用压汞法测定岩石样品的毛细管压力时汞是非润湿相，必须加压汞才能进入岩石中的孔隙系统，并且是随着压力的增加，逐步进入更细小的空间。当注入压力达到最大值后，如果再逐渐降低压力，则已进入岩石样品孔隙中的汞会逐步退出。记录压力降落及相应的汞退出量，就得到岩石样品的退汞曲线。

汞退出效率 WE 是退汞曲线中的一个重要参数，指在压汞仪的压力范围内从高注入压力降到最小压力时岩样中所退出汞的体积与压力降落前注入汞的总体积百分比，即：

$$WE = (S_{max} - S_r)/S_{max}$$

式中 WE——退出效率，%；

S_{max}——最大注入汞饱和度；

S_r——退汞后样品内残余汞饱和度。

实际上，汞退出效率 WE 也就是该岩样中非润湿相的毛细管效应采收率。

Wardlaw（1976）在研究阿尔伯达虹湖区中泥盆统凯格河组上部生物礁白云岩储层的孔隙结构时，得到了如图 1-2-14 中两个样品的进汞曲线和退汞曲线。这两个样品有相近的孔隙度（约 20%）和相似的进汞曲线，而退汞曲线却明显不同。退出效率的大小与储集岩的孔隙结构有关。

Wardlaw（1976）的研究结果说明汞退出效率与以下因素有关：

(1) 退出效率与岩样孔隙度呈正相关：样品孔隙度越低其退出效率则越低（图1-2-15）；

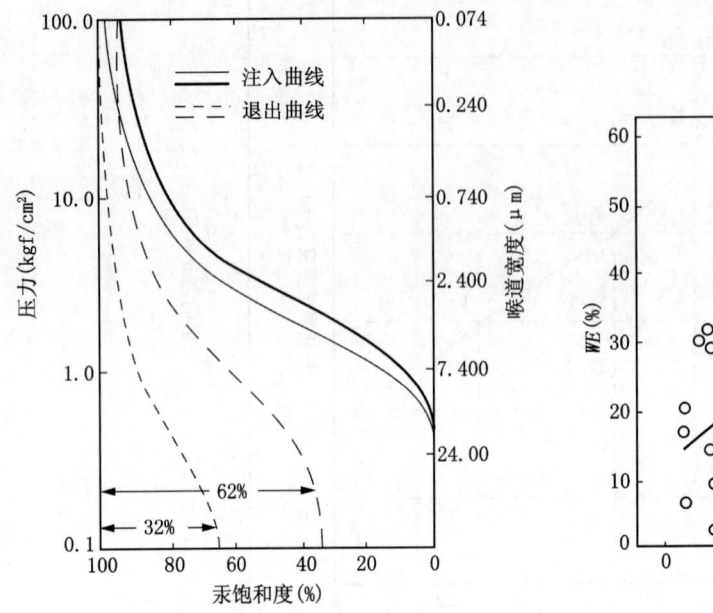

图1-2-14 虹湖A油藏白云岩储集岩
两个样品的汞注入和退出曲线

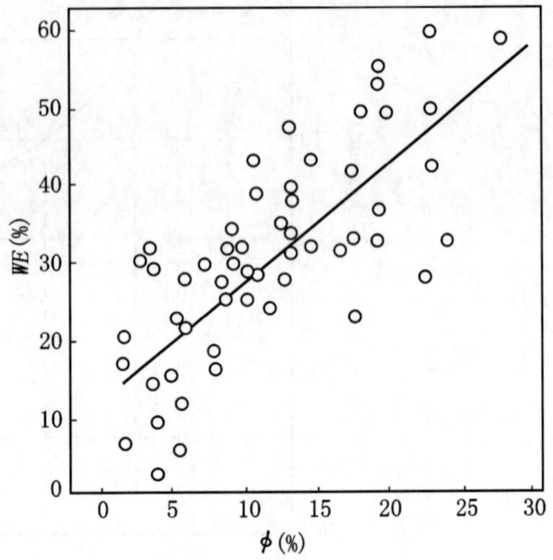

图1-2-15 退出效率与孔隙度的相关性

(2) 退出效率与岩样喉道中值呈正相关：喉道中值越小的样品其退出效率越低，因为资料表明样品的喉道中值与孔隙度之间存在着正相关趋势（图1-2-16），这意味着喉道大小对退出效率有很大影响。

(3) 退出效率与岩石样品的孔喉比呈负相关（图1-2-17）：孔喉比是岩石的平均孔隙直径与喉道中值之比；前者在岩石孔隙铸体中确定，后者在进汞曲线上求出（r_{50}）。孔喉比越小，表明喉道相对于孔隙越大，因此退汞效率越高。储集岩的孔隙度与孔喉比也呈负相关（图1-2-18）。

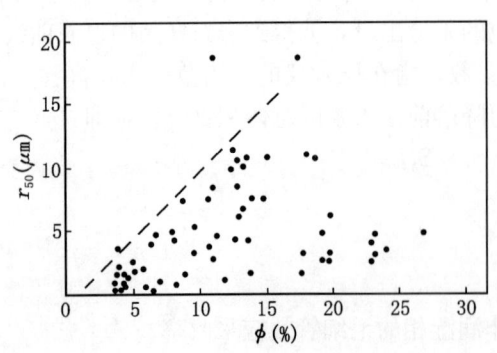

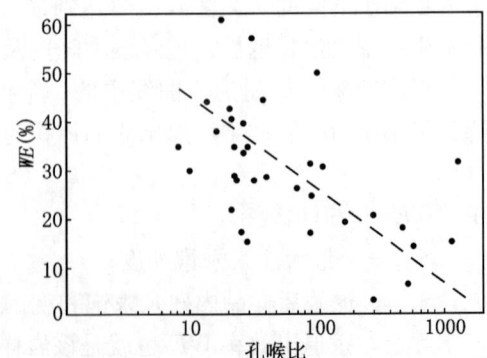

图1-2-16 白云岩喉道中值与孔隙度的相关性

图1-2-17 孔喉比与退出效率的相关性

Wardlaw（1976）进行了模型试验。试验在用玻璃蚀成的孔喉系统中进行。
其结果表明：当孔喉比高时，压力降低后只有喉道中的汞退出，孔隙中的汞呈不孤立状,因而退出效率低;而当孔喉比低时,压力降低后不仅喉道中的汞退出,孔隙中的汞也有相当部分退出,因而退出效率高(图1-2-19)。

在岩样孔喉比较高时,依据非润湿相汞退出时主要从喉道中退出的这一结论,可以利用岩样的进汞曲线和退汞曲线配合确定该样品的平均孔喉体积比及样品的喉道分布。退汞曲线的低压部分与压力坐标轴呈平行线的样品可以得到精确的结果。由于汞注入曲线所反映的是岩样喉道和与喉道相连通的孔隙的总体积,退汞曲线只反映样品中喉道的体积,所以它们之间的差值即是样品孔隙的体积。因而,平均孔喉体积比 V_{PT} 为:

$$V_{PT} = 孔隙体积/喉道体积 = S_r/(S_{max} - S_r)$$

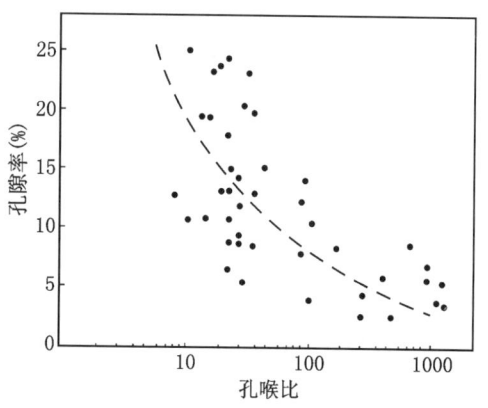

图1-2-18 白云岩储层孔隙度与孔喉比的关系图

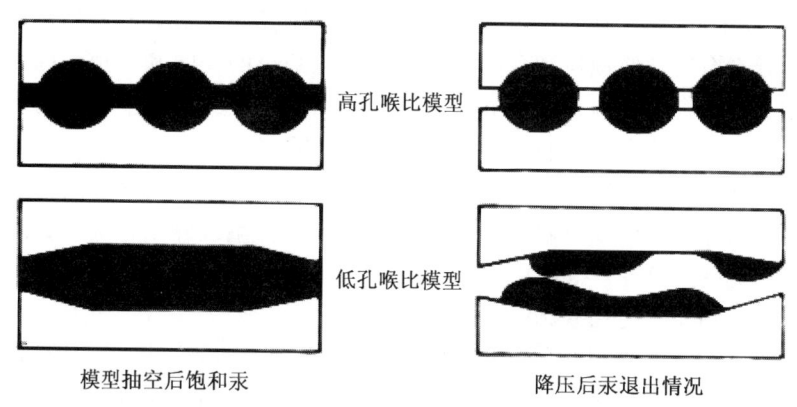

图1-2-19 退汞模型实验

二、岩石孔隙铸体法

1929年纳丁(Nutting)将石英砂岩浸入到熔化的精制石蜡液中,冷却后再用氢酸溶解掉骨架颗粒,从而制得了第一块孔隙空间铸体模型。以后的研究者先后使用了石蜡、火漆、水泥等物质来制作岩石孔隙空间的铸体模型,均未取得理想效果。到20世纪40年代开始采用塑料、伍德合金来灌注岩石制造孔隙空间模型,取得了较好的效果。20世纪50年代以后由于油气资源勘探开发的需要和有机聚合物以及生产的迅速发展使岩石孔隙空间的复制技术和应用得到了极大的发展。随着20世纪60年代碳酸盐岩沉积学研究的突破,铸体研究方法也广泛地用于碳酸盐岩储层的孔隙结构研究中。目前常用的灌注剂是加有染色的有机单体和聚合物。Swansonk(1979)曾用伍德合金熔液代替汞,将铸体法和压汞法直接结合起来,得到了岩石样品在不同注入压力下非润湿相进入的孔隙空间的铸体模型。

岩石孔隙铸体法是一种岩石孔隙空间复制技术。用岩石孔隙铸体的方法可以直接得到储集岩孔隙结构的立体模型。通常使用岩石显微镜和扫描电镜来观察岩石铸体标本。将岩石铸体标本磨制成普通的岩石薄片后就可以在偏光显微镜下观察。此时根据需要可以制作不同方向的岩石切片,从而了解样品孔隙结构在三度空间上的特征。欲在双目显微镜或扫描电镜下观察岩石孔隙结构的立体形态,其样品需要先用酸液溶解掉全部或部分骨架颗粒。

在处理孔隙度高和喉道细小的岩石样品时必须特别小心，因为它们的铸体孔隙模型极易损坏。此时需要控制酸的浓度或采用局部溶解的方法。岩石孔隙铸体是描述储集岩孔隙结构的直观方法，其应用如下：

（1）对岩石孔隙结构特征进行岩石学解释：沃德洛（1976）对阿尔伯达虹湖油田白云岩储层孔隙结构进行了铸体研究后，对不同类型的汞注入曲线的孔隙结构特征作出相应的岩石学解释。罗蛰潭等（1978）通过对铸体薄片观察后对华北奥陶系藻白云岩的进汞曲线反映的孔喉分布特征也作了岩石学解释。这些解释对于油气资源勘探和开发都有实际意义。总之通过孔隙铸体的研究与岩样的进汞、退汞曲线特征的综合分析可以对岩石的孔隙结构特征作出岩石学解释。

（2）为储集岩孔隙结构模型的确定提供依据：包括三个方面的内容。一是孔隙、微裂缝类型及孔隙大小分布情况；二是喉道类型及其大小分布情况；三是孔隙和喉道的连通情况或配合情况。这些特征是用网络模型模拟储集岩孔隙介质的基本依据。

（3）识别岩石孔隙空间：由于注入剂有十分醒目的色彩，故通过显微镜可以在岩石薄片上分辨出 $0.1\mu m$ 的孔喉。并且由于孔隙铸体清楚地显示出了孔隙、喉道的细微结构，故可以清楚地区分岩石的骨架颗粒和孔隙空间，特别是细小的孔隙和喉道。因而有利于确定孔隙和喉道的类型和判断影响孔隙形成的各种地质因素。在此基础上就能初步了解储集岩的孔隙结构特征，如孔隙类型、喉道类型、连通情况等。

（4）定量描述岩石孔隙空间：通过岩石显微镜对铸体薄片的观察和用电子显微镜观察岩石孔隙空间的铸体格架可以对岩石样品的孔隙度进行估量或测量，确定孔隙大小分布特征、孔隙的平均宽度（直径）等。由所确定的平均孔隙直径与由汞注入曲线上求出的平均喉道直径相比可得到样品的孔喉比值。

近年来，埃利希和麦克里席等（R. Ehrlich, C. A. Mc－Creesh，1991）利用图像分析技术、模式识别方法对储层进行综合研究，发表了岩石学与油层物理学研究的系列论文。该研究中对岩石孔隙图像进行分析、确定孔隙类型及分布特征、再结合岩石的毛细管压力曲线用回归方法确定孔隙类型与喉道大小分布的关系，在此基础之上进一步建立储层渗透率与地层因子（Formation Factor）的物理模型，对储层作出评价。

此外，V. G. Ethier 和 H. R. King（1991）通过对钻井所取得的储层钻屑、岩心的扫描电镜图片分析来对储集岩进行定量评价。L. B. McNamara，N. C. Wardlaw 和 M. MdKellar（1991）等利用储集岩野外露头和岩心的照片研究碳酸盐岩储层孔隙度。随着计算机技术在研究储集岩孔隙结构方面的深入使用，图像分析技术得到迅速发展，已使得岩石铸体薄片孔隙结构特征的定量分析进入了一个崭新的阶段。

第三章 碳酸盐岩储层类型

第一节 概　　述

　　由世界各地的碳酸盐岩油气勘探、开发来看，人们已经逐渐认识到，了解某一地区碳酸盐岩储层类型对于勘探预测及油气田开发具有十分重要的意义。碳酸盐岩储层作为一种多孔介质，其孔隙空间可由孔隙、孔洞和裂缝三种不同的空间构成。流体在这些不同的孔隙空间中渗流的状况有明显差别。受各种地质作用的控制，这三种孔隙空间在碳酸盐岩中发育的程度会有差别。这样就形成了具有不同渗流系统的储层，它们在油气的开发中有不同的表现。另一方面，由于三种不同孔隙空间的发育条件与不同的地质因素有关，不同储层将出现一定的地质背景之中。所以油气资源的勘探和开发需要对储层按渗流系统进行分类。

　　目前对于碳酸盐岩储层类型的划分主要是建立在碳酸盐基本储集空间类型上。虽然碳酸盐岩的储集空间很多、成因复杂，但首先可以考虑的是孔隙、孔洞和裂缝的发育程度的差别、物性参数特征、已经具有不同孔隙系统的储层在油气资源勘探、开发中表现出来的各种特点。巴格琳采娃（1982）的碳酸盐岩储层类型分类方案（图1-3-1）主要依据储集岩总孔隙空间中三种孔隙所占比例来划分。但通常较难确定储集岩中的孔隙、孔洞和裂缝三者的数量关系，否则使用三端元的三角图形分类是十分便捷的。唐泽尧（1985）对四川地区的天然气碳酸盐岩储层提出了以空间组合为基础的分类三角图（图1-3-2）。一般来

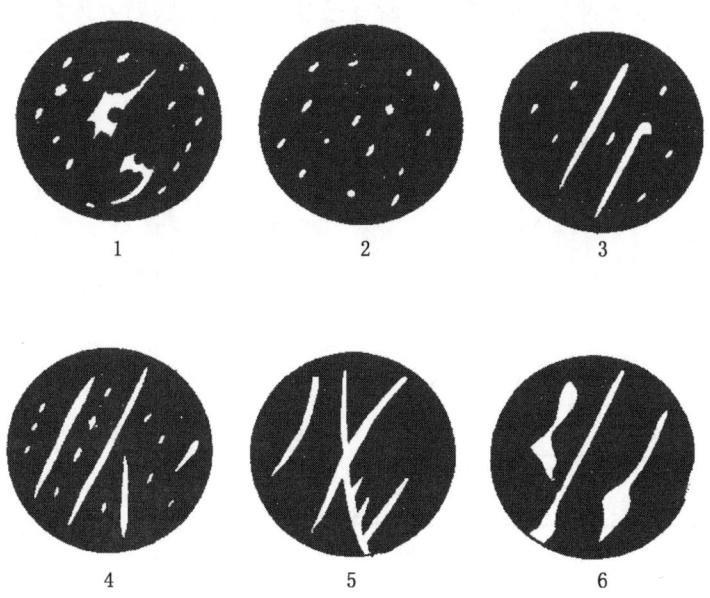

图1-3-1　碳酸盐岩储层类型（据巴格琳采娃，1982）
1—孔洞—孔隙型储层；2—孔隙型储层；3—裂缝—孔隙型储层；
4—孔隙—裂缝型储层；5—纯裂缝型储层；6—孔洞—裂缝型储层

讲，该分类方案多在定性的范围内使用。另一些是依据储集岩中孔隙空间的类型与储集岩的物性参数间存在某种一致性划分（巴格琳采娃，1977）（表1-3-1）。

表1-3-1 碳酸盐岩储层分类表（据巴格琳采娃，1977）

组别	级别	渗透率 ($\times 10^{-3} \mu m^2$)		张开孔隙度 (%)	残余水饱和度 (%)	储层类型	岩石结构和构造
A	1	500~300		35~20	10~5	孔洞—孔隙型和孔隙型	生物骸骨岩、生物碎屑岩和团粒岩。孔隙是沉积期的孔隙，可因淋滤作用而扩大
	2	500~300		30~16	20~10		
B	3	300~100		30~15	22~12	孔隙型和裂缝—孔隙型	生物—生物碎屑岩。粒度细—中等，孔隙是沉积期的孔隙和残留的孔隙
	4	100~50		25~12	30~16		凝块—生物—生物碎屑岩。泥—细晶孔隙残留—沉积期孔隙、淋滤孔隙和重结晶孔隙
	5	50~10		25~12	38~20		
C	6	岩块	10~1	20~8	55~35	孔隙—裂缝型及裂缝型	泥晶—细晶岩、凝块岩石和凝块—生物碎屑岩，以及团块不易辨认的强烈重结晶岩石。孔隙是淋滤孔洞，也可能有残留—沉积期孔隙
		裂缝	300~1	4~0.1			
	7	岩块	1~0.1	15~2	60~85		
		裂缝	300~1	4~0.1			

迈杰鲍尔（1980）指出碳酸盐岩储层除了纯孔隙和纯裂缝型外，最常见到的是由微裂缝、大裂缝、孔洞、基质组成的复杂多重渗流介质系统（图1-3-3），其中最常见到的是裂缝—孔洞型和裂缝—孔隙型。迈杰鲍尔还曾详细地探讨过这两类碳酸盐岩储层的开发特征。斯麦霍夫（1974）认为油、气储层分类的基础应该是对岩石中油气聚集与渗流过程的认识。根据现在的认识水平，斯麦霍夫将所有已经知道的储层划分为简单储层和复杂储层

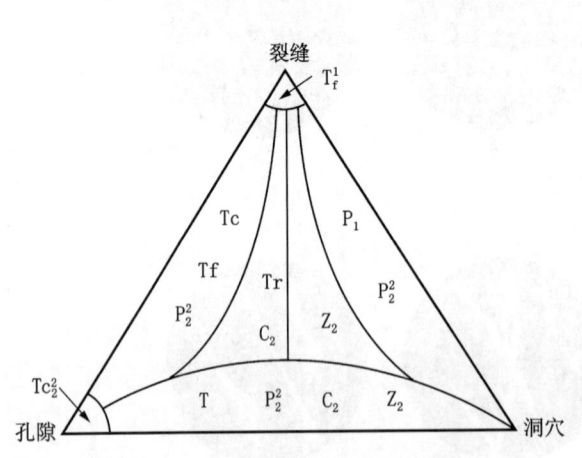

图1-3-2 四川盆地碳酸盐岩储层孔隙组合类型（据唐泽尧，1985）

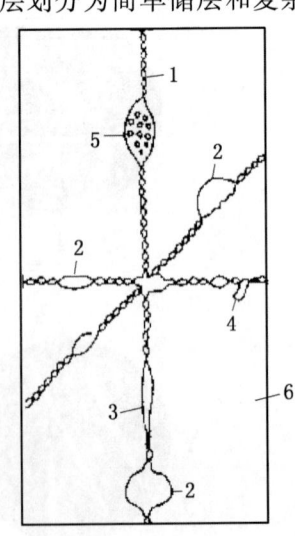

图1-3-3 碳酸盐岩储层的储渗介质类型

1—微裂缝；2—溶解孔洞；3—大裂缝和溶解扩大裂缝；4—死裂缝；5—部分充填孔洞；6—孔隙介质

两大类。他认为在孔隙、孔洞、裂缝这三类岩石孔隙空间中孔洞不是独立的,其中早期层状溶解孔洞、埋藏期溶解孔洞与岩石中的各种孔隙的情况没有多少差别。而岩溶洞穴多为沿裂缝发育,它除了增加了容纳流体的孔隙空间外,没有改变裂缝系统的渗流特点。因此,斯麦霍夫认为根据聚集和渗流条件,孔隙型储层和裂缝型储层是简单储层的基本类型。在孔隙型储层中,油气主要储存在粒间孔隙和结构与之类似的孔洞中,而在纯裂缝型储层中油气主要储存在裂缝和与裂缝有关的溶解孔洞中,然而油、气等流体的渗流体系却都是性质单一、均质的渗流通道体系。这两种储层的特点就是其渗流通道体系具有连续性,这种连续性取决于向总渗流汇集的大量微细流的物性平均值。因此,孔隙型储层和裂缝型储层都是单一渗流介质,属于简单储层类型。

而复杂型或混合型储层则是另一种情况。这类储层是碳酸盐岩油气田中最常见的油气产层。它们同时具有各种渗流通道体系。在渗流过程中各渗流通道体系间存在着流体的强烈交换流动。无论是结构还是渗流条件,都以这类储层最为复杂。斯麦霍夫认为就主要的来讲,这类储层中具有两类基本性质不同的渗流介质:孔隙系统和裂缝系统。从水动力学观点来看,可以认为这类储层具有相互穿插、交织的双重介质体系。进而,斯麦霍夫提出了依据储集岩的聚集条件和渗流条件划分碳酸盐岩储层类型的原则并列出了几种常见储层类型的主要特征(表1-3-2、表1-3-3)。

表1-3-2 油气储层分类基本原则表

分类标准	简 单 储 层		复杂(混合)储层	
	孔隙型	纯裂缝型	裂缝—孔隙型	孔隙—裂缝型
岩性成分	陆源岩石,很少见碳酸盐岩	碳酸盐岩,很少见陆源岩石,火成岩,变质岩	碳酸盐岩,很少见陆源岩石	陆源岩石,很少见碳酸盐岩
聚集条件	石油(天然气)基本含在孔隙或结构类似孔隙的孔洞中	石油(天然气)基本含于裂缝和裂缝的扩大孔隙中	石油(天然气)基本含在岩块的空隙(孔隙、孔洞)中	
渗流条件	①$K_T<K$; ②K值决定稳定渗流过程; ③K和m_{M3}值决定不稳定渗流过程; ④各向同性; ⑤在单一渗流通道体系(孔隙或裂缝)中实现双相渗流	①$K_T\geqslant K$; ②K_T值决定稳定渗流过程; ③K和m_{M3}值决定不稳定渗流过程; ④各向异性; ⑤在单一渗流通道体系(孔隙或裂缝)中实现双相渗流	①$K_T\gg K$; ②K和m_{M3}值决定不稳定渗流过程; ③各向异性; ④在混合型储层中双相渗流反映出的特点就是孔隙和裂缝间不同相的交换	①$K_T\gg K$; ②由K和K_T值总的决定稳定渗流过程; ③K和K_T,K_T和m_T值决定不稳定渗流过程; ④显示出微弱的各向异性; ⑤在混合型储集层中双相渗流反映出的特点就是孔隙和裂缝间不同相的交换

表1-3-3 划分主要储层类型的标准

储 层 类 型	主要储集空间	K_T和K之比	双相渗流条件
孔隙型	粒间孔隙及结构类似孔隙的孔洞	$K_T<K$	单一渗流通道(孔隙或裂缝)体系
纯裂缝型	裂缝和与裂缝有关的淋滤孔隙	$K_T\gg K$	
裂缝—孔隙型 (裂缝—孔洞—孔隙型)	岩块中的粒间孔隙和孔洞(原生成因和次生成因)	$K_T>K$	在储层孔隙(孔洞—孔隙、孔隙—孔洞)和裂缝两介质间不同相进行交换
孔隙(孔洞—孔隙)—裂缝型		$K_T\geqslant K$	

第二节 碳酸盐岩的储层类型

一、简单储层

孔隙型储层、裂缝型储层和孔洞型储层为简单储层。关于孔洞型储层的实例和资料很少。

通常孔隙型储层各向同性，孔隙型储层中流体通过孔隙—喉道系统渗流，其孔隙渗透值决定了渗流体的稳定渗流。而裂缝型储层则反映出清晰的各向异性。裂缝型储层中流体在裂缝系统内渗流，由裂缝渗透值来决定流体的稳定渗流。由于不稳定渗流不仅决定于岩石的渗流性质，而且也决定于岩石的储集空间参数，因此简单储层中流体的不稳定性渗流过程，必然决定于该类储层所特有的那种单一孔隙体系的渗流特性和储集空间特性。即在孔隙型储层中流体的不稳定渗流过程，由其孔隙渗透率和孔隙度所决定，而在裂缝型储层中流体的不稳定渗流过程，由其裂缝渗透率和裂缝孔隙度所决定。

碳酸盐储集岩的裂缝渗透率和孔隙度的比值在一般情况下可作为判断简单储层类型的指标。在孔隙型储层中岩石孔隙度、渗透率一般都较高，且孔隙渗透率较裂缝渗透率大得多（表1-3-4）。而在裂缝型储层中裂缝渗透率要比孔隙渗透率大得多。碳酸盐岩孔隙型储层多见于岩石结构比较粗的岩类中，其分布范围受沉积环境及成岩过程控制。因其分布通常都有一定范围，油气储存于孔隙之中，因此其开采过程一般比较平和，采收率高低和孔隙结构有明显关系。裂缝型储层多见于夹于陆源岩间的薄层碳酸盐岩或其他结构致密的碳酸盐岩中。其分布面积有限，主要受构造作用控制。因其油、气主要储集于裂缝中，故储量有限。由于裂缝系统有很高的传导性，油气藏具有很高的压力，开采过程中常表现出强烈井喷后产量很快衰减的特点。其生产压差小而采收率可以很高。当沿裂缝系统有岩溶

表1-3-4 原苏联某些油田的孔隙型碳酸盐岩储层

参数	亚马什基恩斯科耶	卡拉恰—叶尔加	亚库什基斯科耶	别洛泽尔卡	阿拉卡耶夫卡	格拉切夫科耶	库列绍弗卡	列利亚科弗斯科耶
产层时代（阶）	C_2 维列依阶	C_1 多内昔阶	C_2 卡施尔阶	C_2 维列依阶	C_2 巴什基尔阶		P_1 萨克马尔—阿丁斯克阶	C_2 巴什基尔阶	P_1 阿谢里阶
产层深度（m）	698~851	980~1170	861~973	904~1018	913~979	1066~1104	1325~1441	1239~1647	1714~1789	811~1845
岩性	生物石灰岩	白云岩	生物石灰岩	生物石灰岩	生物石灰岩	生物石灰岩	生物石灰岩	白云岩	生物石灰岩	白云岩
粒间孔隙度（%）	10~15	15~19	12~16	12~15	13~18	15~20	12~18	20~25	15~25	15~25
薄片孔隙度（%）	2~3	—	1~2	1.5~3	2~3	2~4	2~4	2~5	3~5	—
粒间渗透率（$\times 10^{-3} \mu m^2$）	30~60	40~80	45~80	20~40	60~150	40~70	50~100	70~200	50~120	60~180
裂缝渗透率（$\times 10^{-3} \mu m^2$）	2~4	3~7	2~3	2~5	3~4	5~7	5~7	5~20	4~12	2~5
有效裂缝体积密度（l/m）	15~32	25~60	10~20	12~25	15~30	15~20	25~40	15~40	18~27	5~20
油气藏类型	油藏	油藏	油藏	油藏	油藏	油藏	油藏	油气藏	油藏	油藏

洞隙发育时，可以补充其储量，但不会改变其渗流特点，而且还由于裂缝张开度与储层空间的压力有关，使裂缝型储层形成的油藏弹性系数较大，同样也影响到油气的最终采收率。

二、复杂储层

迈杰鲍尔（1980）研究苏联的油气田时识别出了裂缝—孔洞型储层，是碳酸盐岩中最常见的由孔隙和裂缝这两种单一介质复合而成的复杂储层。当然也有可能确定出裂缝—孔隙—孔洞三种渗流介质复合而成的三重介质储层。不过多数研究者认为复杂储层中最常见的还是由裂缝、孔隙构成的具有双重介质结构的储层。

孔隙—裂缝型储层和裂缝—孔隙型储层中的流体主要是储存在岩石各种孔隙中，但它们的渗流条件不相同。裂缝—孔隙型储层的特点就是它们的裂缝渗透率比孔隙渗透率明显大。这可作为识别这类型储层的一个主要标志。在这种储层中稳定渗流只决定于裂缝渗透率，不稳定渗流则同时决定于裂缝渗透率和孔隙渗透率。图1-3-4是典型的裂缝—孔隙型储层生产井的压力恢复曲线，它以出现两个直线段为特征。此外，由于裂缝渗透率在储层中明显占主导，故这种储层也表现出渗流性质的各向异性。孔隙—裂缝型储层的裂缝渗透率与孔隙渗透率大致相近，这是与裂缝—孔隙型储层的重要差别。这类储层的孔隙度范围在2%～19%，一般较裂缝—孔隙型储层的要高。在孔隙—裂缝型储层中，孔隙渗透率和裂缝渗透率同样重要，它们的总和决定了储层的稳定渗流。其不稳定渗流则由这种储层中孔隙介质和裂缝介质的全部参数，即孔隙的渗透率、孔隙度和裂缝率等共同决定。这类储层的渗滤性的方向性表现不明显。

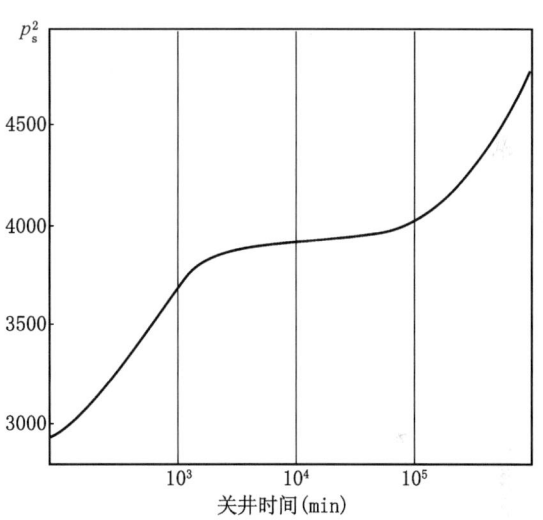

图1-3-4 裂缝—孔隙型储层压力恢复曲线

裂缝—孔隙型和孔隙—裂缝型储层是碳酸盐岩储层中十分常见的两种储层，世界上不少著名的大油气田都与其有关。表1-3-5、表1-3-6分别列出了前苏联一些油气田的孔隙—裂缝型、裂缝—孔隙型碳酸盐岩储层的主要参数。

表1-3-5 孔隙—裂缝型储层的特点（以俄罗斯地台油田为例）（据斯麦霍夫，1974）

参　　数	Еиорусское	Новые Бавлы	Субфан-кулово	Карача-елга	Грачевское	Кулсашовка
产层（阶）	C_1，多内昔阶	C_1，多内昔阶	D_3，上发门那阶	C_1，多内昔阶	D_1，萨克马尔—阿丁斯克阶	C_2，巴什基尔阶
产层深度（m）	1078～1126	1126～1328	1355～1408	1334～1447	1239～1647	1712～1739
岩性	石灰岩	生物灰岩	石灰岩	石灰岩	石灰岩	生物灰岩
粒间孔隙度（%）	12～14，14～19	6～15	2～6	10～14	5～10	10～12
薄片孔隙度（%）	—	3～5	4～6	3～5	8～15	5～7

续表

参　　数	Еиорусское	Новые Бавлы	Субфан-кулово	Карача-елга	Грачевскос	Кулсашовка
粒间孔隙渗透率 ($\times 10^{-3} \mu m^2$)	7～10, 2～9	0.5～6	0.5～11	5～15	3～8	1.5～4
裂缝渗透率 ($\times 10^{-3} \mu m^2$)	2～3, 5～18	5～15	3～25	10～20	4～20	7～20
有效裂缝的体积密度 (1/m)	32～45 80～150	30～100	33～130	30～50	30～90	28～53

表1-3-6 裂缝—孔隙型储层的特点

参　　数	马尔希斯卡亚探区	马尔科沃气田	亚马会基思斯科叶油田	奥斯塔什科维奇油田	穆巴列克油田	萨马依捷佩气田	马雷舍夫卡油田	萨拉托夫斯科耶气田	扎马思库尔油田
产层	Pz_1，斯塔罗列琴层	C_{m1}，奥辛层	C_2，多内昔阶		J_3，卡洛—牛津阶		P_1，萨克马尔—阿丁斯克阶	C_2，巴什基尔阶	上白垩统
产层深度 (m)	1813～1831	1950～2348	980～1170	2635～2751	1616～1972	2320～2780	396～463	2300～2625	2045～2564
岩性	白云岩	石灰岩	白云岩	石灰岩		生物灰岩	石灰岩	生物灰岩	
粒间孔隙度 (%)	4	2～3	10～14	3～8	2～5	3～5	2～5	1.0～1.5	2～5
薄片孔隙度 (%)	8	10～25	—	5～7	5～10	6～10	5～5	8～10	5～10
粒间渗透率 ($\times 10^{-3} \mu m^2$)	<0.1	<0.1	<0.1	<0.1	<0.1	<0.1	<0.1	<0.1	<0.1
裂缝渗透率 ($\times 10^{-3} \mu m^2$)	6	7～15	4～16	5～12	5～25	5～20	5～12	8～20	5～24
有效裂缝的体积密度 (1/m)	47	40～70	20～50	30～50	40～120	50～100	40～80	60～159	30～120
油气藏类型	—	凝析气藏	石油	石油	石油	天然气	石油	天然气	石油

在孔隙—裂缝型储层中，孔隙中的流体同时通过裂缝系统和孔隙系统流入井筒中。而在裂缝—孔隙型储层中，孔隙系统中储存的油、气先从孔隙系统流进裂缝系统，再由裂缝系统流入井筒。此时油气井的产能与裂缝系统渗透率高低有很大关系。在生产过程中还发现裂缝—孔隙型储集岩中发生油、水两相渗流时存在着"逆毛细管渗吸作用"或称为"岩块自吸排油"过程。即在切割含油、气岩块的裂缝系统充满水的情况下，由于岩石的水湿性和毛细管力的作用，裂缝系统中的水将被吸入岩块孔隙系统中去，孔隙系统中的油、气则被排入裂缝中。因此，对这类储层采用周期性注入的方法能提高油、气井的采收率。黄代国（1983）曾对冀中碳酸盐岩油藏开发过程中的含油岩块自吸采油特征进行过研究。

随着研究方法的改进，认识水平的提高，对孔洞空间的认识将会更加深入。目前有的学者正在探索建立孔隙、孔洞、裂缝三种孔隙系统复合而成的三重介质混合型储层的模式。迈杰鲍尔（1980）在对前苏联格罗兹内地区的若干上白垩统油田的研究中划分出了裂缝—溶洞型碳酸盐岩储层。这些储层的岩石基质孔隙度和渗透率都很低（表1-3-7）。储层中沿裂缝系统发育有岩溶孔洞、洞穴，但其次生孔隙度也很低（表1-3-7）。岩石的裂缝渗透率则比孔隙渗透率高几个数量级。按斯麦霍夫（1974）的划分，这类储层应属于裂缝—孔隙型储集层（表1-3-6）。这表明对于碳酸盐岩储层中岩石孔洞的作用在许多研究者中尚未得到较为广泛一致的认识。由于碳酸盐岩中的孔洞在成因上与孔隙、裂缝有相当密切的联系，要将它们严格地与储集岩中的孔隙系统或裂缝系统区别开来确实是很困难的。

表1-3-7 裂缝—溶洞型碳酸盐岩储层参数

油田或探区		地 层	岩 性	基质孔隙度（%）	基质渗透率（$\times 10^{-3} \mu m^2$）	次生孔隙度（%）
格罗兹内的油田	卡拉布拉克—阿恰鲁基	上白垩统	石灰岩	5.1	0.01	0.64
	扎曼库尔			4.8	0.01	1.10
	马尔戈别克—沃兹涅辛斯克			4.6	0.01	0.73
	阿里尤尔托夫			—	—	—
	哈扬—科尔特			2.6	0.01	0.70～0.80
	厄尔达罗沃			2.6	0.01	0.55
	老格罗兹内			2.6	0.01	0.70
	勃拉贡			2.6	0.01	0.55
	雅斯特列宾			3.9	0.01	0.49
	十月			—	—	0.57

统计表明在碳酸盐岩油气藏中，与裂缝有关的具有双重介质性质的储层占85%。在这类储层中，流体主要储存在岩石的孔隙、孔洞系统中。裂缝系统发育程度决定着油气井产能的大小。

第四章 碳酸盐岩的成岩作用与孔隙演化

第一节 概 述

现代和古代碳酸盐沉积物的原始矿物成分主要为文石、高镁方解石和低镁方解石的混合物。前两者处于亚稳定状态，很多情况下它们将会在成岩作用过程的某个时期转变成稳定的低镁方解石。从近地表大气淡水和较深埋藏孔隙水中沉淀而成的胶结物则可包括上述三种 $CaCO_3$ 矿物。地层记录中的大多数古代石灰岩完全由低镁方解石组成，因此，成岩作用研究常包括识别各种各样胶结物的原始矿物成分及其对孔隙溶解化学成分的影响，以及判定胶结物沉淀和转变作用发生的时间。

岩石的成岩作用是指沉积物沉积后至岩石固结，在深埋环境下直到变质作用之前所发生的物理、化学变化及埋藏后岩石又被抬升到地表或接近地表的环境中所发生的一切物理、化学变化。而研究碳酸盐岩成岩作用的主要目的是：

（1）恢复碳酸盐岩形成和发育的历史过程。通过对碳酸盐岩的各成岩环境中不同成岩作用过程的研究，可以了解岩石孔隙的生成和演化与成岩作用过程的关系，从而可以起到对碳酸盐岩储层的孔隙性质、发育程度以及空间展布进行预测的作用。

（2）特别是氧同位素地球化学和气液包裹体的研究可用来估计成岩作用环境的温度和孔隙卤水的化学成分，从而可以了解有机质的成熟作用和油气的形成以及成矿溶液的特征等。

碳酸盐岩成岩作用的研究可以从其岩相学、微量元素和同位素地球化学方面着手。岩相学的研究手段包括薄片的染色、醋酸纤维素揭片、阴极发光以及电子显微镜等。其中，阴极发光和电子显微镜在近几年得到普及而分别成为研究胶结物内部组构和外部微构造特征的常用方法。对成岩作用研究有重大意义的微量元素包括镁、钠、锶和锰等；而成岩作用的同位素地球化学研究则主要涉及稳定碳和氧同位素的比例，同时，硫和锶同位素也可提供重要的成岩变化信息。此外，对埋藏胶结物中的气液包裹体进行研究可获取成岩孔隙成分和成岩温度等方面的资料。

一、碳酸盐岩的成岩作用类型

碳酸盐岩成岩作用主要经历以下6种作用过程：

（1）微生物泥晶化作用：指沉积物内藻类、细菌和真菌对海底的骨骼碎屑颗粒产生作用的过程。这种作用可使碳酸盐颗粒外表形成泥晶套，还可将整个颗粒泥晶化而使其原始成分极难甚至不可能被识别。

（2）胶结作用：一般分为三种类型：潮坪以及海滩的胶结作用、浅海胶结作用和深海胶结作用。为碳酸钙从孔隙水中沉淀出来并附着于沉积物颗粒表面上或与沉积物颗粒构成同轴次生加大过程。沉积物中的孔隙水必须呈碳酸钙过饱和状态，而且在化学动力学因素不妨碍碳酸钙沉积的情况下，胶结作用才有可能发生。但是，要从胶结作用的发生到使碳酸盐沉积物完全石化，则需要大量碳酸钙从孔隙水中沉淀出来，这就必须有碳酸钙的来源以及将这些碳酸钙运移到其沉淀处的水动力学机制。在海洋环境中，海水本身可提供大量的碳酸钙，潮流和波浪作用以及生物搅动可将海水输送到沉积物中；在近地表的大气淡水和深埋藏环境，碳酸钙主要来自原地的和异地碳酸盐沉积物的溶解作用，地下水的水头压力则可将这些碳酸钙运移到其沉淀处。

（3）溶解作用：溶解作用是由于不饱和孔隙流体引起的，碳酸盐矿物的可溶性特别强，碳酸盐沉积物对溶解作用特别敏感。溶解作用对孔隙的增加具有十分重要的意义。如果孔隙水呈碳酸盐矿物不饱和状态，则可发生碳酸盐沉积物的溶解作用。此溶解作用过程所影响的规模可大可小，小到仅限于沉积物颗粒的溶解，大到形成碳酸盐岩中的喀斯特地貌。原始碳酸盐沉积物主要由文石和方解石组成，文石要比方解石不稳定得多，而方解石的溶解度随着其中镁的含量增加而增加。在近地表的大气淡水条件下，如果半石化或已石化的碳酸盐岩在大气淡水环境中发生溶解作用，则有可能形成小型的岩穴或大型的溶洞。溶解作用可发生于沉积后各个阶段，甚至发生在沉积同期。

（4）新生变形作用：指一种矿物本身或同质多象体之间的所有转变。这个过程中，新生晶体可以比原来的大，也可以比原来的小，也可以与原来的形状完全不同。新生变形这个术语十分有价值，常用来描述矿物结构的交代和重结晶等一切转变作用，其矿物成分可发生变化也可毫无变化。但在碳酸盐成岩作用研究中，要确切说明这种转变过程是矿物转变还是重结晶，或是两者都有，有时是很困难的。而重结晶作用这一术语在本章中则仅限于用来表示矿物颗粒的大小和形状的变化而不包括矿物成分的改变。在细粒碳酸盐沉积物中，最常见的新生变形作用为导致矿物颗粒大小增加的作用，常称进变新生变形作用；反之，则为退变新生变形作用，后者一般极少见。另一较特殊的新生变形过程为方解石化作用。

（5）压实作用：在埋藏环境中，随着上覆压力的增加，压实作用逐渐成为重要的成岩作用机制。压实作用指由于上覆沉积物重力而使得沉积物颗粒受到挤压而靠拢的作用过程。压实作用可引起沉积物颗粒重新排列而形成紧密堆积的组构，而此紧密堆积作用的过程将导致沉积物孔隙度和渗透性的减少、孔隙溶液被挤压出来以及沉积层厚度变薄。压实作用包括机械压实及化学压实作用。在晚期埋藏阶段化学压实作用将使得颗粒接触处发生溶解作用，从而形成吻合组构。如果上覆地层厚度超过数百米到数千米，化学压实作用可导致缝合线以及呈平缓状的溶解接合线沿已石化的碳酸盐岩中的不连续面发育。

（6）白云石化作用：交代作用是指一种矿物被新生的另一种矿物所取代的作用，通常是一种化学作用过程。白云石化作用为交代作用的一种，为碳酸钙沉积物被白云石所交代的过程。白云石化是个很复杂的问题，关于它的成因也很多，多年来不少模式已经被提出来试图解释这一作用。

近年来，正常海水引起的白云石化作用逐渐受到重视。白云石化作用影响面广，大约30%~40%的碳酸盐岩受到不同程度的影响。在石灰岩地层中常可见充填孔隙的白云石化胶结物，这种胶结物为鞍状白云石，为晚期成岩作用的沉淀产物。在研究白云石以白云岩的形式形成过程时，必须注意两个问题：Mg^{2+}的来源及白云石化流体通过碳酸盐沉积物的机制。

根据近年来的研究，对古代白云岩大致建立了等5个成因模式（图1-4-1）：

①蒸发白云石化作用（图1-4-1A）：这种类型的白云石化作用其Mg^{2+}主要来自于海水，主要由风暴及特大潮汐流的作用向极浅水环境中提供。在地下水面之上的毛细管作用带的强烈蒸发作用，将导致地下水经毛细管作用带向上运动，一直到地下水面下降到刚好

能产生毛细管蒸发作用的深度为止。海泛补给的海水将导致海水通过沉积物的短暂的向下渗流与向海方向流动的地下水混合。最后，混合卤水使先前沉淀沉积的 $CaCO_3$ 白云石化。白云岩中常发育窗格构造、石盐假晶、微生物纹层等说明了蒸发白云岩总是产生在潮间带以及潮上带，不必非得存在蒸发岩的证据不可，虽然白云石是存在于高盐度环境中，但蒸发岩总是保存不好，易于被溶解掉。蒸发白云岩的 Sr 与 Na 含量较高，如果存在强烈蒸发作用的话，其 $\delta^{18}O$ 值也是偏正值。

②渗流—回流白云石化作用（图 1-4-1B、C）：渗流—回流白云石化作用模式的基本过程是：蒸发作用及膏盐沉淀作用产生富镁流体，这种白云石化流体的密度大于下伏碳酸盐沉积物中的孔隙水，从而使之向下渗透而进入下伏碳酸盐沉积物中，最终使之白云石化。它代表一种与蒸发作用有关的普遍白云石化过程，因此所形成的白云岩也较富 $\delta^{18}O$、Sr 和 Na。在萨布哈中，在蒸发岩之下的白云岩即为该类白云石化作用的产物。渗流—回流白云石化作用分两步：一是潟湖水及潮坪孔隙水通过蒸发作用而形成白云石化流体；二是该白云石化流体向下进入下伏的碳酸盐沉积物中。

③混合白云石化作用（图 1-4-1D、E、F）：混合白云石化作用的基本点是：与淡水混合的海水如果其 Mg^{2+}/Ca^{2+} 的摩尔体积大于或等于 5.2，那么这种混合水中对原来海水的高离子障碍等化学动力学障碍就得到消除，从而使白云石化作用能顺利进行。淡水—海水白云石化作用主要发育在没有蒸发岩的条件下，而且白云石化作用形成较早。

④海水白云石化作用（图 1-4-1G）：Land（1985）提出了一个较小变化的海水本身也能产生白云石化作用的机制，其条件是只要海水能经过某种动力机制连续通过碳酸盐沉积物。Karther（1984）也认为，只要海水的 SO_4^{2-} 含量低，那它就可以产生白云石化。白云石化过程是通过海水的稀释作用和蒸发作用而完成其化学过程的。

⑤埋藏白云石化作用（图 1-4-1H）：埋藏白云石化的主要作用机制是盆地泥岩受到压实而产生富 Mg^{2+} 流体，这种富镁离子流体进入相邻的陆架边缘等碳酸盐岩中，从而产生白云石化。Mg^{2+} 的来源是受到改造的海水孔隙水以及粘土矿物的变化产生的。埋藏白云岩的 $\delta^{18}O$ 值一般为负值，Sr 和 Na 的含量也较低，因为原生碳酸盐沉积物经固化作用变成低

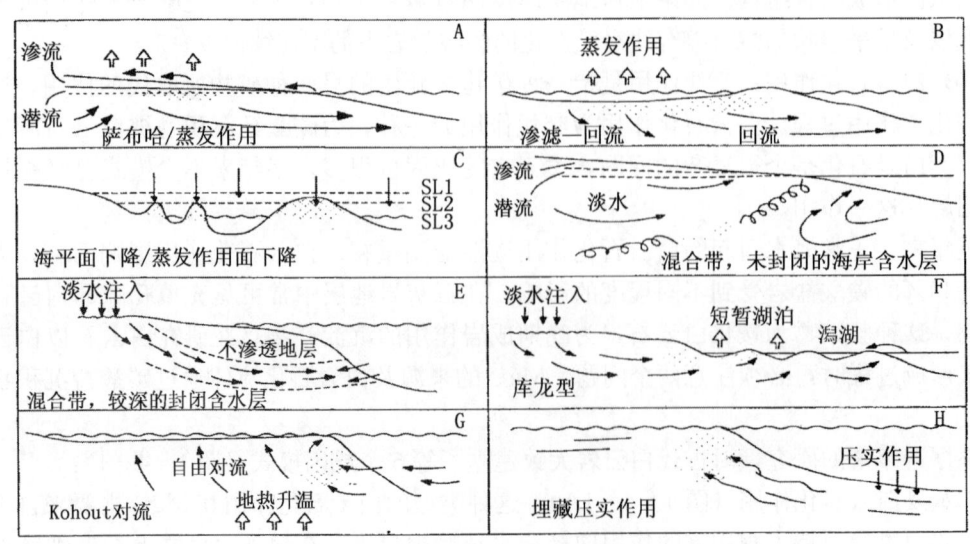

图 1-4-1 白云石化作用模式

镁方解石，白云石化作用总是产生在较高温度下。显晶白云岩通常是典型的埋藏白云岩。

这 5 种模式的共性是建立了白云石化流体通过碳酸盐沉积物的水动力机制。

二、碳酸盐岩成岩作用环境

成岩作用环境的变迁和孔隙水成分的改变对碳酸盐沉积物的成岩作用和孔隙的演化起着重要的作用。人们常将碳酸盐岩成岩作用划分为海底、大气淡水和埋藏这三个概括性的成岩作用环境区域（图 1-4-2）。现在所采用的划分方案则更为合理以及更易于描述碳酸盐岩的成岩作用机制和产物。这是因为这个划分方案将碳酸盐成岩作用的主要控制因素——孔隙溶液作为划分依据。孔隙水的成分、温度、压力及流速等的差异将可导致成岩作用产物的岩相学和地球化学方面的特征性差异；而反过来，根据碳酸盐岩中的这些差异则可将其成岩环境识别出来，从而可了解碳酸盐岩的成岩作用历史。这一节中将简单介绍成岩作用环境的划分，在以后几节中再对每一成岩作用环境的作用机制、产物和孔隙演化作进一步的讨论。

1. 海底成岩作用环境

对于海底成岩作用环境的广泛研究始于 20 世纪 70 年代，海底成岩作用环境是指沉积物堆积过程中或堆积后，被上覆沉积物埋藏或暴露在大气水作用之前，受海洋底层水影响所处的环境。海底成岩作用发生于海底表面及其下的海水潜水带。此成岩环境中的水溶液以正常海水或略受改造的海洋孔隙水为特征，这些水溶液常呈碳酸盐矿物过饱和状态。因此，在现代浅海底部，碳酸盐沉淀为最主要的成岩作用机制之一（图 1-4-2），从而可导致沉积物孔隙度的减小。但是，这种海底胶结物和石化作用的发育常受到多种因素的控制，其中包括孔隙水的流速和沉积作用速率等。因此，胶结作用并不是发育于整个海底，而是仅限于有利于碳酸盐沉淀部分，如台地边缘和潮间带等。另一在海底广泛发育的成岩作用过程为生物泥晶化作用，这种作用可破坏大量的沉积颗粒组构。

2. 大气淡水成岩作用环境

大气淡水成岩环境是指碳酸盐沉积物脱离海底成岩环境，上升并暴露于大气淡水作用下所处的环境；也包括靠近大陆，但未直接暴露在陆表而遭受大气淡水强烈影响的环境。此成岩环境常可划分为三个作用带。大气淡水成岩作用机制十分复杂，不过几乎每种作用都是化学作用，特殊的情况下会出现一些生物和机械作用。James 和 Choquette（1990）将这些成岩作用机制归纳为两种类型：水控大气淡水成岩作用和矿控大气淡水成岩作用。前者为碳酸盐沉积物与具不同温度和不同二氧化碳分压的大气淡水之间的反应过程，这种作用过程可形成洞穴及其喀斯特地貌特征，可以局部沉淀洞穴碳酸盐矿物以及发育钙结壳。后者则为具不同溶解度的矿物与大气淡水间的作用，此作用可导致文石和高镁方解石转变成低镁方解石，在此转变过程中，矿物颗粒的显微构造也发生很大变化；此外部分矿物颗粒则可发生溶解作用而使得孔隙度和渗透性增加，这些溶解下来的碳酸盐质点又可被携带到碳酸盐过饱和的地带沉淀下来而发育胶结作用并使得沉积物石化。

3. 埋藏成岩作用环境

在埋藏成岩环境中，碳酸盐岩将经受一系列物理和化学变化，其中主要包括压实作用、胶结作用、亚稳定碳酸盐向稳定的低镁方解石的转变作用以及原始有机质的分解和转变作用等。该环境的成岩作用很大程度上是受压力和温度的影响。此成岩环境中的孔隙水可以是大气淡水和海水的混合液体，也可以是化学成分复杂的成岩卤水。这些孔隙溶液常表现为碳酸盐过饱和状态，因此，埋藏成岩作用总的趋势是导致岩石孔隙度和渗透率的降低。但

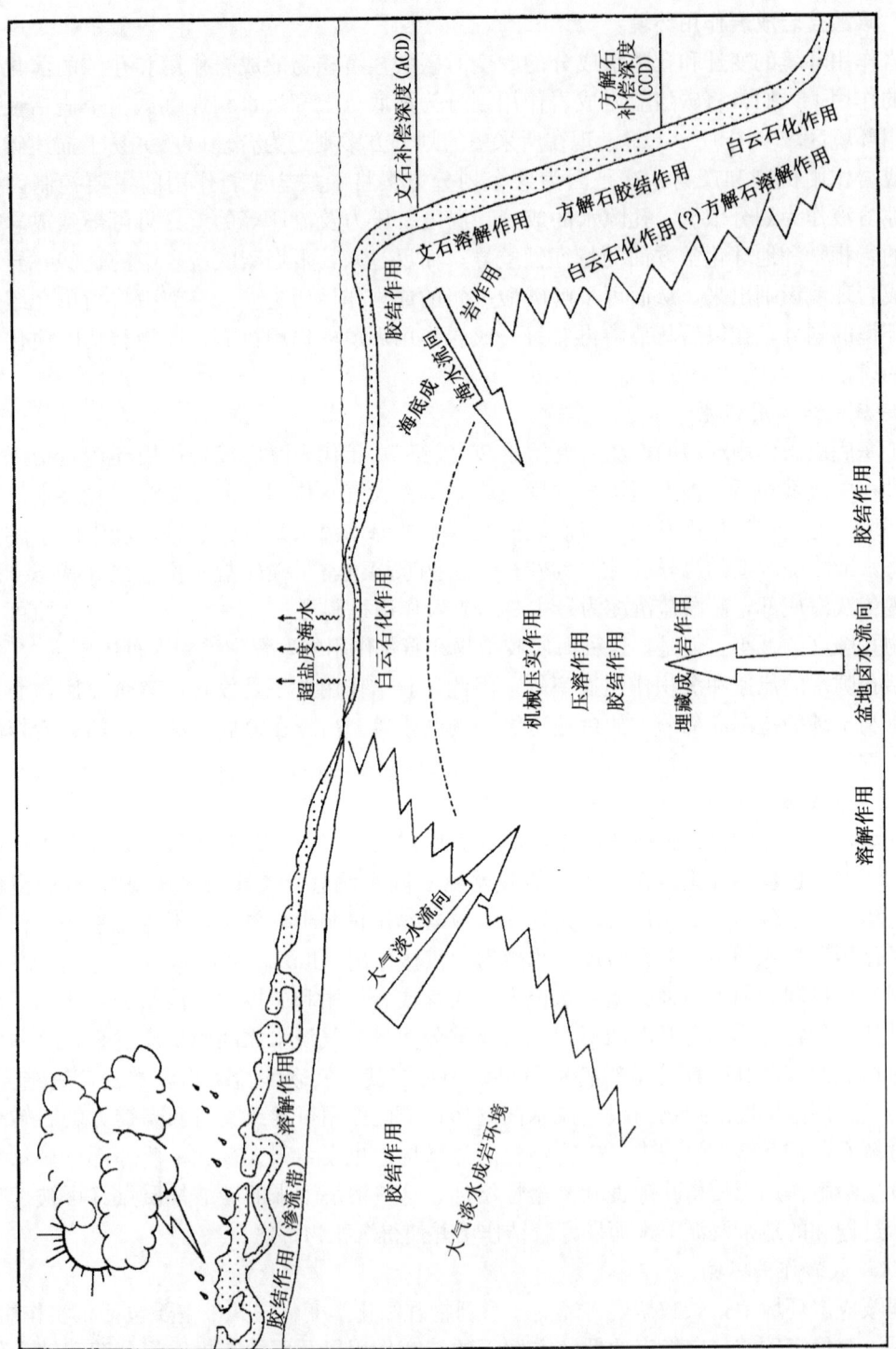

图 1-4-2 碳酸盐沉积物的主要成岩环境概略图

是，在某些条件下，碳酸盐沉积物颗粒和胶结物可发生溶解作用而导致孔隙度增加，这种溶解作用的发生与有机化合物的降解所产生的二氧化碳有密切关系。

第二节 海底成岩作用与孔隙演化

沉积物堆积直到为上覆沉积物埋藏或者暴露在大气条件之前所发生的变化称为海底成岩石作用变化。在海底成岩环境中，由于碳酸盐沉积物的生物作用和海底成岩作用发生于同一环境之中，而且常处于相同的物理化学条件之下，这就造成很难明显区分两者的界限，常人为地将生物成岩作用之外的一切作用过程划为成岩作用，尽管成岩作用包括沉积物颗粒的形成作用过程。

关于海底成岩作用过程中生物的作用，很多研究者都做过研究，其中最重要的生物作用为大小钻孔生物的丛生作用。而碳酸钙的沉淀或溶解作用则取决于海水中碳酸钙的饱和状态。例如，热带浅海环境常以碳酸钙的沉淀作用为主，而高纬度的海洋和深海环境则以溶解作用为主。由此可见，海水中碳酸钙的饱和状态与海水深度和温度有着很密切的关系。

图1-4-3为现代热带海洋方解石和文石溶解度和海水温度与深度的关系图，图中同时标出了碳酸盐的主要海底成岩作用带。海水的上部为碳酸盐矿物的沉淀作用带，此带的下限为文石速溶深度，可由500m到2000m，但一般都在1000m左右。在其之下，随着海水深度的逐渐增加，使得文石变得不饱和，从而发育碳酸盐溶解的沉淀混合作用带，其中文石及高镁方解石质沉积物和胶结物发生局部溶解作用，同时发育低镁方解石质胶结物的沉淀作用和新生变形作用；另外，文石补偿深度即位于此带之上，此带的下限为碳酸盐速溶深度。在碳酸盐速溶深度与方解石补偿深度之间为一深水的碳酸盐矿物溶解活跃带。而在方解石补偿深度之下则一般不发育碳酸盐沉积物或胶结物。

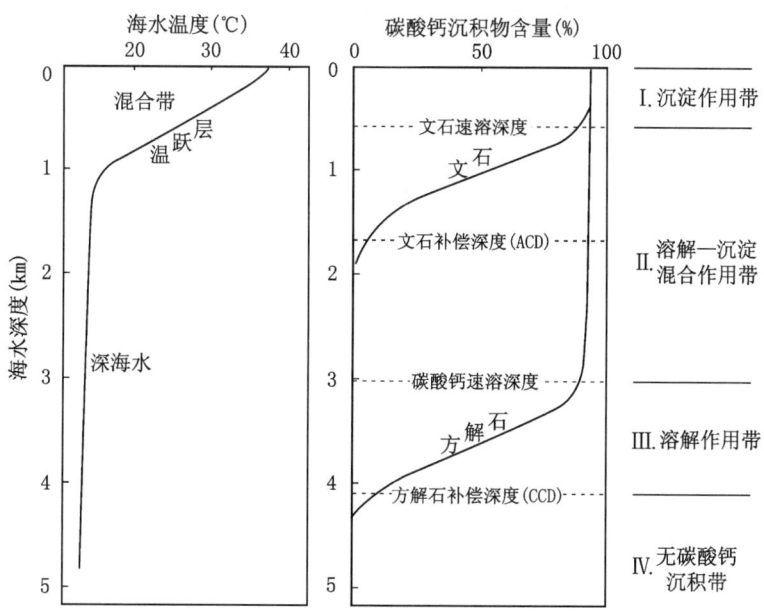

图1-4-3 现代热带海洋中海水深度、湿度、
碳酸盐溶解度以及海底成岩作用带关系图

碳酸盐沉积物的海底成岩作用环境可分为浅海和深海两个亚环境。

一、现代浅海成岩作用

生物蚀变作用包括沉积物颗粒的微生物泥晶化作用和其他有机生物的钻孔作用。其中微生物泥晶化作用可发生在几乎所有的沉积背景中，但普遍见于安静环境且较少移动的沉积物中。海底胶结作用主要发育于高能沉积环境的沉积物中，如靠近滨岸的砂体和台地边缘的礁体。同时，蒸发作用强的地区的沉积物也可见广泛的胶结作用。在现代热带海洋环境中，海底成岩作用主要为生物蚀变作用和胶结物沉淀作用。在中高纬度的现代碳酸盐台地上，碳酸盐沉积物可发育组构选择性溶解作用和方解石胶结物的沉淀作用以及亚稳定碳酸盐的钙化作用。以下将重点讨论发育于热带海洋环境的海底成岩作用特征。

1. 生物蚀变作用

生物蚀变作用的机制是由于大量钻孔和沉积物内生物的某一种丛生于碳酸盐沉积颗粒或岩石中，而当这些生物死亡之后，细粒沉积物及胶结物充填于它们原先居住的孔隙中而产生的成岩作用过程。生物蚀变作用及其所伴生的化学作用过程可对碳酸盐沉积物颗粒及岩石产生极大的影响，使它们分别向泥晶及泥屑灰岩转变。

1) 岩石蚀变作用

个体较大的生物可在已石化沉积物表面上产生钻孔作用，这些生物包括海绵、双壳类以及多毛蠕虫类等。它们常作用于礁体和海底硬地表面，由此而形成的孔穴可被砂级到粉砂级沉积物以及胶结物所充填。这种作用还可使得原始粗粒的岩石类型转变成泥质灰岩，从而失去岩石大部分原始结构。

2) 颗粒蚀变作用

指沉积物内藻或沉积物内菌钻孔进入到砂粒级沉积颗粒中而造成颗粒蚀变作用。其中藻类主要为蓝绿藻和绿藻类，它们大量发育于透光带的上部，水深可达70m左右；真菌类的繁殖深度可延伸到500m或更深的海底，而有些异样细菌和藻类可见于远洋深海底。这些微生物的丛生作用以在较少移动的沉积物颗粒最为发育，有利于这种作用发生的沉积背景包括潟湖和浅滩上的局部安静环境等。在热带浅海环境中，上述沉积物内微生物死亡之后所遗留下来的孔穴常被高镁方解石胶结物所充填。如果微生物的钻孔作用仅限于颗粒的边缘，则可发育由微晶高镁方解石或文石组成的颗粒外表皮，此即为通常所称的"泥晶套"。这种泥晶套的发育常有利于颗粒在以后的成岩环境中保存下来。

在深海和中高纬度海底上也可发育微生物作用，但是它们所遗留下来的孔穴一般仍保留下来而不被充填，因为碳酸盐沉淀作用不发育。从而，沉积物颗粒有可能逐渐破碎成小碎片。如果微生物作用极为强烈并且延伸时间很长，则可将整个沉积物颗粒完全转变为微晶高镁方解石或文石，而且其原始颗粒结构被完全破坏。这种完全泥晶化作用在葡萄石和叠层石中极为常见。经历这种蚀变作用的颗粒常称为成岩球粒，有时很难或者根本不可能把这种成岩球粒与粪球粒区别开来。

2. 胶结作用

由现代浅海海底胶结作用在碳酸盐台地上的分布图（图1-4-4）可见，海底胶结作用主要发育于三种背景条件下：①台地边缘的碳酸盐礁；②高能潮间—潮上带；③碳酸盐砂质浅滩。

在分别讨论这几种环境的胶结作用之前，将先介绍一下海底胶结物的主要岩相学特征。

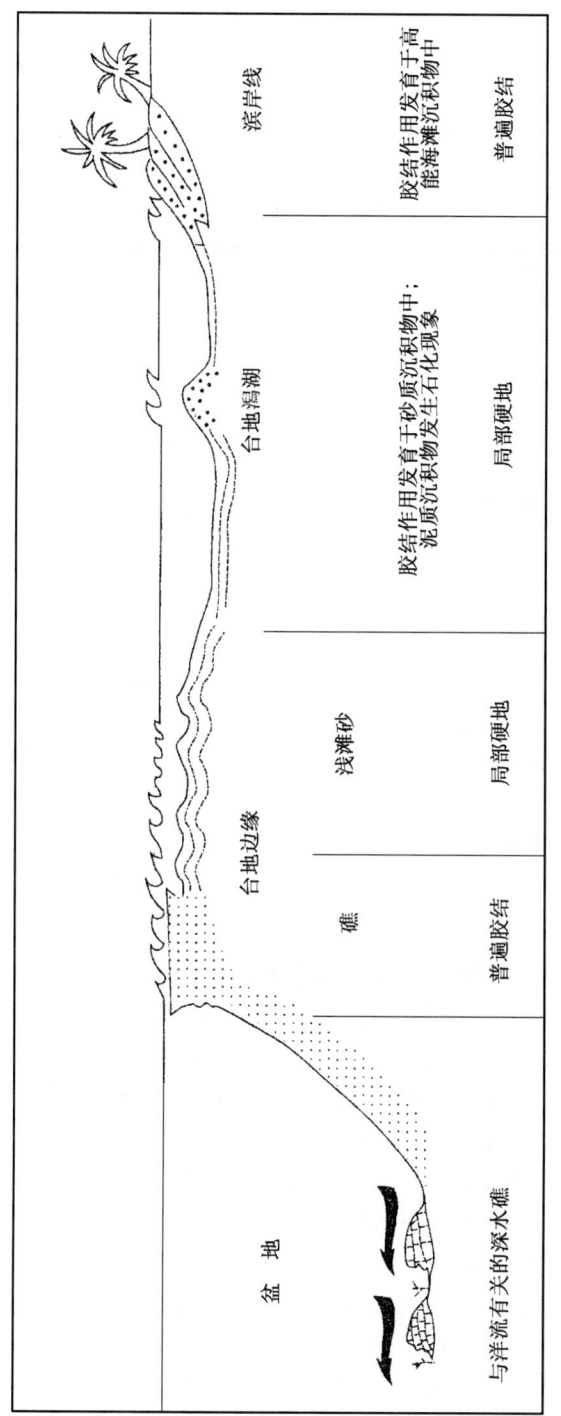

图1-4-4 热带浅海碳酸盐沉积环境中的海底石化作用分布图

1) 现代海底胶结物的岩相学特征

一般情况下，现代海底胶结物主要是作为一种纤状到叶片状的环边壳状，矿物成分主要以文石质和高镁方解石两种类型为主。

（1）文石胶结物（图1-4-5）：文石胶结物在稳定化作用时期比镁方解石的结构组分损失更为显著，一直是文石的岩石在十分老的岩石中可以遇到。现代文石质海底胶结物晶体常呈泥晶状或针状。前者与高镁方解石质泥晶胶结物相似，仅从岩相上很难将它们区别开来。针状胶结物的大小一般为宽 $10\mu m$、长 $100\mu m$ 左右，但有些长可达 $500\mu m$。这些针状晶体平行其 C 轴排列，在三维上呈勺子状，常见双晶发育。针状文石胶结物晶体可呈多种排列方式，其中包括等厚边缘包壳状、粒间网状、葡萄状（图1-4-5）。

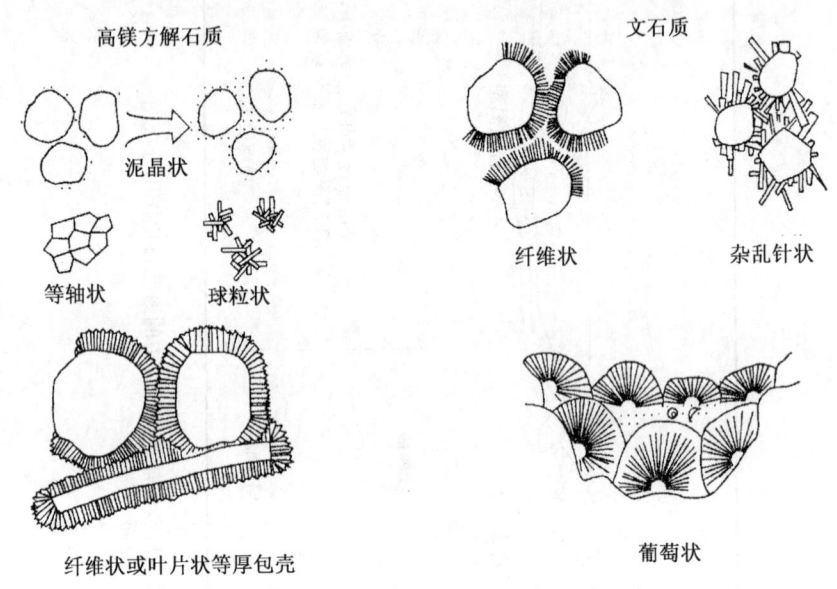

图1-4-5 现代海底碳酸盐胶结物类型

有些情况下，这种文石胶结物晶体在骨骼碎屑颗粒上形成定向连生状，此时，等厚边缘包壳一般又紧密且由规则平行排列的针状晶体所组成。这种平行且规则排列的胶结物常见于文石质软体动物骨骼碎屑颗粒表面上。尽管定向连生状文石胶结物也常见于文石质珊瑚骨骼碎屑沉积物中，但其晶体排列有序度较差，反映了珊瑚微结构上的复杂性。等厚边缘包壳状文石胶结物在鲕粒和骨骼碎屑沉积物中特别常见。文石质胶结物也可发育于方解石质沉积物颗粒上。此时，针状文石胶结物晶体表现为不规则排列在颗粒表面上而发育成粒间网状结构，因此，粒间孔隙可部分或完全被这种杂乱生长的文石晶体所充填。这种网状文石胶结物常见于粉砂级沉积物中。

葡萄状排列晶体为最易于识别的文石胶结物。这种胶结物由扇状排列的自形针状晶体组成。薄片中常可见同心生长带，有些生长带上可见生物钻孔。这种葡萄状胶结物主要发育于生物礁中，有时在粗粒碳酸盐的沉积物中也可见到。葡萄状胶结物的直径最大可达 10cm，可以发育成孤立的或连续的圆丘状（图1-4-5）。

（2）高镁方解石胶结物（图1-4-5）：高镁方解石胶结物作为一种微细粒晶体的方式沉淀，特别是在礁环境中，作为一种内部沉积物的主要成分来堆积。常见的高镁方解石胶结物类型包括泥晶状、球粒状、纤维状以及轴状晶体。其中，泥晶状晶体为常见的高镁方解石胶结物，其大小多为 2～8μm，晶体形状为具有弯曲晶面的菱形体。此类胶结物可在沉积物颗粒或藻类丝状体周围形成厚仅数十微米的薄壳层，也可完全充填整个孔隙。在前一种情况下，较易将此类胶结物与石灰岩沉积物相区别，而后一种情形则很难明确区分两者。由于泥晶状胶结物的沉淀作用，岩石结构可由颗粒石灰岩变成泥粒石灰岩。

球粒状胶结物在现代碳酸盐沉积物中十分普遍，其大小为 20～100μm，平均 40μm。此类胶结物的形成经历两个阶段：第一阶段为快速成核作用，形成微米级大小的它形晶体，这一阶段常与细菌的活动有密切关系；第二阶段为缓慢的沉淀加大作用，此时期形成相对较粗的菱形自形晶体，其大小为 4～30μm。

球粒周围形成等厚的包壳，其晶体长度多在 20～100μm，宽度小于 10μm。晶体一般沿长轴方向逐渐加大，在其末端呈金字塔状。此类方解石晶体有时形成几个世代的胶结物，其中的晶体常形成紧密的晶簇或晶束；有些情况下，这些晶体呈平行排列而构成栅栏构造。等轴状海底胶结物不常见于浅海沉积物中，仅发育于碳酸盐礁和硬地的局部。此类胶结物的晶体一般较小，多为 20～50μm。

2）现代碳酸盐礁海底成岩作用

礁是由于造礁生物分泌碳酸钙形成的生物隆起构造，它们具有坚固的礁骨架。生物礁的成岩变化有许多是在海底成岩作用过程中发生的，在这个过程中，沉积作用和成岩作用同时影响着碳酸盐礁体的形成，主要表现为礁体在生长的同时胶结物沉淀于其中，也可被一些泥晶基质充填其中，而波浪的破碎作用和生物剥蚀作用也同时影响着其生长。碳酸盐礁骨架为一极为有利于海底胶结物沉淀的环境。礁体本身多为一多孔稳定的场所从而使得碳酸盐饱和的海水几乎毫无障碍地流过其间孔隙。礁所处的台地边缘处的波浪和潮流使得大量新鲜海水不断输送到礁体骨架中，由于搅动、升温和有机生物的活动使得这些海水脱去部分溶解的二氧化碳，因此这些海水中碳酸钙变得更为过饱和，最终导致大量胶结物沉淀于礁体中。

高镁方解石是现代海洋中的主要海底胶结物，但文石质和低镁方解石质胶结物都可形成于碳酸盐礁的石化过程中。针状文石包壳常与文石质的礁体骨骼形成定向连生状胶结物；葡萄状胶结物则常发育于较大的礁体孔洞中；而网状胶结物常形成于孔洞中的粉砂级内沉积物中。现代高镁方解石海底胶结物在碳酸盐礁中主要以两种形态出现：一是球粒胶结物；二是针状到叶片状等厚包壳胶结物。前者为礁体中最常见的胶结物。

一般礁的石化作用有三个明显的过程：生物的侵蚀、内部沉积作用以及海洋胶结作用。这三个过程是同步产生的，并强烈地影响礁环境中早期石化作用性质和孔隙的改造。当礁骨架早期发展的时候，潜在的孔隙实际上并没有受到限制。海底胶结物在礁体中的分布特别不均，朝向广海一侧的礁常受到强烈的胶结作用，而背风向一侧的礁体常常完全未被胶结。这种胶结物的分布现象明显与海水在礁体中的循环状况密切相关，朝海一侧的礁体不断有新鲜海水流过，从而使胶结物在小范围内的发育状况也可能完全不同，有些孔洞中发育有文石和方解石质胶结物，而有些则仅发育其中一种矿物成分，而有些完全无胶结物发育。

3）现代碳酸盐砂海底成岩作用

在高能沉积环境中可发育大量碳酸盐砂沉积；在这些沉积物中波浪和潮汐又使得海水循环良好，从而造成其中的胶结作用和硬地发育。现代浅海碳酸盐砂沉积物的海底成岩作用机制主要取决于其所处环境的水动力学条件。在水动能能量较低的沉积环境中，主要发育泥质碳酸盐砂沉积，海水在这些沉积物中的循环较差，因此胶结作用仅局部地区发育而形成葡萄石和粒间胶结物，微生物泥晶化作用在这些沉积物中则极为发育。碳酸盐生物碎屑砂的海底胶结作用一般表现为碳酸钙首先沉淀于生物骨骼内孔隙及介壳内，此后，由于粒间胶结物沉淀在砂质沉积物中而形成硬地。

硬地的区域分布多半是与地下水相对碳酸钙的饱和度有关。这种硬地中的胶结物是从过饱和海水中直接沉淀而成的，它们多发育在等厚针状文石包壳和泥晶高镁方解石之中。硬地的发育在海底上常表现为不连续性，仅形成于某些沉积环境之中，在巴哈马台地上，硬地主要沿台地边缘发育，常与较强的水动力条件关联；从高能台地边缘向台地内部，其发育的频度逐渐减低，这种分布规律与上述胶结作用在台地边缘礁体的发育规律一致。而在波斯湾海水普遍表现为碳酸钙过饱和状态所致。在垂向上，现代硬地常显示出其胶结作用强度从沉积物与水体的接触面向沉积物内部而逐渐减弱，但例外的是与藻类有关且由高镁方解石胶结物的发育而成的硬地。硬地的形成可能开始于沉积物内部紧邻与海水接触面地带，此处沉积物颗粒很少移动，而海水循环仍然良好，从而有利于胶结物的生成。综上所述，沉积速率及沉积物的稳定作用在硬地发育中起着重要作用，即硬地形成于无沉积物堆积作用之处或沉积物短暂地被潮下藻类或细菌所稳定的地带，即形成硬地对无沉积作用时期及沉积物稳定下来的时间并不要求很长。

4）现代潮间—潮上带海底成岩作用

潮间带一般是指高潮线和低潮线之间，海滩岩和成岩作用也包括在这个范围内。潮间—潮上带海底成岩环境中的成岩水化学作用条件要比上述碳酸盐礁和砂质沉积物成岩环境复杂得多，主要表现在三个方面：①潮间—潮上的成岩作用受固体—水—气三相而不是固体—水两相影响；②陆源地下淡水体常向海延伸进入潮间—潮上带；③成岩水常为海水和淡水的混合溶液。

现代热带海滩为理想的海洋胶结物沉积场所，其中高能的波浪和潮流水动力作用及孔隙度和渗透性良好的粗粒沉积物使得大量碳酸钙过饱和溶液存在海滩沉积物表面之下，但风暴浪的剥蚀作用使得石化的海滩岩暴露于大气之中，从而使得藻类包壳形成于海滩岩之上，同时受到潮间带生物钻孔等作用；此外，风暴剥蚀下来的海滩岩碎屑可被重新胶结起来而形成潮间带砾石层。

一般认为大多数海滩胶结物的成因是由于水体的蒸发作用和二氧化碳脱气作用所致。除了由于波浪潮流引起海水在海滩沉积物的良好循环有利于胶结作用外，藻类的光合作用及沉积物中的细菌活动所引起的 pH 值和二氧化碳分压也可能对胶结物特别是微晶质胶结物沉淀有重要影响。海滩岩中最常见的胶结物为针状到叶片状文石，在潮间带下部，这种胶结物表现为等厚包壳状，这是由于大部分时期溶液充填于整个孔隙系统；而在潮间带的中上部，此类文石胶结物则常发育成不对称状的包壳，从而形成滴水石状和弯月状构造。微晶高镁方解石胶结物也常可发育成颗粒包壳，而且有时可见渗流带胶结物组构。微生物泥晶化作用也常见于海滩沉积物颗粒中。此外，如果大气淡水的地下水面很高，则低镁方解石胶结物可形成于海滩岩潮间带的上部，特别是高纬度温带碳酸盐海滩沉积物中。如果潮间—潮上带的碳酸盐沉积物常受到海水淹没，成岩作用也可发育于其中。在此成岩环境中，碳酸盐沉积物的成岩过程不但包括碳酸钙的沉淀作用而且白云石和藻类岩矿物也可形成。在石灰岩的石化作用方面，上述海滩环境中的成岩作用机制也同样在潮间—潮上带中起重要作用，但其成岩作用的速率和强度主要取决于气候条件。在潮湿的潮坪环境中，沉积物胶结作用不十分发育，仅仅形成数厘米厚的硬结壳，而且一般仅见于高潮线附近。其向陆方向的沼泽湿地中形成的结壳主要由高镁方解石包壳的藻类丝状体印模所组成。其向海方向的潮道发育地带的结壳则为高镁方解石胶结的球粒沉积物,而无藻类丝状体,但其中发育的裂缝和原生孔隙常可被针状文石所充填。

在干旱到半干旱的潮坪环境中,碳酸钙胶结物的广泛沉淀作用可导致大量硬结壳的形成,这些硬结壳常发育有多边形裂缝、褶曲和逆掩推覆而形成帐篷构造。此类构造在干旱的波斯湾等地的潮坪环境中广泛发育。这种构造的发育与潮坪环境的强烈蒸发作用及地下水向其中补给有密切关系。地下水的补给还可以在裂缝中形成垂直纹层状沉积物和胶结物。由于帐篷构造的发育而使得潮坪硬结壳破碎,风暴浪的再作用则可形成薄层状砾屑层。微晶体和针状文石胶结物在潮坪沉积物中最为常见。前者可将潮间带叠层石和其他藻类粒的沉积物快速胶结起来,而后者则主要见于帐篷构造发育所形成的裂缝中,此外,滴水石状胶结物及葡萄状文石胶结物等也可能见于潮坪沉积物中。

二、古代浅海成岩作用

在碳酸盐岩成因的研究中,因为许多古代浅海碳酸盐岩含有数量不等的海底胶结物,所以准确地识别出海底胶结作用的产物极为重要。例如,有些碳酸盐礁缘沉积可由50%以上的海底胶结物所构成。海底成岩作用产物可见于各地史时期的碳酸盐岩沉积序列中,如生物蚀变作用的产物在前寒武纪以来的碳酸盐岩中都可见到。

海底胶结物的一般特征可概括为:

(1) 它们为最早的胶结作用的产物;
(2) 晶体常常呈纤维状或柱状;
(3) 晶体多在颗粒周围形成等厚包壳;
(4) 胶结物可被生物钻孔所切割或含有微体化石;
(5) 它们可与粒间沉积物密切相关;
(6) 亮晶方解石在其后沉淀出来;
(7) 晶体不含铁质且无阴极发光现象。

下面介绍海底胶结作用在不同沉积背景下的识别标志。

1. 海底胶结作用的识别特征

识别地层记录中的早期海底胶结作用的准则概括在图1-4-6和图1-4-7中。发育于潮下带碳酸盐砂沉积中的硬地以及礁体的海底成岩作用可依据以下准则来识别(图1-4-6):

(1) 硬地构造的表面常可被铁锰质沉淀物或磷矿物所染色;
(2) 硬地构造表面上可含成分与基质相似的砂级到粗砾级岩屑,而且这些岩屑表面上可具有机成因的结壳;
(3) 层状沉积岩中的硬地构造与其上覆和下伏的岩性接触界面具有突变性特征,而且硬地表面上的沉积物颗粒和胶结物常表现为被削蚀的特点;
(4) 在碳酸盐礁或硬地中,第一期胶结物与孔穴内沉积物成互层状;
(5) 礁体中发育有水成岩墙;
(6) 礁麓岩屑堆积中,含有具第一期胶结物的岩石碎屑或第一期胶结物碎屑;
(7) 硬地构造的表面可受到某些仅可发育于硬质基底上的有机生物结壳作用;
(8) 硬地表面常可受到生物钻孔作用,而且在薄片显微镜下,胶结物也可被生物钻孔;
(9) 在碳酸盐礁沉积中,可见第一期胶结物出现于礁体中;
(10) 层状碳酸盐沉积岩中可见膨胀脊和多边形龟裂。

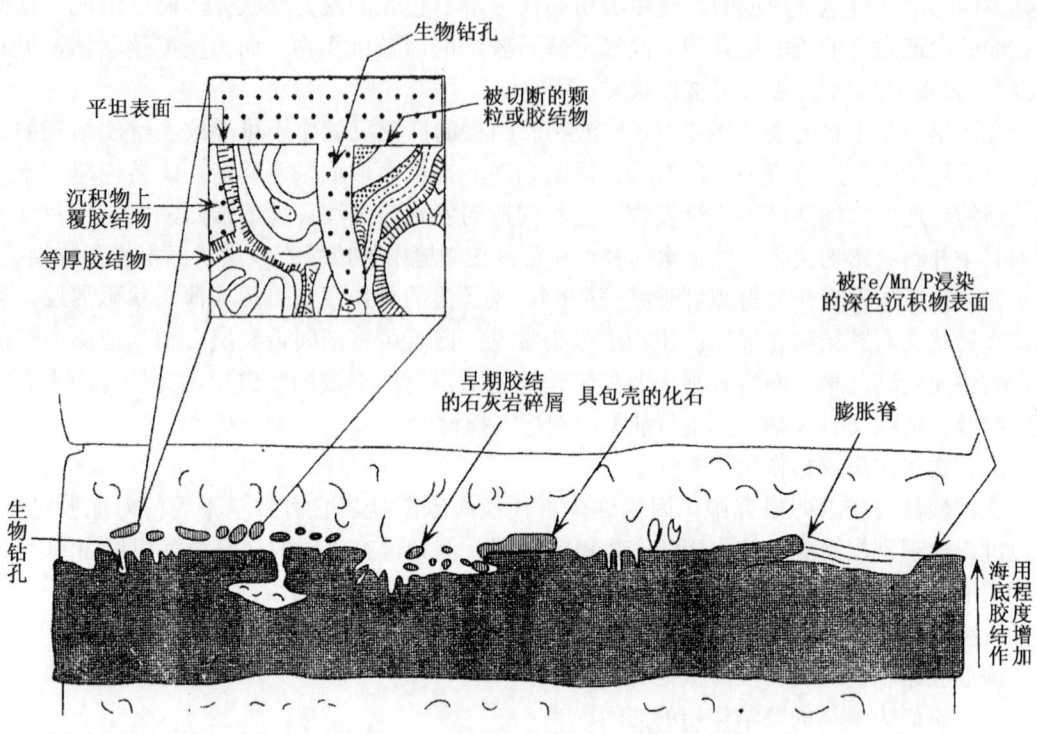

图 1-4-6　识别海底胶结作用的主要依据

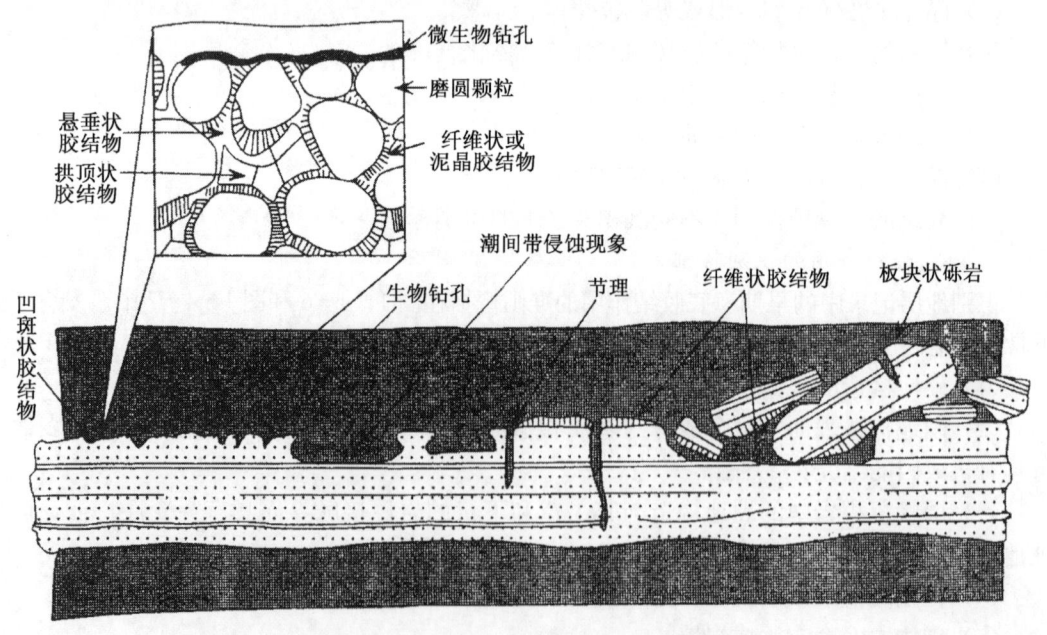

图 1-4-7　识别古代海滩岩的主要依据

这些特征的出现表明早期海底石化作用发育。但其中某些特征也可以是短期的地表暴露碳酸盐地层中的海滩岩，从而常常难以将海滩岩与硬地相区别，但以下特征一般仅见于海滩岩沉积中（图 1-4-7）：

（1）拱顶晶洞；

(2) 弯月状或悬垂状胶结物；

(3) 共生的潮坪相；

(4) 竹叶状砾屑；

(5) 潮间侵蚀现象；

(6) 节理。

2. 古代海底胶结物概述

处于亚稳定状态的现代海底胶结物最终将会逐渐通过溶解和再沉淀作用而转变成稳定的低镁方解石和白云石，原始海底胶结物的矿物成分和转变过程中的孔隙溶液化学成分决定是否会导致原始海底胶结物所具有的岩相学特征和地球化学特征不同程度的遗失。因此，在某些情况下难以将古代海底胶结物识别出来。海底高镁方解石胶结物在转变成稳定的低镁方解石过程中，其原始结构特征一般可以保存下来。因此，古代海底高镁方解石胶结物可由其原始的针状到叶片状结构而推断出来。但是，在高镁方解石向低镁方解石的转变过程中，其原始地球化学成分将会有所改变。如果此转变作用发生于与大气淡水相接触的开放体系中，则大部分原始高镁方解石所拥有的微量元素特征和同位素地球化学特征将会丧失；然而，如果此转变作用发生于与海洋水相接触的封闭体系中，则大部分原始同位素地球化学特征可以被保存下来，从而岩石中由原始海底高镁方解石转变而成的胶结物将具有相对较重的稳定同位素成分并富含锶和钠。

原始文石质海底胶结物在向低镁方解石转变过程中，其原始结构损失的要比高镁方解石多得多。在某些情况下，如果大气淡水参与此转变作用，则溶解作用可使原始文石结构完全被摧毁，由此而形成的孔隙为后期重新沉淀的方解石所充填。此时，原始文石胶结物的沉淀可能被识别出来。然而，如果原始文石胶结物向方解石的转变作用发生于海底孔隙溶液或碳酸钙饱和的水溶液中，则原始文石胶结物晶体结构的幻影及部分原始地球化学特征可以被保留在交代方解石镶嵌结构中。此类由文石质海底胶结物转变而成的方解石常具有比大气淡水胶结物高的锶含量和 $\delta^{18}O$ 值。

Sandberg（1983）概括出识别文石质胶结物和沉积物颗粒的五条标准，按其可信度自高而低排列为：

(1) 含定向性排列文石残余结构且一般为不规则镶嵌方解石，方解石晶体边缘常横切由有机质或包裹体所显示出来的原始文石矿物构造。交代作用的方解石晶体一般比交代的文石晶体大 10～100 倍；

(2) 仍然为文石质矿物，可见于相当古老的碳酸盐岩中；

(3) 与（2）相似的镶嵌状方解石，但无文石残余结构，其原始文石质矿物成分由其锶含量高而推断出来；

(4) 铸模是由后期方解石充填的铸模，常常表明其原先为文石质成分所充填，但此类构造也可由非文石质成分发育而成；

(5) 与（3）类似的镶嵌状方解石，但其锶含量不高或没有分析其锶含量，对交代成分而言方解石的锶含量不同有可能反映了成岩体系开放程度的不同。

可见，碳酸盐岩中的古代海底胶结物的原始矿物成分和组构并不易于被识别出来。因此，必须进行细致的岩相和地球化学分析才有可能识别出来原始胶结物的矿物组成。此外，近年来的研究成果表明，地史时期中的某些阶段以方解石为主要的海洋沉淀物，而某些阶段的胶结物则以文石和高镁方解石为主（图 1-4-8）。这种旋回性现象明显地反映了全球

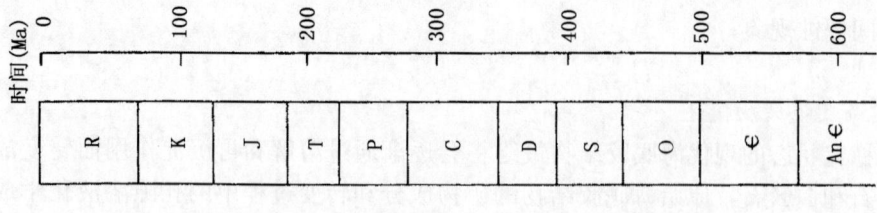
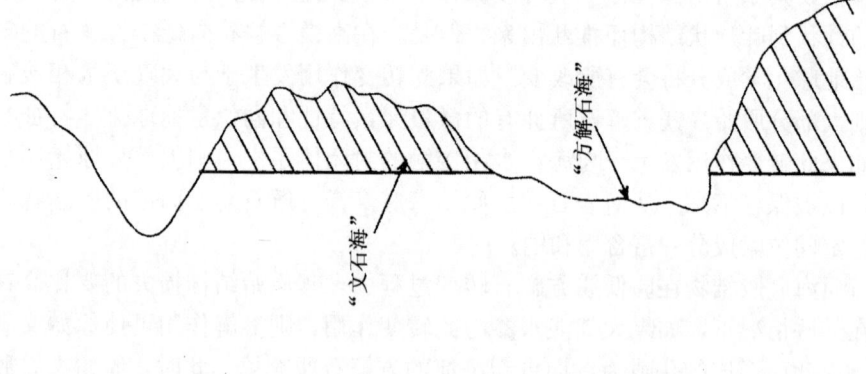
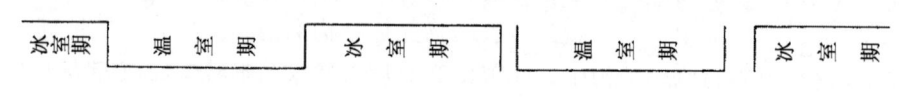
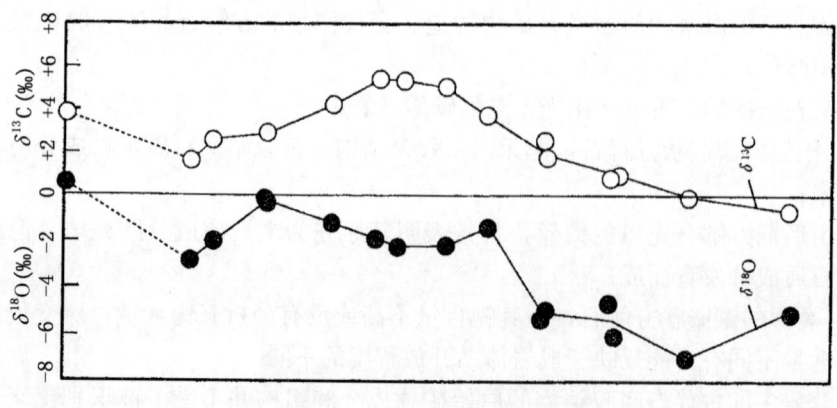

图 1-4-8 海底胶结物矿物成分及地球化学组成的地史变化

大地构造和海平面变化所引起的二氧化碳分压波动性变化特征。早古生代和中生代时期以方解石海洋为特征，海底胶结物应以方解石为主，从而在这些时期的碳酸盐岩中应保存有较完整的胶结物结构和地球化学特征；而在晚古生代和古近—新近纪则以文石和高镁方解石海洋为特征，因而海底胶结物可能同样地以文石和高镁方解石为主，使得较难于识别这些原始矿物成分。而且，古代海水的稳定同位素成分在地史时期中呈系统性变化特征（图1-4-8）。因此，在研究古代海底胶结作用过程中，必须考虑这些矿物成分和地球化学的周期性变化特征。

3. 古代海底胶结物岩相学

有些碳酸盐胶结物可以用来根据某些特征识别是否为海底成因，如纤维状胶结物；而有些则极难识别出来，如微晶质海底胶结物与碳酸盐泥沉积物的区别。

1）纤维状胶结物

纤维状胶结物在石灰岩中很常见，一般认为其原始矿物成分为方解石质，为古代碳酸盐礁中的主要胶结物类型，也可见于颗粒灰岩组成的硬地及潮坪相孔隙中。纤维状方解石胶结物的晶体形态可划分为两种类型：一是柱状方解石，其长与宽之比为6:1，而且其宽度大于10μm；另一种为针状方解石晶体，其宽度一般小于10μm。

纤维状方解石大多数情况下形成等厚层状包裹沉积物颗粒或充填于孔隙中，而且常与沉积物密切共生（图1-4-9），在某些碳酸盐礁骨架中可见多世代的纤维胶结物。纤维状方解石胶结物可具有不同的晶体组构（图1-4-10）。放射状纤维方解石胶结物很常见，晶体特征表现为在晶鞘末端既具收敛性晶体边缘也具有收敛性晶体光轴，但每个方解石晶体中的亚晶体表现为又由其基底向晶体末端分叉，束状纤维方解石晶体边缘在其末端不具有明显的收敛状，而且晶体的光轴和亚晶体均为向晶体末端发散。不同于以上两种晶体组构，放射状纤维方解石无波状消光现象，而且晶体常呈富含包裹体的混浊状。

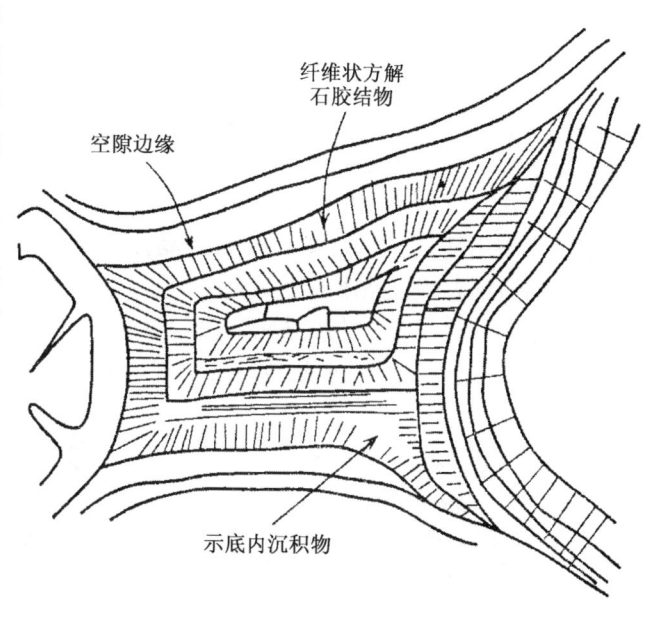

图1-4-9 纤维状方解石海底胶结物的形态发育特征

有关纤维状胶结物的成因已有不少研究。过去一般认为是针状文石海底胶结物受方解石交代和重结晶作用而形成。但近年来的研究表明，此类胶结物最初从海水中沉淀出来即为方解石，由于现代碳酸盐沉积环境中无此类方解石胶结物存在，因此，对其原始矿物成分为高镁方解石还是低镁方解石的问题还有不同看法。一方面，许多纤维状方解石具有微晶白云石包裹体和较高的镁含量，从而表明其原始组分为高镁方解石质；但另一方面，地层记录中也有镁含量较低的纤维状胶结物。

因此James和Choquette（1990）认为古代纤维状方解石胶结物的镁含量不同，主要取决于其原始沉淀水溶液的化学特征。如果原始沉淀的是低镁方解石，则其可在成岩过程中

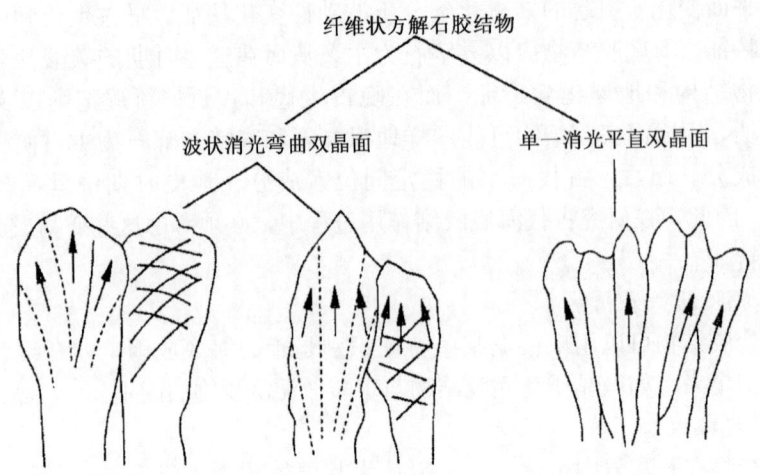

图 1-4-10 纤维状方解石海底胶结物的晶体组构特征

不会受到改变；但如果原始矿物为高镁方解石，则会经历新生变形作用。

平底晶洞构造一般为平坦底面且由纤维状方解石晶体所构成，常在碳酸盐泥堆积体中的一种特殊的亮晶方解石胶结物。Bathurst（1982）认为此类构造形成于海底成岩环境中，经多时代海底胶结作用和孔隙发育而形成。

2）葡萄球粒胶结物

葡萄球粒状方解石胶结物为另一种常见的海底成因胶结物。它的整体形成类似于现代文石质葡萄状胶结物。因此，葡萄球粒状胶结物常被认为是由原始葡萄状文石海底胶结物经后期钙化作用而成。原始文石胶结物晶体组构经后期成岩作用之后，在岩石中可保存为镶嵌结构微细方解石晶体或假象交代（图 1-4-11），甚至燧石化。在地质历史中，此类推断为原始文石转变而成的胶结物，仅常见于某些时期形成的碳酸盐中，其地史分布与图 1-4-8 中所描述的碳酸盐矿物成分变化规律相一致。

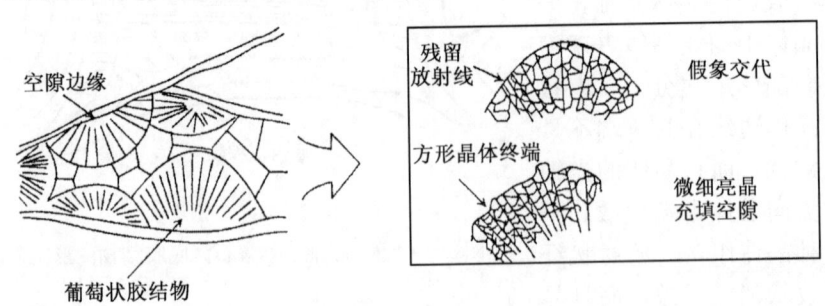

图 1-4-11 葡萄球粒状方解石海底胶结物的形态发育和晶体组构特征

3）共轴连生胶结物

共轴连生胶结物在现代碳酸盐沉积环境中不太常见，不过对古代碳酸盐岩的研究表明，在棘皮动物碎屑颗粒上的高镁方解石共轴连生胶结物广泛发育于古代浅海环境中。在某些地层中，此类胶结物也见于腕足、珊瑚、钙球粒及鲕粒等颗粒表面上。在薄片下，海底成因的共轴连生胶结物一般呈浑浊状晶体。

4）微晶胶结物

细粒灰岩一般不发育明显的压实作用及其中的生物碎片常无压碎现象表明存在早期微晶海底胶结物的沉淀作用，颗粒灰岩中的微晶胶结物则可由其围绕颗粒呈等厚包壳状以及在颗粒间呈新月形分布而识别出来。碳酸盐岩中的微晶胶结物极难与灰泥沉积物相区别，但微晶胶结物既可在细粒碳酸盐沉积中沉淀出来，也可形成于颗粒灰岩中。

从岩相学上识别微晶胶结物的原始矿物成分常常比较困难。一般来说，由原始文石经新生变形作用而形成的微晶胶结物常具有较细小的晶体，而且其晶体表面不呈麻点状，也无包裹体出现。此外，微晶质球粒状胶结物在古代碳酸盐岩特别是礁灰岩中也可常常见到。

4. 古代海底胶结物的地球化学特征

从微量元素地球化学方面而言，未受改变的古代海底胶结物的钠、锶和镁的含量应类似于上述现代海底胶结物的含量。但是，一般来说，有些微量元素的含量在成岩作用过程中会不同程度的降低。相反地，其铁和锰的含量则会有所增加。由于海水中铁和锰的含量很低，所以海底胶结物原始的铁和锰含量很低，在阴极发光下表现为不发光，但是在成岩作用中，如果孔隙水中含铁和锰较高而且呈还原性，则新生变形作用可使得原始海底胶结物的铁和锰含量增加，从而有可能在阴极发光下沿原始胶结物晶体间的边缘见到明亮的斑块。古代碳酸盐岩中的海底胶结物及其他组分的地球化学性质可在其整个成岩历史中经受不同程度的改变，这种地球化学特征变化的强弱部分取决于岩石成岩作用所发生环境的孔隙水的相对开放程度。古代海底胶结物所受到的新生变形作用和埋藏蚀变作用同样地可使得其碳和氧的稳定同位素成分发生程度不同的变化（图1－4－12）。但是，一般来说，海底

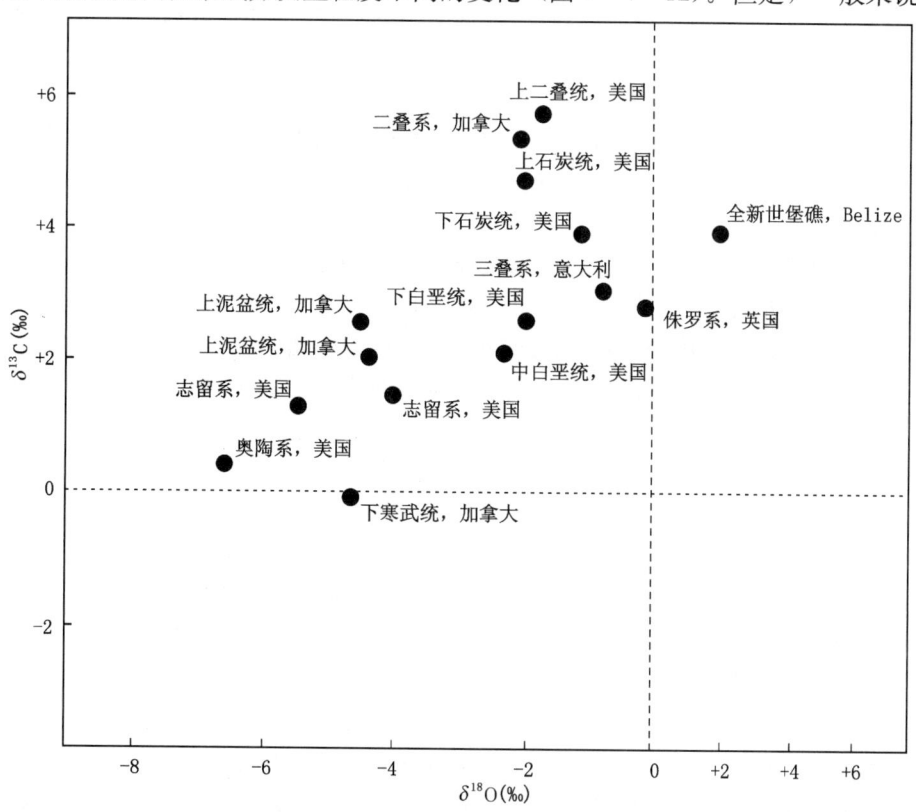

图1－4－12 现代和古代纤维状和葡萄状碳酸盐海底胶结物碳氧同位素成分特征

胶结物要具有比大气淡水或埋藏成因的胶结物重的碳和氧同位素。而相对于其所在岩石中较稳定的低镁方解石质生物碎屑来说，海底胶结具有与之很相似的$\delta^{13}C$，但$\delta^{18}O$值要比生物碎屑或大或小一些。

三、深海成岩作用

现代碳酸盐沉积物中的文石、高镁方解石和低镁方解石在浅海环境中呈碳酸钙饱和或过饱和状态，但是随着海水深度的增加，海水中$CaCO_3$的饱和度逐渐降低，最终在温跃层之下（图1-4-3）文石和高镁方解石呈不饱和状态，从而可导致这两种碳酸盐矿物的溶解，同时沉淀于寒冷的深海水具化学平衡的低镁方解石或白云石。这一碳酸盐矿物发生溶解和沉淀作用的深度在不同海洋环境中可极不相同。例如，这一深度在现代太平洋中大致为200m，而在大西洋中可达2000m。浅海海底碳酸盐沉积物早期石化作用所形成的硬地早已有所记录，而深海环境沉积物的石化作用在20世纪70年代末开始才有所研究。在美国佛罗里达海峡和巴哈马台地周围的海底沉积物中均发育有早期海底石化作用，这种石化作用发生于600~2000m深的海底上。

第三节 大气淡水成岩作用与孔隙演化

大气淡水成岩环境为地下淡水与沉积物发生作用的地带，其中的碳酸盐矿物可发生相对快速的溶解作用，从而导致次生孔隙发育；而溶解出来的$CaCO_3$可在另一地点发生沉淀作用，因而可造成原生和次生孔隙度的降低。大多数浅水碳酸盐序列在地层记录中都是具有受大气淡水成岩作用影响的迹象，而且大气淡水成岩作用对碳酸盐岩孔隙的形成和演化也起着很重要的作用。

一、大气淡水成岩环境分带

地下水面将淡水成岩环境分隔成渗流带和潜水带，其中地下水面为大气压力和静水压力相等的表面。如果含水层通过渗流带与大气直接相连，则可称为非承压含水层，在碳酸盐成岩环境中最常见的即为此类含水层。处于非承压状态的成岩环境具有两种特征的水流形式：一是扩散流；二是管流。前者为水流通过具有均匀孔隙分布的沉积物时，其中的地下水面呈规律性展布且易于识别出来，这种水流形式一般见于未胶结的沉积物中。而随着成岩作用的加强，逐渐石化的岩石中发育裂缝，从而以管流为主，而且可导致洞穴等喀斯特的发育，这种水流体系中的地下水面极不规则且难以识别。碳酸盐沉积的大气淡水成岩环境的主要分带可见于图1-4-13中。

渗流带可进一步划分为两个亚带：上部渗流带和下部渗流带。渗流带中对胶结物沉淀作用最具影响的作用为重力排水和蒸发干燥作用。通过此带的渗流水富含大气二氧化碳和土壤成因的二氧化碳以及有机酸，从而可导致水体中的碳酸钙增加。

在大气淡水潜水带与其下的海水潜水带间为一混合水带，此过渡带的厚度可由几米到几十米，主要取决于沉积物的渗透率和地下水流速。在混合带中可发育白云岩化作用和溶解作用。

地下水面为成岩作用中极重要的截面，它将饱和水的潜水带与未饱和的渗流带分隔开，其间的过渡地带成为毛细管作用带，因为其中的水体主要受到毛细管作用。在地下水面之上所发生的成岩作用及其下所发生的成岩作用及其产物具有明显不同的特征。

地下水面之下潜水带的孔隙总是被地下水所充填。潜水带的下部边界可为一不透水层，也可是具不同成分的水体。在碳酸盐沉积物大气淡水成岩环境常见的潜水带特征可见图1-4-14。

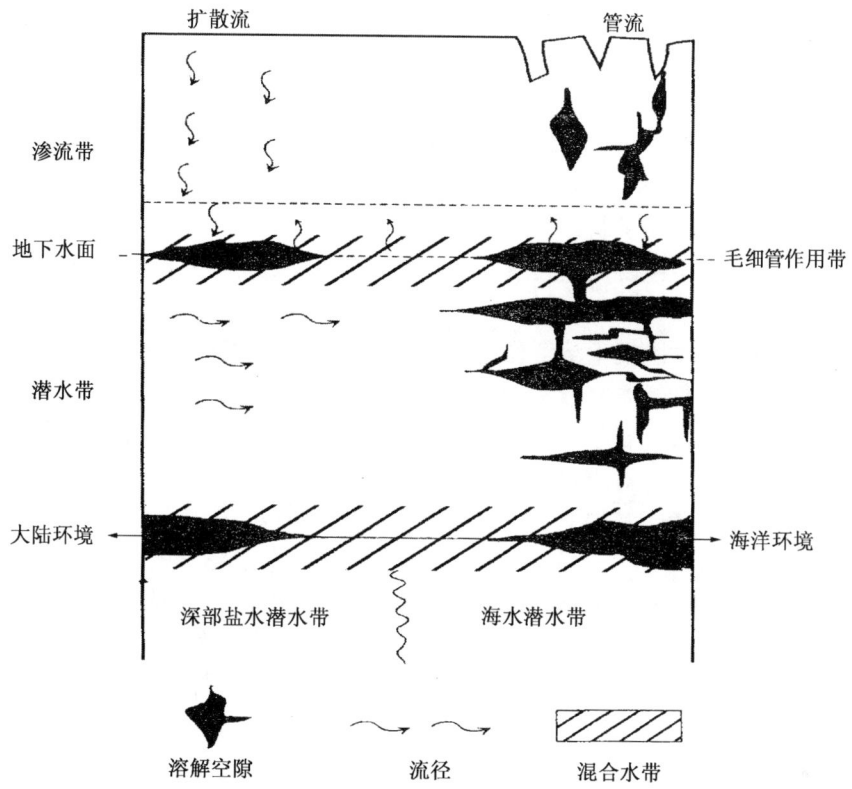

图 1-4-13 与碳酸盐岩沉积物成岩作用相关的地下水分布和流动

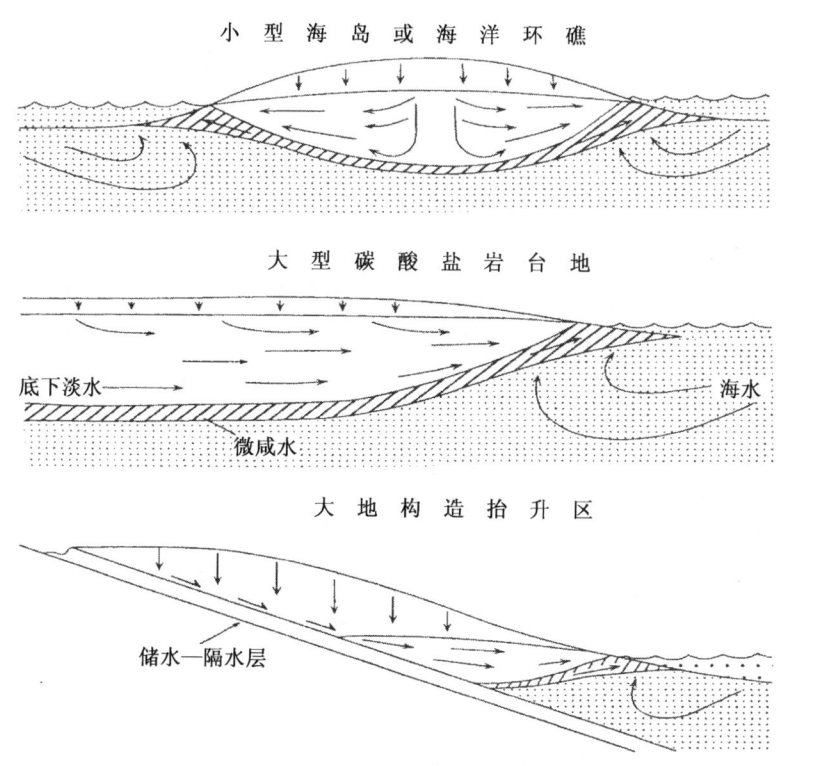

图 1-4-14 碳酸盐沉积物中所发育的大气淡水透镜体特征

海岸带非承压含水层的形态特征常可用Ghyben-Herzberg原理来描述。根据此原理，潜水带在海平面之下的厚度为海平面到地下水面距离的40倍。但是，实际上潜水带的形态特征还取决于其他因素，其中包括沉积物的渗透率和地下水的补给速率等。这个原理的重要性在于其表明地下水面与海平面间距离的微小变化即可引起潜水带下部边界深度的巨大变化，从而引起淡水成岩环境范围的巨大改变。

二、大气淡水成岩作用机制

大气淡水成岩环境中主要发生胶结作用、溶解作用及矿物转变作用三种成岩作用过程。

1. 胶结作用

大气淡水成岩环境中除发生溶解作用外，还发生碳酸钙胶结作用。由于文石和高镁方解石在大气淡水中都比低镁方解石易于溶解，这些矿物的溶解导致大气淡水呈碳酸钙过饱和状态，因此使得低镁方解石胶结物沉淀于孔隙中，从而造成碳酸盐沉积物发生溶解作用的同时沉积物本身被胶结。对潜水带中胶结物的沉淀机制了解的还较少，但渗流带中的碳酸钙沉淀作用则主要是由于其中的二氧化碳脱气作用所引成。

2. 溶解作用

一般来说，碳酸盐沉积与未饱和的大气淡水接触后将发生不同程度的溶解作用。由于文石的溶解度比方解石大，因此较易于受到溶解作用的影响。大气淡水所含的大气二氧化碳以及土壤成因的二氧化碳和有机酸等的含量主宰着大气淡水所能溶解的碳酸钙数量。大气淡水成岩环境中的水化学成分极为复杂，其中，与某种矿物呈饱和状态但成分不同的两种水体混合带中的水溶液既可表现为未饱和状态也可表现为过饱和状态，因此可导致混合带中发生溶解作用。这种水溶液饱和度变化的发生可以是由于具不同二氧化碳分压或不同温度或不同盐度或不同碳酸钙含量或不同pH值的水体混合。这种混合可以是渗流带与潜水带水溶液的混合，也可以是淡水潜水带底部与海水潜水带接触处的混合。

3. 矿物转变作用

在大气淡水成岩石作用过程中，处于亚稳定状态的文石和高镁方解石可转变成稳定的低镁方解石。其中，文石转变成低镁方解石可以经历两种不同的作用过程而完成：

（1）文石首先发生溶解作用，然后低镁方解石沉淀；

（2）文石通过薄膜交代作用而转变成方解石，从而可见残留的原始文石晶体组构。

但是，高镁方解石的交代作用机制还不是十分清楚。一方面，在普通显微镜下观察交代作用后的高镁方解石晶体，其晶体组构并无改变；另一方面，在电子显微镜下观察则表明其原始晶体微构造已在交代作用过程中发生变化。因此，高镁方解石转变成低镁方解石的过程可能发生于极微细范围内的溶解—沉淀作用。由于方解石的溶解度取决于其镁含量以及其晶体的微构造，因而镁含量很高的方解石在经历交代作用后，其晶体组构的改变要比原始镁含量低的方解石大得多。

三、控制大气淡水成岩作用的因素

沉积物本身的矿物学特征以及所处的气候条件为控制碳酸盐沉积大气淡水成岩作用的主要因素。此外，沉积物是否已经被石化及沉积颗粒大小对其大气淡水成岩作用也有极大影响。从矿物学方面来考虑，文石和高镁方解石含量高的碳酸盐沉积要比单纯由低镁方解石组成的沉积更具有发生成岩作用的趋向。因此，文石沉淀作用发育的地质时期所形成的碳酸盐沉积岩中将含有大量淡水成岩作用的证据。

气候因素将会从大气淡水的流量和流速、水溶液的温度、土壤层的厚度以及植被发育情况等几个方面来对淡水成岩作用发生影响。在干旱条件下，降雨稀少使得淡水成岩作用较为缓慢，大气淡水一般不会直接流经渗流带而进入饱和含水层，而且地下水面一般很深。碳酸盐成岩产物多缓慢地沉淀于渗流带的上部，而且缓慢的地下水流速使得潜水带中的胶结作用极不发育。但在潮湿气候条件下，溶解和胶结作用均可发生，主要表现为碳酸盐沉淀作用一般不发生于土壤层和渗流带中。因为大量未饱和的大气淡水流经此带，使得其中碳酸钙以发生溶解作用为主；而另一方面，由于溶解作用而导致孔隙溶液中碳酸钙过饱和，伴随着地下水流速较快，从而使得胶结作用可发生于潜水带中。以上所描述的仅是干旱和潮湿这两个极端的例子，实际上，大部分亚热带碳酸盐沉积所经历的大气淡水成岩作用常介于两者之间。

四、大气淡水成岩作用产物

1. 溶解作用产物

主要介绍喀斯特岩溶的主要类型及其识别特征。溶解作用的发生可使碳酸盐岩发育从微细孔到大型岩溶等规模不等的成岩特征。岩溶的发育是由于碳酸盐岩石表面与略呈酸性的大气淡水发生作用而形成的，这种作用即为 James 和 Choquette（1990）所称的"水控大气淡水成岩作用"。一般来说，岩溶可简单地划分为地表和地下两种类型。

在地层剖面，地表岩溶仅表现为不规则的层面，因此，必须在暴露良好的岩层面上才能识别出来。碳酸盐岩地层中的地表岩溶常难于识别出来，地表岩溶的大小差别很大。小型的地表喀斯特总称为溶沟，其形态划分可归纳为如图 1-4-15 所示的六种类型。而大型的地表岩溶可达数公里，归属于岩溶地貌类型。地下岩溶的特征主要表现为裂隙和洞穴的发育。不同大气淡水成岩环境分带中所形成的地下岩溶具不同的特征。其中，渗透带中的洞穴以垂直状为主；地下水面附近的岩溶作用极为发育，形成多种形态类型的裂隙和洞穴；而对潜水带的岩溶发育特征还了解得不多，因为其所处深度使得难以进行详细的观察研究。

图 1-4-15 碳酸盐岩地表岩溶形态

在这些发育于大气淡水成岩环境中的裂隙中，可含有海洋沉积物。

James 和 Choquette（1988）识别出三种类型的古代岩溶，其中包括：

（1）沉积古岩溶：形成于向上变浅的米级旋回的顶部。

（2）局部性古岩溶：这是由于局部性大地构造作用或海平面下降使得大部分碳酸盐台地暴露于大气淡水作用带下。

（3）区域性古岩溶：由于全球性大地构造事件的形成，在层序地层学中，这类岩溶常用来识别层序的截面。这些地层记录中的古代岩溶对油气勘探具有重要意义，因为油气储层常发育于与古岩溶相关的地层中。

2. 大气淡水成岩胶结物

虽然在大气淡水成岩环境的渗流带中胶结作用为常见的成岩作用过程，但不同成岩环境中所形成的胶结物具有明显不同的特征。一般来说，这些胶结物可根据其成岩环境不同从地表向地下分成钙结层、渗流带下部胶结物、潜水带胶结物等三种类型。

1) 钙结层

土壤剖面中被碳酸盐沉淀物所胶结的层段为钙结层，这种钙质胶结结构的土壤层常发育于干旱到半干旱气候条件下。钙结层既可形成于碳酸盐沉积物中，也可形成于碎屑沉积物中。钙结层厚度差别很大，大多约数米厚。在纵向上，发育完整的典型钙结层由四部分组成，由上到下分别为（图1-4-16）：纹层状硬壳、不规则薄屑层、含结核或豆粒白垩层及白垩层。

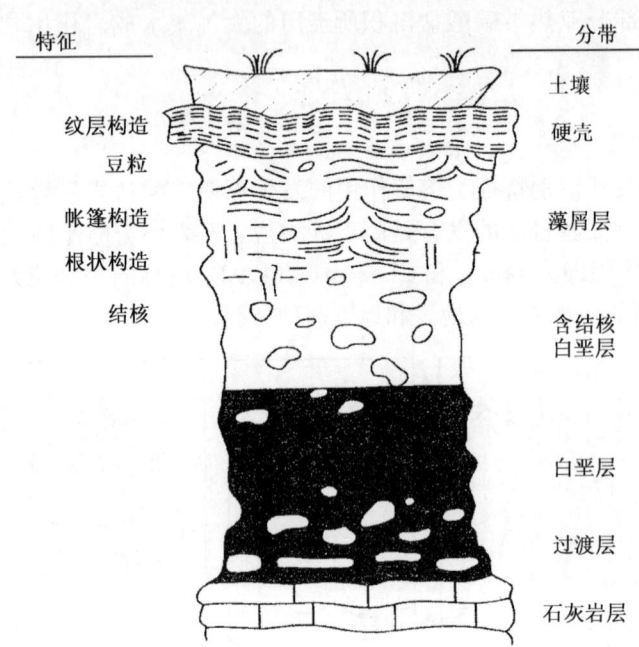

图 1-4-16 典型钙结层的分布特征

钙结层在岩相学上包括两种端元类型（图1-4-17）。其中：

(1) α-钙结层：表现为毫无或极少有生物活动的迹象，其组分主要为致密结晶质的碳酸盐微晶和微亮晶，这些碳酸盐组分常表现为镶嵌状菱形晶体，但其分布极不均匀。在阴极发光检测下，这些碳酸盐镶嵌结构常表现为由几个世代的沉淀—溶解—沉淀作用而成，反映出在其形成过程中孔隙水化学条件的周期性变化。

(2) β-钙结层：常表现为受强烈的生物活动的作用。真菌作用引起碳酸钙沉淀而形成大量纤维状到针状低镁方解石晶体，同时，植物根结核在此类钙结层中也极为常见。

(3) β-钙结层主要见于土壤中的碳酸盐岩基底上，而α-钙结层组构则可发育于不同成因的钙结层中。组成钙结层的矿物成分主要为低镁方解石，但白云石也很常见，文石和高镁方解石则极为少见。因此钙结层的发育属于"水控大气淡水成岩作用"范畴。

2) 渗流带胶结物

由于重力渗透作用使呈碳酸钙饱和状态的渗流带上部土壤层中的水溶液向下流动而进入渗流带下部，因此随着蒸发干燥作用可使方解石胶结物沉淀于渗流带下部。此带下部沉积物越靠近地下水水面，其孔隙中的水饱和度则随之增加越多，从而使沉积物孔隙交替性地被水溶液或空气所充填。

渗流带胶结物的发育一般仅限于局部地带，而且其分布毫无规律。由于毛细管张力作用使得渗流带孔隙水集中于沉积颗粒之间，因此，渗流胶结物常发育于颗粒接触处（图1-4-18）。渗流胶结物的晶体常为细粒等轴状，而且晶体的终端发育很差，这主要是由于晶体快速沉淀所致。此外，渗流带胶结物常发育成凹凸状和钟乳状组构，从而使得孔隙变圆

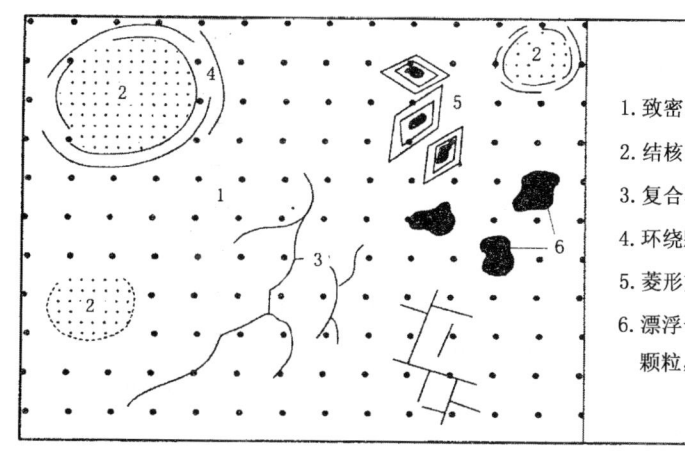
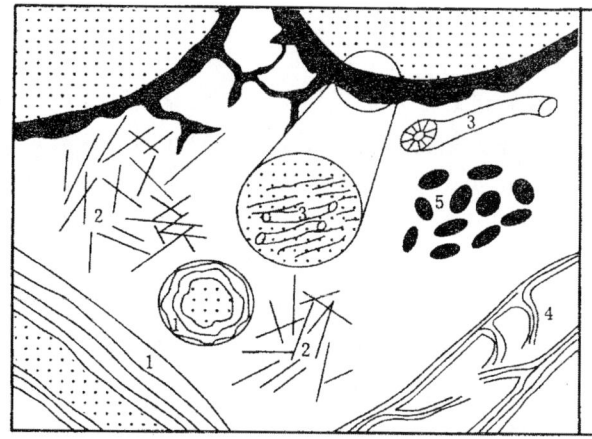

图 1-4-17 钙结层的两种端元类型

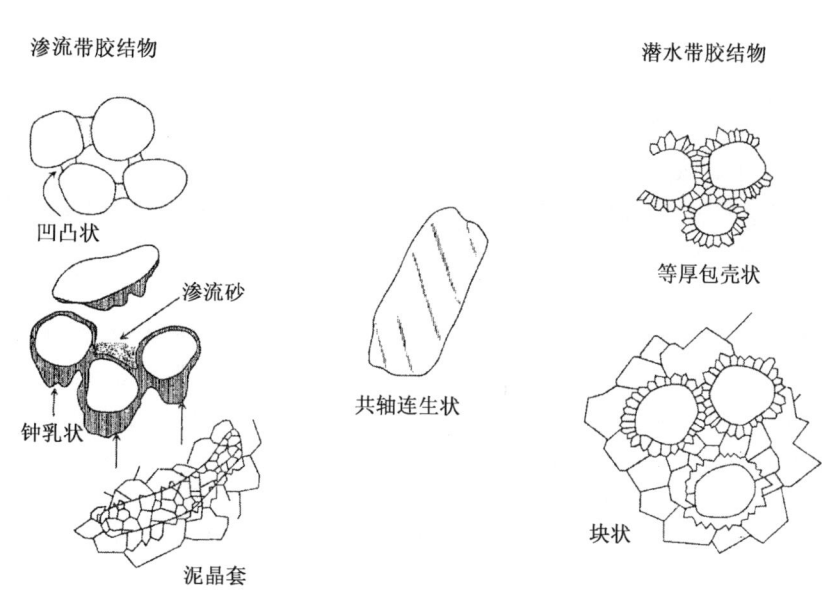

图 1-4-18 大气淡水碳酸盐成岩胶结物类型

滑（图1-4-18）。在孔隙完全被胶结物充填的碳酸盐岩中，呈凹凸状和钟乳状的渗流带胶结物常可在阴极发光下识别出来。另一发育于渗流带的特殊胶结物组构常被称为渗流砂，它是早期形成于渗流带较上部的胶结物脱落下来而被孔隙水运移到渗流带较下部而堆积于孔隙底部的胶结物（图1-4-18），渗流砂中常发育有粒序纹层甚至于交错纹层。最后，共轴连生胶结物也可形成于渗流带成岩环境中。

3) 潜水带胶结物

潜水带成岩环境沉积物孔隙总是被水溶液所充填，其中胶结物的发育与渗流带中胶结物的发育明显不同，主要表现在胶结物的分布一般较为均匀，而且胶结物晶体可以连续且缓慢地生长，从而可形成发育良好的较粗颗粒晶体。识别潜水带胶结物不能仅靠晶体组构作为唯一证据。潜水带胶结物的晶体组构常发育成等厚包壳状、块状和共轴连生状（图1-4-18）。但这些胶结物晶体组构的发育并不仅限于大气淡水的潜水带中，它们也可形成于埋藏及冷水海底环境中。

4) 大气淡水胶结物的染色和阴极发光特征

在碳酸盐沉积物所经历大气淡水成岩过程中，形成于不同时期及不同环境的胶结物可具有明显不同的染色和阴极发光特征。在胶结物染色研究中，呈酸性的氰铁酸钾溶液常用来识别胶结物的相对铁含量，即具有不同铁含量的方解石常被染成不同程度的蓝色。由于渗流带中的孔隙水常呈氧化状态，因此其中的铁呈三价，因而可以结合到方解石晶体中，造成渗流带方解石胶结物极为贫铁而不被染色。另一方面，淡水潜水一般略呈还原性，其中铁可呈二价，从而可以结合到方解石晶体中。因此，潜水带方解石胶结物可被染成蓝色。但是，埋藏成岩环境也呈还原性，其中所形成的胶结物多富含铁，也可被染成蓝色。因此，阴极发光常被用来识别这两类不同时期形成的胶结物。它们的阴极发光特征主要与它们所含锰和铁的比例有关。潜水带胶结物在阴极发光下表现为不发光，其中间夹有微细的明亮条带；而埋藏胶结物具有良好的阴极发光现象。

3. 大气淡水成岩环境中的矿物结构和地球化学变化

1) 矿物结构变化

大气淡水成岩作用过程中原始高镁方解石和文石向低镁方解石转变可导致矿物结构特征的改变。大气淡水成岩环境中的文石可通过不同方式转变成方解石，James和Choquette (1990) 归纳出宏观和微观两种不同的转变方式（图1-4-19）。

在宏观转变过程中文石质的沉积物颗粒或胶结物首先发生溶解作用而发育成孔隙铸模，这种溶解孔隙可被后生的方解石胶结物充填。充填孔隙的胶结物可以是大气淡水成因的方解石胶结物，也可以是在成岩后期才沉淀的埋藏成因胶结物。如果孔隙未完全被胶结物充填，则其中可充填成岩卤水或油气。文石向方解石微观转变的方式表现为在文石发生溶解作用的同时发生方解石的沉淀作用，从而使得文石的原始组构可以被部分地保存下来（图1-4-19）。这种方解石化的文石常表现为镶嵌状方解石晶体横切原始文石组构，其中原始文石组构由残留的有机物和其他不溶解成分所勾画出来。一般来说，原始文石组构在渗流带中的保存要比潜水带中好，这是由于渗流带中的文石方解石化作用导致形成组构选择性的细小的方解石镶嵌结构，而潜水带中形成的方解石晶体则转变为粗大的晶体。

2) 地球化学变化

在大气淡水成岩作用过程中，伴随着矿物成分由文石和高镁方解石向低镁方解石的转变，沉积物和胶结物的微量元素地球化学特征也发生明显的变化。此变化主要表现为锶和

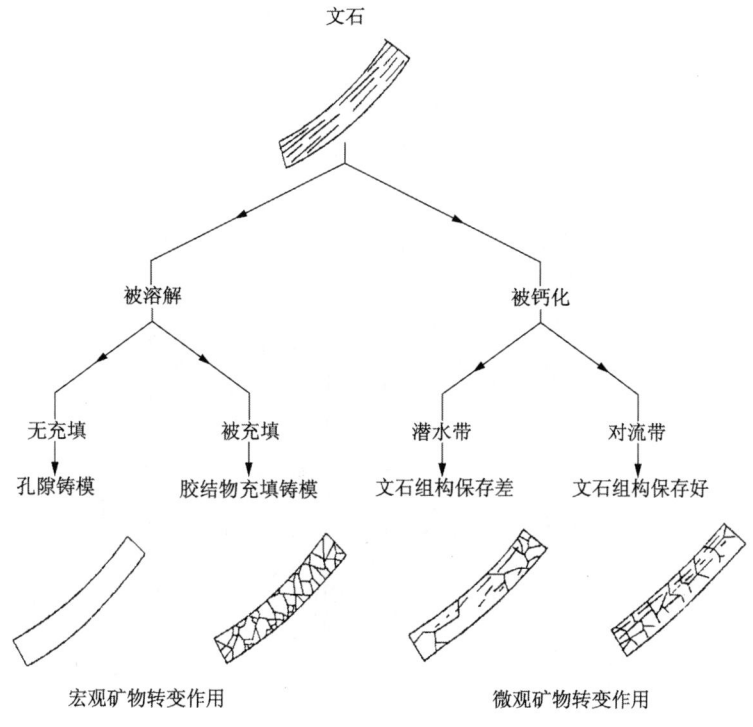

图 1-4-19 原始文石质生物碎屑颗粒在大气淡水
成岩作用中所经历的不同作用过程和产物

镁在低镁方解石中的含量大大减少（图 1-4-20），而其他金属阳离子在低镁方解石中的含量则取决于其所处成岩环境的化学条件以及阳离子的供给状况。除了微量元素地球化学外，大气淡水成岩作用也可引起沉积物和胶结物稳定同位素地球化学的变化。这种变化特征见图 1-4-21，其主要表现为 $\delta^{13}C$ 的进一步减少，这主要是由于受到来自土壤层轻碳的影响；同时，大气淡水中的 $\delta^{16}O$ 加入使 $\delta^{18}O$ 值也变得更小。因此，总的来说，大气淡水成岩作用使碳酸盐沉积物的稳定同位素变轻。

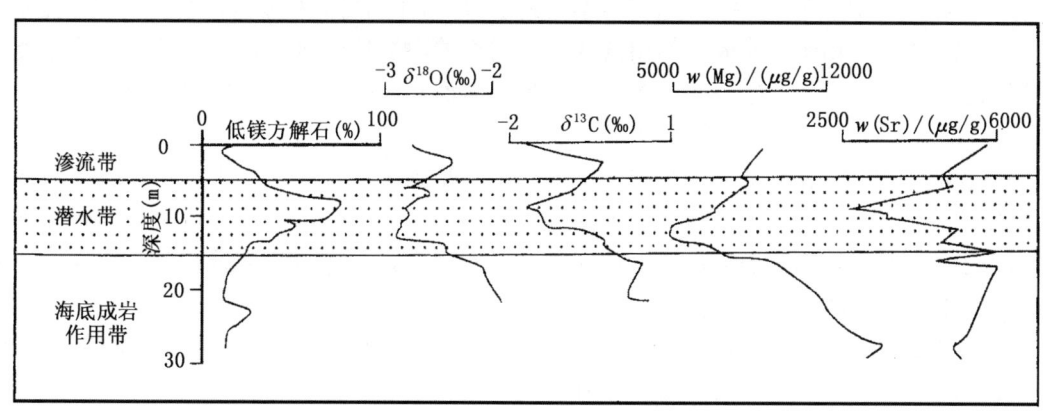

图 1-4-20 近代碳酸盐沉积矿物学和地球化学特征剖面图

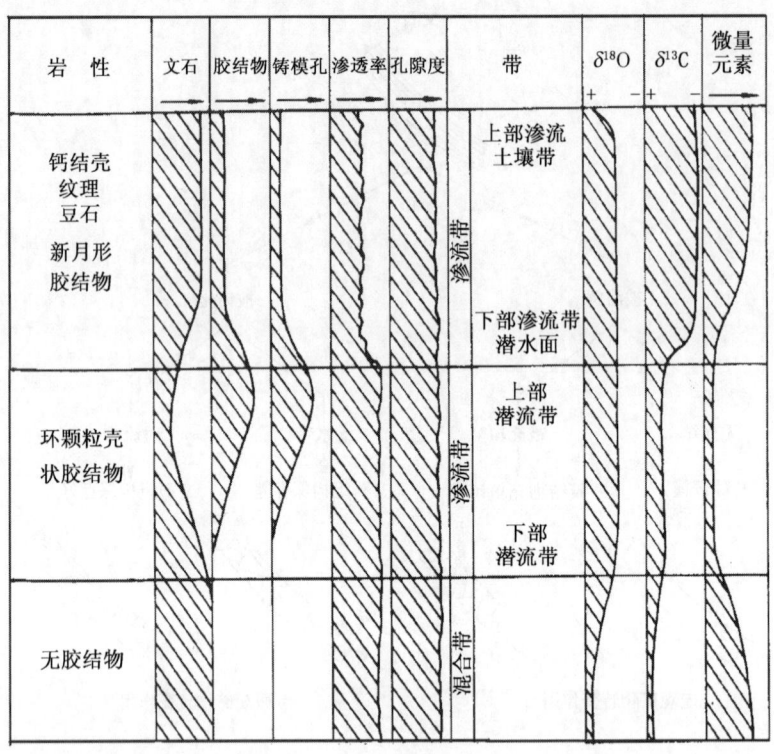

图 1-4-21 成岩作用、孔隙以及地球化学趋势简图

五、不同成岩环境中孔隙的发展和演化

当大气水渗流状态下不稳定的矿物组合发生稳定化作用时，这种成岩循环作用造成保留同样的总的孔隙值；换言之，大气水渗流作用前与渗流作用后，在渗流带中总的孔隙变化不大。但是，它们的孔隙性质和类型均有很大的变化。在渗流带中与溶解和沉淀有关的成岩流体的量是很小的。它将会阻止渗流环境中文石质沉积物铸模孔隙的发育，然而渗流带中的渗透性看来是明显地被改造了，因为许多胶结物集中在孔隙的喉道上，而不是分布在每个颗粒的周围（图 1-4-21）。因此，渗流带成岩作用之前和成岩作用之后的总孔隙值虽然变化不大，但由于渗流成岩作用的改造，它们的渗透性明显变差，这是由于孔隙类型的演化造成的。一方面产生一些溶解孔隙，另一方面，原生粒间孔隙的部分充填，其中特别是新月形胶结物，又使孔隙喉道变窄。

与渗流带一样，在局部大气水透镜体中，由于受到大气水成岩作用，总孔隙度看来是比较低的。当次生孔隙出现，胶结物沉淀进入到粒间孔隙中，从溶解位置搬运的碳酸钙的量是很小的。然而，由于潜流带环绕粒间的胶结作用模式，它们的渗透率并不会像上述的渗流带那样降低（图 1-4-21）。

在区域大气水层背景下，关于流动通道之下准稳定矿物稳定时碳酸钙体积的转换问题，一般认为是总孔隙体积会因为溶解作用和沉淀作用而改变。溶解和沉淀是在流体通道中矿物的稳定化作用过程中发生的，开始时主要是准稳定矿物文石变化造成的，它们总是在稳定化时沿着流动通道在预测的层系中发生。如果稳定化作用由于海平面的上升和下降所阻止，那么，这些明显的成岩变化和孔隙在地质历史中将会被保存下来。

第四节 埋藏成岩作用与孔隙演化

碳酸盐岩的成岩演化所经历的大部分时间则位于埋藏成岩环境中,这一时期长达几千万年乃至几亿年。但是,碳酸盐序列在这一漫长的埋藏成岩历史中所发生的变化只是在过去 20 年中才逐渐有所了解,主要是因为 Bathurst 的大量富于开拓性的研究成果。其他重要的文献还包括 Meyers 等。

本书将主要介绍影响碳酸盐岩埋藏成岩作用的因素、成岩作用过程及其产物和孔隙的发展演化。

一、埋藏成岩环境的一般概念

所谓埋藏成岩环境一般指近地表成岩作用带之下至浅变质作用带之上的隐伏成岩带。近地表成岩作用在碳酸盐岩及其孔隙发展过程中留下了深刻的印迹,然而它是在相对短的时间内完成的。埋藏成岩作用在碳酸盐岩成岩史中花去了很多的时间,达几千万年到几亿年。由于物理和化学条件的变化,埋藏成岩作用将对近地表成岩作用留下的岩石组构和孔隙进行改造。

随着油气勘探深入到中深部地层,对埋藏成岩作用研究的需要增加了。在过去的 10 多年中,埋藏成岩作用的重要性已为更多的人所认识,在此隐伏的成岩带中,成岩作用对于碳酸盐岩孔隙、矿物成分、基本组构和许多其他特征形成的重要意义现在有的已经很清楚,许多方面仍有待研究。

在沉积作用结束之后,当沉积物处于近地表成岩环境或地表成岩环境影响带之下时,便进入了埋藏成岩环境。在时间上包括 Choquette 和 Pray 的中成阶段,即一些研究者所称的深埋藏带或深地下成岩环境。在一些沉积盆地发展过程中,深埋藏成岩环境可以达到低变质作用带(图 1-4-22、图 1-4-23)。埋藏环境的上界与地表环境或近地表环境相接,在大气水层的影响深度以下。在埋藏成岩环境中,成岩流体中断了同大气圈的化学活动性气体的自由变换,温度和压力进一步增加,以及成岩流体交换减少。由于岩石—水的互相作用和盆地驱动水的混合,孔隙流体经历着一个成分缓慢变化和发展的过程。在埋藏环境

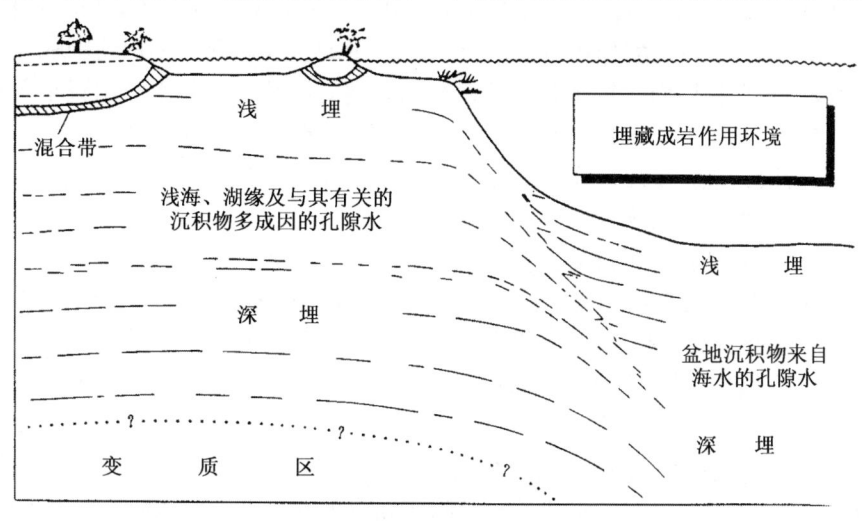

图 1-4-22 埋藏成岩作用环境示意图

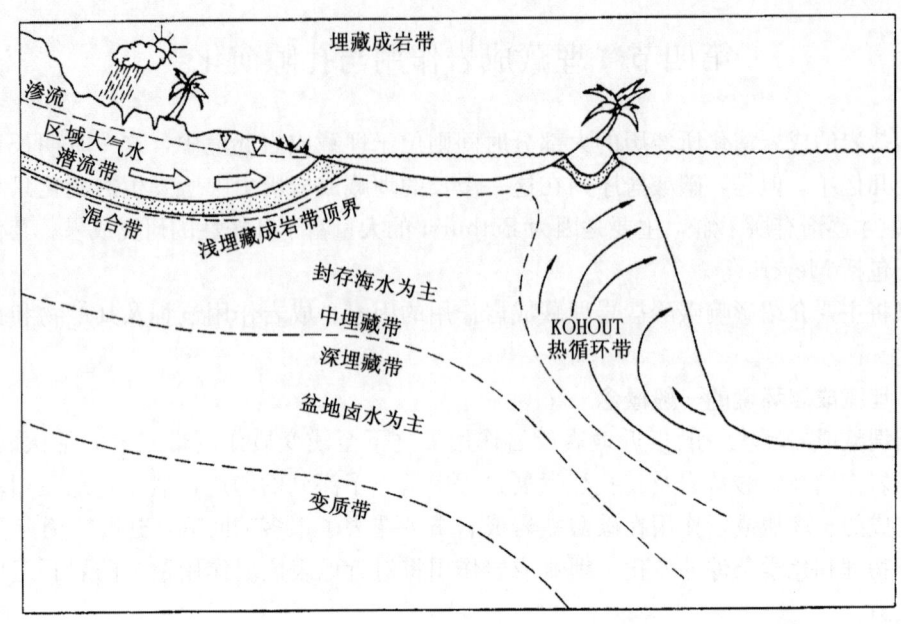

图 1-4-23 从地表成岩环境到埋藏成岩环境的分带简图

中影响岩石孔隙的主要作用是压实作用、胶结作用和溶解作用等。

二、压实作用及其产物

随着碳酸盐沉积物所受上覆压力的逐渐加大，压实作用使得沉积物所经历一系列的物理和化学变化，其中包括脱水、厚度减小、孔隙度降低、沉积物颗粒和沉积构造的变形和重组以及溶解构造的发育等。一般来说压实作用及其产物可划分为机械压实和化学压实两大类来描述。

1. 机械压实作用及其产物

碳酸盐沉积物所受机械压实作用过程包括三个阶段：

（1）第一阶段：主要是由于沉积物脱水而导致沉积物颗粒的堆积关系发生变化而变得致密，这一阶段发育于1m左右埋深的成岩环境中，此时沉积物的孔隙度仅略为降低。

（2）第二阶段：机械压实作用对颗粒沉积物的影响主要表现为沉积物颗粒发生重新排列和定向而趋向于平行层面，然而泥质沉积物则表现为继续发生脱水作用直至沉积物形成自我支撑的格架，此时泥质沉积物的孔隙度由第一阶段的约75%减少到50%。

（3）第三阶段：进一步压实作用的过程中，上覆压力直接作用于颗粒接触处，从而使沉积物颗粒发生塑性变形或脆性破碎作用。

除了早期成岩胶结物作用极为发育的碳酸盐岩之外，机械压实作用所形成的成岩结构（图1-4-24）可见于大多数碳酸盐岩序列中。在颗粒支撑的颗粒灰岩和泥粒灰岩中，常可见发生塑性变形的鲕粒、球粒以及生物骨骼碎屑。但更为常见的是呈脆性破碎的沉积物颗粒，其中的破碎面常受颗粒原始结构的控制。例如，具放射状结构的鲕粒常沿构成放射状结构的纤维状方解石晶体边缘发生破碎作用，从而其破碎面表现为横切鲕粒状；然而，具同心层状结构的则常沿文石组成的同心纹层发生破裂，因而同心纹层可像树皮似地破碎而从鲕粒上脱落下来。此外，早期形成的胶结物包壳也可发生破碎而从颗粒表面上脱落下来。如果生物碎屑颗粒发生溶解，其原始表面上所发育的微晶套则可发生塌陷和破碎作用。然而，对粪球粒来说，机械压实作用常使其发生塑性变形，使圆形或近似圆形的颗粒变成纺锤状，颗粒间接触面变成平面状或曲面状。但是，如果球粒由于受到其较大颗粒的保护而免受上覆压力的作用，则球粒的原始颗粒形状和堆积特征可保存下来。

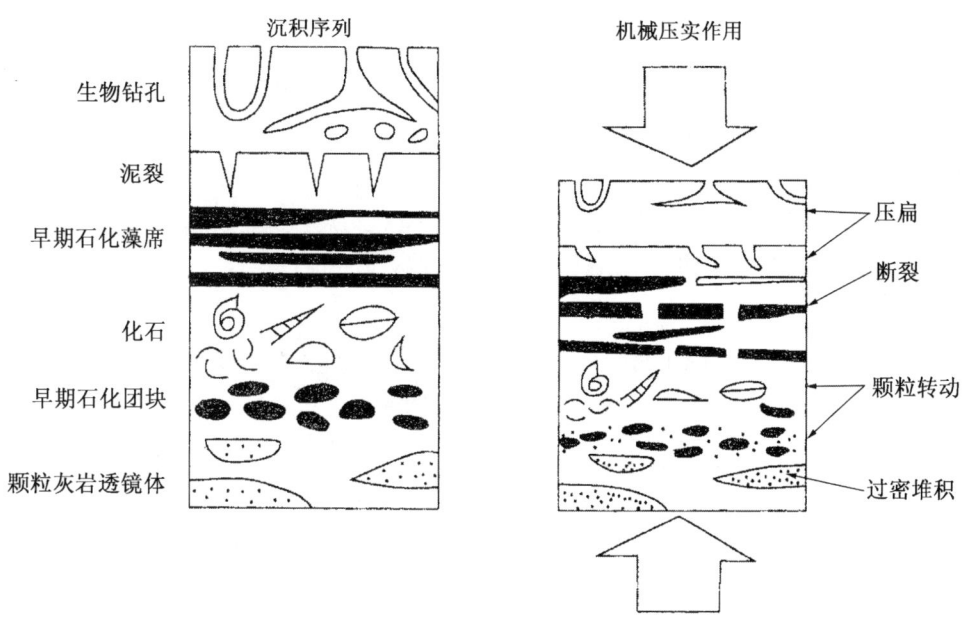

图 1-4-24 埋藏成岩环境中机械压实作用所形成的特征产物

在灰泥支撑的泥屑灰岩和粒泥灰岩中，常见的机械压实作用所形成的特征包括：压扁的生物钻孔、原生孔隙和鸟眼构造的消失、扭曲的排气构造和干裂、披盖于硬质物体之上的沉积纹层、重新排列并且紧密堆积甚至断裂的介壳和其他长条状颗粒、变形的球粒和其他沉积颗粒等。此外，机械压实作用还可以把富含泥质的沉积物演化成粒泥灰岩甚至泥粒灰岩（图 1-4-25）。区分原生的泥粒灰岩和压实作用的泥粒灰岩必须综合考虑上述机械压实作用所形成的特征是否出现于岩石中。

2. 化学压实作用及其产物

化学压实作用或压溶作用是极为重要的埋藏成岩作用过程，它可以使受机械压实作用之后的碳酸盐岩厚度减小 20%～35%。压溶作用

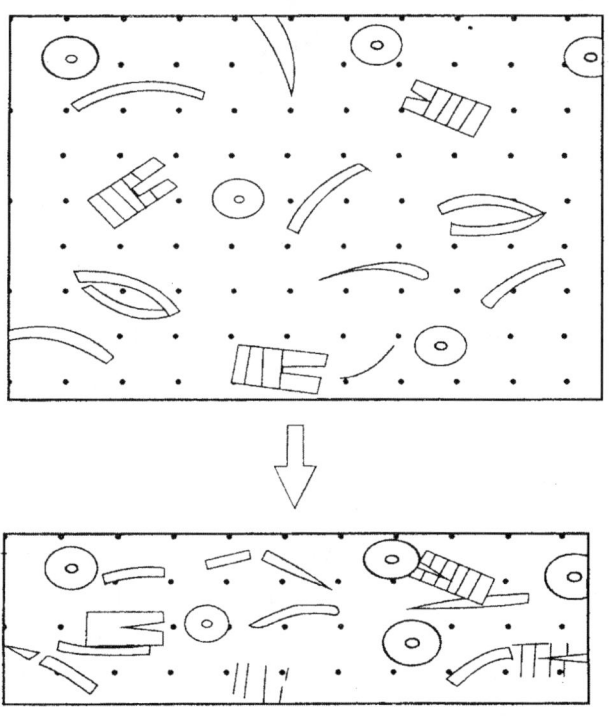

图 1-4-25 机械压实作用所导致颗粒稀少的泥质沉积物向较富含颗粒的岩石类型转变

可以产生一系列不同的溶解结构，而且还可以给埋藏胶结作用提供大量的碳酸钙。

压溶作用的产生是由于上覆压力或大地构造应力导致碳酸盐晶体、沉积物颗粒或岩层接触点或面上所受压力的增大，从而使接触处的碳酸盐溶解度增大，造成接触处碳酸盐溶解度增加，由此而产生的碳酸钙溶解作用不断地将溶解物质输入到压溶处的薄层膜中，从而建立起一个由颗粒接触处向外逐渐降低的化学势梯度，这一化学势梯度使得溶质通过扩散作用或溶移作用而迁移到岩面的孔隙水中。溶解于孔隙水中的碳酸钙可以在发生溶解作用之后再沉淀成为胶结物，也可以随孔隙水而被运移到较远的地方后再沉淀下来。

碳酸钙溶解作用的发育使岩石中不可溶物质堆积下来而形成各种各样的压溶构造。

压溶作用可以形成多种不同的构造特征（图1-4-26）。一般来说，可以归纳为三种不同的形态类型，包括拟合组构、溶解接合线和缝合线。

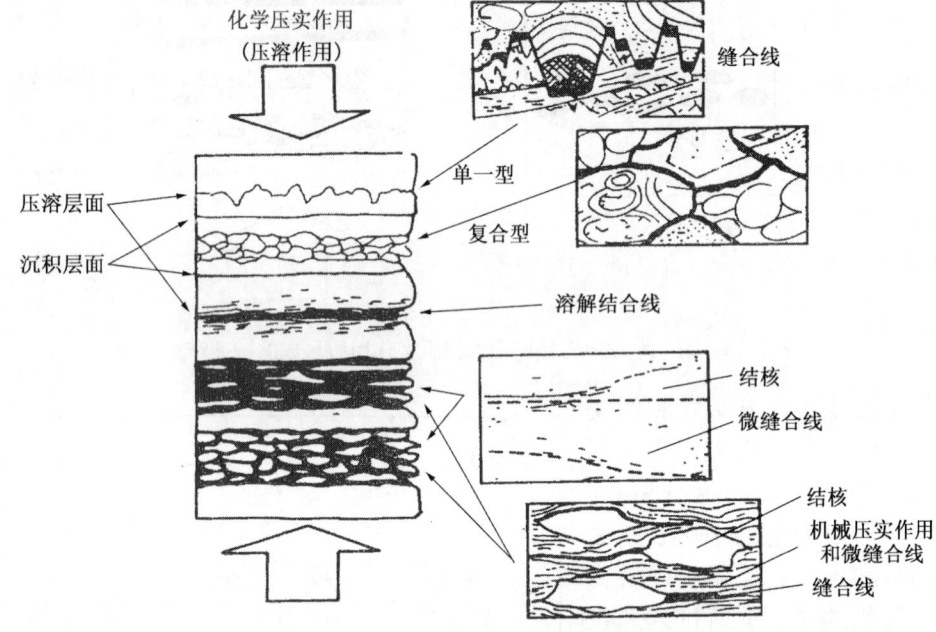

图1-4-26 化学压实作用所形成的特征产物

拟合组构为一互相穿插颗粒的渗透状格架，其中颗粒与颗粒间的交接面常为平面状到曲面状或略呈缝合状。这种组构也常称为微缝合线，其成因一般为颗粒间接触处发生溶解作用所致，而且其形成的时间常常在大量胶结物沉淀之前，因为早期近地表胶结作用的发育可阻碍这种构造的形成。拟合组构的大小差异很大，小到仅限于两个沉积物颗粒之间，大到可见于早期成岩结构中（图1-4-26）。

溶解接合线为由不溶残留物组成的平滑的线状构造。与缝合线不同，此类线状构造大多沿颗粒间分布而极少横切沉积物颗粒，而且它们在岩石中常呈网状出现。溶解接合线与缝合线的另一不同之处在于前者常成群出现（图1-4-26），特别是在结核状灰岩中，它们常包裹早期形成的结核。此类压溶构造常常发育于富含泥质的石灰岩中，而且可见白云石晶体沿溶解接合线分布。

压溶缝合线构造常可出现于许多碳酸盐岩的横剖面上。大多数缝合线的起伏幅度比沉积物的颗粒直径要大得多，因此常可见缝合线横切沉积物颗粒、胶结物、基质以及其他岩石组构（图 1-4-26）。但是，缝合线构造一般不发育于粘土含量大于 5%～10% 的碳酸盐岩中。压溶构造在不同岩石类型中的发生和演化过程可以极为不同（图 1-4-27）。由图 1-4-27 可见，压溶构造的发育常始于沉积物颗粒和结核等与基质的接触面或富含粘土质的沉积物中。此后，压溶构造的演化则既取决于其所处空间也取决于其所处岩石的成岩演化所经历的时间过程。图 1-4-27 还表明，压溶构造发育的程度不同使岩石厚度变化具有明显差异。

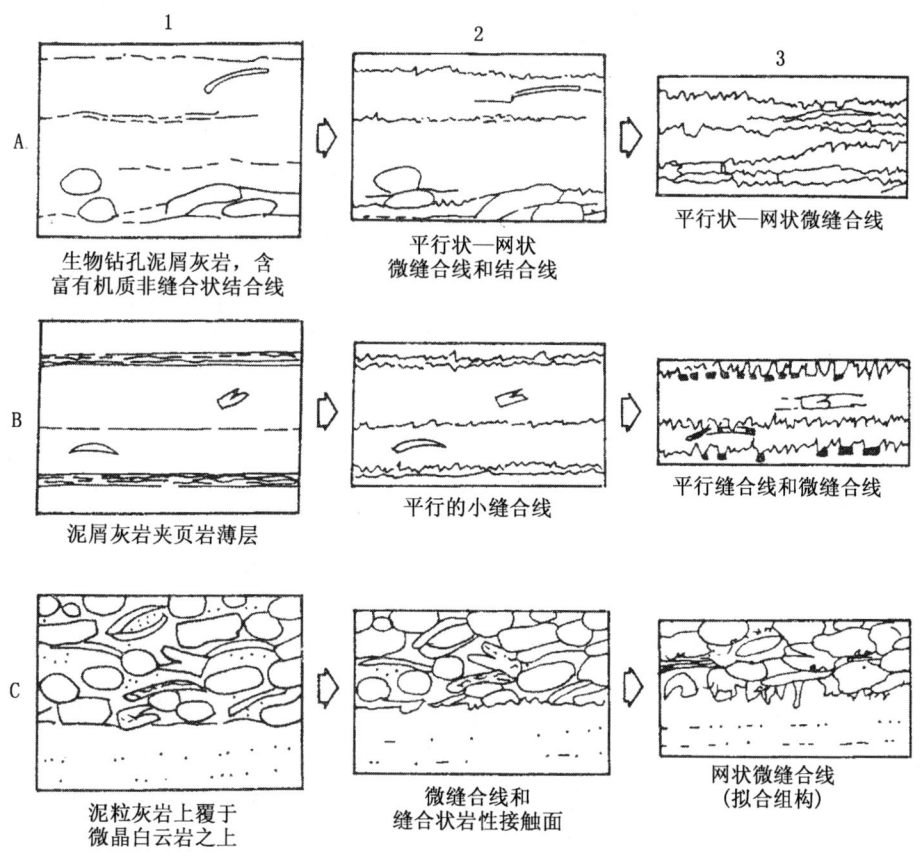

图 1-4-27 压溶作用在不同成岩环境中的发育和演化过程

三、埋藏胶结作用及其产物

一些研究者认为，在埋藏成岩作用以前就有大量的胶结物沉淀。这些胶结物所需要的碳酸钙是直接或间接从过饱和的海水中来的，或者是从大气水、混合水以及欠稳定的碳酸盐矿物的溶解作用来的。在上述任何情况下，碳酸钙沉淀的比值和胶结物最后占孔隙空间的体积受通过孔隙系统的流体体积的明显影响。

埋藏胶结物为重要的碳酸盐岩组成部分。一般认为，形成埋藏胶结物所需的碳酸钙可能由几种途径而来，其中，化学压实作用被普遍认为是所需碳酸钙的重要来源。此外，埋藏环境中所发生的碳酸盐岩溶解作用以及来自邻近发生压溶作用的孔隙水也可为埋藏胶结作用提供碳酸钙。

1. 埋藏胶结物的岩相学特征

一般来说，形成于埋藏成岩环境中的亮晶胶结物晶体较粗大，这类晶体的形态常可划分为：晶簇状、共轴连生状、嵌晶状、棱柱状及等粒镶嵌状（图1-4-28）。

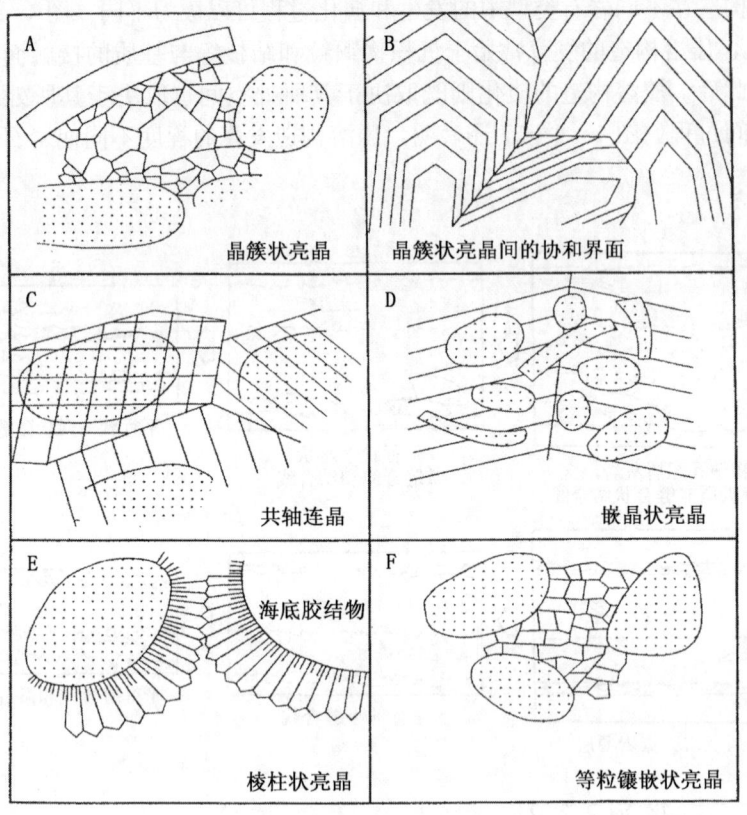

图1-4-28 埋藏碳酸盐成岩胶结物的常见类型

晶簇状亮晶方解石胶结物为岩石孔隙中的特征充填物，其晶体大小表现为向孔隙中心逐渐增加。此类胶结物的发育为方解石晶体沿其c轴择优生长以及晶体间竞争生长所致，其中，如果晶体的c轴与其生长基底间成较大的角度，则此类晶体的生长比c轴于基底成较小角度的晶体要快得多（图1-4-28）。

图1-4-28还表明两个并肩生长的方解石晶体发育平直的晶间界面。此外，晶簇状方解石胶结物在被染色或在阴极发光之下常显示出生长条带，表明其生长过程中孔隙水化学成分曾经发生过变化。

（1）共轴连生状方解石亮晶胶结物：常见于含棘皮动物碎屑的沉积物中，特别是颗粒灰岩中，此类胶结物晶体可生长的很大，甚至可包含其他沉积物颗粒于其中，而且，类似于晶簇状胶结物，共轴连生状胶结物中也常具有生长条带。尽管共轴连生状胶结物也可形成于海底和大气淡水成岩环境中，但埋藏成岩环境中所形成的此类胶结物一般为洁净的晶体，而早期形成于近地表成岩环境的晶体多为浑浊状。

（2）嵌晶状方解石亮晶胶结物：为包含有多个沉积物颗粒的粗大晶体，晶体直径可达数毫米，常具有暗淡的阴极发光特征。对此类胶结物的形成机制还不十分了解，它们可能是由略微过饱和的孔隙水中经缓慢沉淀作用而成的胶结物。

（3）棱柱状方解石胶结物：为围绕孔隙生长或叠加于纤维状海底胶结物之上的粗大长条状晶体。此类胶结物的晶体一般宽数十微米，长可达数百微米，晶体的终端多为尖棱形。

其阴极发光特征以暗淡为主,其中可有少量的明亮条带。此类胶结物一般形成于埋藏胶结作用的早期阶段,但也有研究认为其形成于混合水环境中。

(4)等粒镶嵌状方解石胶结物:在岩石薄片中不太常见。此类胶结物组构的出现可能是由于薄片的切面平行于胶结物晶体生长基质所致。此外,先期生长的胶结物发生新生变形作用也有可能导致形成等粒镶嵌状胶结物。

以上所描述的方解石岩相学多为埋藏成因胶结物特征的晶体结构。在岩相学上进一步证实胶结物形成于埋藏环境主要是依据胶结物与其他埋藏成岩特征的关系。图1-4-29表明胶结物形成于机械压实作用、压溶作用或构造裂隙等埋藏成岩组构之后,因而证明胶结物形成于埋藏环境中。

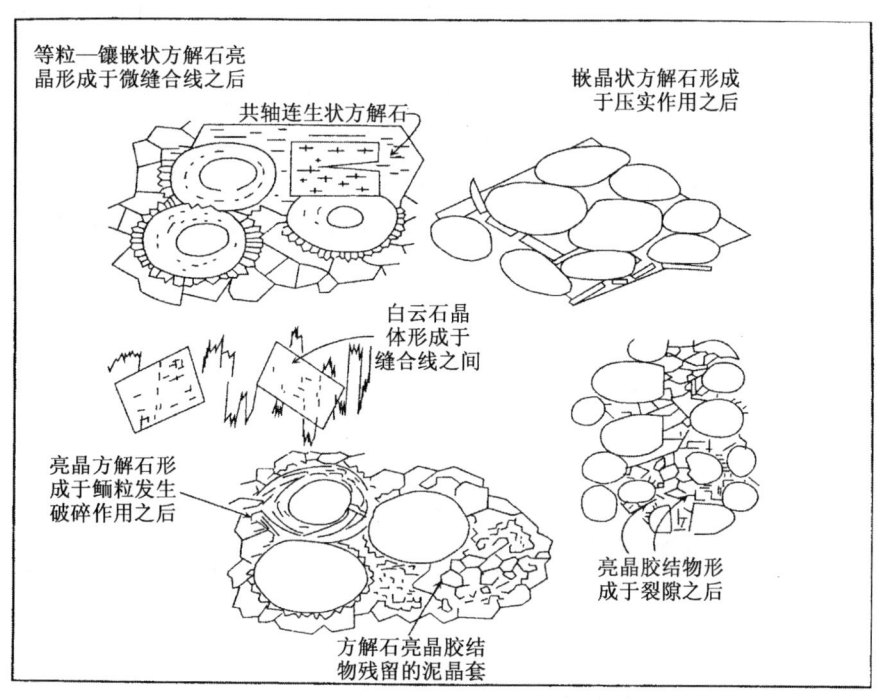

图1-4-29 晚期埋藏成岩胶结物的识别依据

2. 胶结物地层学

Meyers(1974)提出了胶结物地层学这个术语并成功地应用到成岩作用研究中。胶结物地层学主要是通过研究胶结物的岩相学和地球化学特征来了解碳酸盐岩成岩作用历史过程,其中包括孔隙水和成岩温度的变化、古水文学、压实作用、有机质的转变及油气的生成等。胶结物属碳酸盐岩成岩作用研究的一个重要领域。

很多碳酸盐胶结物具有由于微量元素含量不同而显示出来的条带状结构。这种条带记载着胶结物晶体的生长历史以及晶体生长过程中的孔隙水化学成分的变化。通过对胶结物条带结构在纵向沉积序列和横向沉积区域中分布和演化的研究,同时结合诸如压实断裂、白云石和硫化矿物的沉淀溶解事件、油气的浸入及不整合面上碎屑沉积物中的胶结物发育状况等特征,则可将碳酸盐胶结物所含的条带状结构与时间地层学建立起联系。

在阴极发光显微镜下,胶结物条带状结构显示的极为清楚,而染色实验也可以显示出一定的条带结构。胶结物的阴极发光作用主要与其中锰和铁的含量有关,锰对阴极发光起激化作用，而铁对阴极发光起抑制作用。方解石和白云石阴极发光的颜色和强度主要与其所含铁和锰的比例有关，而与这两种元素的绝对含量关系不大。

在碳酸盐岩中，方解石亮晶胶结物常具有类似的条带状阴极发光特征，主要表现为不发光—明亮发光—暗淡发光（图1-4-30）。一般认为，这种阴极发光特征反映了随着埋藏深度的增加，孔隙水还原条件逐渐增强的特点。其中，最早形成的不发光带形成于近地表氧化的孔隙水中，由于氧化的孔隙水中不含二价锰离子和二价铁离子，因此，铁和锰不能被结合到胶结物晶体中。但是，不发光带中有时可见很薄的明亮发光的亚带，这反映了孔隙水具有短暂的停滞时期，从而使得水体变成还原性而沉淀含二价锰离子的方解石胶结物。明亮的胶结物条带表明着埋藏深度的增加，孔隙水变成了还原性，因而二价锰离子和二价铁离子可存在于孔隙水中。但由于二价硫酸根离子被还原，是二价铁离子被结合成硫化物而沉淀，因此所沉淀的胶结物富锰贫铁而呈明亮的条带；其中，还原条件的发育可以是由于氧化性的孔隙水停滞下来或者是由于沉积物中的有机质发生热分解作用。在方解石胶结物明亮条带之后常发育富含铁的暗淡条带，此带形成于深埋藏成岩环境中，而且常在发生压实断裂之后。在深埋藏成岩环境下，铁硫化物呈不稳定状态，因此孔隙水中的铁含量很高从而沉淀富铁的胶结物。此外，阴极发光研究还可以识别胶结物发育过程中所发生的溶解作用，在阴极发光下，溶解作用所遗留下来的迹象可表现为胶结物假整合面横切先期发育的胶结物条带或表现为斑块状晚期条带出现于胶结物受到溶解作用的早期条带中。

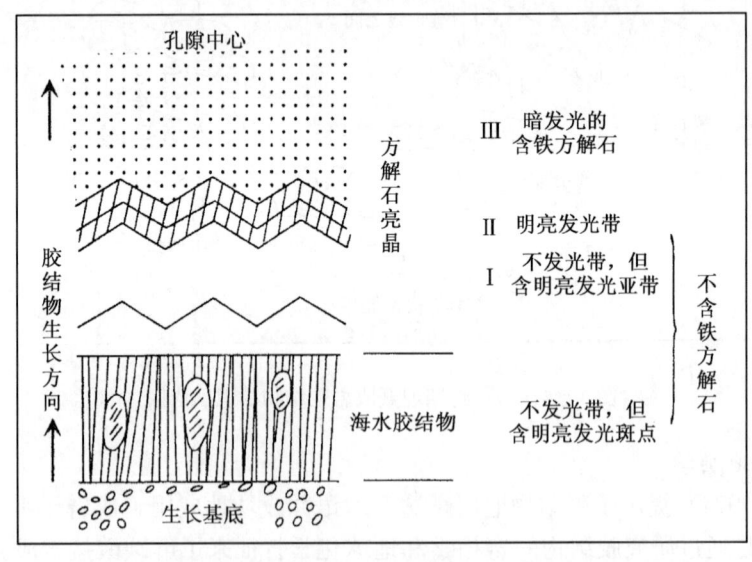

图1-4-30 方解石胶结物中所常见的阴极发光排列形式

3. 方解石胶结物地球化学和气液包裹体

埋藏成岩环境中所形成的方解石胶结物具有明显不同于海底和大气淡水胶结物的微量元素和稳定同位素地球化学特征，与海底胶结物相比，埋藏胶结物富含铁和锰，但其镁、锶和钠的含量要低得多。埋藏胶结物与大气淡水胶结物的不同之处也主要在于前者所含铁、锰的含量要比后者高，这是由于大多数大气淡水成岩环境中的孔隙水呈氧化性，因而不含二价铁和锰所致。

一般来说，埋藏成因胶结物的稳定同位素组成要比较早形成的胶结物轻（图1-4-31），其中,埋藏胶结物的 $\delta^{18}O$ 值减小可达 10‰~15‰,而其 $\delta^{13}C$ 仅略有减少或很相近,由海底和近地表成岩环境向埋藏成岩环境过渡,胶结物的 $\delta^{18}O$ 值逐渐减小的原因主要是成岩水溶液温度的逐渐增加。因此,胶结物的氧同位素成分可用来粗略估计成岩环境温度。在碳同位素地球化学方面,参与埋藏胶结物沉淀作用的碳酸根离子主要是来自碳酸盐沉积物的溶解作用,而且在较高的埋藏成岩温度下 $\delta^{13}C/\delta^{12}C$ 的分馏作用也极为微弱。埋藏胶结物 $\delta^{13}C$ 值略为减小的原因是由于成岩环境中的有机质分解产生的二氧化碳介入到成岩作用中。因此,在富含有机质的碳酸盐岩中,埋藏胶结物的 $\delta^{13}C$ 值有可能变小。

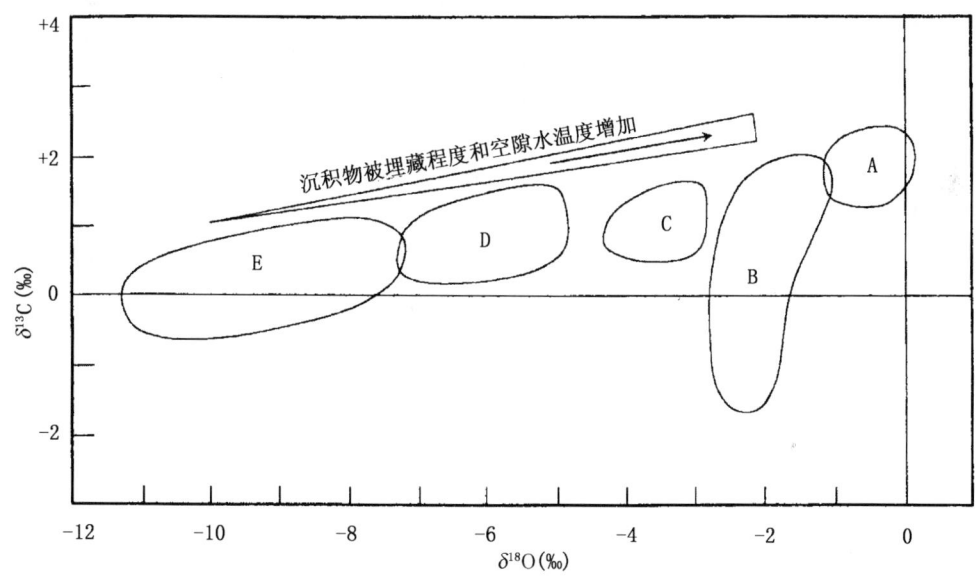

图 1-4-31 碳酸盐沉积物和胶结物稳定同位素演化系列

气液包裹体研究仅仅是最近十多年来才被用到碳酸盐岩成岩研究中。埋藏成因胶结物晶体中常常含有直径大于 $10\mu m$ 的气液包裹体,研究这些气液包裹体可获得有关成岩孔隙溶液的温度和成分的信息。在埋藏成岩环境中,气液包裹体形成时为均匀的液相,仅仅是在地表温度和压力下才变成气液两相共存。在显微镜下,通过加热可以获得两相变成单相时的温度值。但是,这一温度必须通过进一步校正才是包裹体形成时的温度,这种校正可以通过测定包裹体的冰点降低和起始融化温度来进行。

四、埋藏溶解作用及其产物

溶解作用的发生主要是由于有机质发生热分解作用而使得孔隙水变成富含二氧化碳的酸性溶液;此外,硫酸根的还原作用,也可以产生酸性的成岩水溶液。这种富侵蚀性的溶液极可能形成于富含有机质的页岩受到压实作用和热成熟作用过程中,从而使邻近的碳酸盐岩发生溶解作用。尽管压实作用和胶结作用在碳酸盐岩埋藏成岩环境中占主导地位,但溶解作用也可发生于埋藏成岩环境中。

溶解作用可导致碳酸盐岩中孔隙的发育,这种溶解孔隙既可表现为组构选择性溶解也可以是无组构选择性溶解。而且这种溶解性孔隙常常横切沉积物颗粒及其伴生的胶结物,有时,还可以横穿缝合线构造。在碳酸盐岩储层中,这种发育于埋藏成岩环境中的溶解孔隙可对孔隙度的发育起到重要作用。埋藏溶解作用的发育还有利于碳酸盐岩中发生铅锌矿化作用，此外，如果硫酸盐蒸发矿物发生埋藏溶解作用，还可形成富含钙的孔隙水溶液，从而可使白云岩发生溶解和去白云岩化作用，而且，白云岩中的蒸发矿物溶解作用还可导致白云岩地层中形成塌积角砾岩。

五、埋藏条件下储层孔隙演化趋势

Scholle（1977）研究了位于北美和欧洲的白垩岩的孔隙度与深度关系（图1-4-32）。图1-4-32清楚地表现了孔隙随埋深增加而逐渐消亡的过程。这一变化是远洋细粒方解石沉积物在封闭系统中因化学压实作用造成的。后来Schmoker和Halley（1982）研究了佛罗里达地下石灰岩的孔隙度与深度关系（图1-4-33），上述这些研究者都认为这些浅海沉积石灰岩孔隙与深度关系与白垩岩中的情况是一致的，是在半封闭埋藏条件下化学压实作用的结果。他们的结论是近地表成岩作用并不会明显地影响后来的孔隙演化过程。

用一条光滑的曲线和化学压实作用来描述和揭示碳酸盐岩孔隙的埋藏史显然是过于简单化了。Choquette和James（1987）的孔隙理论埋藏曲线表示出有许多重要因素决定着碳酸盐岩储层孔隙的埋藏演化进程（图1-4-34）。

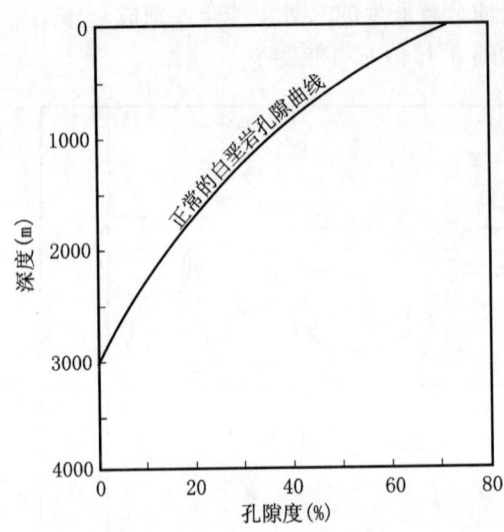

图1-4-32 北海白垩岩孔隙度与埋深关系

Schmoker（1984）研究了这类曲线的效应。他充分地证明了碳酸盐岩孔隙演化最终取决于岩石的埋藏温度与时间。根据取自具有不同埋藏史的沉积盆地的大量碳酸盐岩孔隙度—深度资料，Schmoker以Lapain盆地模式为基础确定了它们的孔隙度与热成熟度的关系（图1-4-35）。在双对数坐标中该结果是近乎平行的直线图系，它们表示 $\theta = a [TTI]^b$ 的函数关系。该关系对孔隙消亡的地下过程是时间—温度效应函数的概念是一个有力的支持。表1-4-1中列出的是关于孔隙—热成熟度的函数关系，Schmoker指出，多作用效应 a 代表所有的岩石孔隙参数基本结果，如胶结作用、次生孔隙和白云石化等。这个参数随原生沉积组构和其后成岩作用的影响而广泛发生变化（表1-4-1）。指数 b 接近于常数，它造成了近乎平行的直线

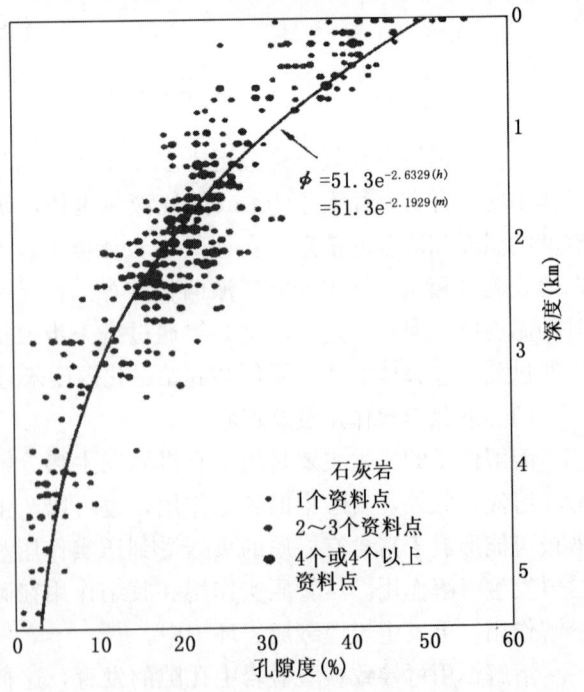

图1-4-33 南佛罗里达盆地石灰岩孔隙度与埋深关系

(图1-4-35)。Schmoker 相信指数 b 代表化学压实中的比值限制距离,即从溶解位置到沉淀位置的扩散性溶液膜搬运距离,故参数 b 与岩石基质基本上是无关的。控制该比值的是温度,它把岩石的热历史与埋藏孔隙的破坏联系在一起。

Schmoker 的方法看来可以表现出碳酸盐岩层系内原生组构、结构的明显差别,这种差别是沉积作用和早期成岩作用造成的。成岩作用的印迹可以在孔隙—TTI图上得到反映,如 Smackover 组的两个点群。孔隙度—深度曲线的真实意义是什么:仔细分析这些材料,TTI—孔隙度图能帮助我们在一个盆地的深度—热成熟度框架内预测某储层的平均孔隙度。

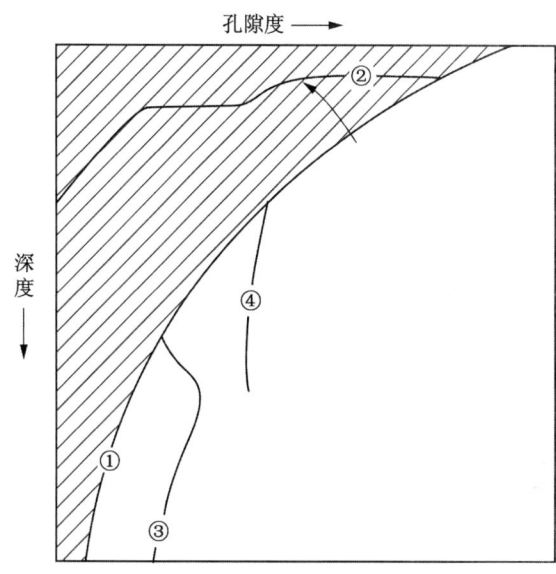

图1-4-34 与各种地质因素有关的假定的孔隙—深度曲线

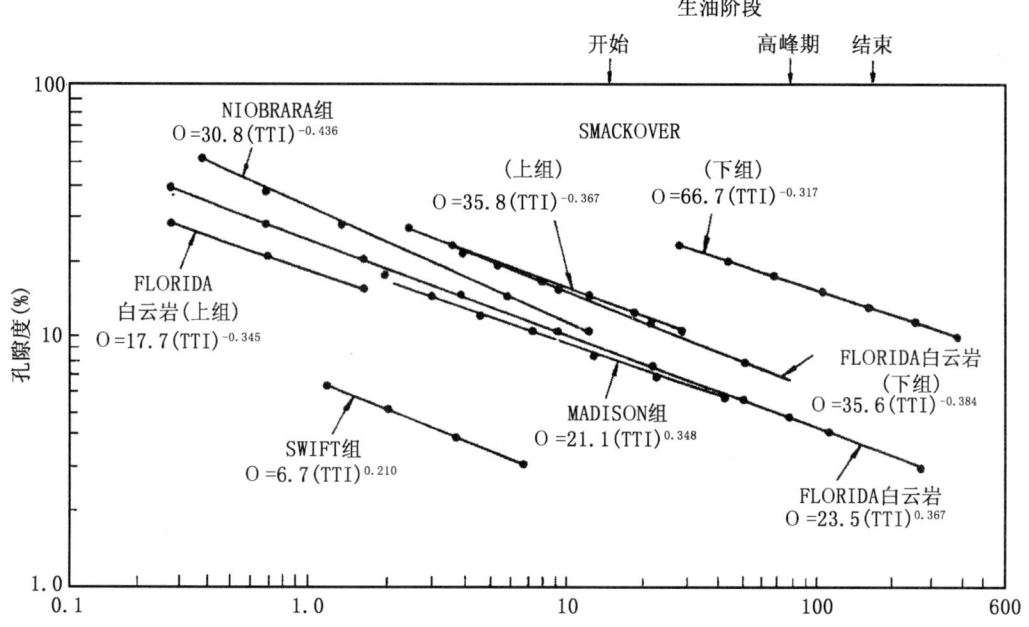

图1-4-35 各碳酸盐岩地层的孔隙度和 Lapain 的时间—温度热成熟度指数关系

表1-4-1 孔隙与热成熟度关系的动力函数① 系数

地层单元		多作用效应系数 a	指数 b
Florida	石灰岩	23.5	-0.367
	白云岩(上部)	17.7	-0.345
	白云岩(下部)	35.6	-0.384

续表

地层单元		多作用效应系数 a	指 数 b
Niobrara		30.8	-0.436
Swift		6.7	-0.410
Madison		21.1	-0.348
Smackover	（上部）	35.8	-0.367
	（下部）	66.7	-0.317
平均值			-0.372 ± 0.038

① $\theta = a\,[\text{TTI}]^b$。

第二篇 测井原理及储层评价技术

第一章 概 述

世界上许多大油田和高产油气井的油气都是来自碳酸盐岩储层，裂缝是碳酸盐岩储层的重要渗流通道和储集空间，然而，由于碳酸盐岩储层有许多特有的性质，如非均质性和各向异性，大大增加了油气勘探的难度。正是由于这些原因促使了碳酸盐岩剖面油气勘探技术的飞速发展，并逐步成为一套有别于砂泥岩剖面的专门的勘探技术。

对于碳酸盐岩储层，由于其岩性致密、低孔低渗、裂缝孔洞发育等特点，经过多年的反复实践和探索，已经形成了能有效评价碳酸盐岩储层的各种测井系列（表2-1-1）。

表2-1-1 测井方法

系 列	测 井 方 法	测量的物理量
	井径（CAL）	井眼直径
	井斜（DEV）	井斜角和方位角
电法测井	微侧向（MLL）	冲洗带电阻率
	微球形聚焦（MSFL）	冲洗带电阻率
	双侧向（DLL）	侵入带和原状地层电阻率
声波测井	补偿声波（AC）	纵波传播速度
	长源距声波（LDT）	纵波传播速度、波形
	阵列声波（AS）	全波波形
放射性测井	自然伽马（GR）	地层自然放射性总量
	自然伽马能谱（NGS）	能谱测量率 U、Th、K
	补偿中子（CNL）	含氢指数
	补偿密度（DC、FDC）	视密度 ρ_b
	岩性密度（LDT）	光电吸收截面 P_e
	地层倾角（HDT、SHDT）	地层电导率
成像测井	微电阻率成像（FMI、EMI、STAR）	井壁电导率图像
	方位电阻率成像（ARI）	地层电导率
	超声波成像（UBI、CBIL、CAST）	井壁超声波图像
	偶极子声波（DSI）	纵波、横波、斯通利波
	核磁共振（CMR、MRIL-C）	T_2 分布时间

第二章 电法测井

自 20 世纪 20 年代发明电测井以来,电阻率测井一直是勘探、开发石油天然气的重要测井方法。特别是在 20 世纪 60 年代以后,电测井得到迅速发展,新方法、新仪器不断出现,使得电测井成为划分油气层的重要依据。

电阻率测井方法有很多,但对于致密、高阻的碳酸盐岩地层,通常选择微球形聚焦测井或者微侧向测井、双侧向测井。

第一节 普通电阻率测井原理

一、原理

电阻率测井就是沿井身测量井筒周围地层电阻率的变化。为此,需要向井中供应电流,在地层中形成电场,研究地层中电场的变化,求得地层电阻率,其测量原理如图 2-2-1 所示。把供电电极 A 和测量电极 M、N 组成的电极系放到井下,供电电极的回路电极 B(或 N)放在井口。当电极系由井底向上提升时,由 A 电极供应电流 I,M、N 电极测量电位差 ΔU_{MN},它的变化反映了周围地层电阻率的变化。通过变换,即可测出地层的视电阻率。这样就能给出一条随深度变化的视电阻率曲线,可用下式表示:

$$R_a = K \frac{\Delta U_{MN}}{I} \quad (2-2-1)$$

式中 R_a——视电阻率,$\Omega \cdot m$;

ΔU_{MN}——M、N 电极间的电位差;

I——供电电流,测量时电流恒定;

K——电极系常数。

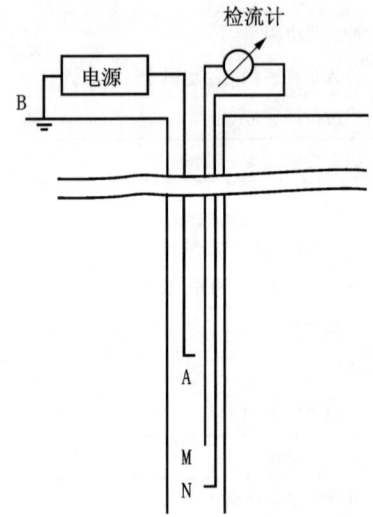

图 2-2-1 普通电阻率测井原理

假设井与周围地层为均匀介质,其电阻率用 R_t 表示。A 电极形成的等位面为球面,与 A 电极相距为 r 处的电流密度为:

$$j = \frac{I}{4\pi r^2} \quad (2-2-2)$$

其电场强度可用微分形式的欧姆定律表示:

$$E = j \cdot R_t = \frac{I \cdot R_t}{4\pi r^2} \quad (2-2-3)$$

对上式积分,可得 r 处的电位:

$$U_r = \frac{IR_t}{4\pi r} \quad (2-2-4)$$

A 电极与 M、N 电极的距离分别为 $\overline{AM}$ 和 $\overline{AN}$,M、N 电极的电位分别为:

$$U_M = \frac{I \cdot R_t}{4\pi \overline{AM}} \qquad (2-2-5)$$

$$U_N = \frac{I \cdot R_t}{4\pi \overline{AN}} \qquad (2-2-6)$$

M、N 电极间的电位差为：

$$\Delta U_{MN} = U_M - U_N = \frac{IR_t}{4\pi}\left(\frac{1}{\overline{AM}} - \frac{1}{\overline{AN}}\right) = \frac{IR_t}{4\pi} \cdot \frac{\overline{MN}}{\overline{AM} \cdot \overline{AN}}$$

由此得出均匀地层的电阻率：

$$R_t = \frac{4\pi \overline{AM} \cdot \overline{AN}}{\overline{MN}} \cdot \frac{\Delta U_{MN}}{I} = K \frac{\Delta U_{MN}}{I} \qquad (2-2-7)$$

$$K = \frac{4\pi \overline{AM} \cdot \overline{AN}}{I} \qquad (2-2-8)$$

K 为电极系常数，它的数值与电极间的距离有关。

如果使用 A、B 电极供电，M 电极测量（此时 N 电极位于井口），A 电极的电流 I 和 B 电极的 $-I$ 对 M 电极均有贡献。根据电位叠加原理：

$$U_M = \frac{IR_t}{4\pi} \cdot \frac{1}{\overline{AM}} - \frac{IR_t}{4\pi} \frac{1}{\overline{BM}} \qquad (2-2-9)$$

由于 N 电极位于井口，离 A、B 电极很远，则：

$$U_N = 0$$

则：

$$\Delta U_{MN} = \frac{IR_t}{4\pi}\left(\frac{1}{\overline{AM}} - \frac{1}{\overline{BM}}\right) = \frac{IR_t}{4\pi} \frac{1}{\overline{AM} \cdot \overline{BM}}$$

$$R_t = \frac{4\pi \overline{AM} \cdot \overline{BM}}{\overline{AB}} \cdot \frac{\Delta U_{MN}}{I} \qquad (2-2-10)$$

$$K = \frac{4\pi \overline{AM} \cdot \overline{BM}}{\overline{AB}} \qquad (2-2-11)$$

如果 $\overline{AM} = \overline{AB}$，$\overline{AN} = \overline{AM}$，这两种电极系得出同样的结果。因此把前者称为直接供电（单极供电）电极系，后者称为互换供电（双极供电）电极系。

在实际测井时，由于地层厚度有限，上、下有围岩，对于渗透性地层又会形成侵入带，各部分介质的电阻率不同，实际上是非均匀介质。因此，用上式得出的电阻率不等于地层的真电阻率，称为视电阻率 R_a，但在一定程度上 R_a 反映了地层电阻率的变化。通常，地层真电阻率越大，则视电阻率越高。所以，在井内测量的视电阻率反映了井剖面上地层电阻率的相对变化，可以用来研究井剖面的地质情况和划分油气水层。

二、电极系

通常把井下接在同一线路中的电极叫作成对电极，把地面电极与井下电极接在同一线路中的电极叫作不成对电极。根据成对电极与不成电极间的距离，把电极系分为两类。

1. 梯度电极系

不成对电极到与其相邻成对电极间的距离（$\overline{AM}$ 或 $\overline{MA}$）远大于成对电极间的距离（$\overline{MN}$ 或 $\overline{AB}$）的电极系称为梯度电极系，成对电极的中点为 O，叫作记录点，梯度电极系测量值相当于 O 点对应深度处的视电阻率。不成对电极到记录点的距离（$\overline{AO}$ 或 $\overline{MO}$），称为梯度电极系的电极距，用 $\overline{AO}$ 或 L 表示。电极距和记录点是电极系的重要参数。

如果 M、N 电极（或 A、B）间的距离接近于零时，$\overline{AM} \approx \overline{AN} = \overline{AO}$，这样的电极系叫

作理想梯度电极系,根据公式(2-2-7),理想梯度电极系的视电阻率为:

$$R_a = 4\pi \frac{\overline{AM} \cdot \overline{AN}}{I} \cdot \frac{\Delta U_{MN}}{\overline{MN}} = 4\pi \frac{\overline{AO}^2}{I} \cdot E \quad (2-2-12)$$

上式表明,视电阻率 R_a 与记录点处的电位梯度成正比,这是梯度电极系命名的依据。

2. 电位电极系

不成对电极与其相邻成对电极间的距离($\overline{AM}$或$\overline{MA}$)远小于成对电极间的距离($\overline{MN}$或$\overline{AB}$)的电极系叫作电位电极系。不成对电极到其相邻成对电极的距离($\overline{AM}$或$\overline{MA}$)叫电极距,用$\overline{AM}$或L表示,$\overline{AM}$的中点O,称为记录点,电位电极系的测量值相当O点所在深度处的视电阻率。当成对电极 MN 的距离很大时,N 点电极对测量结果已无影响,这样的电极系称为理想电位电极系,其视电阻率可用下式表示:

$$R_a = 4\pi \overline{AM} \frac{U_M}{I} \quad (2-2-13)$$

上式表明,所测视电阻率与 M 电极的电位成正比,这也是电位电极系命名的依据。

三、视电阻率曲线

(1) 梯度电极系视电阻曲线:图 2-2-2 是在三层介质无井存在时理想梯度电极系(AMN 电极系,$\overline{MN} \to 0$)的视电阻率曲线。对于高电阻率地层,上下围岩电阻率相等时,曲线形状不对称。在地层顶面显示极小值,地层底面显示极大值,甚至于对地层厚度小于电极距的薄层($h < L$,$L = \overline{AO}$),仍然保持这一特点。当有井存在时,实际梯度电极系的

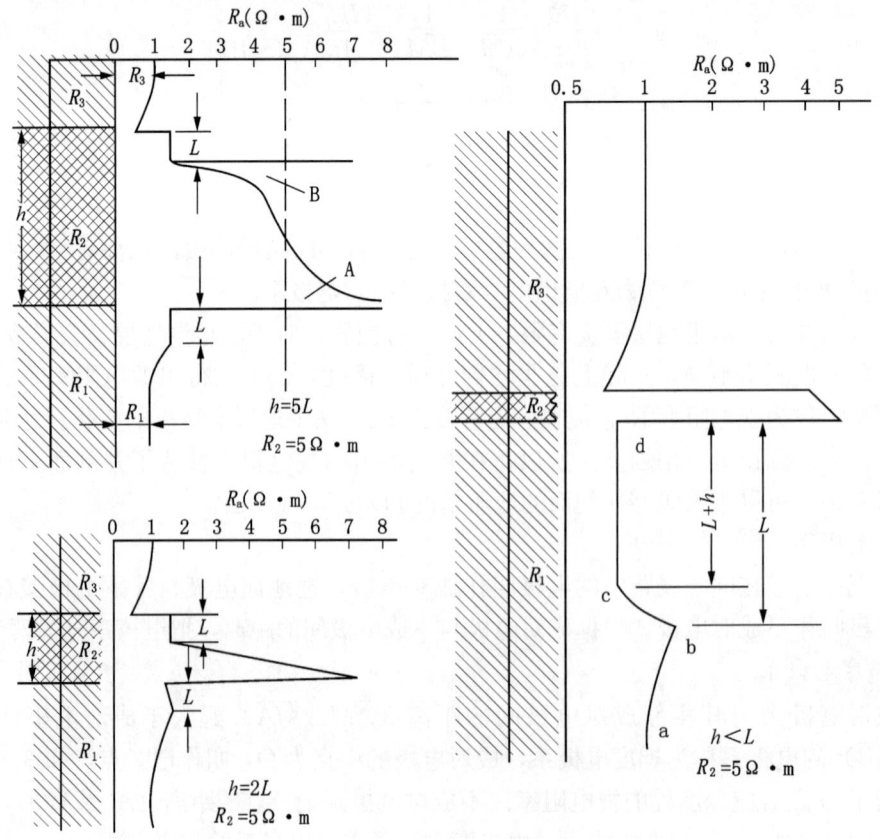

图 2-2-2 理想梯度电极系的视电阻率曲线

视电阻率曲线基本类似,只是曲线的突变点及直线部分都变得比较光滑,但对高电阻率地层仍显示出极大和极小值。我国在20世纪50年代和60年代,基本按照这种原理,用底部梯度电极来划分地层界面。梯度电极系的探测范围约为电极距的1倍。

(2)电位电极系视电阻率曲线:图2-2-3是理想电位电极系(AMN,N→∞)的视电阻率曲线。对于高电阻率厚地层,上、下围岩相同时,曲线对地层中点呈对称形状,在地层中点显示极大值。当地层厚度大于5倍电极距($h \geqslant 5\overline{AM}$),其极大值近似等于地层真电阻率。但对当电阻率薄地层($h < \overline{AM}$),视电阻率曲线对地层中点显示极小值。在距地层上、下界面$1/2\overline{AM}$处显示假极值。因此,在薄地层时,电位电极系不能反映地层的电阻率变化。我国用$\overline{AM}=0.5$m的电位电极作为标准电测井,基本上能够反映厚度大于0.5m地层的电阻率变化。当有井存在时,曲线的突变点及直线部分变得更为光滑,仍保留曲线的基本特征。电位电极系的探测范围约为电极距的2倍。

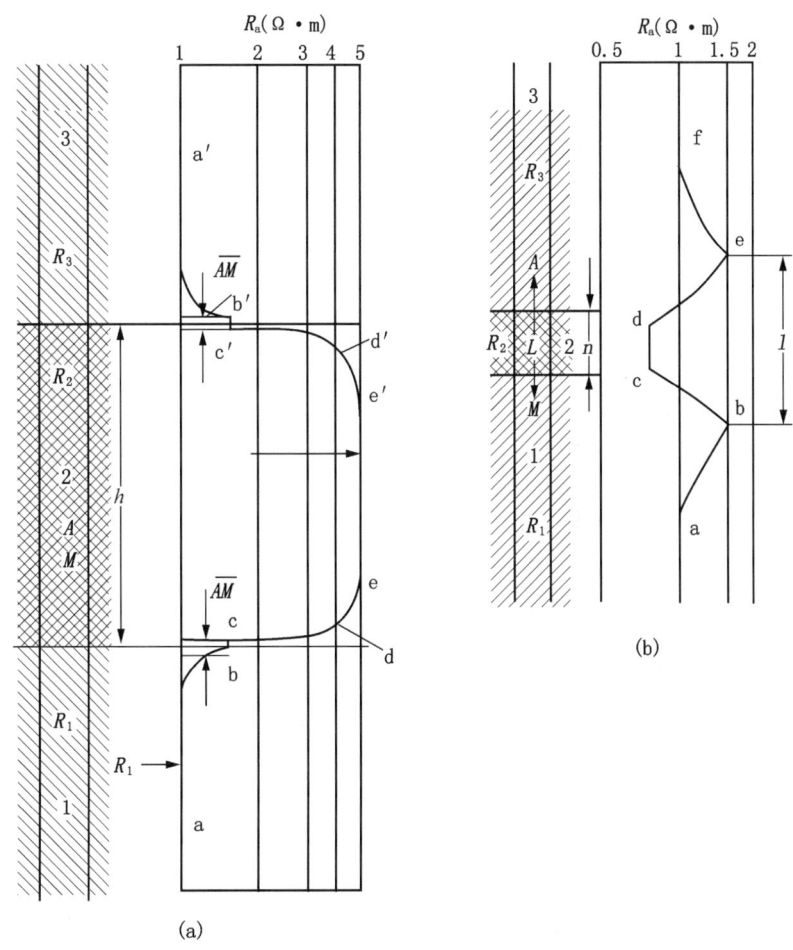

图2-2-3 理想电位电极系的视电阻率曲线

为了在一个油田或一个地区研究地质剖面、构造形态及岩相的变化,选用一个或两个电极系对全井段进行测量,这种测井叫作标准电测井。我国用0.5m的电位电极系和2.5m的梯度电极系测量。同时还测量自然电位和井径,形成标准电测井曲线。标准电测井要求在全区采用相同的横向比例和深度比例(深度比例通常用1∶500或1∶200的比例尺)。标准电测井在地质和工程上应用较多，井径曲线可用于横向测井及其组合测井分析井径的影响。

第二节 双侧向测井

双侧向测井是应用最广泛的一种电阻率测井方法。它是在三侧向、七侧向的基础上发展起来的，其电极系与七侧向很类似，所不同的是在七电极系的外面再加上了 2 个屏蔽电极 A'_1 及 A'_2（图 2-2-4），为了增加探测深度，屏蔽电极 A'_1 和 A'_2 不是环状而是柱状电极，与三侧向的屏蔽电极相同。

测井时，主电极 A_0 发出恒定电流 I_0，并通过两对屏蔽电极 A_1、A'_1 和 A_2、A'_2 发出与 I_0 极性相同的屏蔽电流 I_1 和 I'_1。通过自动调节使得满足：屏蔽电极 A_1 与 A'_1（或 A_2 与 A'_2）的电位比值为一常数，即 $U_{A'_1}/U_{A_1} = a$（a 为常数，测井时给定）；监督电极 M_1 与 M'_1（M_2 与 M'_2）之间的电位差为零。然后，测量任一监督电极（如 M_1）和无穷远电极 N 之间的电位差（即 U_{M_1}）。在主电极 I_0 恒定不变的条件下，测得的电位差和地层的视电阻率成正比。即：

$$R_a = K \frac{U_{M_1}}{I_0} \quad (2-2-14)$$

式中 K——双侧向电极系数；
U_{M_1}——监督电极 M_1 的电位。

双侧向测井根据探测深度又分为深、浅侧向测井。深侧向测井时，由于屏蔽电极加长，测出的视电阻率主要反映原状地层的电阻率；浅侧向测井时，屏蔽电极 A'_1、A'_2 改成了电流的回路电极（电场分布如图 2-2-4 的右半图所示），因此，探测深度小

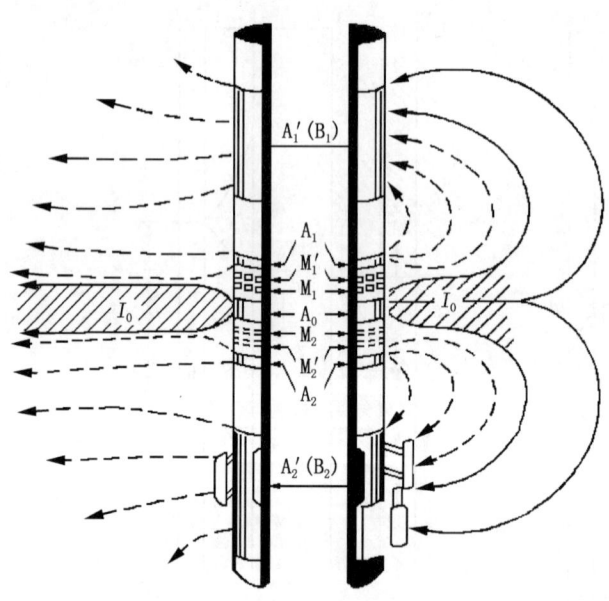

图 2-2-4 双侧向电极系和电流分布

于深侧向，主要反映侵入带电阻率。

第三节 微侧向测井

微侧向测井利用了七侧向测井的测量原理，不同的是采用小的电极系，并装在绝缘极板上，图 2-2-5 是电极系和电流分布图。电极系由主电极 A_0、监督电极 M_1、M_2 和屏蔽电极 A_1 构成，M_1、M_2 和 A_1 电极呈环状，微侧向电极系可写为：A_0 0.016M_1 0.012M_2 0.012A_1，利用推靠器将极板压向井壁，使电极与井壁之间接触。测量时由 A_0 电极流出电流 I_0，A_1 电极供以屏蔽电流 I_1，I_1 与 I_0 的极性相同，通过自动控制，调节屏蔽电流 I_1，使得监督电极 M_1 和 M_2 的电位相等，从而迫使 I_0 呈束状沿径向流入地层。在井壁附近地层中，电流束的直径近于环形电极 A_0 与 M_1 和 M_2 中点的平均直径，约为 4.4cm，距井壁较远处，

电流束散开,其探测范围约为 7.5cm。

测量时,测得的电位 U_{M_1} 和地层的电阻率成正比,其视电阻率可用下式表示:

$$R_{MLL} = K \frac{U_{M_1}}{I_0} \quad (2-2-15)$$

式中 K——微侧向电极系数。

如图 2-2-6,微侧向和普通微电极受到的泥饼影响截然不同。由于微电极系没有聚焦装置,电流容易沿泥饼流到井内,因此泥饼对微电极测量结果的影响远比对微侧向测井的影响大。而微侧向电极系有聚焦装置,主电流被聚焦成束状电流水平流入地层,电流流经泥饼的距离比流经冲洗带的距离小得多,并且泥饼的电阻率又比冲洗带电阻率小很多,所以泥饼对微侧向测量的视电阻率影响较小。

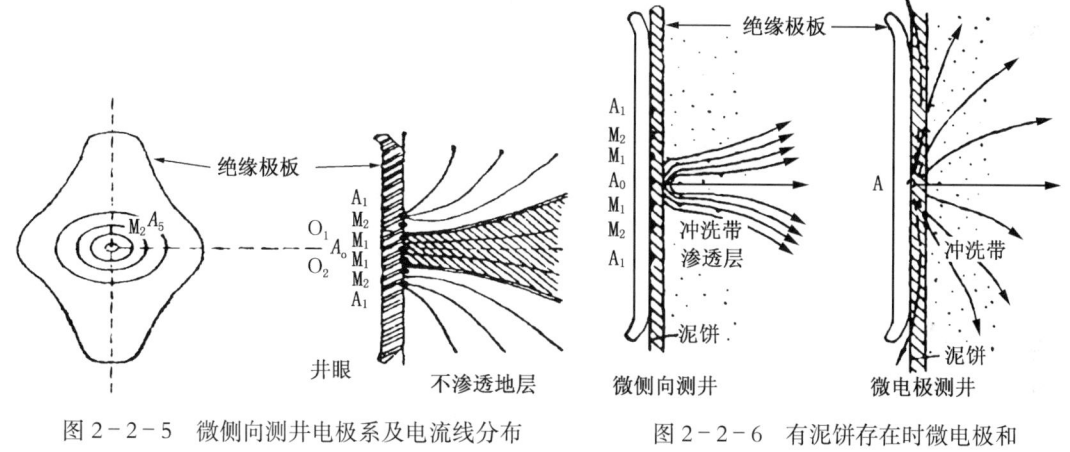

图 2-2-5 微侧向测井电极系及电流线分布　　图 2-2-6 有泥饼存在时微电极和微侧向的电流分布

第四节　微球形聚焦测井

微球形聚焦测井是在微侧向、邻近侧向和球形聚焦测井基础上发展起来的一种电阻率测井方法。它测量的是冲洗带电阻率 R_{xo},既不受泥饼影响,也不受原状地层影响。微球形聚焦测井—双侧向测井组合,通过测量地层侵入后径向电阻率的变化,可以直观准确地对地层所含油气水进行判断。

微球形聚焦测井仪的电极尺寸较小,主电极为矩形环状,如图 2-2-7 是微球形聚焦电极系,主电极 A_0 是长方形,依次向外有 2 个矩形框状电极:测量电极 M_0 及辅助电极 A_1,再向外是电极 M_1、M_2,上下对称排列,同各电极短路连接,作监督电极用。这些电极嵌在绝缘板上,借助于推靠器,使极板和井壁直接接触。测井时,主电流 I_0 和屏蔽电流 I_1 都从主电极 A_0 发出,由于 I_1 的回路电极 A_1 与主电极 A_0 很近,I_1 绝大部分通过泥饼流到屏蔽电极 A_1,只有少部分流入地层冲洗带。由于 A_0—A_1 回路屏蔽电流 I_1 的屏蔽作用,I_0 只好穿过泥饼进入地层冲洗带。在冲洗带,屏流分布很少,所以 I_0 几乎是呈放射状分布在地层冲洗带中,很少进入原状地层。这样,它所测量的电阻率 R_{xo} 就很少受原状地层的影响。

微球形聚焦测井仪器方框图采用恒压法测量(图 2-2-8)。测得的视电阻率 R_{MSFL} 用下式表示:

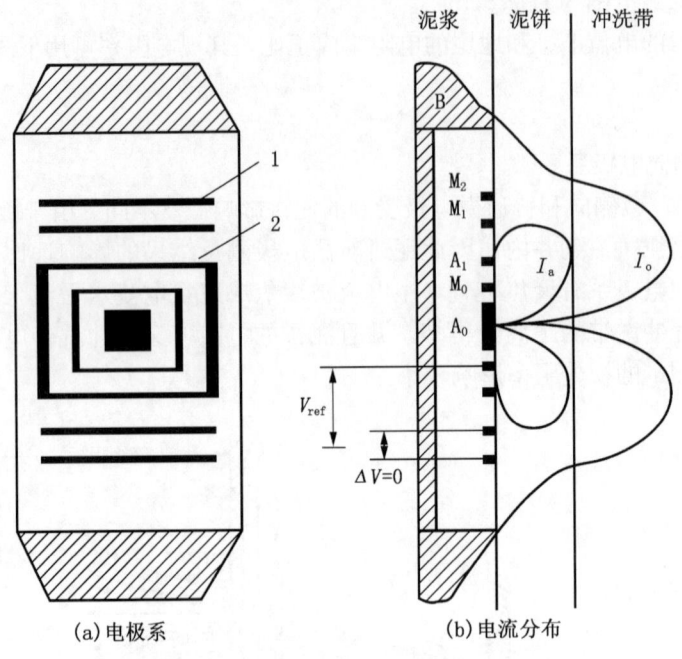

图 2-2-7 微球形聚焦电极系及电流分布

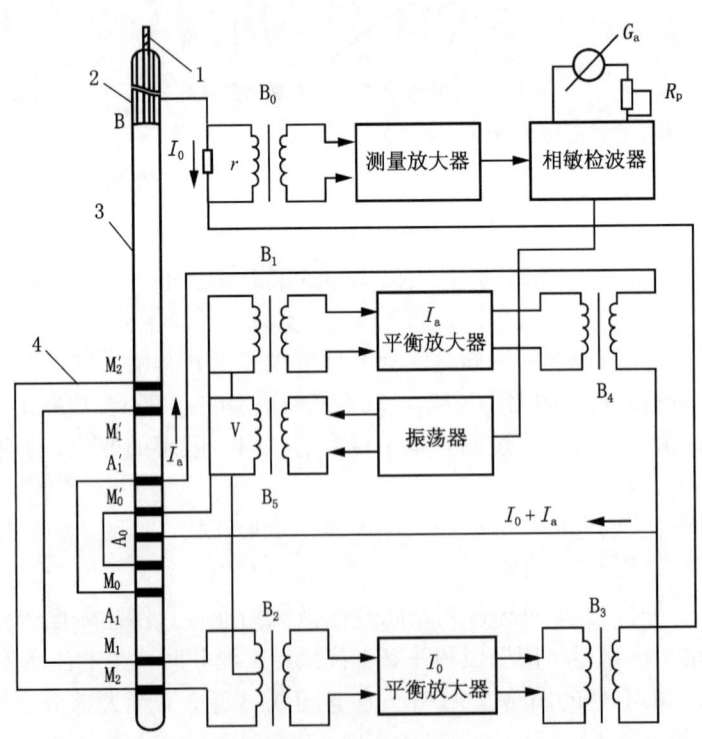

图 2-2-8 微球形聚焦测井仪恒压法测量方框图

$$R_{\mathrm{MSFL}} = k \frac{\Delta U_{\mathrm{M_0 M_1}}}{I_0} \qquad (2-2-16)$$

式中 I_0——主电流；

$\Delta U_{M_0M_1}$——M_0 和 M_1 电极之间的电位差；

k——微球形聚焦电极系数。

由于微球形聚焦测井受泥饼影响小，在确定冲洗带电阻率 R_{xo} 参数中起着重要作用。另外，由于主电极 A_0 发出的电流 I_0 开始时以很细的电流束穿过泥饼进入地层，这样不仅能减少泥饼的影响，而且也具备很好的纵向分层能力。在区分渗透层岩性和识别薄储层方面有着明显的优越性。

第五节 电阻率测井曲线对裂缝的响应特征

一、双侧向测井

1. 双侧向测井对裂缝的响应

电阻率测井在碳酸盐岩储层评价中的作用主要在于裂缝的识别。由于裂缝的产状不同、发育程度不同、电阻率（双侧向）测井的响应也不同。四川油田测井研究所曾两次用水槽模型模拟不同角度的地层岩石裂缝（单组裂缝）进行双侧向测井的响应实验。实验结果表明：裂缝的产状与深、浅双侧向的"差异"有着直接关系，即高角度（一般75°以上）裂缝，双侧向呈正差异；低角度（一般60°以下）裂缝，双侧向呈"负差异"；60°~70°裂缝，双侧向差异较小和无差异；45°裂缝时，双侧向"负差异"，且差异幅度最大（图2-2-9）。

而后斯伦贝谢测井公司西比特（A. M. Sibbit）等人在此成果基础上又进而在计算机上用有限元分析也得到了同样的结果并建立了一系列的定量关系曲线，这些结果都得到了现场大量实际资料的证实。

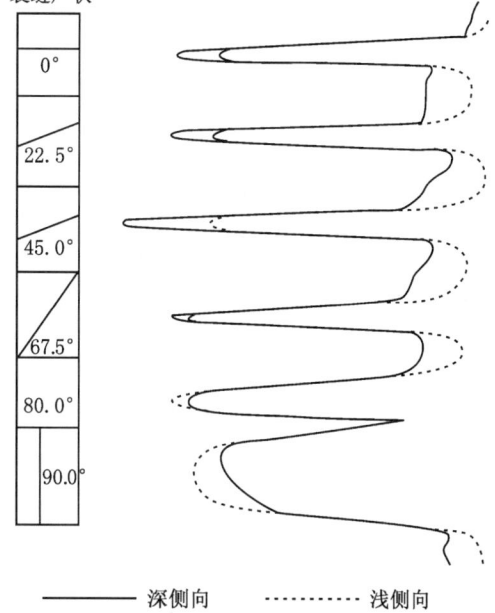

图 2-2-9 不同产状裂缝双侧向电阻率示意图

1）高角度裂缝的曲线特征

电阻率值在致密层高电阻率背景上有所降低，曲线形状较平缓，深浅双侧向数值呈正差异，即深侧向电阻率 R_{LLD} 大于浅侧向电阻率 R_{LLS}，电阻率下降的程度和差异的大小受以下因素的影响。

(1) 裂缝张开度 ε：ε 增大，R_{LLD} 和 R_{LLS} 均减少，但 R_{LLS} 降的更快，故使差异变大。如图 2-2-10 所示。

(2) 侵入半径：对于油气层，侵入深度 D 增大，正差异的幅度也增大，直到 D 大于 2.45m 以后差异才基本稳定；对于水层则侵入深度的影响很小，如图 2-2-11 所示。

(3) 裂缝纵向延伸长度 L：如图 2-2-12 所示，电阻率差异的幅度随 L 的增长而变大，直到 L 大于 7m 才基本恒定。

图 2-2-13 是某井石灰岩裂缝发育段（4270~4335m）综合测井曲线，FMI 成像测井显示该井段发育有两组高角度裂缝，中子、密度、声波等孔隙度测井显示基质孔隙度很低，

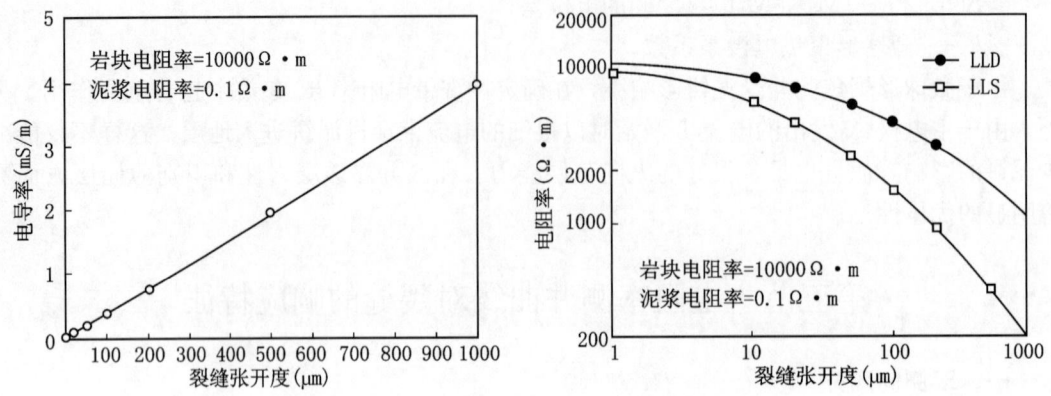

图 2-2-10　垂直裂缝张开度对双侧向电阻率的影响

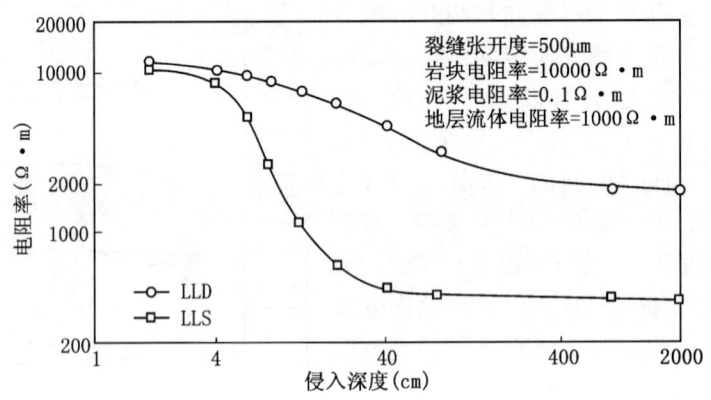

图 2-2-11　侵入深度对双侧向幅度的影响

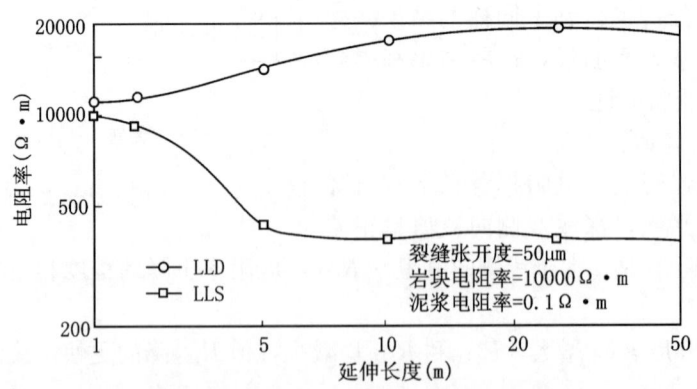

图 2-2-12　裂缝纵向延伸长度对双侧向电阻率的影响

双侧向测井显示裂缝发育段有明显的"正差异",该裂缝发育段以下部的溶孔发育段连通,组成裂缝—孔隙型储层。在解释的裂缝、溶孔发育段射孔测试,获日产天然气 $44×10^4 m^3$。

2）低角度裂缝的曲线特征

电阻率值在致密层高电阻背景上明显降低,曲线形状尖锐,深浅双侧向数值一般呈负

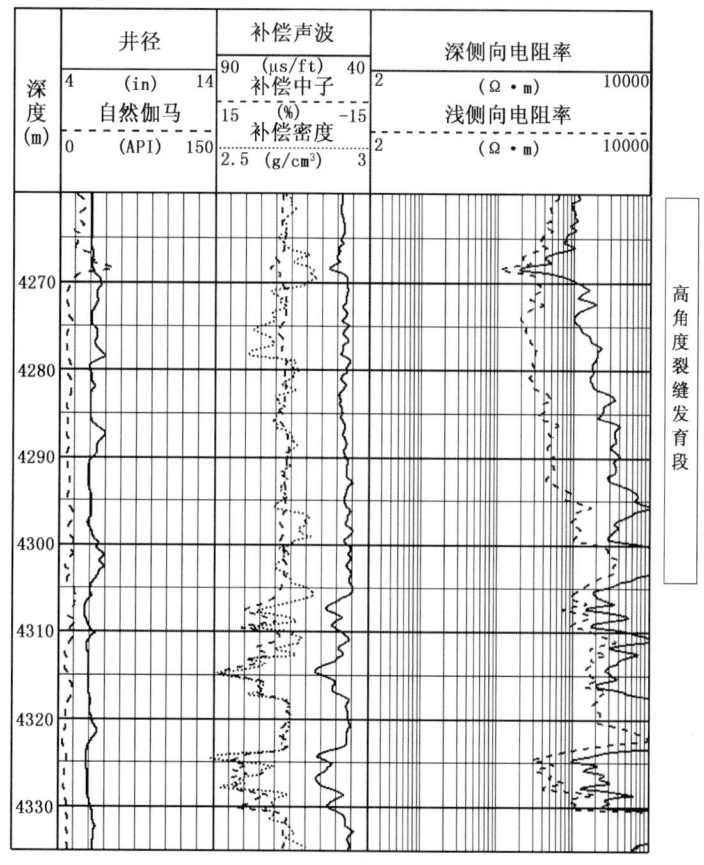

图 2-2-13 高角度裂缝双侧向的"正差异"

差异，差异的幅度和性质还受以下因素影响。

（1）裂缝张开度 ε：ε 增大使 R_{LLD} 和 R_{LLS} 都下降，但是幅度差比高角度裂缝时小得多，且当 ε 大于 $10\mu m$ 时为负差异，ε 小于 $10\mu m$ 时为正差异（图 2-2-14）。

（2）电极系中心与裂缝的距离 d：当 d 小于 40cm 时，侧向曲线为低阻负差异；当 d 在 40~100cm 时为高阻负差异，当 d 大于 100cm 时为高阻正差异。因此曲线低阻异常的宽度为 80cm（图 2-2-15）。

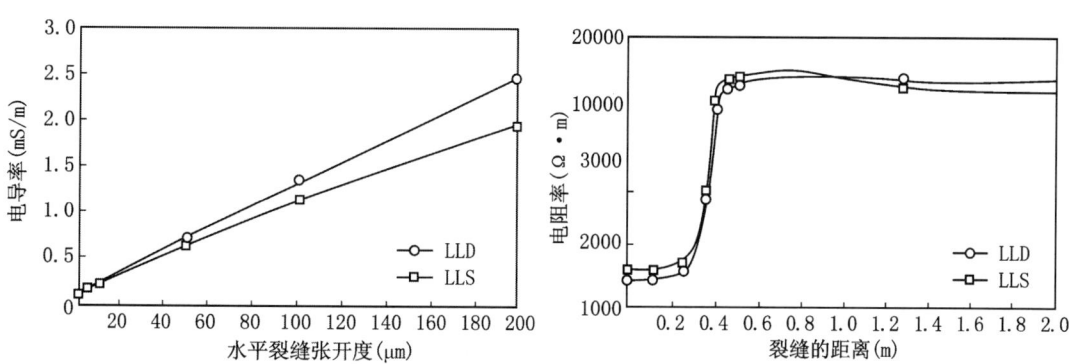

图 2-2-14 水平裂缝张开度对双侧向电阻率的影响　　图 2-2-15 水平裂缝对双侧向曲线形状的影响

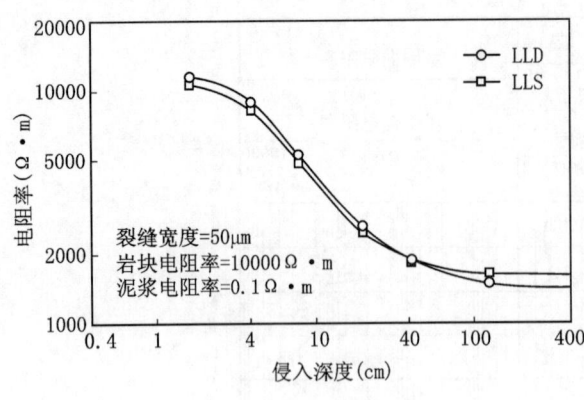

图 2-2-16 水平裂缝时钻井液侵入半径对双侧向电阻率的影响

(3) 侵入半径 D：对油气层，当 D 大于 2.45m 时为低阻负差异；当 D 小于 2.45m 时则为高阻正差异（图 2-2-16）。

从图 2-2-17 综合测井曲线图中可以看出，中子曲线近似一条直线，中子孔隙度接近于 0，声波曲线除个别井段有"跳波"现象，而双侧向曲线则在高阻地层背景下出现了一串低阻"尖子"，且为"负差异"，根据双侧向曲线分析，是典型的低角度裂缝发育段。在 2368～2402m 井段测试，获天然气日产 $11×10^4 m^3$。

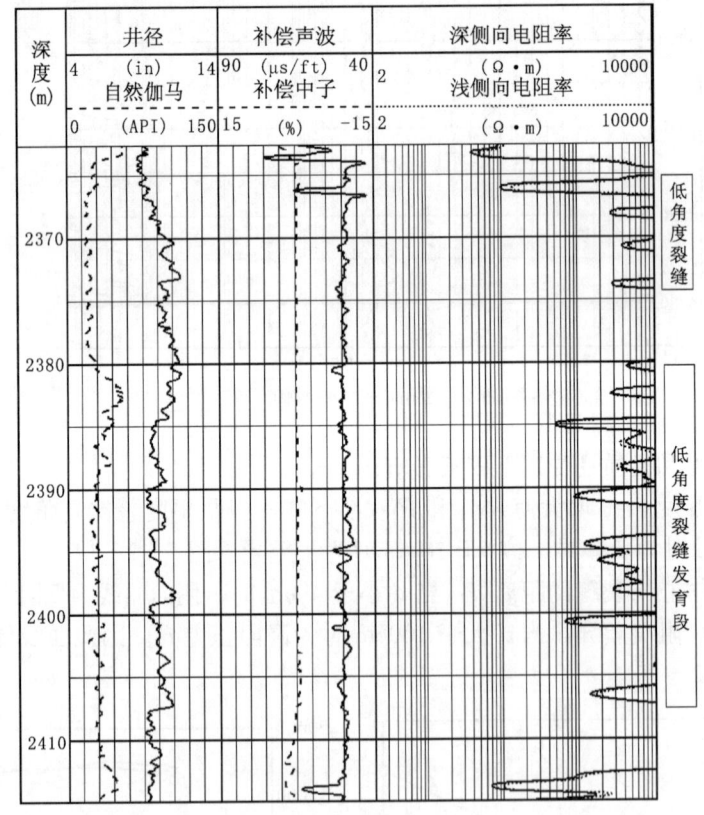

图 2-2-17 低角度裂缝双侧向的"负差异"

3）网状裂缝的曲线特征

深浅双侧向数值 R_{LLD} 和 R_{LLS} 都降得更低，幅度差异性质决定于裂缝的组合状态。当高角度裂缝占优势时呈正差异，当低角度裂缝占优势时呈负差异，如高、低角度裂缝都比较发育时则正负差异交替出现，曲线形态起伏较大，且起伏的频度在一定程度上反映了裂缝的发育情况，这一特征常作为定性评价裂缝性储层的指标之一。

图 2-2-18 为中石炭统碳酸盐岩剖面，属典型的网状裂缝的特征。4219～4237m 为产

层段,岩性为深灰色云岩、针孔角砾状云岩,岩心观察表明该段孔、缝发育,平均连通孔隙度6.29%,有效小缝177条,纵横交错,溶蚀洞、晶洞456个,气体渗透率一般达到$39\times10^{-3}\mu m^2$。属于网状—孔隙型储层。测井解释了两个气层段,即4219.4~4227.5m和4228.4~4236.4m。上段电阻率500~900Ω·m,正差异;下段电阻率143~180Ω·m,正差异。裸眼测试4214.98~4226.0m,日产气$26\times10^4m^3$。

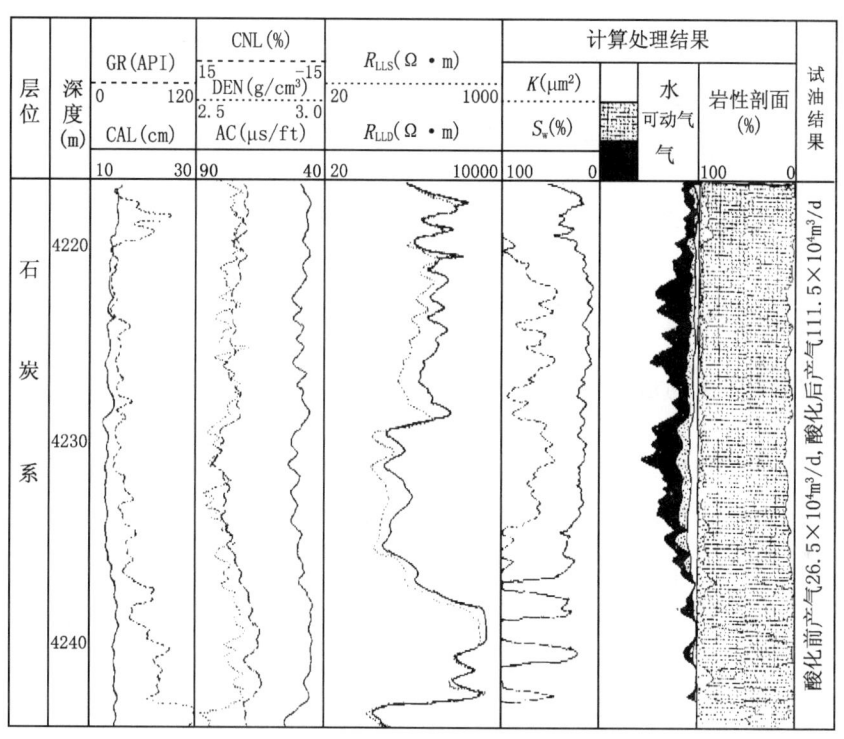

图 2-2-18 网状裂缝的特征

2. 双侧向测井曲线对洞穴的响应特征

在溶洞发育层段,双侧向电阻率明显低于正常沉积地层的电阻率,深浅双侧向通常具有大幅度正差异,即使在溶洞被泥质全填充的情况下,深、浅双侧向仍有较大幅度正差异。此特征可区分溶洞充填泥质和正常充填泥质。

二、微侧向或微球形聚焦测井

井眼规则时,微侧向或微球形聚焦测井在裂缝发育段将在双侧向测井电阻率背景上发生上下起伏的变化;而在致密岩层段,微侧向或微球形聚焦测井曲线的起伏变化则基本与双侧向曲线一致。

第三章 声波测井

井中声源发出的声波引起周围质点的震动,在地层中产生纵波和横波,在井壁—钻井液界面上产生诱导的界面波及假瑞利波和斯通利波。这些波作为地层信息的载体,被井下声波接收器接收,送到地面被记录下来,这就是声波测井。

声波测井仪的核心由发射器(声源)系统和接收器系统组成,两部分统称为声系。根据声系的排列和尺寸的不同,声波测井分为声速测井(如补偿声波测井)、全波列测井(如阵列声波测井)和偶极横波测井。

第一节 补偿声波测井

补偿声波测井测量的是滑行波纵波的传播速度。声波发射探头在井内发射声波,声波遇到井壁发生反射和折射。反射波未进入地层,不能携带地层信息,声波测井不测量反射波。折射波也只有当声波入射角满足一定条件,以"第一临界角"入射的波束,在地层中产生沿井壁传播的"滑行纵波"时,才能测量声波在地层中的传播速度。

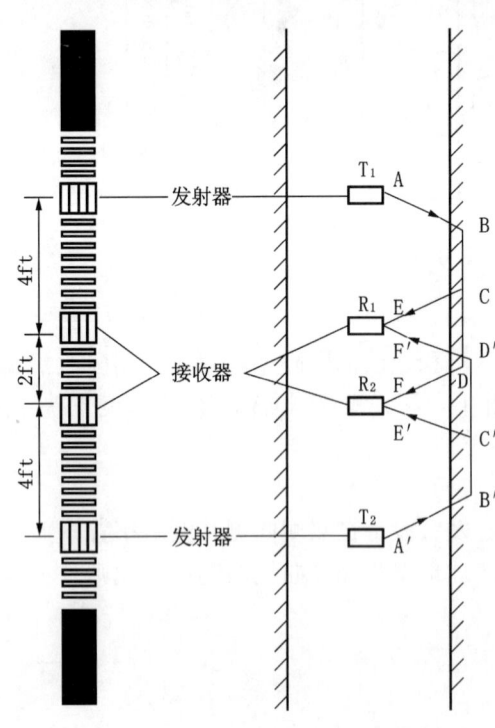

图 2-3-1 补偿声波测井原理

由于滑行纵波并非只沿井壁的表面传播,而是在从井壁到地层内部的一定径向范围内波动,因此,滑行纵波的传播速度会受到地层岩性、孔隙性、含流体性及压实性等诸多因素的影响,这样,通过测量滑行纵波的速度,就能分析地层岩性、孔隙性、含流体性等地质问题。

补偿声波测井仪(以斯伦贝谢的 BHC 为例)的声系(图 2-3-1)是由两个压电陶瓷发射器 T_1、T_2 和两个压电陶瓷接收器 R_1、R_2 组成,也称双发双收声系。两个接收探头之间的距离 R_1R_2 叫做"间距",发射探头之间的距离 (T_1R_1) 叫做"源距"。

测井时,T_1、T_2 交替发射声波脉冲信号,两个接收器将两组时差数据送到地面系统加以平均。

T_1 发射后,R_1 接收经 ABCE 路径传播的纵波首波,R_2 接收经 ABDF 路径传播的纵波首波,记录的一组时差为 $\Delta t_1 = \dfrac{C'D'}{V_c}$。

T_2 发射后,R_2 接收经 $A'B'C'E'$ 路径传播的纵波首波,R_1 接收 $A'B'D'F'$ 路径传播的纵波首波,记录的一组时差为 $\Delta t_2 = \dfrac{C'D'}{V_c}$。

两组时差数据送到地面系统平均得：

$$\Delta t = \frac{\Delta t_1 + \Delta t_2}{2} = \frac{CD}{V_c} \qquad (2-3-1)$$

补偿声波测井在一定程度上可以对环井眼条件进行补偿。但由于补偿声波测井探测深度较浅，不能完全消除环井眼条件对测井信息的影响。长源距声波时差测井的测量原理与补偿声波测井类似，只是改变了接收探头的排列位置（两个接收探头 R_1、R_2 均排在发射探头 T_1、T_2 的上方），测井时可以进行长短源距的声波时差测量。如斯伦贝谢的长源距为 10ft（305cm）、短源距为 8ft（244cm），间距仍为 2ft（61cm）。因此长源距声波时差测井比补偿声波时差测井对井眼的补偿效果更好。

第二节　声波全波列测井

通常的声速测井，只记录和利用滑行纵波首波的速度（时差）或幅度信息，对携带有大量地层信息的续至波完全没有记录。为记录、利用续至波的速度、幅度、频率、波形包络特征等信息，出现了长源距声波全波列测井，使声波测井从地层中获取的信息及对信息的利用率大为增加。

一、长源距声波测井

1. 长源距声波测井声系

长源距声波测井的声系排列如图 2-3-2 所示，两个发射器 T_1 和 T_2 的间距为 2ft（61cm），两个接收器 R_1 和 R_2 的间距为 2ft（61cm）。T_1 与 R_1 的源距为 8ft（244cm），这样就形成了 $T_1 8 R_1 2 R_2$ 的声系。采用"深度导出"式补偿方法。

当两个接收器 R_1 和 R_2 位于记录点的上下，记录出 T_1 到 R_1 的传播时间 Δt_1，T_1 到 R_2 的传播时间 Δt_2；当仪器的 T_1 和 T_2 位于记录点的上下，记录出 T_1 到 R_2 的传播时间为 Δt_3，T_2 到 R_2 的传播时间 Δt_4，可用下式计算出该声系的时差 Δt：

$$\Delta t = \frac{(\Delta t_1 - \Delta t_2) + (\Delta t_4 - \Delta t_3)}{2 \times \text{间距}} \qquad (2-3-2)$$

利用上述声系时，可得出源距为 8ft（244cm）和源距为 10ft（305cm）两种时差。

2. 长源距声波测井测量的信息

图 2-3-3 为长源距声波全波列测井图。通常在图的左列标出 TT1、TT2、TT3、TT4 四条时间差曲线（有时还附一条自然伽马测井曲线 GR），最左列一般标出纵波时差 Δt_p 曲线（DTC）及横波时差 Δt_s 曲线（DTS）。在图的右列，按 1m 的深度间隔标出代表这一井段的声波全波列图形。但是，波的幅度并非线性记录，亦即全波列图上，各个波、各组波的

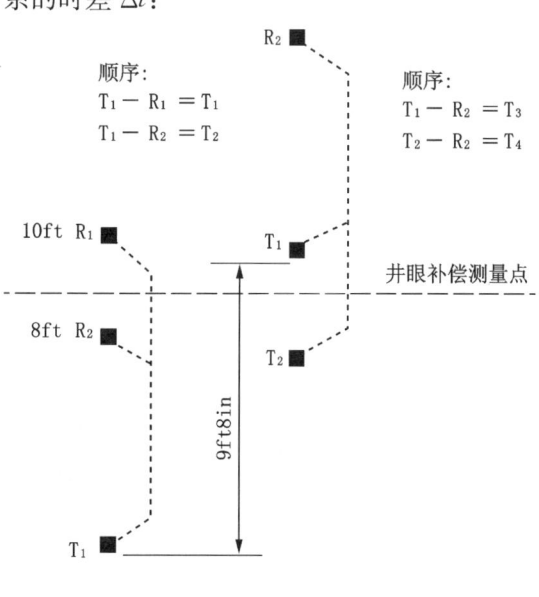

图 2-3-2　长源距声波测井声系

幅度差别并不代表真实记录到的幅度差别。实际上，后续的横波及最后到达钻井液中的管波幅度要比图上显示的滑行纵波的幅度大得多。

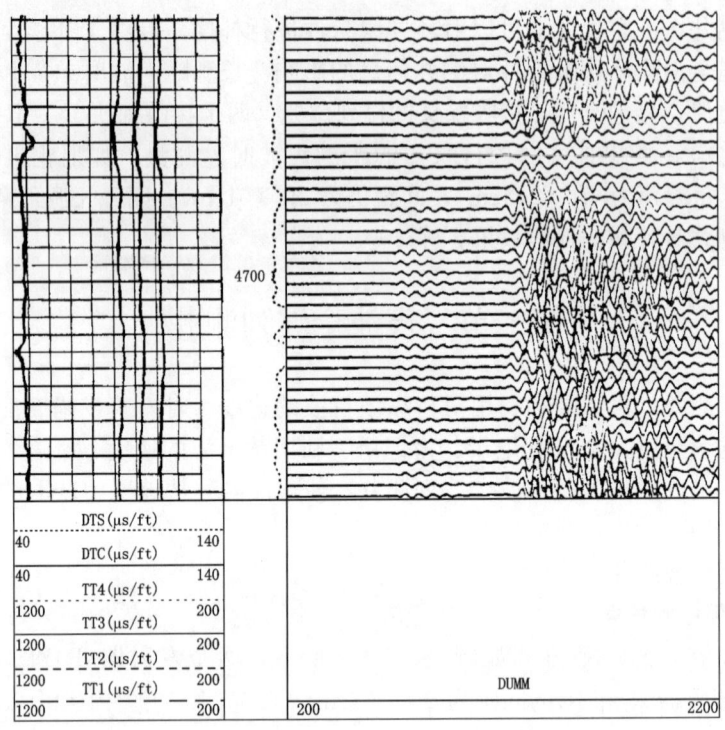

图 2-3-3 长源距声波全波列测井图

还有一种较常见的记录方式是将全波列图形变换成照相胶卷上感光银膜的变密（厚）度显示。在这种图上，幅度大的波显示为颜色较深的线条。典型的测井图见图 2-3-4。

长源距声波全波列测井所能记录的信息有：

（1）纵波时差 Δt_p （DTC）。

（2）横波时差 Δt_s （DTS）。

（3）速度比 $\dfrac{v_p}{v_s} = \dfrac{\Delta t_s}{\Delta t_p}$ （DTR）。

（4）纵波幅度，一般以 T_1 发射时 R_2 接受到的纵波首波波幅为标准值，记为 AP_2。也可以由其他发射和接收的组合记录 AP_1（T_1-R_1）、AP_3（T_2-R_1）、AP_4（T_2-R_2）。

（5）横波幅度，以 T_1 发射时 R_2 接受到的横波首波波幅为标准值，记为 AS_2。此外，也可以记录其他发射和接收组合的横波首波幅度 AS_1（T_1-R_1）、AS_3（T_2-R_1）、AS_4（T_2-R_2）。

（6）声波比（SRAT），两接收探头接收到的同一发射探头发射的声信号首波幅度之比。

若 T_1-R_1 间距离为 r_1，T_1-R_2 间距离为 r_2，R_1-R_2 间距离为 $r_0 = r_1 - r_2$，G 为声波在发射和接收探头间几何扩展的衰减因子，则有：

$$A = \dfrac{AP_2}{AP_1} = \dfrac{Ge^{-a_p r_2}}{Ge^{-a_p r_1}} = e^{a_p(r_1 - r_2)} = e^{a_p r_0} \tag{2-3-3}$$

式中 a_p——纵波在岩石中的的衰减（吸收）系数。

同样，对横波可以有：

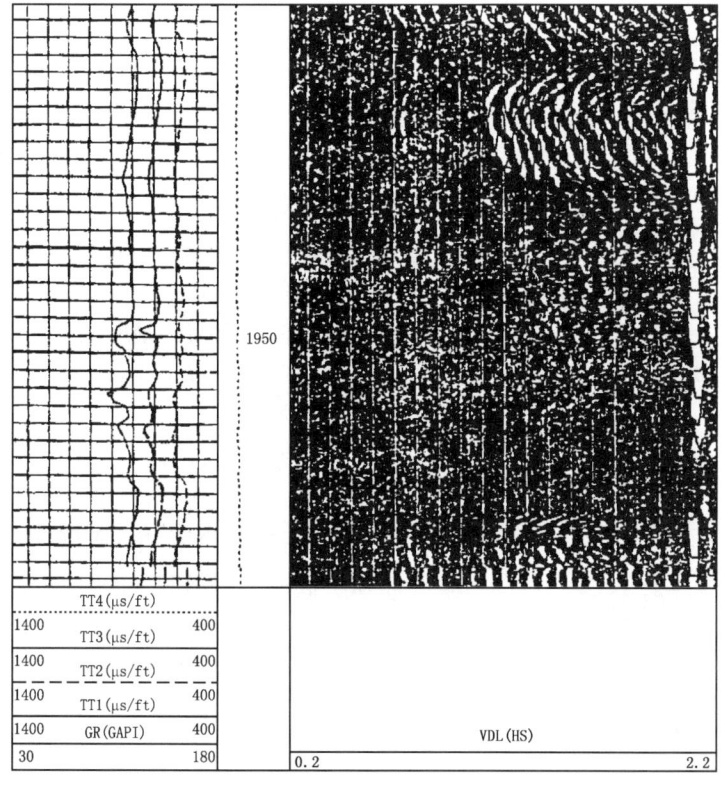

图 2-3-4 变密度显示的全波列测井图

$$B = \frac{AS_2}{AS_1} = e^{a_s r_0} \tag{2-3-4}$$

式中　a_s——横波在岩石中的衰减系数。

（7）在岩石中衰减因子的比值：

由式（2-3-3）及（2-3-4）有：

$$\frac{B}{A} = \frac{e^{a_s r_0}}{e^{a_p r_0}} = e^{(a_s - a_p) r_0} \tag{2-3-5}$$

二、阵列声波测井

1. 阵列声波测井声系

阵列声波测井的声系如图 2-3-5 所示，在声系的下部是两个压电陶瓷发射器，间距为 2ft（61cm），发射器带宽为 5～18kHz。声系的上部有 8 个压电陶瓷接收器，每个接收器之间的距离为 6in（15.2cm），这组接收器用于阵列的声波测井。第一个接收器与上发射器之间的源距为 8ft，与下发射器之间的距离为 10ft，第一个接收器与第五个接收器间的距离为 2ft，这样的声系可组成源距分别为 8ft 和 10ft 的长源距声波测井。在声系的中部有两个间距为 2ft 的接收器，它们与上、下发射器组成源距分别为 5ft 和 7ft 的标准井眼补偿测井，可用于裸眼井测量；在下套管井中可用源距为 3ft 的声系进行水泥胶结测井（CBL），用源距为 5ft 的声系进行变密度测井（VDL），这两种测量结果可用于检查水泥固结质量。在仪器的最顶部是用于测量井内流体声速的测量系统，发射器与接收器相距很近，测井时可连续测量井中流体的声波速度。

2. 阵列声波测井测量的信息

由于阵列声波测井由多种声系组成，将井下各种声波信号转变为数字信号，由遥测系统传输到地面，数控测井仪可记录出下述测井参数：

短源距声波测井，可记录出源距为3ft和源距为5ft的纵波时差 Δt_p；

长源距声波测井，可记录出源距分别为8ft和10ft纵波时差 Δt_p；

井内流体的声波传播时间；

声波幅度测井；

声波能量分析；

声波频率分析；

穿过套管时的 t_p、t_s、t_{st} 套管井的水泥胶结测井（CBL）和变密度测井（VDL）；

由声波波列导出的纵波时差 Δt_p；

由声波波列导出的横波时差 Δt_s；

由声波波列导出的斯通利波时差 Δt_{st}。

阵列声波测井的输出显示：

（1）纵波时差 Δt_p：根据源距为8ft（244cm）和10ft的声系可得出两种纵波时差（8ft源距的时差 Δt_p，10ft长源距时差 Δt_{1p}）。

（2）横波时差 Δt_s：根据阵列声波的波形，找出横波的首波，即可计算出横波时差 Δt_s，可用下述方法识别横波首波波至：

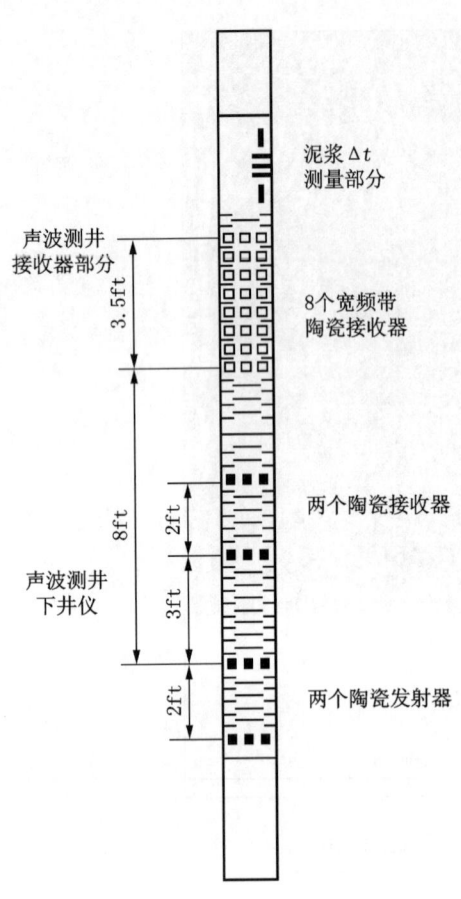

图 2-3-5 阵列声波测井声系示意图

①在一般地层条件下，纵波速度约为横波速度的 1.5～1.8 倍。如果纵波到达时间为 t_p，则横波首波应滞后于纵波首波的时间应为 (1.5～1.8) t_p，根据这一时间范围即可判别横波首波（图 2-3-6）。

②在相同源距条件下，纵波首波与横波首波到达的时间有一定的范围，根据纵波传播一周所需的时间，即可计算出纵波首波与横波首波之间的波峰数，通常约为 5～9 个波峰，据此判断横波首波。

③对于同一地层来说，一般条件下纵波与横波速度基本保持不变，因此利用波形图中各纵波首波起始点联线，再在波形图中找出

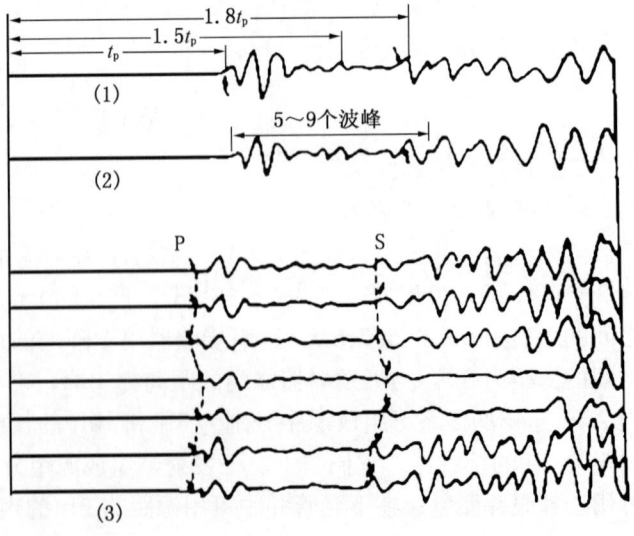

图 2-3-6 识别横波首波波至的示意图

上、下横波首波起始点清楚处联线,使其与纵波首波起始点联线近于平行(图2-3-6),即可确定出首波波至。

(3) 横波时差与纵波时差比值:利用求出的纵波时差 Δt_p 和横波时差 Δt_s,计算二者的比值:

$$DTR = \frac{\Delta t_s}{\Delta t_p} \qquad (2-3-6)$$

(4) 泊松比(POIR):利用求得的横波时差与纵波时差的比值(DTR),计算泊松比:

$$POIR = \frac{1-0.5DTR^2}{1-DTR^2} \qquad (2-3-7)$$

(5) 纵波平均能量(幅度)E_p:在同一深度处,取出四种波形记录的纵波首波幅度,求其平均值作为纵波的平均能量。

(6) 横波平均能量(幅度)E_s:在同一深度处,取出四种记录的横波首波幅度,计算其平均值作为横波平均能量。

(7) 横波时差品质因数 Q_s:定义横波平均能量与纵波平均能量之比为横波时差品质因数。通常认为 $Q_s = 2\sim 1$ 时,横波时差精度好;$Q_s = 0.25\sim 0$,横波精度差,不能应用,即不能准确识别横波首波波至。

第三节 碳酸盐岩地层声波孔隙度的计算

作为孔隙度测井系列的测井方法之一,声波测井可以确定地层孔隙度。而对于碳酸盐岩地层,由于储层孔隙度一般很低,所以,通常用雷伊麦(Raymer)公式计算声波孔隙度。

雷伊麦(Raymer)时间平均非线形公式:为了解决威利公式在低孔段和高孔段计算结果与实际情况误差较大的问题,雷伊麦等在大量岩样分析资料的基础上,用概率模型得出了非线性经验公式:

$$\frac{1}{\Delta t} = (1-\phi)^m \frac{1}{\Delta t_{ma}} + \phi \frac{1}{\Delta t_f} \qquad (2-3-8)$$

式中 Δt——地层的声波时差;

Δt_{ma}——骨架的声波时差,通常,砂岩的 Δt_{ma} 为 56ms/ft,石灰岩的 Δt_{ma} 为 49ms/ft,白云岩的 Δt_{ma} 为 44ms/ft;

Δt_f——孔隙中流体的声波时差,Δt_f 为 189ms/ft;

m——经验指数,与岩性有关,砂岩的 m 为 2、碳酸盐岩的 m 为 2~2.2。

第四节 声波测井曲线的裂缝响应特征

纵波速度(或时差)对高角度裂缝基本没有响应;但对低角度裂缝有响应,其响应特征是:时差曲线出现局部增高,甚至发生跳波。

纵、横波声波能量在高角度裂缝发育段基本不衰减,在低角度裂缝发育段有一定衰减。

斯通利波速度和能量对裂缝的响应与裂缝的状态有关,对大量实际测井资料分析表明:高角度裂缝可引起斯通利波能量衰减,网状裂缝易引起斯通利波时差增加,斜交缝在斯通利波时差和能量上都具有响应。

一、声速对裂缝的响应

国外资料认为，裂缝使横波的传播时间 Δt_s 增大，而对纵波基本无影响。但四川测井实验资料表明：低角度裂缝、水平裂缝要使纵波时差 Δt_p 增高，只有高角度裂缝、垂直裂缝才对 Δt_p 无影响。实际测井资料也证实了这一现象，当然这里不包括裂缝使纵波能量衰减而产生周波跳跃形成的 Δt_p 剧烈增大。

裂缝倾角大小与 Δt_p 的关系可用图 2-3-7A 表示。

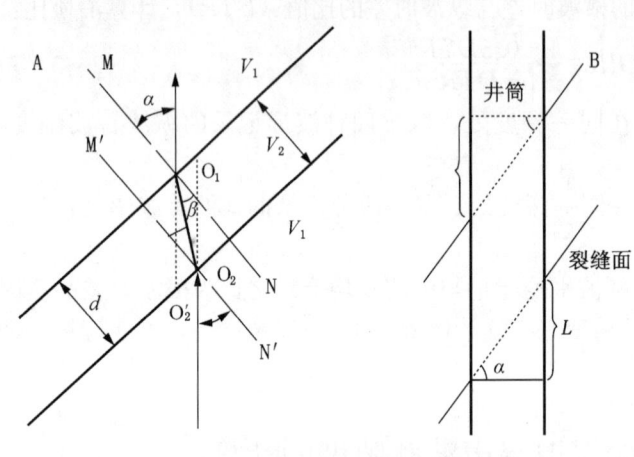

图 2-3-7 裂缝倾角与 Δt_p 的关系
d—井径；α—裂缝倾角

此外由图 2-3-7B 可知，当裂缝面与井壁的截距 L（$L = d \mathrm{tg}\alpha$）大于声波仪器的间距时，Δt_p 将不能反映裂缝，如对于 19.7cm 的井眼、40cm 的间距来说，当裂缝倾角大于 75°时，它对 Δt_p 就无影响了；反之，当裂缝倾角小于 75°时，它对 Δt_p 则有影响。对于水平裂缝，其宽度与 Δt_p 关系满足威利时间平均公式；对于斜交裂缝，Δt_p 将随裂缝倾角增大而增大。

上述分析都是在裂缝面全截割井壁状态下进行的，如果裂缝面部分截割井壁，如图 2-3-8 所示，则不论裂缝倾角如何，对 Δt_p 均无影响。从岩心中经常可以见到呈部分截割的裂缝。由以上裂缝对纵波传播时差 Δt_p 的影响分析可知，高角度裂缝（它们与井壁也常呈部分截割关系）不能被声速信息所反映，而国外资料认为有效的天然裂缝都是垂直或者亚垂直的，因此得出了纵波声速不反映裂缝而反映岩块孔隙的结论。

二、声幅对裂缝的响应

1. 纵、横波声幅对裂缝的响应

一般来说，声波通过裂缝时，其声幅要发生较明显的衰减，这是由于声波传播到充满流体的裂缝时，将发生声能的转换，即在裂缝面处纵、横波要转换成流体波，当流体波传到另一裂缝面时，又要转回到纵、横波，这种转换必然造成能量的损失，其损失量除与裂缝宽度有关外，还

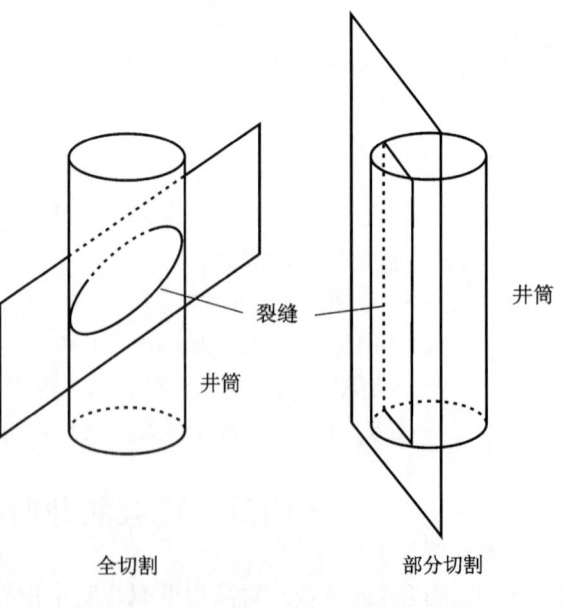

图 2-3-8 裂缝与井壁的截割关系

与裂缝倾角有密切的关系，图 2-3-9 是这一关系的两种国外实验结果。

两个结果表明裂缝对纵波的衰减基本一致，即 0°和 90°的裂缝对纵波无衰减，而在 33°到 80°之间，纵波衰减较大，甚至超过横波的衰减。但裂缝对横波的衰减，二者有所不同，

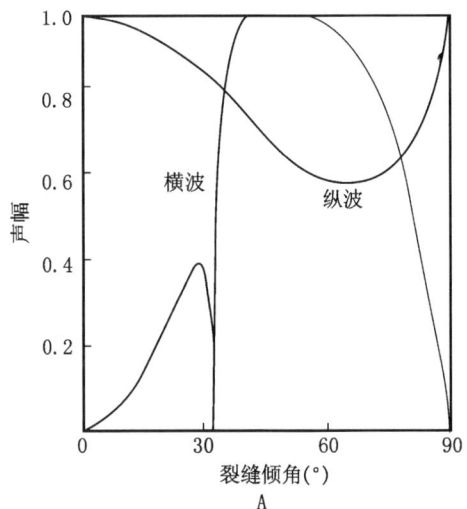 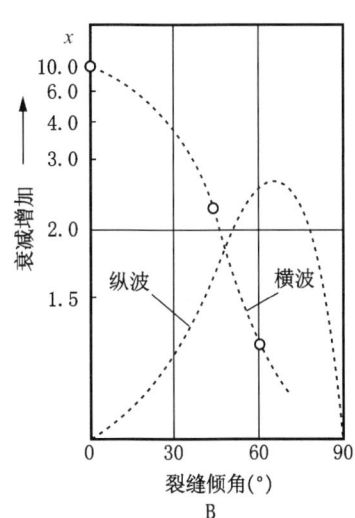

图 2-3-9 裂缝倾角大小与声幅衰减的关系

图 2-3-9A 表明水平裂缝和垂直裂缝都使横波剧烈衰减。在 33°～70°之间衰减不如纵波大，甚至不衰减；而图 2-3-9B 表明水平裂缝对横波衰减最大，然后随着裂缝倾角的增加，衰减逐渐减小，但大于 65°以后，衰减程度就基本稳定了。

四川的实际测井资料与上述两种结果均有不吻合之处，即在低角度裂缝时，纵、横波都明显衰减，而横波衰减更剧烈；在高角度裂缝时，纵波略有衰减，横波基本不衰减，仅在后部造成一些干涉，使波形有些变化。以上三种结果的差异可能是实验条件的不同以及实验状态与实际井下状态的不同所造成的。

在实际利用声幅对裂缝的响应特征划分裂缝段的测井解释中，主要是通过长源距声波测井取得的全波形图（WF）和变密度图（VDL）来完成的。

（1）波形图对裂缝的识别：在良好的井身条件下，声波通过较均匀的地层时，通常可接到理想的全波列波形图（图 2-3-10）。

最先到达的是纵波，其幅度较小，约持续 6～7 个周期后横波到达，其幅度明显高于纵波，最后是波形较杂乱的流体波，它是直达钻井液波、速度低于钻井液波的斯通利波，在长源距声波测井波形上可能未被记录。

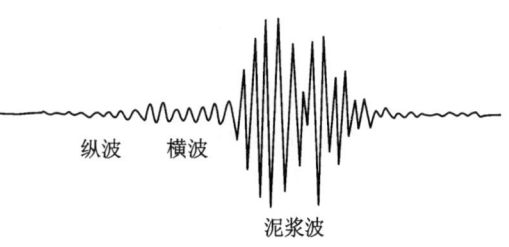

图 2-3-10 理想化的全波列图形

按照上述波列分布特征并根据声幅对裂缝的响应就很容易利用波形图来划分裂缝段，进而识别裂缝的产状。

（2）变密度图对裂缝的识别：变密度图是全波列特征的另一种图像显示法，裂缝在 VDL 图形上有三个特征：

①条带变浅，反差减弱，这是裂缝对声能衰减所致。

②条带出现中断、扭曲或者台阶状，这是低角度裂缝使声能剧烈衰减以及传播时间变化所造成。

③出现"人字形"干涉条纹，这是当声波遇到裂缝或地层界面等声阻抗界面时发生反

射波、转换波与直接信号叠加所形成。

因此，对于高角度裂缝，无论是纵波还是横波波幅，其响应的灵敏度都很低，难以用来探测高角度裂缝的存在及其特性，为了解决这一问题，提出了用环形声波记录的假瑞利波和阵列声波记录的斯通利波来探测高角度裂缝。

2. 假瑞利波声幅对裂缝的响应

利用环形声波测井，可以在裸眼井中得到以下三种波。

（1）纵波：它是在钻井液中以纵波转播（Pf 波），并以第一临界角入射到岩层，产生滑行纵波（Pr），然后再以第一临界角折回钻井液，最后以 Pf 波形式被接收。

（2）横波：它是 Pf 波以第二临界角入射到岩层，产生滑行横波 Sr，再以第二临界角折回钻井液，以 Pf 波形式被接收。

（3）假瑞利波：它是 Pf 波进入岩层后以假瑞利波 Rr，即以一种表面的形式环行传播，然后回到钻井液，以 Pf 波形式被接收。

这三种波虽然最后都是以纵波形式被记录，但其能量差别很大。实验资料表明，纵、横波幅度很小，而假瑞利波则很大，约为纵波的二十多倍，横波的十多倍，不但如此，假瑞利波能量的衰减对裂缝十分敏感，特别是对高角度裂缝尤为显著，因此可以直接利用假瑞利波能量衰减来探测裂缝，即能量衰减法（图 2-3-11）。它是由环形声波测井仪记录的四个象限的波形图，显然 1、4 象限的波幅在 3650～3655m 处发生明显的衰减，综合资料分析表明这里正是高角度裂缝发育段。此外也可用声波路径偏移法（OAP 法）来探测裂缝，它是对比发射器和接收器不同圆弧位置时所接收到的波形，当其间没有裂缝时，波形与圆弧位置无关系，即彼此很相似，但如其间有垂直裂缝时，则波形变化很大，因此分析波形相似度的变化状

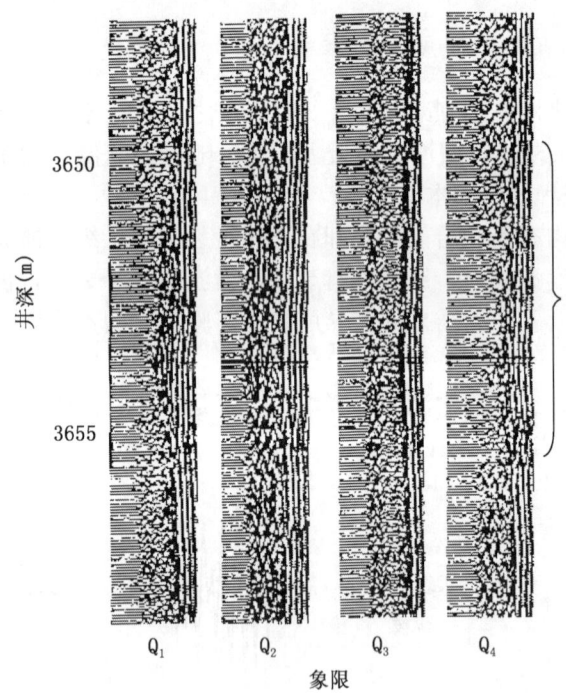

图 2-3-11 高角度裂缝对假瑞利波的衰减

况，就可发现裂缝，并能确定裂缝出现的方位（图 2-3-12）。而且 OAP 法受岩性、井眼、换能器与井壁的接触状态影响小，比能量衰减更为优越。

最后指出，利用瑞利波探测到的裂缝，其深度至少在 1cm 以上，因此有利于用来鉴别天然裂缝与井壁附近由于钻具振动形成的人工微裂缝。

3. 斯通利波声幅对裂缝的响应

在目前常用的补偿声波测井中，由于使用频率太高（约为 20kHz），故难以激发低频的斯通利波，当然也就无法利用它来识别裂缝了。阵列声波测井将声波频带降到 5～18kHz，从而有利于激发低频的斯通利波，其频谱主要在 3～6kHz（图 2-3-13）。

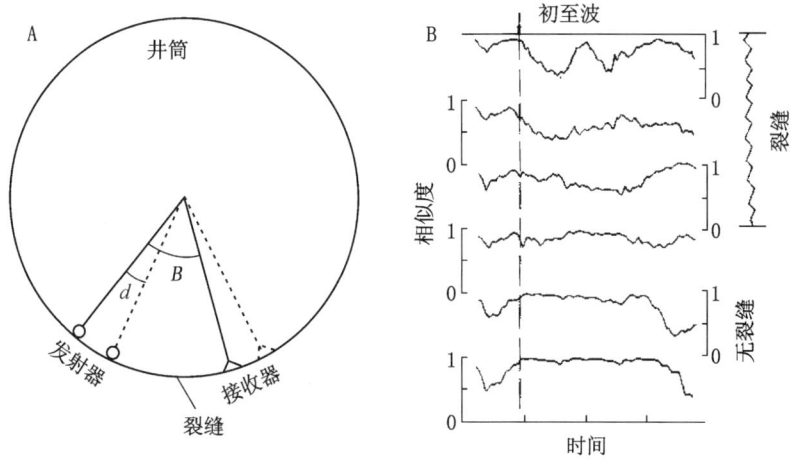

图 2-3-12 声波路径偏移法探测裂缝

而且采用了低通滤器，因此很容易将频率低、速度低的斯通利波提取出来，进而通过时差—时间相关分析法（STC）把纵波、横波、斯通利波分开，并分别记录出它们的连续变化曲线（图 2-2-14）。

这样就为我们利用斯通利波来研究裂缝创造了有利的条件，实验研究表明，斯通利波的能量（幅度）对张开裂缝十分灵敏，尤其当有流体在裂缝中流动，如钻井液滤液在裂缝中渗流时，更有明显的幅度衰减显示，因为斯通利波实质上是一种管波，它在井筒中的传播相似

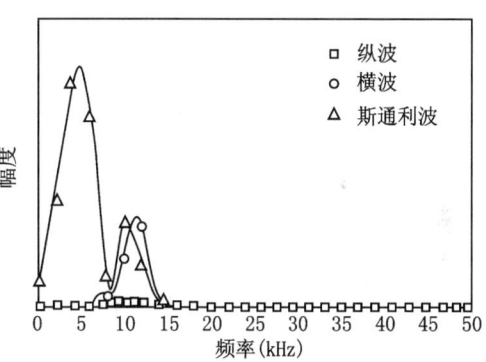

图 2-3-13 纵波、横波、斯通利波的频谱

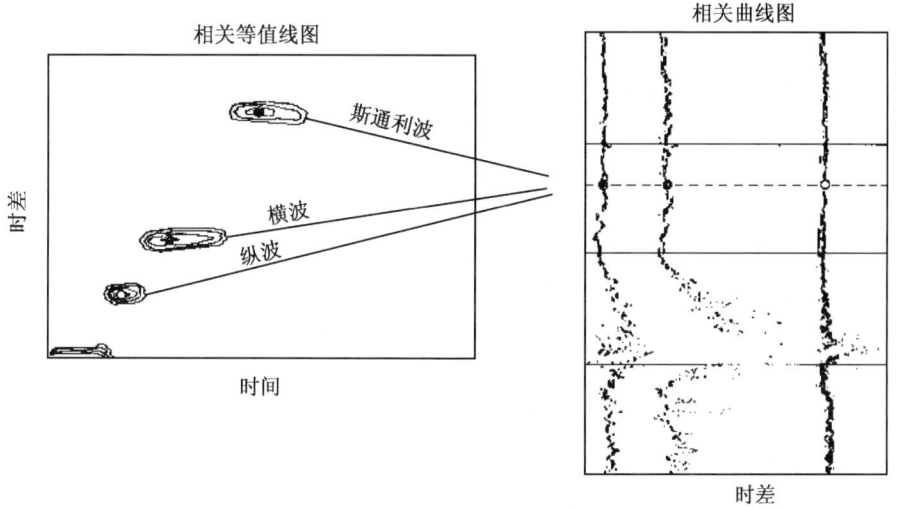

图 2-3-14 时间相关分析法区别纵波、横波、斯通利波

于一个活塞的运动，造成井壁在径向上的膨胀和收缩，这时如有张开裂缝与井壁连通，则管波的传播将使井液沿裂缝流进和流出地层，从而消耗能量，使幅度衰减，衰减的程度与裂缝的张开度有关，因此利用斯通利波的衰减来探测有效裂缝是一种较好的方法。

裂缝段在阵列声波测井图上的显示特征如图 2-3-15 所示。

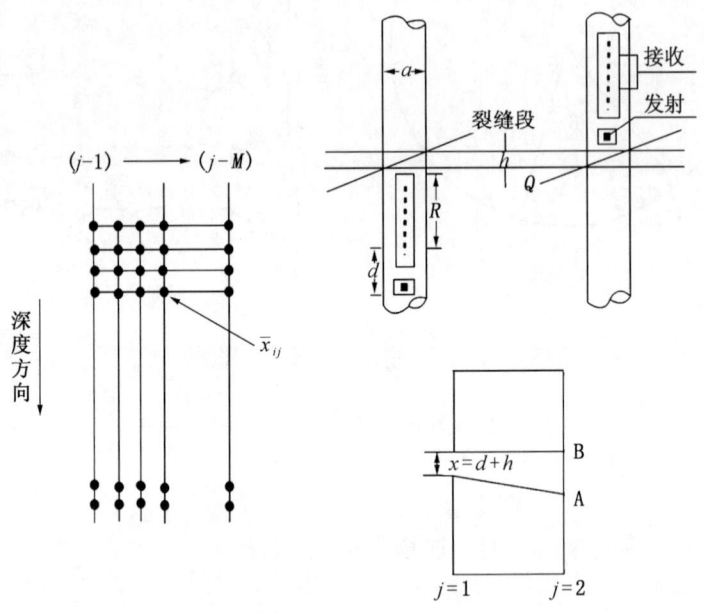

图 2-3-15 裂缝段在阵列声波测井图上的显示特征

图 2-3-15 中上部是记录阵列声波的二维网络图，其横坐标代表接收器编号（1~8 或者 1~12），纵坐标表示深度，并自动计算出每个节点处斯通利波的均方能量 x_y，于是在裂缝带可显示出图下部所示的低能带图形，图中 A 点表示顶部接收器进入裂缝带，B 点表示发射器离开裂缝带，因此左边反映的裂缝异常宽度为裂缝宽度 h 加上源距 d，而右边反映的裂缝异常则还要加上整个接收器的长度 R，该低能区的上下部都为无裂缝的高能区。

4. 反射波声幅对裂缝的响应

井下超声波电视测井直接记录垂直入射井壁而发生的反射信号，只要井壁的声阻抗不同，就将具有反射系数为 K 的反射：

$$K = (\rho_2 v_2 - \rho_1 v_1)/(\rho_2 v_2 + \rho_1 v_1) \qquad (2-3-9)$$

式中　ρ_1、ρ_2——分别为井液和井壁介质的密度；
　　　v_1、v_2——分别为井液和井壁介质的声速。

但任何与井壁相截割的张开裂缝，由于其中充满流体，所以基本无反射信号，从而可与具有强反射的致密碳酸盐岩和具有一定反射的填充裂缝相区别，而不管裂缝产状如何，这就克服了补偿声波测井声幅对垂直裂缝不灵敏、环行声波测井对水平裂缝不灵敏的缺点。

超声波电视测井对各种裂缝张开度的显示如图 2-3-16 所示。

水平裂缝为水平黑线，其张开度为黑线宽度与深度比例的乘积；垂直裂缝为两条平行于井轴的黑线，其张开度为黑线宽度与井壁周长对图形横向宽度比值的乘积，其走向由两条黑线的横坐标（方位角度数）确定，斜交裂缝为波浪形黑线，其倾斜度可用下式计算：

$$\mathrm{tg}\alpha = (波浪线波峰与波谷的垂直高差)/井径 \qquad (2-3-10)$$

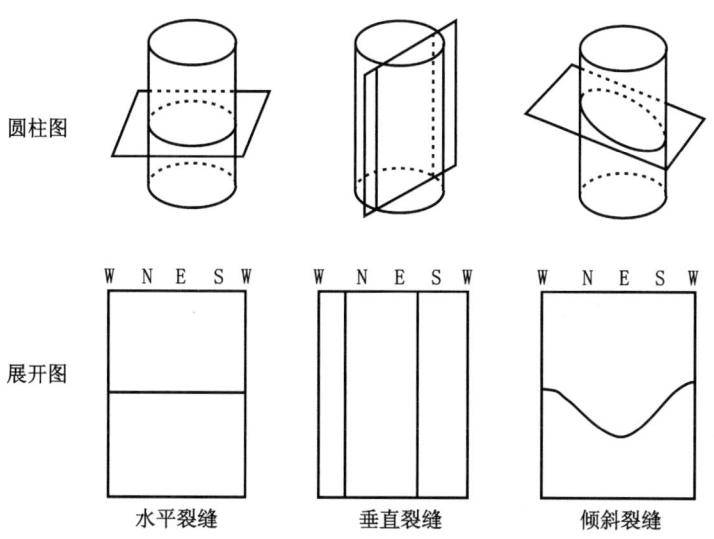

图 2-3-16 不同裂缝张开度对超声波电视测井的响应特征

倾斜的方位为波谷的方位。

三、声波测井曲线的溶洞响应特征

在溶洞发育层段，声波时差将明显增大，有时会出现跳波异常，声波幅度也将产生严重衰减，多数情况下，纵波能量也会衰减。

第四章 放射性测井

放射性测井又称为核测井，是根据岩石及孔隙流体的核物理性质，研究井筒的地质剖面，勘探油气藏。其具有独特的优点：能够在井下快速分析和确定岩性及其孔隙流体中各种化学元素含量；测量不受井内介质的限制。这里主要介绍伽马测井、中子测井和密度测井。

第一节 自然伽马测井和自然伽马能谱测井

一、自然伽马测井

1. 岩石的放射性

岩石中含有放射性元素，主要是铀（U）、钍（Th）、钾（K）等，所以岩石的放射性强度决定于放射性元素的含量。^{238}U 的半衰期为 $4.5 \times 10^9 a$，^{232}Th 的半衰期为 $1.42 \times 10^{10} a$，^{40}K 的半衰期为 $1.25 \times 10^9 a$。

一般条件下，岩石的放射性物质含量很少。按照放射性的强弱可把沉积岩分成 4 类：

(1) 放射性物质含量高：放射性软泥、红色粘土、黑色沥青质粘土的放射性物质含量高，海绿石砂岩、独居石、钾钒矿砾岩等具有高放射性含量。

(2) 放射性物质含量中等：浅海相和陆上沉积的泥质岩石，如泥质砂岩、泥质石灰岩、泥灰岩等。

(3) 放射物质含量少：砂层、砂岩、石灰岩等。

(4) 放射性物质含量很少：硬石膏、石膏、岩盐、煤和沥青等。

2. 基本原理

沉积岩中伽马光子的放射性强度 A（即岩石自然伽马放射性系数）可以看作是岩石中铀、钍、钾含量的线形函数，即：

$$A = A_U W_U + A_{Th} W_{Th} + A_K W_K \tag{2-4-1}$$

式中 A_U、A_{Th}、A_K——U、Th、K 三种元素每克物质每秒钟发射的伽马光子总数；

W_U、W_{Th}、W_K——U、Th、K 的百分含量。

假定整个地层均匀稳定地发射出能量为 E_γ 的伽马射线，测井时探测器的探测范围为 V，那么，探测器的响应 I 可表示为：

$$I = \int_V A e \Omega \beta \rho A dV \tag{2-4-2}$$

式中 A——每克岩石每秒钟发射能量为 E_γ 的伽马光子总数；

e——探测器的探测效率；

Ω——在探测器灵敏体积方向上发射的伽马光子数；

β——一个射向探测器的伽马光子射中探测器的概率；

ρ——地层密度。

3. 自然伽马刻度

美国石油学会在休斯敦大学建立了自然伽马刻度井。该刻度井有两个低放射性地层、一个高放射性地层，高放射性地层中含有钾4%，铀13mg/L，钍24mg/L，三者分别占总放射性量的19%、47%、和34%。定义高放射性地层与低放射性地层读数之差为200API单位，作为标准刻度单位。自然伽马测井的横向比例都用API单位。

二、自然伽马能谱测井

自然伽马测井只能测量地层中放射性元素的总含量，无法分辨地层中含有什么样的放射性元素，为此研制了自然伽马能谱测井，即测量不同放射性元素放射出不同能量的伽马射线，从而确定地层中含有何种放射性元素。

1. 自然伽马能谱测井原理

不同岩石含有的化学成分不同，其放射性物质的成分也不一样，泥岩地层的主要成分为粘土矿物，粘土矿物所含的放射性元素如表2-4-1所示。

表2-4-1 粘土矿物中铀（U）、钍（Th）和钾（K）的含量

矿物名称	K (%)	U (mg/L)	Th (mg/L)
膨润石	<0.5	1~20	6~50
蒙皂石	0.16	2~5	14~24
高岭石	0.42	1.5~3	6~19
伊利石	4.50	1.5	
铝土矿		3~30	10~130
黑云母	6.70~8.30		<0.01
白云母	7.90~9.80		<0.01
海绿石	5.08~5.30		

纯砂岩和碳酸盐岩的放射性元素含量都低，表2-4-2给出其大致的变化范围。但对于某些渗透性的砂岩和碳酸盐岩地层，由于水中含有易溶的铀元素，并随水运移，在某些适宜条件下沉淀，形成具有高放射性的渗透层，此时可用自然伽马能谱测井划分这样的地层。

表2-4-2 砂岩和碳酸盐岩中铀（U）、钍（Th）和钾（K）的含量

岩石名称	K (%)	U (mg/L)	Th (mg/L)
砂岩	0.7~3.8	0.2~0.6	0.7~2.0
碳酸盐岩	0.0~2.0	0.1~9.0	0.1~7.0

实验室对铀、钍、钾放射的伽马射线能量的测定，发现钾放射的是单色伽马射线，其能量为1.46MeV。铀及其衰变产物放射的是多能谱伽马射线，在高能区内，1.76MeV的峰值明显，易于鉴别。钍及其衰变产物放射多能谱伽马射线，其中2.62MeV峰值易于识别。图2-4-1是铀、钍、钾三种元素发射伽马射线的能谱图。

自然伽马能谱测井仪的探测器部分与自然伽马测井基本相同，使用NaI（Tl）闪烁计数器，其输出脉冲的幅度与入射伽马射线能量成正比，所不同的是自然伽马能谱测井仪增加了多道脉冲幅度分析器，能分别测量不同幅度的脉冲数，从而得出不同能量的伽马射线能谱，用以测定不同的放射性元素。自然伽马能谱测井根据测出的伽马射线特征峰值，经刻度，输出的就是U、Th、K三条曲线及一条总的自然伽马曲线（图2-4-2）。

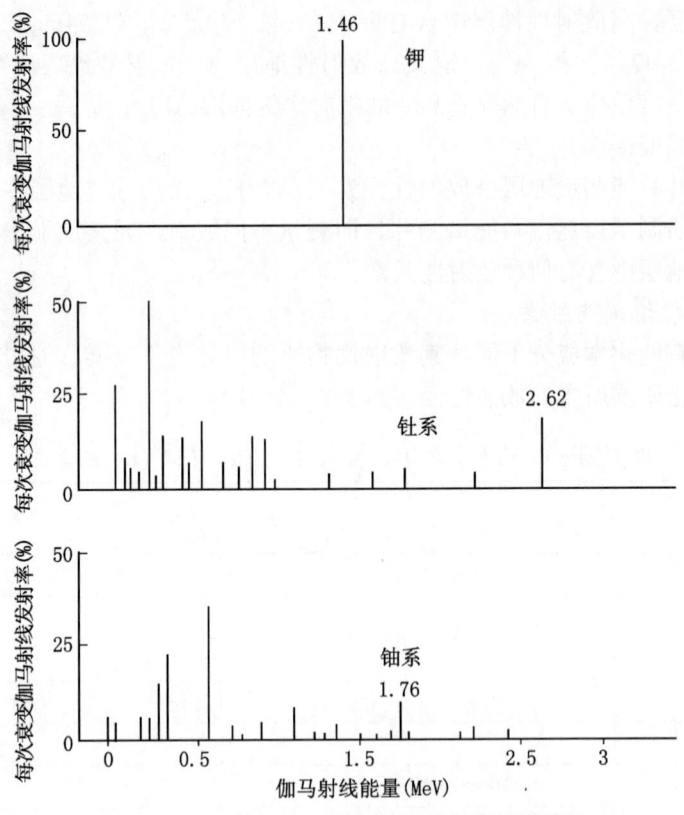

图 2-4-1 铀、钍、钾发射伽马射线的能谱图

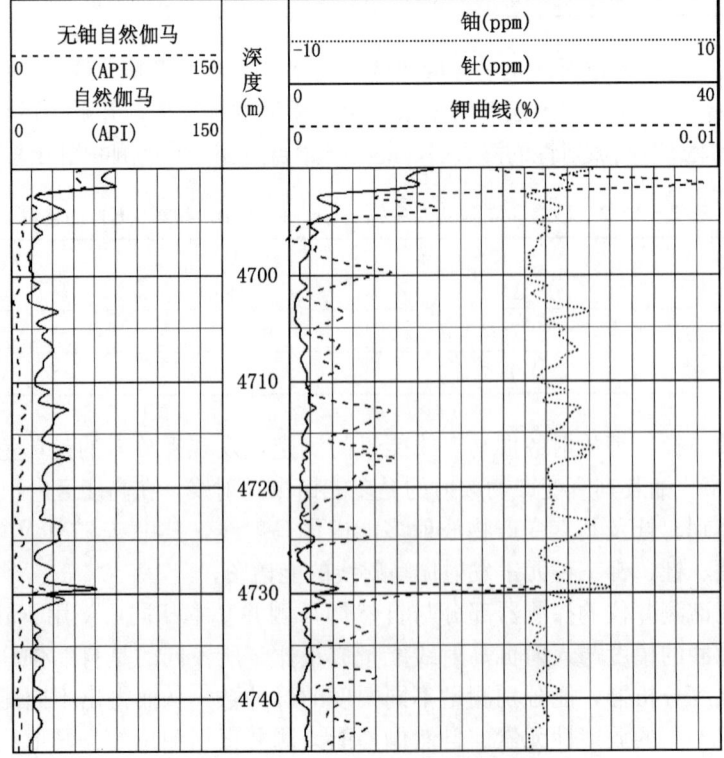

图 2-4-2 自然伽马能谱测井曲线

第二节　补偿中子测井

中子测井包括井壁中子测井和补偿中子测井。井壁中子测井受井眼条件影响较大，而补偿中子测井受井眼条件影响较小。补偿中子测井是一种双源距、双探测器中子测井，它是现今数控测井使用的三种孔隙度测井的主要方法之一。

一、中子与物质的相互作用

由中子源发射的中子都是高能中子，高能中子进入地层后，与地层中的元素发生作用，使其能量降低，最后会被吸收，其主要作用如下：

(1) 非弹性散射。

(2) 弹性散射。高能中子经过1~2次非弹性散射后，能量损失较大，不能产生非弹性散射，这时会发生弹性散射。把入射中子与原子核看成一个系统，当中子与原子核发生碰撞时，二者碰撞前后总动能不变，中子损失的动能变成反冲核的动能，但反冲核仍处于基态，这种散射称为弹性散射。快中子与靶核每碰撞一次，就损失一部分能量，经过多次碰撞后，快中子变为热中子，这个过程称为中子的减速过程。根据理论计算可导出，中子每次碰撞的平均动能损失（$\Delta \bar{E}$）为：

$$\Delta \bar{E} = \frac{2A}{(A+1)^2} E_1 \qquad (2-4-3)$$

式中　A——原子的质量；

E_1——中子的初始能量。

式（2-4-3）表明，中子动能损失与靶核的质量有关，原子越重，动能损失越小。氢原子的质量为1，用式（2-4-3）可算出中子与氢原子核每次碰撞的平均动能损失为$0.5E_1$，即损失其原动能的一半。对于碳元素，每次碰撞中子平均动能损失达14%。可见氢元素是中子的最好减速剂。表2-4-3中列出了能量为2MeV快中子减速为热中子的平均碰撞次数。

表2-4-3　2MeV快中子减速为热中子的平均碰撞次数

靶　　核	质　量　数	平均碰撞次数
$^{1}_{1}H$	1	18
$^{12}_{6}C$	12	114
$^{16}_{8}O$	16	150

由快中子变为热中子开始，直到热中子被俘获为止，这个过程称为扩散过程，此时中子的速度不再减小，像气体分子运动一样，由热中子密度大的地方向密度小的地方扩散，直到被原子核俘获为止。

快中子变为热中子，热中子以热运动形式进行扩散，直到最后被原子核俘获，整个过程可用以下参数表示：

(1) 减速长度L_f。快中子减速为热中子所移动的直线距离R称为中子的减速距离，中子的减速长度L_f定义为：

$$L_f = \sqrt{\frac{R^2}{\sigma}} \qquad (2-4-4)$$

(2) 扩散长度 L_d。从产生热中子到热中子被俘获时所移动的直线距离 r 称为扩散距离，中子的扩散长度定义为：

$$L_d = \sqrt{\frac{r^2}{\sigma}} \qquad (2-4-5)$$

(3) 热中子寿命。从产生热中子时起到其被俘时所经过的平均时间称为热中子寿命，通常用 τ 表示：

$$\tau = \frac{\Sigma_d}{V} = \frac{1}{V\Sigma_a} \qquad (2-4-6)$$

式中　V——热中子速度；

　　　Σ_d——从热中子产生到被俘获为止自由行程平均值，且 $\Sigma_d = 1/\Sigma_a$。

(4) 热中子微观和宏观俘获截面。一个热中子与一个原子核产生俘获核反应的几率称为原子核对热中子的微观俘获截面，用 σ 表示。单位体积岩石中所有原子核微观俘获截面的总和称为宏观俘截面，用 Σ_a 表示。

二、补偿中子测井基本原理

中子由中子源向地层发射，在源的周围，形成超热中子，超热中子在地层进一步减速，使其能量减小，最后变为热中子。在离源较近的范围内，为超热中子减速区，稍远处为热中子扩散区。热中子在扩散过程中，主要受地层的含氢指数影响，含氢指数越高，热中子的扩散长度就越小，热中子的密度也就越小。也就是说当地层孔隙度大时，地层含氢量就高，热中子的密度就小，中子探测器的计数率就低；而当地层孔隙度小时，地层含氢量就低，热中子的密度就大，中子探测器的计数率就高。根据这一原理，经过一定的方法刻度、转换，就可以通过中子测井测量地层的孔隙度。

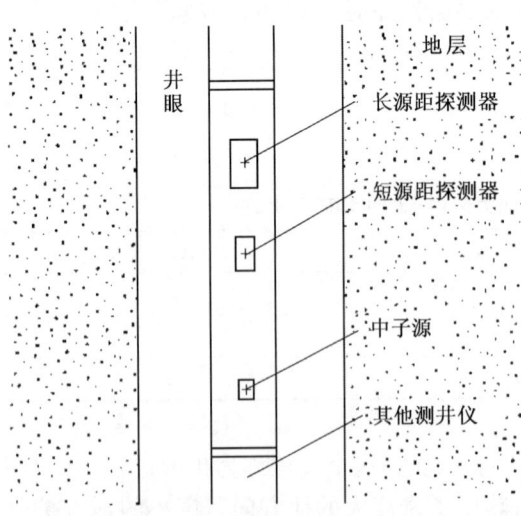

图 2-4-3　补偿中子测井仪示意图

补偿中子测井是利用长、短源距两个中子探测器（图 2-4-3）。一般长源距在 50～60cm 之间选择，短源距在 30～40cm 之间选择。由于两个探测器所受干扰基本相同，因此，利用长、短源距探测器计数率的比值可以使井眼环境的影响降到最小。

补偿中子测井测量的是长、短源距探测器所探测的热中子的计数率。实验证明，地层的孔隙度与长、短源距探测器计数率的比值呈一定的函数关系，因此，还需将补偿中子测井所测的长、短源距探测器计数率的比值经过一定方法转换成补偿中子孔隙度。

三、热中子测井的探测深度

为考察长、短源距通量及其比值的探测深度，设石灰岩地层孔隙度为 30%，原始含气饱和度为 $S_g = 100\%$，淡水从井壁开始以 $S_w = 100\%$ 侵入，并定义中子测井径向几何因子为：

$$J_x = (\Phi_x - \Phi_0)/(\Phi_\infty - \Phi_0) \qquad (2-4-7)$$

式中 Φ_0——无侵入时的通量或其比值；

Φ_x——侵入深度为 x 时的通量或其比值；

Φ_∞——无穷侵入时的通量或其比值。

计算得到的长、短源距通量及其比值 J 因子随侵入深度的关系曲线如图 2-4-4 所示。定义 J 达到 0.9 时的侵入深度为探测深度，可以看出，长源距（38cm）探测器的探测深度大约为 40cm，而短源距（26cm）的探测深度只有 30cm，比值的响应特性不同于单一探测器。

中子测井的探测深度与孔隙度有关，将孔隙度分别变为 0.1、0.2、0.3、0.4，得到的长、短源距 J 因子（图 2-4-5）。

从图中可以看出，随孔隙度的减小，补偿中子仪器的探测深度增大。当孔隙度从 30% 减小到 10% 时，长源距探测深度增加 5cm 以上。

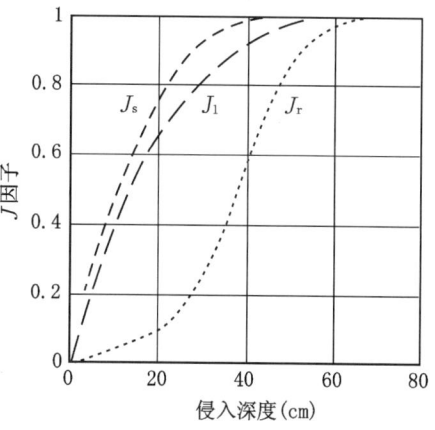

图 2-4-4 J 因子图
J_l—长源距通量 J 因子；J_s—短源距通量 J 因子；J_r—通量比值 J 因子

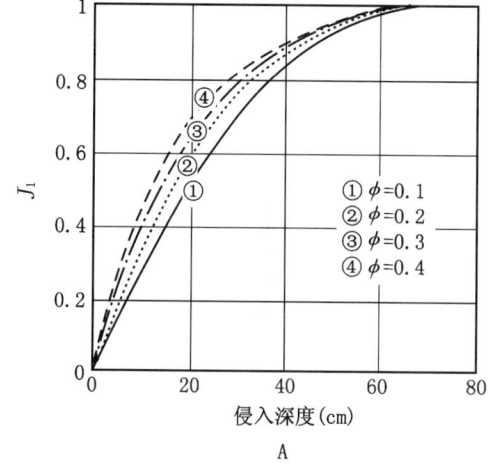

A

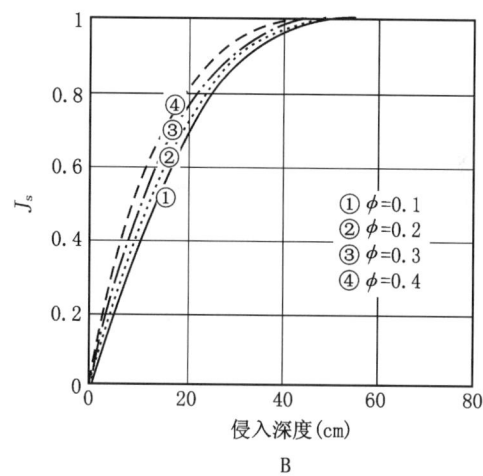

B

图 2-4-5 孔隙度对 J 的影响

四、中子孔隙度测井的环境影响

由于中子孔隙度测井的探测范围比较小，井眼环境的影响虽已得到补偿，但在许多情况下还需要做校正。补偿中子测井仪裸眼井刻度标准条件：井眼直径 20cm，井眼与石灰岩地层模块孔隙充淡水，无泥饼，井温 24℃，压力 0.1MPa，仪器偏心，实际测井时，条件与刻度条件不同，相差太远，需进行校正。

（1）井径：当井径增大时，中子孔隙度增大，测井时可进行实时校正，反之亦然。

（2）泥饼：泥饼的含氢指数比高孔隙度地层低，比低孔隙度地层高。在这两种情况下，泥饼造成的附加孔隙度符号不同。

（3）间隔：仪器离开井壁一定距离，中子孔隙度较仪器井壁时略高。

（4）钻井液：若井中充气或充满发泡钻井液，中子测井读数将表现异常。

第三节 岩石密度测井

岩石密度测井是确定岩性和岩石密度的重要测井方法，与声波测井、中子测井组合形成岩性孔隙度测井系列。

一、密度测井的地质和物理基础

(1) 岩石的真密度 ρ_b：岩石的真密度是指每立方厘米岩石的质量，单位是 g/cm³。孔隙度为 ϕ、饱含淡水的纯石灰岩的密度是：

$$\rho_b = 2.71(1-\phi) + 1.00\phi \tag{2-4-8}$$

即单位体积中岩石骨架和孔隙流体的质量总和。

(2) 岩石的电子密度 n_c：单位体积岩石中的电子数叫岩石的电子密度，单位是电子数/cm³。岩石若由一种原子组成，则：

$$n_c = N_A \rho_b Z/A \tag{2-4-9}$$

式中　N_A——阿佛加德罗常数；
　　　A——摩尔原子量；
　　　Z——原子序数。

对于由单一化合物分子组成的岩石：

$$n_c = \frac{N_A \rho_b \sum n_i z_i}{M} = N \sum n_i z_i \tag{2-4-10}$$

式中　n_i——该分子中第 i 种原子的数目；
　　　z_i——该分子中第 i 种原子的原子序数；
　　　$\sum n_i z_i$——是一个分子的电子数；
　　　M——摩尔分子量；
　　　N——1 立方厘米化合物中的分子数。

(3) 岩石的电子密度指数 ρ_c：

$$\rho_c = 2n_c/N_A \tag{2-4-11}$$

由单一元素组成的物质，其电子密度指数为：

$$\rho_c = (2z/A)\rho_b \tag{2-4-12}$$

由单一化合物组成的物质，其电子密度指数为：

$$\rho_c = \left(\frac{2\sum n_i z_i}{M}\right)\rho_b \tag{2-4-13}$$

(4) 岩石的视密度 ρ_a：密度测井仪测得的密度值即岩石的视密度。

(5) 岩石的光电吸收截面：一个原子的光电吸收截面 σ_{ph} 与 $z^{4.6}$ 成正比，单位为巴/原子，Z 为原子序数，可表示为：

$$\sigma_{ph} = 12.1 E_v^{-3.15} \cdot z^{4.6} \tag{2-4-14}$$

而一个电子的光电吸收截面为：

$$\sigma_{ph,e} = \frac{\sigma_{ph}}{Z} = 12.1 E_v^{-3.15} \cdot z^{3.6} \tag{2-4-15}$$

(6) 岩石的光电吸收截面指数：定义一个与岩石中一个电子的平均光电吸收截面成正比的量 P_e 为岩石的光电吸收截面指数，表示为：

$$P_e = \frac{(10^{-3.6})\sum n_i z_i^{4.6}}{\sum n_i z_i} \quad (2-4-16)$$

（7）岩石的体积光电吸收截面 U：

$$U = \rho_e \cdot P_e \quad (2-4-17)$$

式中　ρ_e——电子密度指数。

二、伽马射线与物质的作用

由伽马射线源放出的伽马射线，其能量范围为几万电子伏特到几百万电子伏特。当高能伽马射线穿过物质时，与物质发生相互作用，通常会产生三种效应，即电子对效应、康普顿效应和光电效应。现分析如下：

（1）电子对效应：当能量大于 1.02MeV 的伽马射线穿过原子核附近时，在原子核库仑场的作用下形成一对正、负电子，伽马射线本身被吸收，这种过程称为电子对效应，如图 2-4-6A 所示。伽马射线穿过单位距离的物质时，由于电子对效应使其强度减弱，用吸收系数 k 表示。经验表明 k 与原子序数 Z 的平方成正比。

（2）康普顿效应：当伽马射线的能量为中等时，伽马射线与原子中的电子发生碰撞，把一部分能量传给电子，使电子沿某一方向射出，损失了部分能量的伽马射线沿另一方向射出（图 2-4-6B），这种效应称为康普顿效应，碰撞后射出的电子叫作康普顿电子。由于康普顿效应引起伽马射线的吸收，用散射系数 σ 表示。σ 与原子序数成正比，即与原子的电子数成正比，由此得出散射系数 σ 与岩石中的电子密度成正比，这就是密度测井的理论依据。

（3）光电效应：低能量的伽马射线与原子核的电子层发生作用时，把全部能量传给电子，使电子脱离电子层成为自由电子，伽马射线本身被吸收，这种效应叫作光电效应，打出的电子称为光电子（图 2-4-6C）。在单位长度上由光电效应使伽马射线被吸收用吸收系数 τ 表示，吸收系数 τ 与原子序数有关，岩石密度测井就是以此为理论依据的。

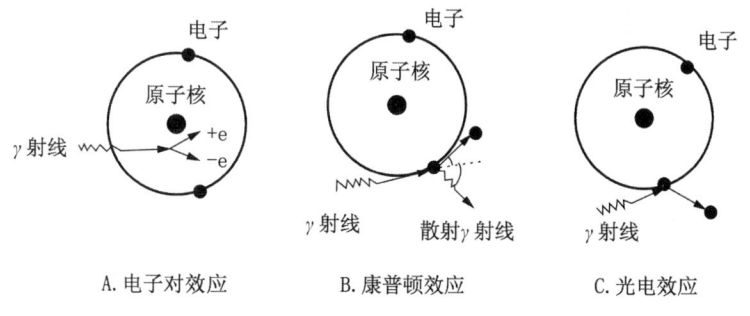

图 2-4-6　伽马射线与物质的作用

三、补偿地层密度测井原理

利用伽马射线与物质作用的康普顿效应，研制出补偿地层密度测井仪。利用固定强度的伽马射线源照射地层，伽马射线穿过地层时，由于产生康普顿效应，伽马射线会被吸收，地层对伽马射线吸收的强弱决定于岩石中单位体积内所含的电子数，即电子密度，而电子密度又与地层的密度有关，由此通过测定伽马射线的强度就可测定岩石的密度。

现在采用的补偿地层密度测井仪（DC）（图 2-4-7），通常用铯作为伽马射线源，它放出能量为 0.661MeV 单色伽马射线，装有长、短源距两个探测器，源和探测器装在同一滑板上，利用推靠器把滑板压向井壁，滑板上部有犁形结构，测井时滑板可切入泥饼，以减弱泥饼的影响。利用长、短两个探测器可以对泥饼影响进行校正。长源距探测器反映地层的变化，短源距探测器主要反映泥饼的影响，根据长、短源距探测器计数率对地层和泥饼的响应绘制了"脊肋图版"（图2-4-8）。图中的实斜线称为"脊线"，如果井眼光滑并且不存在泥饼时，长、短源距计数率的交会点即落在脊线上，根据该点的位置即可得出地层的密度 ρ_b。如果有泥饼时，长、短源距探测器计数率的交会点偏离脊线，如图中与脊线斜交的线，称为"肋线"。对于普通钻井液，泥饼的影响使交会点向脊线的右侧偏离；如果钻井液中含有重晶石，泥饼密度大，使交会点向左偏离脊线。补偿地层密度测井就是根据脊肋图版的关系，自动对泥饼影响进行校正，密度测井曲线上直接显示出地层密度 ρ_b 的值。

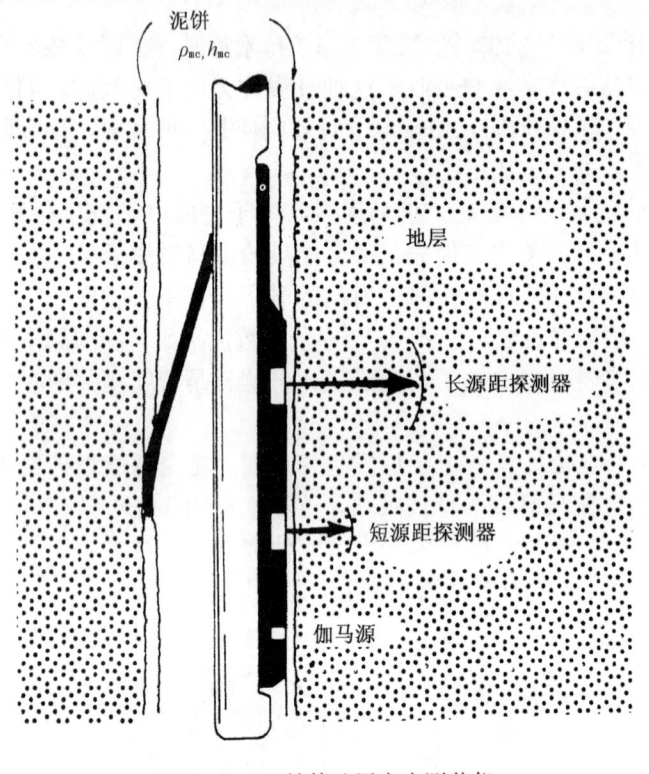

图2-4-7 补偿地层密度测井仪

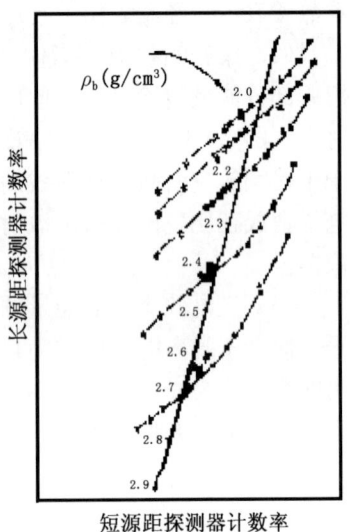

图2-4-8 补偿地层密度测井的脊肋图

四、岩石密度测井原理

岩石密度测井是在补偿地层密度的基础上发展起来的。除利用康普顿效应求地层密度外，还利用光电效应来划分岩性。

岩石密度测井通过选择适当的伽马射线源（一般选用铯源，发射能量为 0.661MeV 的单色伽马射线），使其发射的伽马射线能量小于 1.02MeV，这样，伽马射线射入地层后，就只产生康普顿效应和光电效应。利用康普顿效应可以测量地层密度 ρ_b，而利用光电效应则可以测量光电吸收截面指数 P_e。

（1）地层密度测量：康普顿效应主要取决于单位体积岩石中的光电子数，地层体积密度 ρ_b（g/cm³）与光电子密度指数 ρ_e 的关系为：

$$\rho_b = 1.0704\rho_e - 0.1883 \tag{2-4-18}$$

（2）光电吸收截面指数测量：光电效应使伽马射线被原子吸收，释放出光电子，此时原子对伽马射线的吸收截面称光电吸收截面（τ）。τ 与原子序数（Z）的关系为：

$$\tau = kZ^{4.6} \qquad (2-4-19)$$

式中 k——与入射伽马射线能量有关的系数。

对于岩石密度测井来讲，发射伽马射线能量范围一定，取 $k=10^{-3.6}$，对岩石密度测井进行刻度。并定义 τ/Z 为有效光电吸收截面指数，并用 P_e（b/e）表示，因此有：

$$P_e = (Z/10)^{3.6} \qquad (2-4-20)$$

为了便于对多种矿物组分进行分析，在实际应用中，和定义地层体积密度一样，定义体积光电吸收截面指数 U（b/cm³）：

$$U = \rho_b P_e \qquad (2-4-21)$$

根据伽马射线能谱分析，伽马光子能量大于 0.15MeV 时，主要为康普顿效应，在该能区设计一个探测器就可以测量地层密度 ρ_b；伽马光子能量小于 0.15MeV 时，主要发生光电效应，同时也发生康普顿效应，该能区设计一个探测器就可以测量有效光电吸收截面指数 P_e。

岩石密度测井仪设计了长、短源距探测器的能量窗口（图 2-4-9）。对长源距探测器开设有高能窗口（H）和低能窗口（S），高能窗口在康普顿散射区获得地层密度 ρ_b 信息；低能窗口在光电效应区获得反映岩石成分的 P_e 信息。短源距只设有高能窗口（H）。这样，岩石密度测井就可以同时测到地层密度 ρ_b 和有效光电吸收截面指数 P_e 曲线。

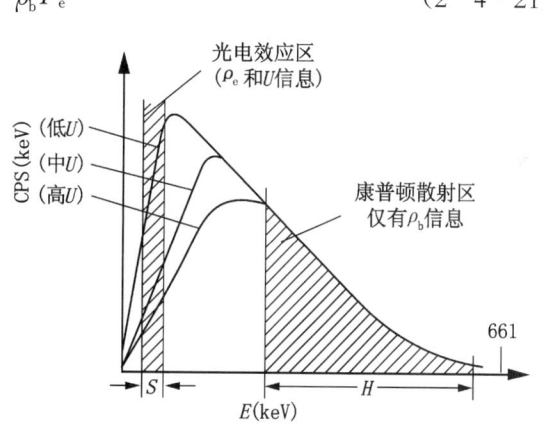

图 2-4-9 岩石密度测井探测器窗口及伽马射线的测定

第四节 放射性测井曲线的裂缝响应特征

（1）密度测井：由于密度测井仪为极板型仪器，所以在两次测井中仪器探测的井壁方位可能不同，当密度仪探测器正好与张开裂缝相接触时，可能产生明显的低密度值，在使用重晶石钻井液的情况下，如井壁规则，则裂缝段的 $\Delta\rho$ 曲线将显示出比正常情况下更高的校正值（图 2-4-10），且密度值往往较低。但是，由于致密地层密度大，仪器的计数率低，统计涨落误差大，密度测井曲线的重复性差，而且密度仪器常受极板压力和井壁不规则的影响，这些因素都会影响用密度测井判断裂缝的效果。

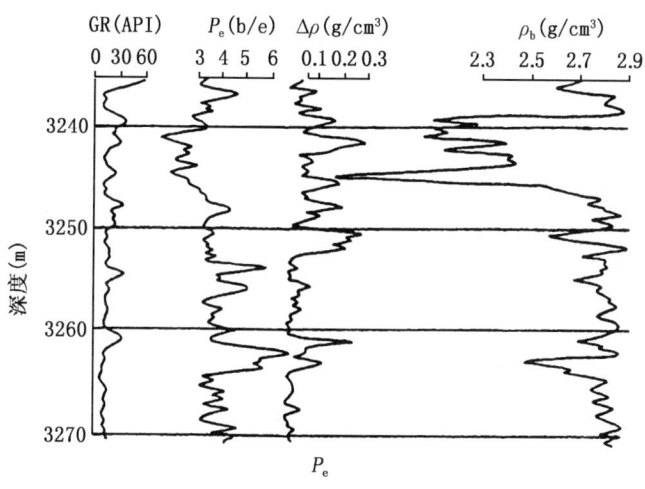

图 2-4-10 用密度、P_e 识别裂缝实例（使用重晶石钻井液）

（2）岩性测井：光电吸收截面（P_e）对孔隙度的变化不灵敏，在使用普通钻井液的情况下，P_e值不能反映裂缝。然而，重晶石的P_e值极高，所以，如果使用重晶石钻井液，那么就可以探测钻井液侵入的裂缝（图2-4-10）。

（3）自然伽马测井和伽马能谱测井：在某些地区，由于裂缝层段的地下水的活动很活跃，地下水中溶解的铀元素被离析，并沉积在裂缝周围的井壁上，造成铀元素富集，常规自然伽马测井与自然伽马能谱测井在裂缝带处显示出铀含量的增加（图2-4-11）。

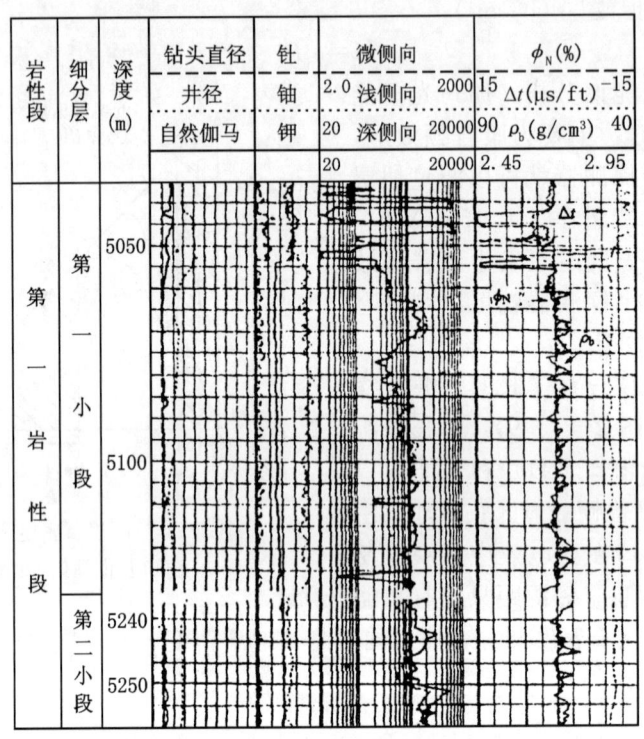

图2-4-11 裂缝段的自然伽马射线能谱测井

第五节 放射性测井曲线的溶洞响应特征

（1）自然伽马测井：溶洞如有泥质填充，自然伽马测井响应往往为高值，高于纯石灰岩地层的自然伽马值；若溶洞未被填充，自然伽马测井应仍为高值。

（2）中子测井：井壁周围的溶洞，若未被矿物填充，测井时其内充满钻井液，中子孔隙度将异常增大，大的溶洞中子孔隙度可达30%以上，但不反映地层真实孔隙度；若溶洞被泥质填充，由于这些泥质未遭到上覆岩层的压实作用，其束缚水含量远高于正常压实地层中泥质的束缚水含量，因此，溶洞中泥质的中子含氢指数要比正常压实地层中泥质的含氢指数高得多，其中子孔隙度测井值也明显增高。

第五章 核磁共振测井

应用核磁共振理论，仪器响应仅与岩石孔隙中氢核的含量与状态有关，能够得到与岩石本身矿物成分无关的孔隙度、束缚水孔隙度、自由流体孔隙度等信息，并能比较准确地估算渗透率，判别孔隙流体的性质和类型。这些特点使之成为解决复杂油气藏评价问题的重要方法之一。

核磁共振最初的思路是：应用线圈和高电流，在地层中产生静磁场，极化岩石孔隙中流体的氢核。迅速断开电流后，被极化的氢核会回到弱而均匀的地磁场中原来的状态，这个过程使核在线圈中产生一种按指数衰减的信号。该信号包含各种流体孔隙度的信息，分析这些信息就达到了评价岩石孔隙度的目的。

第一节 核磁共振现象

一、原子核的磁性

核磁共振测井的理论基础是原子核的磁性及其在外加磁场作用下的运动特性。带有电荷的原子核不停地旋转会产生磁场，磁场的强度和方向可以用核磁矩矢量表示：

$$\mu = \gamma p \quad (2-5-1)$$

式中 μ——磁矩；
p——自旋角动量；
γ——磁旋比。

如果没有外加磁场，单个核磁矩随机取向，表现在宏观上没有磁性。

二、单个核在外加磁场中的行为

当核磁矩处于外加静磁场 B_0 中时，它将受到一个力矩的作用而绕外加磁场的方向运动，如图 2-5-1 所示。其运动频率 W_0 为：

$$W_0 = \gamma B_0 \quad (2-5-2)$$

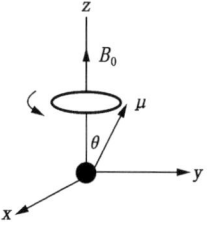

图 2-5-1 单个核在外加磁场中的运动

三、宏观的磁化行为

在外加磁场 B_0 中，整个自旋系统被磁化，宏观上将产生一个净磁化矢量和。单位体积内核磁矩的和叫宏观磁化量，即：

$$M = \sum \mu_i \quad (2-5-3)$$

四、核磁共振现象

对于被磁化后的核自旋系统，如果在垂直于静磁场 B_0 的方向再加一个交变电磁场 B_1，使其运动频率 $W = W_0$，那么根据量子力学原理，处于低能态的核磁矩将通过吸收交变电磁场提供的能量，跃迁到高能态，这种现象即所谓的核磁共振现象。

交变电磁场一般采用射频脉冲法产生。在射频脉冲施加以前，自旋系统处于平衡状态，宏观磁化矢量 M 与静磁场 B_0 方向相同。射频脉冲作用期间，磁化矢量受交变电磁场的作用而偏离静磁场方向；停止射频脉冲作用，磁化矢量又将朝 B_0 方向恢复，使核自旋从高能级的非平衡状态恢复到低能级的平衡状态。恢复到平衡态的过程叫弛豫。

若 B_0 的方向为 z 方向，射频脉冲作用期间，宏观的磁化量 M 被分解为 x—y 平面的分量（横向分量）M_{xy} 和 z 方向的分量（纵向分量）M_z。射频脉冲作用结束后，横向分量 M_{xy} 往数值为零的初始状态恢复，称为横向弛豫过程，弛豫速率用 $1/T_2$ 来表示，T_2 叫横向弛豫时间。纵向分量 M_z 往初始宏观磁化强度 M_0 的数值恢复，称为纵向弛豫过程，弛豫速率用 $1/T_1$ 表示，T_1 叫纵向弛豫时间。

第二节 物质的弛豫特征

一、基本概念

（1）弛豫：射频脉冲作用期间，磁化矢量 M 偏离静磁场（B_0）方向，射频脉冲作用结束后，磁化矢量又通过自由运动恢复到平衡状态，恢复到平衡状态的过程叫弛豫。

（2）横向弛豫（T_2）：射频脉冲作用结束后，非平衡状态的磁化矢量的水平分量 M_{xy} 衰减至零的过程称横向弛豫过程。弛豫速率用 $1/T_2$ 表示，T_2 叫横向弛豫时间。

（3）纵向弛豫（T_1）：射频脉冲作用结束后，非平衡状态的磁化矢量的纵向分量 M_z 衰减至零的过程称纵向弛豫过程。弛豫速率用 $1/T_1$ 表示，T_1 叫纵向弛豫时间。

二、物质的弛豫方式

1. 表面弛豫

流体分子在孔隙空间内不停地运动和扩散，使它有充分机会与颗粒表面碰撞。当流体分子碰到颗粒表面时，氢核将自旋能量传递给颗粒表面，使之按静磁场 B_0 的方向重新线性排列，这就是表面弛豫对纵向弛豫时间的贡献。

在表面弛豫中，孔隙大小至关重要。弛豫速度与碰撞的频率有关，也就与表面体积比（S/V）有关。在大孔隙中，碰撞次数少，其 S/V 小，因此弛豫相对长。而小孔隙 S/V 大，弛豫时间短。

对于单个孔隙，信号幅度与表面体积比的关系为：

$$1/T_2 = \rho_2 S/V \tag{2-5-4}$$

$$1/T_1 = \rho_1 S/V \tag{2-5-5}$$

式中 ρ_1 和 ρ_2——岩石颗粒表面纵向和横向弛豫强度；

S——孔隙表面积；

V——孔隙体积。

岩石具有不同大小的孔隙分布，每个孔隙的 S/V 值不同。总的磁化矢量是来自各个孔隙信号的和。所有孔隙体积之和等于岩石的流体体积，即孔隙度。所以，总信号与孔隙度成正比，总衰减是各个衰减之和，各个衰减反映孔隙大小分布。核磁共振测井孔隙度和孔隙大小是核磁共振测井解释的关键。

2. 扩散弛豫

静磁场中存在磁场梯度时，分子运动可引起失相，影响 T_2 弛豫，T_1 弛豫不受影响。磁场完全均匀时，分子扩散不会引起核弛豫。

斯伦贝谢公司的 CMR 仪器产生的梯度场在采样区域内是变化的，梯度为 20×10^{-4} T/cm

时仪器扩散响应达峰值。

CPMG 法是已知的减小梯度场扩散影响的最好脉冲序列。使 CPMG 回波间隔达到极小值可减小扩散对 T_2 弛豫的影响，使之忽略不计。对于间隔较近的脉冲，T_2 弛豫主要为表面或体积弛豫。当采用较大的回波间隔，或者当扩散系数很高如气体或高温下的水和轻烃，扩散影响十分显著。

3. 体积弛豫

即使不存在表面弛豫和扩散弛豫，在体积流体内也会发生弛豫。

对于水和烃，体积流体弛豫主要是邻近自旋随机运动产生的局部磁场波动造成的。通常，体积弛豫可以忽略。但当非润湿相与固体表面接触时，体积弛豫就十分重要了。在水润湿性岩石中，水的弛豫主要是与颗粒表面碰撞造成的，即表面弛豫。而孔隙中心的小油滴或气无法接近岩石表面，因此仅有体积弛豫。如果水存在于很大孔隙中，只有少量水可接触孔隙表面，此时体积弛豫明显。

对于粘滞流体，即使构成润湿相，其体积弛豫也十分重要。在这种流体中弛豫时间相对短，短的弛豫时间和扩散到颗粒表面能力的减弱使体积弛豫变得非常显著。所以，流体粘度增加会缩短流体弛豫时间。

三、物质弛豫的加权机制

各种弛豫过程并联后得形式为：

$$1/T_2 = 1/T_{2S} + 1/T_{2D} + 1/T_{2B} \quad (2-5-6)$$

式中 $1/T_{2S}$——表面弛豫的贡献；

$1/T_{2D}$——磁场梯度扩散引起的贡献；

$1/T_{2B}$——体积弛豫的贡献。

对于 T_1：

$$1/T_1 = 1/T_{1S} + 1/T_{1D} + 1/T_{1B} \quad (2-5-7)$$

扩散对 T_1 无贡献，因为扩散过程仅引起散相。

对于 CMR 仪器，润湿相时表面弛豫是主要的；非润湿相时，体积流体弛豫机制是主要的。

四、物质的弛豫特征

物质的弛豫特征见表 2-5-1。

表 2-5-1 油、气、水弛豫特征

质子环境		T_1（s）	T_2（s）	T_1/T_2
矿物骨架中		10~100	10~100	10^6 左右
水	碎屑岩中	表面弛豫为主	表面弛豫为主	1.5 左右
	溶洞中	体积弛豫	体积/扩散弛豫	$T_1 > T_2$
油	稠油	体积弛豫	体积弛豫	$T_1 = T_2$
	轻质油	体积弛豫	体积/扩散弛豫	$T_1 > T_2$
气		体积弛豫	扩散弛豫	$T_1 \gg T_2$

1. 流体的弛豫特征

1) 水的弛豫特征

常温常压下,水的含氢指数为1。由于密度几乎不随温度和压力变化,井底条件下水的含氢指数近似为1。但是大量溶解盐的存在会使水的含氢指数明显减小。

假设某一井段中地层水的矿化度基本不变,在水润湿的碎屑岩中,水的弛豫时间为表面弛豫所控制。弛豫速度与充满水的孔隙空间的比面和颗粒矿物成分有关。在下列情况下,水的弛豫时间主要受控于体积和扩散弛豫:

(1) 孔隙比面很小;

(2) 严重油湿岩石;

(3) 含有高浓度顺磁离子如铁、铬的原生水或滤液。其核磁共振弛豫速度为:

$$1/T_1 = 1/T_{1B} \tag{2-5-8}$$

$$1/T_2 = 1/T_{2B} + 1/T_{2D} \tag{2-5-9}$$

水的扩散系数 D 受温度的影响最大,它使得其扩散弛豫显得更为重要,如图2-5-2所示。D 基本上与压力无关。室温下,水的扩散系数 $D=2\times10^{-5} cm^2/s$。

2) 油的弛豫特征

在水润湿岩石中,油的弛豫时间不受地层特性影响,仅为油组分和地层温度的函数,如图2-5-3所示。这样就可以预测油信号在 T_2 弛豫时间分布上出现的位置。

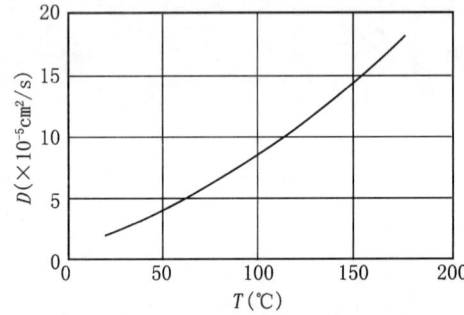

图2-5-2 水的扩散系数与温度关系

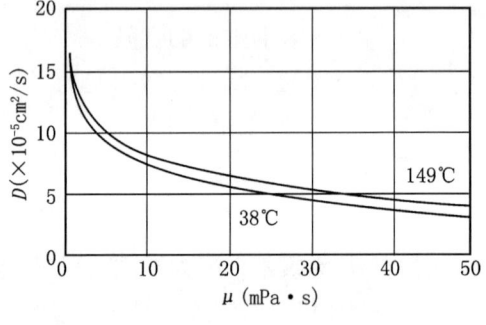

图2-5-3 原油的扩散系数与粘度的关系

在预测原油 T_2 时,首先是确定井下油的粘度。由于原油是不同类烃的混合物而具有弛豫时间分布,与具有窄 T_2 分布的成品油对比,原油的 T_2 分布跨度大,典型的分布是由一个源于最具流动性氢核的较长 T_2 峰和一个来自运动受限制氢核的较短弛豫时间的尾组成。

3) 气体的弛豫特征

气体的 T_1 为其成分、温度和压力的函数,弛豫为体积弛豫。图2-5-4为甲烷的 T_1 随温度和压力变化的情况。气体的 T_2 完全受控于扩散弛豫。甲烷的扩散系数很高,因而其扩散弛豫时间

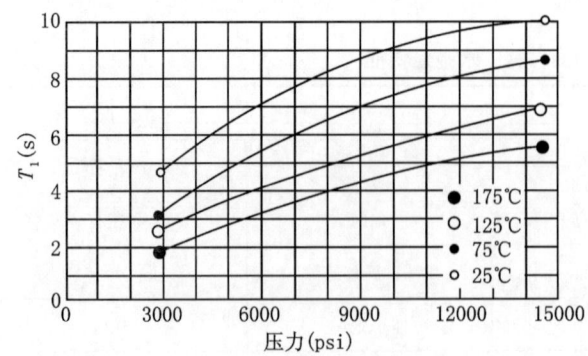

图2-5-4 甲烷气的 T_1 与温度和压力的关系

很小，如图 2-5-5 所示。

2. 岩石骨架的核弛豫特征

核磁共振测井以氢核为观测对象。岩石骨架固体中，粘土和含有结晶水的其他矿物都含有丰富的氢核。它们对中子测井会产生影响，但对核磁共振测井响应不会有贡献。一方面，固体中氢核的横向弛豫时间很短，仅数十微秒，在仪器采集回波信号之前早已全部衰减掉；另一方面，它们的纵向弛豫时间又非常长，达数十秒，不易被运动中的仪器磁场所磁化。因此核磁共振测井结果不受岩性的影响，这是其优越性之一。

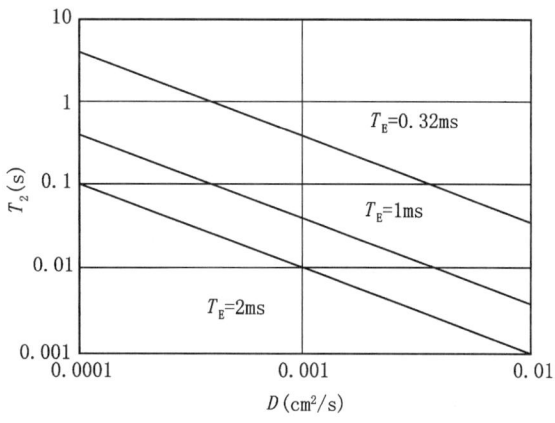

图 2-5-5 未限制扩散的甲烷的弛豫情况

第三节 核磁共振测井仪

目前，国内广泛使用的核磁共振测井仪有斯伦贝谢公司的 CMR 和 Numar 公司的 MRIL，它们的技术指标如表 2-5-2。

表 2-5-2 两种核磁共振测井仪基本特点对比

内 容	CMR200	MRIL-C
测量原理	永磁局部均匀磁场—脉冲方法	偶极梯度磁场—脉冲方法
观测方式	自旋回波	自旋回波
输出数据	一个回波串	一个或两个回波串
最大测速	91m/h	550m/h
探测深度	2.5cm（从井壁起）	19.7～21.6cm（从井壁起）
纵向分辨率	25cm（慢测）、15cm（点测）	50cm
仪器长度	4.3m	14m
适应钻井液	不限制	$R_m<0.02\Omega \cdot m$
共振频率	2MHz	650～750kHz，双频相差 15kHz
回波间隔	0.32ms	1.2ms、2ms
耐温	75℃	155℃
耐压	137.9MPa	137.9MPa
仪器外径	17/13.5cm	15.2/11.4cm

一、仪器特点

（1）CMR 系列核磁共振测井仪是斯伦贝谢公司于1991年研制成功并投入商业服务的。其主要仪器包括：CMR 型、CMR-200 型及 CMR-Plus 型仪器。CMR 仪器为小型滑板仪，其结构及横截面图见图 2-5-6。CMR 系列仪器不再利用地磁场区域，天线发射 CPMG 脉冲序列信号并接收地层的回波信号。CMR 必须用弓形弹簧、在线偏心器或动力井径仪进行偏心测量。对一般井眼条件，推荐的最小井径为 6.25in。当井眼条件很好时，可在 5.785in 以下的井眼中进行测量。

（2）MRIL 系列磁共振成像测井仪是由 Numar 公司研制生产的。MRIL 系列仪器是心轴型仪器，主要由储能线路、电子线路和探头三部分组成（图 2-5-7）。MRIL 系列仪器是用梯度磁场代替了均匀磁场，也采用脉冲—回波测量方式。其探测区域为沿探头径向居中的椭球环状柱壳，其厚度由射频脉冲的频率与磁场梯度的大小确定。在存在磁场梯度的空间领域，根据拉莫尔频率确定的共振条件，可以通过改变射频电磁波的中心频率来选择观测区域。如最新的 MRIL 系列仪器：MRIL—Prime 核磁共振成像测井仪可以探测到九个不同深度的区域。

二、记录信息

核磁共振测井记录的原始数据是具有衰减特征的回波串，每个回波串都是多个弛豫组分的总体效应。通常，

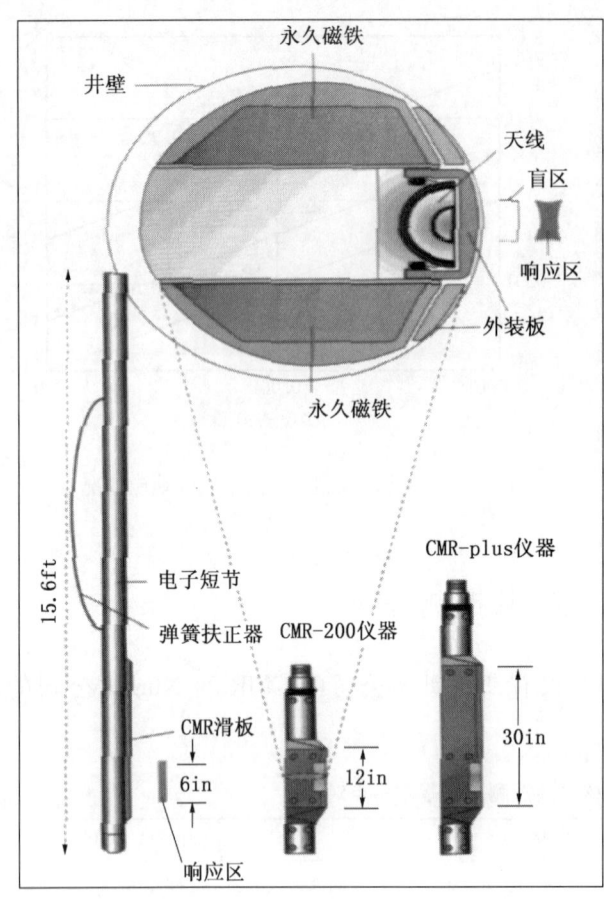

图 2-5-6　CMR 核磁共振测井仪器的结构和横截面图

回波串的衰减速率表现出多指数特征，所以，可以将回波幅度看作是多指数分量之和：

$$A(t) = \sum_{i=1}^{m} P_{ie} - \frac{t}{T_{2i}} \quad (2-5-10)$$

式中　P_i——特征弛豫所占比例；
　　　T_{2i}——横向特征弛豫时间；
　　　m——弛豫组分数。

求解 P_i 的过程成为解谱。由于 P_i 反映的是各特征弛豫所占比例，一系列 P_i 就构成了 T_2 分布，经过适当的刻度后就可以转换成各种级别的孔隙度。

三、测井方式

（1）标准 T_2 测井：利用恰当的恢复时间 T_W 和标准回波间隔 T_E 来测量自旋回波串。T_W 的选择取决于地层流体的核磁共振纵向弛豫时间 T_1，一般要求 $T_W < 3T_1$，T_E 则越小越好，在 MIRL-C 型仪器中，最小的 T_E 是 1.2ms。通过对回波串的多指数拟合处理，得到 T_2 分布和孔隙度成分。结合岩心分析确定的束缚水 T_2 截止值，可以计算束缚水孔隙体积和自由流体孔隙体积。再根据核磁共振渗透率模型，可进一步估算地层渗透率。

（2）双 T_W 测井：利用标准回波间隔（$T_E = 1.2ms$）和 2 个长短不同的等待时间 T_{W1} 和 T_{WS}，其中：$T_{W1} > 5T_{1h}$（T_{1h} 为轻烃的纵向弛豫时间），$T_{WS} > 5T_{1w}$（T_{1w} 为水的纵向弛豫时

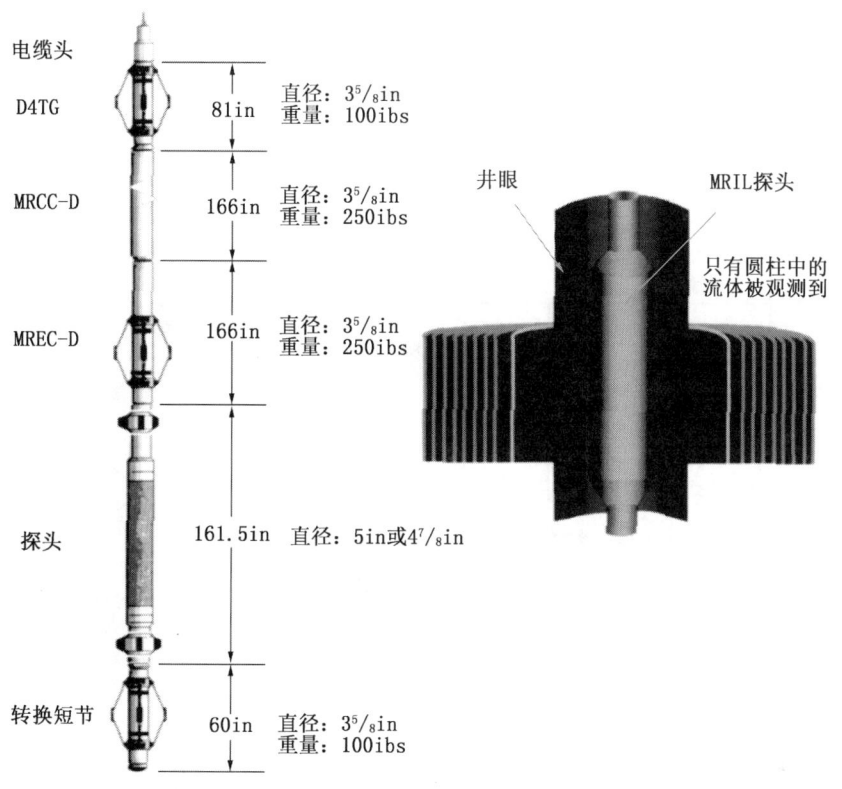

图 2-5-7 MRIL-Prime 核磁共振测井仪的结构及测量原理

间)。由于水与轻烃的纵向弛豫时间 T_1 相差很多,水的纵向恢复远比轻烃快,因此通过观测 2 个不同的回波串,比较其差异,就可以用来分析储层所含流体的性质。

(3) 双 T_E 测井:设置足够长的等待时间,即 $T_{W1} > 5T_{1h}$,使每次测量的纵向弛豫完全恢复,利用两个不同的回波间隔 T_{E1} 和 T_{Es},测量两个回波串。由于气与油、水的扩散系数差异较大,使得各自在 T_2 分布上的位置发生变化,据此可以进行气检测。

第四节 核磁共振测井的用途

一、低电阻油层的识别

通过对 T_2 分布曲线施加一个截止值,可以确定自由流体指数。大于该截止值,表明为大孔隙,具有潜在的生产能力;小于该截止值,表明为小孔隙,所含流体受到毛细管压力束缚,不具备生产能力。

通过对很多砂岩岩样进行实验观察,发现 T_2 分布截止值取 33ms 时,可以区分自由流体孔隙度和毛细管束缚水。对于碳酸盐岩,弛豫时间往往是砂岩的 3 倍,一般用 100ms。然而当储层毛细管压力不是岩样分析所用的 100psi 时,这两个值可能发生变化,必须做实验进行分析,找到适合于该储层的 T_2 截止值。

在某一细粒砂岩储层(图 2-5-8),泥质砂岩井段常规测井资料解释的含水饱和度为 70%~80%。然而,在 CMR 测井的 T_2 分布曲线上,大多数 T_2 值低于截止值 33ms,表明为毛细管束缚水。对 CMR 测井资料和常规测井资料进行综合解释,结果表明大部分水为束缚水。该井完全投产，获得工业油气流，含水率为30%，证实了CMR结果的可靠性。根据用电阻率计算的含水饱和度和CMR残余水饱和度之差，可以计算含水率。

对于特殊的储层，也可以调整截止值，并帮助相分析。

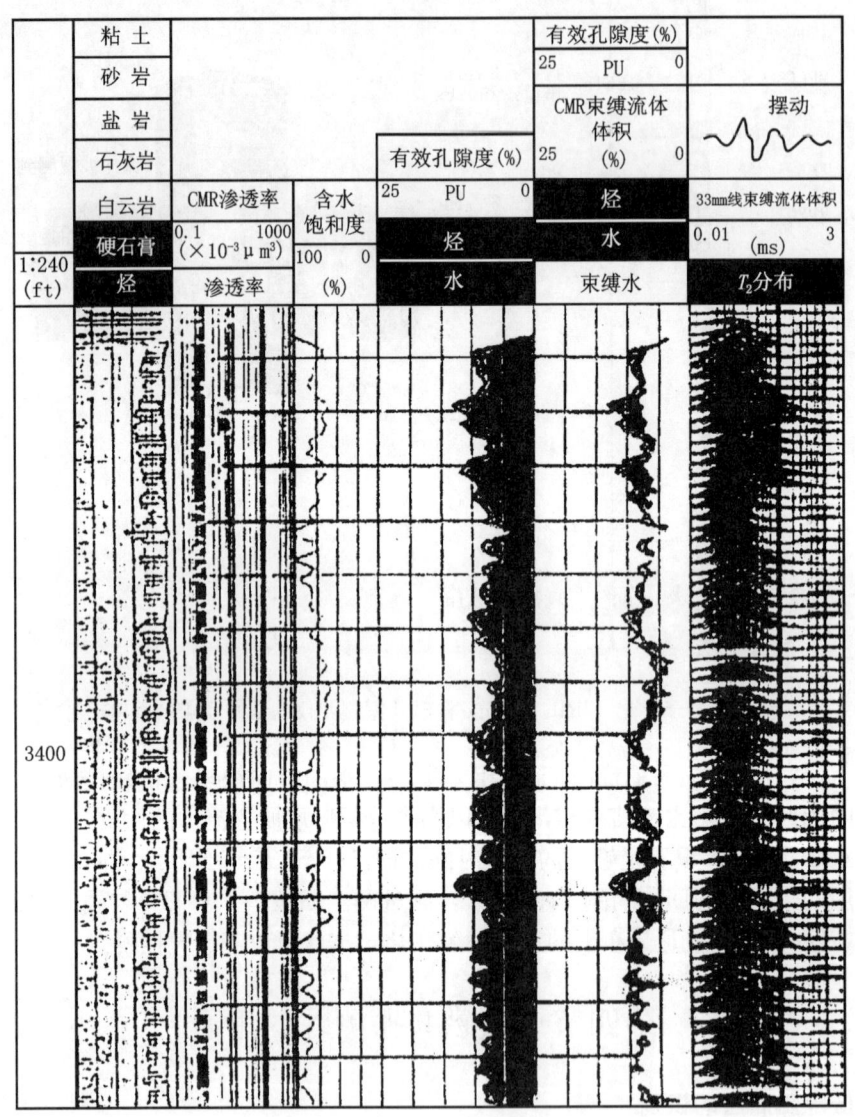

图2-5-8 CMR解释泥质砂岩低电阻油层

二、低孔隙度、低渗透率储层解释

由于CMR核磁测井仪有较高的纵向分辨率，因此，利用CMR资料可以划分较薄的低孔、低渗储层。图2-5-9是某油田一口井的常规测井（a）和核磁共振测井（b）曲线。从常规测井资料可以看出，该井储层较薄，电阻率只有4～5Ω·m，难以做出评价。而从核磁共振测井提供的有效孔隙度CMRP、自由流体孔隙度CMFF和CMR求得的渗透率K_{CMR}及分布等可以看出，3043.7～3046m层段有较高的孔隙度和渗透率（CMRP=13%，$K_{CMR}\approx 20\times 10^{-3}\mu m^2$），且有良好的自由流体显示CMFF≈10%，分布谱的峰值向增大方向移动，大颗井壁取心有强荧光显示，故综合解释为油层。此外，3097.4～3099m和3122～3125m

层段也有类似的情况均解释为油层。对这几个层段共 12.2m 合试,日产油 19t,不产水,证明了核磁共振测井的应用效果。

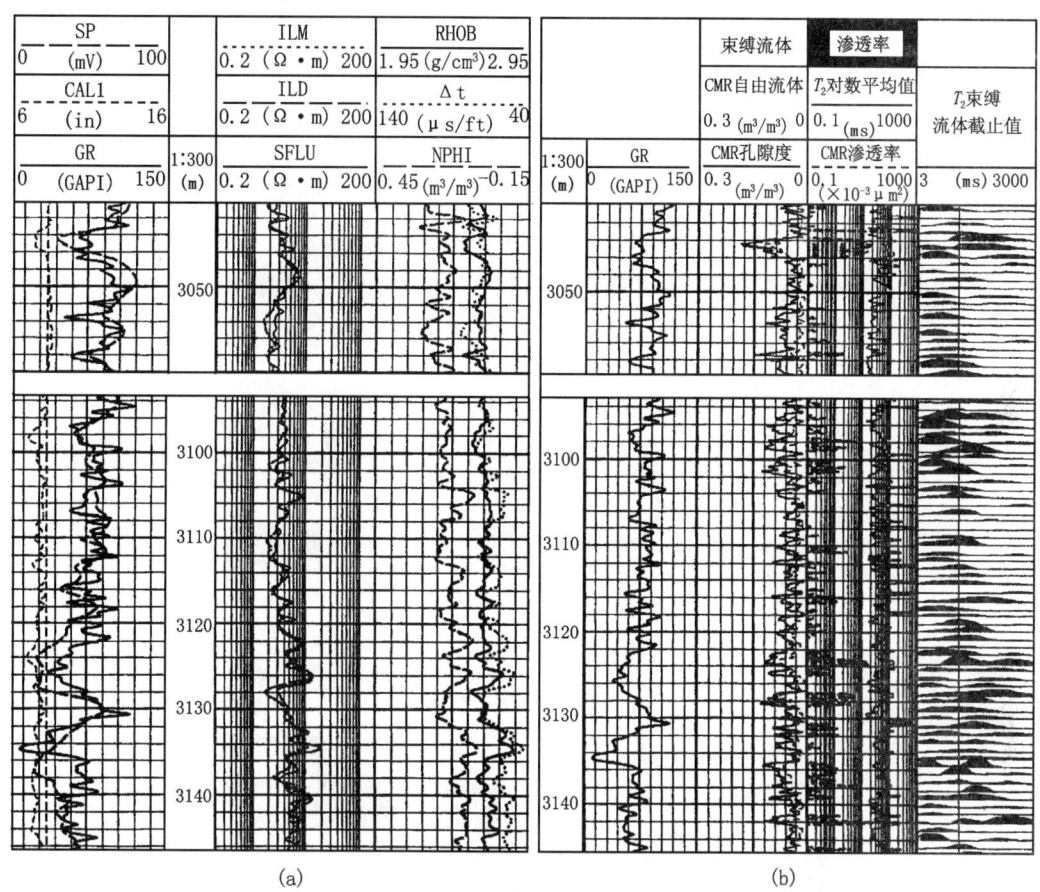

图 2-5-9 某井的常规测井(a)和核磁共振测井(b)曲线

三、复杂岩性储层评价

与其他测井方法相比,核磁共振测井是一种受岩性影响很小的测井方法,它主要反映孔隙流体,因此,对于复杂岩性储层,利用核磁共振测井成果比其他测井资料更具优越性。图 2-5-10 是某油田一口井的阵列感应测井(AIT)、综合岩性孔隙度测井(IPL)和核磁共振测井(CMR)综合图。该层段的地层由石英、长石、粘土、石英碎屑、白云岩碎屑、石灰岩碎屑和方解石胶结物组成,利用核磁共振测井计算了渗透率值、提供的毛细管束缚水和可动水体积,并且算出一个轻烃指示符。以此,将上、中、下三个层位分别判断为气层、油层和水层。

四、流体性质判别

核磁共振测井测量的是岩石孔隙中流体的横向弛豫时间 T_2。T_2 由体积弛豫 T_{2B}、表面弛豫 T_{2S} 及扩散弛豫 T_{2D} 等三部分组成(见 2-5-6 式)。在前面"油、气、水的弛豫特征"中已介绍,不同地层所含流体的弛豫特征不同。通常,润湿岩石中的水,以表面弛豫为主;孔洞中的水以体积弛豫为主,并受扩散影响;水润岩石中的油以体积弛豫为主,并受扩散影响;气体主要表现为扩散弛豫。表 2-5-3 是不同流体的核磁共振特征参数。

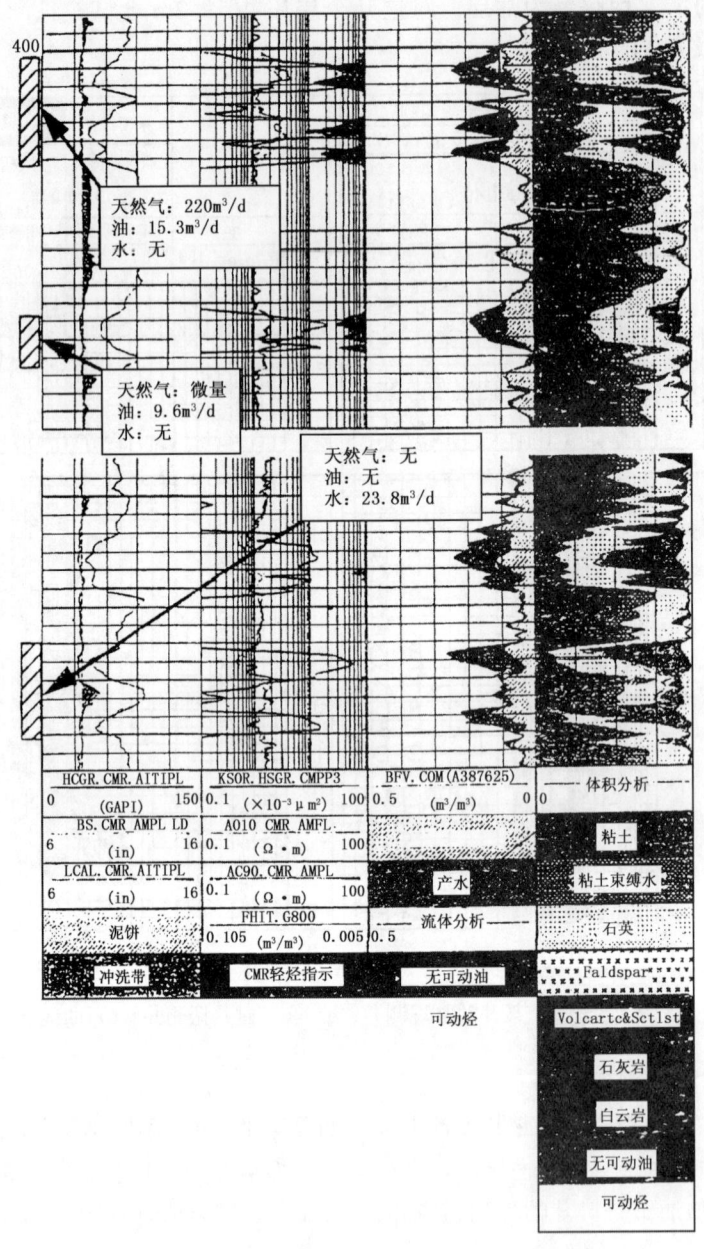

图 2-5-10 复杂岩性地层 AIT、IPL 和 CMR 综合成果图

表 2-5-3 不同流体的核磁共振特征参数

流体类型	含氢指数 I_H	扩散系数 D (×10^{-5} cm²/s)	纵向弛豫时间 T_1 (ms)	横向弛豫时间 T_2 (ms)
盐水	1	7.7	1～500	0.67～200
轻质油	1	7.9	5000	460
天然气	0.38	100	4400	40

1. 双 T_E 测井方式判别流体性质

双 T_E 测井设置足够长的等待时间，即 $T_W > (3\sim5) T_{1h}$ 使每次测量的纵向弛豫完全恢复，利用两个不同的回波间隔 T_{E1} 和 T_{E2} 测量两个回波串。由于气与油、水的扩散系数差异较大，使得各自在 T_2 分布上的位置发生变化，通过计算"长回波间隔"和"短回波间隔"分布谱间的差值，消除水和油的信号，剩下的信号主要为气的响应，据此可以进行气检测（图 2-5-11）。这种方法也称谱位移法。

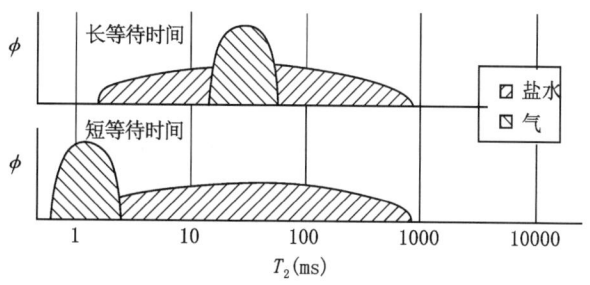

图 2-5-11 双 T_E 测井方式判别流体性质原理

图 2-5-12 是某地区渡 4 井双 T_E 测井方式测到的核磁共振测井成果图，显然，不同回波间隔测井方式下得到的孔隙度和 T_2 分布差异较大，回波间隔为 1ms 的 T_2 分布明显比回波间隔为 0.2ms 的 T_2 分布谱前移，这正是地层中所含天然气扩散效应影响所致。该井测试产气为 $18\times10^4 m^3$。

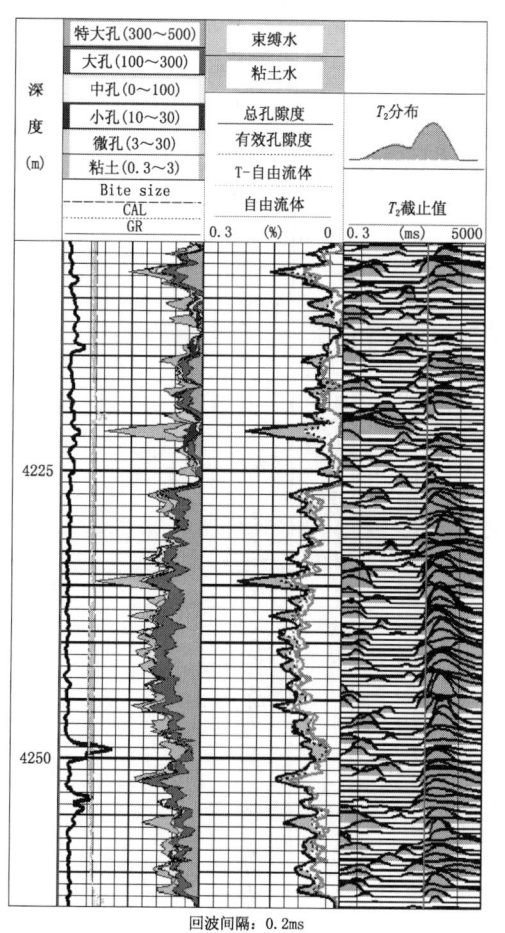
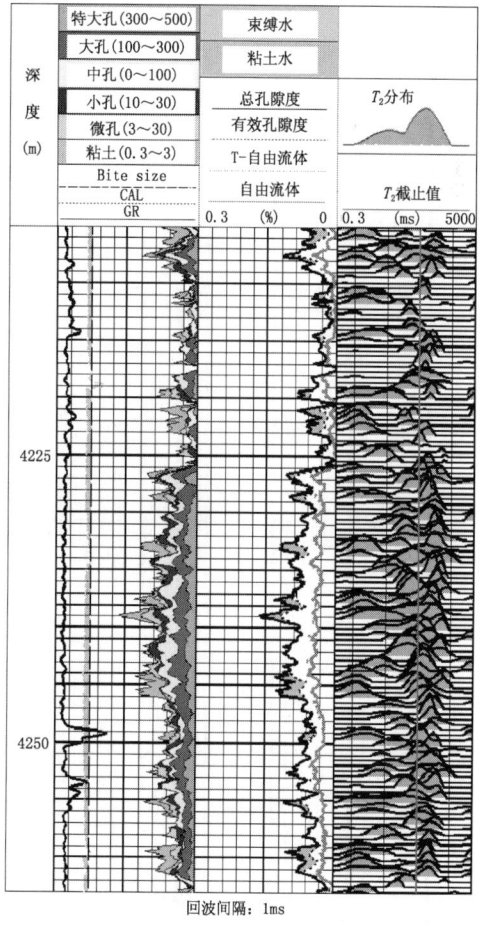

图 2-5-12 渡 4 井核磁共振测井成果图（双 T_E 测井方式）

2. 双 T_W 测井方式判别流体性质

利用标准回波间隔（$T_E = 1.2\text{ms}$）和 2 个长短不同的等待时间 T_{W1} 和 T_{WS}，其中：$T_{W1} >$ (3~5) T_{1h}，$T_{WS} >$ (3~5) T_{1w}。由于水与轻烃的纵向弛豫时间 T_1 相差很多，即水的纵向

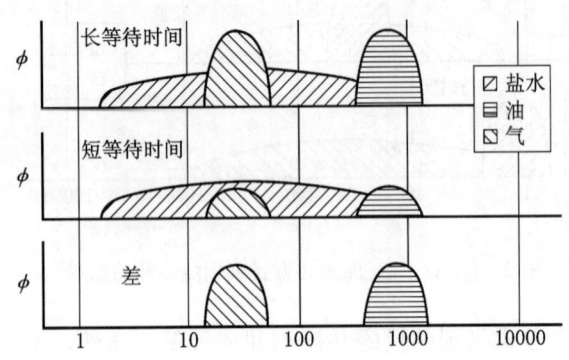

图 2-5-13 双 T_W 测井方式判别流体性质原理

恢复远比轻烃快，因此，长等待时间 T_{WS} 所采集的回波信息中，水与轻烃的磁化矢量得到完全恢复，其 T_2 分布中，包含了完整的油、气、水信息；短等待时间 T_{W2} 所采集的回波信息中，水的磁化矢量得到完全恢复，而轻烃的信号只部分得到恢复，其 T_2 分布中，包含了完整的水信息，油、气的信息只有很少一部分；两者相减，剩下油与气的信号，据此可以对油气进行识别（图 2-5-13），该方法也称差分谱法。

图 2-5-14 是双 T_W 测井方式测得的某井核磁共振成果图。长等待时间为 4.2ms，短等待时间为 1.2ms，回波间隔为 1.2ms。从图中第三道可以看出，在 3757~3782m 储层物性好，最高孔隙度可达 9%。图中第四道共三栏，分别是长等待时间 T_2 分布、短等待时间 T_2 分布及 T_2 差分谱。可以看出，T_2 差分谱几乎没有响应，因此解释为水层。这一解释结论

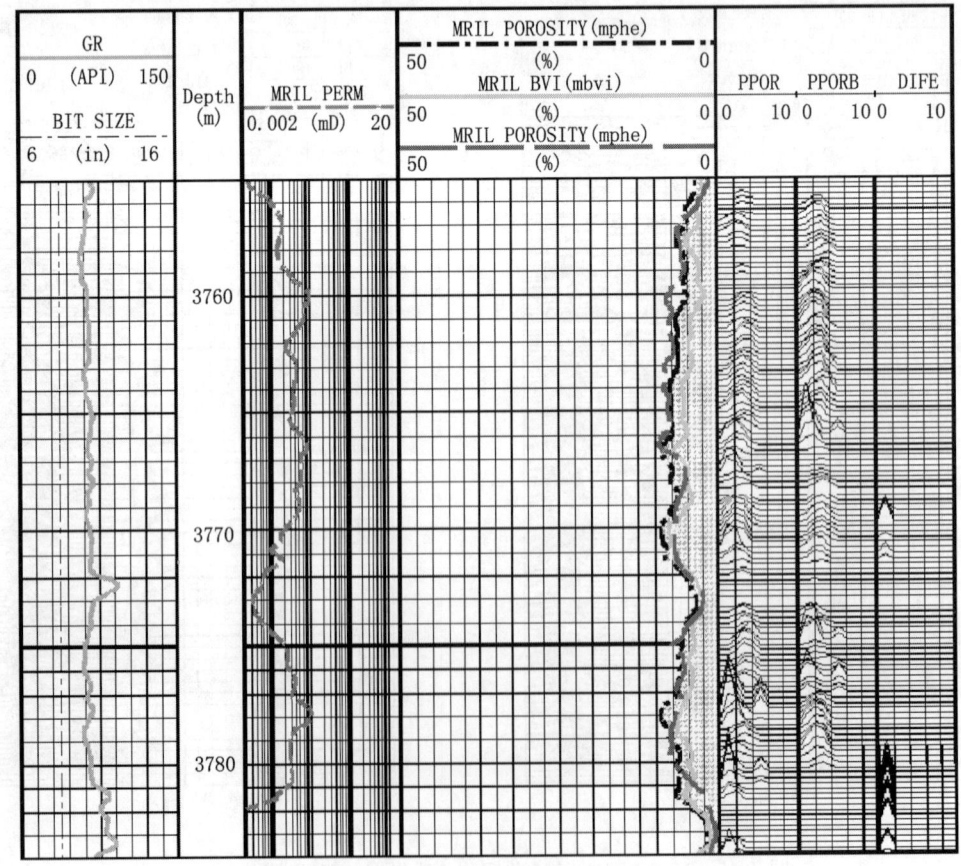

图 2-5-14 某井核磁共振成果图（双 T_W 测井方式）

得到了 MDT 测试结果的证实。

3. 根据 T_2 分布特征判别流体性质

由于不同流体的核磁共振特征不同，在标准 T_2 测井方式下得到的 T_2 分布特征也有一定差异。特别是天然气受扩散影响较大，具有较短的 T_2 时间，在 T_2 分布谱图上表现为自由流体峰向 T_2 减小的方向迁移，即气层一般呈现"单峰"特征或"双峰"紧靠；而轻质油是非润湿相的，在孔隙中处于被水包围的状态，弛豫保持其固有的 T_2 特征值，分布在 T_2 增大的方向，并且随含油量的增多，峰值幅度也会增加，因此，油层一般呈现"双峰"特征；水层的含氢指数高，测得回波信号幅度较大，T_2 时间变长，呈"双峰"特征，即束缚流体峰与自由流体峰分布在不同的时间区域上。典型的油、气、水分布特征如图 2-5-15 所示。

图 2-5-16 是气层和水层的 T_2 分布特征。从图中可以看出，在坡 1 井的气层段，T_2 分布上的自由流体峰向 T_2 减小的方向左移，主要分布在 T_2 截止值（Cutoff）的左边；而在水层段，T_2 分布上的自由流体峰向 T_2 增大的方向右移，主要分布在 T_2 截止值（Cutoff）的右边。

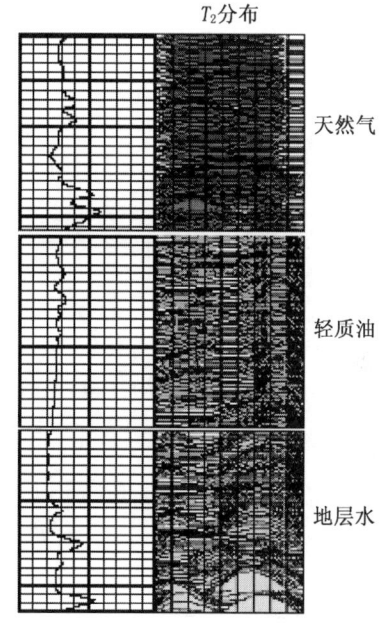

图 2-5-15 油、气、水分布特征

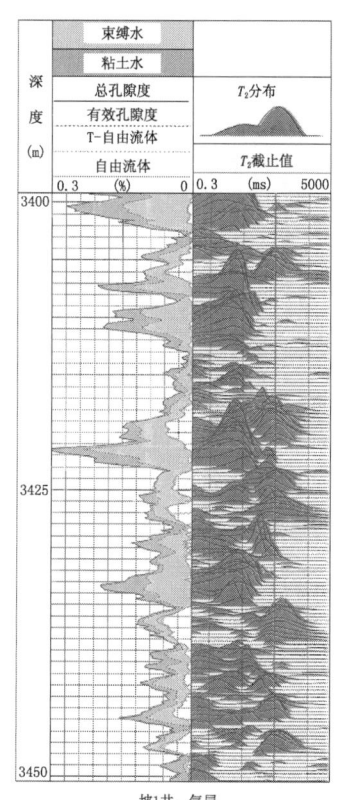
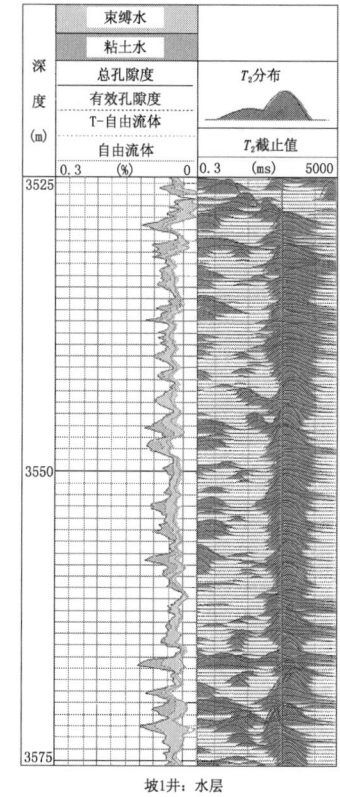
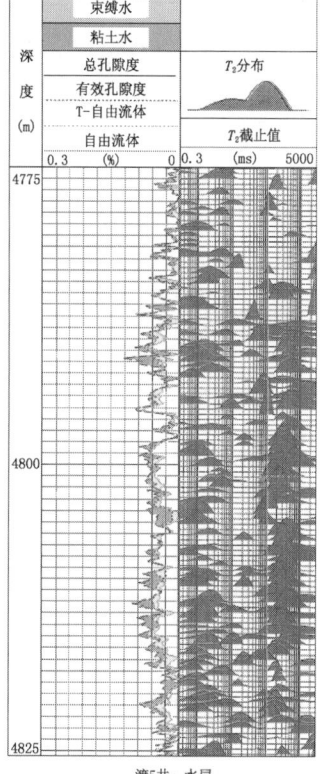

图 2-5-16 气层和水层的 T_2 分布特征

五、孔隙度评价

核磁共振测井可以提供反映地层孔隙特征的 T_2 分布谱和不受岩性影响的孔隙度参数、孔径大小分布情况。因此，核磁共振测井是目前评价地层孔隙度最有效的方法。

图 2-5-17 是不同物性条件下砂岩和碳酸盐岩的 T_2 分布谱，分析该图可以得出两点结论：

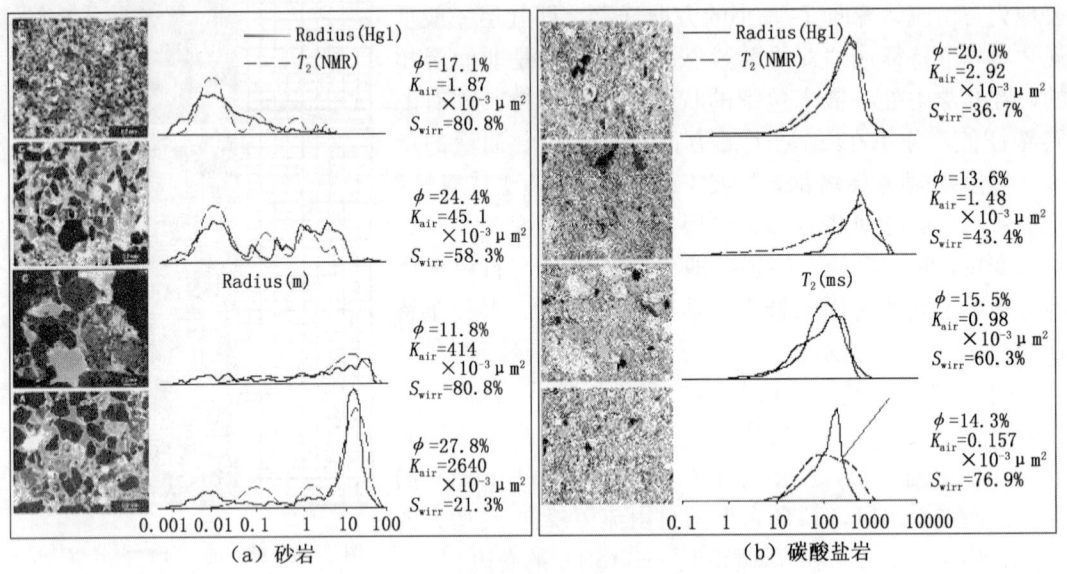

图 2-5-17 不同物性条件下岩石的 T_2 分布谱

(1) 物性条件越好，T_2 分布谱的自由流体峰就越大、也越靠右；
(2) 碳酸盐岩中由于存在次生孔隙、裂缝，孔径尺寸大于砂岩，因此，T_2 分布谱的自由流体峰较砂岩往右移。

图 2-5-18 核磁共振测井体积模型

根据核磁共振测井对地层体积模型的响应特征（图 2-5-18），可以方便地得到总孔隙度 ϕ_t、有效孔隙度 $MPHI$（ϕ_e）、自由流体孔隙度 FFI（ϕ_f）及束缚水孔隙度 BVI（ϕ_{cap}）等孔隙度参数。各种孔隙度计算公式如下：

有效孔隙度（核磁共振孔隙度）：

$$MPHI(\phi_{NMR}, \phi_e) = \int_{T_{min}}^{T_{max}} S(T_2) dT_2 \qquad (2-5-11)$$

自由流体指数（自由流体孔隙度）：

$$FFI(\phi_f) = \int_{T_R}^{T_{max}} S(T_2) dT_2 \qquad (2-5-12)$$

毛细管束缚孔隙度：

$$BVI(\phi_{cap}) = \int_{T_{min}}^{T_R} S(T_2) dT_2 \qquad (2-5-13)$$

式中　$S(T_2)$——T_2 分布函数；

T_R——T_2 截止值，砂岩的 T_2 截止值约为 33ms，石灰岩的 T_2 截止值约为 100ms；

T_{max}、T_{min}——分别为计算核磁共振孔隙度的起始、终止 T_2 时间。

核磁共振孔隙度（$MPHI$）的计算是从 0.3ms 时开始对 T_2 分布进行积分求总孔隙度。用分区 T_2 截止值划分孔隙度，可以计算出 5 种不同 T_2 时间段的孔隙尺寸，分别为粘土水孔隙、微孔、小孔、中孔、大孔和特大孔的分布情况。

显然，核磁共振测井提供的孔隙度信息既丰富又直观，可以较准确地评价储层的孔隙特征。图 2-5-19 是某井 CME、FMI、岩心反映的孔径大小，从图中看，CMR 显示有大孔存在，岩心照片上也有大洞，FMI 成像图同样显示除了小孔外，还有大的溶洞，三者一致性较好。

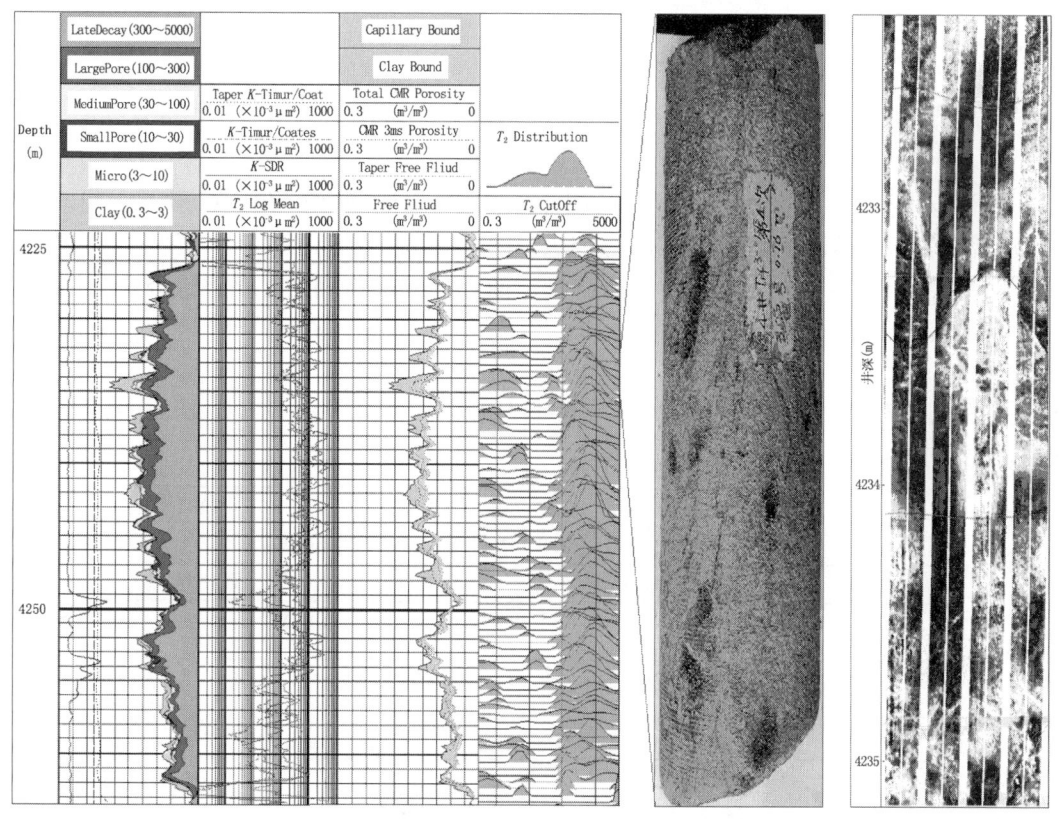

图 2-5-19　某井 CMR、岩心照片、FMI 显示的孔隙特征图

六、渗透性评价

根据斯仑贝谢 Doll 研究中心（SDR）公式和 Timer-coates 公式可以将核磁共振测井的横向驰豫时间分布谱转化为渗透率。其公式如下：

（1）SDR 公式：

$$K_{SDR} = C\phi_{CMR}^4 T_{2\log}^2 \qquad (2-5-14)$$

式中　K_{SDR}——核磁共振渗透率（$\times 10^{-3} \mu m^2$）；

ϕ_{CMR}——核磁共振孔隙度；

$T_{2\log}$——T_2 分布的对数平均值；

C——常数，砂岩一般取 4，碳酸盐岩一般取 0.1。

（2）Timer-coates 公式：

$$K_{\text{tim}} = C\phi_{\text{CMR}}^4 \left(\frac{FFI}{BVI}\right)^2 \qquad (2-5-15)$$

式中 K_{tim}——核磁共振渗透率（$\times 10^{-3} \mu m^2$）；
　　ϕ_{CMR}——核磁共振孔隙度；
　　FFI——自由流体孔隙度；
　　BVI——束缚流体孔隙度；
　　C——常数（需岩心刻度）。

在图 2-5-19 中，第二道是上述两种渗透率公式计算的地层渗透率曲线，从图中可知，SDR 公式和 Timer-coates 公式的计算结果比较一致。由于核磁共振渗透率考虑了孔径大小的分布，因此，所计算的渗透率结果比其他测井方法计算的渗透率更准确可靠。

第五节　核磁共振测井在碳酸盐岩储层评价中的应用

如图 2-5-20、图 2-5-21 是核磁测井在碳酸盐岩地层中解释有效孔隙度、可动流体和渗透率的实例。这两个图分别给出靠近 Claearfork 储层下部层段的测井资料及解释结果。该测井解释结果是根据开发中的一种岩心标定的评价方法得到的。该评价方法利用 NGS（自然伽马能谱测井）、岩性密度测井、DLL（双侧向）等测井资料来求取岩性、孔隙度和含水饱和度。

从图 2-5-20、图 2-5-21 的第二道可以看出，在 Glorieta 和 Claerfork 地层岩性的变化相当大。

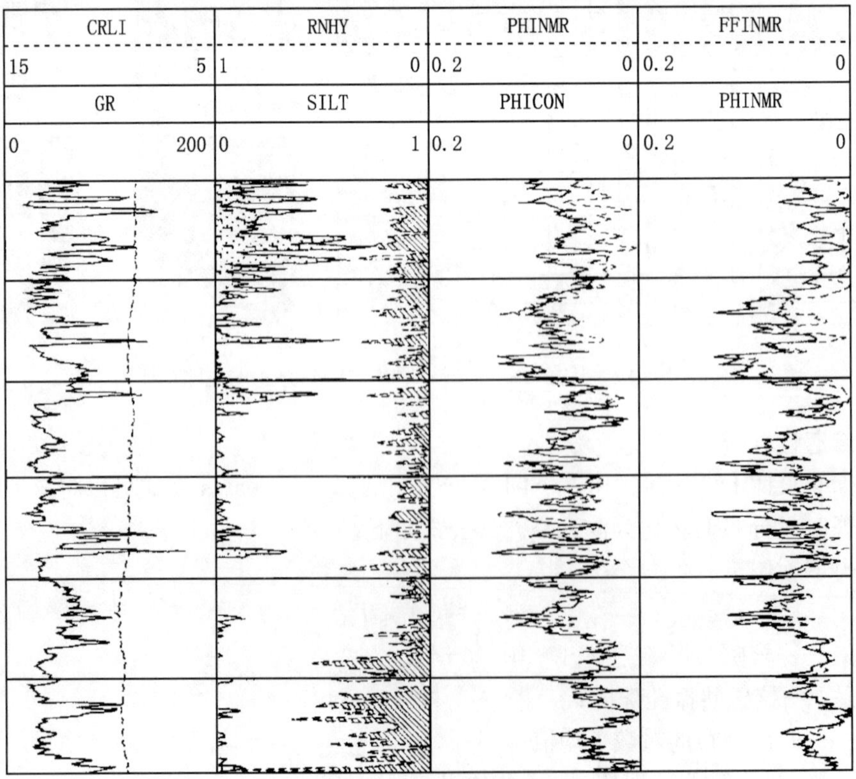

图 2-5-20　Glorieta 地层（5900～6200ft）

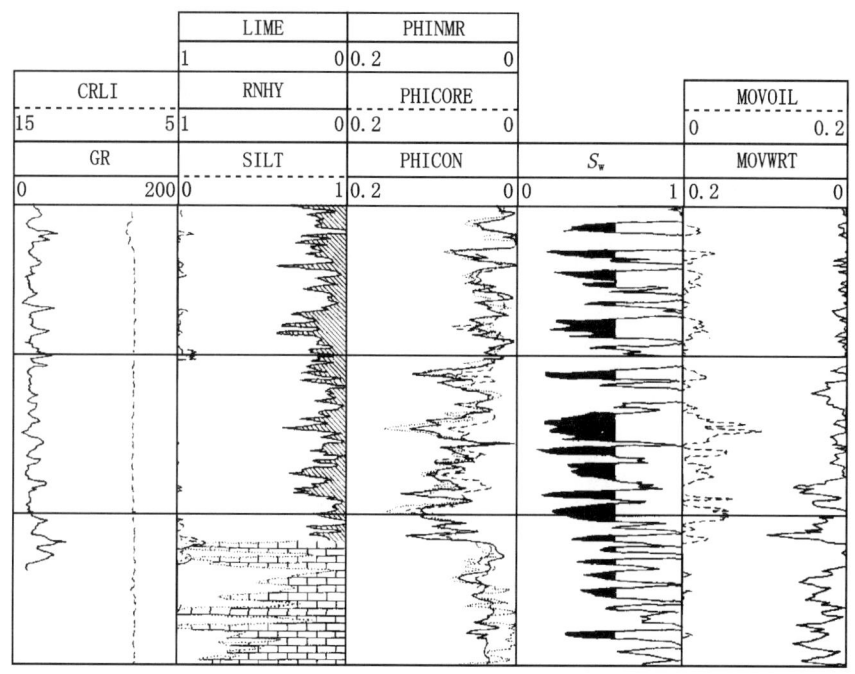

图 2-5-21　Glorieta 地层（7150~7300ft）

在图 2-5-20 中，顶部层段（5900~5960ft）存在大量的粉砂。从 6140~6200ft 可观察到有一定量的硬石膏（20%~40%）。CMR 测井资料与常规孔隙度测井资料的比较说明岩性的变化情况除粉砂层外，NMR 孔隙度与常规孔隙度解释结果是一致的。在粉砂层中，NMR 孔隙度似乎全是由束缚流体构成。

图 2-5-21 中白云岩为主要岩性，并有少量的硬石膏。然而，在 7260ft 以下既有石灰岩又有白云岩。该井及邻井中的岩心资料证实了岩性解释结果。CMR 测井资料与常规测井资料的比较说明可动油和可动水的变化，根据 CMR 测井资料，认为油水界面在 7240ft 处。

图 2-5-21 中的第三道给出了三种不同的孔隙度曲线：ϕ_{NMR} 是 CMR 孔隙度；ϕ_{CON} 是基于常规测井评价方法得出的孔隙度；ϕ_{CORE} 是岩心分析孔隙度。图 2-5-20 中第三道显示的是类似的数据。考虑到储层的非均质性，尽管白云岩、硬石膏和石灰岩含量变化很大，但这些孔隙度资料之间的一致性还是不错的。因此，可以说 CMR 测井可提供碳酸盐岩储层准确的与岩性无关的孔隙度资料。

根据 CMR 自由流体孔隙度（ϕ_F）测量结果可以评价渗透层的情况，图 2-5-20 中第四道表明，渗透层均有较大的 ϕ_F（可动流体孔隙度）。本例中，它们对应于孔隙度在 3%~4% 以上的非粉砂层，这与本油田中的孔隙度—渗透率关系是一致的。然而，在粉砂质层中 ϕ_F 较低。这表明它们是非渗透层，且有效孔隙度很小。此外，当 ϕ_F 很小且常规孔隙度资料表示视孔隙度高时，则指示是粉砂层。

该油田内的钻井和开采经验表明，图 2-5-21 所示的油水界面约在 7250ft 处。已观察到该油水界面在横向上的变化。然而，以前根据常规电缆测井未能探测到该井中的油水界面。根据自由流体孔隙度计算出了可动水体积（MOVWAT）。由第五道可以看出，CMR 测井表明在 7240ft 之下可动水体积不断增加。根据 EPT（电磁波测井）测井评价了残余油饱和度（假定 EPT 测井测量的是冲洗带的情况）。与由深电阻率测得的地下原油饱和度进行比较可得出可动油体积，如第五道所示。综合分析可动水体积和可动油体积可清楚地看出 7240ft 之下的层段将可能产大量的水。这与油田的经验是一致的，且为该井中的生产数据所证实。此外，CMR 解释结果还表明，油水界面和从白云岩/硬石膏到白云岩/石灰岩骨架岩性的转换之间可能有一定的对应关系。

因此，在测井解释中，应用核磁测井资料处理结果与常规测井配合使用，可以非常迅速、准确地发现油气层，指出油水界面，为勘探开发提供更可靠的数据。

第六章 成像测井

成像测井技术是近十多年来发展起来的新一代测井技术。它与随钻测井、地质导向测井、过套管电测井等，同属于21世纪的新一代测井技术。成像测井系统是由电成像测井仪、声成像测井仪和配套使用的核孔隙度—岩性测井仪、核磁共振测井仪、模块（组件）地层动态测井仪等一系列下井仪器，以及数字遥传系统、多任务数据采集与计算机工作站组成。该技术考虑了复杂、非均质地层的特性，采用阵列探测器及非线形、非均质处理解释方法，垂向分辨率高，实现了测井与地震相结合，对复杂油气藏具有更强的适应能力。

第一节 电阻率成像测井理论

成像测井包括井壁成像测井和方位、阵列和多探头组合测井。井壁成像测井是对复杂孔隙结构如裂缝、溶孔、溶洞、层理、井壁坍塌等进行描述，用于非均质储层评价以及构造、裂缝、沉积和地应力等地质研究。而方位与阵列等测井通过对复杂的、非均质地层的三维描述，可有效地描述直井、大斜度井、水平井周围的地层与流体特性，成功地表征油藏的实际特征。

一、微电阻率扫描成像测井

微电阻率成像测井是一种高分辨率的电阻率测井仪器，它是20世纪80年代中后期在地层倾角测井技术的基础上发展起来的。目前，在国内外广泛使用的微电阻率成像测井仪器有斯伦贝谢公司的FMI、阿特拉斯公司的STAR-Ⅱ、哈里伯顿公司的EMI。这三种微电阻率成像测井仪主要技术特性的对比结果见表2-6-1。下面以FMI为例简单介绍微电阻率成像测井的测量原理。

表2-6-1 三种微电阻率成像测井仪主要技术特性

内　容	FMI	EMI	STAR-Ⅱ
极板数	8	6	6
钮扣电极数	192	150	144
钮扣电极直径（in）	0.16	0.16	0.16
钮扣电极间距（in）	0.2	0.2	0.1
钮扣电极行距（in）	0.3	0.3	0.3
仪器外径（in）	5	5	5.7
适应井眼（in）	6.25~21	6.25~21	6.25~16
8.5in井眼覆盖率（%）	80	59	59
分辨率（in）	0.2	0.2	0.2
耐温（℃）	177	177	177
耐压（MPa）	138	138	138
最大井斜（°）	90	90	90

1. 测量原理

如图2-6-1是FMI测量的电流路径图，电流回路为下部电极—地层—上部电极，交

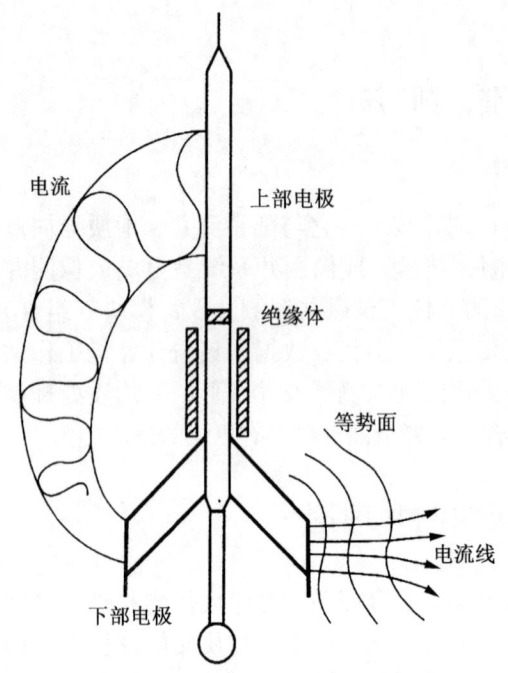

图 2-6-1 FMI 测量的电流路径图

流电流由下部电极流入地层,回到上部电极,上部电极是电子线路的外壳。测井过程中,借助液压系统使极板贴靠井壁,由地面装置控制向地层发射电流,记录每个纽扣电极的电流强度及对应的测量电位差,它们反映了井壁地层的电阻率变化。

FMI 测量电流由三部分组成:

(1)"高频"成分:它的大小变化取决于纽扣电极面对的井壁地层微电阻率的高低,这样就保证了优良的垂向分辨率和方位分辨率。

(2)"低频"成分:取决于探测深度范围内地层电阻率的高低,它的探测深度与浅侧向相近。

(3)"直流"成分:它由极板与井壁摩擦或地层的自然电流产生,这一成分在信号处理中被滤掉。

高频成分反映了岩性及岩石物理性质的变化。在用探测度与 FMI 类似的定量电阻率对 FMI 图像进行刻度时,使用"低频"成分。在用图像对裂缝、结构及地层进行定量分析时,需要对图像进行刻度。

仪器分辨率与极板纽扣电极的几何结构密切相关。如图 2-6-2 是一个纽扣电极的电路路径示意图。电扣越小,分辨率越高;电扣越小,电极电流越小,要求仪器的灵敏度越高;电扣越小,电扣与井壁之间泥饼厚度对分辨率影响越大;电扣周边绝缘环带宽度对仪器测量信噪比有影响;绝缘环带越宽,噪音愈低。大于仪器分辨率的地层特征用几个分辨率单元在图像上表示,小于仪器分辨率的地层特征,在图像上表示为相当于仪器标称分辨率的一个特征,FMI 成像测井仪的周向分辨率、垂向分辨率为 0.2in(5mm)。

仪器的数据采样率是仪器所要求分辨率的函数。信号处理原理(采样原理)要求在与仪器分辨率相当的间距内至少要采两个样。FMI 的分辨率为 0.2in,则采样间隔必须为 0.1in。它是采用下述方法获得的:

(1)每块极板上相距为 0.3in 有两排纽扣电极,每排电极各纽扣间的横向间距为 0.1in;

(2)在 1800ft/h 的最大测速情况下,采样率足够高,可以满足每 0.1in 井段采到一次样。

极板和井壁之间存在间隙会降低仪器的垂向分辨率,因此在进行微电阻率成像的数据处理和地层特征解释时应注意极板和井壁的贴合程度。

在均质地层中,侵入对微电阻率扫描成像测井响应中低频分量的影响类似于对浅侧向测量响应的影响。在薄互层中侵入对微电阻率扫描成像测井响应的影响比层厚时大得多。

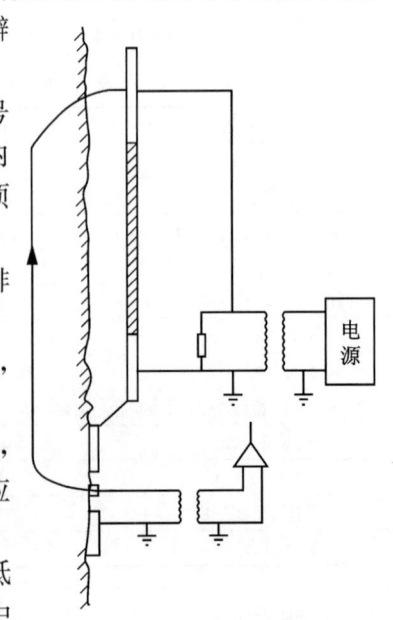

图 2-6-2 测量电流示意图

FMI 仪器的独特设计，使其具有以下特点：

（1）分辨率高：其纽扣电极的分辨率为 0.2in。

（2）采样率高：其纵向采样率为 0.1in/点。

（3）灵敏度高：只要电阻率有较小的变化，就能反映出来，它能区分出几至几十微米的薄层（或裂缝）。

（4）效果好：对于高电阻率地层（如碳酸盐岩）效果好。

（5）影响小：井眼形状影响小，因为它是贴井壁测量的。

2. 测量方式

FMI 提供三个测量模块供用户选择，即全井眼模块、4 极板模块和倾角模块（表 2-6-2）。

表 2-6-2 FMI 不同测井方式特点

工作方式	全 井 眼	四 极 板	倾 角
探头电极个数	192	96	8
8½in 井眼中覆盖率（%）	80	40	—
最大测井速度（ft/h）	1800	3600	5400

（1）全井眼模块：使用 8 个极板，测量 192 条微电阻率曲线，其优点是具有高的方位覆盖率，采用此模块需要详细了解地层特征，例如对于目的层和复杂地层的测量。

（2）4 极板模块：此时用 4 个极板上的 96 个纽扣电极进行测量，翼板上的电极不工作，对于地质情况较熟悉的地区，可用这种方式测井。其测井速度可提高，但采样数据降低了；测井成本虽减少，但井壁覆盖率降低一半。

（3）倾角模块：当用户不需要井壁成像，而需要地层倾角时，可用这种模式。这时只用 4 个极板上的 8 个电极测量，得出与高分辨率地层倾角仪同样的结果，测井速度可以进一步提高。

3. FMI 测井资料的应用

微电阻率扫描图像的地质应用主要有：

（1）微电阻率成像测井资料经过计算中心处理后得到的静、动态图像，是对井壁地层导电性的直观度量，经岩心刻度后，可以直观地反映井壁的许多地质特征。

①裂缝走向：如图 2-6-3 中，清楚地显示出地层的层理，层

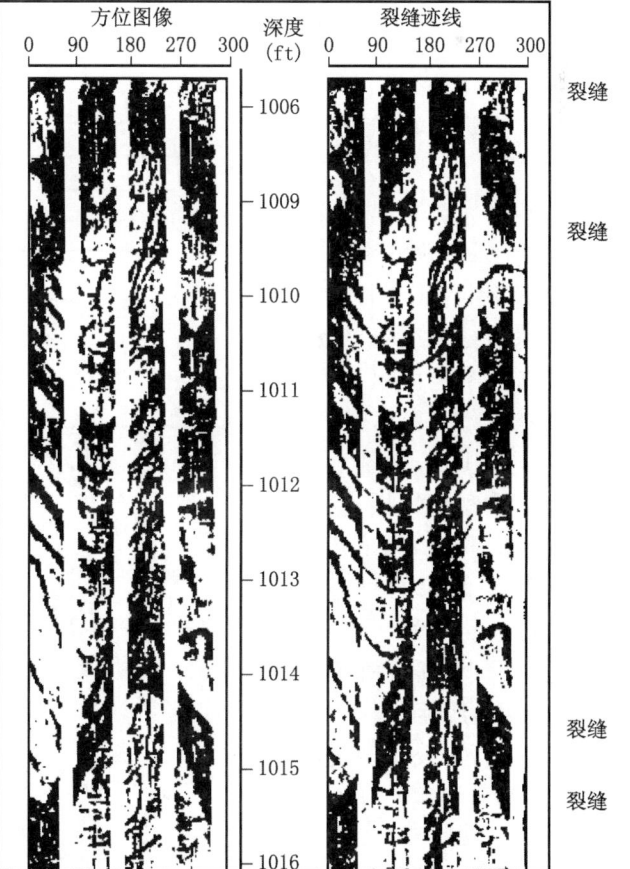

图 2-6-3 层理面裂缝的倾向相反

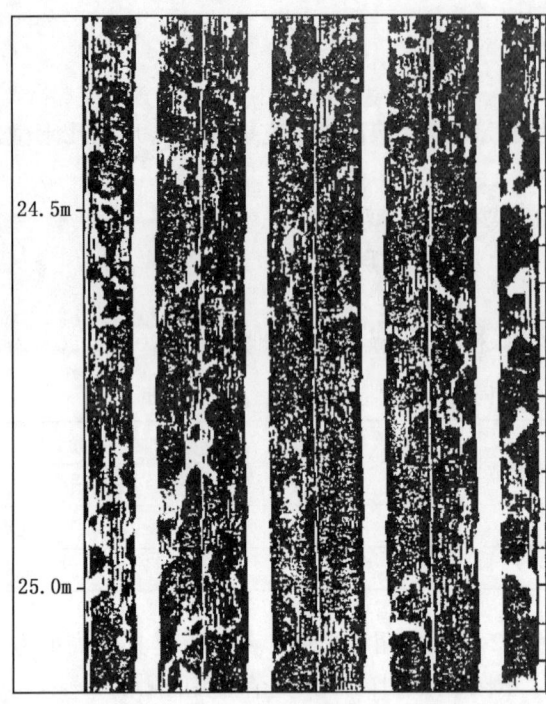

图2-6-4 白云岩中的孔洞孔隙

理的倾向为S—W。在剖面的顶部与底部有裂缝，裂缝的倾向为N—E。

②孔洞分布：如图2-6-4是白云岩中的孔洞孔隙图像，黑颜色表示孔洞孔隙，白颜色为岩石骨架。

③缝合线：如图2-6-5是碳酸盐岩中缝合线图像，图中标出0.2m井段内有黑色条纹，即为缝合线。

(2) 用岩心刻度微电阻率成像测井图像，可对裂缝、溶洞进行识别和评价。

①如图2-6-6是新疆地区含砾砂岩和裂缝产状的图像，图中的黑色陡角度条纹为裂缝，白色斑点为砾石。

②如图2-6-7是粗砾岩的全井眼微电阻率扫描成像，图中清晰的显示了不同粒径的砾石。

(3) 薄储层评价。

(4) 地层沉积环境分析。

(5) 地层孔隙结构分析和地质构造解释。

(6) 辅助岩心归位和岩性描述。

4. FMI成像测井在裂缝性碳酸盐岩储层评价中的应用

某井储层特征非常发育，尤其是网状裂缝发育，其次为溶洞。从成像图上可以看到以下特征：

(1) ARI成像图上显示，在石炭系除底部地层高阻致密外，其他大部分井段孔缝发育，钻井液深度侵入的痕迹明显。4062~4073m井段方位电阻率曲线变化较平缓，而且相互间差异较小，储层均质性好；而4014~4021m则相反，反映出纵向差异较大，非均质性强，为裂缝发育所致。

(2) 根据FMI分析处理结果表明，该井石炭系顶部及中

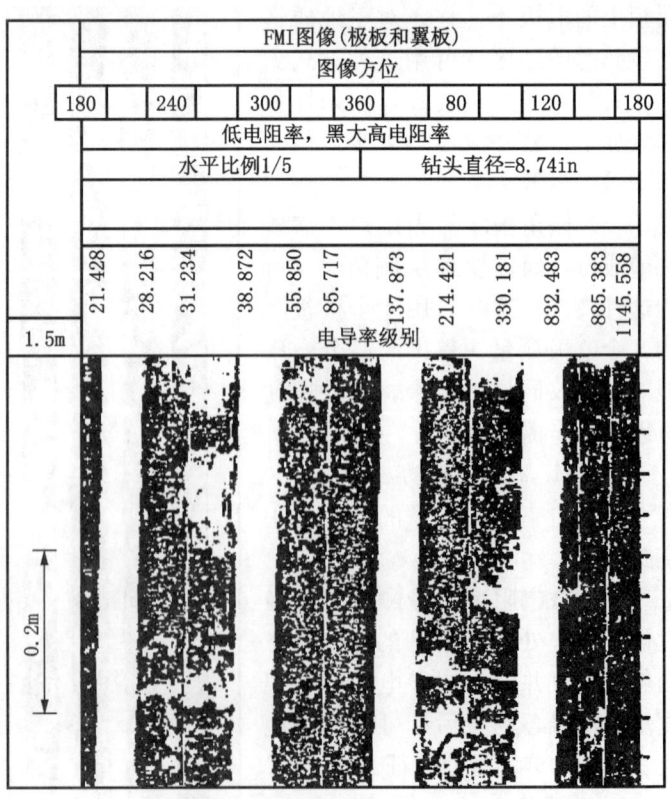

图2-6-5 碳酸盐岩中的缝合线

上部裂缝较发育，尤其发育网状裂缝。4062～4082m 井段呈现较高的电导，表明钻井液侵入严重，地层孔缝发育，渗透性好。与岩心照片对照，不仅能在成像图上清楚地看到裂缝，而且形状也与岩心吻合得较好（图2-6-8），进而验证了 FMI 成像测井对裂缝评价的准确性。

（3）如变密度图显示，在4007.5～4022m、4045.5～4048m 井段，纵横波衰减明显，斯通利波存在干涉及台阶状条纹，同时从处理结果来看，本段斯通利波能量有一定程度的衰减，这与裂缝所造成的斯通利波的衰减特性吻合。从 FMI 处理结果可以看到裂缝较发育（图2-6-9）。

通过 FMI、ARI 成像测井综合分析表明，该井的开口裂缝多为网状裂缝，因此促进了溶蚀作用，也改善了

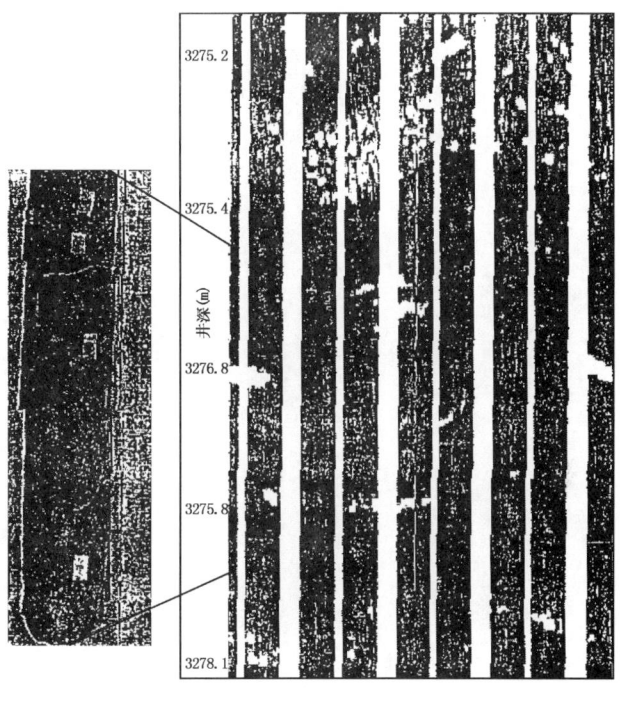

图2-6-6 含砾砂岩和裂缝产状

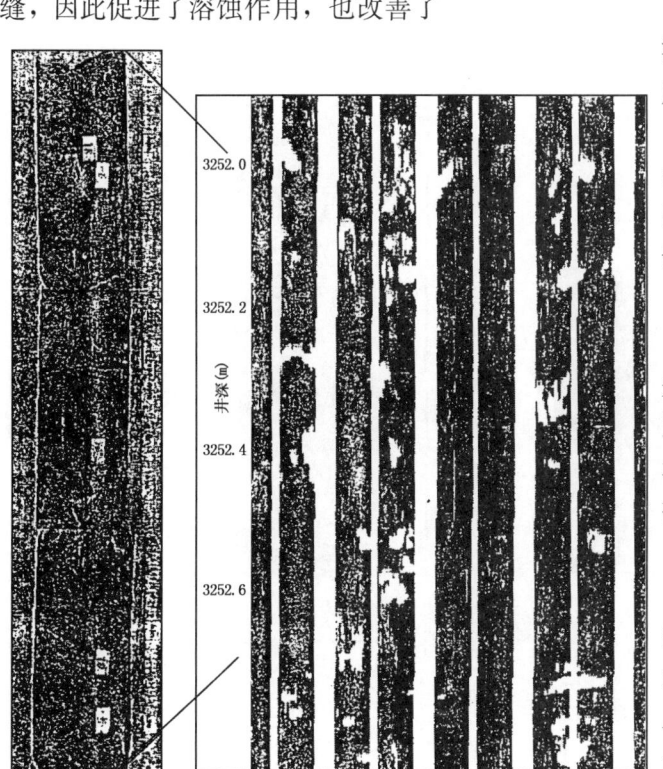

图2-6-7 粗砾岩的图像

溶孔连通性，有较高的工业气流产量。

所以，对于具有复杂孔隙结构的碳酸盐岩储层，利用成像测井可以准确地确定储层类型，提高储层评价的精度。

二、方位电阻率成像测井

方位电阻率成像测井是侧向测井系列的重要发展，实现了真正的三维测井，为研究井周围地层的不均匀性提供了重要的方法，进一步扩展了测井的应用范围。

1. 基本原理

方位侧向测井是在双侧向测井的基础上发展起来的，共有12个电极，装在双侧向测井的屏蔽电极 A_2 的中部，每个电极向外的张开角为30°，12个电极覆盖了井周360°方位范围的地层，电极为长方形，其电流线分布类似图2-6-10。

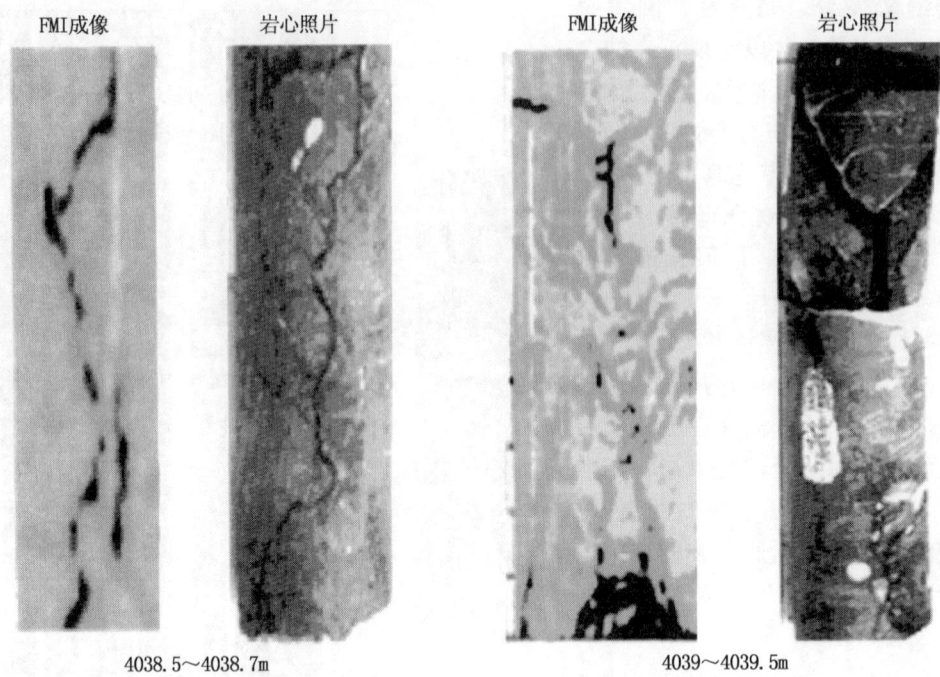

图 2-6-8 岩心刻度成像测井

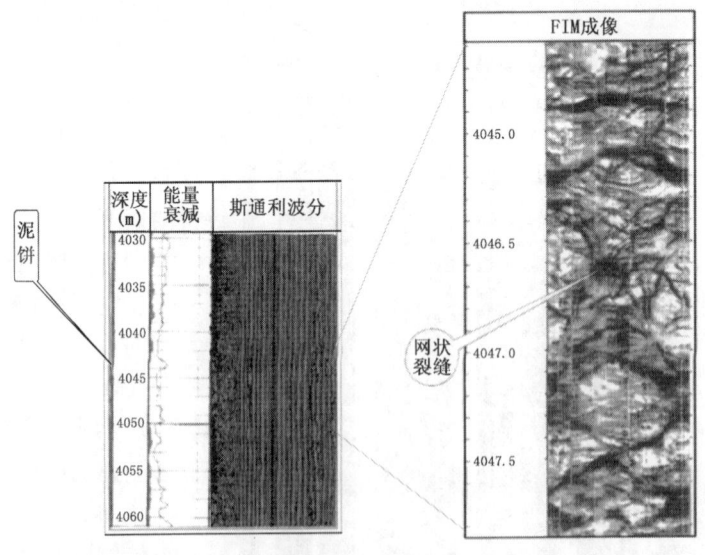

图 2-6-9 成像测井图上网状裂缝

方位侧向测井主电极的排列及电流线分布如图 2-6-11 所示。在每个电极的中心有监督电极，方位电极排列的上下装有环状监督电极 M_3、M_4（两个电极短路相接），每个方位电极以电流 I_{Ai} 通过自动控制回路调节电流，使得监督电极的电位与环状监督电极 M_3（M_4）的电位相等。这时由方位电极流出的电流受到屏蔽电极 A_2 及其他相同极性电极屏蔽作用，同时也受到相邻的方位电极的屏蔽作用，从而使电流 I_{Ai} 沿电极张开角的方向流入地层。测量每个方位电极的电流 I_{Ai} 和 M_3（M_4）电极相对于铠装电缆外皮的电位 U_m，用下式即可计算出12个方位的电阻率：

$$R_{Ai} = KU_m/I_{Ai} \quad (2-6-1)$$

式中 I_{Ai}——每个方位电极的供电电流 I；

U_m——环状监督电极 M_3（M_4）相对于铠装电缆外皮的电位；

K——电极系系数，对现在应用的电极系 K 值为 0.0142m。

利用上式，对每个深度处可计算出12个电阻率值。该电阻率相当于每个电极供电电流所穿过路径上介质的电阻率，穿过的路径包括在电极张开角 30°

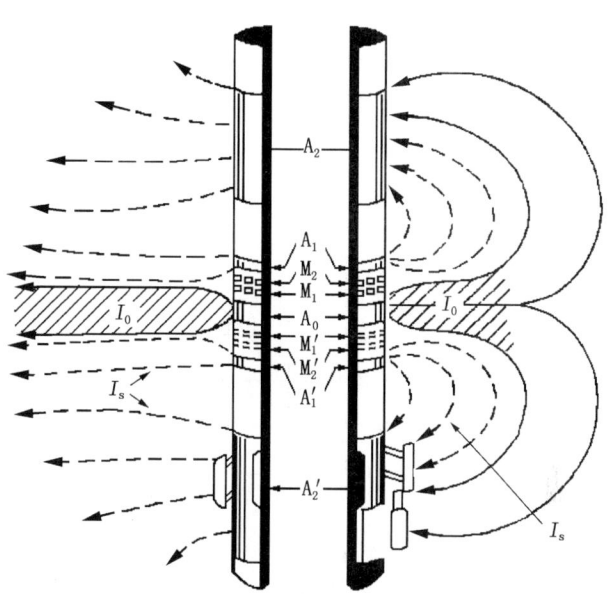

图 2-6-10 方位侧向测井上电极排列及电流线分布

所控制的范围。因此，当井周介质不均匀或有裂缝存在时，则得出的12个电阻率就会有变化，据此可以找出井周地层的非均质变化，这对勘探和开发具有重要意义，也是一种真正的三维测井方法。

如果将12个方位电极供电电流求和，就可以提供一种高分辨率的侧向测井（LLHR）。这时12个方位侧向的电极可等效为高度相同的圆柱状电极，测得的电阻率相当于井周围介质电阻率的平均值。在 6～8in 井径时，LLHR 的纵向分辨率为 8in（20.3cm），明显高于深、浅侧向。此时的电极系常数 K 是在井径为 8in、地层

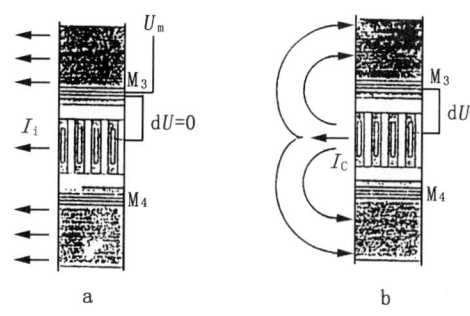

图 2-6-11 方位侧向测井上电极排列及电流线分布

a—主测量方式；b—辅助测量方式

电阻率 R_t 与钻井液电阻率 R_m 比值为 30 时求出的。与双侧向测井相比，LLHR 受井眼影响较大，为此制作了井眼校正图版（图 2-6-12），对相关井眼影响进行校正。

为了说明方位电阻率测井的探测范围，图 2-6-13（图中，$d_h = 8in$，$R_m = 0.1\Omega \cdot m$，$R_{xo} = 10\Omega \cdot m$，a—$R_t = 2\Omega \cdot m$，b—$R_t = 50\Omega \cdot m$）给出了深（LLD）、浅（LLS）侧向及高分辨侧向（LLHR）的似几何因子。LLHR 的探测深度显著大于浅侧向，比深侧向稍低。

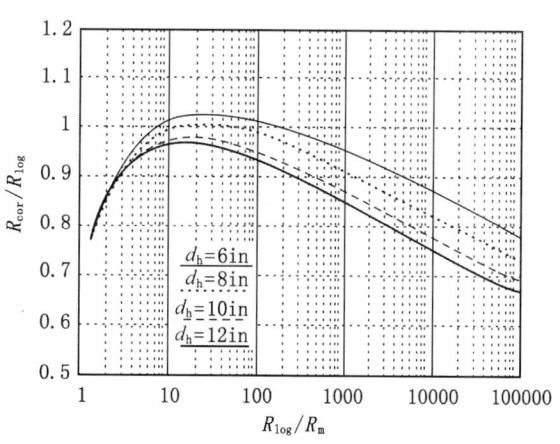

图 2-6-12 高分辨率侧向测井井眼校正图版

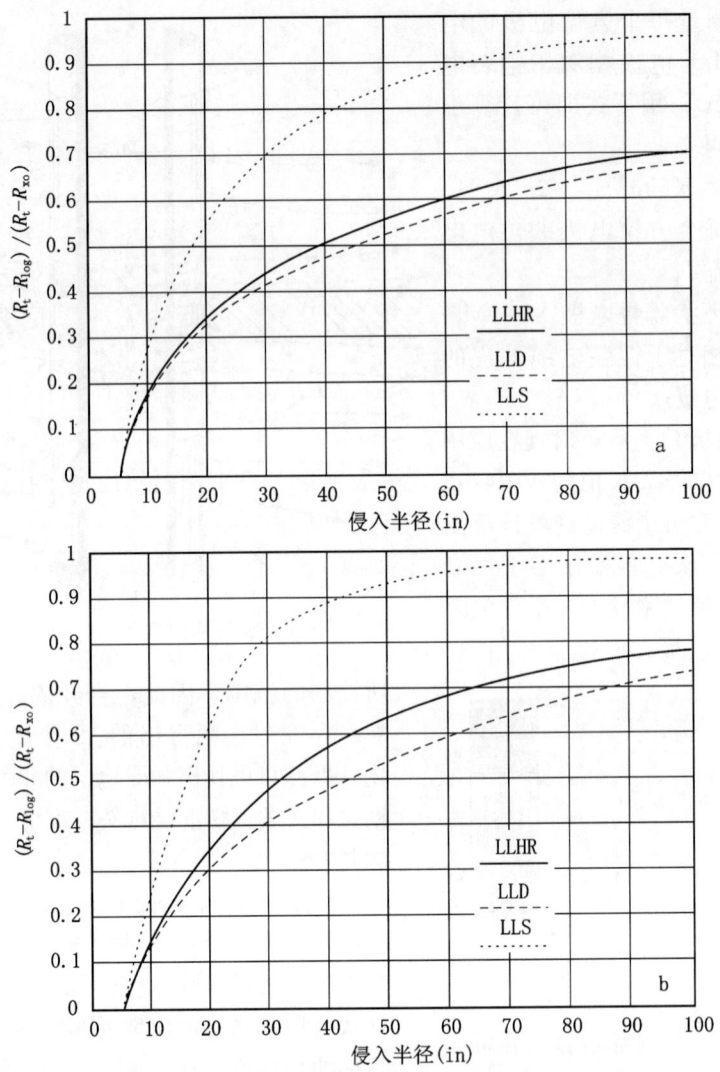

图 2-6-13 LLHR、LLS、LLD 似几何因子

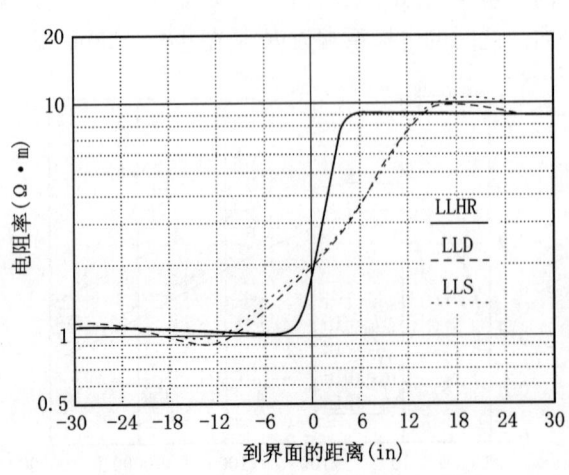

图 2-6-14 LLHR、LLD、LLS 穿过
一个界面时电阻率曲线的变化

方位电阻率测井具有良好的纵向分辨能力，图 2-6-14 是 LLHR、LLD 和 LLS 电极系穿过一个分界面时，电阻率曲线的变化，两个地层的电阻率 $R_{t1}=1\Omega\cdot m$，$R_{t2}=10\Omega\cdot m$，钻井液电阻率 $R_m=0.1\Omega\cdot m$，井径 $d_h=6in（15.2cm）$。从图中可以看出，LLHR 电极系由低电阻地层进到高电阻地层时，曲线变化急剧，低电阻围岩影响降低，分层能力显著高于 LLD 和 LLS。

另外，还研究了在高阻围岩和低阻围岩时，LLHR、LLD 及 LLS 在地层中点处读数与地层厚度的关系曲线，以说明围岩对测井曲线读数的影响。图 2-6-15a 是在 $R_t=1\Omega\cdot m$, $R_s=10\Omega\cdot m$, $d_h=6in$ (15.2cm), $R_m=0.1\Omega\cdot m$ 条件下作出的。图中表明,当地层厚度为 8in(20.3cm), LLHR 的读数与厚地层读数的差别在 10%以内。对于 LLD 和 LLS,当地层厚度为 24in(61cm)时,其读数与厚地层之差才达到 10%。对于低电阻围岩($R_s=1\Omega\cdot m$, $R_t=10\Omega\cdot m$;)得到了相同的结果(图 2-6-15b),但对 LLD 和 LLS,当地层厚度为 30~33in 时,电阻率的读数最低(高电阻围岩)和最大(低电阻围岩),但 LLHR 无此现象,这说明 LLHR 受围岩影响显著降低,是划分薄地层的好方法。

2. 辅助测量

由于方位侧向受仪器偏心和井壁不规则影响较大,应用上受到一定限制。在进行方位侧向测井的同时,还要进行辅助测量,其电极结构如图 2-6-16 所示。方位电极仍为供电电极。屏蔽电极 A_2 为回路电极,由方位电极流出的电流经井眼流入 A_2 电极,测量方位电极的监督电极与其上下的环状电极 M_3、(M_4)之间的电位差。为了避免干扰方位侧向的测量,采用工作频率为 64kHz 的供电电流。每个方位电极供以相同的电流强 I_c,测量每个方位侧向监督电极与环状电极之间的电位

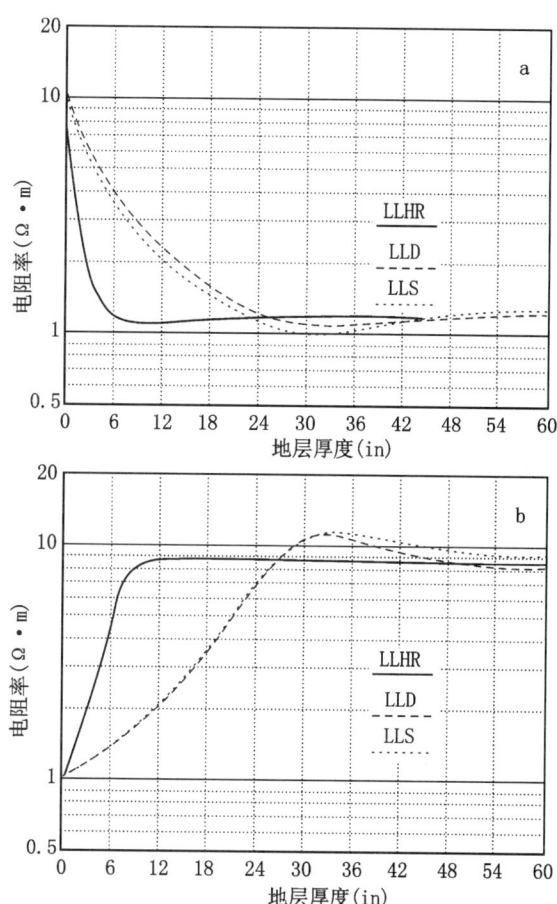

图 2-6-15 LLHR、LLD、LLS 在地层中点的读数与厚度的关系

a—高电阻率围岩,$R_s=10\Omega\cdot m$, $R_t=1\Omega\cdot m$, $d_h=6in$, $R_m=0.1\Omega\cdot m$; b—低电阻率围岩,$R_s=1\Omega\cdot m$, $R_t=10\Omega\cdot m$, $d_h=6in$, $R_m=0.1\Omega\cdot m$

差 d_{Ui},可用下式计算出 12 个电阻率:

$$R_{ci}=C(d_{Ui})/I_c \quad (2-6-2)$$

式中 I_c——每个方位侧向的供电电流;
C——电极系常数。

在均匀流体中,用实验方法确定 C,使得 R_{ci} 等于流体的电阻率。

辅助测量时,回路电极 A_2 与方位侧向电极相距很近。在一般条件,地层电阻率总是大于钻井液电阻率,电流基本上沿井流动,几乎不会进入地层。因此,每个电极的测量值主要反映电极附近钻井液体积的大小,即测量结果对井眼形状、井径大小及仪器偏心反应灵敏。辅助测量的主要目的有:

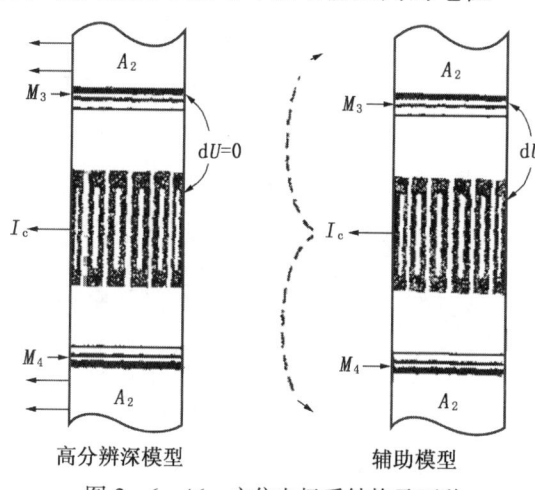

图 2-6-16 方位电极系结构及两种测量模型下的电路路径图

(1) 仪器偏心、井眼状况对方位侧向的影响进行校正;
(2) 测量点间隙,如果已知钻井液电阻率,就可以估算井眼大小和形状。

3. 方位电阻率测井的应用

(1) 探测深度:方位侧向 LLHR 曲线基本上与 LLD 曲线接近,说明其探测深度与 LLD 近似。同时 LLHR 曲线的形状与 MSFL 曲线基本相同,相应的尖峰都可以对比,这说明 LLHR 的分层能力接近于微球形聚焦测井。

(2) 划分薄交互层:LLHR 曲线清楚地划分出厚度小于 1ft 的薄交互层,同时 12 条方位电阻率曲线也有清楚显示,而且这些曲线基本重合在一起。方位侧向测井能划分出小于 1ft 的薄互层,避免了由 LLD 和 LLS 漏划的薄储层,同时又能得出地层的结构特征,给出地层倾角等。

(3) 鉴别裂缝:方位侧向实现三维测井,能很好地鉴别地层裂缝。水平裂缝中充满导电液体,相对水平裂缝部位 LLHR 读数显著降低,可以根据电导率面积计算裂缝宽度。图 2-6-17(图中,裂缝的宽度为 0.039in,裂缝无限延伸,$R_m = 0.1\Omega \cdot m$,$R_t = 100\Omega \cdot m$,$d_h = 6in$。)是模拟水平裂缝的 LLHR 曲线。

垂直裂缝处的 LLS 读数明显低于 LLD 的读数,这也表明有垂直裂缝存在。如果把 ARI 成像与 FMI 成像同时测量,就能更详细地研究井壁附近及较深部的裂缝分布,如图 2-6-18 为裂缝性地层测井实例。

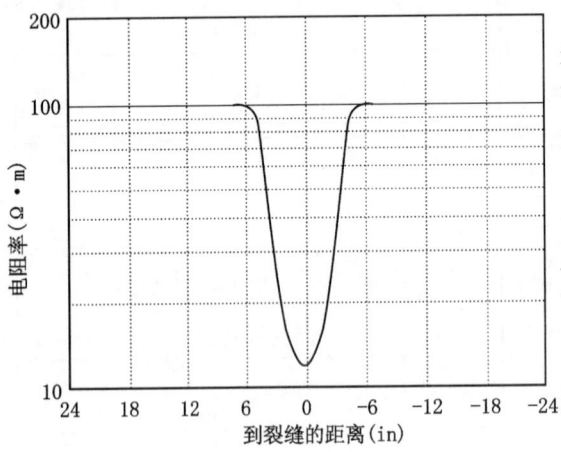

图 2-6-17 裂缝的 LLHR 模拟曲线

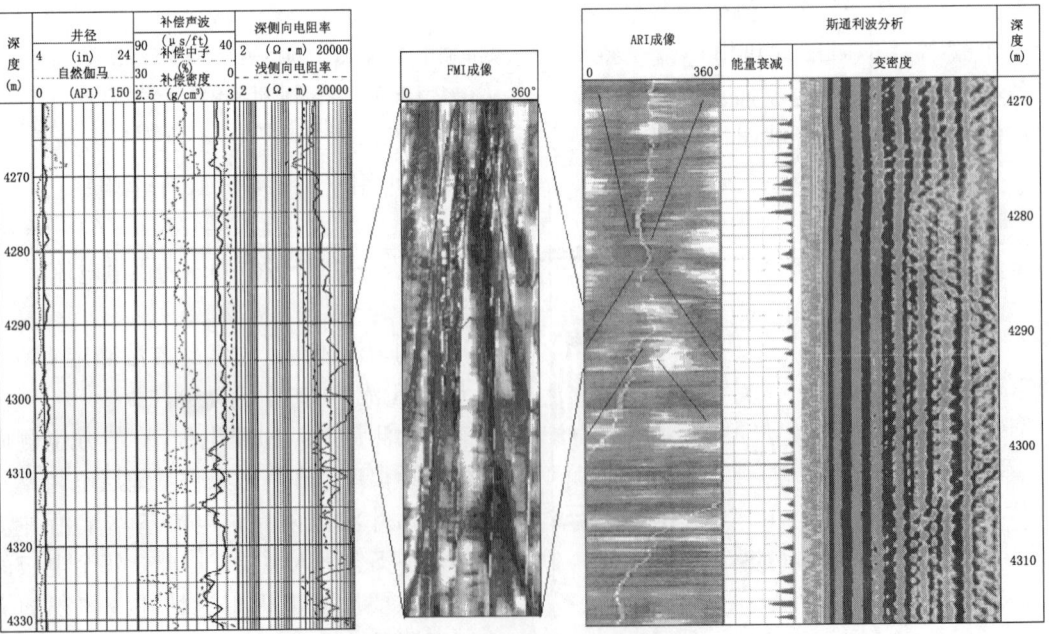

图 2-6-18 裂缝地层测井实例

第二节 声波成像测井

声波成像测井分为超声波成像测井和偶极横波成像测井，和电阻率测井一样，声波成像测井是一种高分辨率的电阻率测井，它具有信息多、分辨率高的特点，可广泛用于地层分析和工程地质检测。

一、超声波成像测井

超声波成像测井直观反映真实地层的非均质性和响应方程的非线形特点，它主要应用于确定地层的构造特征、沉积特征；描述原生孔隙和次生孔隙（如孔、缝、洞等）；确定井眼的几何形态和井壁坍塌情况，此外，它还能在套管井中确定套管厚度，了解套管是否变形和损伤。

目前，国内广泛使用的超声波成像测井仪器有斯伦贝谢公司的 USI 和 UBI、阿特拉斯公司的 CBIL 和 DCBIL、哈里伯顿公司的 CAST，其主要技术特性见表 2-6-3。

表 2-6-3 三种超声波成像测井仪主要技术特性

内　容	UBI	CBIL	CAST
仪器外径 (in)	3.6	3.6	3.4
适应井眼 (in)	5.5~12.5	5.5~16	5~12
垂直分辨率 (in)	0.2	0.2	0.1~0.3
耐温 (℃)	175	200	177
耐压 (MPa)	138	138	138
最大井斜 (°)	90	90	90
声波发射频率 (kHz)	500	250~300	450

1. 基本原理

超声波成像测井是以超声波扫描测量方式对井壁地层成像，反映井壁地层特征。它采用一个旋转式半球形聚焦换能器，以脉冲回波的方式对井孔的整个井壁进行 360°扫描测量，其方位采样间隔为 1.44°，垂向分辨率可达 0.762cm。如图 2-6-19 是超声波成像测井仪工作原理图，图中的白色半圆球为超声波成像测井仪的发射和接收换能器。换能器按顺时针方向旋转，记录点成螺旋式上升。测量的信号是井壁发射波的回波幅度以及回波传播的时间。经定向后可获得按地理北、磁北或其他定向方式的超声波幅度和传播时间图像。

井壁地层声阻抗的变化（包括由岩性、层理的变化及由裂缝、孔洞、节理等沉积构造引起的变化）使探头接收到的回波幅度发生变化，仪器将记录到的回波幅度以及回波传播时间（可转换成仪器至井壁的距离）按井周 360°显示成灰度或彩色图像。传播时间可以按声波在钻井液中的传播时间刻度成井径。幅度的变化通常反映地层的岩性、孔隙的变化或出现层理、节理、裂缝等地质现象。用以识别地层特征、计算地层产状等。

图 2-6-19 超声波成像测井工作原理

声波在均匀介质中沿直线传播,随传播距离的增大,声波的幅度会减小。当声波从一种介质进入到另一种介质时,传播方向将发生变化,传播方向的变化与声波的入射角度相关。如果声波以垂直于两种介质的界面入射,就只产生反射和透射现象,否则,声波将产生折射和反射,根据两种介质波阻抗的不同,其反射系数也不同。反射波幅度的变化规律可以通过声波传播的距离和两种介质的差异关系来表示:

$$A_1 = A_0(f) \cdot \frac{Z_2 - Z_1}{Z_2 + Z_1} e^{-\alpha(f,\mu) \cdot v \cdot t} \quad (2-6-3)$$

式中　A_1——经过时间 t 后从介质1和介质2的界面反射波的幅度;

　　　$A_0(f)$——声波发射器在频率 f 时发射波的幅度;

　　　$\alpha(f,\mu)$——幅度衰减系数,是声波频率和介质粘度的函数;

　　　v——传播速度;

　　　t——传播时间。

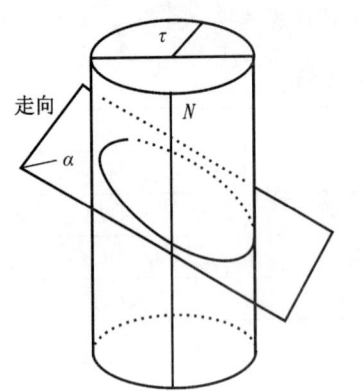

图2-6-20　裂缝(地层)界面井周声波成像图特征

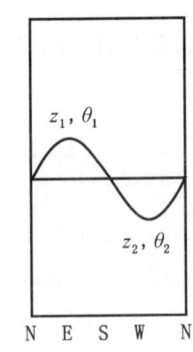

由于岩石的波阻抗变化(岩性、孔隙度、裂缝、层理等岩石物理性质的变化)和传播距离以及钻井液性能的变化,将引起接收到回波幅度的变化。因此,在反射波幅度上有一定的差异,根据图像的差异可以识别出地层的岩性及其地质特征。

如图2-6-20是走向南—北的倾斜裂缝及CBIL图像特征,Z_1、Z_2 和 θ_1、θ_2 分别是正弦波波峰和波谷对应的深度及对应的方位角,根据CBIL图像可计算裂缝的走向和倾向的角度,可以简单地用下式表示:

$$Z = \frac{Z_1 + Z_2}{2}, \alpha = \arctan\frac{|Z_1 - Z_2|}{2r} \quad (2-6-4)$$

$$\theta_d = \theta_2, \theta_f = \theta_2 \pm 90° \quad (2-6-5)$$

式中　Z——裂缝深度;

　　　α——裂缝倾角;

　　　r——井眼半径;

　　　θ_d——裂缝面倾斜方位角;

　　　θ_f——裂缝面走向。

2. 声波成像测井资料包含的地层信息

根据超声波成像测井图像特征的几何形状可以得到不同地质特征的形态描述,如地层层理类型、地层走向、倾向、裂缝走向、角度、椭圆井眼方位等。这些资料对确定构造形态、储层分布、裂缝发育方位及地应力方位等具有十分重大的意义。

超声波成像测井资料包含的地层信息是通过成像图上的颜色、形态等反映出来的,它们代表不同的地质意义。

按图的颜色可以分浅色及杂色三类,分别代表了不同的地质意义,如高阻(或高阻抗）、低阻（或低阻抗）及电阻（或声阻抗）非均质地层。凭借成像图上颜色的深浅可以对岩性、裂缝等进行识别。

按图像形态分类，可以分为块状、线状、条带状、斑状等模式，它们分别表示不同的地质意义（图 2-6-21）。

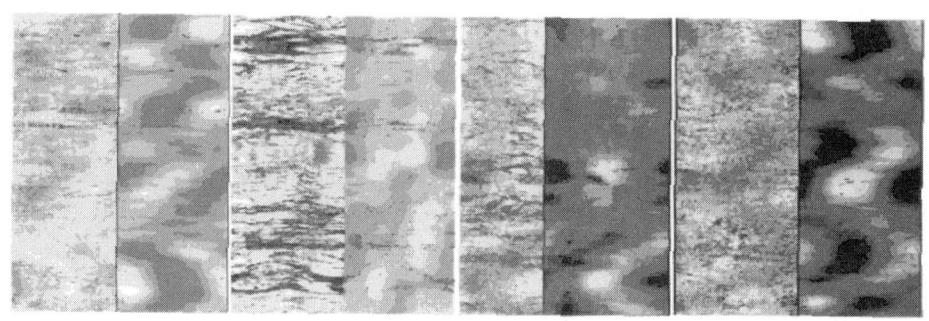

    a. 块状模式   b. 暗色条带模式   c. 线状模式   b. 斑状模式

图 2-6-21 CBIL 图像形态分类

（1）块状模式：指颜色较单一的均质块状结构，代表一种块状沉积结构，表明沉积中不发育裂缝、层理、孔洞等。亮色块状指示岩性较致密，如致密碳酸盐岩、致密火成岩、块状砂岩等；暗色块状指示典型的泥岩及缝洞发育的碳酸盐岩和火成岩等。

（2）条带状模式：图像上显示为明暗相间的条带状，指示为砂泥岩互层沉积环境。

（3）线状模式：图像上显示为线状，指在一定范围内由于声阻抗或电阻率的变化，而导致图像颜色突变。线状模式可指示裂缝、人工诱导缝、层面、冲刷面、缝合线、不整合面、断层等不同特征。它们容易混淆，因此，正确识别它们是裂缝识别和计算的关键。

（4）斑状模式：成像图呈现为斑状，多为溶蚀孔洞或井壁地层剥落（对声成像）等。当地层有角砾或砾石存在时，图像呈亮色斑状。

3. 声波成像测井的主要影响因素

（1）频率：它发射的是超声波，频率范围在 200～500kHz 之间，主频率在 250kHz，频率高其波长就短，受钻井液固相颗粒的影响就大，最易衰减。实际测井表明，在 8.5in 井眼中，当钻井液密度达到 1.6g/cm³ 以上时，难以测出好的结果。

（2）井眼流体：主要受流体成分（水基、油基、盐水等）和钻井液密度的影响，而后者影响更为显著。

（3）距离：发射点到井壁的距离远近是至关重要的因素，它比其他任何一种方式影响声波幅度大小更为显著。经计算，每增加 1in 井眼直径，能量损失约 38%。可见，井眼太大时，基本上就接收不到反射信号。

（4）井壁结构：井壁结构直接影响反射效果。光滑平整的表面，容易接收到强的反射信号；表面粗糙不平整，使声波发生漫反射，返回信号弱；如有未完全填充的缝和洞，则声阻抗降低，导致反射信号减弱。

（5）入射角度：声波换能器所接收反射波信号的强弱与声波入射角有关，根据反射定律，若发射波束和井壁反射面垂直，则能接收到反射信号；若发射波束与井壁不垂直（小于 90°），那么反射回来的声波信号就不能被接收或接收效果很差，因此造成幅度低值现象。

（6）波阻抗差：井眼流体和地层波阻抗差决定了反射系数的大小，即反射能量的大小，井眼流体是稳定的，因而反射能量强弱直接反映地层特性的变化，如岩性、孔隙度、裂缝发育程度等，这是声波成像解释的重要依据。

4. 超声波成像测井资料的用途

(1) 识别椭圆井眼。

(2) 井眼形状描述。

(3) 地层评价。

(4) 识别薄层。

(5) 套管评价。

(6) 溶洞描述：溶洞是由于地层水对岩块溶蚀造成的。溶洞的存在，必然造成溶洞与溶洞周围岩块反射情况的差异。可分两种情况：①当溶洞内无反射表面时，无反射信号，因而溶洞在时间和幅度图像上与周围岩块有显著的差异；②当溶洞内有反射表面时，有反射信号，但由于溶洞表面的曲率与井筒的曲率不一致，溶洞反射表面的反射角度也与井筒表面的反射角度不一致，这样必然造成溶洞表面的反射信号发生漫射，接收信号能量减弱。另外，溶洞的存在也造成旅行时间的增加，因而在图像上很易识别。

溶洞在时间与幅度图上均表现为与溶洞本身形状一致的暗色团块，但要注意与井眼崩落相区别，两者的主要区别在于两者形成的方式或环境不同。

(7) 识别裂缝：成像测井提供全井眼扫描图像，它以直观的图像表示出来，能提供裂缝的倾角和方位角，还能区分张开缝和闭合缝，以及区分天然裂缝和诱导裂缝。

①张开缝：如果裂缝张开，声波信号反射信号微弱，甚至无反射，图像特征是在幅度图上，表现为暗色；在时间图上，没有信号返回，即无反射表面，表现为黑色，理论模型表明，宽度小于$1/32$in 的裂缝不能被探测到。

②半张开缝：裂缝部分被充填，图像特征是幅度图上，出现暗色；时间图上，部分黑线，被充填部分有信号返回，所以，与幅度暗线对应处没有黑线，表明已被充填。

③充填缝：裂缝已被完全充填，但由于充填物及结构与周围岩块有差异，波阻抗不同，因而幅度图上表现为一条暗线，时间图上却无变化。

④诱导缝：诱导缝有三种类型，分别是由于钻具机械振动、地应力不平衡或钻井液密度过高等压裂地层而造成的。诱导缝在图像上也表现为张开缝的特征，需认真与天然裂缝相鉴别。识别诱导缝的基本方法如下：

第一，诱导压裂缝总是在趋向与井轴平行的方向发生；

第二，诱导缝的走向平行于最大主应力方向；

第三，诱导缝在一个井段总是组系出现。

如图 2-6-22，由于常规测井资料无法准确确定裂缝性储层的裂缝发育程度，在解释过程中采用了 5700 的超声波成像测井技术，利用 eXpress 解释软件对资料进行处理及解释。通过分析图像的特征可以看出，3292~3301m 图像幅度较暗，呈暗色斑点状，裂缝发育较差，仅在底部发育一定量中、低角度裂缝，解释为低产油层；而 3301~3305.5m 图像为亮色指示，为致密层特征，裂缝发育中等，但裂缝的填充程度高，解释为干层，而本段地层椭圆井眼明显，长轴方向为北东—南西向，最大水平主应力方向为北西—南东向；3305.5~3309m 井段，图像整体表现为暗色，且有大量的黑色斑点状特征，分析为溶蚀孔、洞发育，且中、低角度裂缝发育，裂缝角度在 25°~40°之间，且裂缝张开度大，为良好的储层，解释为油层。3309~3316m 为板岩地层，板岩倾向南西，地层强烈变形，出现褶皱，说明地层经过了强烈的构造运动。

对中、新元古界 3288～3320m 井段试油，日产轻质油 228m³，气 3984m³。因此，在复杂岩性中，采用成像测井技术对了解溶孔、溶洞以及裂缝的发育形态、发育程度具有很好的作用。

二、偶极横波成像测井

1. 偶极横波成像测井原理

普通声波测井使用单极声波发射器，可向井周围发射声波，使井壁周围产生轻微的膨胀作用，因此在地层中产生了纵波和横波。在硬地层条件下，可以得到纵波和横波，由此得出纵波和横波时差，如在阵列声波测井中所述，但是在软地层中，由于地层横波首波与井中钻井液波一起传播，因此单极声波测井无法获取横波首波。为了解决这个问题，研制了偶极横波成像测井（DSI）。它采用了偶极声波源，偶极声波源很像一个活塞，它能使井壁的一侧压力增加，而另一侧压

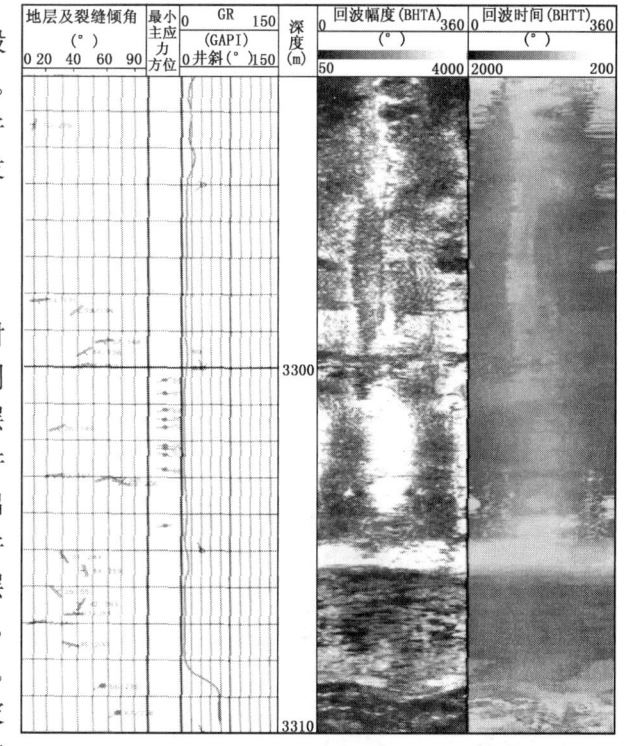

图 2-6-22 用声波成像测井识别裂缝

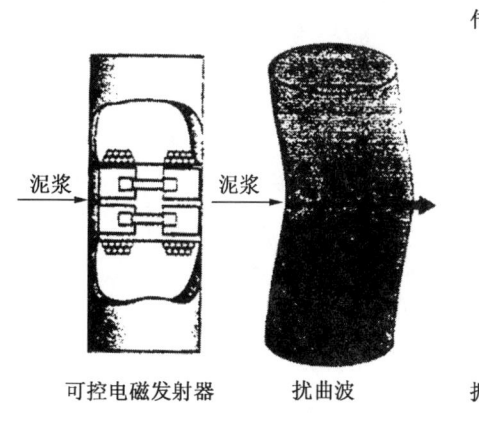

图 2-6-23 偶极子声波源工作示意图

力减小，故使井壁产生扰动，形成轻微的扰曲，在地层中直接激发出纵波与横波。这种扰曲波的振动方向与井轴垂直，但传播方向与井轴平行（图 2-6-23），通常这种声波发射器的工作频率，低于 4kHz。另外这种发射器有低频发射功能，其工作频率可低于 1kHz，在大井眼和速度很慢的地层中可得出很好的测量结果，同时也增大了探测深度。

除沿地层传播的纵波与横波外，沿井眼向上还存在有剪切扰曲波的传播，这种由井眼扰曲运动形成的剪切扰曲波具有频散特性，不同频率其波的传播速度不同，在高频时其传播速度低于横波的速度；低频时其传播速度与横波相同。图 2-6-24 是慢速地层中偶极声波源的纵波、横波和扰曲波的传播示意图，图的下部记录的是慢速地层中偶极声波的波列图，由此可见，用偶极声波测井可以由剪切、扰曲波提取软地层的横波时差。

2. 仪器简述和技术指标

偶极横波成像测井仪有阿特拉斯的 MAC 和斯伦贝谢的 DSI，其技术指标如表 2-6-4。

两个公司的仪器原理相同，仪器结构有一定区别，如图 2-6-25 所示的是 DSI 偶极子声波仪器示意图，该仪器分为发射器，接收器和数据采集电子线路部分。

表 2-6-4 偶极子声波测井仪的主要技术指标

内　容	DSI	MAC
耐温（℃）	175	204
耐压（MPa）	138	138
仪器外径	$3\frac{5}{8}$in（92mm）	$3\frac{5}{8}$in（92mm）
仪器长度	51ft（15.5m）	35ft（10.7m）
最小井眼尺寸	$5\frac{1}{2}$in（13.9cm）	$4\frac{1}{2}$in（11.4cm）
最大井眼尺寸	18in（45.7cm）	21in（53.3cm）

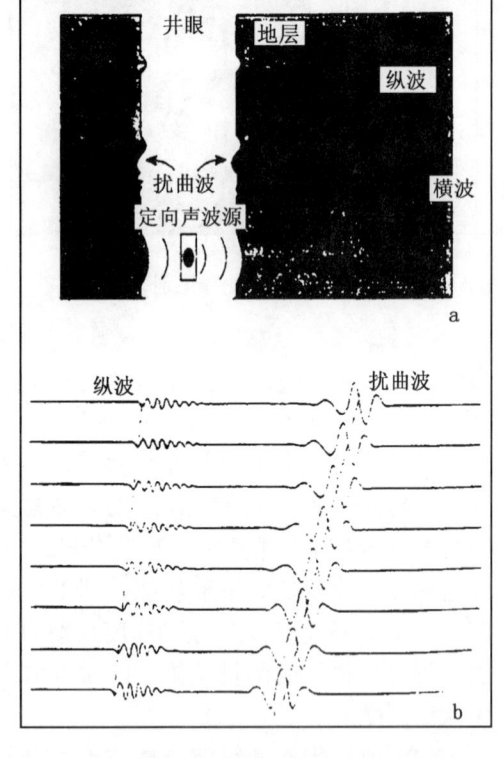

图 2-6-24 用偶极子声波源时软地层中的声波传播（a）及软地层中偶极子声波波列图（b）

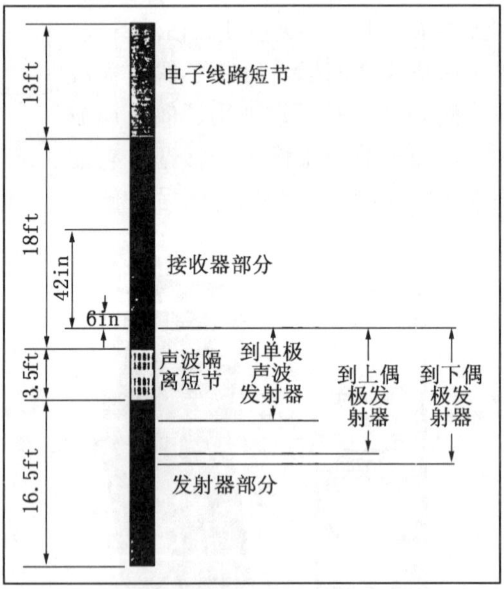

图 2-6-25 偶极横波成像仪结构示意图

发射器由三个发射器单元组成：下偶极发射器和上偶极发射器（两个偶极发射器的方向互相垂直），一个单极全方位陶瓷发射器。可用低频脉冲激励单极换能器产生斯通利波，用高频脉冲激励该换能器产生纵波和横波。用低频脉冲激励偶极换能器产生纵波和横波，用低于 1kHz 的脉冲激励偶极换能器，能在大井眼和非常低速地层中提取横波。

声波隔离短节实际是一种机械衰减器，其作用是阻止由发射器传来的信号沿仪器直接上传。

接收器部分包括 8 个接收器位置，相邻两个接收器位置的间距为 6in（15.2cm），第一个接收器位置与第八个接收器位置之间的距离为 42in（1.07m）。每个接收器位置上有两对接收器。一对同上偶极发射器方向一致，另一对同下偶极发射器方向一致。对于偶极方式，每对接收器是分开传输的；对于单极方式，二者是合在一起传输的。最低接收器位置与单极发射器的距离为 9ft（2.7m），与上偶极发射器的距离为 11ft（3.4m），与下偶极发射器的距离为 11.5ft（3.5m）。

并行数据采集电路包括有同时数字化的八个独立波形，能把几次发射产生的波形叠加起来、进行自动增益控制，并把信号传输到地面的相关电路。还包括记录每条波形的幅度门坎交叉时间所用的门坎探测器，门坎探测器用于检测纵波首波，得出时差值。

3. 仪器的工作方式

偶极横波成像测井有多种工作方式，它们可以进行任意组合。

（1）下偶极方式：采集和处理下偶极发射器发射时，相应接收器接收到的偶极波形数据及扰曲波的慢度，从而获取有关横波数据。

（2）上偶极方式：采集和处理上偶极发射器发射时，相应接收器接收到的偶极波形数据及扰曲波的慢度，从而获取有关横波数据。

（3）斯通利波方式：当用低频脉激励单极发射器发射时，采集和处理相应接收器接收到的单极波形数据，从而得出斯通利波的时差。

（4）纵波和横波方式：用高频脉冲激励单极发射器发射时，采集和处理相应接收器接收到的单极波形数据，从而得出纵波和横波时差。

（5）首波检测方式：用高频脉冲激励单极发射器发射时，采集和处理相应接收器接收到的单极波与阈值的交叉数据，从而测得纵波时差。

（6）偶极横波成像测井仪可与大部分测井仪进行组合测量。

4. 偶极横波成像测井的用途

（1）确定孔隙度。

（2）用低频斯通利波估算地层的渗透率。

（3）裂缝评价：用声波干涉图形分析裂缝；用纵横波、斯通利波的幅度分析裂缝；用纵横波、斯通利波的接收于反射时差差值来评价裂缝；用斯通利波和各向异性评价裂缝的有效性。

（4）油气水层评价。

（5）研究地层的各向异性，可预测裂缝的发育方向、地应力的方向等。

5. 偶极横波测井在天然裂缝识别中的应用

（1）图 2-6-26 为取心井段 FMI 测井所显示的裂缝图像模式，在 300 多米的测量井段内 FMI 图像上几乎都有此种模式的裂缝显示。椭圆井眼的长轴方向和钻井诱导缝的走向指示全井段现最大水平地应力的方向为近东西向，与 FMI 图像上显示的直劈裂缝的走向一致。在这种情况下，直劈天然裂缝在钻井过程中沿井壁向上、向下诱导延伸是不可避免的，这就是成像测井在此种地质条件下无法确定天然直劈裂缝的原因。

（2）图 2-6-27 为偶极横波测井资料识别天然裂缝的处理成果图。从图中可以看出，X421～X448m 井段在纵、横波时差重叠图上，纵波时差与其他井段基本一致，横波时差明显增大。在纵、横波能量重叠图上，纵波能量全井段变化不大，横波能量在该井段有较大的衰减，分析为直劈裂缝造成的横波能量衰减。在斯通利波能量曲线道上，两个探头接收的斯通利波的能量处理曲线的形态完全一致，在 X430～X445m 有明显的能量衰减，表明该

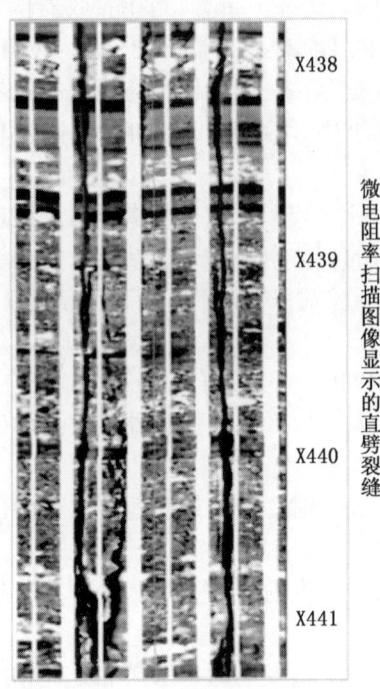
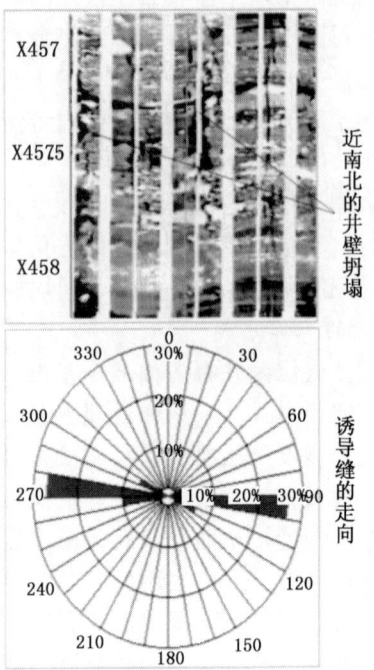

图 2-6-26 直劈裂缝 FMI 图像模式

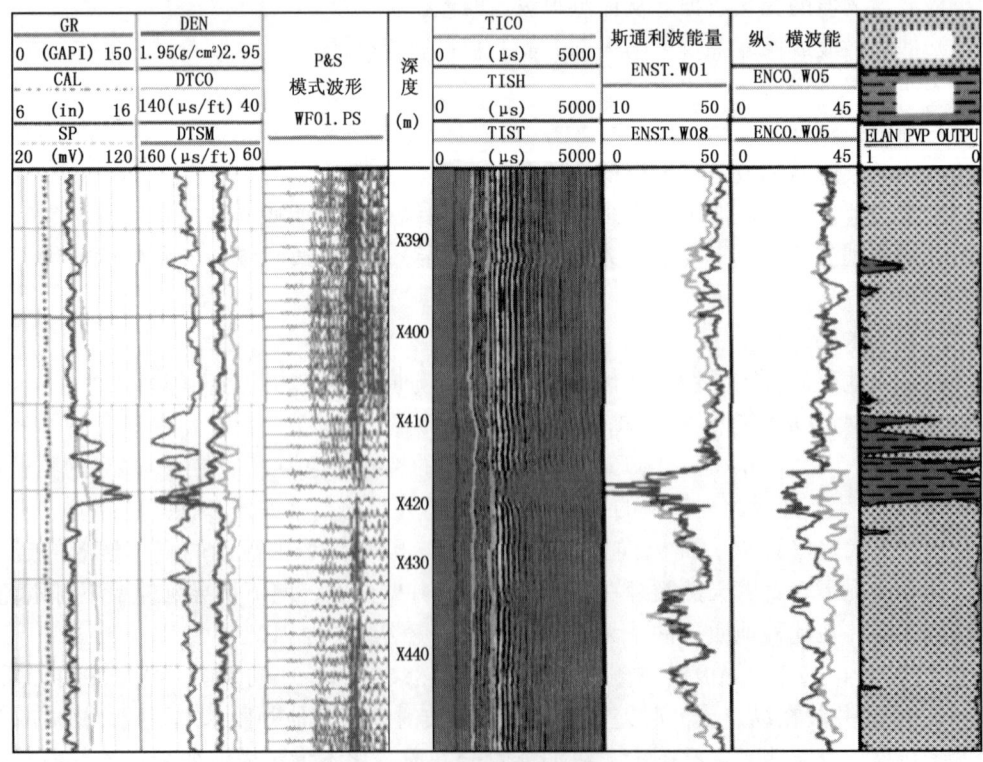

图 2-6-27 偶极声波测井资料识别天然裂缝的综合处理成果图

地段地层有一定的渗透性，综合分析该段地层裂缝发育。其中，X430~X437m斯通利波能量衰减最大，表明裂缝宽度较大，渗透性较好。岩心描述X421~X448m全井段被直劈裂缝贯穿，其中，X430~X437m裂缝宽度较大，为1mm，其他为0.1~1mm不等，取心描述结果与DSI处理结果完全一致。

该井在X433~X438m、X439~X446m两段同时射孔投产，日产油66t，日产气9907m^3。在X410~X421m井段，常规测井资料、DSI测井资料均显示为玻屑凝灰岩层，斯通利波VDL显示也十分清楚。X388~X410m井段，岩心描述局部裂缝发育，裂缝发育率为69%，裂缝宽度主要分布在0.1~1mm之间，局部可见2mm宽的裂缝。归位发现，横波能量衰减大处天然裂缝发育，横波能量数值较大处无天然裂缝发育，斯通利波能量衰减大处为宽度较大的裂缝。取心标定结果证明，该井段确有天然直劈裂缝发育，但也存在着裂缝的诱导延伸。所以FMI综合DSI测井资料可以较好地识别直劈天然裂缝。

第七章 地层倾角测井

地层倾角测井是在井内测量地层面倾角和倾斜方位角的一种方法。可以用来进行地层对比、研究地质构造、鉴别断层、不整合等构造变化以及研究沉积结构和沉积相。目前我国普遍使用的地层倾角测井仪有阿特拉斯公司的 HEXDIP1020、斯伦贝谢公司的高分辨率地层倾角仪 HDT、哈里伯顿公司的六臂倾角测井仪 SED。20 多年来,地层倾角测井在各大油田得到了广泛的应用,对油气勘探和开发发挥了重要作用。

第一节 地层倾角测井的基本原理

要想知道地层的倾斜角度,只要知道这个层面上的单位法向矢量 n,就可知道它的三个分量。所以问题是如何确定地层层面上的法向矢量 N。它能以层面上三个或四个点构成矢量的矢积得到。

设空间有一北东倾向的地层面,大地坐标系 O—ENV 为右手坐标系,其原点 O 是该地层面与井轴的交点,地层面在 O 点的单位法向矢量为 $\vec{n}$,它在各轴上的投影分别是 n_E、n_N、n_V,即 $\vec{n} = n_E \vec{i} + n_N \vec{j} + n_V \vec{k}$,坐标轴 $\overrightarrow{OE}$ 和 $\overrightarrow{ON}$ 所在平面为水平面,它与地层面交线的方向为地层面的走向,用顺时针方向与正北方向的夹角表示,该例走向为南东向。地层面在 O 点的倾向是它在该点由高到低变化最大的方向,用地层面在该点的倾斜线在水平面上的投影与正北方向的夹角(顺时针)表示,称为倾斜方位角,简称倾向,本例为东北向。因为倾斜线在水平面上的投影与单位法向矢量在水平面上的投影方向一致,故地层面在 O 点的单位法向矢量 $\vec{n}$ 在水平面上的投影 n_H 与正北方向的夹角 ϕ(顺时针)即为地层面的倾斜方位角或称倾向,其变化范围是 $0°\sim360°$。因为地层走向与倾向互成 $90°$,故地层倾角测井只确定地层面的倾向。地层面在 O 点的倾角是它在该点与水平面的夹角,其变化范围是 $0°\sim90°$。因为地层面的单位法向矢量 $\vec{n}$ 垂直于地层面。而铅垂轴 $\overrightarrow{OV}$ 垂直于水平面,因此 $\vec{n}$ 与 $\overrightarrow{OV}$ 的夹角 θ 即是地层倾角。由图 2-7-1 上的关系可得地层倾角表达式:

$$\theta = \text{arctg} \frac{\sqrt{n_E^2 + n_N^2}}{n_V}$$

地层倾斜方位角 ϕ 的计算与其大小有关,即与单位法向矢量的水平投影所在的象限有关,具体分析如下:

当 $0 < \phi < \frac{\pi}{2}$ 即 $n_E > 0$,$n_N > 0$ 时:

$$\phi = \text{arctg} \frac{n_E}{n_N}$$

当 $\frac{\pi}{2} < \phi < \pi$ 即 $n_E > 0$,$n_N < 0$ 时:

$$\phi = \text{arctg} \frac{n_E}{n_N} + \pi$$

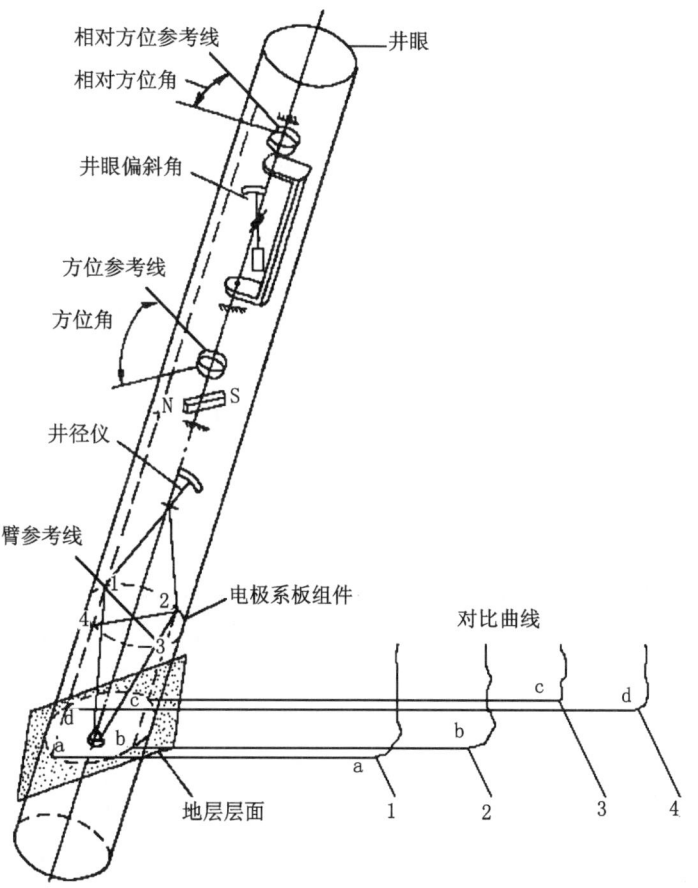

图 2-7-1 地层倾角测井仪器原理图

当 $\pi < \phi < \frac{3}{2}\pi$ 即 $n_E < 0$，$n_N < 0$ 时：

$$\phi = \text{arctg}\frac{n_E}{n_N} + \pi$$

当 $\frac{3}{2}\pi < \phi < 2\pi$ 即 $n_E < 0$，$n_N > 0$ 时：

$$\phi = \text{arctg}\frac{n_E}{n_N} + 2\pi$$

还有两个特例：当 $n_N = 0$，$n_E > 0$ 时 $\phi = \frac{\pi}{2}$；当 $n_N = 0$，$n_E < 0$ 时 $\phi = \frac{3}{2}\pi$。

由此可知，只要能确定地层面在大地坐标系中的单位法向矢量 $\vec{n} = \vec{n_E}i + \vec{n_N}j + \vec{n_V}k$，就可以计算出地层面的倾角和倾向。

四臂倾角测井仪的测量信息有：

(1) 四条微电导率曲线：四臂倾角测井仪有四个贴井壁的极板，每个极板上都嵌有一个微电极,可测出四条微电导率曲线 DIP_1、DIP_2、DIP_3 和 DIP_4。

(2) 两条井径曲线:四臂倾角测井仪的四个臂(极板)加压后贴井壁,在测量四条微电导率曲线的同时,可起到井径的作用。即分别由1、3号极板和2、4号极板组成两套井径测量装置,测得井径曲线 CAL_1(d_{13}) 和 CAL_2(d_{24})。

(3) 1号极板方位角曲线:用磁针罗盘测量1号极板相对磁北极得方位角 AZ(μ)。

(4) 井斜角:即井轴与铅垂线之间的夹角 DEV(δ)。

(5) 井斜方位角:1号极板开始逆时针方向到井斜方向的角度 RB(β),简称相对方位角。

六臂倾角的测量原理与四臂倾角类似,只是增加了两个臂,每个臂上嵌有两个电极,共12个电极。

图2-7-2和图2-7-3分别为四臂倾角和六臂倾角测井曲线图。

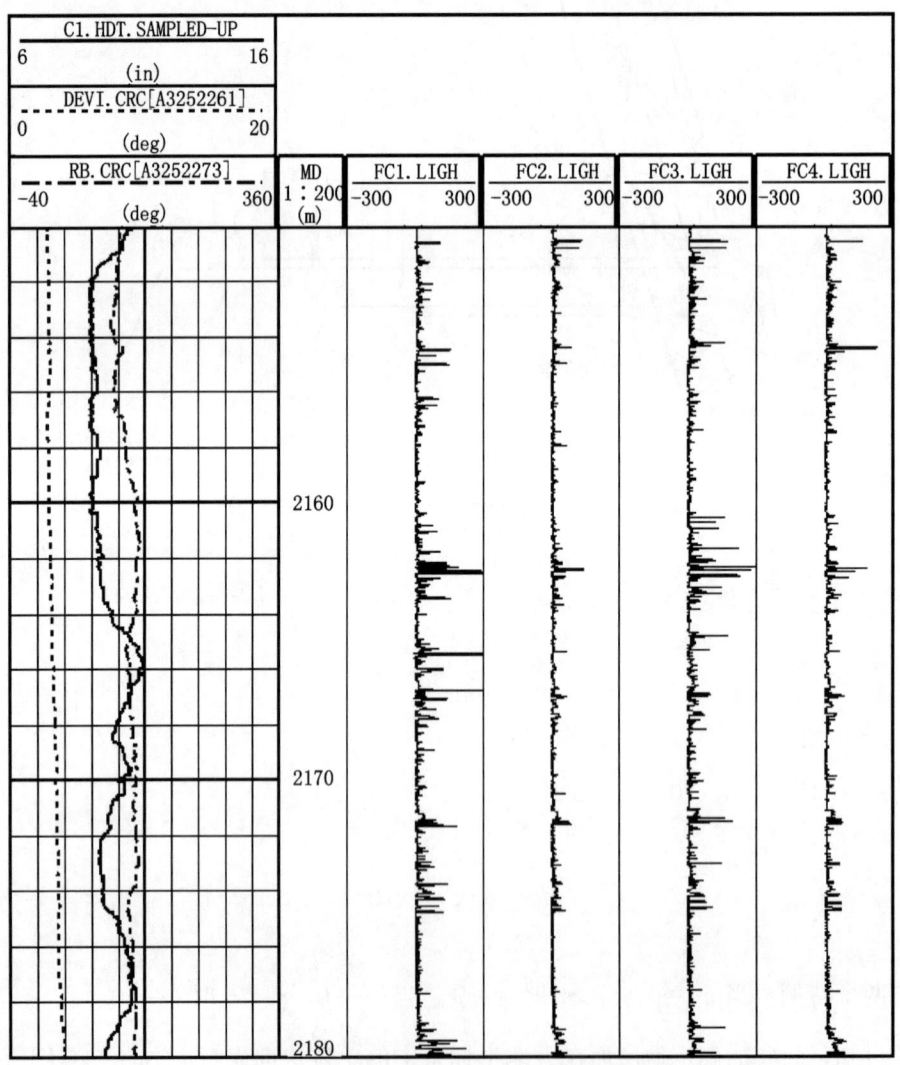

图2-7-2 四臂倾角(HDT)测井曲线图

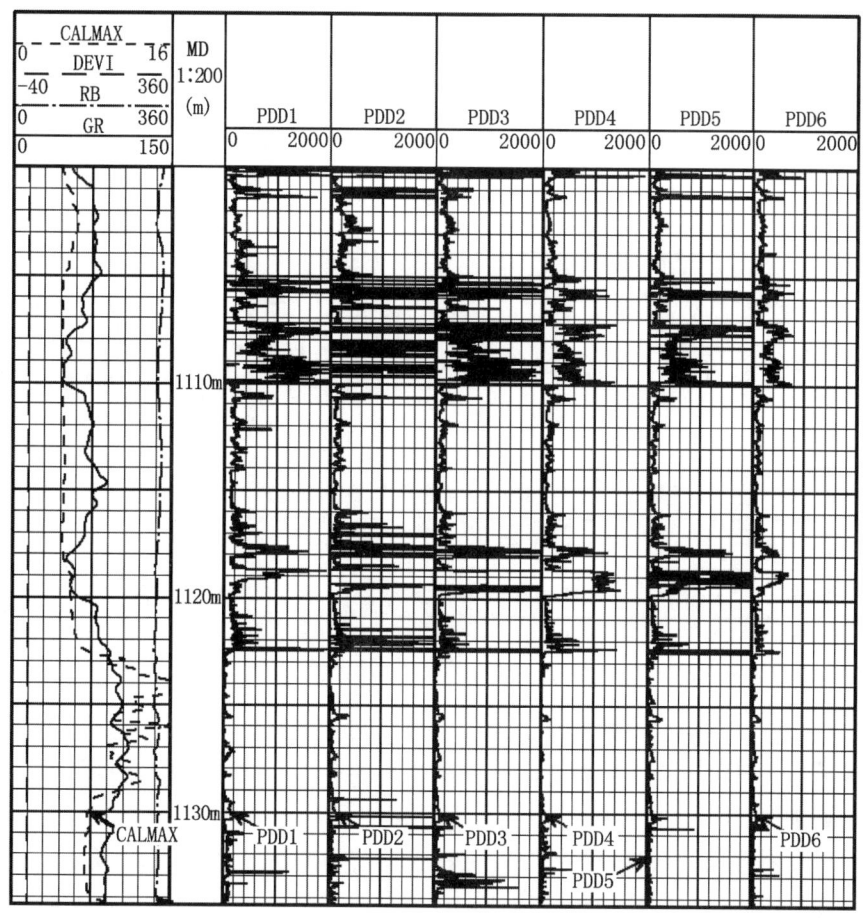

图 2-7-3 六臂倾角（SED）测井曲线图

第二节 地层倾角测井资料处理及成果显示

显然，地层倾角测井实际上并不能直接测量地层的倾角和倾斜方位角。它需要利用实际测量的信息（电导率、井径、1号极板方位、井斜角、井斜方位等）进行分析处理，才能得到地层的倾角和倾斜方位角。

一、地层倾角测井资料处理

传统的地层倾角测井资料处理方法有三种：

（1）相关对比法：相关对比法是通过对四条电导率曲线（四臂倾角）进行对比，确定属于同一层面四条电导率曲线的位置，以便求出正确的高程差。对比时，以1号极板所记录的电导率曲线作为基本曲线（1号极板所记录的曲线质量不好时，也可以其他极板记录的曲线作为基本曲线），其他三条曲线作为对比曲线。将基本曲线的一段固定，依次选择2、3、4号极板所测的电导率曲线相同长度与基本曲线对比，并求出各曲线与基本曲线之间的相关系数，找到相关系数最大的位置，即属于同一地层层面的位置，算出任意两条曲线的高程差。相关对比方法中，有三个很关键的参数窗长、步长、探索角（图2-7-4）。窗长

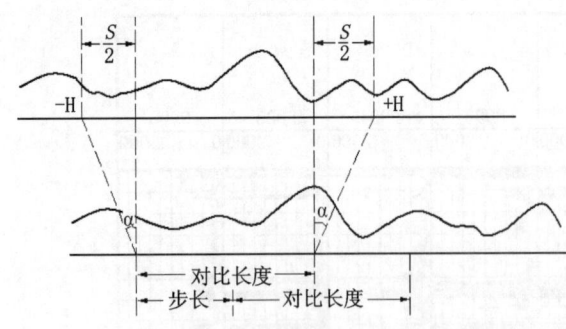

图 2-7-4 相关对比方法原理图

就是用来对比的曲线段的长度,也叫对比长度。当一个曲线段对比完后,按顺序取下一曲线段进行对比,两相邻曲线段中心点的距离称步长。探索长度(S)的一半($S/2$)作为直角三角形的对边,井径 D 作为直角三角形的底边,对应的角 α 为探索角。

在用相关对比方法进行实际资料处理时,可以通过调节窗长、步长、探索角这三个参数,得到解决不同地质问题的处理结果。其参数选择原则如表 2-7-1 所示。

表 2-7-1 地层倾角资料处理参数选择原则

要解决的地质问题	对 比 长 度	探 索 角	步 长
研究构造形态	大于岩层厚度	大于最大的构造倾角	小于对比长度
研究地层的层理特征	介于岩层的层系厚度与细层厚度之间	大于最大的层理倾角	等于对比长度

(2) 图形识别法:图形识别法是力图让计算机模拟人的眼睛按测井曲线形状进行图形相关对比的方法,是一种模式识别方法。如斯伦贝谢公司的 GEODIP 倾角处理软件就是采用图形识别处理法。

(3) 点对点对比法:点对点对比法是阿特拉斯公司的 STRATADIP 倾角处理软件采用的方法,它通过用曲线活度来确定和描述地层界面,点对点曲线搭配,按动态规划法找出两条曲线上点对点的位置,最终计算出地层倾角。

二、地层倾角测井资料成果显示

地层倾角测井除了可以直接显示各极板所测的电导率及井径、1号极板方位、井斜角、井斜方位等曲线外(图 2-7-5、图 2-7-6),还可以以其他形式将其处理成果显示出来。通常,有两种成果显示方式:

一是数据列表显示方式,如表 2-7-2 所示,表中一般显示地层倾角(DIP)、地层倾斜方位角(DIPAZ)、地层倾斜方向、1号极板方位角(AZI1)、井斜角(DEVI)、井斜方位角(RB)、井斜方向等信息;

表 2-7-2 地层倾角测井处理成果数据显示表

DEPT (m)	AZI1 (DEG)	DEVI (DEG)	RB (DEG)	DIP (DEG)	DIPAZ (DEG)	GRADE
1100.00	357.73	1.78	341.35	14.39	235.54	1.00
1100.50	354.2	1.79	337.37	13.84	232.39	1.00
1101.00	349.05	1.79	331.64	11.28	229.47	2.00
1101.50	349.52	1.77	331.03	3.78	248.30	1.00
1102.00	348.69	1.77	329.66	1.63	351.11	1.00

续表

DEPT (m)	AZI1 (DEG)	DEVI (DEG)	RB (DEG)	DIP (DEG)	DIPAZ (DEG)	GRADE
1102.50	346.51	1.80	326.45	3.35	35.31	1.00
1103.00	348.57	1.80	328.48	5.45	39.81	2.00
1103.50	355.85	1.77	335.58	2.82	82.32	1.00
1104.00	359.93	1.78	339.52	3.65	158.94	1.00
1104.50	1.20	1.77	340.58	5.71	169.98	1.00
1105.00	1.49	1.79	340.85	5.56	171.26	1.00
1105.50	0.72	1.79	340.21	5.92	168.00	2.00
1106.00	359.78	1.79	339.28	6.58	167.34	1.00
1106.50	358.21	1.80	338.32	6.05	172.74	1.00
1107.00	356.47	1.80	336.36	6.51	166.02	1.00

二是图形显示方式，主要有矢量图、方位图、杆状图、施密特图及圆柱面展开图等，通常采用的图形显示方式是矢量图和方位图。如图2-7-5和图2-7-6分别为四臂倾角和六臂倾角测井处理的成果图——矢量图和方位图。

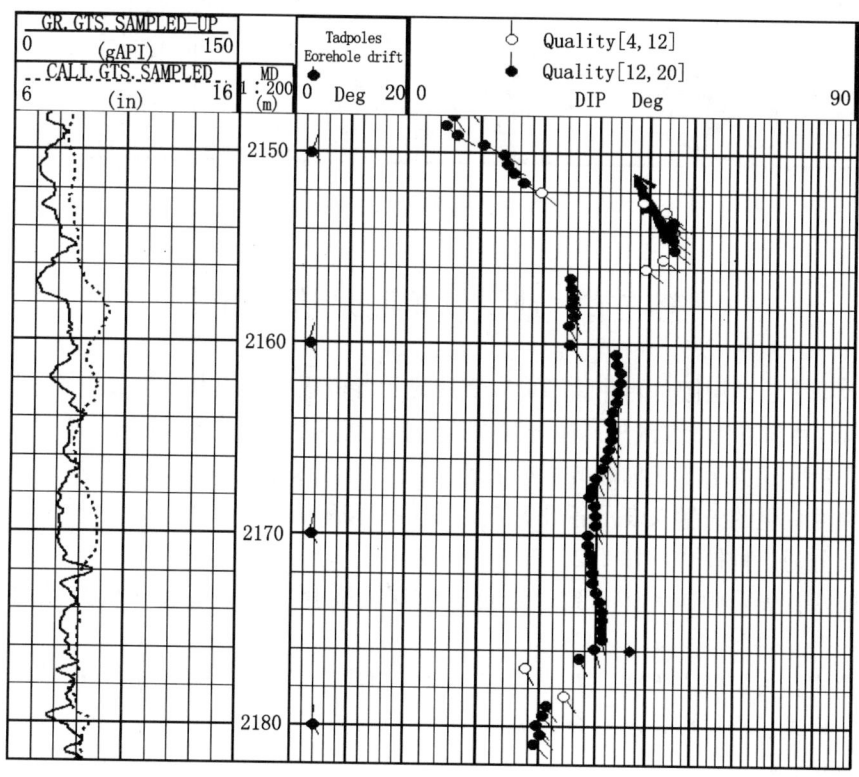

图2-7-5 四臂倾角测井（HDT）资料处理成果图

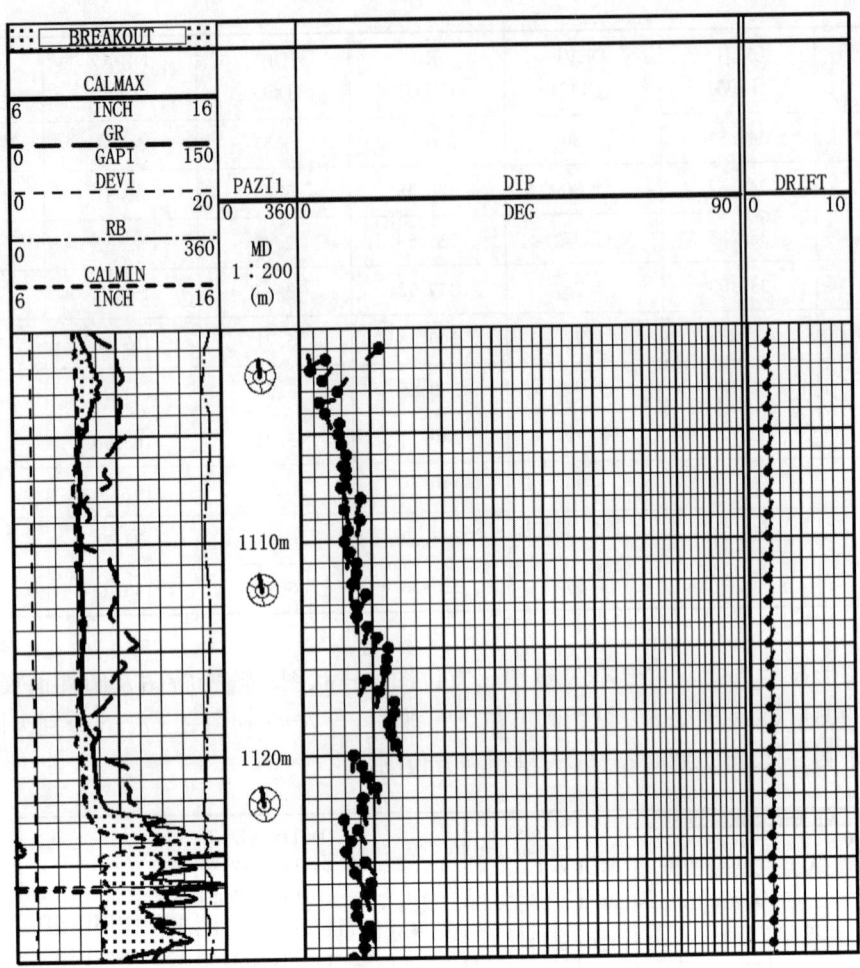

图 2-7-6 六臂倾角测井（SED）资料处理成果图

第三节 地层倾角测井基本图件

（1）数据表：地层倾角测井除了可以直接显示各极板所测的电导率及井径、1号极板方位、井斜角、井斜方位等曲线外，还可以以其他形式将其处理成果显示出来，如表 2-7-2。

（2）矢量图：矢量图又称蝌蚪图或者箭头图，是地层倾角测井的最基本图件，它是用一系列随深度变化的矢量来表示各计算点的倾角和倾斜方位的图形。根据长窗长对比的矢量图可大致分为三种模式，如图 2-7-7 所示。

①绿模式：矢量倾向大体一致，倾角不随深度变化。它一般反映构造倾斜和水平层理等。

②红模式：矢量倾向不变，方位不变，倾角随深度增加而增大。这种模式反映的是沙坝、河道、岩礁、断层以及不整合。与断层、不整合有关时，在深度上短距离内就会有较大的倾角变化。

③蓝模式：矢量倾向大体一致，而倾角随深度增加而减小，用蓝色表示，这种模式与断层、不整合和水流层理有关。

还有一种杂乱模式,其倾角和倾向杂乱变化,这种模式与不整合面、破碎带、断裂带等有关。

由于构造地质与沉积地质研究的差别,在勾画颜色模式时,还进一步分为细色模式和粗色模式:

细色模式:按深度将倾向基本一致的矢量连成颜色模式(细线条),中间不允许跳过相反的矢量,此为细色模式。

粗色模式:用粗线条来反映倾角变化的趋势,称为粗色模式。

由于相关对比的窗长有长短之分,长窗长相关对比计算的地层倾角,首先与岩层界面的地层倾角有关。短窗长相关对比计算的地层倾角主要是岩层内层理的倾角。由此可知粗色模式主要研究构造地质问题,细色模式研究沉积地质问题,如图2-7-8所示。

(3) 方位频率图和施密特图:方位频率图和施密特图是在所研究的井段中用统计的方法来确定地层的倾角和倾斜方位角。

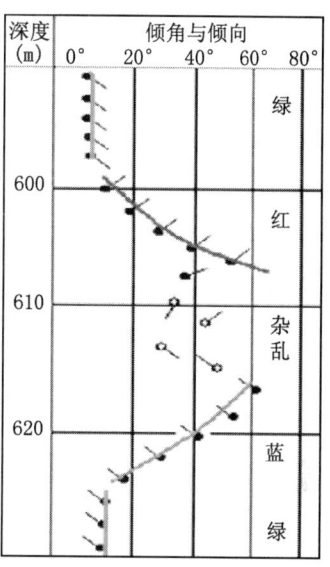

图 2-7-7 矢量图颜色模式

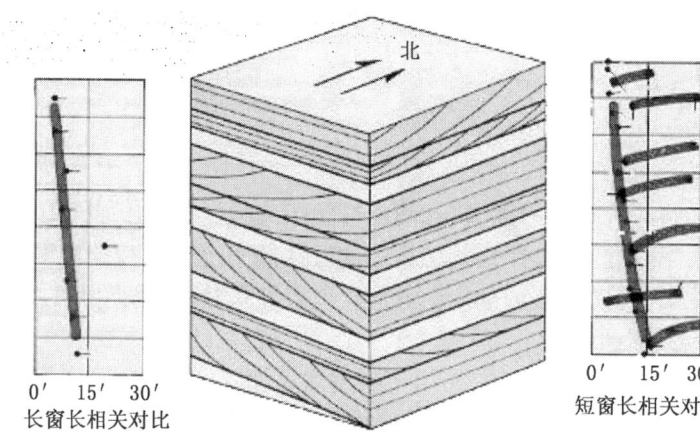

图 2-7-8 地层模型矢量图

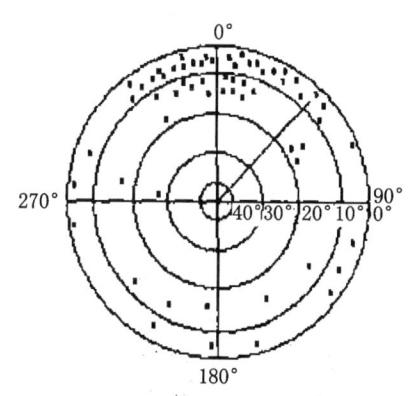

图 2-7-9 方位频率图

方位频率图如图 2-7-9 所示。以极坐标从 0°到 360°,频率从圆心为 0 到边缘的 60,两圆间相差 10 次,将所要研究的井段内计算的全部倾角的倾斜方位在某 10°范围内的频率标画在相应的圆线上。在圈定范围内,根据地层倾角图像的类型用不同的形式(如斜线、交叉线和垂直线)填绘。所选的研究井段要求为一连续沉积的井段。

图 2-7-10 为施密特图。径向方向为地层倾角,其中最外面的倾角为 0°每隔 10°画一个同心圆,圆心为测得的最大倾角,圆周方向为方位角,规定上北下南左西右东共360°,每隔适度画一条径向线。对给定井段测

得的地层倾角和倾斜方位角点在图上，用点子最多的倾角和倾斜方位角来表示该层段的构造倾角和倾斜方位角。

改进的施密特图也是极坐标从0°到360°，分36等分表示方位，同心圆从外缘0°到中心90°表示地层倾角。根据井段内各点倾角和方位角的大小标在相应的极坐标图上，用等值线圈出每个小扇区点子数相同的区域。构造倾角的点子集中在极坐标的外圈区域，等值线图常呈扁形，倾角小且变化很小。沉积倾角大且变化较大，所以沉积倾角的点子所画出的等值线图通常呈三角形，底边接近极坐标的外圈，倾角指向极坐标中心。所以可以用改进的施密特图区分构造倾角和沉积倾角，如图2-7-11所示。

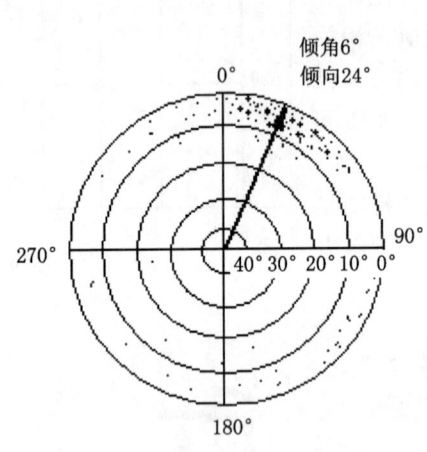

图2-7-10 施密特图

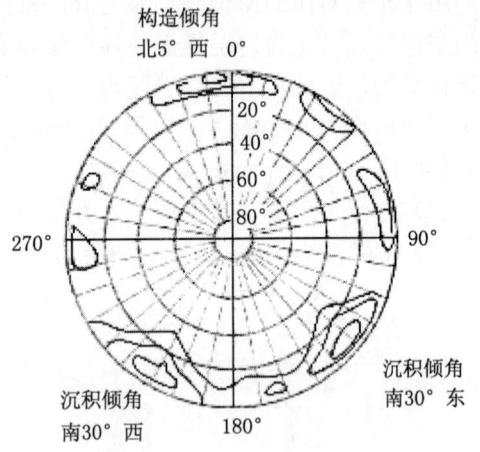

图2-7-11 改进的施密特图

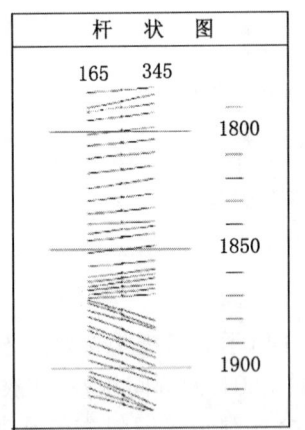

图2-7-12 杆状图

（4）杆状图：杆状图又叫棍棒图，如图2-7-12所示。它是表示沿剖面线的地层视倾角随深度变化的图件。图头上标有剖面线的走向方向。地层倾角θ和视倾角γ的关系为：

$$\mathrm{tg}\gamma = \mathrm{tg}\theta\cos\beta$$

式中　β——井斜相对方位角；

　　　γ——地层倾斜线与横剖面投影线之间的夹角。

（5）线性极坐标图：线性极坐标图如图2-7-13所示，是一种不考虑倾角变化而专门反映地层倾斜方位角深度变化的图件。规定零度方位（即正北方向）放在图的中央，左右两边为180°的方位（即正南方向）。他们之间的两线条分别表示正东方向和正西方向。

利用线性极坐标图来反映构造倾斜方位角是比较明显和直观的，尤其是与正常矢量图配合，就能弥补矢量图上某些层位上倾斜方位角不十分明显的缺陷，从而迅速地确定地层的倾角和倾斜方位角。

（6）圆柱面展开图：图2-7-14为圆柱面展开图。图的中央是正北方向，边上是正南方向，它们中间分别为正东和正西方向（注意：与线性极坐标图方向相反）。圆柱面展开图相当于圆心柱面素描展开图，将剖面线连接起来成一圆柱形，就好像从井中取出的岩心一样，便于对层面倾角和各种层理的观察和研究。小窗长得出的圆柱面展开图对分析沉积环境相当有用，而大窗长处理的圆柱面展开图则对断层、不整合等构造现象显示清楚。

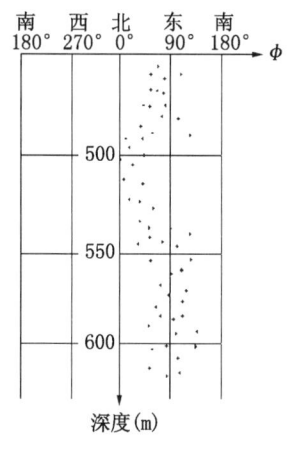

图 2-7-13 线性极坐标图

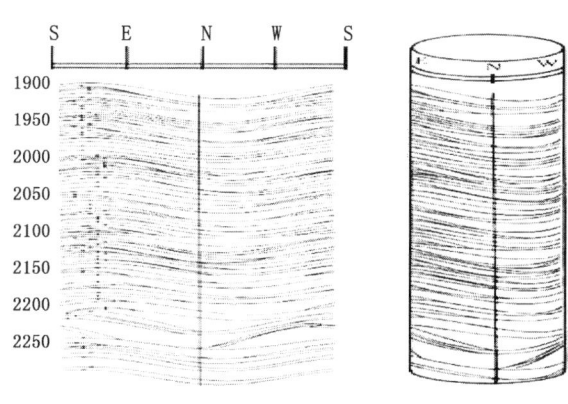

图 2-7-14 圆柱面展开图

第四节 地层倾角测井资料在裂缝地层中的应用

裂缝是指岩石受外力作用、失去内聚力而发生各种破裂或断裂所形成的片状空间，它切割岩石组构，是油气运移的通道和储集场所，在低孔低渗地层（如碳酸盐岩地层）中识别裂缝是寻找油气储层的关键问题。而利用地层倾角测井资料是识别裂缝最有效的方法，它可以给出裂缝井段、裂缝相对密度、裂缝的走向等参数，如图 2-7-15 为倾角矢量图分析裂缝产状。

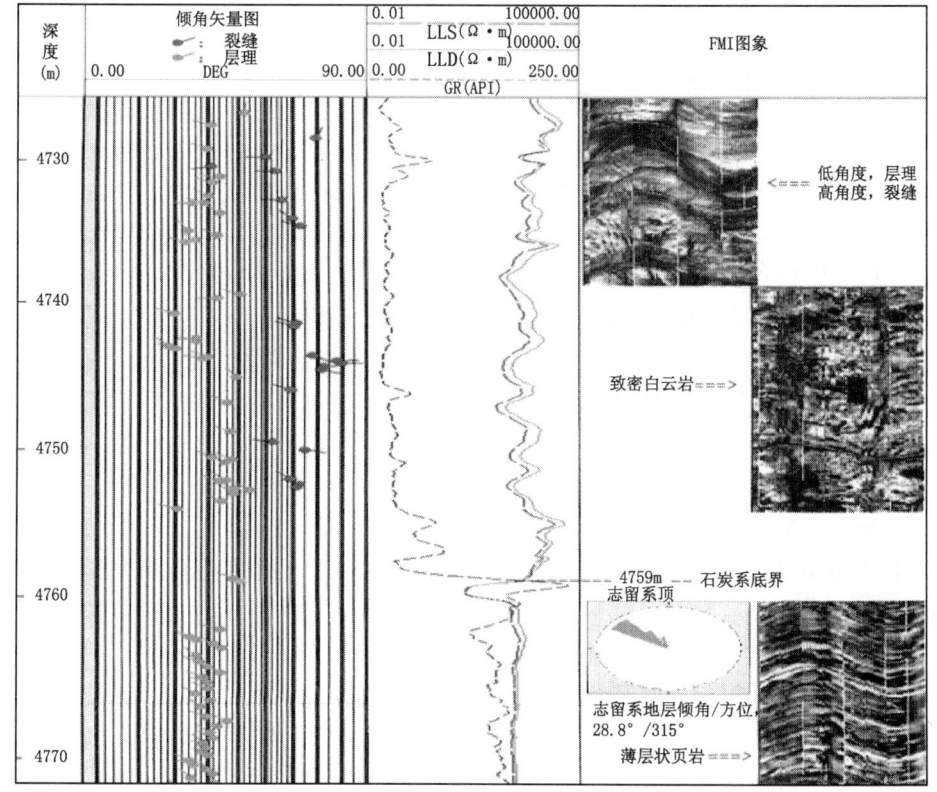

图 2-7-15 倾角矢量图分析裂缝产状

地层倾角测井探测裂缝主要是通过在同一平面上装置的四个互成 90°的贴井壁的极板，分别记录高分辨率的微电阻率曲线，较为精确的探测井壁四个方位上裂缝的位置和产状。地层倾角测井资料识别裂缝的方法包括裂缝识别测井、电导率异常检测、定向微电阻率及利用 SHDT 测井资料的并列电极对比等。

(1) 裂缝识别测井（FIL）：裂缝在地层倾角测井曲线常常显示为高阻背景上的低电阻率异常。为了突出裂缝的显示，对地层倾角测井曲线首先适当调整横向比例尺，使非裂缝层段曲线达到饱和状态，而裂缝则以明显的低电阻率异常显示出来；然后按顺序组合相邻两极板的四级重叠曲线，当任一极板通过充满导电钻井液的裂缝时，其电阻率降低，重叠曲线呈现幅度差。高角度裂缝常以一组或两组明显的幅度差出现，裂缝的走向可以通过一号极板的方位求得，如图 2－7－16。FIL1—3 极板电导率异常明显，2—4 极板无异常，为典型的高角度裂缝。裂缝走向：北 20°西。4602～4605m、4607.5～4636m 射孔、测试仅产微气。

(2) 电导率异常检测（DCA）：该方法是利用地层倾角测井的原始记录进行处理后的显示。在垂向移动允许范围内所确定的井段上，求出各极板与相邻极板的电导率读数之间的最小正差异，把这个最小正差异叠加在该极的方位曲线上，作为判别裂缝的标志。该方法根据地层倾角测井程序（GEODIP 程序）的处理结果来判别由

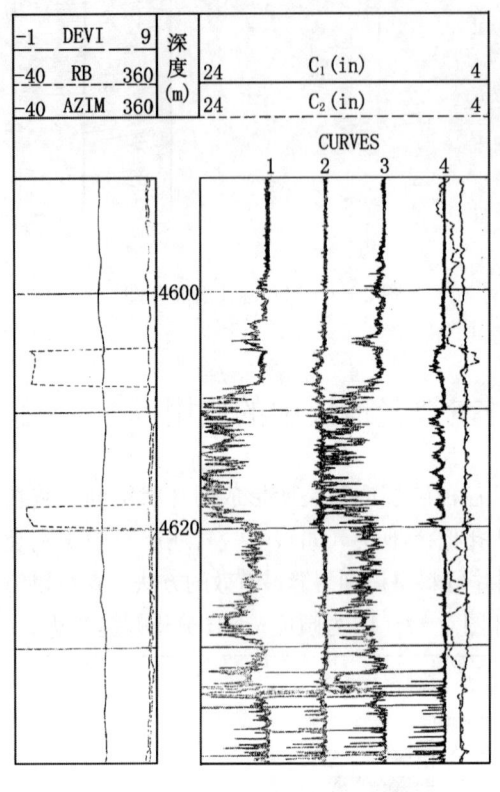

图 2－7－16 裂缝识别（FIL）判别裂缝产状

裂缝识别曲线所获得的地质信息，排除由地层的层理等所引起的假电导率异常。通常，高角度裂缝在对称（相差 180°）的极板上出现连续的电导率异常；水平裂缝在 4 个（六臂倾角为 6 个）极板上同时出现电导率异常；斜交裂缝则 4 个（六臂倾角为 6 个）极板上不规则地出现电导率异常。如图 2－7－17，（最右边四条曲线）可以大致看出裂缝发育层段及裂缝地产状。

(3) 微电阻率曲线重叠法：这是根据地层倾角测井记录再现的四条电阻率曲线，将此四条电阻率曲线直接重叠组合，当出现低阻与高阻曲线明显分离、并由一定垂向延续长度的异常时，即可以作为裂缝的标志。图 2－7－18 为 X430 井（2385～2388m）的实例，其裂缝方位可由相应的低阻极板的方位推算求得。

(4) 利用 SHDT 测井资料并列电极对比探测垂直裂缝：当裂缝被钻井液充填时，裂缝在电阻曲线上显示为高电导率。如果裂缝系统是铅垂方向或接近铅垂方向，则高电导显示有可能在并排电极的其中一个电极曲线上出现。但用这种方法时要小心，因为并排两个电极的距离为 3cm。如果很长井段某一电极曲线一直为低电阻率值，则可能是由两种原因引起的：一种是确实存在垂直裂缝；另一种情况是仪器工作不正常。

(5) 多井裂缝方位频率图分析：单井裂缝方位频率图可以分析裂缝的发育方向、组系。多井裂缝方位频率图可以分析某个地区（构造）不同部位裂缝的发育方向、裂缝分布规律。

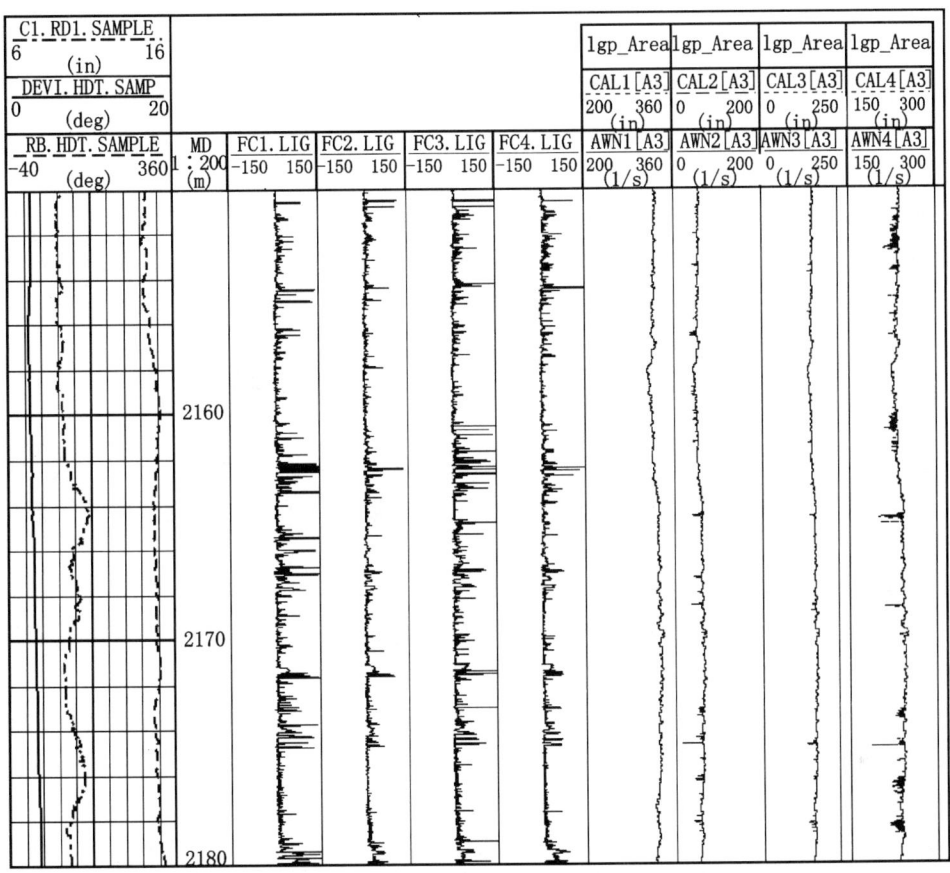

图 2-7-17 地层倾角测井（HDT）电导率异常（DCA）检测处理成果图

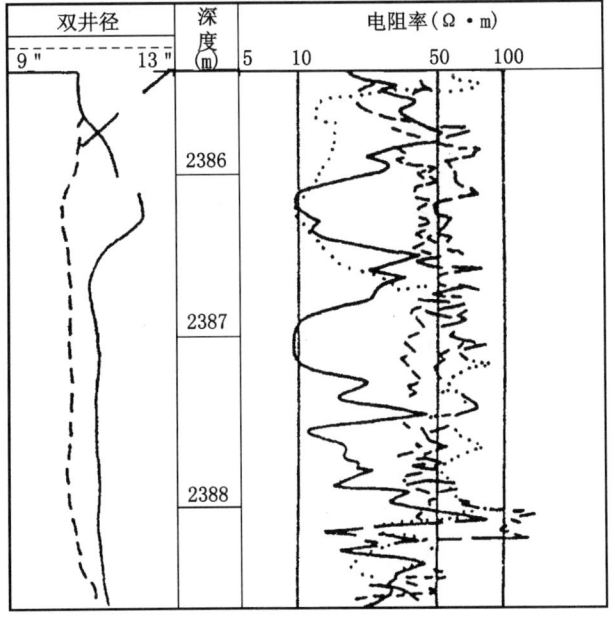

图 2-7-18 430井 OMRL 图

第八章 碳酸盐岩储层及地层流体的测井响应特征

碳酸盐岩剖面地层中裂缝是进行储层划分、类型判别和综合评价的基础，而岩溶体系是特定层位发育的特殊储层。因此，识别各种裂缝的测井响应特征自然成为测井评价的核心。

第一节 岩溶型储层的测井响应特征

这类储层在塔里木盆地和鄂尔多斯盆地奥陶系碳酸盐岩地层中均较发育，纵向上大体分为两个带：即上部垂直渗滤带，下部水平潜流岩溶带。对于水平潜流带据其发育特征又可进一步细分。

一、渗滤岩溶带测井响应特征

该带岩溶特征是地表水流向下沿裂缝或断层垂直渗流，对碳酸盐岩进行溶蚀而形成垂向上的溶缝、溶孔和落水洞，其中往往有后期沉积物（泥、角砾）充填。有三个典型地质特征：未充填或含泥的溶缝、溶孔；含泥小型溶洞；角砾岩等。其测井响应特征主要包括以下三个方面。

1. 溶缝、溶孔的测井响应特征

（1）双侧向电阻率（DLL）较低，且出现正差异，地层倾角测井（HDT）出现低阻异常，中子孔隙度（CNL）较大，表明地层中存在缝、孔。

（2）若自然伽马（GR）低，特别是钍（Th）和钾（K）低，有明缝、无泥质充填（如图 2-8-1）所示的 L-8 井奥陶系 5179~5235m 井段，即该井主要产油气段）；若自然伽马比致密灰岩略高，特别是钍、钾高，表明溶缝、溶洞中含泥（L-2 井奥陶系 5938~5993m 井段，见图 2-8-2）。

2. 含泥小型溶洞的测井响应特征

这类溶洞往往分布于奥陶系顶部，且均较小；在洞穴中，部分充填泥，钻井时一般无放空现象。在 L1、L10、L17 等井的奥陶系顶部，均发现这种类型的溶洞（且均富集了油气），其测井响应特征为：

（1）井径扩大，钻速较快。

（2）电阻率较低，一般为 $1 \sim 10 \Omega \cdot m$。

（3）密度降低，一般为 $1.70 \sim 2.30 g/cm^3$；中子孔隙度增大，往往是受井径扩大影响所致。

（4）变密度图中的波幅衰减，波形强烈干涉。

（5）自然伽马比灰岩略高，一般为 25~30API，表明洞中含泥，这是区分垂直渗滤带中溶洞与钻井造成的"工程洞"的典型特征。

3. 角砾岩的测井响应特征

角砾和泥垂向充满于落水洞中便形成囊状分布的角砾岩，其产状与石灰岩（围岩）斜交或垂直。角砾岩由灰角砾和泥质基质组成，其测井响应特征为：

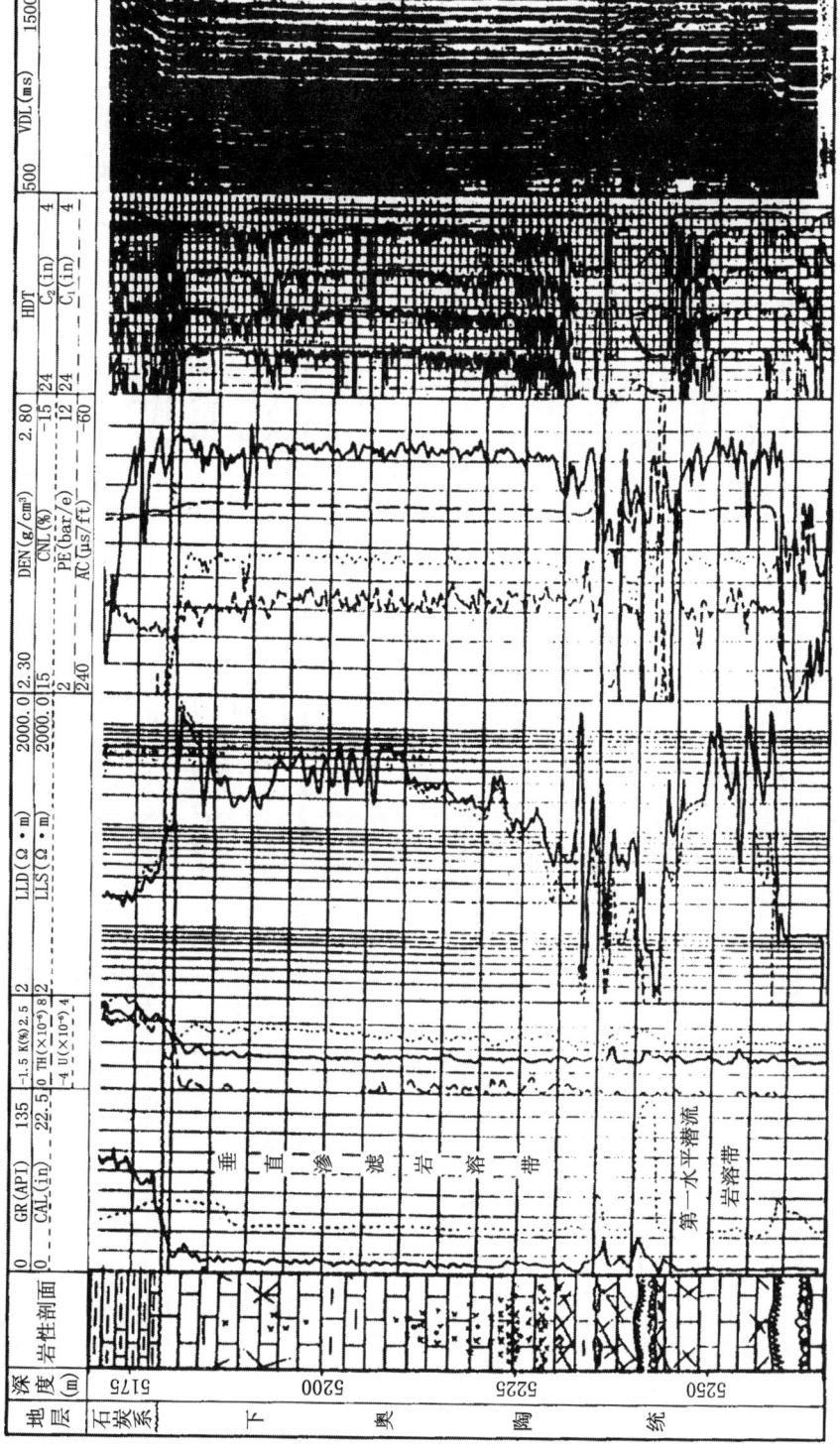

图 2-8-1 L8 井奥陶系垂直渗滤岩溶带和第一水平潜流岩溶带测井响应实例

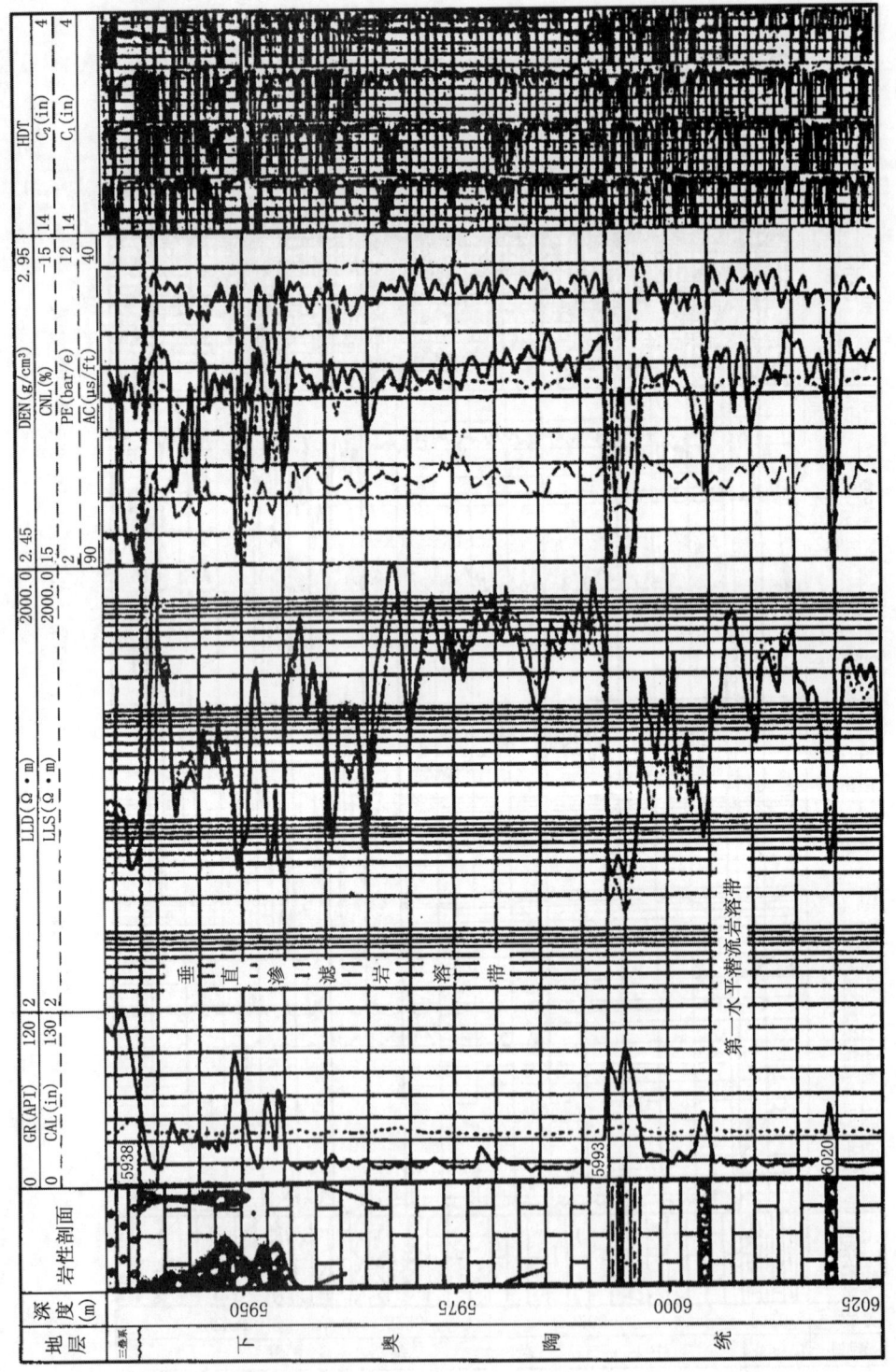

图 2-8-2 L2井奥陶系垂直渗滤岩溶带和第一水平潜流岩溶带测井响应实例

(1) 自然伽马（GR）比致密灰岩（一般为 10API 左右）高，比正常泥岩（一般为75～140API）低，一般为 30～70API，说明岩石中含泥，但并非泥岩。

(2) 双侧向电阻率（DLL）比致密灰岩低，比正常泥岩高，一般为 3～70Ω·m。

(3) 密度低，一般为 2.45～2.75g/cm³；中子孔隙度较大，一般为 3%～8%。

(4) 时差较大，一般为 141.7～246μs/m。

(5) 倾角测井（HDT）出现相关性不好的针状低阻异常，这是角砾岩区别含泥裂缝型石灰岩的典型特征。特征实例为 L-2 井奥陶系 5938～5993m 井段，见图 2-8-2。

二、潜流岩溶带测井响应特征

在地下潜流面附近，淡水以水平方向流动为主，其对碳酸盐岩进行溶蚀后形成大量水平方向的地下洞穴、暗河等。其地质特征有三个：溶洞；再沉积砂泥岩；垮塌角砾岩。

1. 溶洞的测井响应特征

(1) 井径扩大，钻速加快，钻具放空。

(2) 电阻率低（与钻井液电阻率接近），这主要是受钻井液影响。

(3) 密度低，可低至钻井液值；中子孔隙度大，可大于 30%。

(4) 地层倾角测井出现饱和（平头）低阻异常。

(5) 变密度图中波幅衰减，波形干涉，呈"V"字形。

典型实例为 L-8 井奥陶系 5235～5275m 井段，见图 2-8-1。

2. 溶洞再沉积砂、泥岩的测井响应特征

在某地区奥陶系，所钻的大部分潜流带溶洞中都充填泥岩、粉砂岩、砂岩和垮塌角砾岩，其中砂、泥岩大都发育水平层理，有的发育小型波状、透镜状层理和交错层理，这充分反映了地下暗河牵引流的沉积特征。这类砂、泥岩的测井响应特征为：

(1) 自然伽马高，一般为 45～100API，与石炭系砂泥岩相似，反映岩性为砂、泥岩。

(2) 电阻率低，一般小于 2Ω·m，即使是较纯的泥岩也出现明显的正差异，该类泥岩是否有储集能力，尚未提到试油验证。在该区奥陶系，这是溶洞充填砂泥岩的典型特征。

(3) 密度较低，中子孔隙度较大。

(4) 变密度图上波幅衰减，图像变浅甚至变白。

典型实例为 L-12 井奥陶系 5299.5～5340m 井段，见图 2-8-3。

3. 垮塌角砾岩的测井响应特征

垮塌角砾岩一般发育在洞顶和洞底，其测井响应特征为：

(1) 自然伽马（GR）比正常泥岩低，比致密灰岩高，一般为 30～70API。

(2) 电阻率比正常泥岩高，比致密灰岩低，一般为 3～7Ω·m。

(3) 地层倾角测井出现相关性不好的针刺状低阻异常，这是角砾岩的典型测井特征。

(4) 变密度图中出现扭曲，畸变等干涉现象。

(5) 在井下声波电视图上，反映为直观的角砾岩图像，即白色图像的石灰岩角砾（声阻反抗和反射系数较大）被暗色图像的泥质（声阻反抗和反射系数较小）所包络。

4. 利用井下声波电视识别溶洞界面倾向

识别溶洞界面倾向是井下声波电阻最突出的能力之一。声波电阻壁图像是展开的带方位的井壁声波图像，由于溶洞界面上下岩性的声阻存在较大的差异，因而其界面及方位在井壁图像上能清楚地显示出来。排除地层倾角的影响可从井壁图像上识别溶洞界面的实际倾向。L4 井奥陶系溶洞顶面（5122.5m 处）为南倾面，其上为泥岩，下为石灰岩，这说明

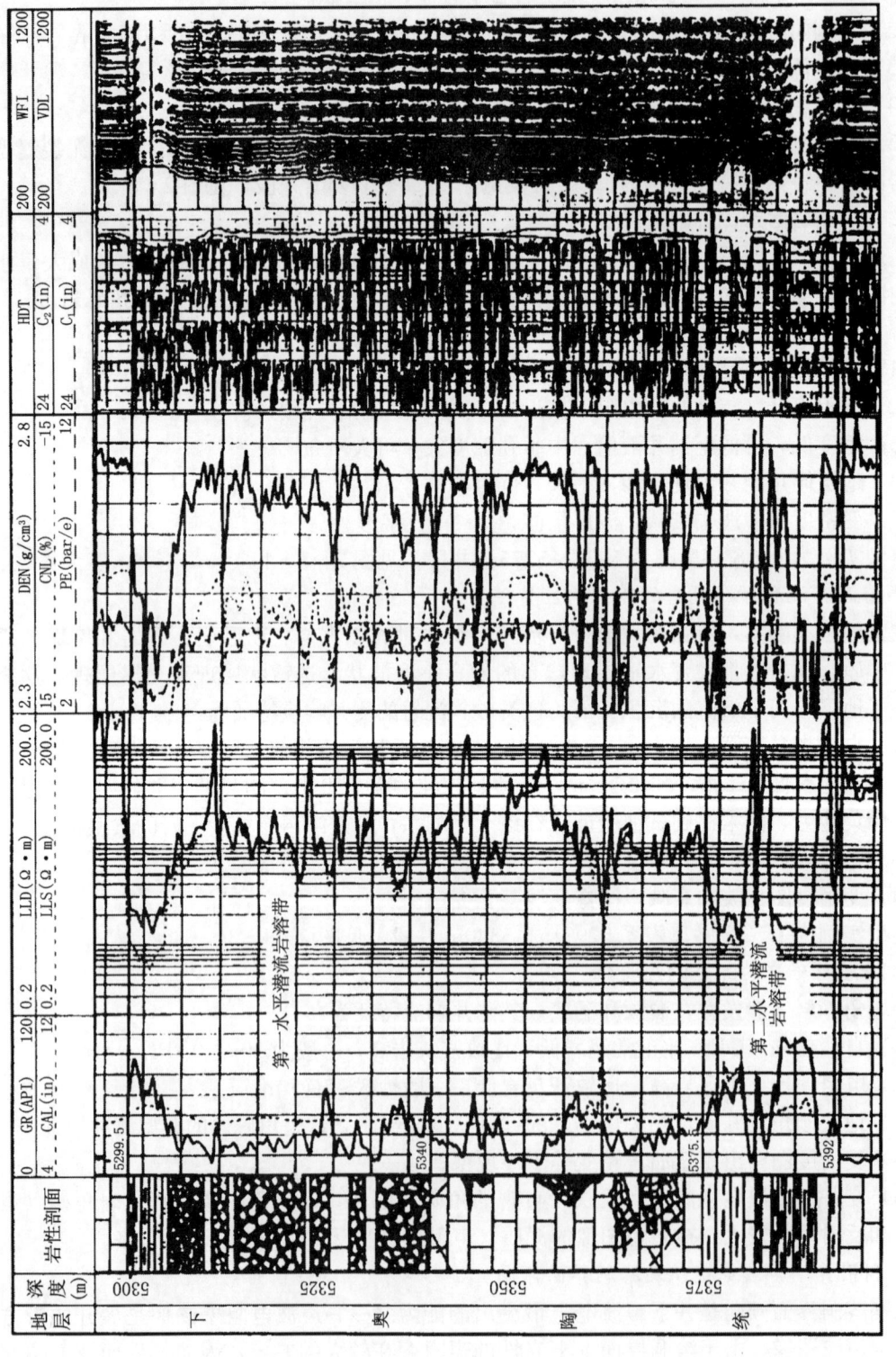

图 2-8-3 L12 井奥陶系水平潜流岩溶带测井响应实例

L4井奥陶系溶岩体系的主溶洞方向为南北向，古水流方向由北向南，这与当时总的地质背景是一致的。在溶洞垮塌带（岩溶体系下部），可能反映了不同时期地面和暗河水流方向的差异。但是，由于溶洞界面的形状和方向在短距离内变化较大，而井眼直径（10～55cm）又较小，井下声波电阻反映的溶洞界面仅为局部，因此，仅靠一口井的井下声波电阻确定整个溶洞的方向是比较困难的。然而，如果进行多井的测量和对比，其可靠性增大，若结合地震资料尤其是Seislog资料进行分析，则可更有把握地识别溶洞界面方位及整个溶洞的延伸方向。

三、真、假孔洞的定性鉴别

要对洞穴型储层进行评价，首先必须在诸多的地质事件中鉴别出真、假孔洞。鉴别真、假孔洞最直观、有效的手段是成像测井。通过成像测井可以鉴别出黄铁矿斑块、井壁坍塌、角砾间隙等许多与溶蚀孔洞特征相似的地质现象（图2-8-4）。

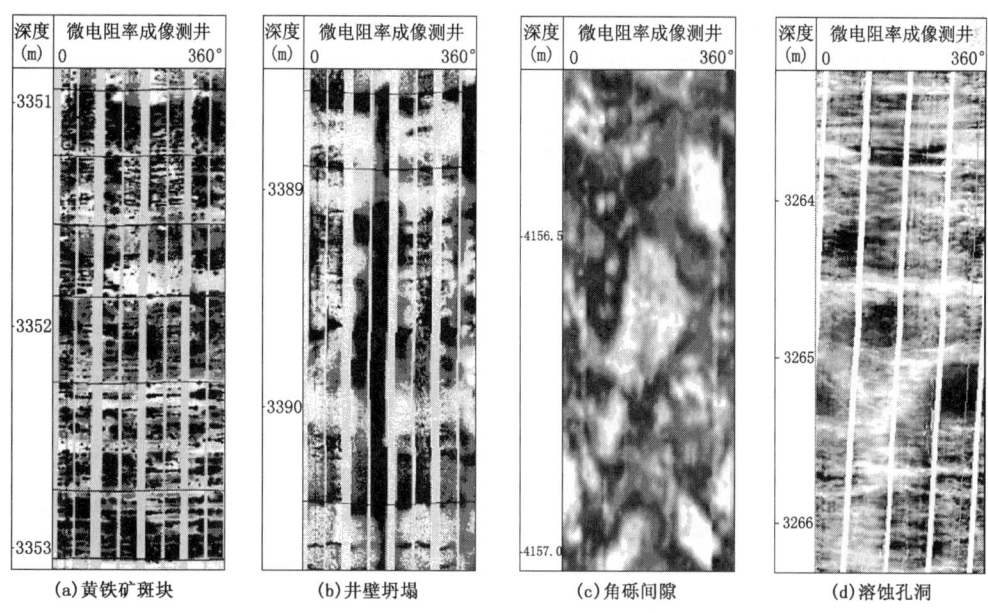

图2-8-4 真、假孔洞的定性鉴别

（1）溶蚀孔洞与黄铁矿斑块的鉴别：它们都是高电导异常，在成像图上形态相似，不易区分。但由于黄铁矿电阻率极低，甚至低于钻井液的电阻率，因此黄铁矿颗粒与周围地层的电导率有很大的差异，也就是有较大的色差，表现为突变的特点，所以，图像上黄铁矿斑块异常边缘清晰；并且黄铁矿多为分散状分布，在体积较大时呈方形；而溶蚀孔洞的高电导异常则边缘呈侵染状且较圆滑，因为溶洞与周围地层的电导率是渐变的，而且溶洞与周围地层的电导率差异不如黄铁矿大。

（2）溶蚀孔洞与井壁坍塌的区别：由于地应力造成井壁坍塌，形成椭圆井眼，在椭圆井眼的长轴方向易造成FMI测井仪贴井壁效果差，在图像上形成类似溶孔的假象。其区别是井壁坍塌是有方向性的，在一定层段上下有一致性，且呈180°对称分布，FMI图像在相距180°的方向上始终呈两条暗色条带，双井径曲线一条近似于钻头直径，另一条则大于钻头直径，CBIL的幅度和时间图像均显示定向坍塌特征；而溶洞无方向性，可在360°方位上随机分布，且大小不一。井壁坍塌多发生在致密层段，而溶洞发生在储层段。

（3）溶蚀孔洞与角砾间隙的区别：在川东石炭系，常发育角砾，但在角砾段溶孔往往不发育，角砾一般表现为高阻，角砾间隙为低阻，角砾间隙在成像测井图上形似溶孔的特征，容易与溶孔混淆。

两者的主要区别是根据它们的形态、分布和电导率差异大小。一般角砾是有完整的边界即角砾被电导的物质包围，显示为颗粒的特征，因此角砾间隙的低电导异常围绕角砾分布，形态不规则，通常呈条带状；而溶孔是被高电阻率物质包围，形态规则，常为圆形。角砾和角砾间隙之间的电导率异常较小，角砾间隙在动态图上为黑色或棕色，在静态图上为棕色或黄色；溶孔与岩块电导率差异较大，溶孔一般在静态和动态图上均为黑色。

第二节 裂缝的测井响应与识别

裂缝的发育常常形成裂缝型碳酸盐岩储层，在测井信息中可根据不同的测井响应特征对裂缝进行综合分析（表2-8-1）。

表2-8-1 与裂缝相关的多种测井信息直观综合分析表

测井信息 \ 裂缝类型	低角度裂缝	高角度裂缝	网状裂缝
裂缝识别	四条微电导率曲线都出现尖峰状电导率异常，幅度相近，深度一致	微电导率曲线有一条或二条出现延续一定深度的高电导率异常	四条微电导率曲线均有似层状的高电导率异常，但它们的大小、形状及深度位置不尽完全一致
全波状列	纵、横波能量都有衰减，横波衰减更大	纵波能量有较明显衰减，后续波出现干扰性变化	纵横波及后续波能量衰减明显
变密度	纵横波灰刻度条纹变浅，出现人字形干扰条纹及台阶变化现象	纵横波后续波有不规则的条纹干扰现象，显示远较低角度缝为弱	由于能量衰减在灰刻度上黑白条带色淡，且干扰强烈，波到达时间滞后，见混杂人字形干扰波形
双侧向	明显低阻异常，由数十到两千欧姆米负差异，低阻异常显尖锐	电阻率相对围岩有平缓的不大的降低，电阻率约数百欧姆米，双侧向出现正差异	呈明显带状低电阻异常，延续一定厚度，曲线犬牙交错
声波时差	有增高异常，有时出现周期跳跃现象	无明显显示	有带状不均匀增大，有时出现周期跳跃
电磁波	电磁波传播时间TPL显尖峰状增大异常	无明显显示	传播时间TPL有不规则的异常增加，并延续一定井深，有时见尖峰状异常
双井径	—	有时出现椭圆形不规则井眼	有时有变化，扩大或不规则
自然伽马能谱	自然伽马能谱铀曲线有增加，无铀自然伽马值较低	—	—
岩性密度	$\Delta\rho$有峰状异常，有重晶石泥浆时对pc曲线有增大尖峰状异常	与低角度缝有些相似，但在重晶石泥浆时，pc增高不明显，其他出现异常深度可能大些	在重晶石泥浆时，pc有增加异常，但可能延续一定厚度且变化不甚规则
地层倾角	—	—	倾角及方位变化不规则，与上下邻层对比不似地层真倾角

一、裂缝的测井响应特征

1. 微侧向

微侧向测井采用贴井壁测量。由于其电极系尺寸长，测量范围小，所以，其测量结果反映了井壁附近的地层情况，对裂缝的发育情况十分敏感。在轮南地区，石灰岩致密段的电阻率一般在 2000Ω·m 以下，与石灰岩基层的电性差异极大。当地层被钻开后，钻井液就会沿着裂缝侵入。在裂缝发育段，电阻率出现低阻异常，往往表现为以深侧向为背景的针刺状低阻突跳。在图 2-8-5 中，凡是有裂缝的地方，都有十分明显的微侧向低阻异常（图中 FMS 为微电阻率扫描成果）。

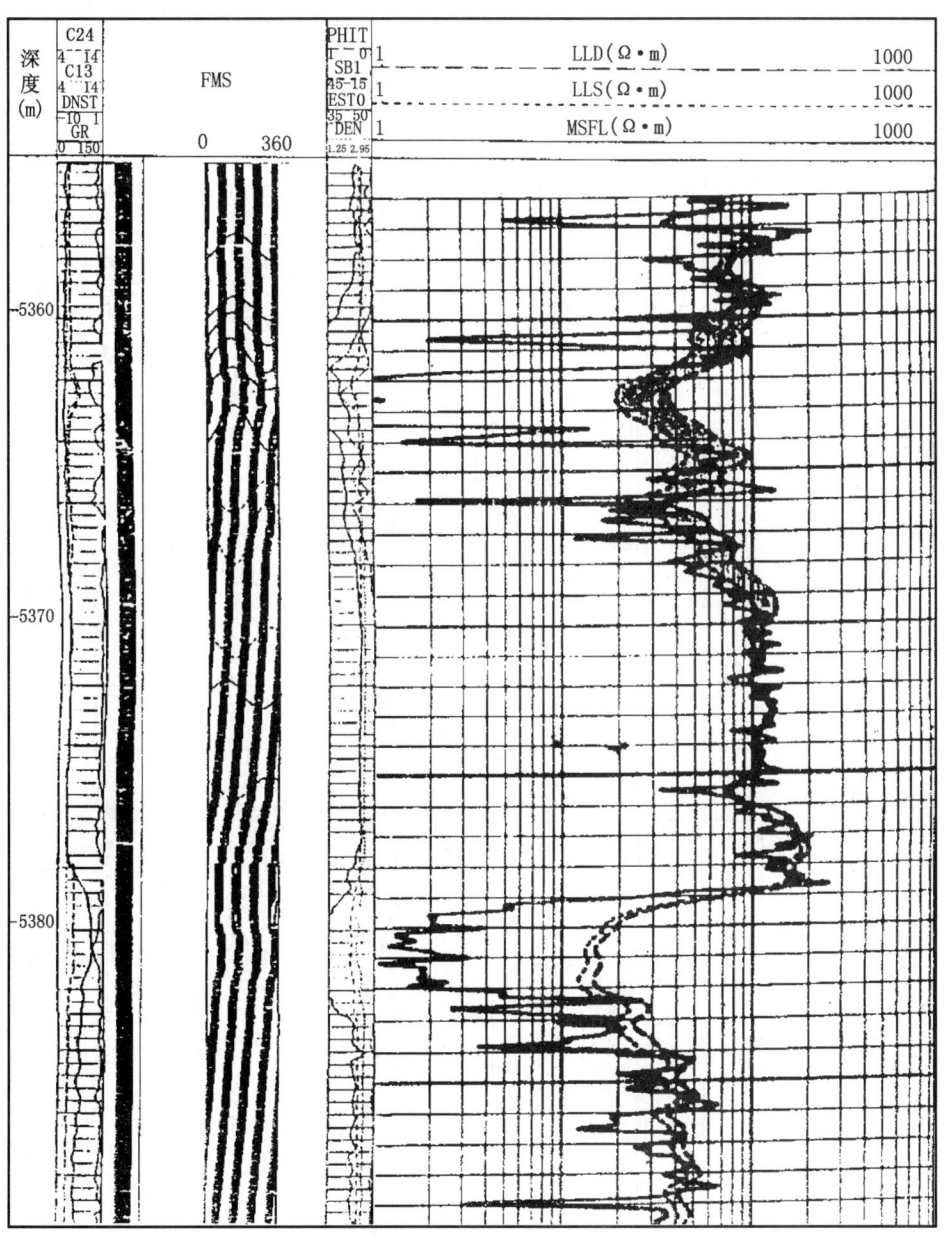

图 2-8-5　L14 井 5357～5390m 井段双侧微电阻率扫描对比图

2. 双侧向

双侧向的探测深度、控测范围都比微侧向大得多，使得较大体积范围内地层的电性特征平均化。从宏观上看，深、浅侧向，尤其是深侧向能反映出井眼周围较大范围内地层总的电性变化，表现为：电阻率高（可达2000Ω·m以上）、低（可低到几十欧姆米）起伏（图2-8-5）；致密段比裂缝发育段电阻率高；油气层段大体上比水层电阻率高。由于深、浅侧向探测深度有较大差别，往往出现深、浅侧向值的大小不同，表现为电阻率的"差异"。差异又分为正差异（深侧向电阻率大于浅侧向）和负差异（深侧向电阻率小于浅侧向电阻率）。影响双侧向差异性质及大小的因素较多，但主要受裂缝发育程度、裂缝角度、流体性质因素的影响。

（1）裂缝发育程度的影响：经验表明，裂缝越发育的地方，双侧向的正差异一般也越大。图2-8-6是L4井的测井响应（BHTV为井下声波电视），图中裂缝发育段，双侧向

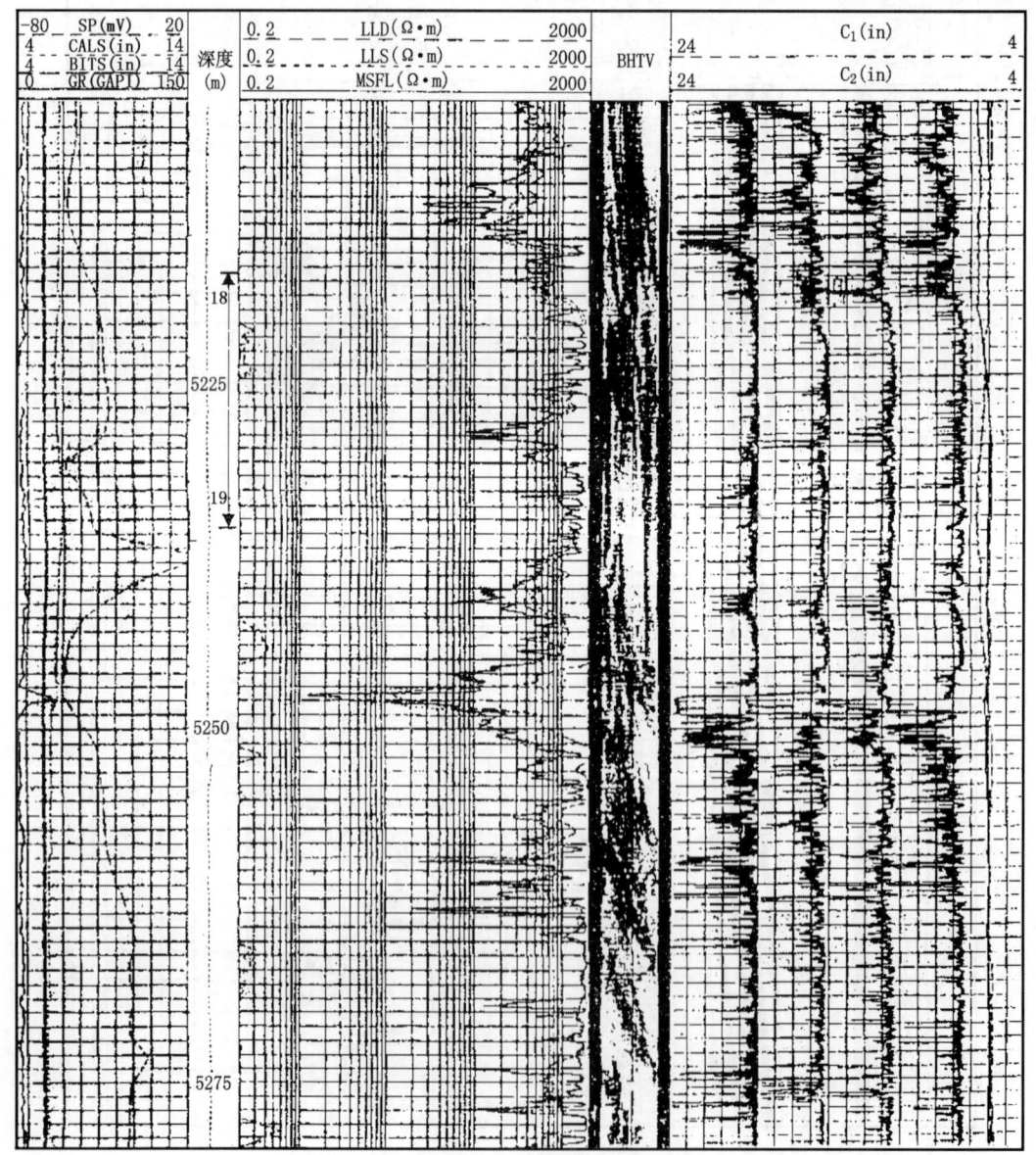

图2-8-6 L4井5205～5280m井段双侧向电导与井下声波电阻对比图

正差异明显。图 2-8-1 是 L8 井测井曲线组合图，其中 5200～5250m 井段裂缝自下而上越来越发育，双侧向的正差异也越来越大。这是因为，当地层较致密时，钻井液侵入地层浅，或侵入量少，深、浅侧向都可探测到原始地层（含油）的电阻率，故无差异；随着裂缝发育程度的变好，钻井液的侵入使浅侧向电阻率的降低比深侧向更厉害，出现正差异，且裂缝愈发育正差异愈大。

（2）裂缝角度的影响：高角度缝、垂直缝的双侧向为正差异（图 2-8-5 中 5358～5368m 井段），斜交缝的双侧向不明显；低角度缝、水平缝的双侧向为低阻尖峰，如图 2-8-7，L10 井的低角度裂缝储层段。

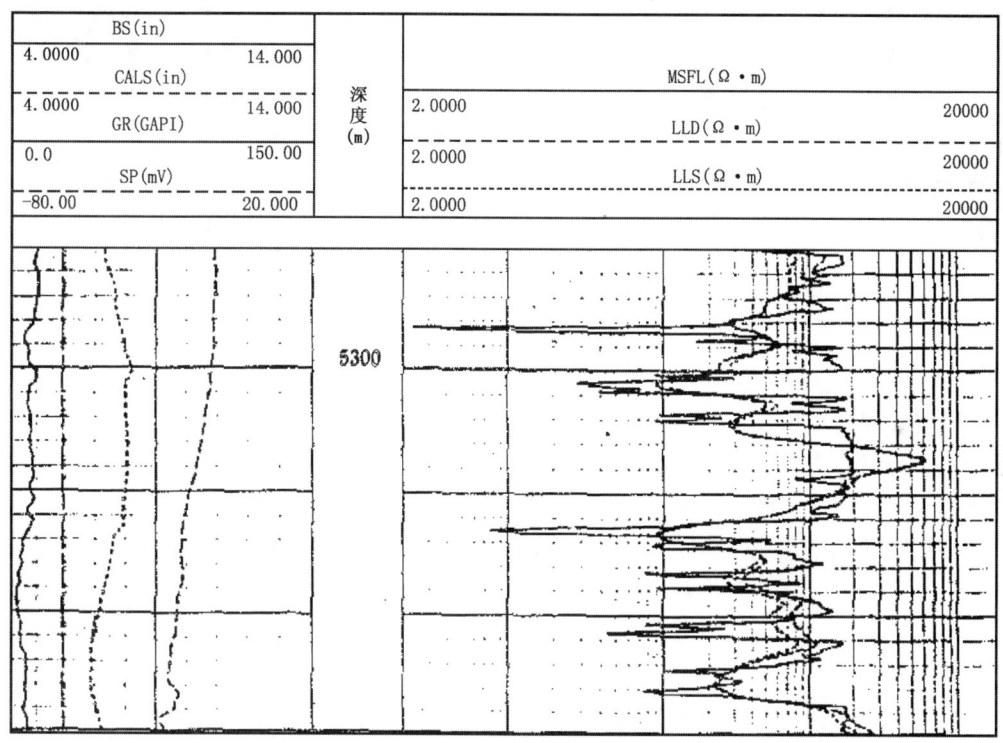

图 2-8-7　L10 井低角度裂缝的测井响应

（3）流体性质的影响：在淡水钻井液作用下，当地层中的流体为油气时，侵入带的电阻率低于原始地层的电阻率，双侧向出现正差异。如果地层中裂缝发育，钻井液滤液沿着较大的裂缝侵入较深，但微缝中的油气却很小被驱替；离开井筒越远，地层中的油气被驱替越少，从而一般仍出现双侧向的正差异。当地层中的流体为水时双侧向差异减小。

（4）地应力集中的影响：在现代地应力集中段，岩石变致密，地层电阻率急剧上升，高达上万欧姆米，大大超过一般致密层的电阻率。在钻井过程中，地应力通过井眼释放，造成该井壁沿最小主应力方向定向坍塌，使浅侧向值显著降低，从而出现深、浅侧向正差异（图 2-8-7）。

二、真假裂缝的鉴别

要对裂缝性储层进行评价，首先必须在诸多的地质事件中鉴别出真假裂缝。这些地质事件如层界面、缝合线、断层面、泥质条带等与裂缝有许多相似的特征，但两者在微电阻率测井图像土，仍有许多不同特征。因此，根据微电阻率测井图像的特征可以较好地完成这一任务（图 2-8-8）。

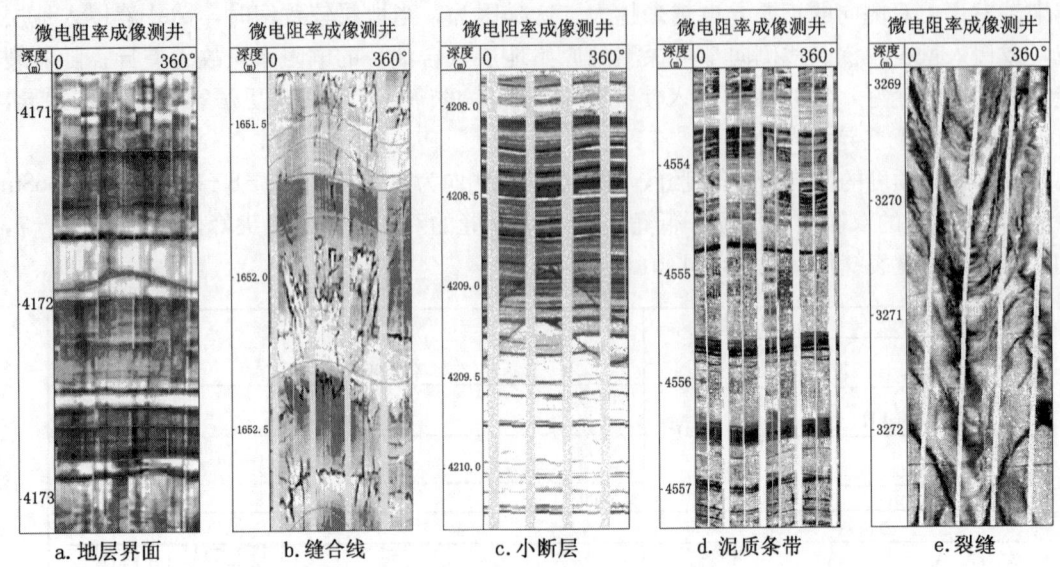

图 2-8-8 用成像测井资料识别真假裂缝

1. 层界面与裂缝的鉴别

（1）层界面总是相互平行或上下相切，但绝不能交叉，且相邻层界面的电相相同（或相似，如非均匀介质），而裂缝可以切割任何介质（或电相，包括层界面），且裂缝相互可以平行或相交，相邻裂缝之间电相可以不同。

（2）相互交叉的裂缝可以形成网状、树枝状等裂缝组合，而层界面却不能具有这种特征。

（3）层界面一般在图像上连续、完整，不能在图像上中断，而裂缝不一定完整，它可以随时中断。

（4）层界面常常是一组相互平行或接近平行的电导率异常，且异常宽度窄而均匀；但裂缝由于总是与构造运动和溶蚀相伴生，因而电导异常一般既不平行，又不规则。

（5）在一定的层段内层理和裂缝各自的倾角、倾向均有一定规律性（或一致性），即相邻层理或裂缝的走向可以相互参考。

（6）层界面或层理面与地层往往有一定的颜色过渡关系，而裂缝的颜色是截然变化的，与地层没有颜色过渡关系。

2. 缝合线与裂缝的鉴别

由于缝合线是压溶作用的结果，因而两侧有近垂直于缝合面的细微的高电导异常。当压溶作用主要来自于上覆岩层压力，缝合线基本平行于层理面；当压溶作用主要来自于水平构造挤压作用，缝合线基本垂直于层理面。

3. 断层面与裂缝的鉴别

断层面处总是有地层的错动，与裂缝很容易鉴别。

4. 泥质条带与裂缝的鉴别

（1）泥质条带的高电导异常一般平行于层面且较规则，仅当构造运动强烈而发生柔性变形时才出现剧烈弯曲，但宽窄变化仍不会很大；而裂缝则不然，其中总常有溶蚀孔洞串在一起，使电导率异常宽窄变化较大。

(2) 通常在碳酸盐岩剖面，无铀伽马的幅度值比较低，如有较宽的泥质条带或泥质充填缝，往往无铀自然伽马值要升高，这是泥质条带的典型特征。

(3) 在成像图上，泥质条带有较清晰的边界，而裂缝面的边界由于受到溶蚀和沉淀的双重作用，常常不很清晰。

三、特殊岩石构造识别

沉积岩石构造是指其颗粒的排列和分布状况。通常将岩石结构分为无机的和生物的两大类，无机的又分为机械的和化学的两种，如层理属机械的，原生沉积构造如缝合线、结核、晶洞等则属化学沉积构造。对于测井信息来讲，可将岩石构造分为均质岩石构造和非均质岩石构造。均质构造具有各向同性的物理性质，对通常根据均匀、对称的地层模型设计的测井仪器所测到的测井信息没有额外的异常影响；而非均质岩石构造由于具有明显的各向异性和非均质性，因此对测井信息的特征和数值均有较大影响。

在碳酸盐岩剖面中，有三种常见的非均质岩石构造的测井响应特征与裂缝性储层相似，即眼球眼皮构造、薄层状构造、燧石结核构造。这些特殊的岩石构造一般不具备储渗能力，因此，在进行储层评价时，必须将这些岩石构造识别出来。

1. 眼球眼皮构造

1) 地质特征

眼球眼皮构造是发育在石灰岩地层中的一种特殊的非均质岩石构造。它由"眼球"和"眼皮"两部分组成。"眼球"为较纯的石灰岩，颜色浅灰至深灰色，呈孤立的似扁球体状；"眼皮"为含泥质稍重的石灰岩，颜色深灰至黑色，呈连续弯曲的薄层状分布于"眼球"周围。"眼球"大小不均，其周长为几厘米至几米，一般为30~40cm；"眼皮"的薄层厚度一般小于1mm。在"眼球"与"眼皮"之间及"眼球"内部常有微细裂缝发育，岩心上常见裂缝处有冒气现象。

2) 识别方法

"眼球"和"眼皮"具有不同的测井特征，"眼球"一般呈低自然伽马、低声波时差和高电阻率特征，而"眼皮"刚好相反，呈高自然伽马、高声波时差和低电阻率特征。"眼球"和"眼皮"发育时，常规测井总体上具有储层特征。在微电阻率成像测井图像上，"眼球"呈浅色"椭圆形"，表明其导电性差；而"眼皮"则呈深色的高电导异常，如大天5井2421m附近的"眼球眼皮"构造（图2-8-9b），特征明显，易于识别。

2. 薄层状构造

1) 地质特征

岩石颗粒呈层状排列，层距很小，其单层厚度在零点几毫米至几厘米，层面一般平行整套地层的层理，仅少数呈交叉排列。在原始状态下，层间缝隙极其微小，地层流体难于渗滤，故无方解石等沉淀物析出，肉眼看去也较致密，但层间缝隙中含束缚水，也常富集一些有机质。在钻井过程中，由于钻具机械振动，容易沿层面破裂，通常岩心呈"千层饼状"。

2) 识别方法

常规测井表现为自然伽马低值（一般为20~30API，与纯石灰岩接近），电阻率降低，声波时差增高，表现为储层特征，难以将其与储层区分开来。微电阻率成像测井识别薄层状构造则较容易，通常在微电阻率成像测井图像上表现为平行于地层层面的、比较规则的深色高电导异常。如图2-8-9a所示，是天东26井4260～4262m的薄层状构造成像测井特征。

3. 燧石结核构造

1）地质特征

燧石结核构造表现为燧石呈孤立的团块状和连续的条带状不均匀地分布于石灰岩中。

2）识别方法

燧石具有低放射性，低于或接近致密白云岩的放射性，其电阻率较高，燧石的声波时差也明显高于石灰岩，常规测井显示为储层特征。在微电阻率成像测井图像上，燧石结核和燧石条带为不规则的浅色团块或条带低电导异常。如图2-8-9c所示，是某井FMI图像，图中显示，燧石结核与燧石条带发育。

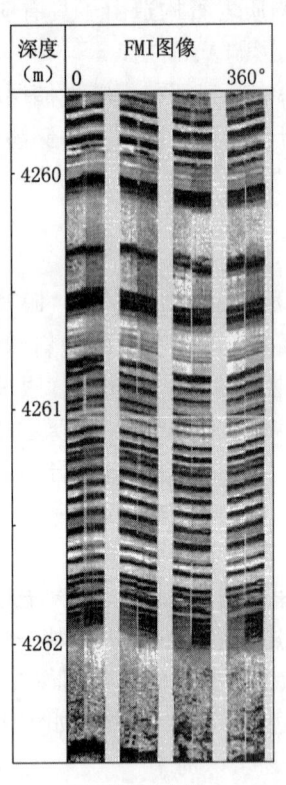
a. 薄层状构造

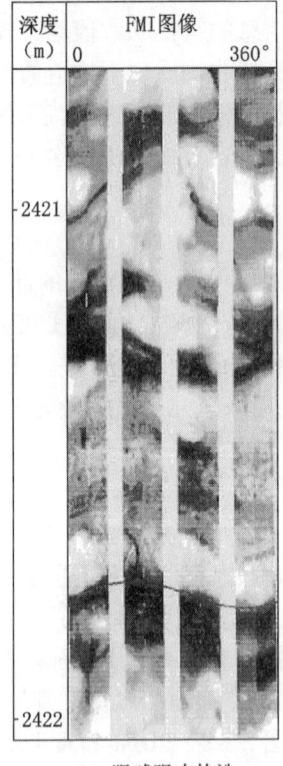
b. 眼球眼皮构造

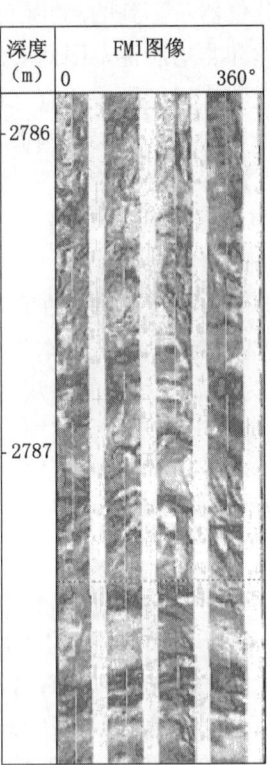
c. 燧石结核构造

图2-8-9 特殊岩石构造成像测井特征

四、天然裂缝与诱导裂缝的鉴别

要鉴别天然裂缝与诱导裂缝，必须搞清诱导裂缝产生的机理和相应的特征。在井下地层中常常遇到三种诱导裂缝。

1. 钻井过程中由于钻具振动形成的机械破碎裂缝

它们十分微小且径向延伸很浅，这种裂缝虽然在微电阻率成像测井（如FMI）图像上有高电导的异常，但在径向探测深度较大的方位电阻率成像测井（如ARI）图像上却没有异常，因此很容易鉴别，并判断出它的无效性。微电阻率成像测井图像上的机械破碎裂缝特征如图2-8-10a所示。

2. 加重钻井液与地应力不平衡性造成的压裂缝

这种诱导缝的径向延伸虽不像天然裂缝那样远，但张开度和纵向延伸都可能较大，因而在FMI图像上有明显异常，如图2-8-10b所示，在ARI图像中有时也可显示。通常可利用下面图像特征来识别诱导压裂缝。

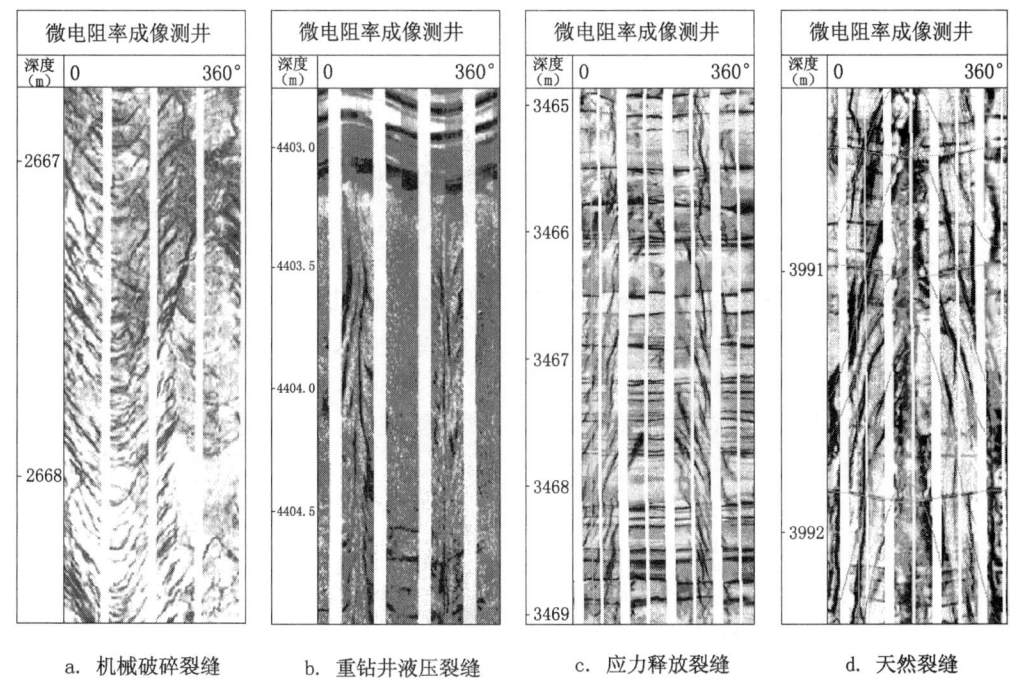

　　a. 机械破碎裂缝　　　b. 重钻井液压裂缝　　　c. 应力释放裂缝　　　d. 天然裂缝

图2-8-10　天然裂缝与诱导裂缝的鉴别

（1）它们总是以180°或近于180°之差对称地出现在井壁上。

（2）当井身垂直时，它以一条高角度张性裂缝为主，在两侧有两组羽毛状的微小裂缝，或彼此平行，或共轭相交，这将取决于三轴向地应力之间的关系，即上覆岩层压力为中间主应力时呈平行状，上覆岩层压力为最大主应力时呈共轭交叉状；当井身倾斜时，压裂缝全部变成同一方向，且彼此平行的倾斜缝。

（3）在双侧向测井曲线上出现特有的"双轨"现象，即深浅双侧向曲线表现为大段平直的正差异异常，其电阻率数值较高。

（4）对于垂直井眼，压裂缝总是出现在最大水平主应力方向上；对于倾斜井眼，当井眼长短轴之比大于最大、最小水平主应力之比时，压裂缝在最大水平主应力方向上，当井眼长短轴之比小于最大、最小水平主应力之比时，则压裂缝在最小水平主应力方向上。

此外，应注意压裂缝与井壁椭圆形坍塌图像的差别，后者两侧无羽毛状微细裂缝，它总是以两条呈180°对称且较粗的高电导异常带出现。

这类裂缝在脆性致密地层经常可见，不仅在重钻井液钻井井段出现，有时在钻井液密度虽然不大，但水平主应力差别较大时也能看到诱导压裂缝。

3. 应力释放裂缝

在裂缝发育段，古构造应力多被释放，保存的应力很小，而且现代构造应力在充满流体的裂缝段处也将剧烈衰减，因此在裂缝段的构造应力是很小的，其应力的非平衡性也必然微弱；但在致密碳酸盐岩层段的古构造应力却未得到释放，加之现代构造应力在致密岩石中不易衰减，因而其间存在着巨大的地应力，一旦这种地层被钻开，为其间地应力的释放提供了条件，则随着应力的释放，将有可能产生一组与之相关的裂缝，这些裂缝既可在岩心上出现，也可在井壁上出现。这种应力释放裂缝在井壁上的特征可清楚反映在FMI图像中，它们是一组接近平行的高角度裂缝，且裂缝面十分规则，如图2-8-10c所示。在常规测井解释中，容易误解释为低孔高角度裂缝性储层。这种应力释放裂缝出现在岩芯上时，很容易给岩芯描述带来错觉，必须注意识别，其方法是看裂缝中有无钻井液侵入的痕迹，无侵入者为应力释放裂缝。

应力释放裂缝有时与诱导压裂缝不好鉴别，因它们基本都是高角度缝，且走向与最大水平主应力方向一致，唯一的差别是应力释放裂缝只有一组，而压裂缝则有三组。

总之，诱导裂缝与天然裂缝在形态上有以下三点主要区别：

（1）诱导裂缝是就地应力作用下即时产生的裂缝，因此只与就地应力有密切的关系，故排列整齐，规律性强；而天然裂缝常为多期构造运动形成，又遭地下水的溶蚀与沉淀作用的改造，因而分布极不规则。

（2）天然裂缝因常遭溶蚀和褶皱的作用，故裂缝面总不太规则，且缝宽有较大的变化；而诱导裂缝的缝面形状较规则且缝宽变化很小。

（3）诱导裂缝的径向延伸都不大，故深侧向测井电阻率下降不很明显。

五、天然裂缝有效性的评价

井下天然裂缝有效与否，决定于它的张开程度、径向延伸和连通状况，因此裂缝有效性的评价就是对这三个因素的描述和评价。

1. 从裂缝张开程度来评价裂缝的有效性

对裂缝张开程度，过去通常用双侧向测井的差异和电阻率值定性描述，再根据图版或公式来求取张开度。但是该方法受到的影响因素太多，如裂缝的产状、裂缝的组合、储层的含流体性质、钻井液的侵入特征等都将影响计算的结果，因而误差很大，用来评价其有效性的效果自然就很差。应用微电阻率扫描（如FMI、EMI）和方位电阻率成像（如ARI）相结合，从裂缝在井壁上的形态特征来评价裂缝的张开程度就要准确得多。

2. 从裂缝的径向延伸特征来判断裂缝的有效性

高角度裂缝的径向延伸状况对其有效性评价至关重要，但是要精确计算它们的延伸深度是极其困难的，目前只能作一些近似的估计。

（1）用深浅双侧向测井响应来近似估计裂缝的径向延伸情况。由于浅侧向测井的径向探测深度为30～50cm，而深侧向和ARI的径向探测深度可达2m以上。因此对于径向延伸小于0.5m的无效高角度裂缝，ARI图像和深浅双侧向都因主要反映基岩的高电阻率，故而呈高电阻率特征，且电阻率差异也不大，其深浅双侧向比值小于5；当裂缝径向延伸在0.5～2m时，浅侧向就基本只受侵入带影响，而深侧向和ARI还将受到基岩电阻率较大的影响，故浅侧向电阻率明显降低，而深侧向电阻率仅略有降低，所以出现大幅度的正差异，其比值可达5～11；对于径向延伸深度在2m以上的有效高角度裂缝，以上三种测井参数都将受到裂缝的影响，故ARI图像有明显的高电导异常，深、浅侧向电阻率也将降低，深、浅双侧向正差异幅度减小，其比值小于5。

（2）通过FMI与ARI的比较来判断裂缝的径向延伸情况。一般来说，FMI的径向探测深度比ARI小得多，仅在水平裂缝或低角度裂缝时两者才比较接近。因此FMI可看到井壁上的全部裂缝，包括有效的和无效的，而 ARI 则只能看到径向延伸在 2m 以上的裂缝。所以比较两者的图像或处理成果，就可估计裂缝的径向延伸情况。具体方法是从 FMI 图上确定是否为天然裂缝，再从 ARI 图上看这些裂缝还是否存在，不存在的为无效裂缝，存在的为有效裂缝。

3. 从裂缝的渗滤性能来判断裂缝的有效性

裂缝的渗滤性能综合地反映了裂缝的张开度、径向延伸程度和彼此的连通情况，因此，渗滤性是评价裂缝有效性最好的指标。

1）用声波资料判断裂缝的渗透性能

（1）用斯通利波能量衰减判断裂缝的渗透性能。低频斯通利波与储层的渗滤性具有直接关系，用斯通利波的能量衰减和传播速度可以较好地估算裂缝储层的渗透性。

①斯通利波具有较大的径向探测深度。根据几种波的频率和深度分析可知，纵波的径向探测深度为横波的 1.6 至 1.9 倍，而斯通利波为纵波的 1.3 至 2.0 倍。

②由于斯通利波是一种管波，它在井筒中的传播相似于一个活塞的运动，造成井壁在径向上的膨胀和收缩，这时如有有效裂缝与井壁连通，则将使井液沿着裂缝流进和流出，从而消耗能量，使其幅度降低；反之在无效裂缝处，则不会发生能量的衰减。因此，利用斯通利波能量衰减可以定性判断裂缝储层的渗透性。

③斯通利波能量受其他因素（如岩性变化、层界面、井眼条件等）影响较小，它主要与地层的渗透性有关，因此斯通利波的反射性衰减主要发生在渗透性好的层段。

④除了地层的渗透性是造成斯通利波衰减的主要原因外，塑性地层在斯通利波传播过程中发生塑性变形也是使其衰减的重要原因之一。

斯通利波速度和能量衰减受多种因素影响，如泥饼的存在，泥质含量的增加，井径的不规则都将影响到斯通利波能量的变化，尤其是泥饼的影响很大，应用时需得注意。因为一方面泥饼要阻止流体在裂缝和井筒之间的流动，使得斯通利波不衰减而错将有效裂缝当作无效裂缝。

（2）利用斯通利波以及纵、横波全波列变密度图像的干涉条纹特征也可以定性判断裂缝储层的渗透性。对于有效孔、洞、缝储渗系统，其间必然有地层流体，故而形成声阻抗界面，使得声波发生反射和干涉，而在填充的或闭合的裂缝处，则不能形成明显的声阻抗界面，因此变密度图形上没有干涉条纹。但应注意岩性变化较大的层界面、泥质条带、大井眼等因素的影响。

2）用重复式地层测试器测压来判断裂缝的渗透性

在用 RFT 对裂缝型储层进行测压或取样时，如能密封而又不能测到压力，则为无效缝，反之为有效裂缝。但是应注意，当裂缝很发育时，如取样嘴靠上裂缝，往往不能密封；而当靠上岩块时，虽然能密封，却又因岩块的低孔、低渗而使地层压力恢复很慢，甚至测不到地层压力，取不到地层流体。这时千万不要轻易解释为无效裂缝层，而应多分析几个附近测压点的情况，并参考其他测井曲线，方可作结论。对于这种情况，用 MDT 的双封隔器测压或取样，一般就可避免上述问题，从而对裂缝的有效性作出较可靠的评价。

第三节 孔喉的测井响应特征

在一般情况下，孔喉在测井曲线是明显而且易于识别的，因为通常它们具有以下特征：

在曲线形状方面为圆滑的"U"字形,如电阻率"U"字形降低,这与裂缝发育段的尖刺状电阻率起伏形成强烈的反差;在测井值方面表现为三高两低,即时差、电磁波传播时间、中子孔隙度高,电阻率和岩石体积密度降低。但应指出的是,由于碳酸盐岩的孔、喉受到次生改造的作用,使得其大小、形状、分布变化较大,这势必给它们的测井响应带来一定的影响,故上述特征要发生不同程度的变异。从岩心分析资料与实际测井曲线对比结果表明,孔喉分布越均匀,形状越趋于球形,孔径小而均匀,上述典型特征越明显;反之,则要发生各种测井响应的变异。如当孔、喉形状越不规则,孔径变化越大,将使得声波时差、电阻率数值与孔隙度的关系发生变化,从而导致用声波时差计算孔隙度的公式和阿尔齐公式中孔隙度指数发生较大的变化。

第四节 地层流体的测井响应特征及流体性质的判别方法

地层岩石孔隙中的流体可分作两类,一类是液态的油和水,另一类是气态的天然气、二氧化碳气等。由于它们的物理化学性质差别很大,必然导致测井信息特有的响应,另一方面,复杂的孔隙空间结构,又必然造成地层中各种流体分布状况与钻井液或钻井液滤液侵入特征的多样性。这不仅影响到储层产流体的性质,也影响到测井曲线的响应,从而最终影响地层模型的建立和地层含流体性质判别与饱和度计算的方法。因此,认识地层流体性质及其分布特征,是储层评价的基本内容之一。

一、地层流体的性质及其测井响应

1. 地层流体的基本物理化学性质

1) 分子直径

天然气分子直径为 $3.8\sim5.9$Å;油分子为 $4.8\sim30$Å,沥青分子为 $50\sim100$Å。由于天然气分子比油分子小,故天然气可以通过油不能通过的小孔隙喉道进入小孔隙。这对于一些通常认为不利于储集的低孔致密地层,也可能成为储气的地层。

2) 压缩性

地层中天然气的压缩系数约为 $2\times10^{-3}\sim2\times10^{-7}$ $(N/M^2)^{-1}$;地层中溶气油的压缩系数为 $1.4\times10^{-8}\sim10^{-9}$ $(N/M^2)^{-1}$,地面脱气原油的压缩系数为 $4\times10^{-10}\sim7\times10^{-10}$ $(N/M^2)^{-1}$;地层水的压缩系数约为 $3.7\times10^{-10}\sim5\times10^{-10}$ $(N/M^2)^{-1}$。由于天然气的压缩系数较油、水的压缩系数大,故含有天然气的地层的压缩系数比含油、水的地层压缩系数大。

3) 密度

常温下甲烷的密度是 $7.3\times10^{-4}\sim9.3\times10^{-4}$ g/cm³,而在一般的地层条件下($40\sim50$MPa,$353\sim373$K),天然气的密度为 $0.2\sim0.25$g/cm³;石油的密度一般为 $0.7\sim0.9$g/cm³,个别重质油可达 1.0g/cm³;淡水的密度为 1.0g/cm³,而地层水一般矿化值较高,可达 $1.005\sim1.01$g/cm³。由于天然气的密度值较油和水小很多,所以含气岩石的密度明显比岩石含油、水时的小。

4) 含氢量

在标准大气压下,单位体积天然气的氢原子数为:

$$N_{气(常)}=[(8.3\times10^{-4})/16]\times6.02\times10^{23}\times4$$

地层条件下天然气的氢原子数为:

$$N_{气(地)}=(0.22/16)\times6.02\times10^{23}\times4$$

单位体积内油的氢原子数为：
$$N_{油} = (0.8/72) \times 6.02 \times 10^{23} \times 12$$
而单位体积内地层水的含氢量则为：
$$N_{水} = (1/18) \times 6.02 \times 10^{23} \times 2$$

故气、油、水在标准条件下含氢量的比值为1∶644∶535，在地层条件下的比值为1∶2.42∶2，即气的含氢量明显比油、水小，而油、水的含量则相近。

5）粘度

在常压下，天然气的粘度为$10^{-5} \sim 2 \times 10^{-4}$ Pa·s，石油为$10^{-3} \sim 10$ Pa·s。即在常压下天然气的粘度比石油小2～4个数量级。在地层条件下扣除天然气和油的粘度随温度和压力变化的关系各异等影响因素外，天然气的粘度也比油的粘度小1～2个数量级。由于天然气的粘度比油的小，故在钻开天然气层后，井壁附近残存的天然气比相同条件下油层的残余少。

2. 地层流体的测井响应

各种流体不同的物理化学特性，决定了不同的流体有着不同的测井响应。

1）石油的测井响应特征

（1）石油由于其密度、含氢指数与地层水基本相近，因而决定了石油的体积密度、中子孔隙度、声波纵波速度等测井值与地层水值相近。

（2）与地层水相比，石油不导电。

（3）电磁波传播时间、介电常数等测井值明显小于地层水的数值。

2）天然气的测井响应

（1）天然气测井响应数值的特征：在相同物理条件下，气具有比油、水低得多的中子孔隙度、体积密度、声波纵波速度和电磁波传播时间。

（2）天然气三种孔隙度测井响应数值随地层埋藏深度的变化，也就是随地层温度和压力的变化而明显变化，其变化的剧烈程度远大于油和水。如图2-8-11所示，这是斯仑贝谢测井公司所作的天然气中子含氢指数、体积密度与温度、压力的关系。

根据该图版可以作出各地区天然气中子、密度数值与地层埋藏深度的关系曲线，以便于实际实用。图2-8-12和2-8-13即是根据四川地区的实际资料所制作。

斯仑贝谢和其他测井公司均未给出天然气的纵波声速与其温度、压力的关系图版，仅在有的资料上给出了一个如下的近似计算公式：

$$\Delta tg = \sqrt{\frac{273}{273+t}} \times \frac{10^6}{430} \qquad (2-8-1)$$

但在实际应用中，发现该公式计算的天然气速度误差较大。

用该组数据可作出天然气纵波声速与埋藏深度的关系，如图2-8-14。

从该图可知，天然气纵波声速在浅部地层（约2000m以上）随深度增加而剧烈增加，但在深部地层（约2000m以下），则随深度的增加而增加很少，且十分接近水的声速，这在用声速资料计算天然气储层孔隙度时应特别注意。

利用上述天然气声速与深度的关系，在大庆、四川一些含气地层进行了声波孔隙度计算，其结果与岩心分析比较一致。

（3）介电常数小，近似为1。

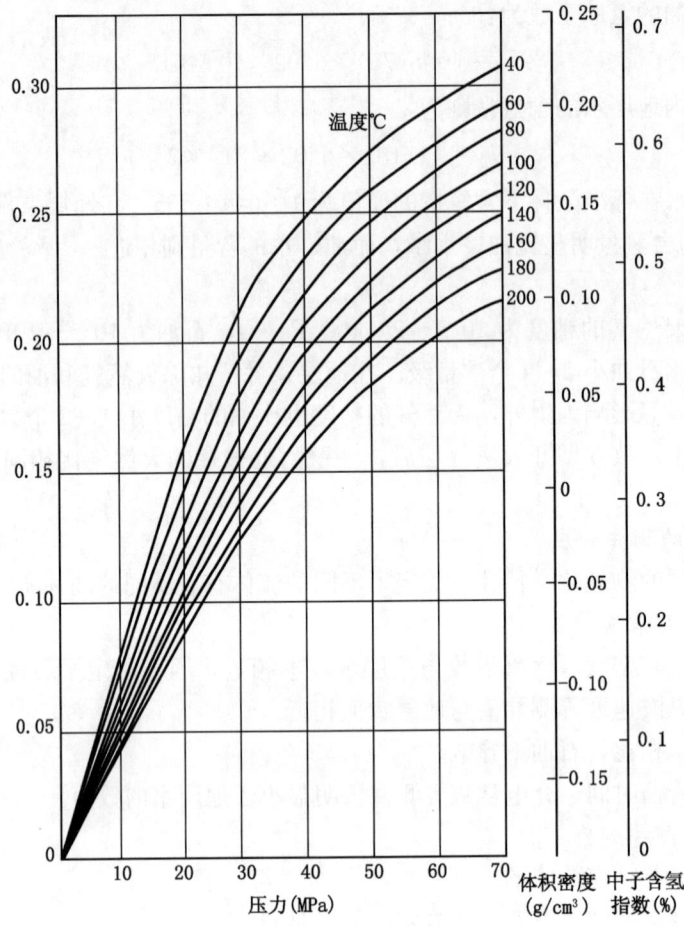

图 2-8-11 天然气中子含氢指数、体积密度与温度、压力的关系

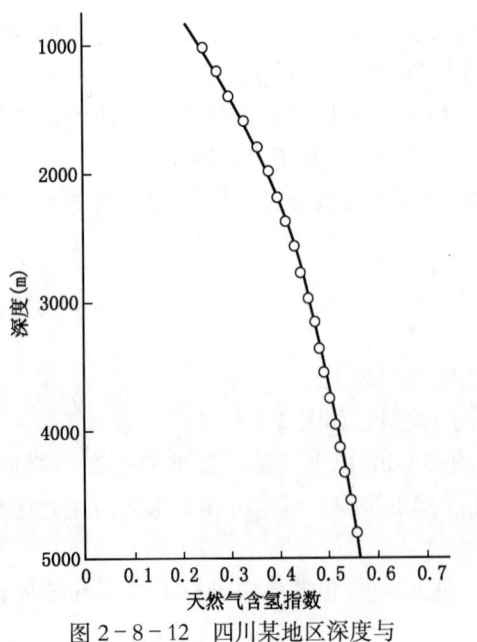

图 2-8-12 四川某地区深度与
天然气含氢指数关系图

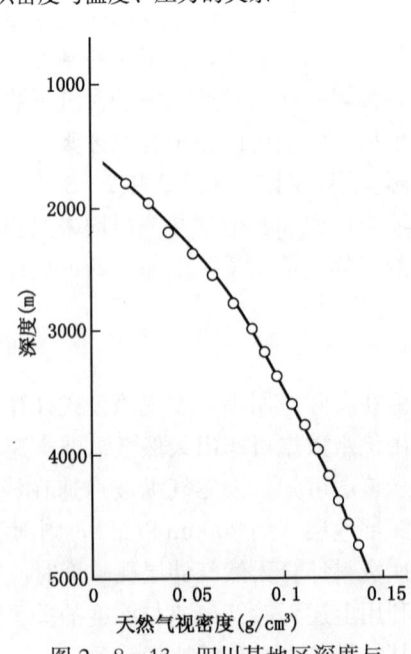

图 2-8-13 四川某地区深度与
天然气视密度关系图

3）地层水的测井响应特征

（1）中子孔隙度、体积密度值明显大于天然气值，与石油值相近。

（2）声波纵波速度略大于石油值，在2000m深度以上，明显大于天然气值，在2000m以下，与之接近（图2-8-14）。

（3）一般在高矿化度的地层水中，含有较多的K、U等放射性元素，因而自然伽马能谱曲线中相应的K、U曲线有一定的增高显示。

（4）P_e值明显大于石油和天然气。

（5）地层水导电是其主要特征，电阻率值一般可低至$0.01\sim0.1\Omega\cdot m$。地层水电阻率的大小与矿化度（等效NaCl溶液）有关，地层水矿化度增加，电阻率降低，地层温度升高，电阻率降低。

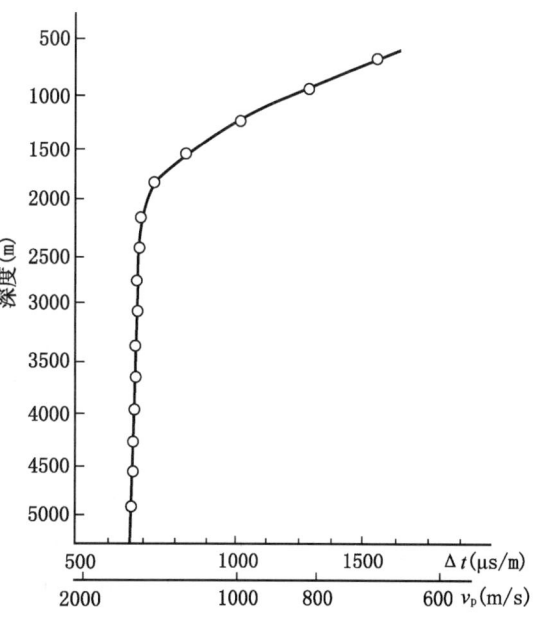

图2-8-14 天然气纵波声速与埋藏深度的关系

3. 地层流体的测井识别

综上所述，根据以下不同的测井响应特征，可比较明显地区分出天然气、石油和地层水。

（1）石油和天然气的鉴别：利用中子孔隙度、体积密度、纵波速度（深度在2000m以上）的差异。

（2）地层水与石油的鉴别：利用电导率、介电常数、电磁波传播时间、光电吸收系数的差异。

（3）地层水与天然气的鉴别：利用电导率、介电常数、电磁波传播时间、光电吸收系数、体积密度、中子孔隙度、声波纵波速度（深度大于2000m）的差异。

油气水三种流体的物理化学特征及测井响应值详见表2-8-2。

表2-8-2 流体物理化学特征及测井响应

流　体	天　然　气	石　油	地　层　水
分子式	CH_4	C_5H_{12}—$C_{16}H_{34}$	H_2O
分子直径（Å）	3.8～5.9	4.8～30.0	
密度（g/cm³）	0.2～0.25（一般地层条件）	0.7～0.9	1.0～1.01
粘度（Pa·s）	$10^{-5}\sim2\times10^{-4}$	$10^{-4}\sim10$	10^{-4}
含氢量	$(2.075\times10^{-4})\times6.02\times10^{23}$ $(5.5\times10^{-2})\times6.02\times10^{23}$	$(1.32\times10^{-1})\times6.02\times10^{23}$ $(1.2\times10^{-1})\times6.02\times10^{23}$	$(1.1\times10^{-1})\times6.02\times10^{23}$
压缩性（N/M²）⁻¹	$2\times10^{-3}\sim2\times10^{-7}$	$4\times10^{-10}\sim7\times10^{-7}$	$3.7\times10^{-10}\sim5\times10^{-10}$
导电性	不导电	不导电	导电
放射性	无	无	略含
声波时差（μs/m）	1500～689（<2000m） 689～670（>2000m）	771	607～620
电磁波传播时间（ns/m）	3.3	4.9	25～30
介电常数	1.0	2.2	80
光电吸收系数（b/c）	0.1	0.12	1.64

二、流体性质的判别方法

在油气勘探开发中,储层流体性质是测井工作者的重要任务。测井信息是井壁周围地层岩性、物性及含流体性质的综合响应。因此,用测井资料判别储层含流体性质首先必须排除岩性与物性的影响,即先必须确定储层的岩性与储集类型,然后在此基础上分析油气的响应特征。此外,还需考虑几种非地层流体因素对测井资料的影响,如钻井液对地层的污染程度、地层水矿化度、井眼条件等。在碳酸盐岩地层,比较常用的流体性质判别方法有以下几种。

1. 纵横波速度比值法

长源距声波测井、全波列测井资料中含有丰富的地层信息。各地区在实践中总结出了许多用声波测井资料识别气层的方法。在四川应用效果比较好的有纵横波速度比值法。

实验研究表明,当一种孔隙介质含气时,其纵波速度明显下降,但横波速度不但不降,反而略有升高,纵横波速度比值(v_p/v_s)将减小,且随着岩石含气饱和度的增高,固结岩石的值可减小3%~30%。对塔里木奥陶系石灰岩岩心在饱和水和干燥(接近100%含气)时分别测得纵横波速度比在1.9和1.7左右。当储层含气时,即使含少量的气,也会造成v_p/v_s明显下降;而水层和油层纵、横波速度基本受同样的影响,其v_p/v_s值则接近于岩性背景值。即:

$v_p/v_s <$ 判别值　　气层
$v_p/v_s \geqslant$ 判别值　　非气层

判别值的大小取决于地层岩性,其中,纯砂岩为1.65、石灰岩为1.9、白云岩为1.8。

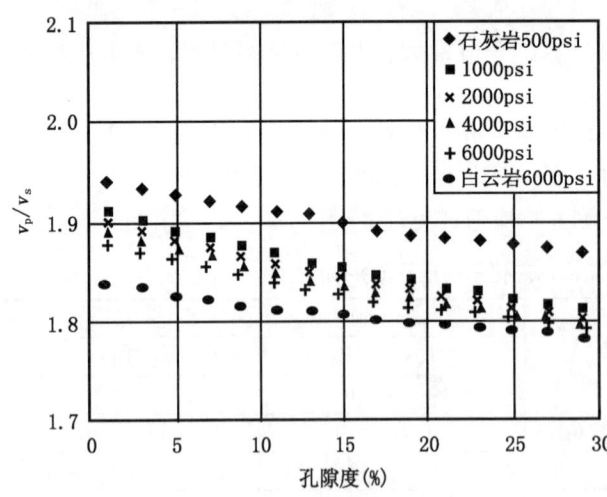

图2-8-15 碳酸盐岩纵横波速度比与有效应力条件、孔隙度关系

实际上,纵横波速度比值(v_p/v_s)不仅与储层含流体性质有关,而且还受岩性、孔隙度、岩石所承受的有效应力、裂缝等因素的影响。图2-8-15是碳酸盐岩岩石在不同应力条件下孔隙度与纵横波速度比的关系图,图中,随着有效应力的增加和孔隙度的增加,纵横波速度比值(v_p/v_s)都会在一定程度上下降。

因此,用纵横波速度比值法判别储层含流体性质时,要考虑岩性、孔隙度等因素的影响。

(1) 岩性的影响:由于岩性的差异也将造成纵横波速度比值不同,所以当两个储层的岩性不一致时,必须对比值作岩性校正,然后才能用纵横波速度比值判别流体性质。也就是说,地层中一般纯岩性较少,通常含有部分其他岩性,可以通过处理的岩性剖面消除其他岩性的影响,然后才能进行流体性质判别。

岩性校正的方法:在处理的成果图中,求得各种岩性的百分含量,然后根据白云岩、石灰岩及其他纯岩性的理论值,计算出一条纵横波比值的理论曲线,最后用理论曲线和实测曲线的重叠来消除岩性的影响。

(2) 孔隙度影响：岩性相同且含流体性质一样的储层，如果孔隙度不同，其纵横波速度比值也会不同。显然含气层的孔隙度越大，其比值将越小，因此在实际应用中最好用比值与孔隙度进行交会，可以消除孔隙度的影响，而突出地层流体性质对比值的贡献。

(3) 裂缝的影响：当储层中有裂缝发育时，该方法的应用效果将大大降低，尤其是以垂直裂缝为主时，因纵波的传播不受流体性质的影响，而横波受裂缝的影响较大，故在裂缝发育的储层利用此法来判断流体性质效果较差。

2. $P^{1/2}$法

该方法是根据纯水层的阿尔奇公式 $F = R_0/R_W = a/\phi^m$，先计算出地层水视电阻率 $R_{Wa} = R_0 \times \phi^m$（设 $a = 1$），再用 R_{Wa} 的变化规律来指示储层的含流体性质。具体做法是对视地层水电阻率开方，并命名为 $P^{1/2}$，即 $P^{1/2} = (R_t \times \phi^m)^{1/2}$。在同一层内各测量点计算的 $P^{1/2}$ 值结果应满足正态分布规律，如图 2-8-16 所示。

图 2-8-16 是一张 $P^{1/2}$ 的频率图，图中 μ 为 $P^{1/2}$ 的中值，代表出现次数最多的 $P^{1/2}$ 值；σ 为正态分布曲线的标准离差，表示测量点落在 ($\mu-\sigma$) 和 ($\mu+\sigma$) 范围内的概率是 68.3%，它反映了正态曲线的胖瘦程度，但由于正态曲线的胖瘦程度是一个相对概念，难于

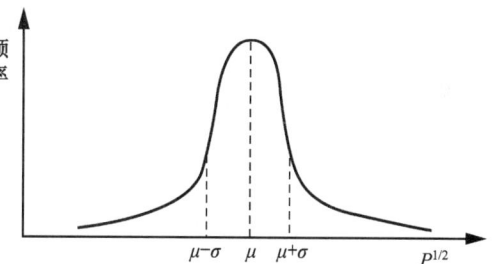

图 2-8-16 正态分布曲线特征图

对流体性质作出准确判别，为此，将 $P^{1/2}$ 的累计频率点在一张特殊的正态概率纸上，其纵坐标为 $P^{1/2}$ 值，横坐标为累计频率，并按一定方法进行刻度。这样就将一条正态概率曲线变成了一条近似的直线，根据累计频率曲线斜率的变化就可以对储层所含流体性质作出判断，即水层斜率小，油气层斜率大。

如图 2-8-17 所示，是大天 5 井 2570~2640m 储层 $P^{1/2}$ 法流体性质判别结果图。图中显示，$P^{1/2}$ 累计频率呈两条斜率不同的直线，表明解释层段有油气也有水，斜率小

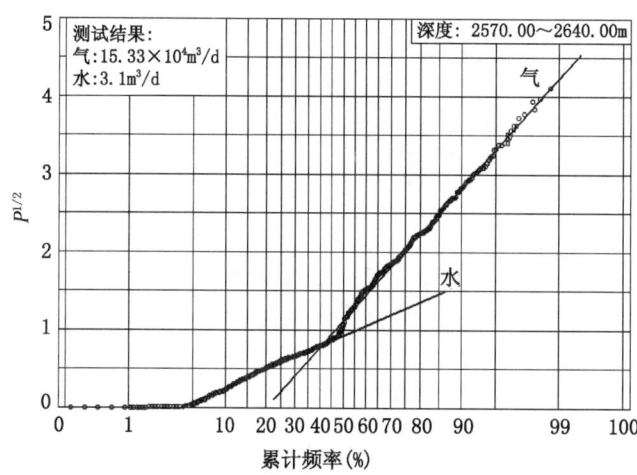

图 2-8-17 $P^{1/2}$ 法流体性质判别结果图

的点为水层点，斜率大的点为油气层点，实际测试结果证实产气 $15.33 \times 10^4 m^3/d$，产水 $3.2 m^3/d$。

3. 电阻率测井识别法

电阻率测井通常指自然电位测井、侧向测井和感应测井。其中，侧向测井和感应测井所测得的深、浅、微电阻率分别反映了井壁周围深部原状地层、侵入带及冲洗带地层电阻率变化情况，显然，其电阻率的高低与仪器探测范围内地层所含流体性质具有密切关系。在四川气田，测井工作者经过多年的摸索，总结出了用深浅侧向差异和深侧向电阻率绝对值识别气层的方法。

1) 双侧向差异识别法

由于深侧向探测深度较深,所测得的电阻率为原状地层电阻率(R_t),而浅侧向探测深度比深侧向浅,主要探测侵入带地层电阻率(R_{xo})。在气层,侵入带孔隙空间中的天然气部分被钻井液滤液取代,导致侵入带地层电阻率降低,在双侧向曲线上表现为正差异,即$R_{LLD} > R_{LLS}$;在水层,若钻井液滤液电阻率大于地层水电阻率,深浅双侧向呈负差异,若钻井液滤液电阻率小于地层水电阻率,深浅双侧向可能呈正差异或没差异。如图2-8-18第5道所示,深侧向明显正差异,是典型的气层特征,经试气验证,解释结论正确。

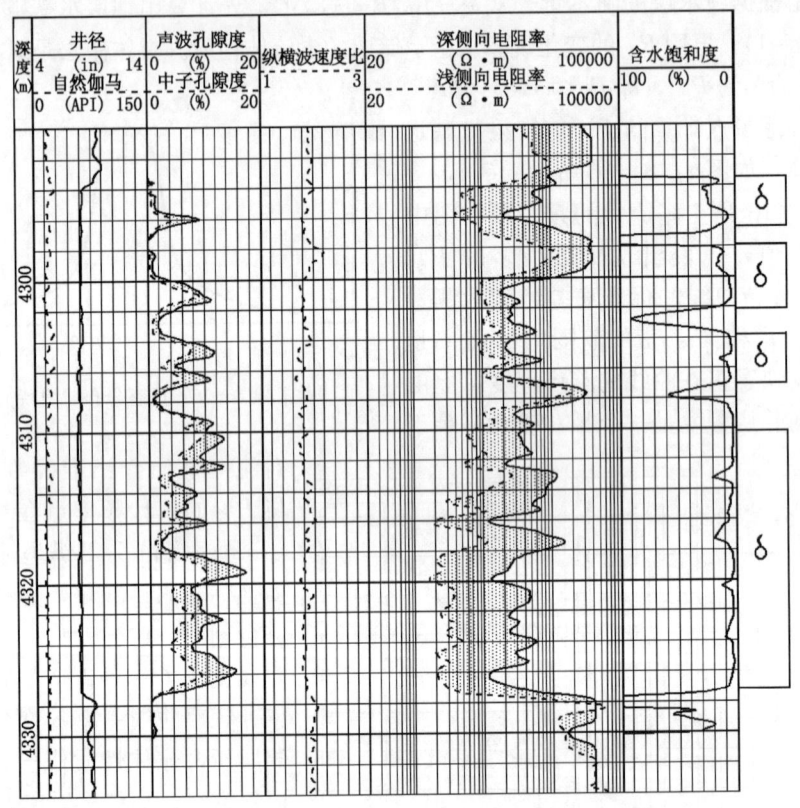

图2-8-18 流体性质判别图

2) 深侧向绝对值法

在地层沉积、岩性变化稳定的地区,渗透层电阻率的高低主要取决于地层含流体性质。如在川东地区石炭储层,当深侧向电阻率高于$100\Omega \cdot m$、且低于下伏志留系泥岩电阻率时,则一般为气层。不同地区、不同地层,气层电阻率值有一定区别。

4. 孔隙度系列测井识别法

孔隙度测井系列指补偿中子测井、岩性密度测井及长源距声波(或补偿声波)时差测井。在相同的渗储条件下,三种孔隙度测井对水层与对气层的响应变化有一定差异。测井资料表明:补偿中子测井孔隙度取决于地层含氢量的高低,但当井壁周围地层孔隙中含有残余天然气时,补偿中子测井所测得的孔隙度远低于纯地层孔隙度(即地层含纯净淡水时的孔隙度),残余气饱和度越高其中子测井孔隙度(ϕ_N)比纯地层孔隙度下降越多,这就是天然气对中子测井的"挖掘效应";岩性密度测井、长源距声波(或补偿声波)时差测井对气层的响应与补偿中子测井刚好相反,即地层含气时,岩性密度测井与长源距声波(或补偿声波)时差测井所测得的密度孔隙度(ϕ_D)、声波孔隙度(ϕ_S)高于纯地层孔隙度。因此,利用补偿中子测井孔隙度与岩性密度测井、长源距声波(或补偿声波)时差测井孔隙度对气层的这种反向变化规律就可识别气层。在现场实际中通常采用中子密度叠加法或声波与中子叠加法识别气层。

图2-8-19是某井储层流体性质判别成果图。图中第三道是声波孔隙度与中子孔隙度叠加判别结果,判别结果表明:在4305~4326m井段,声波孔隙度明显大于中子孔隙度,是典型的气层特征。经试气验证,解释结论正确。

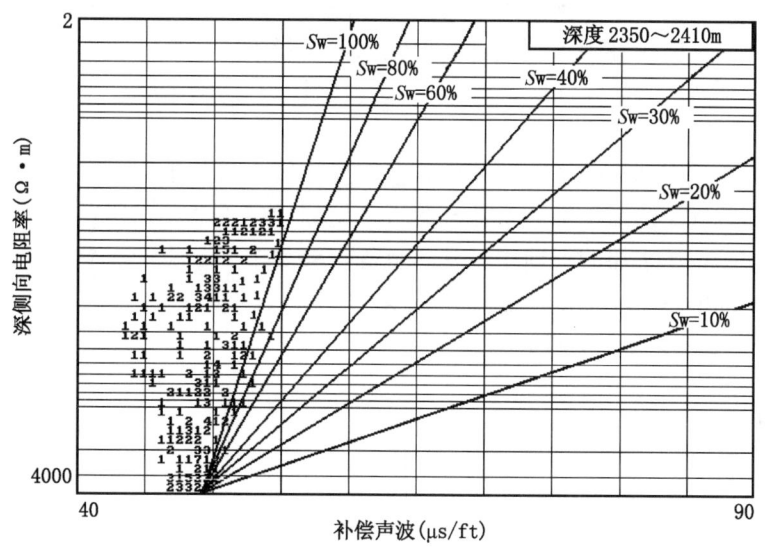

图2-8-19 声波—电阻率交会图判别储层含流体性质

5. 电阻率—孔隙度交会图判别法

电阻率—孔隙度交会图是应用阿尔奇公式的一种快速直观解释方法。当孔隙度指数和饱和度指数都取2时,地层电阻率平方根的倒数与孔隙度有线性关系,其直线的斜率取决于地层水电阻率和含水饱和度,即:

$$\frac{1}{\sqrt{R_t}} = \frac{S_w}{\sqrt{abR_w}}\phi \qquad (2-8-2)$$

如果已知地层水电阻率或已知水层孔隙度及电阻率,则可以绘出不同饱和度的直线,因此,电阻率—孔隙度交会图可以判别储层含流体性质。在实际应用中,为了简便,常针对一定岩性,用声波时差与深侧向电阻率平方根的倒数交会,构成不同含水饱和度的解释图版,如图2-8-19是某井石炭系储层用声波—电阻率交会图版进行流体性质判别成果图,从图中可以看出,交会点均落在100%含水饱和度线附近,因此,解释结论为水层。在解释层段实际测试产水288.0m³/d、微气,证实解释结论正确。

6. 时间推移测井识别法

受钻井液柱正压影响,在钻井过程中,钻井液滤液侵入地层,同时,在钻井液滤液侵入地层的过程中,渗透性较好的层段井壁会形成泥饼,泥饼一旦形成后,就将井筒与地层分隔成两个分离的流动(扩散)系统。如果地层含气,深部地层的天然气就会向侵入带回流,时间越久,回流就越多。这样,时间推移测井就可测到地层在不同含气饱和度条件下的测井信息,并由此识别气层。识别气层效果较好的有时间推移电阻率测井识别法与套前套后中子叠加识别法。

1) 时间推移电阻率测井识别法

时间推移电阻率测井就是在钻开目的层后先后对目的层进行两次电阻率(双侧向或双感应)测井,两次测井时间间隔一般在一星期左右。在渗透性较好的地层,钻井液滤液侵入井壁周围地层将孔隙中的流体沿径向驱替到深部地层,同时,也形成泥饼,此时,进行第一次测井,所测的电阻率(R_1)在很大程度上受钻井液滤液影响;一个星期后,由于泥饼将井筒与地层分隔成两个系统,地层流体又逐渐扩散到井壁周围,此时,进行第二次测井,所测的电阻率(R_2)在很大程度上将受地层流体影响。因此,将两次测得的电阻率加以比较,就可判别地层含流体性质。即:$R_1 < R_2$ 气层;$R_1 \geqslant R_2$ 水层。

2) 套前套后中子叠加识别法

固井前,中子(即套前中子)测井信息基本反映侵入带特征;固井后,受地层压力驱动,气层中的天然气又逐渐扩散到水泥环附近,使套后中子减小。因此,气层的套前中子通常大于套后中子,而水层的套前中子基本上等于套后中子,将两者叠加,可很直观地识别气层。即:叠加值 >0 为气层;叠加值 $\leqslant 0$ 则为非气层。

7. 孔隙度—饱和度交会图判别法

由阿尔奇公式:

$$F = \frac{R_o}{R_w} = \frac{a}{\phi^m} \tag{2-8-3}$$

$$I = \frac{R_t}{R_o} = \frac{b}{S_w^n} \tag{2-8-4}$$

可以导出:

$$\phi^m S_w^n = \frac{abR_w}{R_t} \tag{2-8-5}$$

上式中的 a 和 b 是常数,通常取 $a=b=1$,尽管岩心分析结果表明 a 和 b 都不等于 1,但误差是允许的。而当 $a=b=1$ 时 m 与 n 比较接近,可取 $m=n=c$,于是阿尔奇公式可写成:

$$(\phi S_w)^c = \frac{R_w}{R_t} \tag{2-8-6}$$

当地层只含有束缚水饱和度 S_{wi} 时,对应的地层电阻率为 R_{ti},上式可写成:

$$(\phi S_w)^c = \frac{R_w}{R_{ti}} \tag{2-8-7}$$

实验观察结果表明:如果地层只含束缚水,此时 ϕ 与 S_{wi} 的乘积趋于一个常数,这个常数的值在一定程度上反映岩石的类型,同时也说明,在 ϕ—S_{wi} 交会图中,交会点呈近双曲线分布规律。这一规律却给我们判别储层是否含有可动水提供了一个思路:能否利用 ϕ—S_w 交会图,通过数据点的分布情况来判断储层是否含有可动水?

要回答这一问题,只要搞清楚当地层含有可动水时,在 ϕ—S_w 交会图中,数据点是否还会呈近双曲线分布特征。

答案可以从两方面获得:

(1) 当储层含有可动水时 $S_w > S_{wi}$,这就意味着对应同一个孔隙度值,交会点必然会跳

离 ϕ—S_{wi} 的双曲线；

(2) 由于可动水饱和度大小与孔隙度无关，交会点将不会简单地从一条双曲线跳到另一条双曲线。换句话说，只要储层含有可动水，必然导致 ϕ—S_w 交会图中数据点的无规律跳动从而破坏 ϕ—S_{wi} 的双曲线关系。因此完全可以通过 ϕ—S_w 交会图中数据点的分布特征来判断储层是否含有可动水，从而达到判别储层流体性质的目的。

因此，在 ϕ—S_{wi} 交会图中，如交会点呈近双曲线分布规律，说明储层只含束缚水，不含可动水，储层为油气层；如交会点不呈近双曲线分布规律，说明储层不仅含束缚水，还含可动水，储层为水层或油气水同层（据交会图形态而定）。

图 2-8-20a 是坡 1 井三叠系飞仙关组鲕滩储层气层段 ϕ—S_w 交会图。从 ϕ—S_w 交会图上可看到，交会点呈明显的双曲线分布特征，表明该层不含可动水。该井段测试产气 34.0×10^{4}m^3/d。

图 2-8-20b 是坡 1 井三叠系飞仙关组鲕滩储层水层段 ϕ—S_w 交会图。从 ϕ—S_w 交会图上可看到，交会点杂乱无章，没有双曲线分布特征，表明该层含可动水。该井段测试产水 17.0m^3/d。

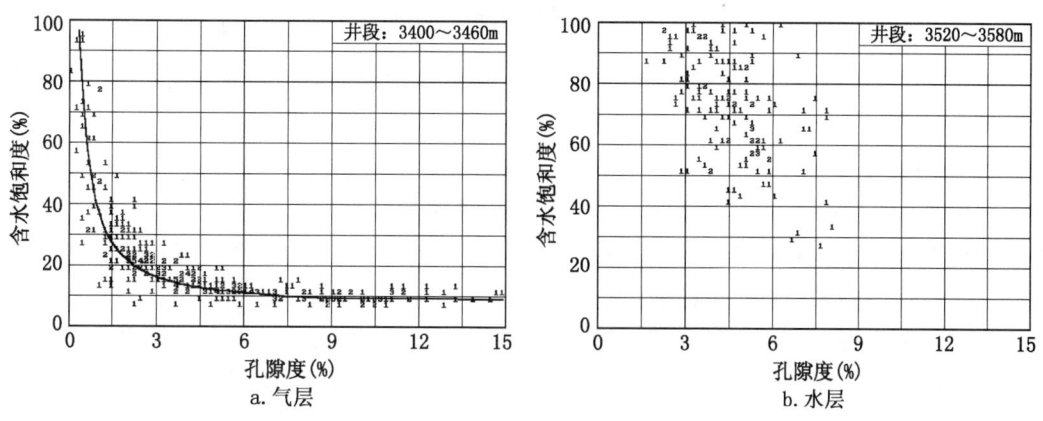

图 2-8-20　ϕ—S_w 交会图判别储层含流体性质

8. 地层测试器测井识别法

地层测试器的压力测量资料与取样分析结果能直观快速地反映井壁周围地层所含流体性质。在一个纵向剖面上，如果测有多个不同深度的压力数据，就可以建立起纵向的地层压力剖面，并可以计算出地层压力梯度及地层所含流体的密度，然后，通过地层压力梯度与地层流体密度的变化判别气水层。

地层压力梯度（psi/m）= $\Delta p/\Delta H$

流体密度（g/cm^3）= 压力梯度/1.422

图 2-8-21 所示是雷 14 井 RFT 测井压力剖面图。该井目的层为石炭系，仅用综合测井资料与地质资料难以准确判别储层的流体性质。通过 RFT 测井，共测试 44 点，测试成功点 40 点，取得地层压力 29 点，非渗透层 11 点，取样成功点 6 点，绘制出压力剖面图。

压力剖面图显示地层呈明显的两个压力系统，交点在 3128m 处，交点上部地层由压力剖面图计算的压力梯度为 3.07×10^{-3}MPa/m，地层流体密度为 0.313g/cm^3，表明储层流体为气。下部地层计算的压力梯度为 10.96×10^{-3}MPa/m，地层流体密度为 1.12g/cm^3，表明储层流体为水。由此可见，该井存在气水两个压力系统，气水界面在 3128m 处。

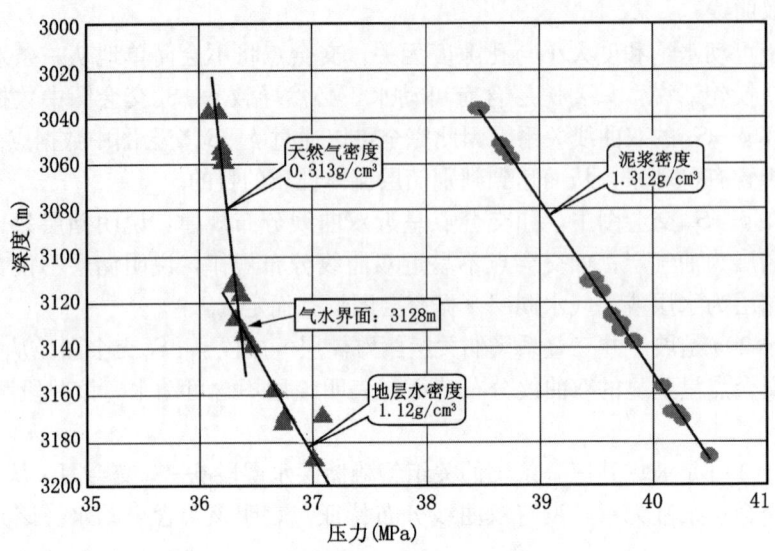

图 2-8-21 RFT测井压力分析判别储层含流体性质

试油时,根据RFT的解释结论,于井深3085m处打水泥塞封隔下盘的水层,测试产气 $45.19 \times 10^4 \mathrm{m}^3/\mathrm{d}$。

9. 模糊聚类分析方法

模糊聚类分析判别储层含流体性质方法是一种多参数判别分析法,是一种把普通动态聚类算法与模糊聚类分析结合的一种数学处理方法,它先通过动态聚类将样本(各种测井曲线、不同深度的采样点)粗糙地进行预分类,并依据一定规则自身迭代,不断地分裂类与合并类,从而得到组合相对合理的动态聚类结果,然后把该结果作为模糊聚类分析的初始分类继续迭代,在迭代过程中按最优原则不断修改隶属度最后得到某种意义下的最佳结果——最优化模糊隶属度矩阵,由此得到各类的聚类中心和各样本隶属于各类的隶属度。

该方法是利用常规测井资料(井径、自然伽马、无铀伽马、声波、中子、密度、深浅双侧向等)提取多个反映储层及流体特征的参数,利用这些参数参与聚类分析,在程序中设置油气、水、非储层(干层和泥质层)等三种(或四种)聚类结果,达到自动判别流体性质的目的。

图2-8-22是某井石炭系储层模糊聚类分析判别含流体性质成果图。图中表明3636~3649m判别结果为气层,该井完井试油产纯气。该方法在四川和塔里木碳酸盐岩地层均有比较好的判别效果。

10. 核磁共振测井判别流体性质

核磁共振测井测量的是岩石孔隙中流体的横向弛豫时间T_2。T_2由体积弛豫T_{2b}、表面弛豫T_{2s}及扩散弛豫T_{2d}等三部分组成。在核磁共振方法中已介绍,不同地层流体的弛豫特征不同。通常,润湿岩石中的水,以表面弛豫为主;孔洞中的水以体积弛豫为主,并受扩散影响;水润岩石中的油以体积弛豫为主,并受扩散影响;气体主要表现为扩散弛豫。因此,可以根据油、气、水不同的弛豫特征判别储层含流体性质。

通过核磁共振测井信息判别储层含流体性质通常有三种方法:

(1) 根据T_2分布特征判别流体性质;

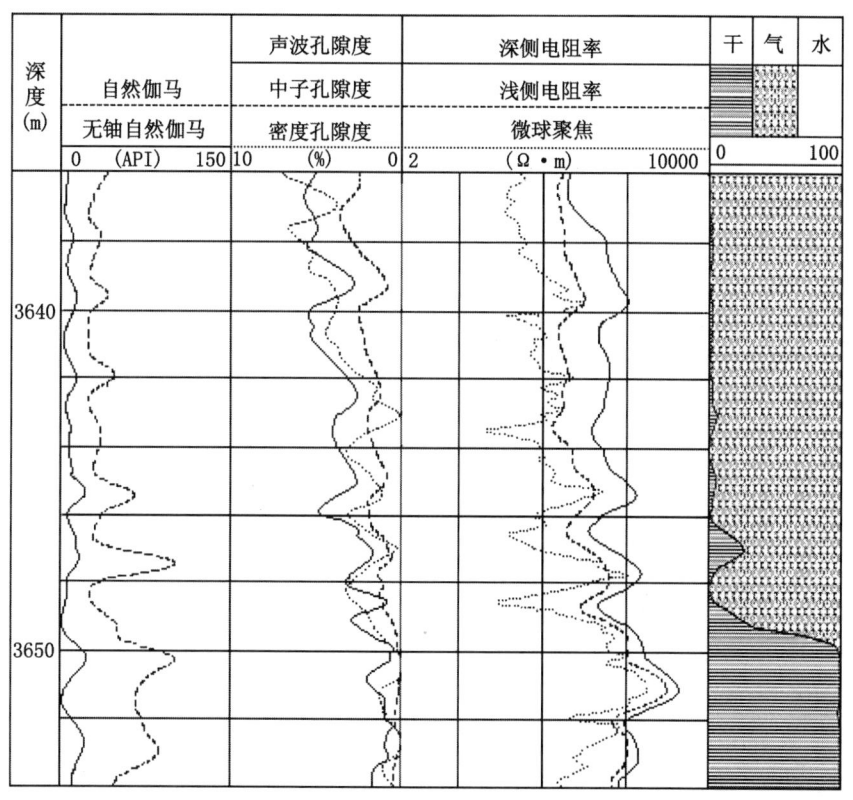

图 2-8-22 模糊聚类分析判别储层含流体性质

(2) 双 T_E 测井方式判别流体性质;

(3) 双 T_W 测井方式判别流体性质。详细论述见核磁共振测井方法。

随着油气勘探的进一步深入,面对的地质目标也越来越复杂。主要表现在地层岩性越来越复杂,如碳酸盐岩等;储层类型多种多样,如裂缝型、洞穴型及其复合型,造成储层极强的非均质性,都直接影响气层识别效果。因此,用单一的气层识别方法判别复杂地层的流体性质将是非常困难的事情。

测井数据采集技术与信息处理技术的高速发展,声、电成像测井、核磁共振测井为解决复杂地质问题提供了有效手段。但是,单靠成像测井仍然很难有效地判别复杂地层的流体性质。因此,气层识别技术将朝着常规测井、成像测井、核磁测井及地层测试器有机结合、多种方法互相补充并结合区域地质资料综合解释的方向发展。

第三篇　地质录井原理及储层评价技术

第一章 概 述

自20世纪80年代以来,计算机化的综合录井仪已广泛应用于现场,录井技术也因此得到了快速发展,按录井内容一般分为常规地质录井、气测录井、工程录井、地球化学录井和特殊项目录井等五大录井模块。

第一节 现代录井的含义

现代录井就是以仪器为工具,以计算机化为特征的录井方式和方法,其产品就是录井数据和录井图件。录井的过程就是实时采集各项数据、随钻监测、及时处理、快速评价,为现场技术决策提供最快、最直接的第一手资料。

一、现代录井的系统配置

(1) 井深测量系统(井深、钻时、大钩高度、提下钻速度等);
(2) 气测系统(烃类气体监测系统和非烃类气体监测系统);
(3) 荧光检测系统(荧光灯、系列对比、定量荧光分析仪、荧光光谱等);
(4) 地球化学测量系统(热解色谱、有机碳等);
(5) 孔渗测量系统(核磁共振原理的P—K分析法);
(6) 钻井液参数监测系统(钻井液出口和入口的密度、温度、电导率、排量等);
(7) 钻井参数监测系统(大钩负荷、钻压、转盘转速、转盘扭矩、泵压、泵冲速、套管关闭压力、循环罐体积、钻井液增/减量等);
(8) 岩样采集系统(岩屑样、钻井岩心样、井壁取心样等);
(9) 岩样显微观察系统(镜下观察和薄片鉴定);
(10) 数据实时采集、显示、存储、处理、绘图和打印;
(11) 录井数据远距离传输系统(载波电话、卫星电话等)。

二、录井仪器的制造厂家

1. 国外录井仪生产厂家

(1) INTEQ (BAKER HUGHSE)(DrillByte/Advantage Ⅱ);
(2) ENERGY (HALLIBURTON)(SDL9000);
(3) GEOSERVICES (ALS-2);
(4) PETROLOG (ALS-3000);
(5) INTERNATIONAL (ILO)(DLS)等。

2. 国内录井仪生产厂家

(1) 上海中油石油仪器制造有限公司(SDL-9000 China、CPS-2000);
(2) 上海神开科技工程有限公司(SK-2000/SK-CMS);
(3) 新疆录井公司(XZL-5)/新疆广陆有限公司(GL-2000);
(4) 河南新乡72所(SLZ系列录井仪器);
(5) 中原录井公司(NLS);

(6) 胜利录井公司 (DrillByte/Advantage);
(7) 大庆录井公司 (SDL-9000/Advantage)。

第二节 现代录井的服务项目

一、常规地质录井

(1) 岩屑录井：从岩屑的采集、清洗和烘干到挑样、分析化验、岩性描述及含油气显示分析及描述的过程。可按要求进行岩屑残余气体分析、页岩密度和岩样中碳酸盐含量测定等可选项服务。

(2) 岩心录井：岩心和井壁取心的整理、分析化验、肉眼和显微镜下的岩性描述及含油性分析和描述。

(3) 钻井液密度、粘度和全性能录井。

(4) 工程事故、复杂记录等。

二、气体检测和分析

以发现油气为主的烃类气体检测，连续检测分析气体全烃和色谱组分（C_1—C_5），热导气测系统可同时监测氢气和二氧化碳气体。对含硫地区或新探区，安装 3~4 个探头、传感器检测出口钻井液中硫化氢含量，以保证人身和设备安全。

(1) 烃类气体：全烃，色谱组分（C_1、C_2、C_3、iC_4、nC_4、iC_5、nC_5）；

(2) 非烃气体：H_2S、CO_2、H_2 和 N_2 等。

三、钻井工程监测（地层压力和钻井液性能监测）

(1) 工程参数录井：钻井过程中对钻井工程参数，如井深、钻速、钻压、转盘转速、旋转扭矩、大钩负荷、钻头进尺、钻头转数和使用时间等，进行实时监测和记录，以保证安全钻井。

(2) 钻井液性能参数录井：对循环钻井液参数，如立管压力、套压、泵冲、钻井液分池体积、总池体积及其增减量、进出口流量、密度、温度、电导率等，实时监测和记录，分析地面和井下流体变化情况。

(3) 地层压力监测：利用 Dc 指数法、西格玛法及其他方法，实时监测地层压力、破裂压力及储层物性分析（孔隙度和渗透率），提供压力监测报告。

(4) 钻井工程辅助服务：

①地层破裂压力和低泵速试验数据、钻井参数优选；

②水力学参数优选报告；

③上覆地层压力计算与图形输出；

④钻头分析、描述、钻头成本报告及绘图；

⑤定向井、水平井：MWD/LWD 的井斜数据计算分析；

⑥井眼轨迹：井斜剖面图、水平投影图和可旋转三维立体图；

⑦抽汲压力与波动压力分析、井涌与压井分析；

⑧下套管监测、固井监测、井身结构图；

⑨起下钻监测与数据报告；

⑩钻具结构及钻具管理等。

四、地球化学录井

利用岩屑热解色谱仪测定气态烃（S_0）、液态烃（S_1）和干酪根裂解烃（S_2），进行原油性质储层物性分析，划分油气水层、估算产能。根据有机质类型、成熟度及有机质丰度评估生油层的生油气量、排烃量及生油潜力等录井评价。

五、特殊项目录井

（1）定量钻井液气测录井；
（2）钻井液全脱气分析；
（3）H_2S、CO_2等有毒、有害气体监测；
（4）定量荧光和荧光谱分析；
（5）岩屑样 P—K 分析；
（6）泥岩密度测定；
（7）岩心扫描。

六、提供各种图表和报告

（1）钻井工程参数及曲线图、优化钻井报告；
（2）钻井液数据表及曲线图、使用效果评价报告；
（3）气体分析数据表、曲线图、录井解释图版和油气水解释结果；
（4）录井综合图；
（5）岩屑、岩心、井壁取心等描述报告；
（6）地层压力检测报告及有关图件；
（7）工程辅助分析报告及图件；
（8）现场所需求的图件和报表。

第二章　常规地质录井

常规录井主要指传统录井项目，如钻时或钻速、岩屑录井、岩心录井、钻井液密度和粘度、荧光观察、槽面观察、工程事故与复杂记录等。

第一节　钻时录井

钻时是指在一定钻井技术参数条件下（主要是钻压、转速、排量、钻具组合和钻头类型及其新旧程度、井眼尺寸和地层岩性等）每钻进1m地层所需要的时间。但随着钻井工艺技术的快速发展，用钻时描述上部快速钻进的地层时常因数值小于1min/m而觉得不直观，使用钻速或机械钻速（m/h）而形象地描述钻头穿过地层的能力越来越普遍。在参数稳定的条件下，钻时或钻速的大小所反映的是地层的可钻性，对已知地层则反映的是岩性及其孔洞的发育程度和胶结物的类型等，因此通过钻时或钻速曲线分析可以划分地层界面、判断岩性变化等。

一、钻时录井的内容

井深、钻时；钻具放空起止时间、钻具放空井段；收集其他参数：钻压、转速、泵压、排量、钻头直径及类型、起下钻井深、钻头蹩跳时间、蹩跳井段、下入钻头新度、起出钻头新度等。

二、钻时录井的影响因素

（1）岩石的可钻性：松软地层比坚硬地层钻时低，如疏松砂岩比致密砂岩钻时低；多孔的碳酸盐岩比致密灰岩、白云岩钻时低。

（2）钻头类型与新旧程度：为了快速优质钻进，应当根据地层软硬不同，选择不同类型的钻头。新钻头一般比旧钻头钻时快。在钻时录井中，要记录钻头下入井深，钻头的类型、尺寸、新度，并应仔细观察起出钻头的磨损情况，以判断所钻岩性。

（3）钻井参数与强化措施：在同一岩层中使用同一套钻具组合时，通过加大钻压、提高转速或排量都能不同程度地提高钻头破碎岩石的效率，即可以提高钻速。如使用螺杆钻具提高转速、加大钻压让钻头易于吃入硬地层、使用防斜组合或工具等强化手段也可有针对性地提高钻速。

（4）钻井液性能与排量：携岩能力强、润滑性能好、井眼稳定的钻井液再配合大排量能有效提高钻速，同时负压钻进更能提高钻头破岩能力、有效减少岩屑在井底的重复研磨，从而达到提高钻速的目的。

（5）人为因素的影响：司钻的操作经验和熟练程度，即能否作到均匀送钻对钻时或钻速有直接影响。

第二节　岩屑录井

在钻井过程中，按照一定的深度间隔和岩屑迟到时间，在钻井液出口处的振动筛或高架槽捞取随钻井液从井筒中返出的岩屑样品叫岩屑录井。

岩屑录井是地质工作的基础，它是建立地层剖面、了解地层层序、岩性组合和发现油、气、水显示的重要手段。钻具管理、迟到时间测定和岩样采集是岩屑录井的关键。

一、钻具的丈量与管理

对井场钻具进行依次仔细编号、准确丈量，做到五清楚（即钻具组合、钻具总长、方入、井深、接单根）、三对扣（即工程、地质、固井）和一复查（随时复查钻具）。在取心和处理事故过程中及时记录所倒换的钻具和钻具接头，确保钻具井深准确无误。

二、迟到时间的确定

1. 测定间距

（1）非目的层段，每钻进 100m 测定一次；

（2）目的层段，每钻进 50m 测定一次；

（3）钻井过程中钻头直径及钻井泵参数改变时，应及时测定。

2. 测定要求

岩屑迟到时间测定标志物应为颜色醒目的碎瓷片、红砖块或软塑料条，且大小要适中，不得堵塞钻头水眼。

（1）当用碎瓷片或红砖块等实物测定时，岩屑迟到时间：

$$T_c = T_循 - T_下 \qquad (3-2-1)$$

式中　T_c——岩屑迟到时间，min；

$T_循$——标志物循环一周的时间，min；

$T_下$——标志物从井口至井底的下行时间，min。

（2）当用软塑料条测定时，实践经验表明岩屑迟到时间约等于塑料条循环一周的时间，即：

$$T_c \approx T_循 \qquad (3-2-2)$$

3. 捞样时间的确定

捞样时间按如下方法确定：

（1）在未停泵、未变泵情况下，钻达时间加上迟到时间即为捞样时间：

$$T_1 = T_2 + T_c \qquad (3-2-3)$$

（2）在变泵时间早于钻达时间情况下，按公式（3-2-4），确定捞样时间：

$$T_1 = T_2 + T_c \times Q_1/Q_2 \qquad (3-2-4)$$

（3）变泵时间晚于钻达时间而又早于捞样时间的情况下，用公式（3-2-5）确定：

$$T_1 = T_3 + (T_4 - T_3) \times Q_1/Q_2 \qquad (3-2-5)$$

式中　T_1——捞样时间，min；

T_2——钻达时间，min；

T_3——变泵时间，min；

T_4——变泵前捞样时间，min；

T_c——岩样迟到时间，min；

Q_1——变泵前钻井液排量，m³/min；

Q_2——变泵后钻井液排量，m³/min。

三、岩屑录取要求

1. 岩屑样的捞取

（1）按捞样迟到时间准时在振动筛下的指定位置，采用垂直切捞法捞取岩屑，捞完后应立即清除剩余岩屑。

（2）正常情况下，起钻前须循环钻井液一周；特殊情况下，不能循环完一周时，应在停泵后捞取半包岩屑样，余下未捞取的岩屑应在下次下钻到底后循环钻井液期间补捞。

（3）捞样间距按地质设计执行，一般每包岩屑质量不少于500g。

2. 岩屑样的清洗

（1）岩屑捞取后应立即用没有油污的清水清洗干净，除去杂物和明显掉块。

（2）清洗时，水应缓慢放入，轻轻搅动，并注意水面有无油花、沥青块等，当盆内水满时应稍静止一会儿，再缓缓将水倒掉，以免将悬浮岩屑（如煤屑、碳质页岩、油页岩、油砂等）倒掉。对于有油气味、油花或沥青块的岩屑应作好记录供描述参考。

（3）对特别松散的油砂，可将洗样筛直接放在水中漂洗；对较软的泥岩和极易泡散的砂岩，只需将钻井液洗掉即可。

（4）较硬的泥质岩、胶结中等以上的砂岩以及其他岩性较硬的各类岩石，应洗至见本色。

3. 岩屑样的干燥

（1）清洗干净的岩屑应及时进行荧光湿照观察，并填写荧光记录。

（2）荧光湿照观察和取样后应及时进行干燥，来不及干燥的岩屑应作深度标识。

（3）烘烤岩样：打开电烤箱（或电热板）电源开关，把岩屑摊平在烤盘（电热板）上，将烤盘放入烤箱，关上箱门；岩屑未烤干时，不要来回翻动，防止颜色模糊不清；注意烘烤温度和时间，预计烤至8成干即可取出烤盘，禁止将岩屑烤糊。

4. 岩屑样的装袋、装盒

（1）砂样冷却后除去明显掉块并顺手取适量装百格合，其余装入岩屑袋内，岩屑袋应标注地区、井号、井深、编号、取样日期、取样人姓名。

（2）将装袋岩屑按深度由浅至深、沿岩屑盒自左至右依次放入岩屑盒中，填写岩屑盒标签（两张）分别贴在岩屑盒左侧中间和正面中间位置，其标签内应标注地区、井号、盒号、井段、包数、日期。

第三节 岩心录井（包括井壁取心）

一、岩心整理

岩心录井分钻井取心和井壁取心两种工艺，都是最直观、最可靠地反映地下地质特征的第一性资料。通过岩心的分析，可以考察古生物特征，确定地层时代，进行地层对比；研究储层岩性、物性、电性、含油性的关系；掌握生油特征及其地球化学指标；观察岩心岩性、沉积构造，判断沉积环境；了解构造和断裂情况，如地层倾角、地层接触关系、断层位置；检查开发效果，了解开发过程中所必须的资料数据等。

1. 钻井取心的整理

（1）岩心出筒时保证岩心顺序不乱、不倒置。

（2）岩心出筒后立即观察、记录油气水显示；含油岩心用刮刀或棉纱清洁表面后取样封蜡、描述，其他岩心用水清洗干净。

(3) 油基钻井液取心、密闭取心的岩心，一般不得用水冲洗，只能用刀刮或棉纱擦净。

(4) 按顺序合理摆放岩心，严重破碎的装岩屑袋放归相应位置。

(5) 用红铅笔在岩心轴线上画出方向线，每个自然段块上画一个箭头，箭头指向岩心底部。

(6) 用钢卷尺沿方向线一次量出岩心总长（精确到 0.01m）。

(7) 单筒岩心收获率、累计岩心收获率的计算公式：

$$单筒取心收获率 = 单筒心长/单筒取心进尺 \times 100\% \qquad (3-2-6)$$

$$全井取心收获率 = 全井累计取心心长/全井累计取心进尺 \times 100\% \qquad (3-2-7)$$

(8) 每筒岩心顶、底放置岩心档板标明顶和底，其上填写地区、井号、筒次、井段、进尺、心长、收获率、取心层位、钻头类型、钻井液密度和粘度、岩性及含油性、出筒时间及整理人。

(9) 沿方向线由顶至底的每个自然段（每个装破碎岩心的岩屑袋视为一个自然段）上按顺序用乳胶贴一个 2.5×1.5cm 的岩心编号标签。

(10) 将岩心由顶至底，沿岩心盒从左向右依次装入岩心盒；若遇岩心收获率为零，也应填写岩心档板标签放在岩心盒内的相应位置。

(11) 岩心装盒后，应填写岩心盒标签（两张）分别贴于岩心盒左侧中间和正面中间位置，其标签内容有：地区、井号、盒号、筒次、井段及日期。

2. 井壁取心的整理

(1) 取心器出井后，应依次对号取出完整岩心、进行编号，并在井壁取心设计表上做好标记；岩心有效长度小于 5mm 者视为无效岩心。

(2) 记录取心深度、设计取心颗数、实取颗数、收获率、含油气岩心颗数。若遇重要显示层段或其他特殊目的的取心，其收获率较低难以说明问题时，则应重取。

(3) 壁心经观察描述后，及时装入井壁取心瓶（盒），并附上标签注明井号和井深。

(4) 填写井壁取心记录表，按井深由浅至深的顺序编排。

二、岩心描述

钻井取心和井壁取心的油气水显示都会随出筒后放置时间的延长而发生变化、甚至消失，所以在岩心出筒时应做到及时观察和记录；在观察后，应做到及时整理、采样、描述，减少油气水的逸散挥发，避免资料失真。壁心的描述原则与钻井取心相同。

1. 描述前准备

(1) 检查筒次、井段、进尺、实长、收获率是否正确；分块、编号、档板是否齐全、是否符合规定；重点检查岩心的"和尚头"、"台阶"、"刻痕"等茬口是否吻合，顺序有无颠倒；破碎岩心堆放是否合理，发现问题及时整改。

(2) 为了细致观察描述岩心，应选择合适部位将岩心敲开以便描述其新鲜断面。特别是有显示的岩心、渗透层、生物灰岩、化石层都必须认真观察，分段描述。

2. 岩心分段要求

岩心描述以筒为单元分段进行，分段原则主要依据岩性、含油性的变化，同时要兼顾到制图的精度。以 1:100 岩心柱状图要求为例，其分段原则是：

(1) 凡岩性、颜色、含油气产状、结构、构造有变化，厚度≥0.2m 者应分段描述。

(2) 厚度不足 0.1m 者一般按"条带"或"薄层"、"夹层"处理，描述其距顶位置和岩性，不单独分段；但对厚度不足0.1m的特殊岩性、标志层、化石层要单独分段描述，绘图时在相应位置加旁注。

（3）凡位于筒顶、筒底或磨光面上、下，只要岩性、含油性有变化，不管厚度多少，都要重点描述。

3. 含油性描述及含气试验

（1）除描述含油产状外，还应描述出筒外渗情况（个别、局部、普遍）、原油性质（轻质油、油质较轻、较稠、稠油）、颜色及油味等。

（2）荧光级显示描述干（喷）照荧光百分率、发光强度、颜色及系列对比级别和颜色。

（3）含气试验：根据岩心出筒冒气情况，对有显示的出完筒立即作含气试验，观察记录冒气泡形态（豆状、串珠状、针点状）、分布情况（个别、局部、普遍）及气味。

4. 碳酸盐岩描述顺序

（1）岩石矿物成分、结构（取得薄片鉴定结果的应对所描述内容及时修正及补充）。

（2）构造、裂缝及含有物。

（3）油气水显示情况（根据出筒观察记录进行描述）。

5. 碳酸盐岩岩心含油级别的确定

含油级别是岩心中含油多少的直观标志。所以含油级别是判别油、气、水层的主要标志，但不是绝对标志。例如，含油级别高的砂层往往是油层，含油级别低的砂层往往是干层、水层。而相反的情况也有，气层、轻质油层、严重水浸的油层等岩心往往含油级别很低，甚至看不出含油。

含油级别主要依靠含油面积大小和含油饱满程度来确定。根据储层储油特性不同，分为孔隙性含油、缝洞性含油，并分别划分含油级别。碳酸盐岩是以岩石的裂缝、溶洞、晶洞作为油气储集场所的，岩心以缝洞的含油丰度为准，分为：

（1）富含油：50%以上（含50%）的缝洞壁上见原油；

（2）油斑：50%～10%（含10%）的缝洞壁上见原油；

（3）油迹：只有10%以下的缝洞壁上见原油；

（4）荧光：缝洞壁上看不到原油，荧光观察有显示，系列对比6级以上（含6级）；

（5）含气：荧光检查无显示，做含气试验有气显示。

6. 岩心描述内容

由于岩心样品比岩屑更直观，所以岩心描述比岩屑描述要求更高，参见本章第六节。

三、岩心录井图的编绘

为了便于及时分析对比，指导下一步工作，应将岩心录井取得的各种资料、数据用规定的符号绘制岩心录井图。绘制时应注意以下事项：

（1）图中用的岩心数据（如岩心收获率、编号、分段长度等）必须与原始记录完全一致，深度比例尺与电测放大曲线比例尺一致（一般为1:50或1:100）。

（2）图中的岩性剖面在绘制时用筒界作控制。岩心收获率低于100%时，从上往下绘制，底部留空，待再次取心收获率大于100%时（即套有前次余心），向上补充（自下而上绘制），即套心一律画在前次取心的下部。因岩心膨胀或破碎而收获率大于100%时，应根据岩心实际情况在泥质岩段或破碎处合理压缩成100%。

（3）化石及含有物、取样位置、磨损面等，用统一图例绘在相应深度，以黑框及白框表示不同次取心，框内斜坡指向位置为磨损面位置，框外标记样品位置，根据样品顶界距本筒顶界的距离来标定样品位置。

(4) 岩心编号栏内根据分段情况填写起止号和分层厚度（分段长度）即岩性段的长度。

四、岩心资料的整理

岩心综合图是在岩心录井图的基础上综合其他资料编制而成的，是单井评价的一部分。它是反映钻井取心井段"四性"关系的综合图件；岩心归位是依据录井资料，包括岩心、岩屑、钻时、气测等资料与电测资料综合分析后进行的。其目的是排除钻井工艺技术和人为因素的影响，使取出的岩心恢复到地下岩心的原来深度位置，如实反映在 1:100 的岩心综合图上。

1. 归位原则

以取心筒次为基础，用岩心收获率高的井段中的标志层控制，破碎及松软岩心"拉开"或"压缩"要合理，磨损面处拉开的距离要适当。做到岩性、电性、物性、含油性"四性"吻合，准确恢复其地层剖面。

2. 归位方法

深度校正是岩心归位的重要环节。由于钻井深度和电测深度误差的客观存在，再加之各井段井况的差别，以致于不同井段深度差值也略有不同，需要按照实际分井段差值进行深度校正。

1) 岩电对比

先将正式电测图和岩心录井图进行岩、电对比。选用数筒连根割心岩心收获率较高的筒次中岩性特殊、电性反映明显的"标志层"作为归位标志层。并从上到下，以筒为基础，依次将所有取心井段中岩性、电性标志层的钻井取心录井深度和电测曲线对应深度填入岩心归位数据表（表3-2-1）。然后根据其差值变化规律（一般均随深度的变化而相应递增或递减，但也有时差值变化不规则），将每个岩性层段及相应的每块岩心顶底界逐一按临近的标志层岩、电深度的校正差值变化规律算出差值，再以筒为基础进行深度校核检查。

表 3-2-1 深度校正表

标志层序号	岩心录井		电测解释		岩、电对比底深差值, m	标志层特征
	顶深, m	底深, m	顶深, m	底深, m		
1	1821.00	1822.50	1821.50	1823.00	+0.50	油页岩
2	1846.40	1846.80	1847.20	1847.60	+0.8	泥灰岩
3	1875.00	1877.60	1876.00	1878.60	+1.0	钙质砂岩
4	1905.50	1909.30	1906.60	1910.40	+1.1	白云岩
5	1921.33	1922.63	1922.50	1923.80	+1.17	石膏层

2) "岩性组合控制"

当剖面中没有比较突出的标志层时，则在取心井段的上、中、下各部位，选择几段连续取心收获率相对较高的井段，以比较特殊的岩性组合（如砂岩密集组合段、不规则分布的砂、泥岩井段中的良好渗透性砂层组合及碳酸盐岩剖面中的缝洞发育层段、特殊结构层、泥质岩层、砂质岩层等），作为"辅助标志层"。然后，以岩心录井图及岩心描述本中的累计长度逐筒、逐块、逐段进行岩心深度校正。

3）岩心收获率较低时校深归位

仍要找"标志层"或"辅助标志层"控制，以筒次为基础校正。但因收获率低，需要考虑岩屑、钻时等录井资料与电测对比辅助校深，然后归位。

4）特殊情况下校深归位

以上三种校深归位方法均是在岩心长度准确无误（与电测解释层厚吻合）的情况下进行的。但当岩心长度与电测解释厚度不吻合时，几种特殊情况校深归位方法如下：

（1）当泥质岩类岩心分层厚度（岩心长度）大于解释厚度（电测曲线解释）时，可认为泥岩膨胀伸长所致。这时则应将泥质岩心压缩归位，以恢复其真实长度使之与电测解释厚度吻合。压缩长度在压缩栏中注明。

（2）破碎岩心及松散岩心，因人为丈量造成长度误差的客观存在，岩电对比校深归位时，应进一步分析岩心破碎程度及松散情况。最后按电测解释厚度消除误差后校深归位并填写"岩心深度校正表"。

（3）当岩性层段岩心长度小于电测解释厚度，并且在本岩性层段中岩心存在磨光面时，则应对比岩电关系，结合岩屑等录井资料综合分析，在岩心磨损面处拉开归位。拉开的距离应等于该岩性层段电测解释厚度与实际取出岩心长度的差值。在归位剖面中的"拉开"部位应留"空白"，不填岩性，不标色号。

3. 绘图方法及注意事项

（1）以深度校正表中的电测深度为准，做到岩性、电性对应吻合；岩心归位装图岩—电不吻合时，以复查落实结果为准。

（2）绘制 1:100 岩心综合图。

（3）归位剖面岩性、油气显示级别、颜色符号等使用标准图例，凡剖面中无岩心实物部分不应填岩性和颜色，而应在归位剖面中体现岩屑资料。

（4）根据原样品顶界距本筒顶界的距离标定样品校深后的位置，其距离应扣除本筒岩心取样位置以上泥质类岩心"压缩的长度"，同时加上在磨光面处或松散破碎岩心"拉开的距离"。

（5）岩心实物中客观存在的岩性，即使是一些不够分段描述的薄层及夹层都应尽量用条带方式标注在归位剖面中。

4. 岩心小结要点

（1）宏观全剖面，抓住主要特点。首先搞好地层组段及油层组段的划分，及时充分应用岩心、测井及分析化验成果资料，对地层层位、生、储、盖组合及特征、各储层物性及含油性差异及岩相等给予论证。

（2）小结的文字部分必须与相应的图件、实物及描述紧密结合、互相映衬，数据要吻合对口，资料要准确可靠。

（3）小结要结合取心目的任务完成情况突出重点，具体做到"六清楚"。即：

①岩性分段准确，标准层、标志层清楚；

②缝洞发育段及储集物性良好段清楚；

③含油气井段、含油气情况清楚；

④特殊地质现象描述准确，素描图重点突出标注清楚；

⑤描述前后标准统一，反映客观情况清楚；

⑥综合描述，上下变化特征清楚。

第四节 荧光录井

荧光录井就是利用原油在紫外光照射下会发出荧光的特性,其精度和灵敏度与荧光灯发射波的波长和人的视觉范围有关。所用的荧光分析滤纸、试管、溶剂等应无荧光显示,系列对比标准样应用本地区同层位油样配制,其使用期限为 1 年(荧光录井中使用的溶剂必须与配制系列对比标准样的溶剂相同)。

一、传统荧光录井方法

(1)湿照:取湿岩样放在滤纸上,在暗室将样品置于荧光灯下进行荧光照射,观察发光颜色、发光强度、目估发光百分含量。

(2)干照:取干岩样放在滤纸上,在暗室将样品置于荧光灯下进行荧光照射,观察发光颜色、发光强度、目估发光百分含量。

(3)点滴分析:取岩样放在滤纸上,在暗室将样品置于荧光灯下,用专用有机溶剂滴在样品上进行荧光照射,观察发光颜色、发光强度、滤纸上荧光扩散光圈的变化等,目估发光百分含量。

(4)系列对比分析:取岩样 1g 粉碎后装入干净试管,再向试管中注入 5ml 专用有机溶剂,并振动试管 2~3 次使岩样与溶剂充分接触,待浸泡(每支待检验定级的泡样试管应作井号、井深标识)4h 后进行荧光照射,观察发光颜色、发光强度,并对比定级,系列对比的标样制作标准见表 3-2-2。

表 3-2-2 原油标准系列液的含油量

级别	百分含量(%)	含油浓度(g/mL)	级别	百分含量(%)	含油浓度(g/mL)
1	0.000310	0.000000661	9	0.0780	0.000156
2	0.000630	0.00000122	10	0.1560	0.000313
3	0.001250	0.00000244	11	0.3125	0.000625
4	0.002560	0.00000488	12	0.6250	0.00125
5	0.005000	0.00000976	13	1.2500	0.00250
6	0.010000	0.0000195	14	2.5000	0.0050
7	0.020000	0.0000391	15	5.0000	0.0100
8	0.0400	0.0000781			

二、荧光录井的作用

(1)用荧光鉴别沥青性质,并根据沥青性质初步判断原油性质。

(2)系统地鉴别含油层的沥青性质,可帮助了解油层纵向的变化,综合其他录井资料对判断油、水层有一定作用。

(3)系统分析荧光录井资料,结合沥青含量和性质在区域上的分布规律,有助于研究油气生成及油气运移方向;帮助及时发现凝析油藏和气藏。

三、识别假荧光

荧光录井常常受到成品油或矿物发光的影响,按表 3-2-3 和表 3-2-4 的荧光特征结合矿物特征和成品油污染钻井液的过程就可在一定范围内识别假荧光。

表 3-2-3 成品油荧光颜色

成品油的名称	荧光的颜色
汽油	无色或浅紫
煤油	乳白带蓝
柴油	亮紫、蓝紫—紫蓝
机油	蓝—天蓝、紫蓝
黄油	亮乳蓝
丝扣油	白带蓝、暗乳蓝

表 3-2-4 常见矿物的发光特征

岩矿名称	颜色	荧光颜色	荧光亮度
方解石	白（有光泽）	浅黄	中等
白云母	白（片状）	蓝白	较强
黄铁矿	金黄	蓝灰	弱
石膏	白（透明）	蓝白	弱
硬石膏	黑灰色	灰白	较弱
钙质层	白（条带状）	白	强
高岭石	灰白	玫瑰红	较弱
蒙皂石	肉红色	黄白	弱
伊利石	浅黄色	灰棕色	弱

第五节 钻井液录井

钻井液录井主要指按设计要求测量和监控钻井液密度和粘度的变化，钻遇不同的地层钻井液性能会因泥岩中粘土矿物的造浆作用或油气水侵作用而发生相应的变化（表 3-2-5）。

表 3-2-5 钻遇各种地层时钻井液性能的变化

性能	油层	气层	盐水层	淡水层	粘土	石膏	盐层	疏松砂岩
密度	减	减	减	减	微增	不变→微增	增	微增
粘度	增	增	增→减	减	增	剧增	增	微增
失水	不变	不变	增	增	减	剧增	增	
切力	微增	微增	增	减	增	剧增	增	
含盐量	不变	不变	增	减			增	
含砂量								增
泥饼				增		增	增	
酸碱值				减	减	减	减	
电阻	增	增	减	增	减	增	减	

一、密度、粘度的测量要求和方法

1. 要求

（1）每口井录井前使用生活用水对密度仪进行校验（清水相对密度为1.00），要求误差不超过0.01，并对校验情况进行记录。

（2）测量前，准备好密度计、粘度计、缸子及清水等。

2. 测量方法

（1）按迟到井深固定在缓冲罐处取钻井液500～1000ml；左手握住粘度漏斗并用食指堵住出口，右手将钻井液（经筛网）倒入漏斗内，将量筒放于漏斗出口下方，按下秒表或记下钟表时间，同时松开左手食指，待量筒钻井液刚流满时，再次按下秒表或记下钟表时间，两次时间之差即为钻井液漏斗粘度值。

（2）测完粘度后，把量筒中钻井液倒入密度仪盛液杯，盖紧杯盖（盖的小孔处应有液体流出），用大布擦洗掉溢出的钻井液，将称放于支架上，滑动游码使玻璃珠上的气泡处于中心位置，此时读取称上的刻度值即为钻井液密度。

（3）每次测量完密度和粘度应将工具清洗干净，摆放整齐。

（4）钻井液全性能由钻井液工程师负责测量，主要是钻井液类型、测点井深、密度、粘度、失水量、泥饼、切力、pH值、含砂量、氯离子含量等。

二、后效显示资料收集

（1）井深、钻头位置、钻井液静止时间、开泵时间、钻井液迟到时间、显示起止时间、高峰时间、钻井液密度和粘度变化情况。

（2）槽面观察（在缓冲罐处观察）：

①原油颜色、占槽面百分比、分布状态（片状、条带状、星点状等）；

②气泡大小、形状（针孔、小米、鱼籽状）、密集程度（占槽面百分比）；

③气味类型（原油味、H_2S味等）、气味浓烈程度（浓、较浓、淡、无）；

④取样点火试验：可燃性（可燃、不燃）、燃烧现象（火焰颜色、高度、持续时间）；

⑤溢流：外溢量、外溢速度、起止时间。

三、后效观察要求及取样点火试验方法

1. 要求

（1）出现后效前，应取钻井液测量1～2个密度和粘度点。

（2）出现后效每3～5分钟取一次样，高峰时连续取样测量密度和粘度。

（3）注意观察槽面油气显示。

（4）后效观察及测量，应测至后效消失，密度和粘度基本恢复正常为止。

2. 取样点火试验方法

（1）取样：后效高峰时，用小口瓶（啤酒瓶或矿泉水瓶）在缓冲罐处，将取样瓶按45°角倾斜浸入钻井液面下，待瓶口处不冒空气泡时，用手堵住瓶口，然后将瓶底朝上取出取样瓶。

（2）点火试验：将取样瓶拿至安全地方（地质房内），让另一人协助点火，待火源靠近瓶口时，松开堵瓶口的手，观察是否燃烧；若燃烧，应观察火焰颜色、火苗高度、燃烧持续时间。

（3）描述记录：将点火试验结果及现象填入钻井液油气水侵观察记录中。

四、井涌、井喷资料收集

（1）井涌、井喷：高度、喷（涌）出物（油、气、水）、夹带物（钻井液、泥砂、砾石、岩块等）及其大小，进出口流量变化、间歇时间。

（2）节流管放喷：放喷管尺寸或节流阀孔径、压力变化、射程、喷出物（油、气、水），放喷起止时间。

（3）井喷或放喷量计算：根据井喷或放喷起止时间和油、气、水喷出总量，折算日产量。

（4）处理井涌、井喷措施：处理方法、压井时间、加重材料名称及用量、井喷前及压井后钻井液性能。

（5）井涌、井喷原因分析。

五、井漏资料收集

（1）井漏井深、层位、钻头位置、工作状态、起止时间、漏失量、漏速。

（2）井漏处理措施：处理方法、堵漏时间、处理剂名称及用量、井漏前及处理后钻井液性能。

（3）井漏原因分析。

第六节 碳酸盐岩的岩屑描述

一、描述内容

成分、结构、含有物及含油性。

二、描述方法

（1）将装岩屑的百格盒摊开，自上而下宏观观测颜色及岩性的变化，初步分段。

（2）逐包观察，找出新成分，目估百分含量，逐包定名。

（3）逐包干照，无显示喷照；找出分段岩性和含油性特征，详细记录在岩屑描述记录上。

三、含油性描述

荧光级以上显示，根据含油岩屑占定名岩屑百分含量定出含油级别，碳酸盐岩岩屑含油级别划分标准见表3-2-6。若能识别出原油性质，则应描述其性质（轻质油、油质较轻、较稠、稠油）、颜色及油味。岩屑以含油岩屑占同层真岩屑百分含量为准：

表3-2-6 缝洞性含油岩屑含油级别划分

含油级别	含油岩屑占定名岩屑百分含量（%）
富含油	>5
油斑	5~1
油迹	<1
荧光	肉眼见不到原油，但荧光检查有显示

注：含油岩屑指表（断）面肉眼可见原油斑点的岩屑。

（1）富含油：5%以上（含5%）。

（2）油斑：5%~1%（含1%）。

(3) 油迹：小于 1%。

(4) 荧光：肉眼看不到含油岩屑，荧光检测或有机溶剂浸泡有显示，系列对比 6 级以上（含 6 级）。荧光级显示，应描述干（滴）照荧光百分率、发光强度、颜色及系列对比级别和颜色（湿照荧光主要用于随钻及时发现油气显示，可不参与描述）。

四、描述注意事项

1. 熟悉区域资料

描述人应熟悉和掌握区域资料和邻井实钻剖面；掌握钻进中的蹩、跳钻及油气显示。

2. 识别假岩屑

真岩屑的明显特征为：色调新鲜，多为片状，棱角明显，含量增加的或新出现的成分。钻井液切力较高时、个体稍大、色调新鲜、棱角特别明显的。但泥岩有其特殊性：泥岩的真岩屑多呈扁平状，页岩多呈薄片状，疏松砂岩多圆而不具棱角或棱角不明显，致密砂岩多呈块状。其假岩屑的特征：一般个体较大而圆滑，色调不新鲜，含量变化大。

3. 合理分段

当岩屑中出现新的成分时，标志着一个新地层的出现，上一个地层的结束。新成分百分含量继续增加，标志着新地层的持续，当另一种新的成分又出现时，标志着新地层的结束和更新地层的开始；确定地层的分界面时要结合钻时资料，综合考虑其他因素的影响；在大套单一岩性中，如果岩性特征（如粒级、颜色、结构、含有物及含油级别等）有变化，都应单独分段；分段的最小厚度一般不小于一个取样间距；在有准确的钻时资料参考时，对于薄标准层、标志层、特殊岩性层，可直接定名，重点描述。

五、碳酸盐岩的描述

对碳酸盐岩类的描述，注意成分（主要是方解石和白云石）及含有（硅质、石膏质、泥质、砂质、生物化石）、结构（结晶粒状、生物碎屑状、鲕状、溶蚀状、重结晶状、白云化及去白云化结构等）和构造（层理、结核、缝合线、斑块、节理、缝缝洞洞等特征）的变化。

1. 定名

(1) 成分定名：现场根据实测碳酸盐含量或用 5% 的稀盐酸试验，结合岩石特征划分基本类型，按成分的石灰岩、白云岩和泥晶等三元结构命名原则（表 3-2-7、表 3-2-8 和表 3-2-9）；碳酸盐岩成分识别办法见表 3-2-10。

(2) 结构定名：根据颗粒类型、含量及胶结物进行结构命名（表 3-2-11）。

(3) 综合定名：根据结构及岩石基本类型进行岩性定名，然后再采用："颜色＋含油级别＋结构（含有物）＋岩性"的原则进行定名。

表 3-2-7 根据方解石和白云石相对含量划分

岩石类型		方解石（%）	白云岩（%）
石灰岩类	石 灰 岩	100～95	0～5
	含白云灰岩	95～75	5～25
	白云质灰岩	75～50	25～50
白云岩类	灰质白云岩	50～25	50～75
	含灰白云岩	25～5	75～95
	白 云 岩	5～0	95～100

表3-2-8 根据方解石和粘土矿物相对含量划分

岩石类型		方解石（%）	粘土矿物（%）
石灰岩类	石灰岩	100～95	0～5
	含泥灰岩	95～75	5～25
	泥质灰岩	75～50	25～50
粘土岩类	灰质粘土岩	50～25	50～75
	含灰粘土岩	25～5	75～95
	粘土岩	5～0	95～100

注：粘土岩指泥岩和页岩。

表3-2-9 根据白云石和粘土矿物相对含量划分

岩石类型		方解石（%）	粘土矿物（%）
白云岩类	白云岩	100～95	0～5
	含泥白云岩	95～75	5～25
	泥质白云岩	75～50	25～50
粘土岩类	白云质粘土岩	50～25	50～75
	含白云粘土岩	25～5	75～95
	粘土岩	5～0	95～100

注：粘土岩指泥岩和页岩。

表3-2-10 碳酸盐岩现场简易鉴别分析法

岩石定名 区别方法	石灰岩	白云质灰岩	白云岩	灰质白云岩	硅质灰岩	硅质白云岩	硬石膏	泥灰岩	灰质泥岩	白云质泥岩	灰质砂岩	白云质砂岩
岩石成分（%）	方解石>75	方解石50～75 白云质25～50	白云质>75	白云质50～75 方解石25～50	方解石50～75 硅质25～50	白云质50～75 硅质25～50	碳酸钙>75	灰质50～75 泥质25～50	泥质50～75 灰质25～50	泥质50～75 白云质25～50	砂粒50～75 灰质25～50	砂粒50～75 白云质25～50
与5%～10%稀盐酸作用	立即强烈起泡，作用时间较长，可听到响声，岩屑能跳动浮起来	很快起泡，作用时间较长，有较小响声，岩屑上气泡呈串球状冒出	很弱很慢，仅在镜下可见表面起小泡，岩屑开始反应弱，后渐快，且有气泡冒出	微弱起泡，靠近耳边可听到声音，反映微弱，不跳	微弱起泡	不起泡	不起泡	立即强烈起泡，泡径大，但作用时间短	立即起泡，作用时间短，过量酸泡后呈泥团	不起泡	起泡，作用时间短，过量酸作用后，见残余砂岩	不起泡
与热稀盐酸作用	立即强烈起泡且大于前者	立即强烈起泡，泡径稍小	立即大量小气泡较小	立即起泡，泡较小	起泡较大，但不强烈	起泡小，弱	不起泡	立即强烈起泡，泡径大，表面有泥垢	立即强烈起泡，作用时间短	微弱起小泡，作用时间短	起泡较强烈，作用时间短	微弱起泡，作用时间短

续表

区别方法＼岩石定名	石灰岩	白云质灰岩	白云岩	灰质白云岩	硅质灰岩	硅质白云岩	硬石膏	泥灰岩	灰质泥岩	白云质泥岩	灰质砂岩	白云质砂岩
肉眼观察主要特征	岩石越钝与酸作用后，其岩石表面和溶液越清洁	岩石越钝与酸作用后，其岩石表面和溶液越清洁	断面平直，越平性越脆，硬度3～4级，小刀可刻动	断面平直，越平性越脆，硬度3～4级，小刀可刻动	较白云岩、石灰岩硬，断口较平或似贝壳状	较白云岩、石灰岩硬，断口较平或似贝壳状	比石灰岩、白云岩软，热盐酸与其粉末反应，液遇氯化钡生成硫酸钡白色沉淀	较软，易碎，断口较平坦或呈贝壳状，与酸作用后岩石表面呈糊状	较软，易碎，断口较平坦或呈贝壳状，与酸作用后岩石表面呈糊状	较软，易碎，断口较平坦或呈贝壳状，与酸作用后岩石表面呈糊状	较硬，断口粗糙，与盐酸作用后岩石表面及溶液清洁	较硬，断口粗糙，与盐酸作用后岩石表面及溶液清洁
染色	遇茜素红染色	遇茜素红染色	遇茜素红不呈红色	遇茜素红不呈红色								

表3-2-11 碳酸盐岩结构分类表

成因类型	异地石灰石		原地石灰岩	重结晶石灰岩	白 云 岩	
结构类型	粒屑灰岩	泥屑灰岩或微晶灰岩	生物礁灰岩	显晶质灰岩	具原岩残余结构	无原岩残余结构
结构特征	粒屑＞10%	粒屑＜10%	生物骨架结构			
岩石名称	亮晶胶结 / 微晶基质（＜0.03mm）	微晶＞90%		晶粒		
粒屑类型	粒屑亮晶灰岩 / 粒屑微晶灰岩			结晶灰岩	粒屑白云岩	晶粒白云岩
内碎屑	内碎屑亮晶灰岩 / 内碎屑微晶灰岩	微晶灰岩	块状生物礁灰岩、层状生物礁灰岩	粗晶灰岩、中晶灰岩、细晶灰岩	内碎屑白云岩、鲕粒白云岩、生物屑白云岩、团粒白云岩	粗晶白云岩、中晶白云岩、细晶白云岩、微晶白云岩
鲕粒	鲕粒亮晶灰岩 / 鲕粒微晶灰岩					
生物屑	生物亮晶灰岩 / 生物微晶灰岩					
团粒	团粒亮晶灰岩 / 团粒微晶灰岩					

2. 结构

按其基本组成可大致分为颗粒、泥晶基质及亮晶胶结物三种结构成分。

（1）颗粒：按成因分类，见表3-2-11。

（2）泥晶基质：与颗粒同时沉淀的成分单一的微细碳酸盐质点，大小一般小于1mm，与泥质砂岩中的粘土物质相似，含量0～100%，可单独构成岩石——泥晶灰岩。

（3）亮晶胶结物：是充填于颗粒间起胶结作用的清洁明亮的结晶碳酸盐晶体，通常粒径大于0.01mm称为亮晶胶结物，其胶结类型按粒屑颗粒的接触关系及粒屑与胶结物的关系分为基底式、接触式及孔隙式胶结三类。

（4）其他结构成分——生物骨架：为礁灰岩特有的一种结构组分，由原地生长的造礁群体生物死亡后形成的坚硬碳酸钙骨架。

3. 构造

除能见到碎屑岩中的一些常见构造外，在碳酸盐岩中还有一些特有构造，如叠层石构造、鸟眼构造、示顶底充填孔隙构造及缝合线构造等。

4. 孔洞的分类、统计与描述

(1) 孔洞的分类（按洞径大小分类，表3-2-12）：

表 3-2-12 缝洞分级标准

裂缝分级标准		孔洞分级标准	
裂缝分级名称	缝宽（mm）	孔洞分级名称	洞径（mm）
大缝	>3	大洞	>10
中缝	3～1	中洞	10～5
小缝	1～0.1	小洞	5～2
微缝	<0.1	针孔	<2

①小洞：洞径≤5mm；
②中洞：5mm<洞径≤10mm；
③大洞：10mm<洞径≤100mm；
④巨洞：洞径>100mm。

(2) 孔洞统计：以描述分段岩心长度为单位，统计岩心表面孔洞数量，计算面洞率。面洞率＝分段岩心表断面各类孔洞数/分段岩心长度，个/10cm。

(3) 孔洞描述：类型、大小（长×宽×深）、密度（面洞率）、连通性、充填程度、充填物成分及其结晶程度。

5. 裂缝的分类、统计和描述

(1) 裂缝的产状分类：
①倾角>75°为直劈缝；
②15°≤倾角≤75°为斜交缝；
③倾角<15°为水平缝。

(2) 裂缝的宽度分类（表3-2-12）：
①超微缝：宽度<0.01mm；
②微缝：0.01mm≤宽度≤0.1mm；
③小缝：0.1mm<宽度≤1mm；
④中缝：1mm<宽度≤5mm；
⑤大缝：5mm<宽度≤10mm；
⑥巨缝：宽度>10mm。

(3) 裂缝统计：以描述分段岩心长度为单位，统计裂缝条数，计算裂缝度。裂缝度＝分段岩心长度内裂缝总条数/分段岩心长度，条/10cm。

(4) 裂缝描述：类型、长度、宽度、密度（裂缝度）、分布状态、充填程度、充填物成分及其结晶程度。

6. 缝洞连通率统计

以描述分段岩心长度为单位，统计由张开缝连通的洞穴个数，计算缝洞连通率（取整数）。其公式为：缝洞连通率＝岩心分段内张开缝连通的洞穴数/岩心分段内洞穴总数×100%。

第三章 气测录井

第一节 气测仪的基本原理

一、气相色谱仪的组成（图 3-3-1）

由色谱柱、检测器（TCD、或 FID）、气控、温控、进样和记录系统组成。

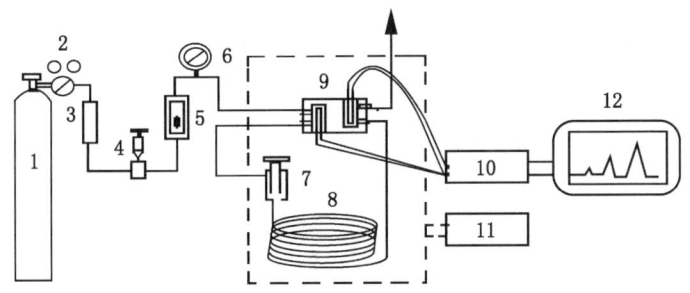

图 3-3-1 气相色谱仪结构流程
1—载气钢瓶；2—减压阀；3—净化干燥管；4—针形阀；5—流量计；
6—压力表；7—样品气切换阀；8—色谱柱；9—热导/FID 检测器；
10—信号放大器；11—温度控制器；12—记录仪或计算机

（1）色谱柱：充填有特选填充剂的细长管柱，利用烃类组分在填充剂上吸附与解吸能力的差异，把甲烷到戊烷依次分离开来，为关键元件之一。

（2）检测器：把气流信号转化成电信号，并送到记录系统进行记录，常用的是热导型检测器（TCD）、氢火焰离子检测器（FID）。

（3）气控系统：通过流量计、减压阀等对载气、样品气、助燃气、氢气的流量、压力按要求进行精确控制。

（4）温控系统：通过恒温箱和温控电路按要求给色谱柱或热导池提供足够而又恒定的温度。

（5）进样系统：按进样方式分手工进样和自动进样、间断进样和连续进样。

（6）记录系统：分记录仪、打印机拷贝和计算机磁盘记录等。

二、色谱检测器的种类

色谱检测器的种类有热导型检测器（TCD）、氢火焰离子检测器（FID）、氦离子化式检测器、电子捕获式检测器（ECD）、火焰光度式检测器（FPD）、密度天平式检测器和截面积离子化式检测器。但广泛用于石油天然气气测录井的主要是热导型检测器（TCD）、氢火焰离子检测器（FID）。

三、影响色谱柱分离度的主要因素

（1）色谱柱的长度和填料的性质：色谱柱越长，组分之间分辨效果越好，但色谱柱越长压降越大，即过长也会降低分离度。

（2）色谱柱填料颗粒大小：颗粒越细，由于表面积增加，分辨效果越好，但是颗粒细会增大色谱柱的压降,也会起反作用。

(3) 柱温:因为气体在液体中的溶解度或在固体表面的吸附程度都随温度增高而降低,在气液色谱分析中,当超过一定温度时,静态的液体通常会从色谱柱中挥发掉,所以选择柱温时应考虑到样品的沸点。一般是略低于样品沸点的平均值。

(4) 载气种类:常用的载气有 N_2、H_2、He、Ar 等,其中 H_2、He 气的分子量较小,有利于提高分析速度,但浓度较高的介质易在其间形成扩散,影响分离度,所以在实际测量中 H_2、He 气体一般都用在介质浓度较低的区域并提高其流速,减少扩散的影响。N_2、Ar 等分子量较大的气体的优点是扩散作用小,缺点是在色谱柱中压降大、流速慢,即分析周期长。

(5) 载气流速:介质在固定相上的滞留时间,主要取决于介质自身的特性(挥发性、极性等)和载气的流速。所以流速快慢直接影响分离度。

(6) 进样时间和进样量:进样时间应尽量短,原则上的瞬间进样会提高分离度。进样量应尽量小,但应使检测器能够识别。

(7) 检测器的灵敏度:所监测到的电流信号主要与组分中碳离子的量成正比,即反映的是 C_1—C_5 的量,而气样中 CO、CO_2、SO_2、各种硫化物、卤化物等不会干扰氢焰离子检测器的检测值,但所检测到的电流信号非常微弱,需经多级电路放大才能被记录到,所以信号越弱则放大后的信号误差就越大,换算出来的检测值的误差也会相应增大。

四、热导色谱仪

热导池检测器(TCD)是气相色谱仪中应用较为广泛的检测器,尤其是在气体分析中应用最多。由于持续的研究与改进其测量精度不断提高,越来越多地应用于气测录井。

1. **热导色谱仪的平衡电桥原理(图 3-3-2)**

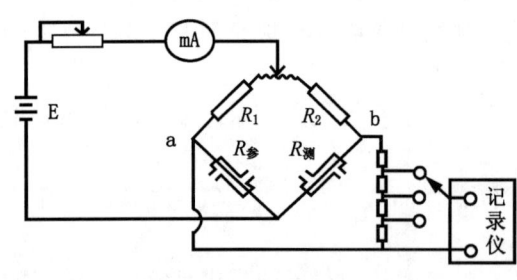

图 3-3-2 热导检测器原理图

(1) 空样:钨丝通电,加热与散热达到平衡后,两臂电阻值:$R_{参} = R_{测}$,$R_1 = R_2$,则:$R_{参} \cdot R_2 = R_{测} \cdot R_1$;即无电压信号输出,故记录仪走直线(基线)。

(2) 样品分析:进样后,载气携带试样组分流过测量臂而这时参考臂流过的仍是纯载气,使测量臂的温度改变,引起电阻的变化,测量臂和参考臂的电阻值不等,产生电阻差,即 $R_{参} \neq R_{测}$,则:$R_{参} \cdot R_2 \neq R_{测} \cdot R_1$;这时电桥就失去了平衡,a、b 两端存在着电位差,有电压信号输出,该信号与组分浓度成正相关关系,由于不同组分到达的时间不同,记录仪记录下组分浓度随时间变化的峰状图形就是所要分析的组分值。

2. **热导池检测器应用的注意事项**

热导池检测器损坏的因素较多,应注意如下事项:

(1) 热导池接并联双气路应用时,必须同时并联装上二根色谱柱,二路都要同时通载气,如果只装一根柱,而另一路不装柱不通载气,那么,一通电源就会将钨丝元件烧坏。仪器停机后,外界空气往往会返进热导池和色谱柱系统,因此在开机时要先通载气 10 分钟以上再通电,停机时间越长,那么重新开机时先通载气的时间也要长,否则系统中残留的空气中氧气会将热导元件氧化或烧断。

（2）热导检测器使用的载气纯度为99.99%以上，载气不纯将会影响热导元件的使用寿命，也会降低检测灵敏度，所以载气必须脱氧净化。

（3）在更换色谱柱时，必须检漏，保证气密性，色谱柱连接处漏气将会造成热导元件损坏，色谱柱出口端必须填装好玻璃棉和不锈钢丝网，避免将色谱柱内的填充料吹入热导检测器。

（4）在多次进样分析后，应及时更换进样器上的硅橡胶垫，如果待到硅橡胶垫被多次注射针扎破漏气时再更换就迟了，因为硅橡胶垫一漏，载气漏出，空气漏进，热导元件就会烧坏。分析过程中更换硅橡胶垫时，必须将热导电源断开后，再迅速换垫，换好后必须通载气几分钟后才能再通热导池电源。

（5）用平面六通阀做气体进样时，六通阀的位置必须停在二个极端位置，不能将阀旋停在中间位置，因为中间位置是六通阀将载气切断不通，这是很危险的，容易导致热导池中因不通载气而损坏。

（6）色谱柱高温老化时，必须将热导池电源断开，热导池温控电源断开，并将色谱柱出口连接热导池进口的接头处断开，让高温老化的载气（N_2）流入柱箱内，这样可避免因柱子老化而污染热导池及钨铼丝元件。

（7）热导池桥电流的设定，必须比被分析试样组分的最高沸点高20～30℃，避免试样中高沸点组分冷凝在热导池中和污染钨铼丝元件。

（8）热导池桥电流依据载气的种类、工作温度和钨铼丝元件按使用说明要求设置。

五、氢焰离子检测器（FID）色谱仪

1. 气相色谱仪的原理（图3-3-3）

由载气携带着组分气体在一个所谓离子室的氢火焰中燃烧分解，产生分别带正负电性的离子和电子，这些离子和电子在一个恒定电场的作用下向不同方向运动便形成电流，其电流强度的大小与组分的碳原子数成正比，反映的是气样中C_1—C_5各组分的浓度。其优点是测量值不受气样温度（昼夜间气温差异大时气样自身的温度变化也会随之变大）的影响。氢焰离子检测器（FID）的工作原理：

（1）在发射极和收集极之间加有一定的直流电压（100～300V）构成一个外加电场。

（2）氢焰检测器需要用到三种功用的气体：携带试样组分的叫载气、用于点火燃烧的氢气和起助燃作用的空气（助燃气）。只有三者流量和压力等都达指定刻度，检测器的灵敏度才能达到最佳。

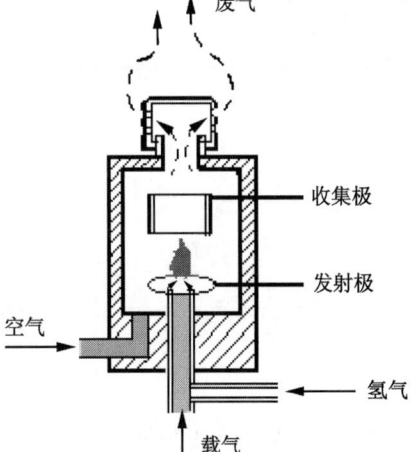

图3-3-3 氢焰离子检测器（FID）原理图

（3）当含有机物C_nH_m的载气由喷嘴喷出进入火焰时发生裂解反应产生自由基；所产生的自由基在火焰中与外面扩散进来的激发态原子氧或分子氧发生反应；生成的正离子CHO^+与火焰中大量水分子碰撞而发生分子离子反应，具体反应是：

$$C_nH_m \longrightarrow \cdot CH$$
$$\cdot CH + O \longrightarrow CHO^+ + e$$

$$CHO^+ + H_2O \longrightarrow H_3O^+ + CO$$

(4) 化学电离产生的正离子和电子在外加恒定直流电场的作用下分别向两极定向运动而产生微电流（约 $1\times10^{-6}\sim1\times10^{-14}A$）。

(5) 在一定范围内，微电流的大小与进入离子室的被测组分质量成正比，所以氢焰检测器是质量型检测器。

(6) 组分在氢焰中的电离效率很低，大约五十万分之一的碳原子被电离。

(7) 离子电流信号经电路放大后由记录仪或计算机进行记录，得到峰面积与组分质量成正比的色谱流出曲线（图3-3-4）。

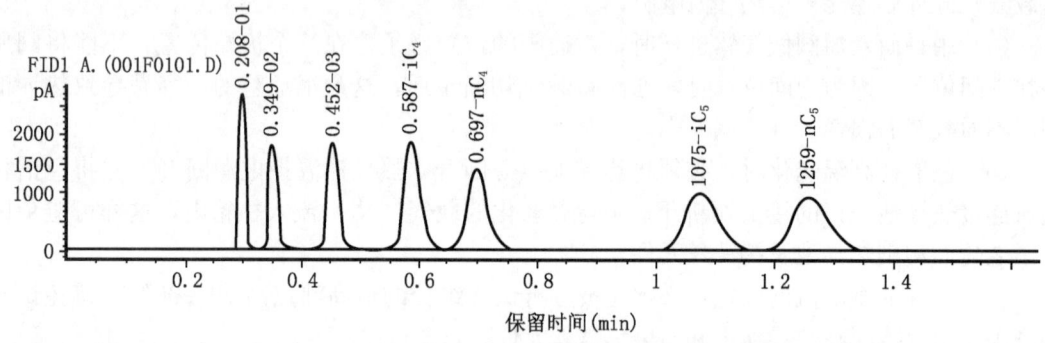

图3-3-4 色谱组分（C_1、C_2、C_3、iC_4、nC_4、iC_5和nC_5）谱图

2. HP6890 总烃/组分检测仪（图3-3-5）

HP6890 总烃/组分检测仪检测原理为FID（氢火焰检测）。

图3-3-5 惠普-6890色谱仪

(1) 总烃技术指标：

①最小检测浓度：5ppm；

②重复性误差：±1% F·S；

③精度：0～10%浓度范围时0.01%，10%～100%浓度时0.1%；

④测量范围：最小检测浓度0～100%；

⑤基线漂移：每周标定一次，漂移≤0.01%/周；

⑥分析方式：连续分析；

⑦线性范围：全量程；

⑧输出信号：分析数据由计算机采集储存，显示器显示，打印机记录。

(2) 快速色谱技术指标：

①最小检测浓度：$C_1-nC_5<5$ppm；

②分辨率：1ppm；

③精度：0～10%浓度范围时0.01%，10%～100%浓度时0.1%；

④噪声：<10dB；

⑤重复性误差：±1% F.S；

⑥基线漂移：<0.001%/周；

⑦测量范围：0～100%；

⑧分析方式:自动/手动/连续周期分析;
⑨分析周期:C_1—nC_5的分析周期30～90s可调;
⑩分离度:C_1与C_2的分离度为100%;
⑪线性范围:全量程;
⑫输出信号:分析数据由计算机采集储存、显示和打印。

第二节 气测仪的安装与操作

一、脱气器（图3-3-6）安装的注意事项:

(1) 脱气器装在缓冲罐内,保持集气筒竖直不晃动;

(2) 调整脱气器浸入钻井液面的深度,以排出的钻井液量约占排出口口径1/3为宜;

(3) 保证样品气管线不积水或堵塞,冬季作业要有备用管线;

(4) 检查气管线畅通性和密封性。

二、气相色谱仪的操作

1. 开机步骤

(1) 在操作面板上将稳压气开关、动力气通断开关拨到开的位置,使空气进入各相关部件后调节各稳压阀到规定的压力。

(2) 设置炉温及检测器温度。

(3) 打开主电源开关。

(4) 待检测器温度升到设定温度。

(5) 用点火枪在检测器口处点火,直至点燃。

(6) 逐渐调小量程、衰减,在不接样品气管线情况下跑基线,当量程为10、衰减为4或8时,基线应跑直为止。

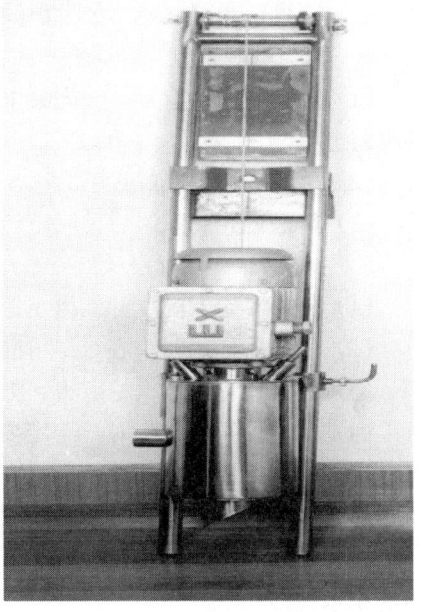

图3-3-6 防爆电动脱气器

2. 色谱仪标定和校验步骤

(1) 将色谱基线跑直。

(2) 打开标定开关。

(3) 将标定管线、减压阀与标准气气瓶（全量用甲烷气,组分用混合气）连接好,将减压阀低压端的压力调到设定压力。

(4) 选择合适的量程、衰减（一般全量:量程为100、衰减16或32,组分:量程为10、衰减8或16）,并调好基线。

(5) 调节样品气压力至规定压力。

(6) 将进样方式开关拨至自动进样位置。

(7) 选择重复性好的两组峰作K系数计算,计算公式如下:

$$K = C/(D \times R \times A)$$

式中 D——出峰格数;

R——量程；

A——衰减；

C——标准气样浓度；

K——当 $R=1$、$A=1$ 时，记录仪上每格所代表的气体浓度。

(8) 在不同的量程和衰减条件下出 1 到 2 组峰分别计算 K 系数，比较 K 系数值应接近；标定结束后，关闭气瓶稳压阀，关闭进样开关，将色谱基线跑直。

将计算出的 K 系数填写在"气测标定表"上，现代仪器都已自动记录。

3. 色谱仪校验

(1) 用样品气置于样品管线入口处，打开样品泵。

(2) 选择合适的量程、衰减，并调好基线。

(3) 观察记录仪或显示屏上出峰情况和曲线形态是否正常。

4. 关机步骤

(1) 关闭脱气器电源，关闭样品泵，反吹样品气管线，将色谱基线跑直后，关闭氢气发生器电源。

(2) 关闭色谱仪电源。

(3) 待炉温降到室温后关闭空压机电源。

5. 色谱仪操作注意事项

(1) 先将鉴定器温度升到设定值时，再升柱温。

(2) 氢气的使用要小心，尽可能通氢气就点火，要避免氢气逸出引起爆炸。

(3) 必须用专用点火枪点火，如点不着火，可调小或短时间切断助燃气点火。

(4) 色谱仪正常工作时，一定要有规定压力的载气和助燃气供给。如果因外围设备故障没有载气时，要立即关掉色谱仪电源，并打开恒温箱盖，避免干烧色谱柱。

(5) 严禁脱气器放置过深，造成钻井液吸入样品管线而损坏色谱仪。

(6) 定期用空气清洗样品气管线中脏物和积水，更换样品气干燥剂，及时排掉脱水瓶内的积水。

三、空压机操作步骤

(1) 检查油位是否在油标中间，若低于下标应及时进行加油（不超过上限）。

(2) 检查供电是否正常。

(3) 打开空压机电源开关，观察空压机工作是否正常，检查管线是否漏气。

(4) 使用三相空压机要观察马达转动情况，若反转，应立即切断电源，将电源线中的任意两根线调换即可。

(5) 在空压机工作时，要每班排污一次，以保证压缩空气的清洁。

(6) 空压机放置在专用位置，并要保持放置空压机的地方空气干燥、清洁。

(7) 按使用说明书要求对空压机进行换油和清洗过滤器。

四、氢气发生器操作步骤

(1) 开机前检查电解液液位。

(2) 检查供电。

(3) 观察压力升至设定值时是否能自动停止产氢，检查管线是否漏气。

(4) 在工作过程中，应定期检查氢气发生器液位，应及时补加蒸馏水。

(5) 每三个月用蒸馏水清洗一次氢气发生器，使槽体保持干净。

第三节　气测资料的录取

一、在记录原图上读值
(1) 按录井间隔读取出峰格数，并查"气测标定表"计算气测值。
(2) 当在录井间隔中有多个气测峰值时，应读取该间隔中最大的值。
(3) 气测值若用单位 ppm 表示时保留整数；用百分比（％）表示时保留 4 位小数。

二、地质循环原则
在正常录井过程中，出现气测及钻时异常应及时地质循环。
(1) 新区探井（包括区域探井）进入目的层段后，地层原因而钻速变快。
(2) 有钻具放空现象。
(3) 气测出现明显异常。
(4) 钻井液性能有突出变化或槽面见油气显示。
(5) 发生轻微井涌、井漏。
(6) 为卡地层界面和取心层位的需要。
(7) 当发现油气异常显示时应立即收集、整理有关资料，及时解释油、气、水层。

三、后效气测读值选取
(1) 后效起始前气测值相对稳定，可选取 1~2 点读值。
(2) 后效起始至高峰期间，按组分分析周期连续读值。
(3) 高峰后至终止期间，读值间隔可放宽，应以能反映气测值变化趋势为原则。
(4) 当循环一周半，气测值相对较低、平缓则后效终止，若高峰后，气测值居高持续不降，槽面油气显示较活跃时，应密切观察气测变化情况。
(5) 计算上窜高度、上窜速度，推测油气水层段。

第四节　油气上窜速度的计算

有迟到时间法、容积法和泵冲数法三种。
(1) 迟到时间法：$V = \{H - [h(T_1 - T_2)/t]\}/T_0$
(2) 容积法：$V = \{H - [Q(T_1 - T_2)V_c]\}/T_0$

式中　V——油、气（水）上窜速度，m/h；
　　　H——油、气（水）层顶界深度，m；
　　　h——循环时钻头所在的井深，m；
　　　t——钻头所在井深的迟到时间，min；
　　　Q——钻井液泵排量之和，L/min；
　　　V_c——井眼环空每米理论容积，L/m；
　　　T_1——见到油气（水）显示的时间，min；
　　　T_2——下钻至井深 h 后的开泵时间，min；
　　　T_0——井内钻井液静止时间（指提钻时停泵到下钻至 h 时的开泵时间），h。

(3) 泵冲数法：
①下钻完将总泵冲数清零，待开泵后，注意观察出口排量、出口密度、全量及组分的

变化，当全量明显升高、密度下降、排量增大时，记下此刻的总泵冲数；

②根据井身结构及钻具组合，计算油气层以上的环空体积。

第五节 气测原始记录的标注

原始记录的标注（记录仪记录和计算机自动记录的标注要求一致）就是要标明气测显示与钻井工况的关系，其目的便于判断单根气、后效气、添加剂的影响等。

（1）标注内容应准确、字体清晰。

（2）记录原图的首尾应标注卷号、井号、井型、地区、录井井段、录井日期、参数名称及记录笔颜色、标注人、审核人。

（3）标注整点时间、迟到井深或实测迟到时间。

（4）标注调零、停/开泵、单/双泵、管线堵、检修、取心、划（扩）眼、处理钻井液及加入添加剂情况、井涌、井喷、井漏、卡钻、磨铣、放空、接单根、起下钻、交接班姓名、班次、日期、时间、交接班井深、记录仪走纸速度、气体显示类型（单根气、后效气、煤层气等）及迟到井深、出峰时间、量程、衰减等。

第四章 工程录井

工程录井就是使用录井仪对钻井工程参数进行监测和记录。录井仪的配置和功能都大同小异,而且国内厂家所造录井仪(图 3-4-1 和图 3-4-2)的性能已跃居国际先进行列。

图 3-4-1 SK-CMS 型综合录井仪

图 3-4-2 GL-2000 综合录井仪

第一节 工程录井参数及用途

一、工程录井的内容

按不同钻井工况,录井监测内容(表 3-4-1)有所不同,现场选用的监测画面也不一样(图 3-4-3)。

表 3-4-1 不同钻井作业公况下录井监测内容与参数

工作状态	钻 进	提下钻	特殊作业
监测内容	钻头、钻具工况,井涌,井漏,遇阻,卡钻,油气水显示等	提下钻速度,钻井液增减量,阻、卡等	下套管,固井,地破试验,特殊作业等
监测参数	钻速,钻压,转盘转速,扭矩,排量,泵压,泵速,大钩负荷,钻井液池体积,钻井液密度、粘度、电导率,气测	大钩负荷,大钩位置,钻井液池体积	大钩负荷,大钩位置,转盘转速,扭矩,排量,泵压,泵速,钻井液池体积

二、工程录井的参数异常和工程事故预报

钻井参数是对钻机提升系统、循环系统、动力(旋转)系统和钻具系统(井下钻具组合)等运行状况的全面监测,某项参数发生异常变化可能预示着相关系统的故障甚至是发生井下事故的前兆。通过现场人员的总结,对应关系见表 3-4-2。

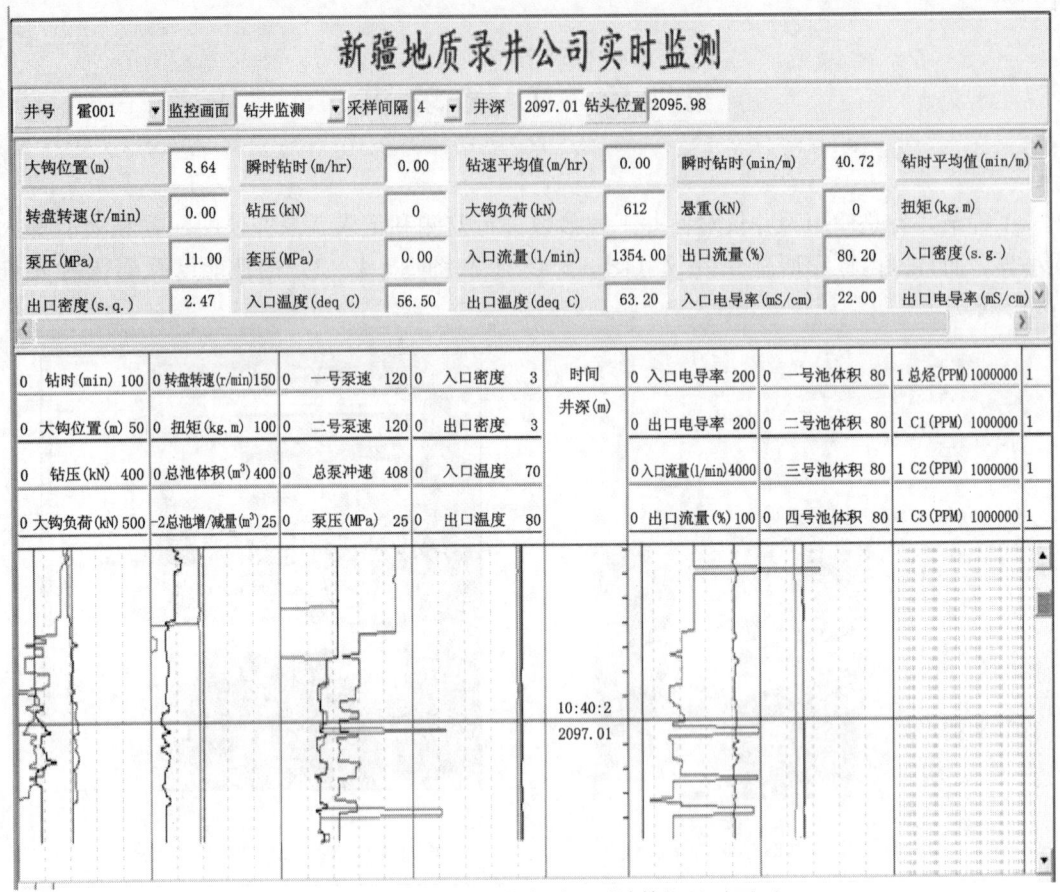

图3-4-3 现场录井实时监测计算机显示画面

表3-4-2 录井参数异常与工程事故预报

事故名称	大钩负荷	泵压	泵速	扭矩	机械钻速
钻具刺/泵凡尔刺		下降	加快		可能减小
水眼掉		下降	加快		可能减小
水眼堵		升高	减慢		
溜钻或放空/顿钻	突然减小				突然加大
下钻遇阻	减小				
提钻遇卡	增大				
钻具断	减小 （上提钻具时）	明显下降 （上提钻具时）	加快		
钻头老化/掉牙轮				明显增大	明显变慢
钻头泥包		升高		变小	明显变慢

图3-4-4表明在18：00（钻至3322m）以前钻压、转盘等参数无明显变化，之后扭矩大幅度波动，到19：00（钻至3324m）之后扭矩波动更加剧烈，循环观察，初步判断为井底钻头异常；经提钻证实钻头的2、3号牙轮松动。

图3-4-5记录曲线表明，泵压在30min内持续下降了1.2MPa，这是根据泵压持续下降判断钻具刺漏的典型案例。

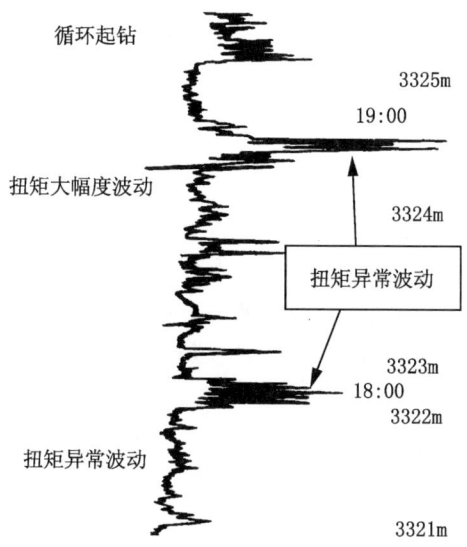

图 3-4-4 根据转盘扭矩的异常判断钻头老化

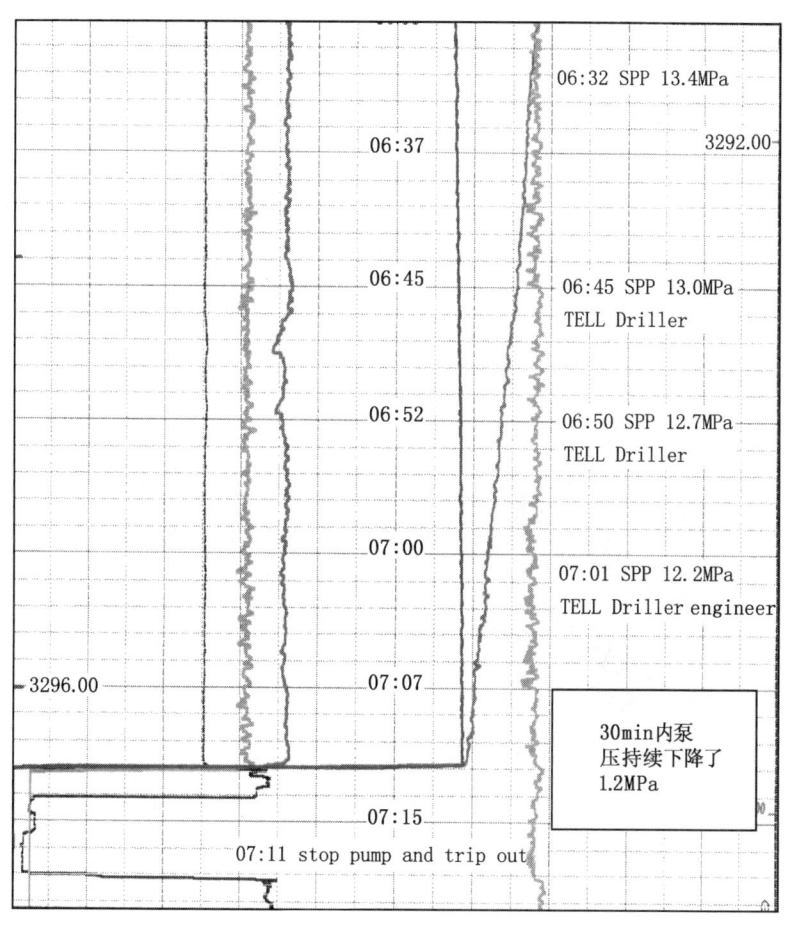

图 3-4-5 根据泵压下降判断钻具刺漏

第二节 录井仪器安装要点

一、安装准备

1. 安装位置的选择

(1) 操作是否安全，装卸、维修和保养是否方便。

(2) 不影响钻井施工作业或不受钻井施工作业影响。

(3) 拉信号线、电源线、样品气管线及捆绑方便。

(4) 安装的探头及传感器应在防磨、防碰、防爆的地方。

2. 架设承载钢丝绳

(1) 焊制高为 2~2.5m 的 "T" 型支架两个，分别固定在仪器房和振动筛旁。

(2) 用直径 3~5mm 的钢丝绳连接两个 "T" 型架。

3. 接电源线

(1) 将仪器房内总电源开关关闭。

(2) 在井队总配电箱上要分配一个专用三相四线接线端给录井仪供电，以免受井场其他用电设备的直接干扰，并标明录井专用。

(3) 接好电源线后，先检查接线是否正确，测量供电是否符合要求，再打开仪器房总电源。

4. 捆扎信号线及电源线

(1) 将信号线及电源线捆扎好。

(2) 用 8 号铁丝制成 "S" 形挂钩，上端挂在承载钢丝绳上，每 1m 挂一个。

(3) 捆扎时应注意防磨、防碰、防爆，做到不影响其他施工作业。

二、传感器的原理与安装

1. 绞车传感器（图 3-4-6）

原理：安装在钻机的绞车轴头上，以脉冲方式记录绞车转动的角位移变化。通过相应模块及计算机的处理可以得到井深、钻头位置、大钩高度、上提及下放速度、钻时等参数。

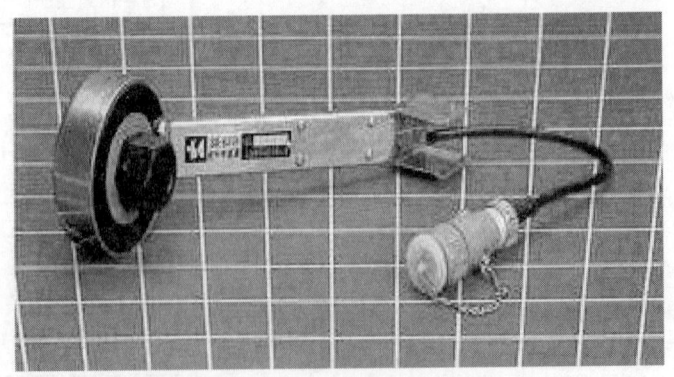

图 3-4-6 绞车传感器

安装：

(1) 安装时要在滚筒静止状态下，关气、卸压。

(2) 安装位置选在滚筒一侧滚筒轴导气龙头上。

(3) 先拆下防护罩卸下滚筒导气龙头，上紧绞车传感器，确保同心，转动灵活，再将导气龙头上紧，接好信号线，装上防护罩。

(4) 通电后，当滚筒转动时，传感器上指示灯应闪烁，打开监控程序，当钻具上提或下放时，绞车计数应增加或减少、钻头位置应减少或增加则为正常。

(5) 不正常则检查接线是否正确或传感器是否能使用。

2. 大钩负荷传感器（图3-4-7）

原理：传感器采用应变片压力原理，根据钻机提升能力选择量程合适的压力传感器，安装在钻机死绳固定器的液压转换器处，用液压管线和三通把传感器与指重表接在一起测定死绳受力状况。

安装：

(1) 传感器加注井队指重表所用的加注液，加后应排空气，确保压力传递的准确性。

(2) 将加注好的传感器，固定在防碰撞的地方，也可放在钻台下，传感器必须包好，防止钻台污物流下腐蚀传感器。

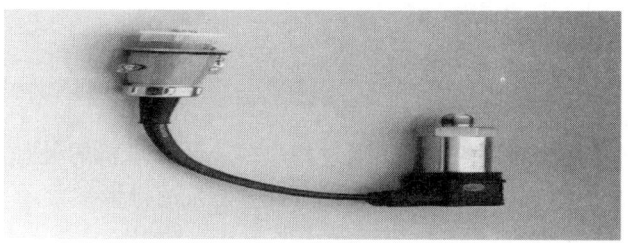

图3-4-7 大钩负荷传感器

(3) 在大钩坐卡状态下，将传感器液压管线快速接头与三通连接。

(4) 安装完后通知钻井工程师，重新校准指重表。

3. 立管压力和套管压力传感器（图3-4-8）

原理：传感器采用应变片压力原理，选择合适的量程，安装在钻井液循环管线测量立管压力，装在节流管汇上测量关井压力。

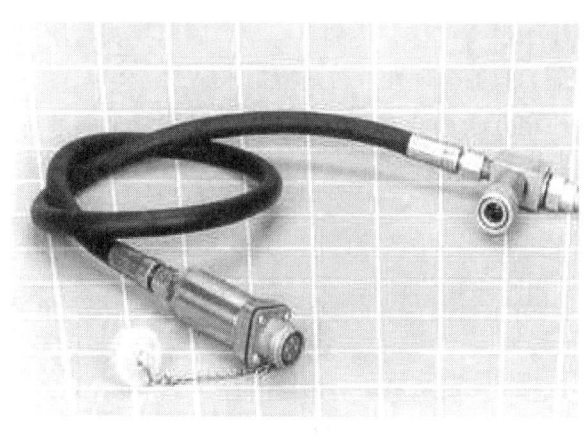

图3-4-8 立管压力、套管关闭压力传感器

安装：

(1) 立管压力传感器装在立管上。

(2) 套管压力传感器装在节流管汇上。

(3) 安装位置应考虑在振动小、安全、易安装、易维护、不易冻结的地方。

(4) 在选好的位置上由井队按动火规定和高压管汇的管理规定焊接探头的母扣接头（但一般钻机都有相应的母扣接头，应保存好堵头，待录井完卸下传感器后把堵头堵上）。

4. 扭矩传感器

分液压传动和电感应两种类型（图3-4-9），前者安装在钻机的转盘旁以液压传动钻机物理扭矩，而后者则安装在电驱转盘的供电电缆上，以感应方式监测驱动电流的大小从而反映转盘扭矩的变化。

5. 转盘转速

原理：采用接近开关式传感器，安装在钻机的钻台转盘或钻井泵上，以脉冲方式记录

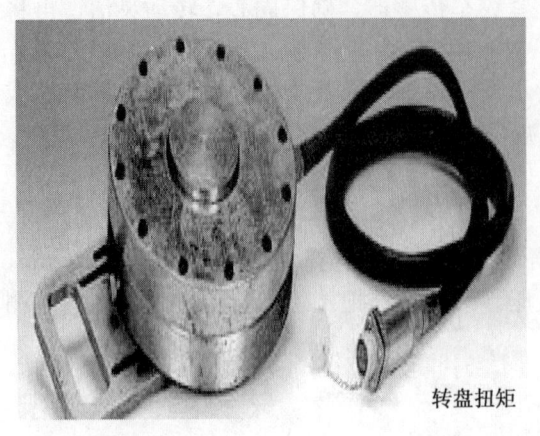 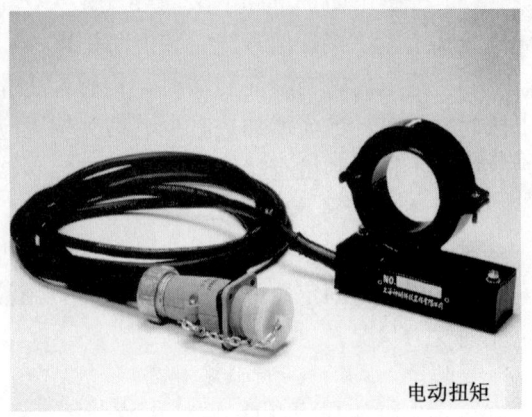

转盘扭矩　　　　　　　　　　　　　电动扭矩

图3-4-9　扭矩传感器

转盘或泵旋转的圈数，通过相应模块及计算机的处理可以得到转盘转速、泵冲速率，根据泵冲速和缸套直径和冲程即可计算出泵的排量参数。

安装：

（1）将一铁质目标物焊在链条箱和转盘之间的万向轴上或链条箱驱动轮上。

（2）把探头用G型卡子卡在钻台底座的拉筋上或卡在焊好的角铁上。

（3）调整探头和目标物之间间隙，以信号反应清楚，探头和目标物之间应防碰为原则，拧紧G型卡子。

6. 泵冲速传感器

原理：采用接近开关式（图3-4-10）和拨杆式脉冲传感器（图3-4-11），安装注意事项：

（1）在钻井泵的驱动轮上焊接一铁质块体作为接近开关的目标物，固定探头，使探头与目标物间的间隙保持1cm左右，注意保证间隙的合理性，否则会打坏探头。

（2）将拨杆式泵冲探头用G型卡子卡在钻井泵活塞旁的泵体上，拨杆靠在活塞一端以活塞往复一次拨杆动作一次为准（图3-4-11），重点防水、防卡死拨杆、防修泵后忘记安装。

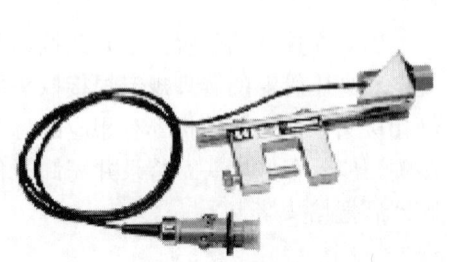 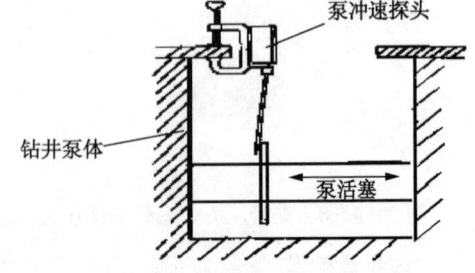

图3-4-10　接近开关式传感器　　　　　图3-4-11　拨杆式泵冲传感器

7. 钻井液出口和入口密度、温度、电导率传感器（图3-4-12）

原理：

（1）密度：采用美国Rosemount 1151型差压变送器技术，上下按一固定间距所固定的

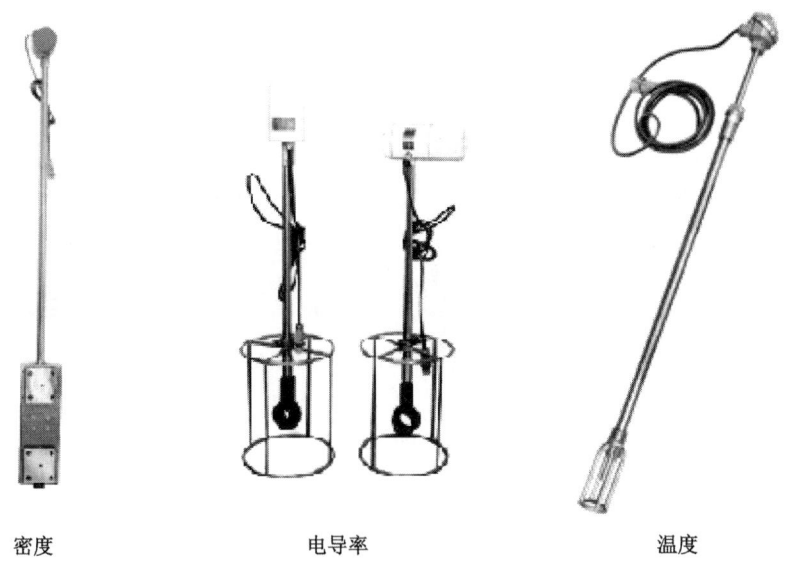

密度　　　　　电导率　　　　　温度

图 3-4-12　钻井液密度、电导率和温度传感器

两个压力应变片，浸没在钻井液中后上下两个应变片所测得的压力就会不同，按所测得的压力差和竖直方向上的高差计算出钻井液的密度值，设有专门的温度补偿电路。

（2）温度：是用铂金属丝制成的测温电阻器，放入钻井液中直接测得钻井液温度的变化。

（3）电导率：电导率传感器采用两个磁环线圈组成原付级线圈，原付级线圈在同一轴线上，外壳采用耐高温、耐酸碱、耐磨损的绝缘材料封装而成。传感器内部有一体化的温度传感器（热敏电阻），用于监视钻井液的温度，对被测温度下钻井液的电导率进行温度校正，补偿到该钻井液 25℃时的电导率值。

安装：

（1）在钻井液出口的缓冲罐和钻井泵上水罐之上焊好固定探头的金属支架。

（2）分别将出口和入口密度、温度、电导率传感器固定在所焊制的支架上。

（3）注意事项：

①钻井液浸没探头 20~30cm，为此出口探头的固定杆长度短些，而入口探头的固定杆要视入口钻井液罐的液面深度而选择长一些。

②密度探头与钻井液面应保持竖直；也可在罐内加装深入液面以下 50cm 左右的套筒（两端都无底的空心筒），套筒可使得其内部液面不受筒外搅拌器搅动的影响。

③注意防硬性物体碰撞和接触密度压力膜片。

④停泵后用清水冲洗，连续钻进时间较长时要防探头部分被砂子掩埋。

8. 超声波式液位传感器

原理：分别安装在参与钻井液循环的罐内，因为每个罐面上下一致，所以按发射、接收超声波时差所监测到的罐内液面变化就代表罐内体积的变化。

安装：

（1）在钻井液罐上选择不受搅拌器干扰、钻井液流动较平稳的地方，将一特制的金属架垂直焊接在钻井液罐开口处（图 3-4-13）。

(2) 将声波探头固定在架端使发射面与钻井液面平行。

(3) 收集钻井液罐参数（罐体内有效容积的长、宽、高、罐面距声波探头的距离等）。

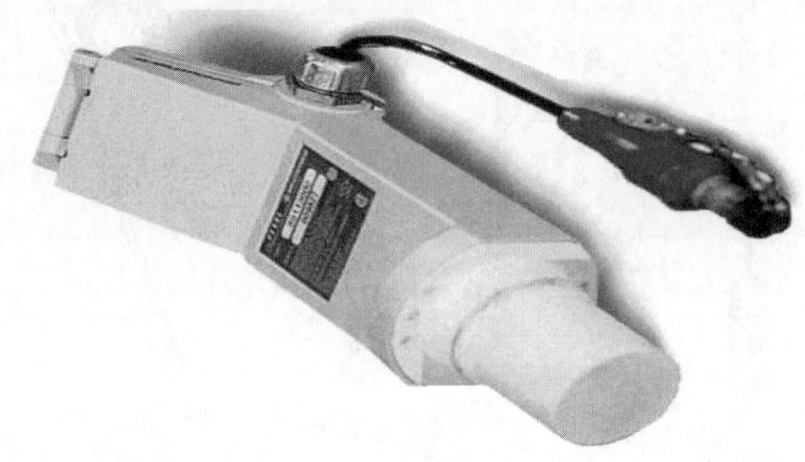

图 3-4-13 超声波传感器

第三节 传感器标定和检测要点

一、校验工具

(1) Rosemount262 或 272 现场校验仪：可以模拟检测 0～20mA、4～20mA 的标准电流信号。

(2) 数字万用表。

(3) 温度计。

(4) 秒表。

二、校验标准

传感器在出厂时或上井前检修已标定好，现场按校验周期进行校验或标定：

(1) 压力传感器（包括大钩负荷传感器、扭矩传感器、立管压力传感器）：用压力校验仪分别给这些传感器加入 0、50%、100% 量程的压力信号，传感器输出电流值应为 4mA、12mA、20mA，误差不得大于 ±0.5mA，线性误差不大于 5%。

(2) 温度传感器：测量范围 0～100℃，现场用当前值法进行校验，校验的测量值与实际值误差不大于 2℃。

(3) 电导率传感器：将电阻箱接入电导率传感器的圆环中，调电阻箱的电阻值到 ∞ 和 2Ω，相应的传感器输出电流应能达到 4mA 和 20mA，误差不大于 3%。

(4) 密度传感器：竖直放置传感器时电流值应为 4mA，水平放置传感器时电流值应为 8.96mA，放入水中电流值应为 9.33mA，误差小于 ±0.02mA。

第四节 常见故障的排除

一、绞车传感器

(1) 显示运动方向与实际方向相反。说明绞车接口板上换向开关的位置不对，打开气体/工程接口机箱的前面板,将换向开关的位置拨到另外的位置上。

(2) 大钩高度单向变化,方向不变。说明绞车接口板上的判向电路故障或是绞车传感器两路信号中缺一路信号,打开气体/工程接口机箱的前面板,若大钩运动时两路信号指示灯有一路不闪,则是传感器故障,需更换传感器;若两路指示灯闪亮而方向指示灯在大钩方向改变时不变色,则需更换绞车接口板。

(3) 大钩高度不变。说明绞车接口板上的判向电路故障或是绞车传感器故障,打开气体/工程接口机箱的前面板,若大钩运动时两路信号指示灯不闪,则是传感器故障,需更换传感器;若两路指示灯闪亮而脉冲指示灯不闪亮,则是接口电路故障,需更换绞车接口板。

二、钻井液密度

故障现象:探头放入钻井液中,密度无输出信号,其排除方法是,检查传感器供电是否正常,若正常应更换传感器,更换后要进行标定方可正常使用。

故障现象:密度逐渐上升或下降。其排除方法是:清除探头处的沉砂,调整探头的位置,使其达到规定要求,检查传感器供电及电流信号是否在 4~20mA 变化,调试传感器看电流有无变化(或者用模拟器调整)。

三、立管压力

故障现象:停泵无泵压时,仍有立管压力显示或者缓慢下降。其排除方法是:对一体式探头重点是防震;但对传压式探头,在停泵时,取下传感器与探头的传压管线,看探头上的快速接头内是否有钻井液,如果探头内已有钻井液说明橡胶膜已破裂,更换胶膜即可,如果快速接头内没有钻井液,那么应检查传压管线是否被堵(用加注泵泵入液压油或水均可),如果液体流动通畅,此时应检查传感器是否有问题,更换传感器(要注意传感器压力范围)。

四、泵冲

故障现象:对拨杆式探头,钻井泵工作若无信号或泵冲速突然变快,可能是探头不在原位或安装不正确,造成泵冲探头拨杆不动或拨杆随活塞往复都被拨动。其排除方法:打开探头盖板,检查探头内是否进水或脏物,并及时清除。对探头及拨杆的位置进行适当的调整使其符合安装的要求。对接近开关式探头应检查探头与目标物间的间隙或探头是否被打坏。

泵冲显示为零:用金属物接近传感器感应面,若传感器指示灯不闪亮,则传感器坏,更换传感器;感应面与感应物的距离太远,调节传感器的螺纹,使感应面与感应物的距离在有效范围内,若还不行则属于泵冲接口电路故障,需更换泵冲接口板。

五、转盘转速

故障现象:钻机转盘工作正常,而无信号。其排除方法是:调整探头与目标物的距离,如果无效则更换探头,若还不行则属于泵冲接口电路故障,需更换泵冲接口板。

六、扭矩

故障现象:在正常钻进中(钻头正常),扭矩信号逐渐减少,主要是液压缸、液压管线、接头漏油或扭矩磨损严重引起的。其排除方法是:更换漏液部件或扭矩探头,然后补充液压油。

七、钻井液池体积

故障现象:钻井液体积上升、下降,探头不工作,可能有遮挡物或探头坏。其排除方法是:清除探头下的障碍物;清除探头积水(冬季易出现);或更换探头。

八、大钩负荷、钻压

故障现象：信号逐渐减小。其排除方法是：检查液压管线、探头是否漏油，必要时进行加注。

九、色谱仪故障

（1）记录仪有组分显示而主机采集不到，首先查看录井软件中各组分的保留时间，在主机初始化菜单中选择合适的窗口时间。

（2）全烃或组分点火不着火，听不到点火继电器的卡嗒声，检查点火电源和点火开关的接线；能听到点火继电器的卡嗒声但点不着火，应检查 FID 中点火丝的位置是否合适。

（3）能点着火但没有切换峰，检查气体分析单元中极化电压开关位置是否置于"开"的位置，若是则检查极化电压的供电电路。

（4）开样气泵后样气流量计没有指示或指示很低，检查干燥瓶、沉淀瓶和样气管线是否有堵的地方，若没有则应检查样气泵的膜片是否破损。

十、日常维护

（1）每班对外部探头应进行（清洁、位置）检查。

（2）提下钻应对探头、传感器进行一次清洗和保养，检查接线是否良好。

（3）每次提下钻应对计算机进行维护和保养。

（4）交接班时交接双方应按巡回检查路线及检查项点进行检查与确认。

第五章 地化录井

第一节 地化录井方法及技术特点

一、热解仪

国内于 20 世纪 80 年代引进的是法国 ROCK—EVAL Ⅲ 型仪,也称油显示分析仪(Oil show analyzer),于 90 年代又个别引进了 Ⅴ 型、Ⅵ 型改进型分析仪。当时的热解仪主要用于生油岩地化指标分析,即用于生油能力评价研究,1991 年由北京石油勘探开发研究院在"生油岩热解快速定量分析"的基础上提出了"储油岩油气组分定量方法",从而扩展了热解色谱的用途,在全国迅速形成了现场地化录井技术。

国内基本上有四家生产地化录井仪的厂家:

(1)鲁南化工仪器厂与河南油田联合研制的 DH-910(DH-920 为改进型)岩石热解仪及配套使用的有机碳分析仪,该仪器沿用了法国仪的三峰(S_0、S_1 和 S_2)系统。

(2)石油勘探开发科学研究院石油地质实验中心设计、研制的油气评价工作站系统,应用 5 峰(S_0、S_{11}、S_{21}、S_{22}、S_{23})系统。

(3)海城石油化工仪器厂与大庆勘探开发研究院共同研制的 YQ 型油气显示评价仪及配套使用的有机碳分析仪,采用的是 5 峰系统。

(4)上海神开科技工程有限公司研制的 SK-3D01 型热解仪(图 3-5-1)。

图 3-5-1 SK-3D01 型热解仪

二、技术特点

(1)仪器自动化程度高,只需称一定重量的岩样放入坩埚中,把标样数据和分析样重量、深度数据输入微机,按分析按钮后,仪器即按程序自动进行分析,并打印出谱图和分析结果及参数。

(2)分析速度快,分析一个岩样仅需 15~20min,可适应大批量分析。

(3)岩样用量少,一般只需 0.1g 岩样,可用于岩屑分析。

(4)能测到岩样中残存的油气组分,提供油气解释依据。

三、分析方法

(1)取样分析:称取研细后的生油岩样品或整颗砂岩 100mg,放进坩埚内置于一个特制的热解炉内,利用程序升温的方法,将岩石中的烃类及干酪根在不同的温度下热解或热蒸发成气态烃,分别由载气直接送入氢焰离子化检测器(FID)中检测,计算机处理、存储和打印分析结果。

(2)分析间距:可同岩屑录井一样,一般根据需要确定。

(3)分析周期选定:DH910 地化录井仪根据分析对象不同设置三个周期,钻井现场一般选用第二周期；YQ 系列仪器分析周期也设置了三个，根据分析对象的不同分别选定分析周期。其 5 峰的参数含义是：S_0 为气态烃的含量；S_1 为液态烃的含量；S_{21} 为中质液态烃含量；S_{22} 为重质烃含量；S_{23} 为胶质及沥青质含量；P_1 为凝析油指数；P_2 为轻质油指数；P_3 为中质油指数；P_4 为重质油指数；GPI 为气产率指数；OPI 为油产率指数；TPI 为油气产率指数；I_H 为氢指数；T_{max} 为最高裂解温度。

第二节 地化录井参数及其影响因素

地化录井参数在不同的岩石中所代表的地化意义是不同的，以下分生油岩和储油岩分别叙述。

一、分析样品为生油岩

S_0 表示生油岩中吸附的气态烃类（C_1—C_7），也就是生成的气态烃在生油岩中的残留量，mg/g（烃/岩样）。

S_1 表示生油岩中已生成未运移的液态烃（C_8—C_{33}），mg/g（烃/岩样）。

S_2 表示生油岩中的干酪根裂解烃的总量，mg/g（烃/岩样）。

C_p 表示生油岩中能生成油气的有机碳，即可热解的有效碳：

$$C_p = (S_0 + S_1 + S_2) \times 0.083 \qquad (3-5-1)$$

P_g 表示生油岩潜在产油气量（产油潜量）：

$$P_g = S_0 + S_1 + S_2 \qquad (3-5-2)$$

I_p 表示生油岩的成熟度：

$$I_p = S_1/(S_1 + S_2) \qquad (3-5-3)$$

I_H 为氢指数，用来评价生油岩的有机质类型和成熟度，mg/g（烃/有机碳）：

$$I_H = S_2 \times 100/C_{OT} \qquad (3-5-4)$$

I_{HC} 为烃指数，用来评价生油岩的成熟度，mg/g（烃/有机碳）：

$$I_{HC} = S_1 \times 100/C_{OT} \qquad (3-5-5)$$

$D\%$ 为降解潜率，用来评价生油岩有机质类型：

$$D\% = C_p/C_{OT} \qquad (3-5-6)$$

式中 C_{OT}——岩样中总有机碳，%。

二、分析样品为储油岩

S_0 表示单位岩石中所储藏的气态烃量。

S_1 表示单位岩石中所储藏的液态烃量。

S_2 表示单位岩石中所含重烃、胶质、沥青质等裂解烃量。

T_{max} 即热解温度，定性反映储层中的原油性质。

GPI 表示储层中气的产率指数：

$$GPI = S_0/(S_0 + S_1 + S_2) \qquad (3-5-7)$$

OPI 表示储层中油的产率指数：

$$OPI = S_1/(S_0 + S_1 + S_2) \qquad (3-5-8)$$

TPI 表示储层中油气的总产率指数：

$$TPI = (S_0 + S_1)/(S_0 + S_1 + S_2) \qquad (3-5-9)$$

三、地化录井的影响因素

地化录井受诸多因素的影响，这些影响因素可能导致地化录井分析结果不能正确反映地下真实情况，并给解释评价带来困难，因此研究这些影响因素，并寻找加以校正的方法是至关重要的。

地化录井参数的局限性：S_0 受取样、制样条件，岩样放置时间，温度变化的影响。当地下的油气层被钻开后，再经过钻井液冲刷，岩屑返至地面由于压力及温度变化，保存在岩石中的气态烃很快散失，因此 S_0 值只能在湿样分析中得到，干样分析一般为零。对于纯气层岩屑，气态烃散失快，而油中溶解气得以部分保存。地化录井参数 S_1 同 S_0 一样，它也是受许多因素的影响，S_1 只是残余量，不能代表岩层中原始的液态烃总量，只能在消除了各种影响因素之后，才能定量判别储层中液态烃含量。S_2 表示在 300~600℃ 温度范围热裂解产生的烃，因此一般所受影响因素较少。P_g 是表示储层中气态烃、液态烃及热解产生的烃类之和，因 S_0、S_1 值受外界因素影响较大，P_g 值仍是残余量，不代表单位重量岩石中所含原油的量。

由于陆相碎屑岩储层非均质性严重，因此挑选有代表性样品是地化录井样品分析的关键。同一层中样品应多次分析，取分析结果的平均值，其代表性较好。

岩样必须清洗干净，减少钻井液添加剂的污染。实验证明岩样晾晒时间越长，其轻烃组分损失越多。因此在样品处理过程中，尽量缩短样品暴露在空气中的时间，绝不能放在阳光下曝晒，更不能烘烤。

钻井液混油对地化录井样品分析结果的影响是不同的，一般对岩心地化分析数据无影响，对岩屑有较小的污染，但对井壁取心分析结果影响很大。而且混油钻井液对含油级别高的砂岩、致密砂岩污染程度小，对含油级别低的砂岩、疏松砂岩污染程度大。而泡油井，对地化录井样品分析结果的影响与钻井液混油类似。

地化录井样品来源于岩心、井壁取心及岩屑，这三种样品地化分析数据 S_1、S_2 差别很大。新疆录井公司对塔里木不同岩性（砂岩、砾岩、碳酸盐岩和火成岩）做了大量的分析化验工作，认为同一储层样品，录取方式不同，地化分析数据相差很大。恢复系数大小与储层含油级别、岩性有很大关系，一般含油级别越高，胶结越疏松，恢复系数越大，反之则越小。

生油岩地化录井资料解释可划分有机质类型、评价生油岩的有机质丰度和有机质成熟度及其生油能力。

用储层地化录井资料可对储层含油气性进行定量和定性评价，综合划分油、气、水层。

第六章 特殊项目录井

第一节 硫化氢（H_2S）气体监测与预防

一、硫化氢的性质与危害

1. H_2S 的来源

（1）地层深处（在正常情况下，它是随地层深度的增加而增加）。
（2）石油中的烃等有机物通过储集水中的盐酸在高温下还原成 H_2S。
（3）某些钻井液化学处理剂在高温的作用下产生 H_2S。
（4）机械制造的坑道、下水道。
（5）制浆厂、沼泽地、茅厕。
（6）隧道、涵洞。

2. H_2S 的性质

（1）H_2S 是一种无色气体，低浓度时有臭鸡蛋味。
（2）其物理性质为剧毒、酸性中等。
（3）比空气的密度重，其相对密度为 1.176~1.190。
（4）熔点为 -85℃，沸点为 -60℃，燃点为 250℃，爆炸极限为 4.3%~16%。
（5）易溶于水、乙醇、二氧化碳和四氯化碳中。
（6）H_2S 气体极易燃烧，燃烧时发出一种蓝色的火焰，同时产生有毒的二氧化硫气体。

3. H_2S 的危害

1）H_2S 对人的危害（表 3-6-1）

（1）它可使血液中毒，中断血液循环，造成大脑缺氧。
（2）刺激和破坏呼吸系统，使人咳嗽、嗅觉钝化、灼伤呼吸道。
（3）刺伤神经系统，导致人头晕、失去平衡、呼吸困难、心跳加快。
（4）严重时导致心脏衰竭而死亡。

表 3-6-1 常见有毒气体对人员构成伤害的最低浓度

有毒气体名称	TWA ($\times 10^{-6}$)	STEL ($\times 10^{-6}$)	IDLH ($\times 10^{-6}$)	MAC (mg/m^3)
硫化氢（H_2S）	10	15	300	10
一氧化碳（CO）	25	—	1500	30
二氧化硫（SO_2）	2	5	100	15
氯气（Cl_2）	0.5	1	30	1
氨气（NH_3）	25	35	500	30
氰化氢（HCN）	10	4.7	50	0.3

注：常见有毒有害气体的 TWA 为 8 小时统计权重平均浓度、STEL 为 15 分钟短期暴露的浓度、IDLH 为立即致死的浓度和 MAC 为车间最大允许浓度。

2) H_2S 中毒诊断分级标准（依据 GBZ31—2002）

(1) 轻度中毒，具有下列情况之一者：

①明显的头痛、头晕、乏力等症状并出现轻度至中度意识障碍；

②急性气管——支气管炎或支气管周围炎。

(2) 中度中毒，具有下列情况之一者：

①意识障碍表现为浅至中度昏迷；

②急性支气管肺炎。

(3) 重度中毒，具有下列情况之一者：

①意识障碍程度达深度昏迷或呈植物人状态；

②肺水肿；

③猝死；

④多脏器衰竭。

3) 对其他物件的腐蚀

(1) H_2S 易溶于水而形成弱酸，对金属进行腐蚀。对金属的腐蚀形式有：电化学失重腐蚀、氢脆和硫化物应力开裂腐蚀，一般通称为"氢脆"破坏。

(2) 加速非金属的变化，它能使橡胶、石棉、浸油石墨等变硬、变脆和失去弹性。对钻井液，特别是水基钻井液，有较大的污染，它会使钻井液的密度和 pH 值下降，粘度上升，以致形成不能流动的胶状，颜色变为墨绿、瓦灰和黑色。

二、井场硫化氢的监测与预防

1. H_2S 的监测方法

1) H_2S 传感器的原理和结构

硫化氢是石油钻井现场危害性极大的有毒气体，需要加强监测，而定电位电解法对检测硫化氢来说是使用最为普遍、技术相对成熟、综合指标最好的方法，即使用电化学传感器（图 3-6-1）。其基本原理与构成是：将两个反应电极（工作电极和对电极以及一个参比电极）放置在特定电解液中，然后在反应电极之间加上足够的电压，使透过涂有重金属催化剂薄膜的待测气体进行氧化还原反应，再通过仪器中的电路系统测量气体电解时产生的电流，然后由其中的微处理器计算出气体的浓度。

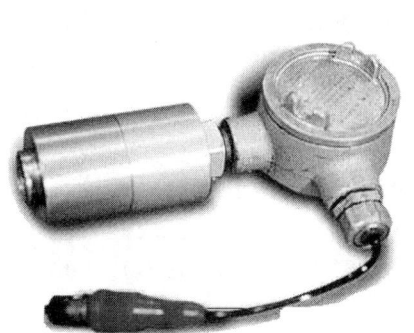

图 3-6-1 硫化氢传感器

2) H_2S 的井场监测方法

(1) 在井场钻台下防溢管的端口附近、震动筛上方等 H_2S 易于从钻井液中逸散和聚集的场所，安装 H_2S 传感器，按要求设置好低报警和高报警界限；井队一般也会自行安装固定式硫化氢检测仪及其报警器，以便提高安全性。

(2) 在含 H_2S 地区钻井，井场人员必须配备便携式 H_2S 监测仪和正压式呼吸器。

(3) 在井场入口、井架上、钻台边和循环系统处设置风向标，一旦发生紧急情况，作业人员可根据风向标的指示，确保井场人员能及时朝上风口疏散；井场入口处应按井场硫化氢含量挂出相应浓度范围和颜色的警示牌（绿色、蓝色和黄色）。

(4)钻入油气层后定时对钻井液加强硫化氢含量监测。

(5)定期对 H_2S 监测仪器进行标定和校验。

3)H_2S 的实验室检测方法

我国发布了用于实验室对天然气中硫化氢进行分析的4项国家标准：

GB/T 11060.1—1998"天然气中硫化氢含量的测定·碘量法"；

GB/T 11060.2—1998"天然气中硫化氢含量的测定·亚甲蓝法"；

GB/T 11061—1997"天然气中总硫的测定·氧化微库仑法"；

GB/T 18605.1—2001"天然气中硫化氢含量的测定·醋酸铅反应速率单光路检测法"。

(1)碘量法：

①碘量法的特点：是经典的化学分析方法，方法准确可靠，测量范围广，采用不同的取样量，可检测低至 $1mg/m^3$ 高至100%的硫化氢，不需要贵重的仪器。

②碘量法的原理：是以过量的乙酸锌溶液吸收气样中的硫化氢，生成硫化锌沉淀（反应式：$2H_2S+2Zn(Ac)_2 \rightarrow 2ZnS+4HAc$），然后加入过量的碘溶液氧化生成硫化锌。剩余的碘用硫代硫酸钠标准溶液滴定。

③主要仪器：为玻璃仪器，有硫化氢吸收器、定量管、稀释器、自动滴定仪（量管容量25ml）、另外还需要湿式气体流量计（分度值0.01L）、大气压力计（80~106kPa、分度值0.01kPa）、温度计（0~50℃、分度值0.5℃）等辅助器具。

(2)亚甲蓝法：

①亚甲蓝法的特点：是一种经典的比色方法，它适用于低含量硫化氢样品的测定，一般测定范围为 $0~23mg/m^3$，适用于测定硫化氢浓度较低的天然气。

②亚甲蓝法的原理：是用乙酸锌溶液吸收气样中的硫化氢，生成硫化锌沉淀。在酸性介质中和三价铁离子存在下，硫化锌同N，N-二甲基对苯二胺反应，生成亚甲蓝。通过用分光光度计测量溶液吸光度的方法测定生成的亚甲蓝。

③亚甲蓝法的主要检测仪器：为分光光度计（要求可测定波长670nm处的吸光度）、硫化氢吸收器、比色管（容量50ml）、湿式流量计、温度计、大气压力计、恒温水槽等。

(3)醋酸铅反应速率法：

①醋酸铅反应速率法的特点：是天然气中硫化氢分析的常用方法，使用专门仪器检测硫化氢，在国外，主要用于在线检测输气管道天然气中硫化氢的含量，已被美国列为标准检测方法（ASTM D4084—1994）。GB/T 18605.1"醋酸铅反应速率双光路检测法"等效采用该标准。

②醋酸铅反应速率法的原理：是当恒定流量的气体样品经润湿后从浸有醋酸铅的纸带上流过时，硫化氢与醋酸铅反应生成硫化铅，纸带上出现棕色色斑。反应速率和由此产生的颜色变化速率与样品中硫化氢浓度成正比。由仪器的光电系统检测色斑的强度。通过比较已知浓度硫化氢标准样和未知样在仪器上的读数来测定样品中硫化氢含量。

③适用范围：该方法适用于石油、天然气中硫化氢含量的测定。空气无干扰，适用的硫化氢含量范围为 $0.1 \times 10^{-6} \sim 16 \times 10^{-6}$（相当于 $0.1 \sim 23mg/m^3$）；通过手动或自动体积稀释的方法，可将硫化氢的检测范围扩大至100%。

(4)氧化微库仑法：

①氧化微库仑法的原理：是含硫天然气在 $900 \pm 20℃$ 的石英转化管中与氧气混合燃烧，其中硫化合物转化成二氧化硫，随氮气进入滴定池发生反应，消耗的碘由电解碘化钾得到

补充。根据法拉第电解定律,由电解所消耗的电量计算出样品中硫的含量,并用标准样进行校正。

②氧化微库仑法参照采用美国 ASTM D3246—1981,适用于总硫含量在 1~1000mg/m³ 的天然气。高于此范围的气体可经稀释后测定。

2. 井控设备的选材

（1）根据地层压力选配相应等级的防喷器和井控管线,并按要求安装和试压。

（2）井口的套管及放喷管线不得焊接。

（3）放喷管线和压井管线必须有两条,以保证在井喷时在下风口放喷,而压井时在上风口压井。

（4）所用管材要在含 H_2S 介质的环境中试验,保证其具有抗 H_2S 腐蚀,在 H_2S 环境中使用不能失效和裂开。

3. 井场 H_2S 防护演习

（1）现场有关人员要会配戴和使用正压式呼吸器,按应急计划进行定期演练和使用。

（2）井场禁止明火。

（3）在工作场所,要保证至少有两人在一起作业,单独一人不许进入 H_2S 禁区。

（4）疏散与现场作业无关的人员到安全区。

（5）派专人在现场周围巡逻,警告周围的群众不得进入危险区。

（6）解除 H_2S 演习信号后,要及时检查呼吸器、H_2S 检测器等是否完好。

（7）做好 H_2S 防护演习记录。

4. 含硫油气田安全操作

（1）制定应急预案,井队人员定期进行防 H_2S 演习。

（2）按要求,在井架入口、井架上、钻台边上、循环系统等处设置风向标,一旦发生紧急情况,作业人员可向上风口疏散。

（3）在钻台上下、震动筛、循环罐等 H_2S 气体易于积聚的场所应挂防 H_2S 安全警示牌。

（4）含硫地区钻井队应配备便携式硫化氢检测仪；在含硫地区钻井、生产班当班人员每人配一套正压式呼吸器,另配一定数量的公用正压式呼吸器,搞好培训工作,做到人人会使用、会维护、会检查。

（5）对 H_2S 含量极高的油区,在进入含硫气层前,应与消防部门及医院取得联系；钻开含硫油气层后,井场应有救护车、医生、安全人员值班。

（6）严格执行钻井工程和钻井地质设计,不得随意降低钻井液密度。

（7）及时发现溢流和控制井口,随时对钻井液性能进行监测。

（8）井场绝对禁止明火,若必须使用电、气焊时应严格执行审批制度。

（9）起下钻作业时应控制起下钻速度,工作人员要戴好正压式呼吸器。

（10）发生井喷后,要严格执行应急预案,必要时要对喷出物进行点火燃烧,点火人应站在上风口,距火口不得少于 10m。

（11）含硫地区钻井液的 pH 值要求控制在 9.5 以上；加强对钻井液中硫化氢浓度的测量,充分发挥除硫剂和除气器的功能,保持钻井液中硫化氢浓度含量在 50mg/m³ 以下。

（12）当有硫化氢含量超过 20mg/m³ 的安全临界浓度时,工作人员应佩戴正压式呼吸器,不允许单独行动,派专人监护现场。

（13）钻井队在现场条件不能实施井控作业而决定放喷时应点火,防止天然气与空气混合比达到爆炸极限;放喷点火应派专人进行,点火人员应佩带正压式呼吸器,在上风方向远程点火。

(14) 井喷发生后应有消防车、救护车、医护人员和安全人员在井场值班。

(15) 控制井喷后,应对井场各岗位和可能积聚硫化氢的地方进行浓度检测,待硫化氢浓度降至安全临界时,人员方能进入相关区域。

5. 含硫油气田钻井设计要求

(1) 在钻井设计中,标明含硫地层、深度和预计含量。

(2) 使用抗硫钻具及抗硫管材。

(3) 当井下温度超过93℃时可不考虑使用防硫套管和钻铤。

(4) 钻开含硫地层后,钻井液密度使用的安全附加值选用上限值。

(5) 井场储备足够的高密度钻井液,应多于井眼容积的2倍左右。

(6) 钻开含硫气层后,pH值应控制在9.5以上。

(7) 尽可能不在含硫地层中进行常规的中途测试。

(8) 对井场周围的居民、学校、厂矿等进行监测,在设计书上标明位置,在危险情况下,及时通知他们迅速撤离。

三、安全救护

发现硫化氢轻微中毒人员应设法、及时、就近送往当地医院救治,现场应及时采取简单、有效的急救措施:

(1) 进入高含H_2S区域的抢救人员必须戴好正压式呼吸器。

(2) 迅速将中毒者抬出危险区,放到通风良好的上风口处。

(3) 若中毒者停止呼吸,应立即进行人工呼吸及胸外按压,直至呼吸恢复正常;在施行口对口呼吸时,施行者应防止吸入患者呼出的气或从患者衣服内逸出的H_2S气体,以免发生二次中毒。

(4) 若中毒者没有停止呼吸,要使中毒者处于放松状态,有条件时应予输氧。

(5) 对中毒者有序撤离,防止憋气,应将其平放在干燥平坦的地方抢救。

(6) 待中毒者恢复后,可给中毒者饮些浓茶、咖啡或凉开水。

(7) 若眼睛受伤,应用干净的清水进行清洗和冷敷。

第二节 二氧化碳(CO_2)气体检测

二氧化碳(CO_2)分析是气测的一部分,主要是保证工作场所人身安全,井场关键是要提高仪器测量的灵敏度,确保有CO_2出现时能作到100%的发现,及时通知作业人员采取有效措施。图3-6-2是机柜式红外CO_2监测仪,它是基于不同气体对红外光有选择性吸收这一原理,采用了不分光红外线分析法(NDIR),用半导体红外线探测器连续检测CO_2气体,将不同的浓度气体转换为线性的电信号,并输出面板显示和供计算机采集。

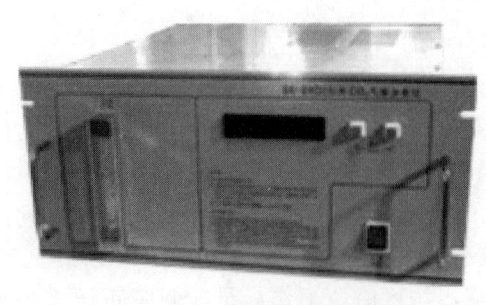

图3-6-2 SK-3H01红外CO_2气体分析仪

第三节 定量荧光与荧光光谱录井

一、定量荧光分析仪（图3-6-3）

1. 原理

用一定波长的激发波照射，再用相应的波长进行接收，保证荧光能全部被检测到，克服了传统荧光观测方法因荧光灯频率和人们视觉范围的限制而造成一部分荧光无法观测到的缺点。

2. 操作要点（以德士古公司的仪器为例）

1）挑样

（1）QFT的样品需在荧光灯下挑取具有代表性的真岩屑。

（2）对于储层岩屑样品有油气显示的，为减少烃类的散失，及时上机分析，对不能及时上机分析的样品应使用带盖的样品瓶加水、密封存放。

图3-6-3 SK-2DQF定量荧光分析仪

（3）岩样要清洗干净才能上机分析，以减少污染的影响。

（4）对于成岩不好或胶结疏松的样品，可取混合样上机分析，但必须做记录。

（5）对岩心和壁心尽量在其中心部位取样。

2）制样

取有代表性的岩屑（或岩心、壁心）样品夹在两张滤纸间放入研钵研磨成粉末状，称取0.5g样品倒入容器内，注入5ml的异丙醇充分混合以萃取样品中的原油，搅拌（摇匀）15~20s，将其萃取物慢慢倒入洗涤筒内，经过滤液后将萃取液压入试管内（注意：不同样品间要用溶剂冲洗洗涤器，防止样品相互污染），将其萃取液上机分析。

3）QFT主机部分的操作

（1）仪器标定：

①开仪器，预热30min；将出现起始屏幕，按回车键将进入主菜单。

②选标定功能菜单，按菜单提示逐步进行浓度范围设置，人工控制、设为中级、输入800，完毕则按〈ESC〉键返回标定功能菜单屏幕。

③运行空样：

用空样（纯庚烷溶剂）冲洗样品注射器几次；

将空样（纯溶剂）倒至注射器的5ml刻度，然后让它部分流走，剩余2ml在其中，关闭阀门；

空样百分含量（在屏幕中心）应在0~15%之间（若超过15%可运行一种新的纯溶液空样进行复核，否则应检查仪器），当空样百分含量接近于0时，待读数稳定后用键盘输入0以确认这个空样（必须输入0确认，否则仪器会返回先前的空样设定），等待15s，屏幕出现"完毕"提示，此时连按〈ESC〉键两次返回标定主菜单，让剩余的空样液流出注射器。

④运行标准液：

选择运行标准液，将空样彻底排干净，加入2ml的标准液并排净；

将QFT标准液倒至注射器的5ml刻度线,然后打开注射器阀门让其部分流出,剩余2ml在其中;

注意:待读数稳定时,按〈*〉认可所得到的数据(否则仪器回到先前标准液设定),大约15s后,屏幕出现"完毕"提示,此时按〈ESC〉键返回。

⑤标定结束:返回起始屏幕,标定到此结束。屏幕读数此时应在800左右,让残留的溶剂从注射器中流出,用纯溶剂将注射器冲洗若干次。

⑥重复上述步骤,将浓度范围控制设置为自动,返回起始窗口。此时,荧光仪已为样品荧光强度的测量做好了准备。

(2)计算机操作:

①输入老井号和新井号。

②样品测量过程:按QFT操作说明要求,并向微机输入该井的井深,使该机处于等待状态,打开QFT开关,预热30min屏幕显示,反复用异丙醇清洁测量池管路,QFT强度值低于30为合格,取5ml过滤后的样品,打开管路开关钮,慢压注入至2ml,就测得所测样品的QFT值。每分析一个样,就用异丙醇冲洗管路,再分析下一个样,如此循环进行分析,分析完后,计算机屏幕将显示、打印分析结果。

二、荧光光谱仪

1. 原理

对荧光进行三维扫描,即在不同激发波长和接收波长条件下测得的荧光强度。其原理是比率式发光分光光度计,用微机软件控制,被石油企业用于油品的荧光分析和研究。

2. 主要参数

图3-6-4是PerkinElmer公司生产的LS-50B荧光光谱仪,其光源是采用脉冲氙灯(50Hz或60Hz),脉冲宽度(半峰腰宽)$10\mu s$,相当于电功率16kW。其光谱带通:激发光路为2.5~15nm,发射光路为2.5~20nm,软件可选的最小步距为0.1nm;扫描速度:可由软件选择10~1500nm/min。反应时间则根据所选的扫描速度和狭缝而自动选定。两个单色器可以分别或同步进行扫描,同步扫描时,可用等波长差或等频率差方式进行;波长精度:±1.0nm;波长重复性:±0.5nm。

图3-6-4 LS-50B荧光光谱仪

第四节 P—K录井(岩屑孔隙度、渗透率测定)

岩屑孔隙度、渗透率分析仪,通常简称P—K仪(图3-6-5),它是Exlog公司于20世纪80年代率先开发成功的,主要用于快速测定钻井岩屑的孔隙度、渗透率、束缚水及自由流体四个参数,具有分析周期短、分析费用低等优点。国内部分公司在制样系统、联机标定与存储系统和标样等诸多方面做了研究与改进,使得单个样品分析时间大大缩短,能够满足井场大批量样品分析的精度要求和速度要求,在塔里木和塔里木盆地都已得到了广泛应用。

一、P—K 仪的基本原理

P—K 仪的基本原理是核磁共振（Nuclear Magnetic Resonance）。简单地讲，核磁共振与磁性原子核的能级跃迁有关，用于测量和描述这些跃迁的光谱技术叫做核磁共振（NMR）及脉冲核磁共振（PNMR）技术。

P—K 仪利用磁钢来提供横向的恒定磁场，利用射频振荡电路来产生一个纵向的、频率与 Larmor 进动频率相同的交变磁场，从而满足核磁共振的基本要求。当发生核磁共振时，处于低能级的氢原子核就从射频磁场吸收能量而跃迁到高能级，这个过程叫作核驰豫。原有的平衡被破坏后，原子核系统试图恢复平衡，该系统重新建立平衡状态所需要的时间 T 称之为驰豫时间。不同的物质有着不同的驰豫时间。驰豫时间的存在使得人们能够连续观察到核磁共振现象。

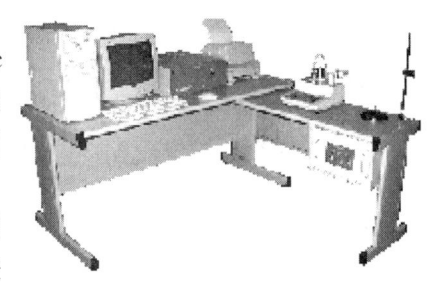

图 3-6-5　SK-2P01 P—K 分析仪

可见，P—K 仪实际上是脉冲核磁共振谱仪，它采用自差法来检测核磁共振信号。样品中氢原子核数目越多，从射频磁场中吸收的能量也就越多，产生的信号也就越大。P—K 仪就是通过测定岩石孔隙水中氢原子核的驰豫时间及岩样信号，然后再通过程序中的公式来确定岩石的孔隙度、渗透率、自由流体指数及束缚水饱和度。这四项参数的意义分述如下。

孔隙度：岩样孔隙体积与总体积的比值，单位用百分数表示。

渗透率：岩样孔隙的表面积与其体积的比值，单位，$\times 10^{-3} \mu m^2$。

自由流体指数：孔隙中可动流体的体积占样品总体积的百分数。

束缚水饱和度：驰豫时间小于 12ms 的流体认为是被束缚的。这一部分流体主要是与粘土矿物伴生，不能流动，用占总孔隙体积的百分数表示。

二、P—K 资料与常规岩心物性分析资料的差异

（1）P—K 仪分析所需样品的个体很小、用量很少，只需要岩屑样品即可，而常规室内岩心物性分析所使用的样品必须是成形好的岩心样品，否则无法测定。

（2）岩石在破碎过程中使其颗粒表面的孔隙在一定程度上受到破坏，而且岩石通常是非均质的，易碎处往往是孔隙发育处，这样胶结致密、孔隙度偏低的坚硬部分被优选为 P—K 分析样品，导致分析结果偏低。

（3）受小试管内径的限制，只能取直径 1~2mm 的岩样，颗粒多，表面积大，在干燥处理过程中就会失去过多的孔隙水，导致分析结果偏低。

（4）常规分析中岩心通常完全被抽提和烘干，P—K 分析样品则需被完全再饱和，但这是很困难的，特别是渗透率低的样品。

（5）标样中的孔隙水会因长时间放置而挥发损耗，进而影响标定结果。

（6）P—K 仪测定的是总体孔隙度，而常规岩心物性分析测定是有效孔隙度；P—K 仪测定的是总体渗透率，而常规岩心物性分析测定的是某一方向上的渗透率，这也是两者的不同所在。

第五节　碳酸盐含量测定

碳酸盐含量测定仪（图 3-6-6）通常采用碳酸盐岩与盐酸能发生剧烈化学反应的原理，让定量的样品与酸液在一密闭的空间内发生反应产生 CO_2 气体所形成的压力，按气体

图 3-6-6 碳酸盐含量测定系统

$pVT=n$ 原理，当体积和温度不变时，气体的摩尔量与其压力成正比。

一、准备工作

①挑选要分析的样品，按井深依次放好。

②准备好 10％的盐酸、移液管、1～2 个烧杯、蒸馏水。

③打开碳酸盐分析仪，接好电源。

④调节好天平。

二、仪器标定

（1）打开记录装置（记录仪或显示屏），设置好走纸速度，此时仪器没有信号输入，记录值在零线位置上，若不在零位，调节仪器面板上的电位器，使记录仪指针在零位。

（2）选择仪器面板上的量程为 0～100％（100％纯碳酸钙标样）。

（3）用天平称取 100％碳酸钙粉末 0.5g。

（4）将称好的样品倒入样品杯。

（5）用移液管移取 5ml 浓度 10％的盐酸，注入反应杯中。

（6）盖好盖子。

（7）使酸液与样品混合发生化学反应，观察反应曲线。

三、样品测量

（1）将用天平称好的 0.5g 碳酸盐岩样品放入样品池中。

（2）用移液管移取 5ml 浓度 10％的盐酸，注入反应杯中。

（3）按标定曲线读取样品测量的记录值。

（4）室内温度与标定仪器保持相对恒定，否则要依室内环境温度的变化进行温度校正。

校正公式：

$$N_C = (N_G/T_G) \times T_C$$

式中 N_C——校正值，％；

N_G——记录值，％；

T_G——测量时的温度，K；

T_C——标定时的温度，K。

四、读取测量值

（1）对照标定曲线的形态，读取样品碳酸盐含量（若温度差异较大时需进行温度校正）。

（2）按测定的成分含量进行岩石命名。

第六节　泥岩密度测定

用泥岩密度分析仪（图 3-6-7）对钻井过程中钻揭的泥岩进行密度分析，随深度绘制成曲线后可以根据其趋势线变化及时发现过压地层，是随钻进行地层压力监测的有效办法之一。

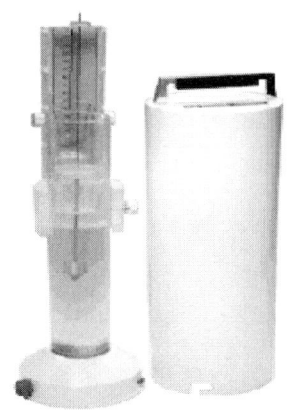

图 3-6-7 SK-2N01G 泥岩密度测定仪

第七节 岩心扫描

由于岩心出筒后其油气水显示会逐渐散失，为以后进一步观察带来了不便，利用摄像及其存储原理，将岩心表面的原始颜色和状态很好地保存和记录成电子文档，有利于今后的分析和对比。图 3-6-8 是 CISS 岩心扫描成像系统，其分辨率可高达 1200dpi 的宏观岩心平面普光和 360°外表面圆柱状岩心普光及荧光图像的自动采集；宏观和显微岩心图、文资料及相关地质资料的快速存储、查询及综合管理；宏观和显微岩心图像中地质信息（裂缝、孔洞、孔隙、层理、粒度、荧光含油）的定量分析计算与评价；基于高速局域网、互联网，对岩心图、文资料及相关地质资料的共享。

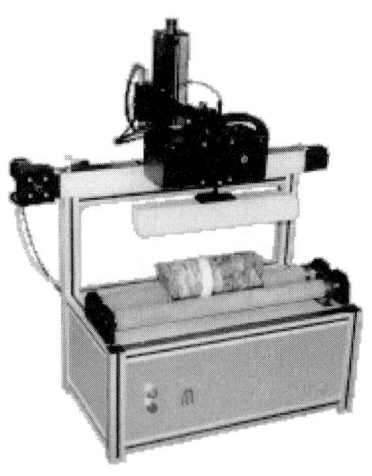

图 3-6-8 CISS 岩心扫描成像系统

第七章 油气水层的录井资料特征

第一节 井筒中烃类气体的来源

钻井液中出现的烃类气体有四大类（Alun Whittaker）（图3-7-1）。

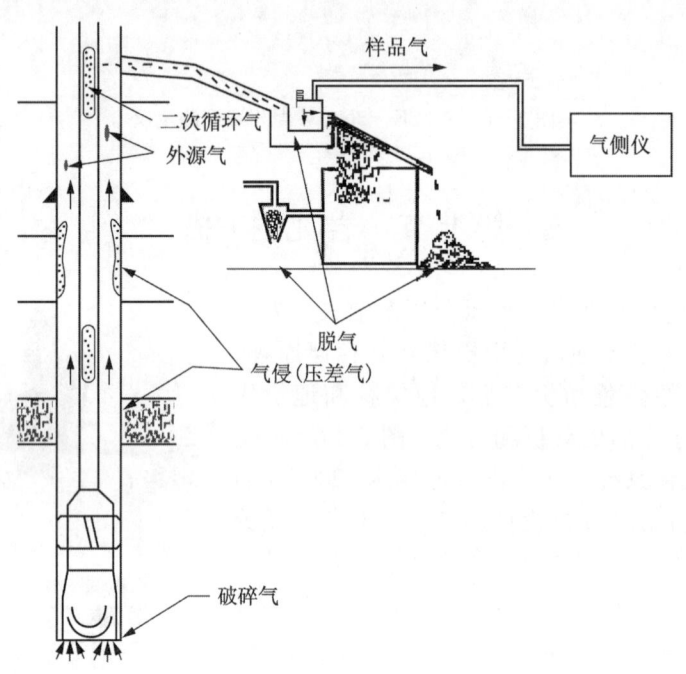

图3-7-1 井筒中烃气的来源

（1）破碎气（Librated gas）：破碎气是在钻进过程中，由钻头机械破碎地层而释放到钻井液中的烃类气体。破碎的岩屑及其孔隙内的流体一同进入钻井液体系。在钻井液上返过程中，随着岩屑所承受的静水压力的持续下降，烃气直接从岩屑中释放到钻井液中。影响破碎气浓度的主要因素有：钻速、孔隙体积、井眼尺寸、泵排量、地层压力和钻井液密度，其中钻速对其影响最大。

（2）压差气（Produced gas）：压差气是当地层压力超过了有效静水压力时受压差作用从储层进入到钻井液中的烃气。反之，当井筒中液柱压力高于地层压力，则压差气明显减弱，甚至没有。所以压差气显示的强弱与压差的大小、地层的渗透性有关。

（3）二次循环气（Recycled gas）：是指从地表泵入井底又第二次返出的气体。主要由钻井液除气系统未将钻井液中的气体排除干净所致，对重组分的影响较大。

（4）外源气（Contaminated gas）：是指从除岩层之外的某个气源人为导入钻井液中的烃气，如钻井液混油、添加磺化沥青、磺化酚醛树脂等所产生的烃气等。

气测录井就是要根据井筒条件及时抓住破碎气，认真分析压差气，仔细校正二次循环气，正确排除外源气，切实做到既不漏掉真显示，又不误判假显示。

第二节 油气水显示的录井特征

按试油结果分为气层、油气层、气水同层、油层、油水同层、干层、水层,不同层在录井资料上的反映是各有特点的。

一、气层的特点

天然气的成因分类是:成熟腐殖型气、成熟腐泥型气、高成熟腐殖型气、高成熟腐泥型气、过成熟腐殖型气和混合型气,其存在形式可分为溶解气、气顶气、凝析气和纯气四种。

(1) 同等井眼条件下,气层显示相对油层要弱:在钻遇气层过程中,由于天然气主要成分为甲烷,逸散速度快,在钻井液中滞留时间比较短,在钻井液向上循环过程中,气体体积随压力释放而快速膨胀,当携带破碎气的钻井液到达井口时,相当一部分气体从喇叭口及高架槽处逸散到大气中,实际进入色谱仪可供分析的样品量就大大减少了。这种状况随地层物性的不同而有所不同,地层物性(储集空间、连通性)越好,释放的破碎气就越多。

(2) 气层气测组分经常出不全:天然气组分构成中,甲烷含量较高,其他组分所占比例很低;反映在气测组分上一般出至 C_2 或 C_3 并表现出高甲烷低乙烷特征。

(3) 后效的强弱与压差有关:利用后效显示数据可以弥补实时录井显示值低的不足。钻揭气层时,当液柱压力高于地层压力,地层中的气体受钻井液柱的冲洗作用离开井筒向井眼周围扩散,在井眼周围形成一个压差屏蔽区(图3-7-2),压差屏蔽作用使得地层流体在钻井液静止时也很难渗回井筒。但当井筒静止时间较长时,则地层中的气体易于进入井筒形成后效。

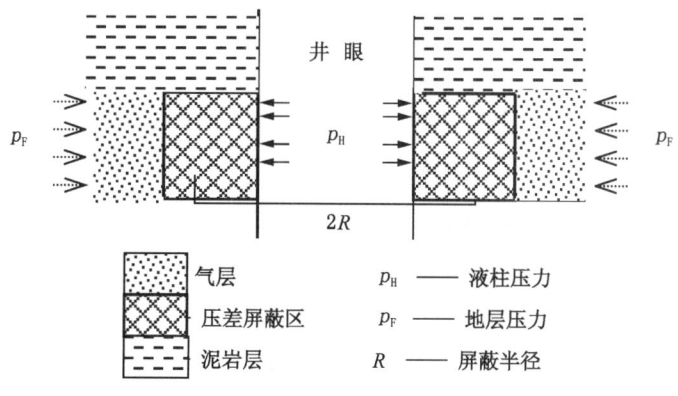

图3-7-2 压差屏蔽作用示意图

(4) 气层的气测曲线形态具典型特征:气层的气测曲线形态在物性均一的情况下,呈块状形态,在物性不均一的情况下,呈尖峰或锯齿形态,形态的变化与钻时的变化吻合性较好,多数情况下全量曲线与甲烷曲线分离小,几乎重合,这是由于天然气的组分以甲烷为主,气测异常值受物性影响所决定的。

(5) 天然气层的组分特征明显:天然气层中气的组分以甲烷为主。表3-7-1表明塔里木天然气层的天然气组分分布范围较宽,甲烷含量从73.64%~96.09%。区域上天然气的组分变化如此之大,说明盆地内具有多种成因类型的天然气。

二、油气层的特点

天然气以溶解形式存在于油层中,试油结果为油气同出。它们在气测录井中与气层具有不同的特征。

(1) 实时录井均见气测异常,显示一般较气层好:由于油对气的溶解作用,使气体的运动受到束缚,扩散速度相对较慢,从钻井液中逸散的量相对较少,从而保证有较多气体进入色谱仪。

(2) 气测出峰较全:由于油气层中的重烃成分含量高,测量时组分一般都能出至丁烷以上。但当冲洗作用明显则录井显示值低,出峰不全,但后效一般出峰齐全。

(3) 油气层的组分特征与纯气层的不同:同气层相比,油气层的组分特征是重烃含量提高,而甲烷含量相对降低。一般甲烷相对含量在 78%～90% 之间,与气层有明显的差别(表 3-7-1、表 3-7-2)。

表 3-7-1　塔里木盆地天然气组分数据表

地区		相对密度	甲烷(%)	乙烷(%)	地区		甲烷(%)
西北缘	一区	0.66	84	6	南缘	齐古油田	>97
		0.73	74	10			
	四区	0.62	90	3		独山子	80±
	五区	0.60	92	3			
	七区	0.75	74	14		呼图壁	>94
	八区	0.63	89	3			
	九区	0.63	89	6	腹部	马桥凸起	90～95
	红山嘴	0.62	91	4			
	车排子	0.58	96	2			
	风城	0.66	85	5		白家海凸起	<90
	夏子街	0.58	95	3		陆南凸起	<90
		0.75	73	12			

注:表中数值均采用平均值。

表 3-7-2　塔里木盆地油气层组分分析数据表

井号	井段(m)	C_1(%)	井号	井段(m)	C_1(%)
K103	3402～3418	84	S013	4408～4425	80
K102	3903～3924	88	S015	3019～3037	78
K80	4378～4392	72	S017	3089～3094	72
M2	3518～3532	81	SN4	2582～2589	84
	3462～3473	85	SN5	2552～2560	88
M007	3474～3490	83	S1	4431～4445	83
M014	3005～3008	87		4460～4486	77
	3018～3027	89	X2	5240～5262	78

三、气水同层的特点

气水同层是指天然气以溶解形式存在于水中，试油结果为气水同出。它在气测录井上的特征如下：

（1）气测显示往往较好，异常幅度明显；
（2）气测组分测不全，多数出至 C_2；
（3）后效显示较强，但持续时间较短；
（4）组分特征同气层相似。

油气层和气水同层虽然显示都较好，但两者有着一定的差别。油气层的气测显示往往持续时间较长，并伴有单根气和二次循环气的出现。钻开油气层后气测值居高不下会掩盖后来出现的真显示，从而导致：

（1）不易发现新钻开的油气层；
（2）误把二次循环气当作新显示进行解释，造成误判。

气水层的气量一般比较有限，且多数组分单一。依据这种差别来区别油气层和气层是比较有效的。

根据上述分析，可将气层、油气层、气水同层在气测资料上的反映特征归入表3－7－3。

表 3－7－3　储层流体特征表

流体性质		实时气测显示	后效气测显示	显示持续时间	组分情况
气层	纯气层	较弱	较弱	短	不全
	含凝析油气层				
	气水层	较强	较强	短	不全
油气层	油气层	较强	较强	长	较全
	油水层				

四、油气水层的电导率录井资料特征

电导率是录井过程中直接、连续测得的钻井液导电能力，其变化反映的是钻井液中矿化度的变化，也是替代传统氯离子滴定参数的最好办法。

储层中不同流体对出口电导率的影响是不同的。当地层水矿化度大于钻井液矿化度时，钻遇水层时表现为电导率明显上升；相反，当地层水矿化度低于钻井液矿化度时，钻遇水层时表现为电导率明显下降。而油气层则表现为电导率显著下降。但对纯天然气层和油水同层、气水同层，情况则比较复杂。

由于天然气层受钻井液的冲洗作用明显，再加上天然气的组分轻、从钻井液中逸散速度快，特别是在密度过高、粘度过高的井筒中，纯气层不但气测录井显示较弱，在电导率的变化上也表现不明显。

以地层水矿化度大于钻井液矿化度为例，气水同层中气对电导率的变化影响较小，水对电导率的变化贡献较大，因此若电导率上升，则为明显的水显示；对于油水同层或气水同层，电导率的变化要视油气和水对电导率变化的贡献大小来决定。它们在电导率上的反映特征相似。油气的贡献大则表现为电导率下降，水的贡献大则表现为电导率上升，贡献相当则表现为弱变化或无变化。归纳起来特征如下。

（1）气层：电导率微降或无变化。

(2) 油气层：电导率明显下降，指示为油层。
(3) 气水同层：电导率微升或变化不大，指示为水层。
(4) 油水同层：电导率变化复杂，可升、可降、可不变。

但当地层矿化度低于钻井液矿化度时，地层水对电导率的贡献与油气相似都是电导率下降，但对粘度的影响相反。

五、油气水层的常规录井资料特征

常规录井资料包括岩屑、岩心、壁心、钻时、钻井液密度与粘度、油气水浸及后效记录等，在钻遇油气水层时都会有其明显的特征反映。

1. 在岩屑、岩心、壁心资料上的特征

岩屑、岩心、壁心资料对判断天然气层主要起辅助作用，但含油显示对判断油层非常直观，特别是气测异常段的岩屑或岩心样本的荧光具稠油显示时，要结合储层物性综合判断，以避免将气层误认为油层。

(1) 纯气层在岩屑、岩心、壁心上无显示或具弱的荧光显示。

(2) 部分气层有荧光显示，荧光具稠油特征。究其原因，是由于天然气多期成藏所致：即早期形成的油气藏遭受破坏或运移，储层中剩下重质成分，而后期形成的天然气再运移至此成藏。岩心及壁心见稠油显示，若不认真分析，很易将气层定为油层。另外，物性较差的岩心出筒时可见气泡。

2. 在钻井液性能上的特征

钻井液性能主要指密度、粘度，是判断油气水层的重要参数。钻井液的密度、粘度是保证平衡钻进、有效携带井底岩屑、发现油层、保护油层、提高钻速的关键。一般情况下，根据钻井液密度、粘度变化的基本规律可以判断油气水层（表3-7-4）。

表3-7-4 钻井液性能变化基本规律

钻井液性能	气 层	油 层	水 层	粘土层
密度	降 低	降 低	降 低	升 高
粘度	升 高	升 高	降 低	升 高

(1) 在欠平衡或平衡钻进中，钻遇天然气层后密度下降、粘度上升。槽面上涨并见气泡，甚至发生井涌、井喷。如克75井乌尔禾组气藏，于2603m三开后，使用密度1.05g/cm³、粘度50s的钻井液欠平衡钻进。钻至井深2672m，钻时由10min降至1min，随即发生井涌并最终井喷，喷高达30m，喷出物为气及钻井液。

(2) 在过压钻进中，天然气层虽有不同程度的异常，但钻井液性能变化往往不明显甚至无变化，如呼2井。因此，过压钻进是发现天然气层的最大障碍。

(3) 测后效是对过压钻进时气测显示弱的一种重要补充。很多正常钻进时异常显示不明显的层段，其后效多有较明显的反映，特征如下：

①气层在后效上表现为气层的特征：这些特征包括密度降低，粘度上升，槽面上涨，气泡密集分布于槽面，取样点火可燃，但不见油花。

②气水层在后效上表现为明显的水层特征：这些特征包括后效明显、强烈，密度大幅度下降，粘度基本不变或略有上升，液面上涨并见大量气泡，取样点火可燃，不见油花。

③含气水层后效中的水显示特征更为显著：表现为气测有异常，密度、粘度大幅度下

降,出液量小时钻井液槽面无上涨,取样点火不燃。

3. 钻时录井资料上的特征

钻时反映了地层的可钻性,对碎屑岩间接反映了压实程度,而对非碎屑类储层如碳酸盐岩则反映其裂缝和孔洞发育情况,反映的是储层物性好坏,所以常常对判断油气层起辅助作用。从盖层钻入储层时,钻时均大幅度降低;如果地层中油气存在,则气测异常与钻时变化同步,若不同步,应考虑气测异常的可靠性。

4. 油气水层的热解录井资料特征

地化录井是通过对地层岩样(包括岩屑、岩心、壁心)的分析,获得岩石热解数据及P—K数据。然后,根据解释图版和解释方法判别油气水及其产出能力。

岩石热解可以获得 S_0、S_1、S_2 三个参数。S_0 为 C_1-C_7 的天然气烃,S_1 为 $C_8—C_{32}$ 的热蒸发液态烃,S_2 表示大于 C_{33} 的重馏分、胶质和沥青质热解产生的烃。P—K 参数包括孔隙度和渗透率。目前,地化解释油气水的基本参数就是 S_0、S_1、S_2 及其经数学处理得到的新参数。从已有的地化解释成果来看,油层、油水层、水层、干层的解释符合率较高,而对气层判断难度极大。

通过对岩石热解数据分析统计发现,气层、油气层、气水层、水层在地化参数分布上遵循表 3-7-5 所示的规律。

表 3-7-5 油、气、水层地化参数 S_0、S_1 分布特征

储层流体	S_0	S_1
油层、油气层	>0	>0
气层	0	0~1.0
水层、气水层	0	0

从表 3-7-5 中可以看出,S_0 为 0 应是判断气层、气水层的一个重要指示参数。分析认为气层 S_0 为 0 的原因主要有以下几方面:

(1) 气体组分轻、易散失:当气层被钻揭后,地层压力释放,一部分气体就从岩屑孔隙中逸散,成分越轻越易散失。

(2) 岩屑颗粒小,气体不易保存:岩屑中的气体在钻井液上返过程中,因压力逐渐降低,特别是岩样经过井口、振动筛,再经水洗、研磨、称重等,其间气体几乎散失殆尽。因此,气层样品分析结果 S_0 多为零。而油气层则不同,在 S_0 大于 0、S_1 大于 0 的情况下,可利用多种解释图版对其进行判断。如当某段地层气测有异常并指示为气层又无水显示时,若 S_0 为 0,则可初步判断为气层,若 S_0 大于 0,则要考虑是否还有解释成油层的可能。再利用 P—K 参数反映物性的好坏来判断是否有工业价值。

5. 油气水层的 QFT 资料特征

QFT(荧光定量分析技术)是由美国德士古公司研制的荧光定量检测仪。其特点是对样品荧光检测范围广(肉眼所能观察的光波长范围是有限的)、检测灵敏度高、定量化(计算机自动读值)、能排除矿物质发光的影响,对样品中轻质油的检测有独到之处。

该项技术在发现含油显示(特别是轻质油)、辅助地化油气水解释、确定油气水界面、鉴别是否为矿物发光等方面效果良好。

（1）荧光定量分析强度值用于解释，主要是辅助地化录井资料，不能单独作为判别油、气、水层的指标，需要与油质参数（S_1/S_2）或含油饱和度参数结合使用。

（2）从现场实践来看，QFT呈现高值未必与油气层有关，一些含有残余油（稠油）的干层、水层QFT值很高。

为了更好地应用这项资料，通过总结分析，利用图版模版制作系统相应建立了S_1/S_2—QFT图版、$(S_0+S_1+S_2)/p$—QFT图版，为油气水层的评价提供了较有力的依据，达到了一定的效果。

①QFT定量、精确的特点对发现轻、中质油气层极为有效。

②确定油水界面。

③有效地排除矿物质发光的影响并能一定程度上排除添加剂的影响。

④QFT资料与常规地质、气测资料结合，可辅助判别气层。气层的烃类组分以甲烷为主，易挥发，通过分析，发现QFT值均较低，反映出水层或干层的特征。因此单独用QFT资料无法识别气层，只有其他录井资料指示为气层而无水显示时，QFT在400左右或更低，可进一步判断此层为气层，也就是说低QFT值是气层的一种特征。

⑤应用QFT—热解图版辅助地化图版评价油水层。

6. 油气水层的荧光光谱特征

利用引进的LS-50B型荧光光谱仪可进行三维荧光光谱分析，并能根据样品三维荧光光谱峰顶的位置及形态特征建立指纹辨认标志，进而判断岩石中的烃类性质、油源、排除添加剂的影响、区分真假荧光显示，辅助地质和地化、QFT进行解释。应用如下。

（1）判断油质并辅助油源对比：样品的荧光光谱指纹图按形状可分为O、B、Q和P四种类型，相应的α、k、R和F的参数值区间是其定量指标。其中O、B、Q指纹图较好地反映了凝析油、轻质油、中质油、重质油四种油质。P指纹图反映了生油母质与煤系地层有关。表3-7-6是判别表，图3-7-3、图3-7-4、图3-7-5、图3-7-6是其标准光谱指纹图，但对纯气层的判别是极其困难的。

表3-7-6 不同油质荧光指纹图特征参数范围

样本号	原油性质	原油相对密度	三维荧光图形形状	烃质组分比值R
1	凝析油	<0.74	O	>6
2	轻质油	0.74～0.82	B	2.9～6
3	中质油	0.82～0.90	Q	2.0～2.9
4	重质油	>0.90	Q	<2

（2）依据谱图特征可排除钻井液添加剂的影响、区分真假荧光显示：钻井液添加剂种类很多，目前对荧光录井及解释影响较大的主要有磺化沥青、润滑剂、堵漏剂等，通过用光谱对其分析、对比，发现它们的激发和发射波长比较杂乱，与原油的谱图特征有明显不同。这可较好地区分真假荧光显示，对录井正确解释油气水层起了一定的作用。图3-7-7、图3-7-8、图3-7-9、图3-7-10、图3-7-11、图3-7-12是润滑剂、磺化沥青、堵漏剂等添加剂的谱图。

（3）辅助地化、QFT进行解释：荧光光谱能较好地判别油质，这在一定程度上为地化、QFT解释提供了指导。

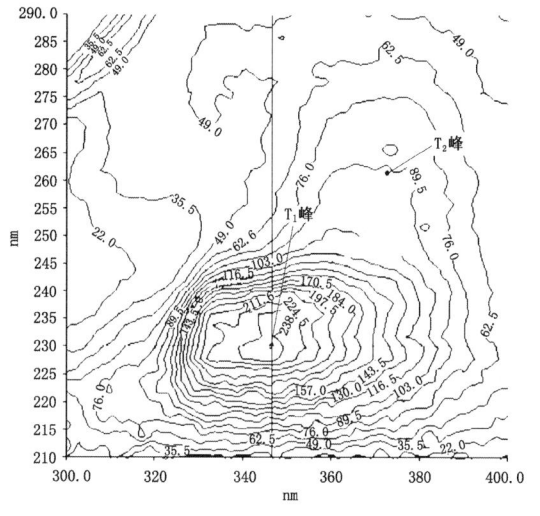

图 3-7-3　T_1、T_2 峰的谱图 Q 型

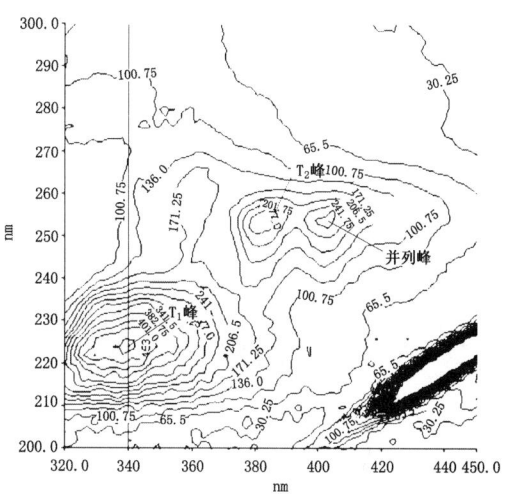

图 3-7-4　T_1、T_2 且在 T_2 右侧
有并列峰的谱图 P 型

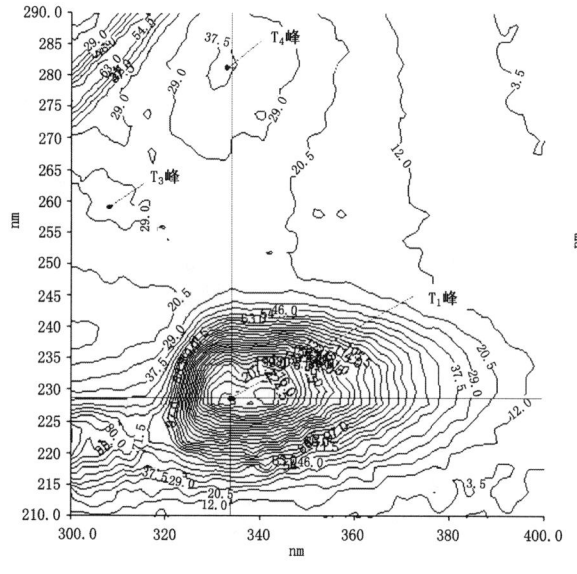

图 3-7-5　T_1、T_2 峰的谱图 Q 型

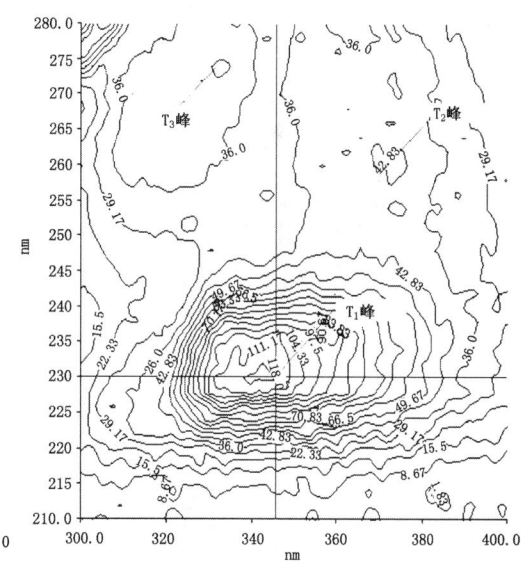

图 3-7-6　T_1、T_2 且在 T_2 右侧
有并列峰的谱图 P 型

7. 油气水显示的发现

（1）录井资料是发现油气水显示，有效识别油气水层的最主要、最有效的手段；特别是荧光、光谱、气测、油质等都是地层中含有油气的直接证据。

（2）识别油气水层要综合各项资料进行分析、判断。

（3）识别油气水层要特别注重对水显示的判断。

（4）不能轻易放过弱显示，特别是过压钻进中的弱显示。

（5）不能混淆真假显示，正确判断钻井液添加剂和后效的影响。

（6）注意气测组分不全的层段，采用有效的气层解释图版或模型。

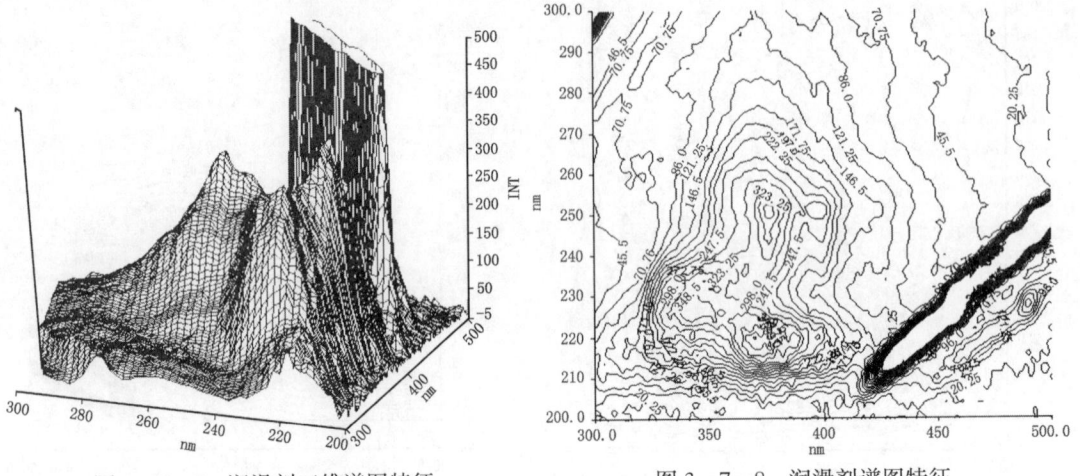

图 3-7-7 润滑剂三维谱图特征　　　　图 3-7-8 润滑剂谱图特征

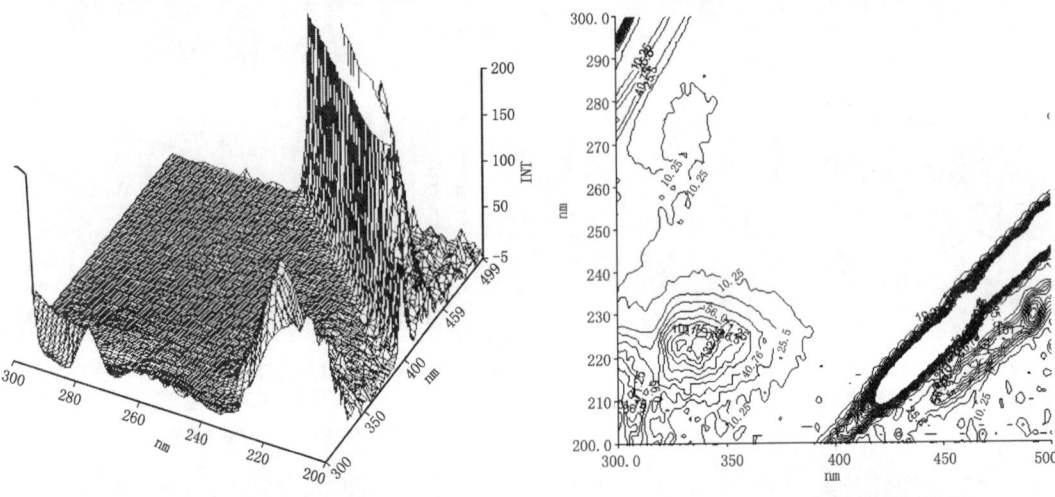

图 3-7-9 堵漏剂三维谱图特征　　　　图 3-7-10 堵漏剂谱图特征

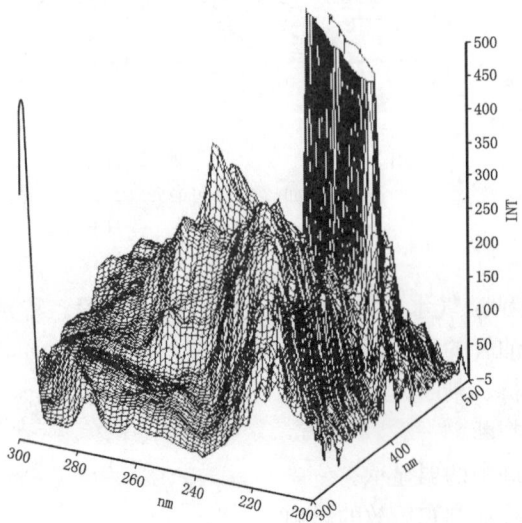 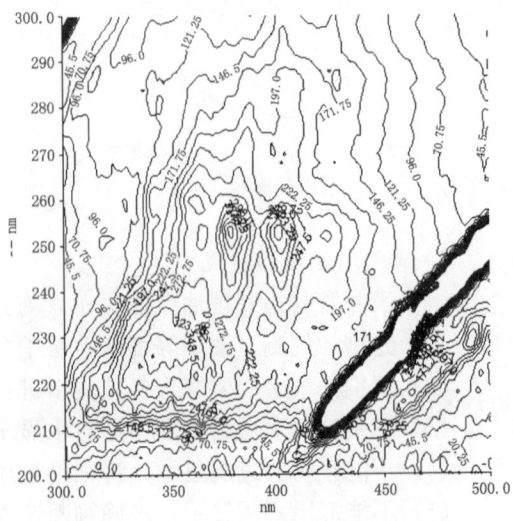

图 3-7-11 磺化沥青三维谱图特征　　　　图 3-7-12 磺化沥青谱图特征

第八章 录井储层评价技术

在传统气测解释图版的基础上，结合多年录井解释经验，各油田都探索了一些有效的解释方法，新疆地质录井公司研制开发的一系列计算机化的气测解释方法、工具，包括气测、地化等图版解释系统、图版模版制作系统、Fisher 准则解释系统和神经网络解释系统，在多个油田提供录井资料解释服务。这些解释系统的开发及应用，再结合其他录井资料大大地提高了录井解释符合率（表 3-8-1）。

表 3-8-1 储层评价的资料和特点

项 目	内 容	特 点
常规录井	钻时、岩屑、岩心、荧光	直观、定性判别井下含油气情况
气测录井	气测全烃、组分、H_2S 和 CO_2	定性判别井下储层流体性质
工程录井	工程参数录井、钻井液录井	辅助判断地层岩性、油气侵等
地化录井	热解、QFT、荧光光谱、热解色谱、罐顶气	定性、定量判断储层含油及油质等

第一节 图版解释法与制作图版的模版系统

一、录井图版解释系统（二维坐标图版）

1. 气测解释图版

1) 皮克斯勒法（Pixler）

这种方法是在选取气测数据中 C_1 至 C_5 值，计算出 C_1/C_2、C_1/C_3、C_1/C_4、C_1/C_5 四个比值，然后将它们点绘在烃比值解释图版上，并且将各点连成线段，其解释规则为：

(1) 被解释地层的烃比值点落在哪一个区带内，该层即为那种流体储层，C_1/C_2 值越高，说明流体含气越多或油的比重越低，若 C_1/C_2 值低于 2 则该层为干层。

(2) 只有单一组分 C_1 显示的层段是干气的显示特征，但过高的 C_1 单一组分往往是盐水层。

(3) 若 C_1/C_2 比值点落在油区底部，而 C_1/C_4 比值点落在气区顶部，该层可能为非生产层。

(4) 如果任一比值（使用混油钻井液时 C_1/C_5 比值除外）低于前一个值，则该层可能为非生产层。

(5) 各烃比值点连线的倾斜方向能指出储层是产烃还是产水和烃：正倾斜（左低右高）线表示是生产层，负倾斜（左高右低）线表示为含水层。

(6) 陡的比值点连线可表明该层为致密层。皮克斯勒烃比值法的区带划分为油层、气层和非产层，具体区间值见表 3-8-2。

表 3-8-2 皮克斯勒烃比值法区带划分值表

比值	油	气	非产层
C_1/C_2	2～10	10～35	<2 及 >35
C_1/C_3	2～14	14～82	<2 及 >82
C_1/C_4	2～21	21～200	<2 及 >200

皮克斯勒法的优点很明显，它只需要简单地计算及结果绘图就能提供出评价结果；但它只适用于组分出至 C_3 及以后的数据，如果组分仅有 C_2 就变成了简单的 C_1/C_2 比值，其图版就失去了意义。

2) 三角形图版法

这一方法是用气测数据的 C_1、C_2、C_3、C_4 和 $\sum C$ 值计算出 $C_2/\sum C$、$C_3/\sum C$、$nC_4/\sum C$ 三个比值，然后按照 $C_2/\sum C$ 值做 $C_3/\sum C$ 标轴的平行线，$C_3/\sum C$ 值做 $nC_4/\sum C$ 标轴的平行线，$nC_4/\sum C$ 做 $C_2/\sum C$ 标轴的平行线，三线相交构成一个三角形，再将此三角形三个顶点与相应的图版三角形的三个顶点连线，使三条连线交于一点 M（注：$\sum C = C_1 + C_2 + C_3 + C_4$）。

解释的原则是根据三角形顶点的指向、三角形的大小和 M 点在解释中的位置来判断储层中流体的性质和有无产能：

①M 点落在图版中的价值区内认为该层有生产能力，否则认为无产能；

②三角形的顶点朝上为正三角形，顶点朝下为倒三角，边长与图版三角形比值小于 25% 为小三角形，大于 75% 为大三角形，25%～75% 之间为中三角形，大于 100% 为极大三角形，然后根据三角形形状判断储层流体性质。

该方法的优点是直观，观察三角形的正反大小和 M 点的位置就可以判断储层流体的性质和有无产能。但该方法只适用于组分出至 nC_4 的气测数据，对油层和油水同层等判别有效，对气层组分多数只出至 C_2、C_3 就无法使用了。

3) 乙烷/丙烷比值法

将乙烷和丙烷的比值乘以 10 后，依据表 3-8-3 的区间值来确定储层内的流体性质。

该方法适用于组分出至 C_3 及以后的气测数据，方法简单，缺点是较为单一，与二维坐标图版相比，不能很好地反映组分之间的规律性。

表 3-8-3 C_2/C_3 法流体性质评判表

$10C_2/C_3$	流体性质
<20	伴生气→油
20～30	湿气→凝析油
30～40	凝析油→干气
40～50	干气→甚干气
>50	甚干气

4) 气体评价法

将 C_2/C_1 与 C_3/C_1 的比值分别乘以 1000 后，点绘在双对数交绘评价图上并划出四个区带，储层流体的性质自左至右依次为：

A 区：溶解于水中的干气；

B区：天然气→凝析油；

C区：伴生气→油；

D区：向氧化油过渡。

该图版在勘探实践中应用效果极为不理想，很难把油气水层分开，其主要原因是其纵坐标 $C_2/C_1 \times 1000$ 几乎就失去意义，仅是一个单坐标图版而已。

5）轻烃比值法

又称3H法，主要用3个参数来确定储层的流体性质，它们是：

烃湿度：$Wh = [(C_2 + C_3 + C_4 + C_5)/(C_1 + C_2 + C_3 + C_4 + C_5)] \times 100$；

烃平衡：$Bh = (C_1 + C_2)/(C_3 + C_4 + C_5)$；

烃特征：$Ch = (C_4 + C_5)/C_3$。

3H解释法的解释法则：

（1）烃湿度（Wh）：反映了重组分的"相对丰度"，是一项区域性指标：

①当 $Wh < 0.5$ 时，则为极轻的非伴生气，且产能低；

②当 $0.5 < Wh < 17.5$ 时，则为可采气（实际气湿度随 Wh 增大而增大）；

③当 $17.5 < Wh < 40$ 时，则为可采油（油的密度随 Wh 增大而增大）；

④当 $Wh > 40$ 时，则为重质油或残余油，产能低。

（2）烃平衡（Bh）：与烃湿度（Wh）表现相反。两者常画在同一栏中，两者随油气向油的过渡而彼此靠近，并最后交叉。

①当 $Wh < 0.5$ 且 $Bh > 100$ 时，则为极轻的干气，几乎无开采价值；

②当 $0.5 < Wh < 17.5$ 且 $Wh < Bh < 100$ 时，则为可采气，气的湿度及密度随两条曲线的会聚而增加；

③当 $0.5 < Wh < 17.5$ 且 $Bh < Wh$ 时，则为可采的含气凝析油或低密度、高气/油比的油，即可能是油，也可能是气；

④当 $17.5 < Wh < 40$ 且 $Bh < Wh$ 时，则为可采油（其密度随两条曲线的发散而增加）；

⑤当 $17.5 < Wh < 40$ 且 $Bh \ll Wh$ 时，则为不可采的残余油。

（3）烃特征（Ch）：一个辅助判断参数，确定油的性质。

①当 $0.5 < Wh < 17.5$，$Bh < Wh$ 且 $Ch < 0.5$ 时，则为可采的湿气或凝析油；

②当 $0.5 < Wh < 17.5$，$Bh < Wh$ 且 $Ch > 0.5$ 时，则为可采的低密度或高气/油比的油。

该方法的突出优点是可绘成连续曲线作直观分析，便于同电测作横向对比。缺点是对油气层的判断较为繁琐且受解释人员的主观影响较大。它适用于气测组分出至 iC_4（至少 C_3）及以后的数据解释。因当组分只有 C_1、C_2、C_3 时，烃特征 $Ch = (iC_4 + nC_4 + C_5)/C_3 = 0$ 对解释无意义，当组分只有 C_1、C_2 时，烃平衡 $Bh = (C_1 + C_2)/(C_3 + iC_4 + nC_4 + C_5)$ 为无限大，对解释也无意义。

6）同源系数法

由 iC_4/nC_4 和 iC_5/nC_5 的两个比值来确定油气层，这两比值叫做同源系数比值，也叫做异构比值。其定性解释指标见表3-8-4。

表3-8-4 丁烷同源比值定性指标

同源系数比	油　层	凝析气层	气　层
iC_4/nC_4	<1.54	1.54～1.82	>1.82

由于在实际录井过程中，油气层、特别是气层组分出全很少，且 iC_4、nC_4 及 iC_5、nC_5 在油气层气组分中含量较低，在实时录井过程中又受采集、记录等影响因素较大，因此两比值误差也较大，在这种情况下，寻找两比值与油气水层的关系几乎毫无意义。

2. 地化录井解释图版

地化录井的解释图版及评价方法主要有6种（表3-8-5），各有不足：

（1）S_{oi} 很难求准：由公式：$S_{oi} = (d_{岩石}、k_{pg})/(\phi d_o 1000) \times 100\%$ 可知，因 $d_{岩石}$（岩石密度）、d_o（原油密度）、烃类恢复系数 k 变化较大，故很难求准 S_{oi}。

（2）影响 S_0、S_1、S_2 值大小的因素众多：主要是油质、岩样保存条件、钻井液添加剂、岩样的代表性等。

（3）对产能判断差：油层、油水同层与无产能的含油层、水层与干层等不易区分。

表3-8-5 地化录井图版解释区间表（塔里木盆地）

地化录井解释方法	解释结论			
	油　层	油水同层	水　层	干　层
含油饱和度比值法	>20	7～20	3～7	<3
轻/重比（S_0+S_1）/S_2	>1.00	0.50～1.00	0.30～0.50	0.1～0.30
轻/总比（S_0+S_1）/S_T	>0.50	0.31～0.50	0.20～0.31	0.1～0.20
含油饱和度—孔隙度（S_{oi}—ϕ）	5%～13%	5%～18%	5%～18%	<3%
轻烃—孔隙度（S_0+S_1—ϕ）	>0.20	0.06～0.20	<0.06	0
恢复含油气量—孔隙度（k_{pg}—ϕ）	>4.80	4.80～2.40	2.40～0.90	<0.90
含油气量—孔隙度（p_g—ϕ）	>2.0	0.75～2.0	0.25～0.75	<0.25

二、图版模版制作系统

该系统是由新疆录井公司高成军和沈文星等提出和开发实现的，将录井解释方法集于一套软件系统中，做到图版制作自动化、快捷化，具有解释方法集中、便于方法优选、数据共享、操作方便、图版直观、解释效率和解释精度高的特点，能够及时准确地对储层含油气性进行快速评价。图版模版制作的技术流程见图3-8-1。

(1) 图版模版制作系统的用途：

①选择不同参数制作新方法图版；

②在新区快速制作解释图版；

③利用新井资料快速更新老图版；

④利用录井数据库快速制作解释图版。

(2) 图版模版制作系统的特点：

①适用于各种数据库；

②纸张大小从 A_0—A_5、B_0—B_5 可随用户的输出设备而定；

③模版参数中，构成 X 轴、Y 轴的参数可随意组合并可进行初等数学运算；

④图例符号可任意编辑；

⑤边界自动圈定，并作为自动解释的边界；

⑥打印机和屏幕上自动绘图，并提示落在图版区内外数据点的百分比；

⑦图版可随意放大或缩小；

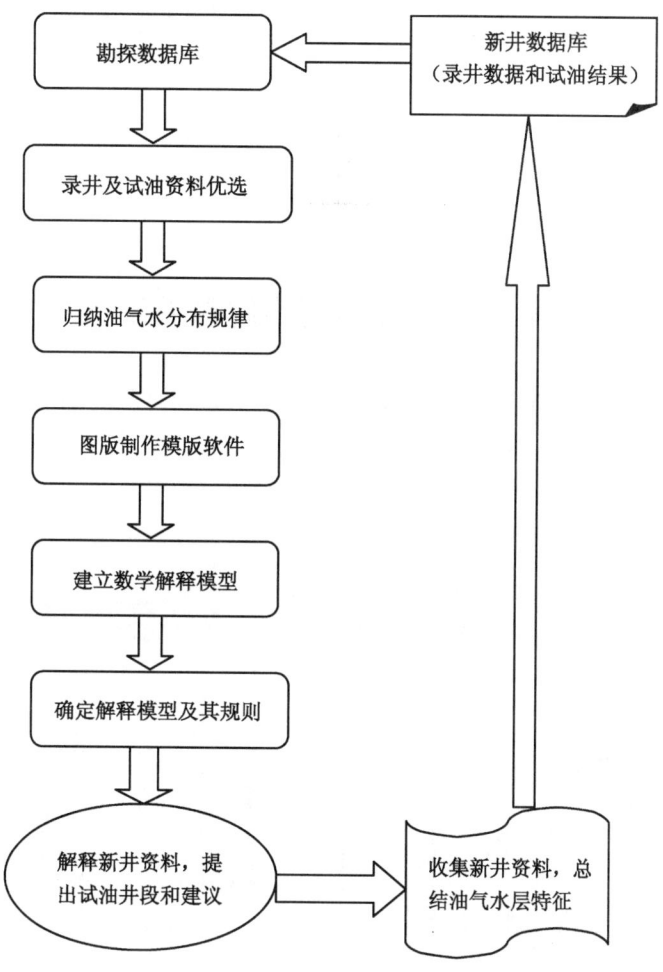

图 3-8-1 图版制作软件工作流程图

⑧图版名称、图版说明等图头文字可随意编辑和拖动。

(3) 与传统手工制作图版的不同：利用图版模版软件系统只需要拟订纵坐标和横坐标的函数表达式，系统会自动按表达式计算相关数据，并自动绘制出所需的解释图版，所以便于在同一油田或盆地横向上按区块、纵向上按层系进行分别统计、分析和建立精细解释图版，与传统制作图版的方法相比具有方法灵活、图版数据点点图准确，还能进行新方法、新图版快速制作和应用。

第二节　Fisher 准则解释系统（多维坐标系统）

上述图版法尽管对纵、横坐标的参数进行了各种组合和综合，也客观地反映了部分录井参数在二维空间上对油气水层解释的贡献，但很难体现每个参数的具体贡献，而 Fisher 准则就是建立多维坐标系，让尽可能多的录井参数参与评判，即通过分析对比多维立体空间中各参数对油气水的综合贡献。表 3-8-6，就是对塔里木盆地气测数据、地化数据进行分析、测试，其解释符合率达 71% 以上，这说明 Fisher 判别法解释符合率较高，是有效的解释方法之一。

表 3-8-6 Fisher 准则解释符合率统计（塔里木盆地）

数据范围	气层平均符合率（%）	水层平均符合率（%）	油层平均符合率（%）
气测数据	71.4	78.1	76.5
地化数据	71.1	77.5	74.2

第三节 神经网络解释系统

神经网络录井资料解释系统就是利用计算机模拟人脑的神经元和神经纤维组成的网络对复杂录井资料进行模糊分析和解释的方法。即用网络上各神经元的参数及各神经纤维的权值系数来表达。在使用上分为学习和应用两大阶段（图 3-8-2）。

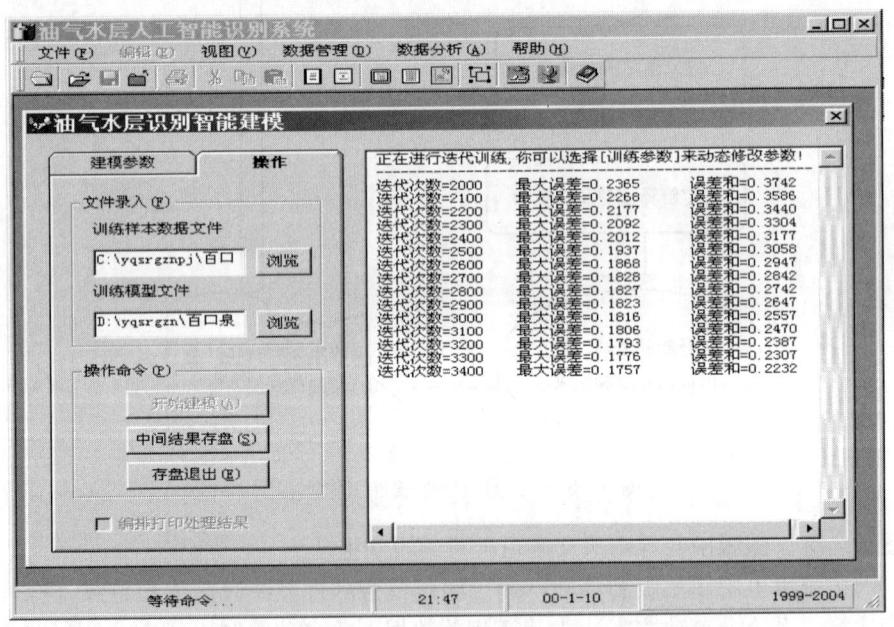

图 3-8-2 神经网络系统录井资料解释的操作界面

由无数简单元素的组合，形成对异常复杂现象的把握，这就是人工神经网络的神秘法则。

本系统采用的是层状网络中的前向网络，网络结构为三层式，即输入层，隐含层和输出层，每一层的节点（或神经元）均可调。调整权重算法为 BP 算法（即误差反向式传播算法）。神经元模型所采用的非线性函数是 S 型函数。但应用神经网络系统时应注意以下四点：

（1）建模的录井数据应准确：在建模过程中若向系统输入了不准确的离群数据，那么系统所建立的模型其使用效果就差。

（2）建模的录井数据应具代表性：用于建模的录井数据样本在该地区应具有代表性，应含所有试油层段的试油结果（油层、气层、水层和干层等）。

(3) 建模的数据：建模时对油气水层识别有贡献的参数应尽量齐全。

(4) 录井资料因受录井环境影响所造成的复杂性：若数据所含有用信息较少、规律极差，必然造成模型的应用效果差。

第四节　录井解释方法的综合应用

一、传统解释方法

(1) 气测传统图版，利用新井资料分区、分层系重新统计、制作。

(2) 地化传统图版，利用新井资料分区、分层系重新统计、制作。

(3) 荧光作油指示，一般油气有伴生现象，故有时也较为有效。

二、新方法、新工具

(1) 气测图版模版，用于图版快速统计及制作。

(2) 神经网络作为模糊判断，重点是权值的选取。

(3) Fisher 准则，主要是建模的代表性及正确性。

三、综合判断

不论是传统方法还是新工艺、新方法，都只是分析判别的手段，有其使用的局限性，所以对每一层的解释都应综合利用录井、测井及区域资料，认真对比、系统分析，采用排除、归纳、类比等一系列方法进行综合判断，对不同资料间的矛盾结论要认真对待。

四、录井显示的解释

(1) 传统解释方法及图版的分区、分层系重新统计、制作。

(2) 新方法、新工具要求实用、简便、适应新区快，所用参数多，做到多维判别，充分发挥相关参数的作用。

(3) 录井解释要引入储层物性参数，要注重物性好的储层，特别是有气显示而无含水迹象的层。

(4) 综合运用现有资料，做到动态解释。要把解释过程程序化、文件化、规范化、科学化，把现有的经验用好，现有的资料用全，分析全面、透彻，使得每个解释过程具有科学性和可重复性。

(5) 注重物性好的储层，对碎屑岩要注意有利相带，对非碎屑岩（如火成岩、碳酸盐岩、裂缝泥岩等）要注意缝洞发育带；不要轻易放过物性差的储层，因为有的层裂缝发育或经压裂改造能形成产能（且不同地区因储层的岩性、敏感性、油质等的差异，改造措施有其特殊性，要对症下药）。

(6) 电性资料的异常层，如低阻油气层、呈水层特征的油气层或呈油气层特征的水层等以录井资料为主要依据，可有效识别。

第四篇　扎纳若尔油田碳酸盐岩储层测井评价

第一章 油田勘探简况及地质构造特点

第一节 地面勘探简况

扎纳若尔油田位于穆戈扎尔诸山与恩巴河谷间的前乌拉尔地台上，沿黑海洼地的东侧，行政上属于哈萨克斯坦阿克纠宾州的穆戈尔区。

扎纳若尔油田是迄今为止在哈萨克斯坦境内西部发现探明的第一个大型油气田，其石油、天然气储量极其丰富。它与著名的肯基亚克、库木赛依、科克日德、巴舍里科里、卡拉秋别、阿克扎尔和寇帕等矿区相邻，在下白垩统、侏罗系、下三叠统和二叠系含盐陆相沉积岩中都蕴藏着丰富的石油天然气资源。通过对扎纳若尔矿区构造的全面勘探，到目前为止，在上中石炭统的碳酸盐岩沉积物中，已探明在上下两个碳酸盐岩（KT-Ⅰ、KT-Ⅱ）地层储藏有大量具有工业价值的石油、天然气资源。

首次对扎纳若尔隆起勘探并确定其构造的是由阿克纠宾斯克物探队于 1960 年在 $Ⅱ_1$ 层用反射法地震工作确定的。1961 年开始为构造的钻探作好准备，用反射法进行了详细的研究工作并编制了 "K" 层、$Ⅱ_1$（盐下沉积顶部）构造图。

根据阿克纠宾斯克物探队专题组于 1969—1970 年进行的地震分析总结的结果，编制了存在于中石炭统石灰岩上面的 $Ⅱ_2$ 层构造图。按照这些资料，扎纳若尔隆起是个短背斜构造，在顶上由 -3000m 等高线圈闭，按 -3200m 等高线的规模圈闭范围应为 13km×5km。这些成果曾用于后续的探井设计中。

在 1975 年（扎乌尔 В.Π.），阿克纠宾斯克物探队进行了共深点法的研究，其结果使 $Ⅱ_2$ 层的隆起构造更加准确。$Ⅱ_2$ 构造拱顶由 -2600m 等高线圈定，按 -3000m 等高线圈定其规模为 20km×6km。但是，该构造西北翼的地质构造不够明确。所以，在 1980 年通过地震组进行共深点法的补充工作，根据其结果和加上已钻过的完井地质资料编制了盐下反射层 $Ⅱ_1$、$Ⅱ_1^т$、$Ⅱ_1^c$ 和 $Ⅱ_2$ 构造图，首次对反射层重新编号并与地层建立了对应关系。

1980 年初根据阿克纠宾斯克地球物理勘探大队专题研究队的地震综合研究成果编制了 $Ⅱ_2^Ⅲ$ 层（KT-Ⅱ层顶部）和 $Ⅱ_2^{1}$（KT-Ⅱ层底部）的构造纲要图，在这张图上，扎纳若尔反映出两个局部隆起（它们的分布面积都很广）。在后来的继续工作中又发现了一套新的反射层，并对它们进行了层位标定。据此，1982 年又编制了（О. А. Жуйков，Е. К. Кузнецова）$Ⅱ_2$ 层（KT-Ⅱ顶）的构造图，该构造图与 $Ⅱ_2^{1}$ 构造图差异不大。在这张构造图上，仅发现了两个明显呈近东西向分布的局部隆起构造。

虽然根据地震资料后来不止一次地对构造形态进行过修改，但对早期的构造形态特征方案没有作实质性的改动，1981 年（Б. А. Огай）和 1982 年（О. А. Жуйков）根据反射层 $Ⅱ_2$ 所做的构造图，在制定该年份的地震普查勘探工作方案时都曾借鉴使用过。

第二节 地层层序划分与岩性特点

通过大量的野外地质工作和钻井地质研究，扎纳若尔油田的主要储集目的层是石炭系，钻井剖面钻遇的层系包括石炭系、二叠系、三叠系、侏罗系、白垩系和第四系。

在扎纳若尔的临近地区，如科扎塞依、东托布斯堪、东托尔科立，这些地方发现的中、下维宪阶和土尔聂依岩系的陆相沉积岩层厚度都超过 1000m。在剖面中陆相沉积物的上层则变为上维宪阶（奥克斯上层）以及谢尔普霍夫年代的碳酸盐岩层，主要是石灰岩、白云岩并带有少量的暗灰色泥岩薄层。奥克斯沉积地层的沉积厚度约 150m，谢尔普霍夫斯克沉积地层的厚度约 140m。

在扎纳若尔油田范围内钻遇的下石炭统地层厚度可达三百多米。

中石炭统（C_2）的代表岩层是巴什基尔斯科夫和莫斯科夫岩系的沉积。巴什基尔斯科夫岩系其总厚度达到 224m，为淡色和淡灰色石灰岩，呈有机团块和白云岩化的大块岩体，带有缝合线和少量的泥岩薄层。

莫斯科夫（C_2）又可细分为 2 个亚岩系，即下莫斯科夫亚岩系和上莫斯科夫亚岩系。下莫斯科夫亚岩系的岩层以维第依斯克和卡什尔斯克岩层所组成。在这套亚岩系地层中，钻遇厚度变化于 108～156m。

上维宪阶—下莫斯科夫亚岩系的一系列碳酸盐沉积地层钻揭厚度达到 630m，组成所谓的"下石炭统岩层"，以 KT－Ⅱ符号来代表，在此段岩层中已探明具有工业储量的石油。

上莫斯科夫亚岩系则是以波道里斯克和麻其科夫地层组成。波道里斯克层的下部分主要是由陆相沉积岩层形成的泥岩夹层、砂岩、粉砂岩、砾岩及少量的石灰岩相间而成，厚 266～366m。上部是由有机碎屑组成的石灰岩、微粒夹层、硬块夹层等构成。碳酸盐岩在本层组里的厚度变化为 144～220m。

麻其科夫层实际上在构造的所有井中都钻遇，主要为有机碎屑的和细颗粒的石灰岩和白云岩，厚 115～164m。

上石炭统（C_3）由卡西莫夫和惹里两岩系组成。

卡西莫夫岩系大部分为石灰岩和白云岩。在构造东北地带，部分石灰岩和白云岩相变为无水石膏，剖面上的无水石膏化程度自下而上变化的增强，表现特征从单一的薄夹层到厚度为 5～10m 左右的纯硬石膏层。

厚度为 53～136m 的惹里岩系在构造的南部和西南部是有机质的石灰岩，其间有 65%～85% 的岩石井段含有动植物化石，在东北部地带含有大量硬石膏。除此而外，地层中还大量分布着泥岩夹层。

上石炭统莫斯科夫岩系的波道里和麻其科夫以及卡西莫夫和惹里岩系都属于"上碳酸盐岩系"即 KT－Ⅰ地层，本段地层是扎纳若尔油田石油、天然气的主要储集层段，各岩系段的碳酸盐岩总厚度在 427～537m 之间。

二叠系（P）岩层在构造上分为上二叠统和下二叠统。

下二叠统（P_1）由阿克谢里、撒克马尔和昆古尔岩系组成。

阿克谢里—撒克马尔陆相岩系与惹里陆相岩系的岩性都是以泥岩为主，它们共同构成扎纳若尔油田的区域性储盖层。据有关钻探资料，阿克谢里—撒克马尔的岩性主要是泥岩、砂岩、粉砂岩和泥质灰岩的互层，从各井的钻井显示可知，本段地层的厚度在构造上变化较大，并有从北向南逐渐变薄的趋势，厚度分布从十多米变化到近六百米。

昆古尔岩系（P_1）以水化学的蒸发岩沉积物组成，其下部是硫酸盐的陆相沉积物，岩性有硬石膏、膏质泥岩等，厚 60m 左右。往上是巨厚的岩盐层，其间含有泥岩、砂岩、粉砂岩和硬石膏的薄夹层。岩盐层的厚度在构造上变化较大。在昆古尔的上部属于陆相沉积的硫酸盐岩，主要为无水硬石膏，厚4～84m。

上二叠统（P_2）由深色的泥页岩、复矿岩、泥质砂岩和粉砂岩等陆相岩石组成，个别地方是5～10m左右不等的硬石膏薄夹层。本段地层在北部岩穹的拱顶厚度为633m，在东部斜坡地带厚达800m。

三叠系、侏罗系和白垩系都是陆相沉积岩层，岩性有泥岩、砂岩、粉砂岩等互层。其中，三叠系的岩层厚度在65～371m之间变化，侏罗系的厚度为60～246m，白垩系是320～560m。构造古近系和新近系不存在，第四系沉积物直接覆盖在白垩系之上。第四系是一些厚度在2～3m的粉砂质和亚砂质泥土层。

第三节 区域构造简况

扎纳若尔构造位于滨里海盆地的东缘，以阿什萨依断裂和撒克马尔—科克彼克琴断裂与乌拉尔褶皱带分开。根据一些学者对该地区的认识，在盐下古生界7～10km厚的沉积层中，可以划分出两个大型构造—岩相层，下部构造—岩相层包括里菲—文德层、下古生界碳酸盐岩—陆源层组成，上部构造—岩相层由泥盆系、石炭系、下二叠统前孔谷阶组成，厚4～6km。现有的地质地球物理资料可以将上部构造—岩相层进一步划分为三套岩性—地层组合。它们分别是，厚1.5～2km的上泥盆统—中维宪阶陆源碳酸盐岩层，厚2～2.5km的上维宪—格热尔阶碳酸盐岩层，厚1～1.5km的上石炭—下二叠统陆源层。滨里海盆地东部古生界盐下层在平面上和剖面上的岩性—岩相变化都很大。

在区域范围内对寒武系（元古宇）基底划分出了广泛分布的英别克斯克—扎尔卡梅斯基底突起，在突起范围内根据古生界划分出了阿克纠宾斯克—阿斯特拉罕隆起带。在阿克纠宾斯克地区开展了石油普查工作，在该地区发现了英别克斯克、铁米尔、肯基亚克—卡拉纠宾斯克、扎纳若尔和托尔科特尔盐下隆起带。盐下层顶部（$Ⅱ_1$）层向西呈单斜下降，在肯基亚克区由2km下降至4km，在南北相的一套穹隆则下降至5～6km。根据对$Ⅱ_3$层的对比研究（下部沉积层），同样可以得出为一单斜构造。根据А. Л. Нишин等人的研究，把不同埋藏深度的地层划分为四个构造阶地：扎纳若尔阶地（5.5～6km）、肯基亚克阶地（6～6.5km）、科菲德撒依阶地（6.5～7km）和舒巴尔库杜克阶地（7～7.5km）。构造阶地的宽度由10～15km变至150km，它们被一些局部构造复杂化。扎纳若尔阶地有一个显著特点，这就是发育着厚层的碳酸盐岩体，它们被短轴背斜型隆起复杂化，并在阶地内发现了巨大储量的油田。

第四节 扎纳若尔油田的构造特点

扎纳若尔台阶的一个显著特点是发育了巨厚的碳酸盐岩岩块，后者本身也被大型短背斜型隆起所复杂化。

扎纳若尔油田产生在由波多利层—格热尔阶岩石组成的碳酸盐岩块的上部。根据奥克斯超层—巴什基尔阶的下碳酸盐岩层底部的$Ⅱ_2^下$层构造图，隆起拱顶被-3.8km等高线圈定，其位置在4井区和5井区。沿与下碳酸盐岩层顶部有联系的$Ⅱ_2$层，有两个被-3.2km等高线圈定的局部拱顶。

这些等高线也说明了碳酸盐岩层构造特征的$Ⅱ_2^上$层和$Ⅱ_2^下$层出现。沿着$Ⅱ_2^上$层（上碳酸盐岩层序的底），扎纳若尔隆起北拱顶被－2.8km 等高线圈定。在 II_2^c 层的图上，由共深点法的地震资料显示，－2.4km 顶部等高线处同样可以划分出两个局部隆起。

通过地震资料与钻探资料的对比，发现个别的隆起在形态上、规模上和产层相对深度上有明显差异。如在上石炭统沉积底部的构造图上清晰地见到两个局部的隆起，在 50 井区被－2.5km 顶部等高线圈闭。按－2.65km 等高线圈闭的规模应为 9km×5km。经过不大的鞍形凹部把它与位于 19 井区被－2.55km 等高线圈定的南局部隆起相连，隆起幅度超过 200m，按照－2.65km 圈闭的等高线其规模为 9km×4km。

在由格热尔阶硫酸盐—碳酸盐岩代替碳酸盐岩层之上的陆源岩石时顶部界限明显，在其高点剖面顶部的构造图上，扎纳若尔隆起按长轴的长度为 28km，是个近南北走向的短背斜褶皱，由碳酸盐岩块组成。它包括南北两个局部的隆起。北部隆起在 50 井区被－2.3km 等高线圈定，按照－2.5km 等高线圈闭其规模为 10.5km×5.5km。南拱顶产于 50m 之下，按照－2.5km 等高线隆起的规模为 9.5km×4km。

隆起的幅度在钻探研究区域约为 250m，其西翼（8°～10°）相对于东翼（4°～7°）来讲较陡。在各层的总体上，与碳酸盐岩块的界限有关，保持了构造形态的继承性、大的隆起幅度及显著规模。只是在孔谷阶沉积的底部，由于盐下陆源层厚度数值的急剧变异（在地区范围内从 15m 变到 600m），构造的外貌似乎都被破坏了。北部隆起拱顶稍稍向东偏移，－1.85km 等高线圈定于 5 井区和 8 井区，南部局部隆起拱顶消失。

第二章 测井系列

第一节 钻井基本情况

一、KT-I 的钻探

普查井和探井基本上以 394mm 和 269mm 的孔径钻到 400~800m，往下孔径为 190mm。钻井钻开目的层段的深度约在 2900~3000m。大多数井中采用直径为 299mm 和 324mm 的表层套管下到 600~800m 井深处，直径基本上为 219mm 的技术套管下到 2500~2880m，油层套管的直径为 139.7mm，一般下到 2750~2950m 深处。

由固井水泥胶结测井质量检测资料，固井水泥上返到井口或者距井口 40~200m 的地方，水泥浆的平均密度为 $1.82~1.85g/cm^3$。

普查勘探钻进使用的泥浆密度为 $1.2~1.4g/cm^3$，粘度为 50~100s，油层段钻进使用高矿化度的泥浆，电阻率为 $0.04~0.1\Omega \cdot m$。

泥浆矿化度与油层段的地层水矿化度比较接近，在这种情况下泥浆性能会对侧向测井、微电极测井等电法测井的测井质量带来比较大的影响。据分析，泥浆矿化度在 8×10^4~12×10^4ppm。

据测定，KT-I 的地层温度在 50~60℃ 之间。

二、KT-II 的钻探

同 KT-I 一样，普查井和探井基本上都下了 396mm 的表层套管和 269mm 的技术套管，深度在 400~800m，再往下的生产层段就是孔径为 190mm 的油层套管了。钻井钻开目的层段的深度约在 3600~4100m。由固井水泥胶结测井质量检测资料，固井水泥上返到井口或者距井口 300~400m 的地方，水泥浆的平均密度为 $1.82~1.85g/cm^3$。除了 63 号井外，所有井都采用了高矿化度的钻井泥浆，其性能指标参数为：密度 $1.22~1.34g/cm^3$，粘度 80~120s，地层温度条件下的电阻率为 $0.05~0.1\Omega \cdot m$。

在所有情况下，钻井泥浆都是使用重晶石来增加泥浆密度，在有些情况下，为了特殊目的也使用了化学添加剂，如水氯镁石、淀粉和羧基甲基纤维素等，在很多情况下还向泥浆中加入原油。泥浆中加入原油后会对气测井的天然气（烃）指标累积值曲线产生一定的不良影响。

每口井的钻井时间都不太长，在生产目的层段的钻井作业时间通常为半个月至 3.5 个月。据测定，KT-II 的地层温度在 70~80℃ 之间。

第二节 测井项目简况

扎纳若尔油田钻井地质剖面的测井方法研究，大体采用了如下地球物理方法：

（1）标准方法：标准测井（CK）；侧向测井（БК）；离差测井（标准测井）（БКЗ）；放射性测井（PK），包括伽马测井（ГК）、中子—伽马测井（НГК）、伽马—伽马测井

（ГГК）；井径测井（ЗДС）；深侧向测井（МЗ）；微侧向测井（МЛК）；声波测井（АК）；感应测井（ИК）；井温测井（ТК）；井斜测井（ЙК）；气测井（ГАК）。

（2）专门方法：低频（宽频带）声波测井（АКН）；多极中子测井（МНК）；脉冲中子—中子测井（АННК）；重复放射性测井（ПРК）；波动介电质（ВДК）。

第三章 测井解释方法研究

第一节 有关解释方法论述

一、孔隙度解释方法

1. 岩心实验测定

岩心的实验室孔隙度确定主要有两种方法,它们分别是饱和法和气体容积法。气体容积法是通过实验中确定试验样品的固相体积和样品的总体积,然后计算出孔隙度。气体容积法具有快速、简便的优点,但也存在许多不足。如对于比面大的样品,由于气体的吸附作用使得测量的孔隙度偏高。因此,气体容积法只适宜泥质含量较低的样品,对于泥质含量高的样品,孔隙度测量误差将会偏大,并随泥质的增多误差增大。

比较准确的孔隙度测定方法是饱和法,测量过程是先把试样放置在专用的仪器中洗油、烘干,并用天平对其称重,然后用水或煤油饱和,再放置到与饱和液相同的液体中称重,最后把饱和样品放在称量瓶中称重。根据这些结果计算孔隙度:

$$\phi = (P_3 - P_1)/(P_3 - P_2)$$

式中 P_1——干样品在空气中的质量;
P_2——饱和样品在液体中的质量;
P_3——饱和样品在空气中的质量。

显然,P_3 和 P_1 之差为样品孔隙空间流体的质量,P_3 与 P_2 之差等于含水称重时由样品排出的液体质量。

饱和法中饱和液体常用水或煤油。若用水饱和,则多采用蒸馏水,适用于泥质含量少、不含可溶性盐的样品。如果样品含较多泥质或大量水溶性盐分,则饱和液体就用煤油。

饱和法确定样品孔隙度的几个关键步骤是抽真空和饱和。通常,除对试样要抽真空外,对饱和液也要做抽真空处理,而样品的抽真空时间长短取决于样品的致密程度即渗透率,渗透率越低,抽真空时间就应越长。

这种确定孔隙度的方法适用于没有大孔洞的样品。对于孔洞型的岩石样品按此法将会带来很大误差,因为在空气中对饱和样品称重时,在重力作用下饱和液体要从样品的外表面的孔洞中流出。

2. 解析法

解析法是依据体积模型原理,根据理论上的骨架值和流体值选择声波、密度、中子中的一种或它们的联立关系,求解储层的孔隙度。

对于单矿物纯岩石,确定地层孔隙度通常选择声波、密度、中子三种方法中的一种,即:

(1) 声波测井:

$$\phi_s = (\Delta t - \Delta t_{ma})/(\Delta t_f - \Delta t_{ma})(1/C_P) \tag{4-3-1}$$

(2) 密度测井:

$$\phi_D = (\rho_{ma} - \rho_b)/(\rho_{ma} - \rho_f) \tag{4-3-2}$$

(3) 中子测井：
$$\phi_N = (\phi_N - \phi_{ma})/(\phi_f - \phi_{ma}) \tag{4-3-3}$$

对于多矿物的复杂岩性地层，解析法确定地层孔隙度是选择声波、密度、中子方法的组合通过联立求解获得地层的孔隙度值，如对于三矿物地层，解析关系为：

$$\Delta t = \Delta t_{ma1} V_1 + \Delta t_{ma2} V_2 + \Delta t_{ma3} V_3 + \Delta t_f \phi \tag{4-3-4}$$

$$\rho_b = \rho_{ma1} V_1 + \rho_{ma2} V_2 + \rho_{ma3} V_3 + \rho_f \phi \tag{4-3-5}$$

$$\phi_N = \phi_{ma1} V_1 + \phi_{ma2} V_2 + \phi_{ma3} V_3 + \phi_f \phi \tag{4-3-6}$$

$$1 = V_1 + V_2 + V_3 + \phi \tag{4-3-7}$$

解析法主要用于工作站系统的测井资料处理，如现在各大油田较多使用的 P 包。解析法可充分发挥计算机快速、灵活的优势和各解释参数可任意调整的特点。

3. 借鉴经验公式

当一个地区没有岩心孔隙度分析资料，理论公式在本地区的应用效果不理想时，通常采用借用方式来解决储层的确定孔隙度问题。

孔隙度借用关系通常选择与本地区同一套层系相同岩性的解释关系式，并要求借用关系式的地层与解释地层具有相同的沉积特征。当然，如果在同一油田范围内找不出岩性大体相近的求解关系式，其他地区的类似关系式，只要情况大体接近，也可以考虑借用。

4. 实验研究关系式

储层孔隙度的实验方法研究是确定储层孔隙度的最直接方法，也是最值得可信的方法，在有取心井的新探区，几乎都采用这一方法。

实验方法研究孔隙度解析关系，多选用声波或密度，具体作法是用岩心分析孔隙度与声波或密度建立关系式。

如果在实验室内对样品既做了孔隙度研究，同时又做了声波或密度分析，此时，可用分析资料直接建立解释关系式。如果在实验室内只进行了孔隙度分析，在这种情况下就要使用测井资料与分析孔隙度来建立解释关系式。

当使用分析孔隙度与测井资料来建立孔隙度解释关系式时，还必须对分析样品进行深度归位。常用的归位方法有地面自然伽马法、声波法和密度法。由于岩心的采样间距与各种测井方法间的纵向分辨率存在明显差异，通常还需对分析样品进行滤波处理，通过对岩样数据的滤波，最大程度增加分析样品与测井资料之间的匹配能力。经过这些步骤建立起的孔隙度解释关系式，解释结果可以认为是比较真实地反映井下地层的实际情况。

5. 扎纳若尔油田孔隙度解释方法论证

众所周知，对于碳酸盐岩剖面，当地层岩性较纯，裂缝溶洞不发育时，用声波法求孔隙度效果就十分良好。当地层裂缝十分发育，又存在大量溶洞等大孔径洞穴时，声波法的效果就显得不很精确了，这时应采用密度或中子法。

就哈萨克斯坦扎纳若尔油田的孔隙度测井而言，每口井测了声波（单发双收），只有少数探井测了密度。由于历史原因，当时井壁中子或补偿中子正处于研制试验阶段，没有一口井有中子孔隙度测井资料，但无论是探井还是生产井，每口井都测了中子伽马。当然，从某种意义上说，中子伽马测井属于补偿中子孔隙度测井的前身，都是探测记录高能快中子经地层元素原子核减速俘获后释放出的伽马射线的强度，测量结果反映地层的含氢量（含氢指数）。对于石灰岩不含泥质地层，由于中子伽马测井结果反映地层含氢量，而地层含氢量是与孔隙度有关联的，因而就可以用中子伽马来求取地层的孔隙度。

据钻井取心观察，扎纳若尔油田的 KT-Ⅰ、KT-Ⅱ碳酸盐岩地层发育大量溶孔溶洞，局部裂缝发育，在整体上溶孔溶洞的发育程度优于裂缝的发育程度，属于孔洞型为主体局部发育裂缝的多孔型碳酸盐岩储层。对于这样的多孔介质储层，若用声波法求取地层孔隙度，势必会造成求得的孔隙度比地层真实值偏低，而中子伽马测井恰能克服其不足，因此，在测井资料处理过程中，用中子伽马测井资料来求取地层的总孔隙度。

二、渗透率解释方法

用测井资料求取地层渗透率方法很多，如孔隙度法、束缚水饱和度法、粒度中值法等。扎纳若尔油田的岩心第一手分析资料显示，地层泥质含量较少，而且泥质大多与碳酸盐矿物紧密结合在一块，几乎没有分散状泥质存在，可以近似把这种碳酸岩盐看作纯岩石。此外，无论 KT-Ⅰ还是 KT-Ⅱ，都有大量孔渗分析资料，经过对比权衡，用分析孔隙度与分析渗透率来建立孔渗关系，比借鉴其他相关的渗透率经验关系式，对储层的解释符合精度肯定要高很多。这一方面充分应用了油田的岩心基础实验数据，使宝贵的分析资料派上真正的用场，同时也保证了所求渗透率参数的代表性与真实性。

三、饱和度计算参数的求取方法

碳酸岩盐地层由于具有独特的多孔介质体系的储层孔隙结构，储层孔隙发育分布等都与碎屑岩有很大区别，若饱和度计算仍采用阿尔奇公式肯定存在一定偏差。但目前作为世界性技术难题的碳酸盐岩孔隙流体特性的饱和度问题，虽有各种各样的补充修正方案，其宗旨还是阿尔奇公式。对于扎纳若尔油田油气饱和度的计算仍不例外。在计算油气饱和度的阿尔奇公式中，需要 a、b、m、n 四个参数，这些参数由岩心实验资料上的地层因素和电阻率指数实验数据按阿尔奇关系理论，通过数理统计方法求得。

四、特殊参数研究方法

1. 缝洞孔隙度评价方法

对于碳酸盐岩，真正意义上的原生沉积基孔大都很少，几乎为零。岩石中的孔隙几乎都来自成岩以后发生在地层岩石中的各种次生作用。作为测井储层次生孔隙度评价，不具备一定大小规模的次生孔隙空间，对于用测井资料的评价来说无太大实质意义。

KT-Ⅰ的多口井开展了岩心不同介质饱和方法测定有效孔隙度的分析。在开展的石蜡、蒸馏水、煤油分析项目中，一些专家认为，石蜡结果基本体现总孔隙，蒸馏水结果反映类似基孔特征的孔隙，两者差值当作缝洞孔隙，据此建立总孔隙与缝洞孔隙的关系，并籍此来评价储层缝洞的发育程度。

由于这些实验方法是以岩心的表面孔隙为试验研究基础，不是以岩心试验样品整体来考虑的，因此在实验中分析的缝洞孔隙有可能偏小，实验结果很难充分体现储层真实缝洞孔隙的发育特性。由于缝洞孔隙的量与度的高限谁也很难说明白，所以这种评价方法仅限于定性的，为开发过程提供一个参考指标参数。

KT-Ⅱ的岩性较 KT-Ⅰ要纯得多，以石灰岩为主，近似看作纯石灰岩。评价缝洞孔隙采取如下两种方法的平均。其一是引用 KT-Ⅰ的方法，得到一个缝洞指标参数，其二是由实验室给出的纯石灰岩的孔隙度与时差实验结果建立的近似体现基孔的声波时差—孔隙度关系式，取总孔隙度与这一孔隙度之差作为声波法的次生孔隙，最后取这两种方法的平均值来作为储层缝洞孔隙的指数参数。

2. 缝洞渗透性评价方法

按现有的岩心测试技术，要准确测定岩心样品的裂缝渗透率还存在不少技术难题，因此实验室中都无法给出岩心样品的裂缝渗透率数值,更何况一般的1in小岩心根本不含与油气产能评价有直接关系的规模较大的裂缝。孔洞的渗透性与裂缝一样具有同等的复杂性。评价储层裂缝渗透率特性通常采用半理论半经验法,所谓半理论半经验就是依赖于一定的地质数理模型,添加个别经验系数,作为储层缝洞渗透性的定性评价指标。

五、单井剖面矿物的评价

1. KT-Ⅰ地质剖面石灰石和白云石含量的评价方法

众所周知,评价地层各矿物含量,一种方法是岩心实验室内分析,此法技术发展成熟,分析手段齐备,设备先进,分析结果精度高,分析数据可靠,但分析成本昂贵,不可能在构造上的大面积井剖面上采用,只能在少数关键井才开展这方面工作。另一种方法是利用三孔隙度测井资料,采用交会图技术,按体积法或其他数学原理求得各矿物成分的含量。由于在测井资料中仅有唯一一条声波测井曲线,没有中子和密度,使三孔隙度测井的交会图等相关解释技术在此不能再应用。因此我们必须在除了上述两种常规方法外,找出适合本地区特点的其他行之有效的新方法。

新方法是以地质模型为基础,借助于数学变换方法把地质模型按一定规律转化演变为数理模型,即所谓的正演变化,再把与本地区相关的岩心分析资料也引入到计算模型中,通过优化处理,建立相应的地质测井信息模型,即所谓的反演变化。把反演结果与相应特性的测井资料对比,优选各种信息源,找出它们之间的最佳极值点,从而得到相应的矿物体积含量。

2. 特殊岩层的识别

KT-Ⅱ岩性较单一,以石灰岩为主,分析处理时按纯石灰岩来对待。KT-Ⅰ的岩性多变,单井剖面上除石灰石和白云石外,在北高点KT-Ⅰ层段的上部还有厚度不等的干燥环境下沉积的蒸发岩相石膏层。石膏层岩性致密,通常不具备储集性,但当厚度及分布范围达到一定规模后,可成为油气聚集场所的良好盖层,保护储层内的油气免遭破坏,因此有必要加以识别。

石膏岩层的识别采取交会图技术,即依据各种测井曲线在石膏层上的曲线特征,通过幅度与岩性对比,找出关系密切的各条测井曲线的交会值区间,引入有关数学判别模式,把最有可能的石膏层识别出来。

由于石膏岩层的识别属于定性分析的过程,所以,对构造剖面的纯石膏能很容易识别出来。对含石膏的岩石以及石膏岩层中含有较多泥质的情况,识别的准确率变差。因此,在单井剖面上有可能真实的石膏层厚度比测井解释的要大,在此予以说明。

第二节 孔隙度模型的研究基础

储层参数测井评价涉及孔隙度、渗透率、饱和度、有效厚度、岩性等,在这些参数中,尤为重要的是孔隙度参数。这是因为孔隙度参数决定着储层是否存在及储层类型的构成,控制着油田的地质储量,是开发方案设计的重要技术参数。

一、孔隙度公式的选择

如前所述,地层的总孔隙度是通过中子伽马测井资料法来确定的。中子伽马测井资料确定地层总孔隙度不同的作者选择了不同的公式形式,归纳起来大体有如下几种情形。

1. $\lg\phi = A + B \cdot N_{GR}$

这种形式的孔隙度解释关系式在现有的测井解释方法原理技术书籍上均能见到。基本原理是,在大于零源距的情况下,中子伽马计数率与地层的含氢指数即总孔隙度成反比关系,通过资料的刻度与对比,可建立 $\lg\phi = A + B \cdot N_{GR}$ 关系式。这一关系式在地层水矿化度不高,泥质含量低的情况下,解释结果还是令人满意的,如华北油田的碳酸盐岩地层就采用了类似的关系。但存在高矿化度地层水情况误差较大,不能有效消除放射性本底的缺陷。

2. $\lg\Delta J_{nr} = A + B \cdot \phi$

为了克服放射性本底的影响,减少不同仪器之间因测量环节的不同带来的各种偏差,前苏联等一些国家和地区采用了这样的求解形式。不过,相同的仪器,井径不同,A、B 值也不同。也就是说,N_{GR} 或 ΔJ_{nr} 会受到井径扩径的影响,中子伽马必须进行井径校正。

3. $\lg(\Delta J_{nr} + 0.1) = A + B \cdot \phi$

据前苏联 B. H. 达赫诺夫文献资料,$\lg\Delta J_{nr} = A + B \cdot \phi$ 关系式随井径为非平行变化。而 $\lg(\Delta J_{nr} + 0.1) = A + B \cdot \phi$ 关系式却随井径呈平行变化。有关论述资料显示,ϕ 在 5%～35% 的范围内,不同井径之间,$\lg(\Delta J_{nr} + 0.1) = A + B \cdot \phi$ 关系式中的 B(斜率)相同,仅 A(截距)不同,也就是说,$\lg(\Delta J_{nr} + 0.1) = A + B \cdot \phi$ 关系式是一簇相互平行的直线,这样,通过已知井径的关系式便能获得另一井径的关系式。

综合对比这三种形式的优缺点,结合扎纳若尔油田目的层段绝大多数井使用同一规格钻头的实际,在进行了井径、自然放射性校正的前提下,$\lg\Delta J_{nr} = A + B \cdot \phi$ 公式形式较为简便,并使用这一公式形式来求解储层孔隙度。

二、中子伽马测井信息的成分构成

在中子伽马测井中,记录到的伽马射线强度 I_{nrper} 是由下列各阶段和各部分的伽马射线构成:

I_{nr}:中子的非弹性散射和俘获过程中产生的伽马射线强度;

I_{rr}:中子的弹性散射过程中产生的伽马射线强度;

I_r:岩石的自然放射性强度;

$I_{\phi \cdot H}$:中子源的伽马射线强度;

$I_{\phi \cdot cynr}$:中子伽马记录本底的强度。

因此,$I_{nrper} = I_{nr} + I_{rr} + I_r + I_{\phi H} + I_{\phi \cdot cynr}$。显然,对中子伽马测井有贡献的岩石含量的部分应为 I_{nr} 和 I_{rr},记作 J_{nr}:

$$J_{nr} = I_{nr} + I_{rr} = I_{nrper} - (I_r + I_{\phi \cdot H} + I_{\phi \cdot cynr}) \tag{4-3-8}$$

(4-3-8)式说明,中子伽马测井受到岩石自然放射性、中子源、中子伽马记录本底的影响,应用资料时必须把这无关部分消除。

自然伽马射线强度 I_r 的校正是先由测井曲线得到一个值,再乘以换算系数 a:

$$I_r = a(I_{rper} - I_{\phi \cdot cyr}) \tag{4-3-9}$$

式中 I_{rper}——自然伽马测井值;

$I_{\phi \cdot cyr}$——自然伽马测井本底。

$$a = \frac{1}{n} \sum_i \left(\frac{VI_r^m}{VI_r^r}\right)_i \tag{4-3-10}$$

式中 I_r^r,I_r^m——在 $V_r = 1$ 的地层中,自然伽马和中子伽马两道以相同比例记录的曲线异常幅度;

i——异常的序号，通常取 $i = 2$。

换算系数 a 是由自然伽马和中子伽马两道计数器的数量及谱特性来确定。

$$V_r = \Delta I_r / \Delta I_r^{\infty} \qquad (4-3-11)$$

中子源的自然放射性 $I_{\phi.H}$ 是中子伽马记录装置在空气中有源和无源两种情况下测量的差值来确定。

$$I_{\phi.H} = (I_{nr} - I_r) \qquad (4-3-12)$$

三、ΔJ_{nr} 的确定及自然放射性校正原理

计算地层孔隙度的 ΔJ_{nr} 通常用模型装置测量的 J_{nr} 资料，或者根据岩性和地层都已知的井中所测量的 J_{nr} 资料，在进行井径和其他相关环境校正后，按如下关系求得：

$$\Delta J_{nr} = (J_{nr} - J'_{nron})/(J''_{nron} - J'_{nron}) \qquad (4-3-13)$$

式中 J'_{nron} 和 J''_{nron} 是已知氢含量的两个标准介质的伽马射线强度，其中一种介质（J'_{nron}）是高含水介质（ϕ 值最大），比如实验室的水槽或者纯泥岩段地层，另一种介质（J''_{nron}）为含水最低的介质（ϕ 值最小）。

从这里可以明显看出，当使用相对值参数 ΔJ_{nr} 时，$I_{\phi.H}$、$I_{\phi.cyr}$、$I_{\phi.cynr}$ 相互抵消，操作时无须对这几个参数做校正。当岩石的自然放射性相对于中子与地层作用的放射性显得无足轻重时，自然放射性对中子的影响可以忽略。但如果地层本身的放射性较高，以至严重影响到中子伽马测井求取地层孔隙度的精度，在这种情况下必须对中子伽马测井资料作自然放射性校正。

根据哈萨克斯坦的测井资料，中子伽马测井的自然放射性校正按如下方式进行：

设　中子伽马测井 1 标准单位计数率为 A_1；

　　　自然伽马测井 1 标准单位计数率为 B_1。

在某一深度点的中子伽马读数为 A_2，自然伽马读数为 B_2，则在该点处相应的脉冲数分别为：

$$M = A_1 A_2 \qquad (4-3-14)$$
$$N = B_1 B_2 \qquad (4-3-15)$$

式中　M、N——分别为中子伽马和自然伽马的脉冲数。

岩石的自然放射性，可看作为由以下两部分组成，一部分是由地层中颗粒细小的粘土矿物的吸附作用引起，与地层中的粘土矿物含量有关；另一部分是由岩石中放射性矿物引起，这部分附加放射性在进行中子伽马测井时将作为记录本底被中子伽马仪器检测记录出来。当地层富含放射性矿物时，中子伽马本底强度高，附加放射性使得记录到的地层的中子伽马计数率受到很大影响，若用中子伽马测井资料求地层孔隙度，有必要把这部分不属于地层本身特性的附加放射性消除掉。考虑到附加放射性与地层的自然放射性有一定关系，通常是使用等比例因子法。即：

$$M'_H = A_1 A_2 - \Delta N = A_1 A_2 - C B_1 B_2 \qquad (4-3-16)$$

式中　C——比例因子；

　　　ΔN——附加放射性的计数率。

在解释剖面上，第一标志层（纯地层）的中子伽马读数为 A_0，相应自然伽马读数为 B_0，第二标志层（泥岩层）的中子伽马和自然伽马读数分别为 A'_0 和 B'_0，则在地层中某点应有如下关系：

中子伽马计数率：

$$M_H = A_1 A_2 \tag{4-3-17}$$

自然伽马校正后的中子伽马计数率：

$$M'_H = A_1 A_2 - CB_1 B_2 \tag{4-3-18}$$

第一标志层（纯地层）的中子伽马计数率：

$$M_0 = A_0 A_1 - CB_0 B_1 \tag{4-3-19}$$

第二标志层（泥岩层）的中子伽马计数率：

$$M'_0 = A'_0 A_1 - CB'_0 B_1 \tag{4-3-20}$$

该点的中子伽马相对值为：

$$\begin{aligned}\Delta J_{nr} &= (M'_H - M_0)/(M'_0 - M_0) \\ &= [(A_1 A_2 - CB_1 B_2) - (A_0 A_1 - CB_0 B_1)]/[(A'_0 A_1 - CB'_0 B_1) - (A_0 A_1 - CB_0 B_1)] \\ &= [A_1(A_2 - A_0) - CB_1(B_2 - B_0)]/[A_1(A'_0 - A_0) - CB_1(B'_0 - B_0)] \\ &= [(A_2 - A_0) - CB_1/A_1(B_2 - B_0)]/[(A'_0 - A_0) - CB_1/A_1(B'_0 - B_0)] \end{aligned} \tag{4-3-21}$$

第三节　迭代法确定碳酸盐岩剖面矿物含量的原理

按现代测井解释技术，对碳酸盐岩剖面等复杂岩性地层的矿物成分含量计算，常是依据交会图技术，使用声波、密度、补偿中子（井壁中子）测井资料来获取。扎纳若尔油田的测井资料属于前苏联早期测井系列老资料，仅带有一条声波测井资料，没有中子和密度（个别井测有密度），使用交会图技术或者解析法来确定岩层的矿物含量几乎是不可能。为此，借助于体积模型原理，依据碳酸盐岩地层中孔隙、泥质、方解石、白云石各部分间的因果关系，经必要的数学变换，结合岩心基础实验数据，采用数学迭代法，计算和选取最佳极值点，确定出地层的最佳矿物含量。

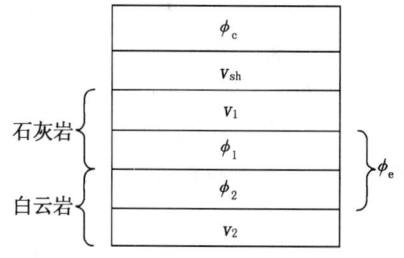

图 4-3-1　裂缝性碳酸盐岩模型

如图 4-3-1，假设地层介质单元由孔隙、泥质、方解石、白云石单元构成，声波依据自身规律在各部分单元上传播，则：

$$\Delta T_{总} = \Delta T_{灰} v_{灰} + \Delta T_{白} v_{白} + \Delta T_f \phi_c + \Delta T_{sh} v_{sh} \tag{4-3-22}$$

式中　$\Delta T_{灰}$——只含基孔的纯石灰岩声波传播关系，$\Delta T_{灰} = a_1 + b_1 \phi_1$；

$\Delta T_{白}$——只含基孔的纯白云岩声波传播关系，$\Delta T_{白} = a_2 + b_2 \phi_2$；

ΔT_f——孔隙流体的声波时差；

ΔT_{sh}——泥质的声波时差；

ϕ_c——缝洞孔隙度。

此时，式（4-3-22）变为：

$$\Delta T_{总} = a_1 \phi_1 + a_1 v_1 + b_1 \phi_1^2 + a_1 \phi_1 v_1 + a_2 \phi_2 + a_2 v_2 + b_2 \phi_2 v_2 + \Delta T_f \phi_c + \Delta T_{sh} v_{sh} \tag{4-3-23}$$

通过进一步的体积转换，式（4-3-23）变换为：

$$\Delta T_{总} = A v_1 + B \phi_1 + C \phi_1^2 + D \tag{4-3-24}$$

$$A = a_1 + b_1 \phi_1 - a_2 - b_2 \phi_e + b_2 \phi_1 \tag{4-3-25}$$

$$B = a_1 - a_2 - b_2 + 2b_2 \phi_c - b_2 \phi + b_2 v_{sh} \tag{4-3-26}$$

$$C = b_1 + b_2 \qquad (4-3-27)$$

$$D = a_2 - a_2\phi_c - a_2 v_{sh} + b_2\phi_e - b_2\phi_e\phi_c - b_2\phi_e v_{sh} + \Delta T_f\phi_c + \Delta T_{sh}v_{sh} \qquad (4-3-28)$$

当计算出 $\Delta T_{总}$ 以后，通过 $\Delta T_{总}$ 与声波测井时差的比较，找出最佳关系点，得到单井剖面上各部分的矿物含量。

第四节 基本解释模型

一、岩心归位

测井资料解释储层参数是以取心井室内岩心分析数据为基础，通过数据分析、资料对比和岩心归位，找出岩心实验室分析数据与测井曲线之间的内在联系，利用数理统计分析研究，建立起适合本地区地质特点的测井资料解释关系式。

众所周知，因工程记录上的原因，地层的钻井深度与测井深度往往不一致，两者之间或多或少会出现一些偏差，而且这种偏差随钻井深度的增加而增大。据有关油田的取心统计，随着钻井深度的增加，岩心的钻井取心深度与测井深度之间的误差大约在 0.0~6.0m 的范围，一般情况在 1.0m 以内。由此可见，在对岩心实验室分析资料作相关项目分析处理前，应当首先进行岩心的归位处理工作。

理想的岩心归位，要求在取心井段岩心的收获率要高、岩心的破碎率要低及岩心的完整性要好，岩心分析样品的采样密度为每米 5~8 个样品点，测井曲线质量优良。归位方法通常有自然伽马（地面、井下）法、密度法和声波法等。

扎纳若尔油田 KT－Ⅰ和 KT－Ⅱ都有不少的井取心，应该说，如果取心情况符合归位的要求，对岩心的正确归位是不成问题的。

由前面的叙述可知，KT－Ⅰ共有取心井 32 口，取心进尺 5698.35m，收获岩心 2871.24m，平均收获率为 50.4%。单井上看，绝大多数井的收获率低于 60%，小于 50% 的取心井段比比皆是。

构造上，KT－Ⅱ目的层段共有取心井 29 口，取心进尺 8191.10m，收获岩心 3316.11m，平均收获率为 40.5%。单井上看，KT－Ⅱ与 KT－Ⅰ具有类似特点，即构造剖面上绝大多数井的收获率低于 60%，小于 50% 的取心井段随处可见。例如，在 34 号井，共有取心井段 54 个，取心进尺 404.0m，收获岩心 195.30m，平均收获率为 48.3%，其中收获率大于 70% 的取心井段有 13 个，仅占 24%。在 KT－Ⅱ层段的这些取心井中，共分析岩心孔隙度样品 1870 个，渗透率样品 915 个。

根据取心段长度、岩心收获率和物性分析样品数目，经过对岩心分析资料的评价以及与实际测井曲线对比，考虑到单井的取心收获率普遍都不高，地层孔、洞、缝普遍发育，测井系列不齐全，岩心分析样品的采样密度很低，采样深度和采样密度模糊不清等诸多实际情况，操作上很难做到单个岩心样品的实验室分析参数与测井曲线的精确归位。具体运做处理时，是选取主要储层段岩心分析参数的平均值与测井曲线读数的平均值来建立孔隙度解释关系式。这主要依据如下几方面因素：

第一，取心收获率低，能满足归位要求的取心段不多；

第二，岩心采样密度低，油田方面提供的岩心分析资料显示，岩心样品的采样密度基本上都不能满足每米 5~8 个样品的要求；

第三，岩心采样间距模糊不清，油田方面提供的分析资料显示，每个岩心样品只给出了该样品取自哪一个采样井段,而采样深度点只精确到米,没有给出该样品点具体是在多少厘米处采的样,再加上收获率不高,岩心样品的位置就更难确定了;

第四,地层孔隙结构复杂,孔隙空间孔、洞、缝并存,是属于典型的多重孔隙空间结构的复杂碳酸盐岩地层。

第五,另外,受测井方法探测性质的制约,各种各样的环境因素对测井曲线的质量都有很大影响,相关测井曲线的质量也不利于归位研究。综合考虑岩心分析参数和测井曲线的探测特性,孔隙度关系式的研究选用主要储层段的岩心平均分析孔隙度与经环境校正后的中子伽马值来建立。

二、解释模型研究

扎纳若尔油田储层分为KT-Ⅰ和KT-Ⅱ两个层段,解释模型论述时分别按KT-Ⅰ和KT-Ⅱ的顺序进行。

1. KT-Ⅰ层段

1) 孔隙度

根据有关文献,孔隙度的确定方法有饱和法、容积法和涂蜡法。气体容积法具有快速、方便的优点,但不能克服气体的吸附使测定的岩心孔隙度偏高的问题。涂蜡法主要是解决岩心样品的大洞大缝问题,但由于以下几方面的原因使其测定精度很低:

(1) 所涂蜡的密度不易准确确定,蜡膜与岩样表面粘贴不紧;

(2) 测定孔隙度时实验操作条件不好把握;

(3) 碳酸盐岩的非均质性;

(4) 由于蜡的密度与样品的矿物密度间的依存关系,对矿物密度的确定有较高要求,矿物密度有少许误差都将会给孔隙度的测定带来显著误差。

饱和法是对经过洗油、烘干后的岩心样品及液体饱和后的样品分别称重,进而计算孔隙度。饱和液体常用蒸馏水和煤油,但更多的是采用蒸馏水。

扎纳若尔油田KT-Ⅰ层段共有岩心绝对孔隙度分析样品2755个,这些样品的孔隙度最大值为30.35%,最小孔隙度为0.16%,孔隙度主要分布在0.16%~15%区间,约占分析样品总数的83%,如图4-3-2所示。图4-3-3为这些样品分析数据的累计分布频率,在孔隙度为0.16%~15%的区间,累计曲线变陡,斜率变大,从另一方面也说明了图4-3-2所示的分析样品孔隙度的分布特性。

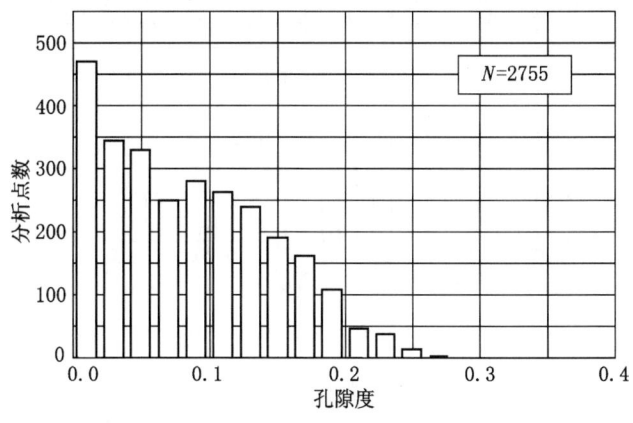

图4-3-2 KT-Ⅰ岩心分析孔隙度分布图

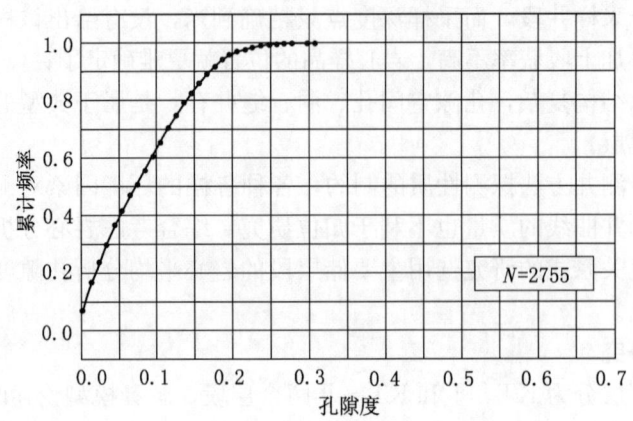

图 4-3-3 KT-Ⅰ岩心分析孔隙度累计频率图

无论图 4-3-2 还是图 4-3-3 都说明，虽然约有 85% 的岩心分析孔隙度样品的孔隙度数值在 20% 以内，但进一步分析观察不难发现，孔隙度数值小于 6% 的岩心样品占到总样品的 45% 左右。这一高比例的低孔隙度岩心分析数据显然不符合测井解释划分储层的实际。作为建模用的岩心分析资料，必须最大限度的体现储层特性，对于资料中不能全面体现储层特性的非储层的信息在第一手分析资料的使用前应做必要的删减。根据探井测井资料和原始孔隙度分析资料，从 KT-Ⅰ 的众多取心井中，提取出了近 300 个有代表意义的储层中子伽马读数和岩心孔隙度分析平均值。图 4-3-4 为实际建模用的岩心分析孔隙度直方图。图中显示，这批岩心分析孔隙度的主要分布区间在 6%～16%，约占参与建模拟合样品总数的 60%。图 4-3-5 是同一批分析孔隙度样品的累计分布频率，孔隙度在 6%～16% 区间的累计频率曲线变陡，曲线斜率增大，与直方图分析结果完全对应。另一方面，图 4-3-6 所示的直方图以及图 4-3-7 所示的累计频率图与对应的图 4-3-4 和图 4-3-5 有相同的分布趋势。这一特点表明，从整体上看，哈萨克斯坦方面的原始测井解释成果很好地体现了储层的物性特点，也为本油田测井储层的重新评价确立了坚实的印证基础。

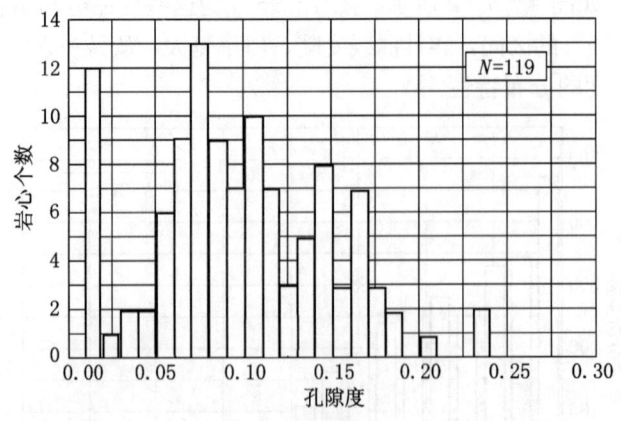

图 4-3-4 KT-Ⅰ岩心分析孔隙度分布图（拟合平均）

如前所述，由于取心收获率及分析样品采样密度的原因，岩心归位效果差，孔隙度关系式的建立采用具一定取心收获率的主要储集目的层段的岩心分析孔隙度平均值与经井径和放射性影响校正后的中子伽马值的平均值来建立。依此思路，在油田范围内共使用了 19

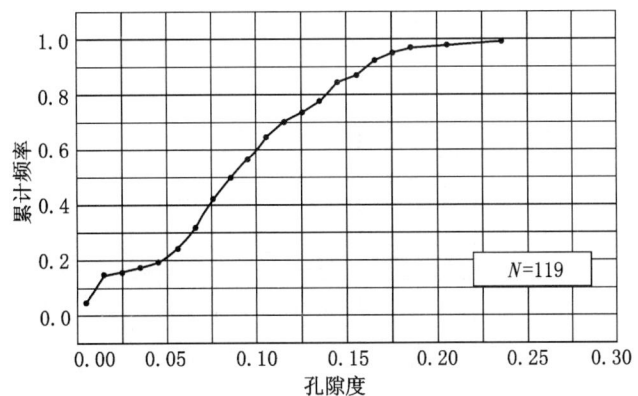

图4-3-5　KT-Ⅰ岩心分析孔隙度累计频率分布图（拟合平均）

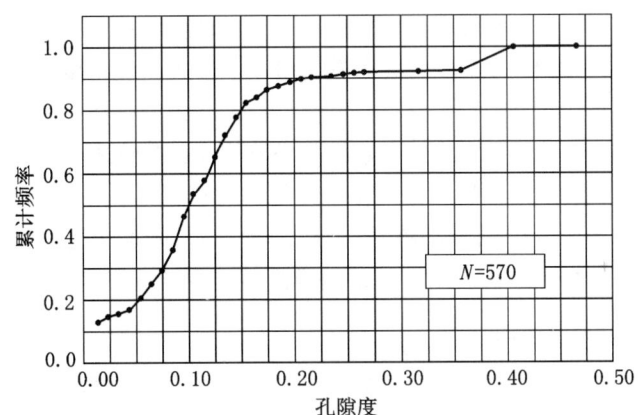

图4-3-6　KT-Ⅰ解释孔隙度累计频率分布图（原始）

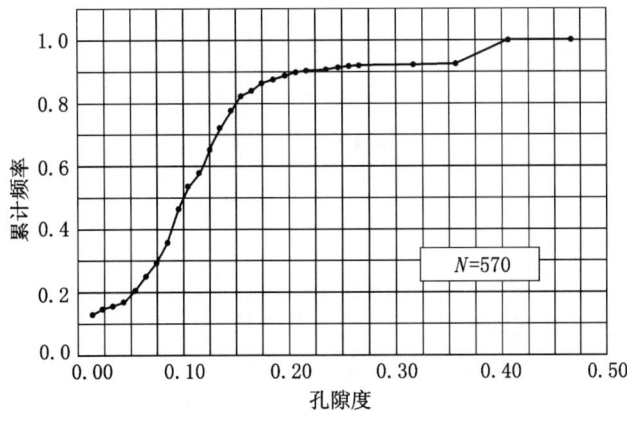

图4-3-7　KT-Ⅰ解释孔隙度累计频率图（原始）

口井119个主要储层资料，这些资料经编辑整理，采用数理统计分析原理得到如图4-3-8所示的关系图版，其孔隙度关系式为：

$$\phi = -\frac{\lg \Delta J_{nr} + 0.0562}{3.472} \quad (R=0.90, N=119) \qquad (4-3-29)$$

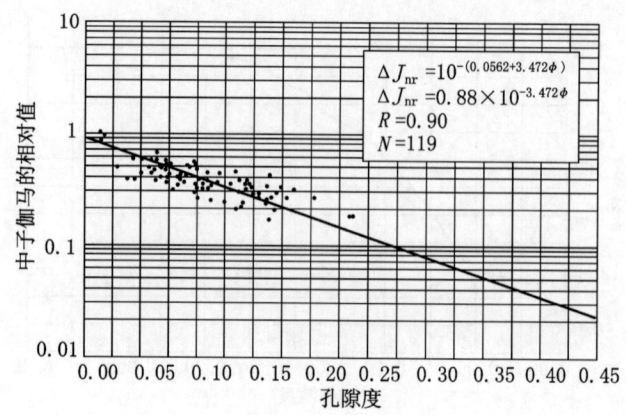

图 4-3-8 KT-Ⅰ中子伽马相对值与岩心孔隙度的关系图

拟合关系图版见图 4-3-8 所示。图版显示，孔隙度随中子伽马相对值的对数有明显的直线关系。有 119 个拟合样品点，相关系数为 0.9，公式图版精度高，结果十分可靠。

2) 渗透率

扎纳若尔油田 KT-Ⅰ 层段有岩心原始渗透率分析数据 1236 个，在这些实验样品中，绝大多数实验样品的渗透率小于 $10 \times 10^{-3} \mu m^2$，约占总样品数的 60%，其中有将近三分之一样品的渗透率在 $1 \times 10^{-3} \mu m^2$ 以下。渗透率在 $100 \times 10^{-3} \mu m^2$ 以上的样品很少，不足总样品数的 15%，而渗透率大于 $1000 \times 10^{-3} \mu m^2$ 的样品就更少了（图 4-3-9）。

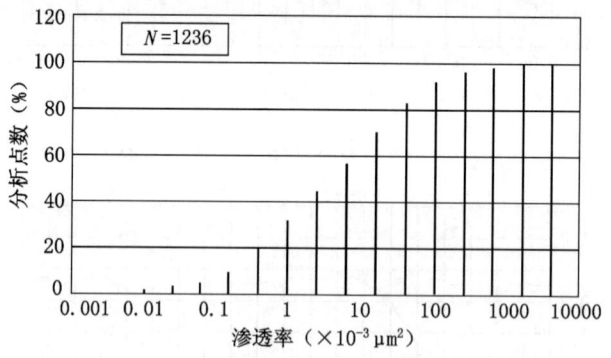

图 4-3-9 KT-Ⅰ岩心渗透率累计频率分布图

渗透率的计算公式采用 $\lg K = A + B\phi$ 模型，在图 4-3-9 的分析样品数据资料中，有相当多的样品取自非渗透性的致密层，若将全部样品分析数据参与回归建模，其结果必将会严重失真，甚至可能与井下储层的实际情况相差遥远。由于 $\lg K = A + B\phi$ 计算模型在单对数坐标里为一条直线，并认为该地区储层具有这一变化关系，在具体建模时就应该适当删去一些孔渗关系不明确的点子，保留能充分体现储层基孔渗透率特性的点子。经过这一处理后，渗透率的主要分布区间在 $0.3 \times 10^{-3} \sim 150 \times 10^{-3} \mu m^2$ 的范围，小于 $0.3 \times 10^{-3} \mu m^2$ 和大于 $150 \times 10^{-3} \mu m^2$ 的点子的比例相当少（图 4-3-10 和图 4-3-11），这一点与储层的干层特性和高产特性对应关系较好。由此得到（图 4-3-12）的渗透率关系图版，相应关系式为：

$$\lg K = -0.618 + 12.52\phi$$
$$K = 0.24 \times 10^{12.52\phi}$$
$$R = 0.7$$
$$N = 1100$$
(4-3-30)

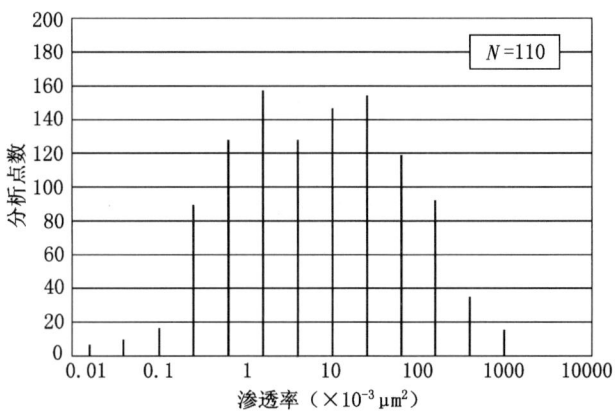

图 4-3-10　KT-Ⅰ岩心渗透率频率分布图（拟合数据）

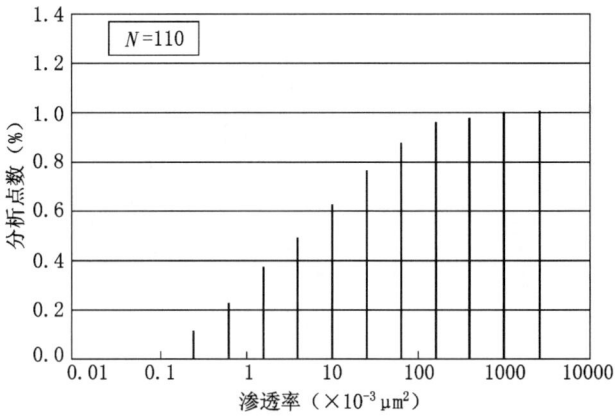

图 4-3-11　KT-Ⅰ岩心渗透率累计分布图（拟合数据）

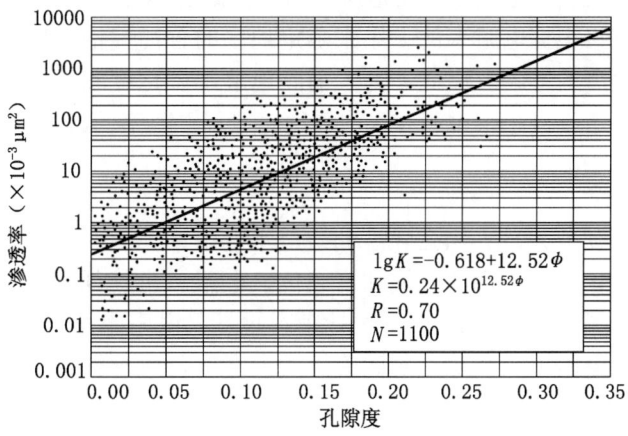

图 4-3-12　KT-Ⅰ岩心渗透率与孔隙度的关系

3) 地层因素

1942年Archie经过实验研究发现,当孔隙度不变时,比值R_o/R_w几乎是一个常数。对于水层来说,地层因素F的变化只与孔隙度有关,与地层水的矿化度或者电阻率无关。也就是说,在双对数坐标中,地层因素F与孔隙度ϕ具有直线关系,即:

$$\lg F = \lg a - m \cdot \lg \phi \qquad (4-3-31)$$

或者:

$$F = \frac{R_o}{R_w} = \frac{a}{\phi^m} \qquad (4-3-32)$$

扎纳若尔油田KT-Ⅰ层段有13口井开展了岩心地层因素实验,共分析143个岩心样品。把这些数据按式(4-3-31)的定义在双对数坐标中的数理统计分析处理,经奇异资料点的删除技术处理后,得到(图4-3-13)所示的解释图版,其关系式为:

$$F = \frac{0.68}{\phi^{2.17}} \quad (R = 0.93, N = 137) \qquad (4-3-33)$$

这里$a = 0.68$,$m = 2.17$。

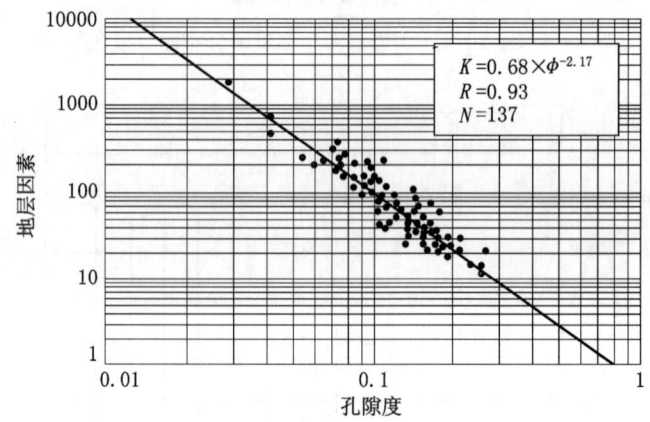

图4-3-13 KT-Ⅰ地层因素与孔隙度的关系图

4) 电阻率指数

由地层因素的定义知,电阻率确定地层含油气性的前提是地层中油和水的电阻率不同。即使这样,也不能直接根据电阻率的大小来确定地层的含油气饱和度,因为电阻率受岩层孔隙度、地层水矿化度的影响。因此,为了消除地层水矿化度和地层孔隙度的影响,通常是引进电阻率指数I这一概念来说明含水饱和度对地层电阻率的影响,其定义为:

$$I = \frac{R_t}{R_o} \qquad (4-3-34)$$

Archie经过实验研究发现,当孔隙度和地层水电阻率不变时,岩石的含油气饱和度越高,则电阻率也越高;反之,含油气饱和度越低,电阻率也越低。但是,当含油岩石的电阻率R_t与该岩石完全含水时的电阻率R_o的比值,也就是电阻率指数I,只与岩石的含水饱和度有关而与地层水电阻率和孔隙度等因素无关。在双对数坐标中,电阻率指数I与含水饱和度S_w具有直线关系,即:

$$\lg I = \lg b - n \cdot \lg S_w \qquad (4-3-35)$$

或者:

$$I = \frac{R_t}{R_o} = \frac{b}{S_w^n} \tag{4-3-36}$$

扎纳若尔油田 KT-Ⅰ 层段有 9 口井开展了岩心电阻率指数实验，共分析 79 个岩心样品，获得 322 个实验数据。把这些数据按式（4-3-35）的定义在双对数坐标中的数理统计分析处理，经奇异资料点的删除技术处理后，得到图 4-3-14 所示的解释图版，其关系式为：

$$I = \frac{1.25}{S_w^{1.36}} \quad (R = 0.89, N = 273) \tag{4-3-37}$$

这里 $b = 1.25$，$n = 1.36$。

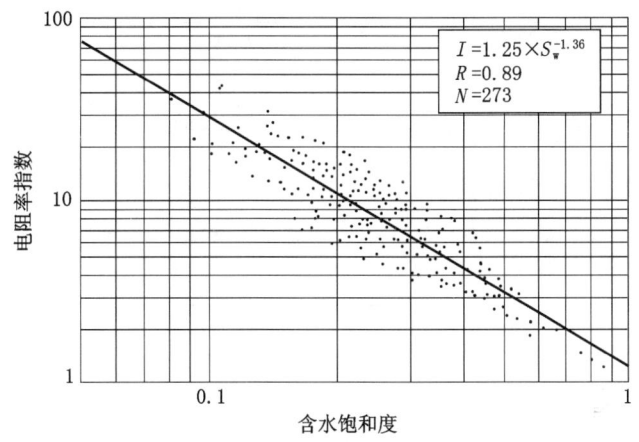

图 4-3-14 KT-Ⅰ电阻率指数与含水饱和度的关系图

5）声波时差与孔隙度的实验关系

为了评价 KT-Ⅰ 的钻井地质岩性剖面，需要建立纯石灰岩和纯白云岩的时差—孔隙度关系。在扎纳若尔油田的取心井分析资料中，开展了岩心样品的声波时差和孔隙度的实验研究。在众多岩心实验样品中，分别选择了 24 个纯石灰岩和纯白云岩的岩心样品，建立了纯石灰岩和纯白云岩的岩心实验声波时差与孔隙度关系图版，如图 4-3-15、图 4-3-16 所示。

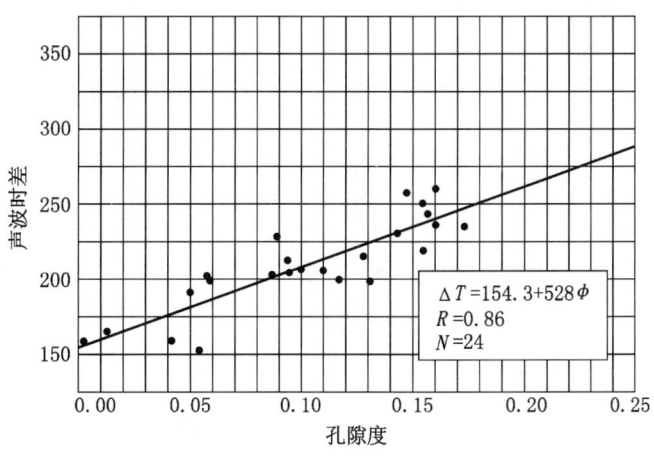

图 4-3-15 岩心分析的声波时差与孔隙度的关系图（石灰岩）

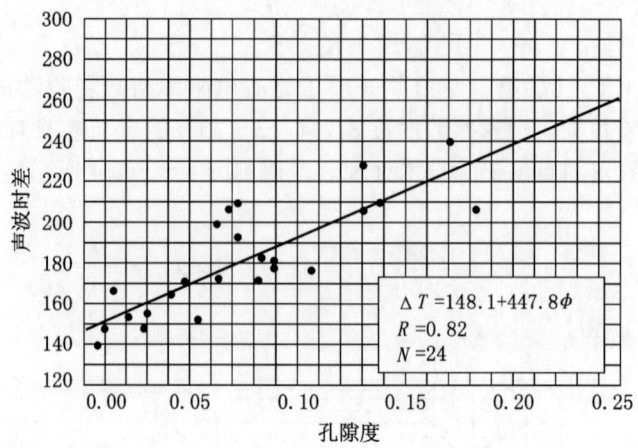

图 4-3-16 岩心分析的声波时差与孔隙度的关系图（白云岩）

纯石灰岩（图 4-3-15）关系：
$$\Delta T = 154.3 + 528\phi \quad (R=0.86, N=24) \quad (4-3-38)$$
纯白云岩（图 4-3-16）关系：
$$\Delta T = 148.1 + 447.8\phi \quad (R=0.82, N=24) \quad (4-3-39)$$

6) 缝洞孔隙度评价指数

大家知道，对于碳酸盐岩，真正意义上的原生沉积基孔大都很小，几乎为零。岩石中的孔隙几乎都来自成岩以后发生在地层岩石中的各种次生作用。在测井储层次生孔隙度评价中，不具备一定大小规模的次生孔隙空间，对于用测井资料缝洞孔隙度的评价来说无太大实际意义。

对 KT-Ⅰ 层段开展了岩心不同介质饱和方法测定有效孔隙度的分析。在开展的石蜡、蒸馏水、煤油分析项目中，石蜡结果基本体现总孔隙，蒸馏水结果反映类似基孔特征的孔隙，两者差值当作缝洞孔隙，据此建立总孔隙与缝洞孔隙的关系，并藉此来评价储层缝洞的发育程度（图 4-3-17）。

评价关系为：
$$\Delta\phi_{次生} = -0.0857 + 0.1165\phi_{总} \quad (R=0.78, N=24) \quad (4-3-40)$$

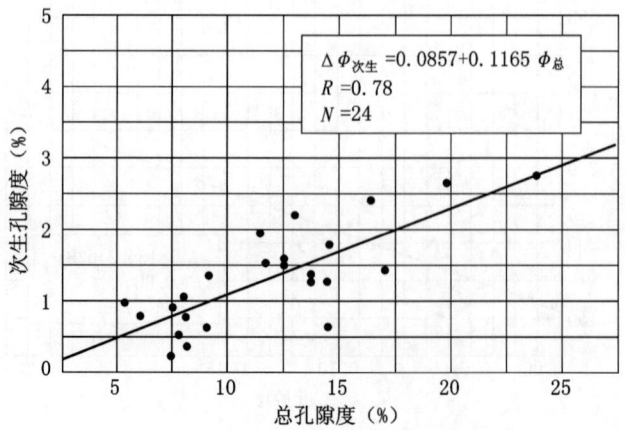

图 4-3-17 次生孔隙度与总孔隙度的关系图

7) 裂缝发育度评价指数

按现有的岩心测试技术，要测定岩心样品的裂缝渗透率还存在不少技术难题，因此实验室中都无法给出岩心样品的裂缝渗透率数值，更何况一般的1in小岩心根本不含与油气产能评价有直接关系的规模较大的裂缝。孔洞的渗透性与裂缝一样具有同等的复杂性。评价储层裂缝渗透率特性通常采用半理论半经验法，所谓半理论半经验就是依赖于一定的地质数理模型，添加个别经验系数，作为定性评价指标。

通常，地层裂缝除受地质沉积成岩环境因素制约外，还与地层本身的地球物理特性有直接关系，这些因素包括岩性、总孔隙度、相关矿物及其含量、地层油气水含量及其分布、裂缝的连通性等，综合有关专家在这方面的研究成果及其相关理论，结合扎纳若尔油田的地质岩性特点，采用了如下经验关系式：

$$K_f = \frac{1}{CCC\,S_w} \frac{(10\phi_{总})^2}{10} \qquad (4-3-41)$$

式中 CCC 为白云岩化系数。

8) 中子伽马井径校正

由于地质、工程、仪器性能结构等方面的原因，测井曲线受到来自各方面的各种各样环境因素的影响。一般情况下，环境影响因素包括温度、压力、井径、浸入深度、钻井液性能及矿化度等，对于不同的测井方法，这些环境因素对其影响的重点是有区别的。用中子伽马测井资料确定地层孔隙度，中子伽马测井资料本身将受到来自温度、井径、放射性、仪器偏心、钻井液性能及矿化度的影响，其中以井径、放射性尤为突出，其余可通过对资料的简单附加处理如对中子伽马做相对值刻度便能消除。

井径校正图版以哈萨克斯坦扎纳若尔油田单井实测井径值与中子伽马值来建立，图4-3-18是井径的相对变化值 Δd_c 与中子伽马相对变化值 ΔJ_{nr} 的分布关系图版。该图版特性显示为点子零乱，无规律可寻。图4-3-19是把图4-3-18中的关系点子经特定技术统计处理后的用于中子伽马井径校正的图版，其典型特征说明，中子伽马相对值随井径增大而下降。校正关系式为：

$$\Delta J_{nr} = 0.041 - 0.0391\Delta d_c \quad (R=0.75, N=9) \qquad (4-3-42)$$

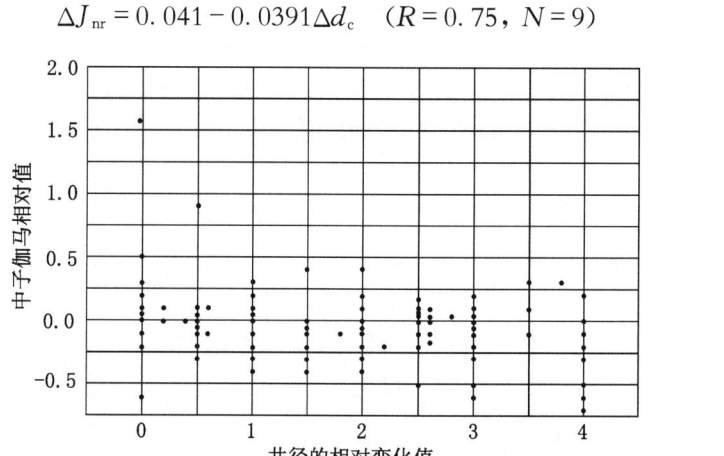

图4-3-18 中子伽马相对值与井径相对变化值分布关系图

9) 孔隙度的岩性校正

中子伽马测井仪器测井前是用石灰岩刻度的，仪器在石灰岩中所测结果基本反映地层

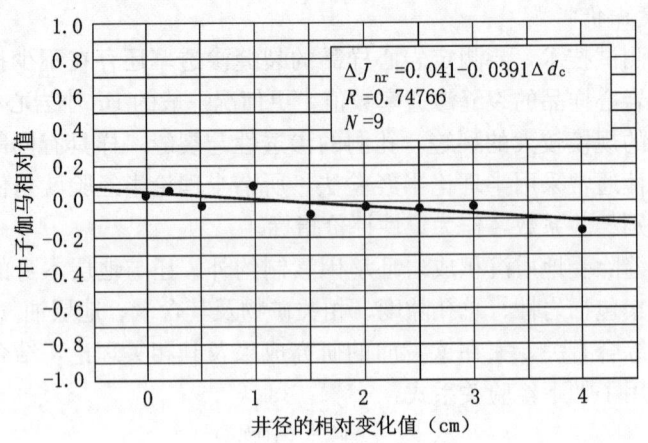

图4-3-19 中子伽马相对值与井径相对变化值分布关系图

的真实值,据此计算的孔隙度也比较真实地反映地层的总孔隙(含氢量)。但在白云岩中测井时,测井结果存在偏差,若不进行校正,计算的孔隙度也有一定偏差。中子孔隙度对不同仪器采用不同的校正图版(即不同的校正关系式)。针对扎纳若尔油田的测井仪器,白云岩的中子伽马孔隙度校正关系式如下:

$$\Delta\phi = 0.60549 - 0.17975\phi - 0.00439\phi^2 + 0.00015\phi^3 \quad (ДРСТ-3 仪器)$$

$$\Delta\phi = 0.1049 - 0.01236\phi - 0.00508\phi^2 + 0.00005\phi^3 \quad (ДЛ-62 仪器)$$

$$\Delta\phi = 0.55359 - 0.14805\phi - 0.00832\phi^2 + 0.00022\phi^3 \quad (ДРСТ-1 仪器)$$

式中 $\Delta\phi$——孔隙度校正量,百分数;

ϕ——中子伽马测井孔隙度,百分数。

2. KT-Ⅱ层段

1) 孔隙度

通过对扎纳若尔油田KT-Ⅱ层段的岩心样品进行的绝对孔隙度分析,发现这些样品的孔隙度最大值为29.46%,最小孔隙度为0.16%,孔隙度主要分布在0.16%~15%区间,约占分析样品总数的80%,如图4-3-20所示。图4-3-21为这些样品分析数据的累计分布频率,在孔隙度为0.16%~15%的区间,累计曲线变陡,斜率变大,从另一方面也说明了图4-3-20所示的分析样品孔隙度的分布特性。

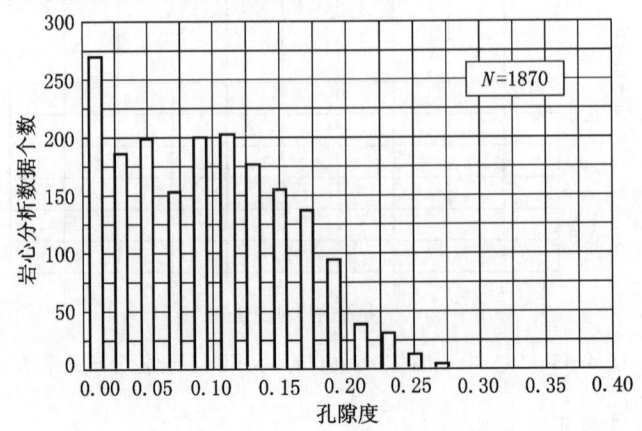

图4-3-20 KT-Ⅱ岩心分析孔隙度分布图(总样品点)

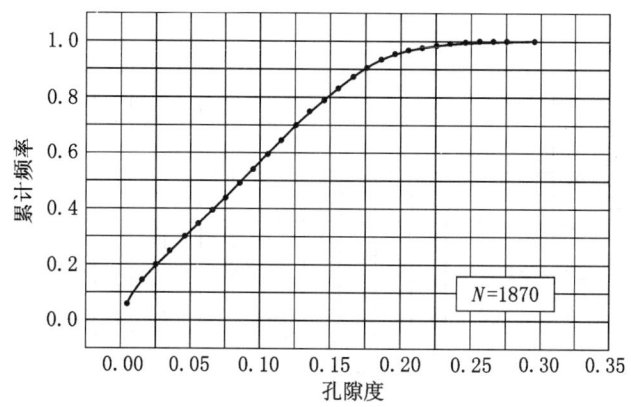

图4-3-21 KT-Ⅱ岩心分析孔隙度累计频率图（总样品点）

如前所述，由于取心收获率及分析样品采样密度的原因，岩心归位效果差，孔隙度关系式的建立采用具一定取心收获率的主要储集目的层段的岩心分析孔隙度平均值与经井径和放射性影响校正后的中子伽马值的平均值来建立。依此思路，油田范围内共使用了18口井141个主要储层资料，这些资料经编辑整理，采用数理统计分析原理得到如图4-3-22所示的关系图版，其孔隙度关系式为：

$$\phi = -\frac{\lg \Delta J_{\mathrm{nr}} + 0.1066}{3.402} \quad (R=0.85, N=141) \tag{4-3-43}$$

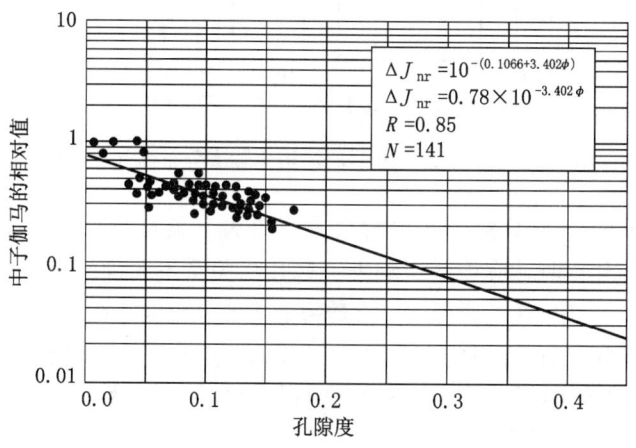

图4-3-22 KT-Ⅱ中子伽马相对于岩心孔隙度的关系图

2）渗透率

通过对扎纳若尔油田KT-Ⅱ层段的岩心原始渗透率分析数据进行统计，可发现在这些实验样品中，绝大多数实验样品的渗透率小于$10\times10^{-3}\mu m^2$，约占总样品数的80%，其中有将近60%样品的渗透率在$1\times10^{-3}\mu m^2$以下。渗透率在$100\times10^{-3}\mu m^2$以上的样品很少，不足总样品数的5%，而渗透率大于$1000\times10^{-3}\mu m^2$的样品就更少了（图4-3-23、图4-3-24）。

根据前面的论述，KT-Ⅱ层段渗透率的计算公式仍采用$\lg K = A + B \cdot \phi$模型，在图4-3-25的分析样品数据资料中，有相当多的样品取自非渗透性的致密层，若将全部分析样品数据参与回归建模，其结果必将会带来一定偏差，甚至与井下储层的实际情况相差遥

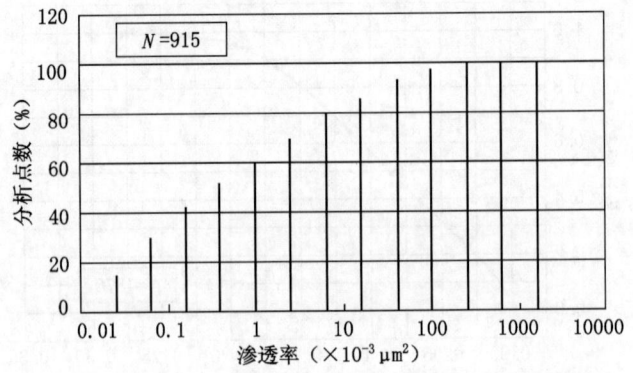

图4-3-23 KT-Ⅱ岩心渗透率累计分布图（总数据）

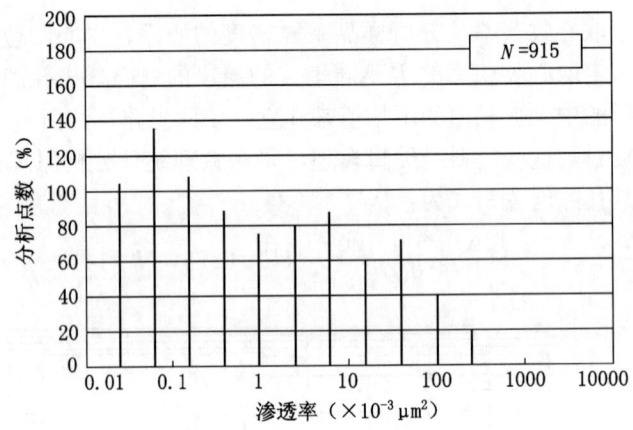

图4-3-24 KT-Ⅱ岩心渗透率频率分布图（总数据）

远。由于$\lg K = A + B \cdot \phi$计算模型在单对数坐标里为一条直线，并认为该地区储层具有这一变化关系，在具体建模时就应该适当删去一些孔渗关系不明确的点子，保留能充分体现储层渗透率特性的点子。经过这一处理后，渗透率的主要分布区间在$0.3 \times 10^{-3} \sim 250 \times 10^{-3} \mu m^2$的范围，小于$0.3 \times 10^{-3} \mu m^2$和大于$250 \times 10^{-3} \mu m^2$的点子的比例相当少（图4-3-25和图4-3-26），这一点与储层的干层特性和高产特性对应关系较好。由此得到图4-3-27的渗透率关系图版，相应关系式为：

$$\lg K = -1.68 + 21.64\phi$$
$$K = 0.021 \times 10^{21.64\phi} \quad (4-3-44)$$
$$R = 0.82$$
$$N = 908$$

3) 地层因素

用电阻率来确定地层的含油气性的物理前提是，油的电阻率比水的电阻率高，而且是把含油地层的电阻率与100%含水地层的电阻率进行比较来确定地层含油气性的好坏。众所周知，电阻率的高低不仅与地层的含油气性有关，而且与地层的孔隙度和地层水的矿化度有关。因此，为了消除地层水矿化度和地层孔隙度的影响，通常是引进地层因素F这一概念来说明孔隙度对地层电阻率的影响，其定义为：

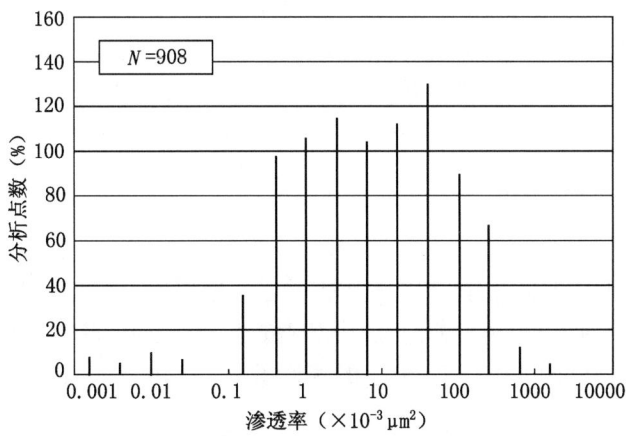

图 4-3-25 KT-Ⅱ岩心渗透率频率分布图（拟合数据）

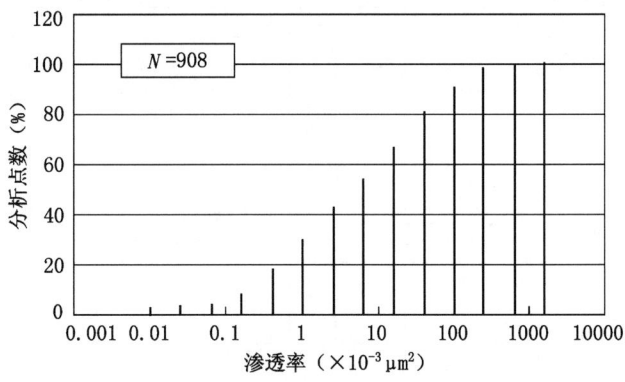

图 4-3-26 KT-Ⅱ岩心渗透率累计分布图（拟合数据）

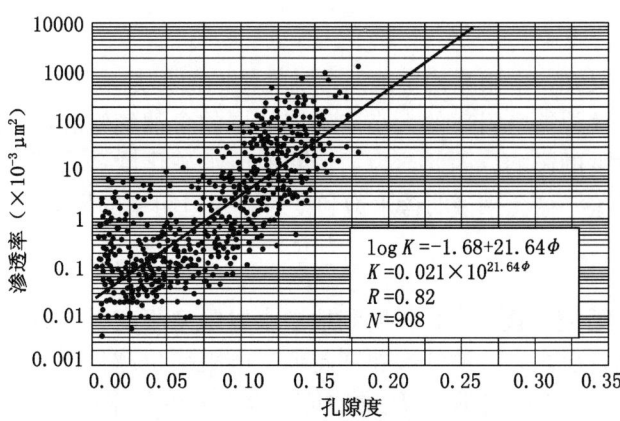

图 4-3-27 KT-Ⅱ渗透率与孔隙度的关系图

$$F = \frac{R_\text{o}}{R_\text{w}} \quad (4-3-45)$$

式中 R_o——100％含水地层的电阻率；

R_w——岩石所含水的电阻率。

1942年Archie经过实验研究发现，当孔隙度不变时，比值R_o/R_w几乎是一个常数。对于水层来说，地层因素F的变化只与孔隙度有关，与地层水的矿化度或者电阻率无关。也就是说，在双对数坐标中，地层因素F与孔隙度ϕ具有直线关系，即：

$$\lg F = \lg a - m \cdot \lg \phi \tag{4-3-46}$$

或者：

$$F = \frac{R_o}{R_w} = \frac{a}{\phi^m} \tag{4-3-47}$$

扎纳若尔油田KT-Ⅱ层段有13口井开展了岩心地层因素实验，共分析168个岩心样品。把这些数据按式（4-3-36）的定义在双对数坐标中的数理统计分析处理，经奇异资料点的删除处理后，得到图4-3-28所示的解释图版，其关系式为：

$$F = \frac{1.87}{\phi^{1.62}} \quad (R = 0.95, N = 158) \tag{4-3-48}$$

这里$a = 1.87$，$m = 1.62$。

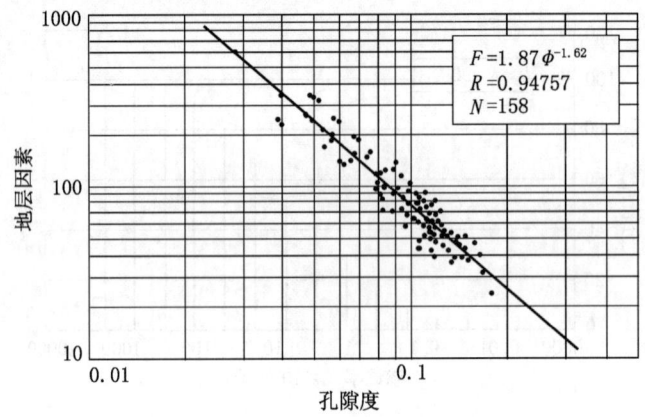

图4-3-28　KT-Ⅱ地层因素与孔隙度的关系图

4）电阻率指数

由地层因素的定义知，电阻率确定地层含油气性的前提是地层中油和气的电阻率不同。即使这样，也不能直接根据电阻率的大小来确定地层的含油气饱和度，因为电阻率受岩层孔隙度、地层水矿化度的影响。因此，为了消除地层水矿化度和地层孔隙度的影响，通常是引进电阻率指数I这一概念来说明含水饱和度对地层电阻率的影响，其定义为：

$$I = \frac{R_t}{R_o} \tag{4-3-49}$$

Archie经过实验研究发现，当孔隙度和地层水电阻率不变时，岩石的含油气饱和度越高，则电阻率也越高；反之，含油气饱和度越低，电阻率也越低。但是，当含油岩石的电阻率R_t与该岩石完全含水时的电阻率R_o的比值，也就是电阻率指数I，只与岩石的含水饱和度有关而与地层水电阻率和孔隙度等因素无关。在双对数坐标中，电阻率指数I与含水饱和度S_w具有直线关系，即：

$$\lg I = \lg b - n \cdot \lg S_w \tag{4-3-50}$$

或者：

$$I = \frac{R_t}{R_o} = \frac{b}{S_w^n} \tag{4-3-51}$$

扎纳若尔油田KT-Ⅱ层段有16口井开展了岩心电阻率指数实验，共分析146个岩心样品，获得645个实验数据。把这些数据按式（4-3-51）的定义在双对数坐标中的数理统计分析处理，经奇异资料点的删除技术处理后，得到图4-3-29所示的解释图版，其关系式为：

$$I = \frac{1.0}{S_w^{1.39}} \quad (R = 0.96, N = 636) \quad (4-3-52)$$

这里 $b = 1.0$，$n = 1.39$。

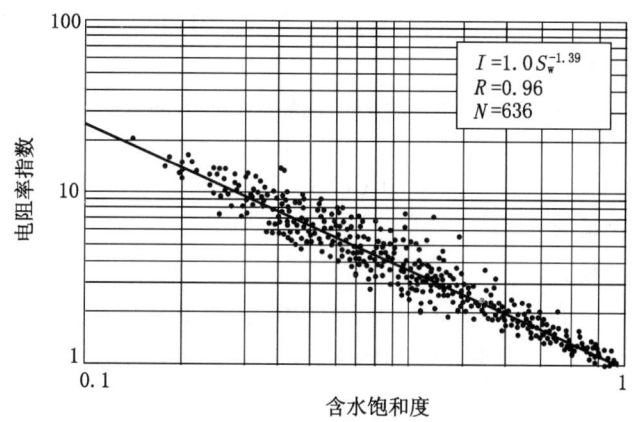

图4-3-29　KT-Ⅱ电阻率指数与含水饱和度的关系图

5）声波时差与孔隙度的实验关系

为了对KT-Ⅰ的钻井地质岩性剖面及KT-Ⅱ的缝洞孔隙的评价，分别建立了纯石灰岩和纯白云岩的时差—孔隙度关系。在扎纳若尔油田的取心井分析资料中，运用哈萨克斯坦方面提供的岩心样品的声波时差和孔隙度的实验分析成果，分别选择了24个纯石灰岩和纯白云岩的岩心样品，研制了纯石灰岩和纯白云岩的岩心实验声波时差与孔隙度关系图版（见KT-Ⅰ的图4-3-15和图4-3-16）。

纯石灰岩（图4-3-15）关系同KT-Ⅰ的式（4-3-38）。

纯白云岩（图4-3-16）关系同KT-Ⅰ的式（4-3-39）。

6）缝洞孔隙度评价指数

众所周知，对于碳酸盐岩，真正意义上的原生沉积基质孔隙大都很小，几乎为零。岩石中的次生缝洞孔隙几乎都来自成岩以后发生在地层岩石中的各种次生演化作用。在测井储层次生孔隙度评价中，没有一定大小规模的次生孔隙空间，对于用测井资料缝洞孔隙度的评价来说无太大实际意义。

KT-Ⅱ的缝洞孔隙评价，采取下述两方面评价结果的综合。首先依据KT-Ⅰ评价方法中描述的在KT-Ⅰ层段的井开展的用不同饱和度方法测定有效孔隙度分析样品，认为石蜡结果基本体现总孔隙，蒸馏水结果反映类似基孔特征的孔隙（可能偏大），两者差值当作缝洞孔隙，据此建立总孔隙与缝洞孔隙的关系，并用来评价储层缝洞的发育程度（图4-3-17）。其次，鉴于KT-Ⅱ的岩性较单一，以石灰岩为主，近似看作纯石灰岩，缝洞孔隙的评价取中子伽马测井孔隙度与石灰岩声波孔隙度的差值。最后取这两种方法的平均。

评价关系为：

（1）由煤油、石蜡法实验孔隙度建立的评价关系式同KT-Ⅰ的式（4-3-40）。

$$\Delta\phi_{1次生} = -0.0857 + 0.1165\phi_{总} \quad (R=0.78, N=24) \tag{4-3-53}$$

(2) 由中子伽马测井孔隙度［式（4-3-43）］与石灰岩声波岩心孔隙度实验关系式［式（4-3-53）］建立的评价关系式：

$$\phi = -\frac{\lg\Delta J_{nr} + 0.1066}{3.402} \tag{4-3-54}$$

(3) 取上述两种方法的平均：

$$\Delta\phi_{2次生} = \phi - \phi' \tag{4-3-55}$$

$$\Delta\phi_{次生} = (\Delta\phi_{1次生} + \Delta\phi_{2次生})/2 \tag{4-3-56}$$

7) 裂缝发育度评价指数

评价方法同 KT-I 的式（4-3-41），评价公式使用如下经验关系式：

$$K_f = \frac{1}{CCC\, S_w} \frac{(10\phi_{总})^2}{10} \tag{4-3-57}$$

式中 CCC 为白云岩化系数。

8) 中子伽马井径校正

评价方法同 KT-I 的式（4-3-42），评价公式如下经验关系式：

$$\Delta J_{nr} = 0.041 - 0.0391\Delta d_c \quad (R=0.75, N=9) \tag{4-3-58}$$

井径校正图版与 KT-I 的图 4-3-18 和图 4-3-19 相同。

KT-II 层段的岩性相比 KT-I 要单一得多，依照新疆石油管理局研究院项目组专家的意见，把 KT-II 层段的钻井地质剖面看作纯石灰岩剖面，测井资料处理时按纯石灰岩对待，相应 KT-II 层段计算的孔隙度也不做岩性校正，测井资料解释的孔隙度认为是地层的真实总孔隙度。

第五节 孔隙度公式的精度评价

一、KT-I

(1) 通过 KT-I 岩心分析回归公式 $\Delta J_{nr} = 0.88\times 10^{-3.472\phi}$ 与对应储层岩心分析孔隙度之间的对比，岩心分析孔隙度与相应储层的回归公式计算的孔隙度之间最小误差为零，最大误差约 5%（仅少数几个点），所有样品的算术孔隙度误差和很小，平均算术孔隙度误差近似为零，绝大多数样品的绝对误差在 1.5% 以内。这表明由这批岩心样品研究的解释公式图版精度高，符合测井解释技术规范的要求。

(2) 根据回归公式计算的孔隙度与岩心分析的孔隙度之间的绝对误差分布来看，有 32% 的岩心样品点的孔隙度绝对误差分布在 0.0~1.0% 区间，中心值为 0.5%；有 23% 的岩心样品点的孔隙度绝对误差分布在 1.0%~2.0% 区间，中心值为 1.5%；分布在 2.0%~3.0% 区间的样品占总样品的 15%；分布在 3.0%~4.0% 及 4.0%~5.0% 区间的样品比例也各为 15%。其中孔隙度绝对误差小于 2.0% 的样品占总样品的 55%（中心值在 1.5%），而中心值小于 2.5% 的样品占到了总样品数的 70%。由此从另一个侧面也说明了公式图版的精确性。孔隙度误差频率图版见图 4-3-30。

(3) 从回归关系计算的孔隙度与岩心分析孔隙度之间的分布特征（图 4-3-31）关系图版上看，它们之间的分布关系直线相对于 45° 中心对角线呈相互交叉关系，交叉点在孔隙度为 10.0% 附近。从交叉点向孔隙度增大方向以及从交叉点向孔隙度减小方向，两条直线

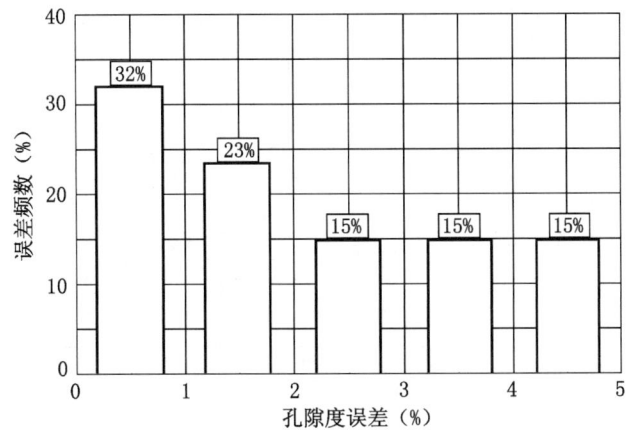

图 4-3-30 KT-Ⅰ岩心分析与拟合关系孔隙度误差频率分布图

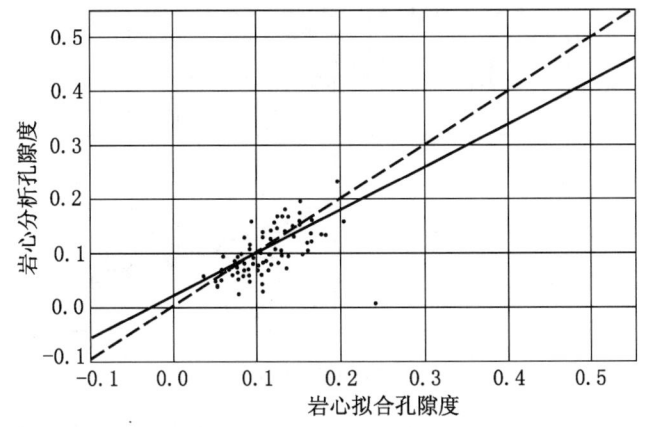

图 4-3-31 KT-Ⅰ岩心拟合孔隙度与岩心分析孔隙度的关系图

分离,但分离速度比较缓慢。这些特征说明储层在 10.0% 左右,岩心孔隙度分析资料回归公式计算的孔隙度误差小,能真实反映井下储层特性;随着储层孔隙度的增大和减小,由回归拟合公式计算的储层孔隙度略有误差,在孔隙度的高端,计算的孔隙度略小于岩心分析孔隙度,而在低孔隙度区域,计算的孔隙度又略高于岩心分析孔隙度。根据哈萨克斯坦扎纳若尔油田的前期测井解释成果报告上看,KT-Ⅰ层段储层的孔隙度大都分布在 10.0% 附近,主要分布在 6.0%～18.0% 区间,说明 $\Delta J_{nr} = 0.88 \times 10^{-3.472\phi}$ 解释精度高、应用效果好。

(4) 根据哈萨克斯坦扎纳若尔油田前期 26 口探井测井解释报告上的解释成果,建立了中子伽马测井值与测井解释孔隙度之间的油田测井解释孔隙度关系图版(图 4-3-32),得到了解释关系式:

$$\Delta J_{nr} = 1.01 \times 10^{-4.014\phi} \quad (R = 0.96, N = 570) \quad (4-3-59)$$

为了对比油田储层的孔隙度解释与回归拟合岩心分析孔隙度解释,建立了相应的对比关系图版如图 4-3-33 所示。图中分别绘出了油田孔隙度解释关系曲线和岩心孔隙度拟合关系曲线,两条曲线也在孔隙度为 10.0% 处相交,在孔隙度为 8.0%～15.0% 区间两条曲线重合,说明依据岩心分析建立的孔隙度解释公式与原哈萨克斯坦方面的解释结果有很好

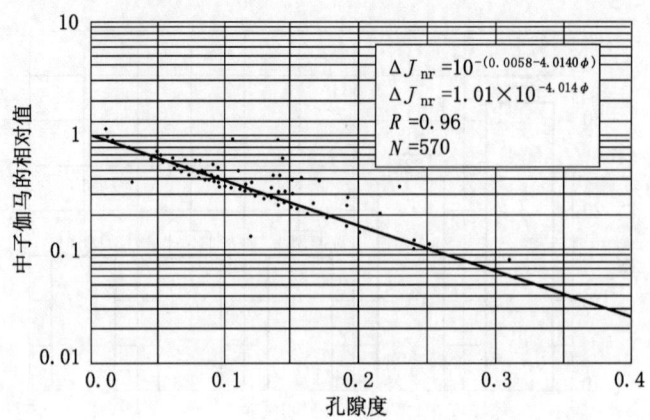

图 4-3-32 KT-Ⅰ中子伽马相对值与解释孔隙度的关系图

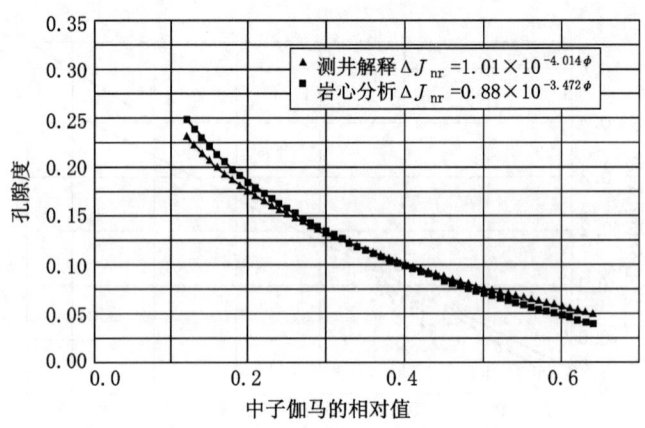

图 4-3-33 KT-Ⅰ岩心分析与测井解释孔隙度拟合关系对比图

的一直性,哈萨克斯坦方面的解释成果可靠。但进一步观察分析发现,在低孔隙度区域(孔隙度小于 6.0%),哈萨克斯坦方面的孔隙度结果高于用岩心分析孔隙度回归公式计算的结果,即在孔隙度的低值区间,哈萨克斯坦方面的解释结果偏高。类似有,在孔隙度的高值区域(孔隙度大于 15.0%),哈萨克斯坦方面的孔隙度结果低于用岩心分析孔隙度回归公式计算的结果,即在孔隙度的高值区域,哈萨克斯坦方面的解释结果偏低。根据这一特性可以认为,由于 KT-Ⅰ储层的孔隙度大都处在 6.0%~20.0%区间,所以该层段的储集物性应比原来的解释结果偏好。

二、KT-Ⅱ

(1) 通过 KT-Ⅰ岩心分析回归公式 $\Delta J_{nr}=0.78\times 10^{-3.402\phi}$ 与对应储集层岩心分析孔隙度之间的对比,岩心分析孔隙度与相应储集层的回归公式计算的孔隙度之间最小误差为零,最大误差约 5%(仅少数几个点),所有样品的算术孔隙度误差和很小,平均算术孔隙度误差近似为零,绝大多数样品的绝对误差在 1.5%以内。这一点说明由这批岩心样品研究的解释公式图版精度高,符合测井解释技术规范的要求。

(2) 根据回归公式计算的孔隙度与岩心分析的孔隙度之间的绝对误差分布来看,有 36%的岩心样品点的孔隙度绝对误差分布在 0.0~1.0%区间,中心值为 0.5%;有 30%的岩心样品点的孔隙度绝对误差分布在1.0%～2.0%区间,中心值为1.5%;分布在2.0%～3.0%区间的样品占总样品的20%;分布在3.0%～4.0%及4.0%～5.0%区间的样品比例分别为8%和6%。其中孔隙度绝对误差小于2.0%的样品占总样品的66%(中心值在1.5%),而中心值小于2.5%的样品占到了总样品数的86%。由此从另一个侧面也说明了公式图版的精确性。孔隙度误差频率图版见图4-3-34。

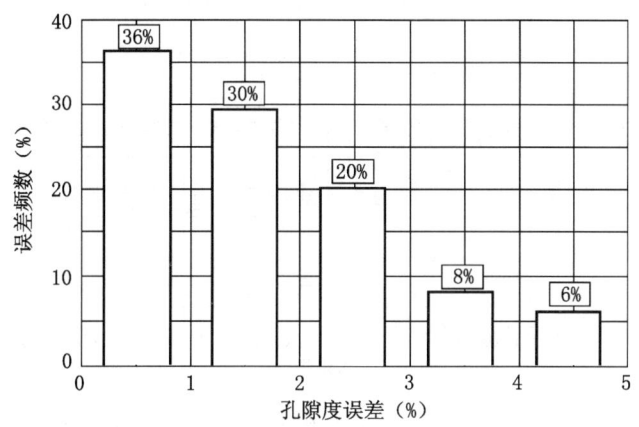

图4-3-34 KT-Ⅱ岩心分析与拟合关系孔隙度误差频率分布图

(3)从回归关系计算的孔隙度(实线)与岩心分析孔隙度(虚线)之间的分布特征(图4-3-35)关系图版上看,它们之间的分布关系直线相对于45°中心对角线呈相互交叉关系,交叉点约在孔隙度为10.0%附近。从交叉点向孔隙度增大方向以及从交叉点向孔隙度减小方向,两条直线有小幅度的分离。从交叉点向孔隙度增大方向,图中实线位于虚线的下方,从交叉点向孔隙度减小方向,图中实线又位于虚线的上方。这些特征说明储层孔隙度在10.0%左右,岩心孔隙度分析资料回归公式计算的孔隙度误差小,能真实反映井下储层特性;随着储层孔隙度的增大和减小,由回归拟合公式计算的储层孔隙度略有误差,在高孔隙度区域,计算的孔隙度略小于岩心分析孔隙度,而在孔隙度低端,计算的孔隙度又略高于岩心分析孔隙度。根据哈萨克斯坦扎纳若尔油田的前期测井解释成果报告上看,KT-Ⅱ层段储层的孔隙度大都分布在10.0%附近,主要分布在7.0%～20.0%区间,说明$\Delta J_{nr}=0.78\times10^{-3.402\phi}$解释精度高、应用效果好。

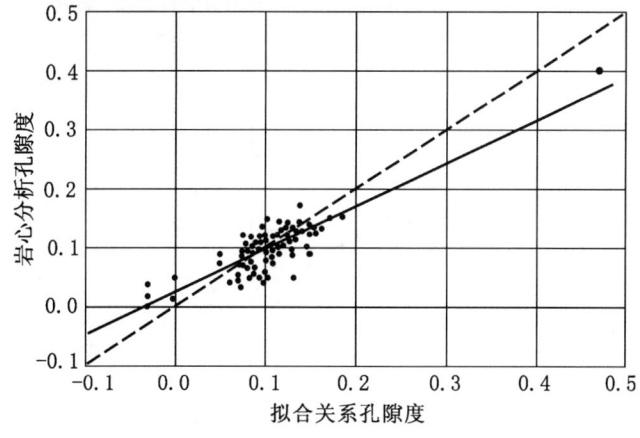

图4-3-35 KT-Ⅱ拟合关系孔隙度与岩心分析孔隙度的关系图

(4) 根据哈萨克斯坦扎纳若尔油田的前期 20 口探井测井解释报告上的解释成果,建立了中子伽马测井值与测井解释孔隙度之间的油田测井解释孔隙度关系图版(图 4-3-36),得到了解释关系式:

$$\Delta J_{nr} = 0.94 \times 10^{-4.147\phi} \quad (R = 0.97, N = 848) \quad (4-3-60)$$

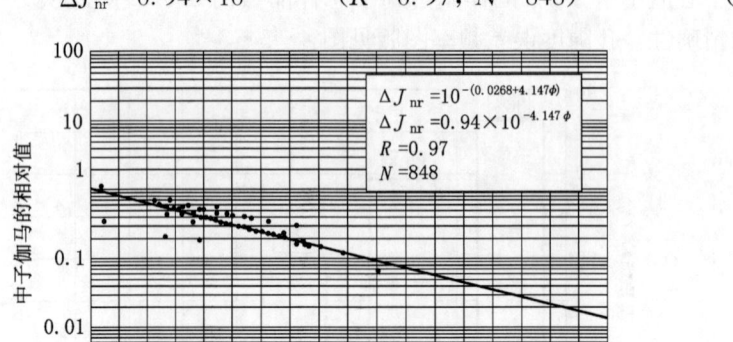

图 4-3-36 KT-Ⅱ中子伽马相对值与解释孔隙度的关系图

为了对比油田储层的孔隙度解释与回归拟合岩心分析孔隙度解释,建立了相应对比关系图版如图 4-3-37 所示。图中分别绘出了油田孔隙度解释关系曲线($\Delta J_{nr} = 0.94 \times 10^{-4.147\phi}$)和岩心孔隙度拟合关系($\Delta J_{nr} = 0.78 \times 10^{-3.402\phi}$)曲线,两条曲线在孔隙度为 17.5% 处相交,在孔隙度为 13.0%~21.0% 区间两条曲线重合,说明依据岩心分析建立的孔隙度解释公式与原哈萨克斯坦方面的解释结果一致性很好,哈萨克斯坦方面的解释成果可靠。但进一步观察分析发现,在低孔隙度区域(孔隙度小于 10.0%),哈萨克斯坦方面的孔隙度结果高于用岩心分析孔隙度回归公式计算的结果,即在孔隙度的低值区间,哈萨克斯坦方面的解释结果偏高。而在孔隙度的高值区域(孔隙度大于 12.0%),哈萨克斯坦方面的孔隙度结果与用岩心分析孔隙度回归公式计算的结果比较接近,即在孔隙度的高值区域,哈萨克斯坦方面的解释结果与用岩心分析孔隙度回归公式计算的结果在同一个精度水平上,对高孔隙度储层的解释结论较为可靠。根据这一特性可以认为,由于 KT-Ⅱ储层的孔隙度大都在 10.0% 以上,所以该层段的储集物性应比原来的解释结果偏好,解释精度总体提高。

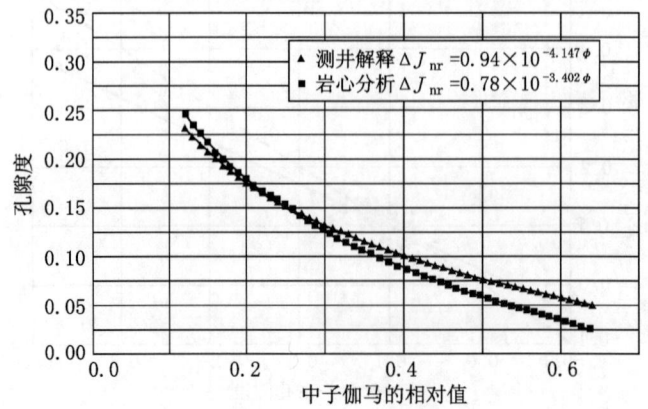

图 4-3-37 KT-Ⅱ岩心分析与测井解释孔隙度拟合关系对比图

第六节　地层水电阻率的计算

地层水电阻率参数在储集性地层含油气饱和度计算中至关重要，地层水取样的准确性和实验室分析化验的精度直接影响着储层含油气饱和度的计算精度，为了使测井解释的储层饱和度与地下地层饱和度很好的一致，必须重视地层水电阻率的计算精度。

扎纳若尔油田的 KT-Ⅰ 和 KT-Ⅱ 层段先后共有上百个地层中途测试及完井试油试气，这不仅获得了多个层段的原油天然气样品资料，更主要的是获得了多个在测井解释计算地层含油气饱和度参数中必需的地层水资料。其中，KT-Ⅰ 层段有地层水样 8 个，据哈萨克斯坦扎纳若尔油田部门提供的资料显示，地层水的取样深度在 2850~3050m 之间，地层水密度都大于 $1.0g/cm^3$，平均为 $1.0697g/cm^3$，弱碱性，矿化度最小为 7.3%，最大为 13.4%，平均为 9.85%，溶液中 Ca^{2+} 占绝对多量，属氯化钙水型；含油层系的温度在 50~60℃ 之间，经测算，在此地层温度情况下，把氯化钙水型的地层水矿化度转化为等效氯化钠溶液后，地层水电阻率 R_w 为 $0.04\Omega·m$。KT-Ⅱ 层段有 9 个地层水样，地层水的取样深度在 3600~3980m 之间，地层水密度都在 $1.0g/cm^3$ 以上，平均为 $1.0587g/cm^3$，溶液中 Ca^{2+} 占绝对多量，属氯化钙水型，矿化度最小为 6.832%，最大为 10.2007%，平均为 8.2541%；含油层系的温度在 60~80℃ 之间，经测算，在 70~80℃ 的地层温度情况下，把氯化钙水型的地层水矿化度转化为等效氯化钠溶液后，地层水电阻率 R_w 为 $0.04\Omega·m$。

第四章 测井资料处理与油气水层解释

第一节 测井曲线编辑

一、测井曲线编辑和环境影响校正

测井曲线编辑是测井资料处理解释工作中的重要一环。在测井资料解释工作中，编辑工作主要是对测井曲线进行深度编辑，这是因为在 3~4km 的井中，由于仪器重量的差别和电缆伸长量的不同，容易造成每次测量时的深度误差，使各条测井曲线之间出现地层界面深度对不齐。

曲线的校正工作涉及的内容较多，参数解释内容和解释精度的不同，曲线校正工作之间存在很大差别。一般情况下，曲线的深度校正属必做内容，环境校正如井径校正、侵入校正等可视具体情况而定。就哈萨克斯坦扎纳若尔油田的测井资料而言，主要应考虑井眼和附加校正，其他因素对测井曲线的影响可以忽略。在坏井眼（井径扩大处）的地方，中子伽马值减小，侧向测井电阻率值下降，声波测井时差值往往偏大甚至出现周波跳跃，其他测井曲线也将会受到不同程度的影响。同一种环境影响因素，仪器类型不同，受到的影响程度也大不一样，如扩径处，单发双收仪器受到的影响就要比双发双收大，不过该油田在当时技术环境下还没有采用双发双收仪器。

二、测井曲线标准化

测井曲线的误差，除了受井眼、钻井液浸入等环境因素影响外，另一个误差来源则是仪器刻度体系的不准确。这是因为对于一个油田来说，在漫长的油气勘探和开发过程中，很难做到所有的测井曲线都采用同一类型的仪器、统一的刻度标准，甚至同样的现场测井操作方式。因此，各次测井操作中必然就会在井与井之间人为地引入某种刻度误差。这就要求测井解释评价技术人员在进行资料的处理前首先应开展曲线的标准化工作。

测井曲线标准化的实质就是在同一油田或地区找出一个具有特殊意义的地层段，在这一地层段内的地层都具有相同的沉积环境和近似的地质或地球物理参数分布趋势，表现在测井曲线上往往具有相同或相似的曲线形态特征，并遵从某种规律按一定的趋势变化。对于扎纳若尔油田测井曲线的标准化，KT-Ⅰ碳酸盐岩剖面是选取目的层段上的厚层致密灰岩或白云岩，KT-Ⅱ碳酸盐岩剖面岩性较单一，标准化工作主要是选取目的层段上的厚层致密灰岩。这样做是基于如下考虑：

（1）在扎纳若尔油田上的 KT-Ⅰ和 KT-Ⅱ地层剖面上，厚层致密灰岩和白云岩（仅KT-Ⅰ）各井都能发现。

（2）从取心井的岩心观察及各井的测井资料上看，致密碳酸盐岩地层岩石坚硬，井眼规则，无明显扩径缩径现象，曲线近于相似，曲线幅度趋于稳定。

（3）具有较强的资料可比性。扎纳若尔油田从首次钻探发现到构造内幕的完全解剖，前后跨越近二十年，使用了多种类型的测井仪器，但在这一期间测井系列却都相同，各单井上都测了微电极、声波时差、侧向测井、伽马测井和中子伽马测井，便于资料的对比。

第二节　油气水层解释

一、分层

扎纳若尔油田地层岩性剖面为碳酸盐岩，KT-Ⅰ产层的碳酸盐岩剖面由石灰石、白云石及其过渡形态组成，KT-Ⅱ产层剖面岩性较单一，主要由石灰石以及极少量的薄层自交代白云石组成。岩石较纯，储层碳酸盐含量较高，通常在85%以上，泥质含量很少，一般在5%～6%以下。

由于不含孔隙的碳酸盐岩岩石比较致密，基岩块的电阻率在10000Ω·m以上，用测井资料划分储层碳酸盐岩要比砂泥岩地层难得多。对于哈萨克斯坦扎纳若尔油田的测井系列，微电极曲线在碳酸盐岩剖面均呈现高阻尖峰锯齿状，对储层的划分显然不如砂泥岩剖面明显，许多井由于井壁的不规则根本无法使用这种曲线来判断渗透层。其他如自然电位、普通视电阻率测井也由于地层电阻率太高和钻井液电阻率过低对地层界面反映不敏感。因此，针对该油田的测井曲线实际情况，采取传统的"三低一高法"识别储层，并参考照顾相关测井资料。方法是，自然伽马曲线的高值首先去掉泥质含量相对较高地层（高放射性地层除外），依据中子伽马曲线剔除致密地层，靠相对高的声波时差和相对低的电阻率来说明地层孔隙性及渗透性的好坏，当井眼规则以及钻井液电阻率不太高时，微电极在渗透性储层也有良好显示。

二、油气水层的划分

从测井曲线上区分油气层和水层，是根据油气和水层在测井曲线上幅度的相对高低，水层的电阻率相对最低，油气层的电阻率相对较高，油（气）水的过渡带电阻率呈斜坡状或阶梯状由高到低变化，这一特征在有油（气）水界面的井均能见到。

要从测井曲线上划分油层和气层难度比较大，这是因为气层与油层在各条测井曲线上的特征都比较相近，无论是声波、电阻率还是中子等测井曲线，油层是高值气层也是高值，反之，油层是低值气层也是低值，即便是中子伽马的时间推移测井也很难把油层与气层分开。操作中是根据试油时的出油或出气来划分油层与气层，最后划定统一的油气界面。

第三节　单井岩性剖面与缝洞特性处理

一、单井岩性剖面处理

KT-Ⅱ层段的碳酸盐岩地层岩性剖面比较单一，以石灰岩为主，仅含少量白云石，测井资料处理时以纯石灰岩对待。KT-Ⅰ层段的碳酸盐岩地层岩性剖面比KT-Ⅱ复杂得多，岩性不仅有石灰岩和白云岩，而且在北高点部分井的顶部还分布有厚度不等的石膏。KT-Ⅰ层段的岩性剖面处理包括所有已数字化的探井和开发井，岩性特征涉及石灰岩、白云岩、石膏和泥质（泥岩）。

二、缝洞特性处理

根据缝洞特征指示评价解释模型分别对KT-Ⅰ、KT-Ⅱ的所有已数字化的探井和开发井做了缝洞特征指示处理，以便于对储层类型的解释作出准确评判。此外，还对KT-Ⅰ层段的24、31、60号井的取心井段岩心做了裂缝描述的3口井进行了特别处理，目的是对比检验本解释方法中的缝洞特征指示解释模型的适应情况。这3口井的对比关系表明，测井资料处理结果与岩心描述的缝洞特征能很好符合，缝洞处理结果对油田的开发具有指导意义。

第五章 储层参数对比与评价

第一节 储层参数评价

一、KT-Ⅰ层段

1. 地层岩石特点

KT-Ⅰ层段岩性剖面为石灰岩、白云岩及其过渡类型，在这些岩层中夹杂着一定泥岩地层，石灰岩属于生物沉积和化学沉积建造，大部分白云岩属于石灰岩经交代作用而生成的次生建造。生物灰岩按形态—结构特征可分为生物残骸灰岩、生物碎屑灰岩和生物团粒灰岩，化学成因石灰岩以薄层形式出现在生物成因石灰岩中，且常尖灭于其中；白云岩在剖面上最具代表性，为石灰岩被交代的产物，根据石灰岩被转化为白云岩的程度，交代白云岩通常分为三类：白云质灰岩、灰质白云岩和白云岩。在北高点剖面上有少数几口井的A层段中还含有厚度不大的硬石膏、泥膏岩、膏质泥岩夹层。

据构造上有关取心井岩石薄片的观察，KT-Ⅰ层段生物灰岩的储集孔隙空间结构为非均质孔隙结构，孔隙的结构类型为孔隙型和孔隙溶洞型，原生沉积的粒间孔隙只占总储积孔隙空间的很小部分，岩石的主要储集孔隙空间是由再结晶和淋滤作用产生的次生孔隙。白云岩的储积孔隙空间多数是由再结晶和淋滤作用产生的次生孔隙，形状不规则，包括多棱角的、扁平的、缝隙状的、港湾状的等等，分布很不均匀。白云质灰岩的孔隙通常不多，主要受淋滤作用制约，灰质白云岩由于石灰岩的白云岩化和再结晶化作用广泛发育，孔隙也随之增大。

2. 岩性剖面的优化处理及准确度评价

1) 特殊岩性的评价

在扎纳若尔油田北高点的KT-Ⅰ层段上，部分地方分布了厚度不等的膏岩剖面，这些特殊岩层在测井曲线上有较为明显的特征。由于测井方法不完全和资料质量差等原因，要从测井曲线上完全识别这类地层本身难度很大，再加上个别井的膏岩剖面为泥膏岩，相应就更增加了用测井资料进行识别的难度。但仔细观察分析测井曲线特征就会发现，当膏岩岩性剖面较纯时，在测井曲线上表现为电阻率高值，声波时差中等，自然伽马低值，伽马—伽马测井也有较好显示。依据测井曲线的这些特点，采用有关模式判别技术，可以做到对含泥量较少的膏岩加以识别。

2) 碳酸盐岩岩性剖面的准确度评价

依据已有的岩石矿物分析报告和岩心录井取心描述资料，使用前面开发的岩性优化处理程序对10、13、15、16、18、19、22、24、25、30、31等十一口井的测井岩性处理剖面与用岩心分析资料所鉴定的岩性剖面以及钻井取心所描述的岩性剖面的对比结果统计，在取心收获率大于50%的201个井段上，共有123个井段完全符合，占80.4%；基本符合有48个岩性段；不符合30个岩性段，占19.6%。如图4-5-1是测井岩性剖面成果图。由此说明程序的岩性解释方法可靠，解释结果正确，能满足生产的要求。

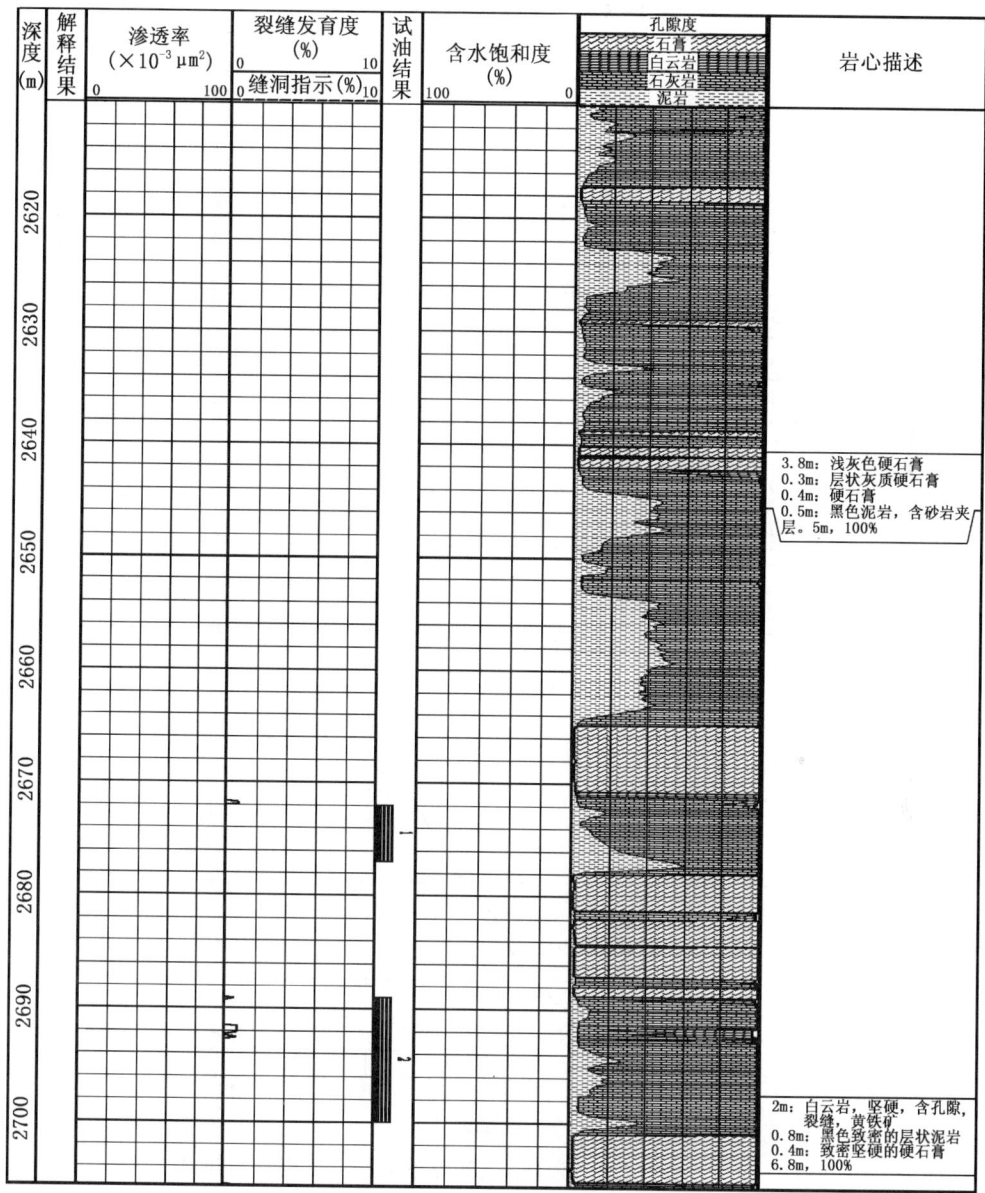

图 4-5-1 岩性剖面成果图

3. 储层孔隙度评价

1) 孔隙度下限值的选择

（1）为了求准 KT-Ⅰ层段储层的孔隙度下限值，在反复参阅研究了哈萨克斯坦方面的研究成果后，对构造上的 17 口井 65 个试油层的试油结论和孔隙度资料做了技术统计。其中，产层（包括气层、油层、水层）36 层，干层 29 层，把这些试油层资料按产层（试油时获油气水流）和干层（试油时未获油气水流）以孔隙度的大小排序（表 4-5-1）作孔隙度的累计分布曲线如图 4-5-2 所示，曲线上清楚显示两条曲线的交叉点位于孔隙度值为 6%附近。

表 4-5-1　孔隙度下限统计数据

油层			干层		
孔隙度（%）	点数	累计点数	孔隙度（%）	点数	累计点数
3.5	1	1	9.5	1	1
4.5	2	3	8.5	2	3
5.5	3	6	6.5	2	5
6.5	2	8	5.5	3	8
7.5	3	11	4.5	5	13
8.5	6	17	3.5	4	17
9.5	4	21	2.5	4	21
10.5	6	27	1.5	4	25
11.5	4	31	0.5	4	29
12.5	2	33			
14.5	1	34			
15.5	2	36			

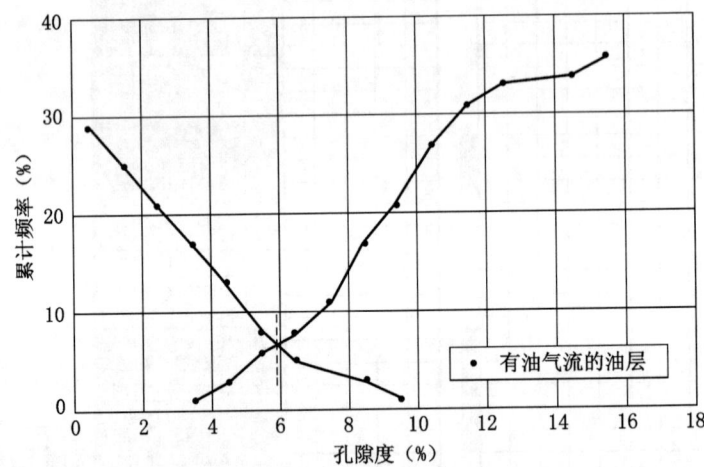

图 4-5-2　按有无油气流确定孔隙度下限的油层累计分布曲线

（2）依据试油层的电阻率和孔隙度资料作出关于试油结论的电阻率—孔隙度交绘图（图 4-5-3）。图上清楚显示，若以大约 6% 孔隙度为界，在试油结论为干层的 25 个资料点中有 23 个点落在孔隙度小于 6% 的区域，仅有两个点落在了孔隙度大于 6% 的区域，符合率高达 92%。相应地，在试油结论为油气水产层的 41 个资料点中只有 6 个点落在孔隙度小于 6% 的区域，其余 35 个点全都落在孔隙度大于 6% 的区域，占总资料点的 85.5%。

由以上两方面的结果，这次在对扎纳若尔油田测井资料数字处理时，孔隙度下限值取为 6%，储层有效厚度的划分和储层孔隙度的计算都以这一下限值为标准。因此，测井处理结果仅供引用测井储层参数的有关部门参考，具体使用时可根据扎纳若尔油田的地质实际情况做必要调整。

2) 储层孔隙度特点

从扎纳若尔油田共计 200 储集小层的测井资料计算机处理结果看，KT-Ⅰ油气储层段

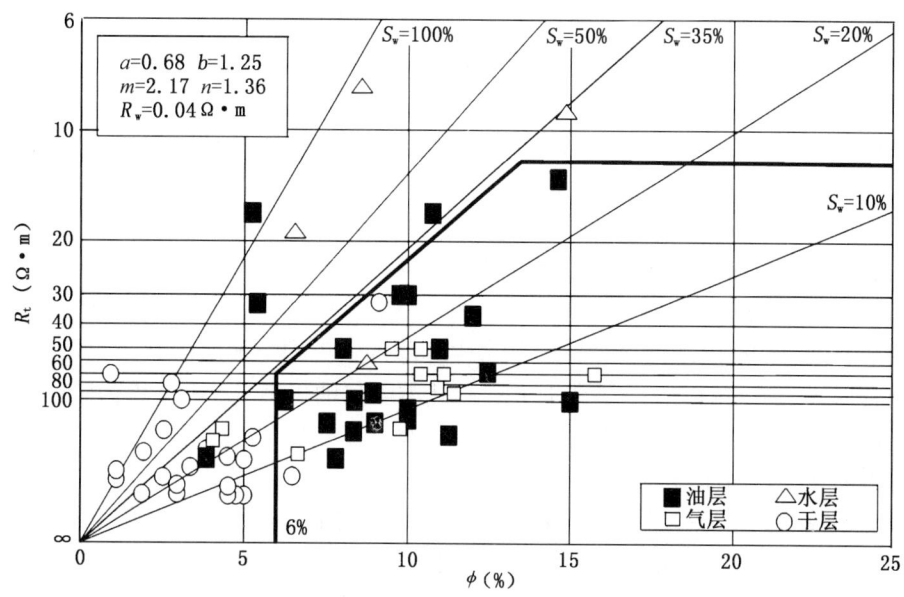

图 4-5-3 电阻率（R_t）—孔隙度（ϕ）交会图版

的测井解释总孔隙度一般在 7%～14%，最大为 18.84%，主要分布在 8%～11% 范围，与本层段上 119 个岩心样品分析的孔隙度主要分布在 6%～16% 区间的结果一致。

4. 储层饱和度评价

1) 油（气）水干层解释图版

从 KT-Ⅰ的试油层段中选择了气层 13 个、油层 24 个、水层 4 个和 25 个干层，总共 66 个试油层段。根据这些试油层的电阻率和岩心分析孔隙度做出了这 66 个试油层的电阻率—孔隙度油（气）水干层解释图版如图 4-5-3 所示，图上清楚显示，除仅有两个试油为干层的点落在孔隙度大于 6% 的区间外，其余 23 个试油为干层的点全都落在孔隙度小于 6% 的区域。因此，划分干层是以孔隙度等于 6% 为界限。相应地，试油获流体的产层孔隙度的下限值为 6%。在孔隙度大于 6% 区域，水层的电阻率通常小于 20Ω·m，一般在 15Ω·m 以下；同样，在孔隙度大于 6% 区域，油气层的电阻率都较高，通常在 30Ω·m 以上，多数油气层的电阻率在 50～200Ω·m 范围。

因此，依据图 4-5-3，油（气）水干层的划分原则为：

油（气）层：$\phi > 6\%$，$R_t > 20 \sim 30 \Omega \cdot m$，$S_w < 35\%$；

水层：$\phi > 6\%$，$R_t < 20 \Omega \cdot m$，$S_w > 35\%$；

干层：$\phi < 6\%$。

按照这一原则，得到 KT-Ⅰ油气水干层解释图版的符合率如表 4-5-2。

表 4-5-2 KT-Ⅰ油气水干层解释图版的符合率

解释结论	解释的总层数（层）	符合的层数（层）	不符合的层数（层）	解释的符合率（%）
油气层	37	31	6	84
水层	4	3	1	75
干层	25	23	2	92

从表4-5-2上不难看出,图4-5-3的油气水干层解释图版对KT-Ⅰ层段的油气水层以及干层都有很高的符合程度,平均符合率达86%。

2) 储层饱和度特点

从扎纳若尔油田多口井的多个储集小层的测井资料计算机处理结果看,KT-Ⅰ层段单井测井解释油气层饱和度普遍在70%以上,一般为75%～90%,最大含油气饱和度为92.71%,大多数油气储层的含油气饱和度都分布在80%～90%的范围。这一解释结果与本层段上岩心样品分析和试油结论吻合得很好。

5. 孔隙类型识别

碳酸盐岩地层的孔隙结构分为原生和次生孔隙两大类型,地层中常常是两部分孔隙以不同的组合形式及不同的支配方式同时并存。扎纳若尔油田KT-Ⅰ层段为碳酸盐岩剖面,岩性为石灰岩、白云岩及其过度类型,许多地方见大量生物碎屑,岩石经常出现重结晶现象和遭受淋滤作用,因而岩石中真正意义上的原生孔隙很小,其孔隙空间基本上是经后生改造作用后形成的。据岩心录像观察和岩心录井资料的描述,地层中孔洞普遍发育,并伴有规模不大的微小裂缝,有的孔隙空间具有孔洞特征,属典型的孔洞型次生孔隙;有的孔隙空间又具有基孔特征,有点类似于砂岩基质孔隙的孔隙型次生孔隙;有些地方又孔隙、裂缝并存,构成典型的孔隙裂缝双重系统等等。通过仔细研究扎纳若尔油田有关岩心地质资料以及有关试油生产信息资料后,结合缝洞孔隙评价指数和裂缝发育度评价指数,针对油田的地质情况,在测井资料处理时,对储层给出以下7种孔隙结构类型:孔隙、孔隙—孔洞、孔隙—孔洞—裂缝、孔洞、孔洞—裂缝、孔洞—孔隙、裂缝—孔洞。

图4-5-4是裂缝性储层的测井处理成果图。

6. 解释结果与试油结论的对比

为了评价构造上测井解释储层的含油气符合精度,在有试油资料的18口井中,通过对其中的10口井做了测井资料计算机数字处理和试油结论对比,以检验测井解释公式的精度及其测井资料计算机处理与试油结论的符合情况。这10口井分别是4、10、15、16、18、19、22、25、30和31井,包括了油田上北高点和南高点KT-Ⅰ的重要构造位置和主要生产层段,在这10口测井资料处理井中,共有54个试油层段,测井资料处理解释56个储层,包括气层12个,油层16个,水层5个,干层23个,解释结果与试油结论完全符合达49层(其中气层12个,油层14个,水层4个,干层19个),不符合为7层(气层3个,油层1个,水层1个,干层2个),两者的符合率达到87.5%。

7. 油气水综合评价

从构造上现有的测井资料处理结果看,KT-Ⅰ层段储层中等偏好,孔隙度一般为7%～14%,孔隙结构复杂多样,涉及孔隙型、孔洞型、裂缝型及复合型,通常孔隙型的总孔隙度要小一些,孔洞型要大一点,而裂缝型的渗透率要高一些。渗透率除与基质孔隙有关联外,还很大程度上与缝洞的发育直接联系着,对于只含基质孔隙的储集地层,渗透率一般在$2\times10^{-3}\sim30\times10^{-3}\mu m^2$,有缝洞存在时渗透率可提高很多,因此渗透率是制约油气产能的一个至关重要因素。油气层的含油气饱和度一般在70%～90%之间,大多数情况是大于80%,油层与气层的饱和度之间没有明显差别,控制储层饱和度的一个主要因素是储层在构造上的相对位置,通常A层基本上都是气层,Б层的顶部也含气,B层基本上为油层,油气界面在海拔-2560m处,而油水界面大约在海拔-2630～-2660m的范围。

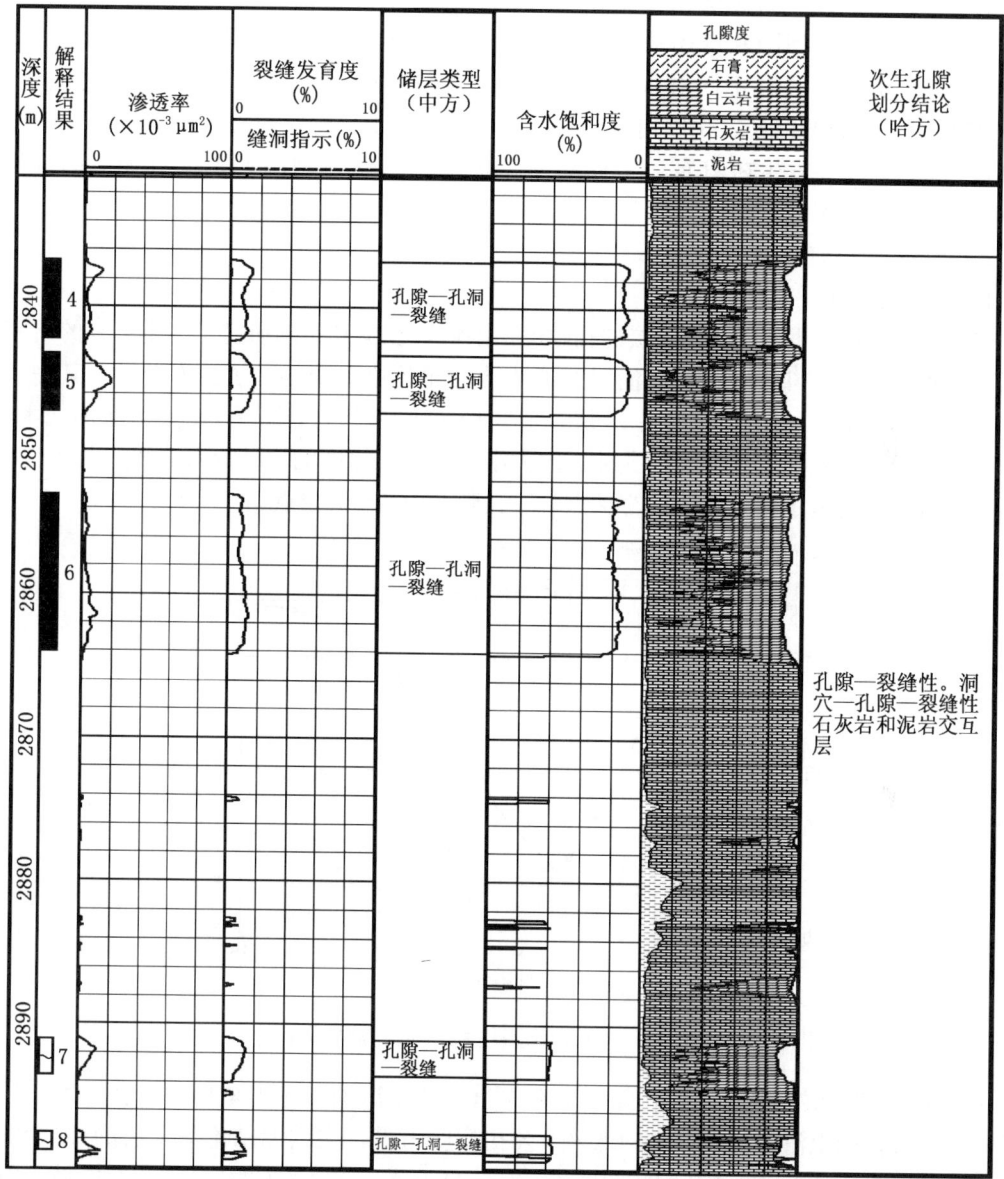

图 4-5-4 测井裂缝处理成果图

二、KT-Ⅱ层段

1. 地层岩石特点

KT-Ⅱ层段的岩性剖面，是以石灰岩为主及少量薄层自交代白云岩组成。石灰岩主要为生物灰岩，浅灰色、棕灰色、白色等，大多数呈均质块状，少量具铁质细脉的斑状灰岩，其间多见孔虫、腕足类壳体以及棘皮、藻类动物的残体。除了在石灰岩中见大量有机物残体外，还分布有团粒灰岩、凝块灰岩、鲕粒灰岩等，胶结物是不同结晶程度的方解石。

在 KT-Ⅱ 的储层段内，主要的岩石类型有生物灰岩、生物碎屑灰岩、团粒灰岩、凝块灰岩、鲕粒灰岩等。根据扎纳若尔油田的有关技术报告，生物灰岩和生物碎屑灰岩的储集孔隙空间结构为非均质孔隙结构，孔隙的结构类型为孔隙型和孔隙溶洞型，原生沉积的粒间孔隙只占总储积孔隙空间的很小部分，岩石的主要储集孔隙空间是由重结晶和淋滤作用产生的次生孔隙。岩石的储层物性很好，孔隙空间容积大，见为数不多的有效裂缝。鲕粒灰岩主要由鲕粒、浑圆和微团粒夹生物残体的混杂物组成，以孔隙型为主。团粒灰岩、凝块灰岩主要为一些具有不同形状、不同大小的胶质微粒凝灰岩，岩石致密，孔隙度低。KT-Ⅱ层段石灰岩的白云岩化作用表现的较弱，分布也不普遍，仅在南高点部分井中见少量白云岩地层，主要发生在Ⅱ层，呈棕灰色、中、细粒，孔隙型、孔隙—孔洞型结构，伴有一定数量的微小裂缝。

2. 储层孔隙度评价

1) 测井孔隙度下限值的选择

（1）为了求准KT-Ⅱ层段储层的孔隙度下限值，在反复参阅研究了油田已有的研究成果后，对构造上的17口井61个试油层的试油结论和孔隙度资料做了技术统计。其中，产层（包括气层、油层）30层，干层31层，把这些试油层资料按产层（试油时获油气水流）和干层（试油时未获油气水流）以孔隙度的大小排序作孔隙度的累计分布曲线如图4-5-5所示，曲线上清楚显示两条曲线的交叉点位于孔隙度值为7%附近。

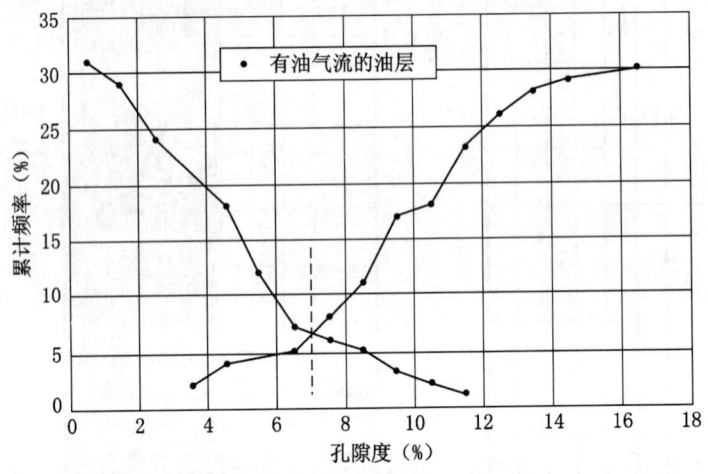

图4-5-5 按有无油气流确定孔隙度下限的油层累计分布曲线

（2）依据试油层的电阻率和孔隙度资料作出了关于试油结论的电阻率—孔隙度交绘图（图4-5-6）。图上清楚显示，若以大约7%孔隙度为界，在试油结论为干层的28个资料点中有24个点落在孔隙度小于7%的区域，仅有4个落在了孔隙度大于7%的区域，符合率高达86%。相应地，在试油结论为油气水产层的33个资料点中只有5个点落在孔隙度小于7%的区域，其余28个点子全都落在孔隙度大于7%的区域，占总资料点的85%。

由以上两方面的结果，这次在对扎纳若尔油田测井资料数字处理时，孔隙度下限值取为7%，储层有效厚度的划分和储层孔隙度的计算都以这一下限值为标准。因此，测井处理结果仅供引用测井储层参数的有关部门参考，具体使用时可根据扎纳若尔油田的地质实际情况做必要调整。

2) 储层孔隙度特点

从扎纳若尔油田33、36、40、42、45、61、64、66、67井总共9口井共计250储集小层的测井资料计算机处理结果看，KT-Ⅱ油气储层段的测井解释总孔隙度一般在7%～14%，最大为16.74%，主要分布在8%～12%范围，与本层段上141个岩心样品分析的孔隙度主要分布在7%～15%区间的结果一致。

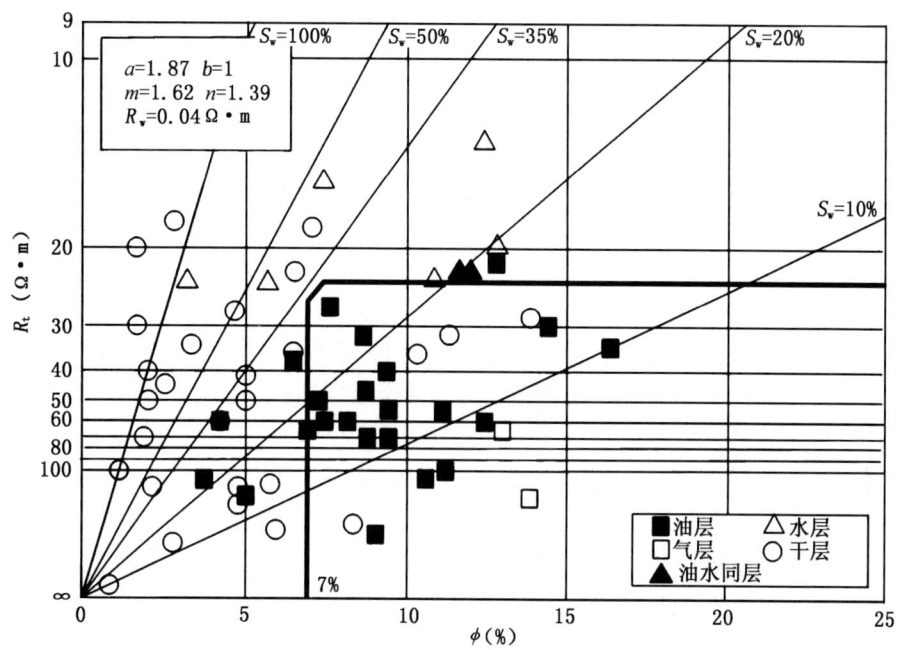

图 4-5-6 KT-Ⅱ电阻率（R_t）—与孔隙度（ϕ）交会图版

3. 储层饱和度评价

1）油（气）水干层解释图版

从 KT-Ⅱ的试油层段中选择了气层 2 个、油层 23 个、水层 8 个和 28 个干层，总共 61 个试油层段。根据这些试油层的电阻率和岩心分析孔隙度做出了这 61 个试油层的电阻率—孔隙度油（气）水干层解释图版如图 4-5-6 所示，图上清楚显示，除仅有两个试油为干层的点落在孔隙度大于 7% 的区间外，其余 25 个试油为干层的点全都落在孔隙度小于 7% 的区域。因此，划分干层是以孔隙度等于 7% 为界限。相应地，试油获流体的产层孔隙度的下限值为 7%。在孔隙度大于 7% 区域，水层的电阻率通常小于 30Ω·m，一般在 25Ω·m 以下；同样，在孔隙度大于 7% 区域，油气层的电阻率都较高，通常在 30Ω·m 以上，多数油气层的电阻率在 400～200Ω·m 范围。因此，依据图 4-5-6，油（气）水干层的划分原则为：

油（气）层：$\phi>7\%$，$R_t>25\sim30\Omega\cdot m$；

水层：$\phi>7\%$，$R_t<25\Omega\cdot m$；

干层：$\phi<7\%$。

按照这一原则，很容易得到 KT-Ⅱ油气水干层解释图版的符合率（表 4-5-3）。从表中不难看出，图 4-5-6 的油气水干层解释图版对 KT-Ⅱ层段的符合程度都很高，平均符合率高达 88%。

表 4-5-3 KT-Ⅱ测井解释图版的符合率

解释结果	总层数（层）	符合层数（层）	不符合层数（层）	符合率（%）
油气层	25	22	3	88
水层	8	6	2	75
干层	28	26	2	99

2) 储层饱和度特点

从扎纳若尔油田33、36、40、42、45、61、64、66、67井总共9口井共计250层的测井资料计算机处理结果看，KT-Ⅱ层段单井测井解释油气层饱和度普遍在70%以上，一般为75%～90%，最大含油气饱和度为92.77%，大多数油气储层的含油气饱和度都分布在80%～90%的范围。这一解释结果与本层段上岩心样品分析和试油结论的结果一致。

4. 孔隙类型识别

碳酸盐岩地层的孔隙结构分为原生和次生孔隙两大类型，地层中常常是两部分孔隙以不同的组合形式及不同的支配方式同时并存。扎纳若尔油田KT-Ⅱ层段为碳酸盐岩剖面，岩性是以石灰岩为主含少量白云岩及其过渡类型，许多地方见大量生物碎屑，而生物碎屑及岩石内部发育的裂缝是储层孔隙类型的主要控制因素，许多高产主力油层都与生物残存体有着直接联系，因此岩石中真正意义上的原生孔隙很小，其孔隙空间基本上是经后生改造作用后形成和生物残体形成。通过观察岩心录像资料和分析岩心录井资料的描述得知，地层中孔洞普遍发育，并伴有规模不大的微小裂缝，有的孔隙空间具有孔洞特征，属典型的孔洞型次生孔隙；有的孔隙空间又具有基孔特征，有点类似于砂岩基质孔隙的孔隙型次生孔隙；有些地方又是孔隙与裂缝并存，构成典型的孔隙裂缝双重系统等等。通过仔细研究扎纳若尔油田有关岩心地质资料以及有关试油生产信息资料后，结合缝洞孔隙评价指数和裂缝发育度评价指数，针对油田的地质情况，在测井资料处理时，与KT-Ⅰ评价方法相同，对储层孔隙结构类型的评价采用如下7种形式：孔隙、孔隙—孔洞、孔隙—孔洞—裂缝、孔洞、孔洞—裂缝、孔洞—孔隙、裂缝—孔洞。

5. 解释结果与试油结论的对比

为了评价构造上测井解释储层的含油气符合精度，在有试油资料的23口井中，对其中已数字化的9口井做了测井资料计算机数字处理和试油结论对比，以检验测井解释公式的精度及其测井资料计算机处理与试油结论的符合情况。包括了油田上南北高点KT-Ⅱ的重要构造位置和主要生产层段，控制着整个构造的油气水分布。在这9口测井资料处理井中，共有79个试油层段，测井资料处理解释出了56个储层，包括气层2个、油层29个、水层13个、干层10个，解释结果与试油结论完全符合达47层（其中气层2个、油层23个、含油层2个、水层8个、干层12个），不符合为9层（油层4个、水层5个），油层和水层的解释符合率达到84%。且这9个层的试油结论都为干层，其孔隙度都不高，电阻率要么表现为高阻油层的特征，要么表现为低阻水层的特征，造成了测井资料处理时与试油结论的不符合。但通过构造上的测井曲线对比，便能很好地把握这些地层的储集特性。因此，KT-Ⅱ层段的测井资料计算机处理结果可靠，解释结论正确，可以保证使油田的整体测井储层评价水平跃上一个新台阶。

6. 油气水综合评价

从构造上现有的测井资料处理结果看，KT-Ⅱ层段储层中等偏好，孔隙度一般为7%～15%，孔隙结构复杂多样，涉及孔隙型、孔洞型、裂缝型及复合型，通常孔隙型的总孔隙度要小一些，孔洞型要大一点，而裂缝型的渗透率要高一些。渗透率除与基质孔隙有关联外，还很大程度上与缝洞的发育直接联系着，对于只含基质孔隙的储集地层，渗透率一般在$1×10^{-3}～40×10^{-3} \mu m^2$，缝洞存在对渗透率的影响十分显著，微小裂缝孔隙便可使渗透率提高很多，因此渗透率是制约油气产能的一个至关重要因素。除高部位含气以外，KT-Ⅱ层段以含油为主。油气层的含油气饱和度一般在70%～90%之间，大多数情况是大于80%，油层与气层的饱和度之间没有明显差别,控制储层含油气性的一个主要因素是储层在构造上的相对位置,通常 Γ 层基本上都是油气层,Д 层基本上为油层。油(凝析油)气界面在海拔 -3375m 处,Γ 层的油水界面第一断块大约在海拔 -3528m,第二断块大约在海拔 -3534m,第三断块大约在海拔 -3603～-3573m 的范围,Д 层大约在海拔 -3570～-3581m 的范围。

第二节 缝洞特征描述

为了对储层孔隙空间类型作出定性评价,为油田开发方案的调整提供更确切、更合理

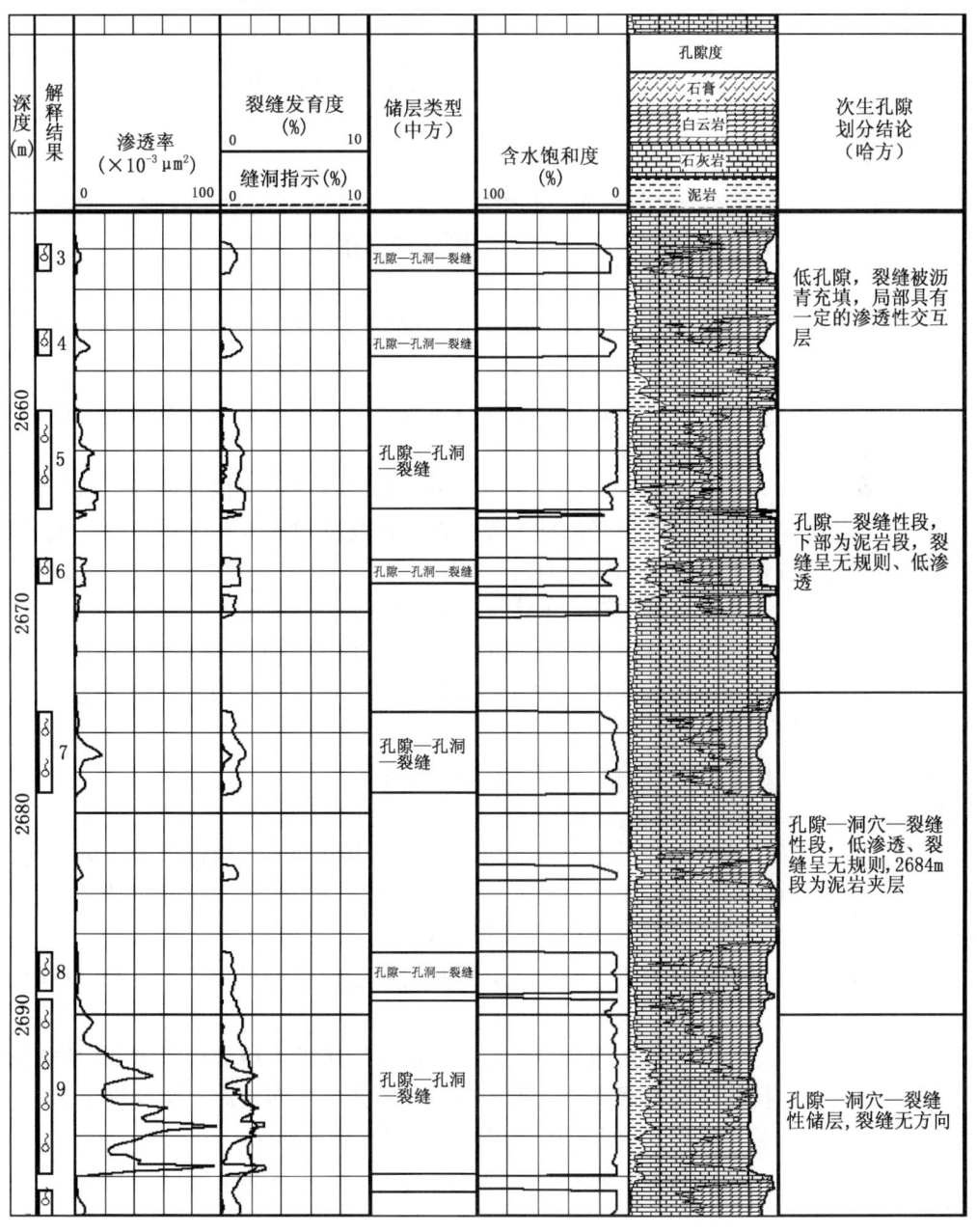

图 4-5-7 某井裂缝处理成果图

的储层性质参数，开展了对油田范围内储层孔隙空间性质的研究。

由于受测井资料的限制，储层孔隙空间类型的评价以定性为主，使用第四章中给出的两个判别函数：

(1) 缝洞指示：

$$\Delta\phi_{次生} = -0.0857 + 0.1165\phi_{总}$$

(2) 裂缝发育度：

$$K_f = \frac{1}{CCC\,S_w}\frac{(10\phi_{总})^2}{10}$$

式中 CCC 为白云岩化系数，如图 4-5-7 为某井的裂缝处理成果图。

第三节 油气水的区域分布特点

一、KT-Ⅰ

KT-Ⅰ层段共作了 3 条单井剖面，其中北高点是一条横剖面（东西向），南高点是两条剖面（一条为东西向的横剖面，另一条为南北向的纵剖面）。

1. 北高点

图 4-5-8 为北高点上某井部分井段测井处理成果图，通过剖面上单井测井曲线及测井资料处理结果的对比，北高点的岩性、物性和含油气性具有以下特点：

(1) 北高点的上部 А、Б 段的岩性几乎以石灰岩为主，含少量白云岩质，下部白云岩含量明显增多，少数几口井的顶部含一点石膏。

(2) 油和气在测井曲线上的特征比较接近，单纯依靠测井曲线很难把油层与气层区分开。操作中是根据试油结果把各单井的油气界面按海拔高度设定为一个固定值。参照新疆石油管理局研究院提供的结果，油气界面为 -2560m。

(3) 气层主要分布在构造的西翼，东翼气层厚度相对要薄一些。

(4) 主要含油层段为 B_2，由于构造位置的关系个别井的 B_1 及 B_3 也见良好油层。

(5) 剖面上水层分布在构造底部，油水界面各井不一，呈现波浪式，但变化不大，大约在 -2631~-2650m。

(6) 油气储集空间大多以空洞型为主，裂缝普遍发育。

2. 南高点

南高点上有两条单井剖面，一条为横剖面，另一条为纵剖面。通过这两条纵横剖面井的测井曲线以及测井资料处理成果的对比，南高点的岩性、物性和含油气性具有如下特点（图 4-5-9 为南高点上某井部分井段测井处理成果图）：

(1) 剖面上岩性以石灰岩为主，但白云岩化及白云岩含量明显加重，石膏层在南高点几乎不出现。

(2) 同北高点一样，油和气在测井曲线上的特征比较接近，单纯依靠测井曲线很难把油层与气层区分开。操作中是根据试油结果把各单井的油气界面按海拔高度设定为一个固定值。参照新疆石油管理局研究院提供的结果，油气界面为 -2560m。

(3) 南高点的含气层数和厚度都大大高于北高点，А 层几乎都是气层，大多数 Б 层也是气层。

(4) 油层受构造位置的影响主要分布在 B_1、B_2、B_3 段内，厚度在 20~40m。

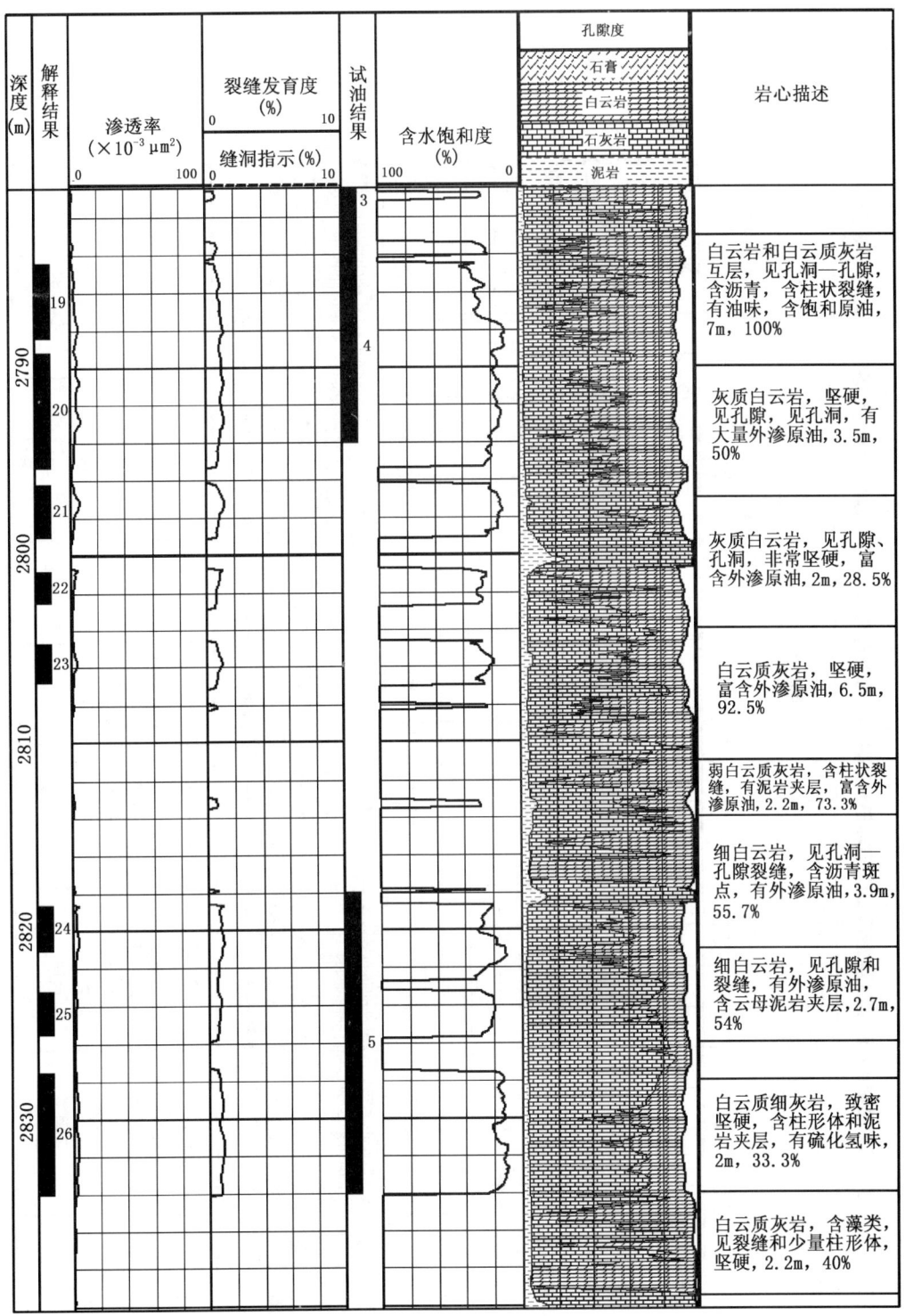

图 4-5-8 某井测井处理成果图

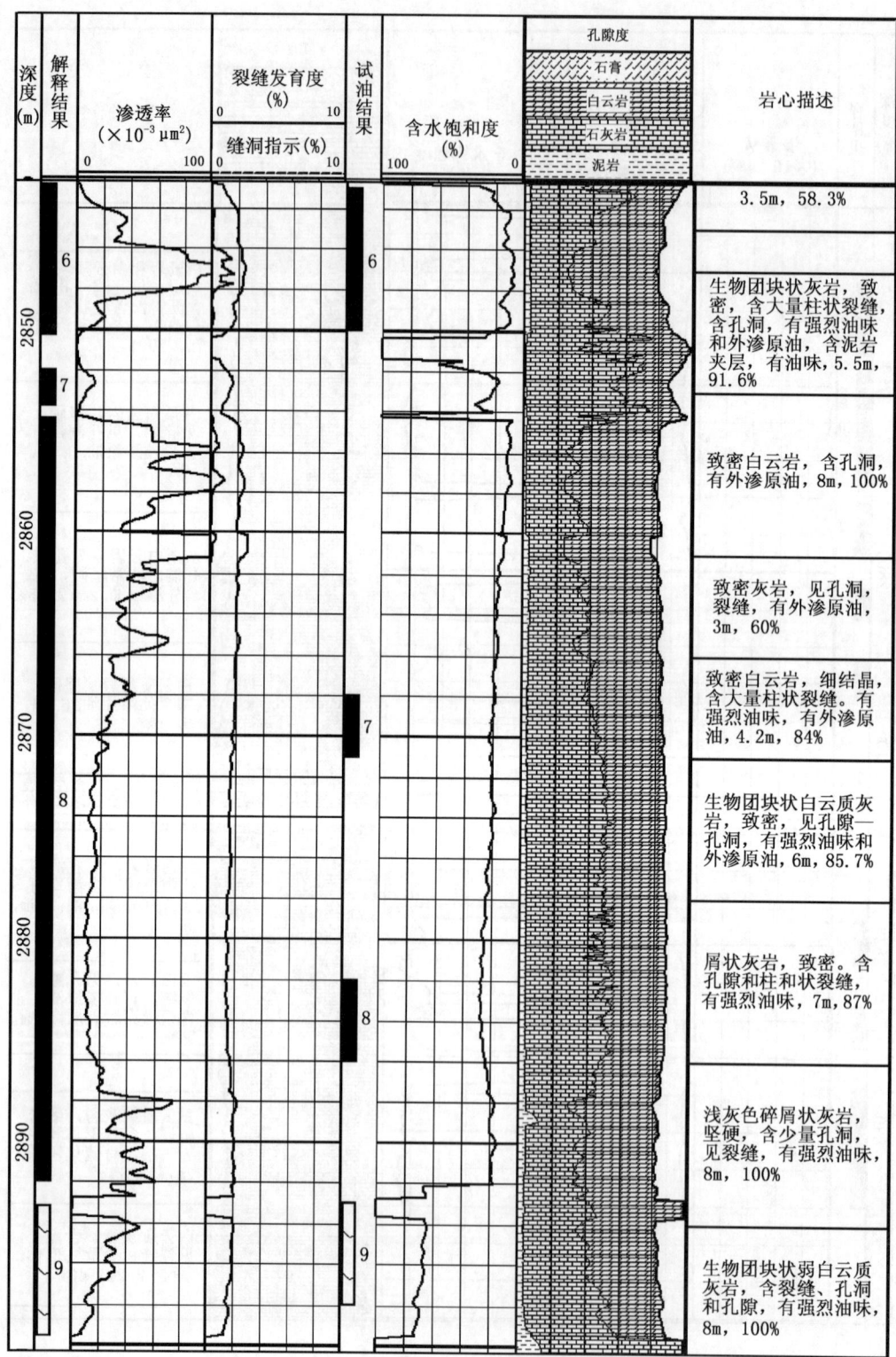

图4-5-9 某井测井处理成果图

(5) 剖面上水层分布在构造底部，油水界面各井不一，呈现波浪式，但变化不大，大约在 $-2631\sim-2650\mathrm{m}$。

(6) 油气储集空间大多以空洞型为主，裂缝普遍发育。

二、KT-Ⅱ

KT-Ⅱ的单井剖面柱子同样有3条，北高点纵横剖面各一条，南高点为一条横剖面。

1. 北高点

KT-Ⅱ北高点上有两条单井剖面，一条是由西到东的横剖面，另一条是由南到北的纵剖面。北高点的岩性、物性、含油气性在两条剖面上呈现如下特点（图4-5-10为北高点上某井部分井段测井处理成果图）：

(1) KT-Ⅱ的岩性单一，为大段的石灰岩地层。

(2) 单纯依靠测井曲线几乎不能把剖面上各井的油与气分开，主要原因是油层与气层的测井曲线特征相近，找不出对划分气层与油层有用的曲线形态特征。实际测井资料解释时，根据试油结果把各单井的油气界面按海拔高度设定为 $-3380\mathrm{m}$。

(3) 气层分布在构造的顶部，随构造位置的不同可能整个 Г 层含气（如2226井）到可能整个 Г 层又全为油层（如2557井）。

(4) 主要油层段为 Д 层，由于构造位置及受地层海拔高度的制约，大多数井的 Г 层中下部也是油层。

(5) 剖面上水层分布在构造底部，油水界面各井不一，呈现一定波浪式，但变化不大，大约在 $-2631\sim-2650\mathrm{m}$。

(6) 储集空间以孔隙型为主，洞、缝普遍发育。

(7) 剖面上，含油气目的层数目较 KT-Ⅰ 多，储层厚度以及有效储层厚度都增大了。

2. 南高点

KT-Ⅱ南高点上只有一条横剖面，通过剖面上单井测井曲线及测井资料处理结果的对比，南高点的岩性、物性和含油气性具有以下特点（图4-5-11为某井部分井段测井处理成果图）：

(1) KT-Ⅱ层段的岩性单一，为大段的石灰岩地层，局部少量白云岩化。

(2) 单纯依靠测井曲线也不能把剖面上各井的油与气分开。在对实际测井资料进行解释时，根据试油结果把各单井的油气界面按海拔高度标定为 $-3380\mathrm{m}$。

(3) 气层分布在构造顶部，含气层段的厚度明显小于北高点，含油区域主要为 Г 层，构造顶部的井 Д$_1$ 也为气层。

(4) 油层段大多在 Д 层。受地层储集因素控制，各井的油层有效厚度差别不很大，但分布关系有一定差异，以 Д$_1$、Д$_2$、Д$_3$ 层占优。

(5) 剖面上水层分布在构造底部，油水界面各井不一，呈现波浪式，但变化不大，大约在 $-2631\sim-2650\mathrm{m}$。

(6) 油气储集空间大多以空洞型为主，裂缝普遍发育剖面上油层的储集性质明显优于北高点，油层最大单层有效厚度大多在 $3\sim5\mathrm{m}$。

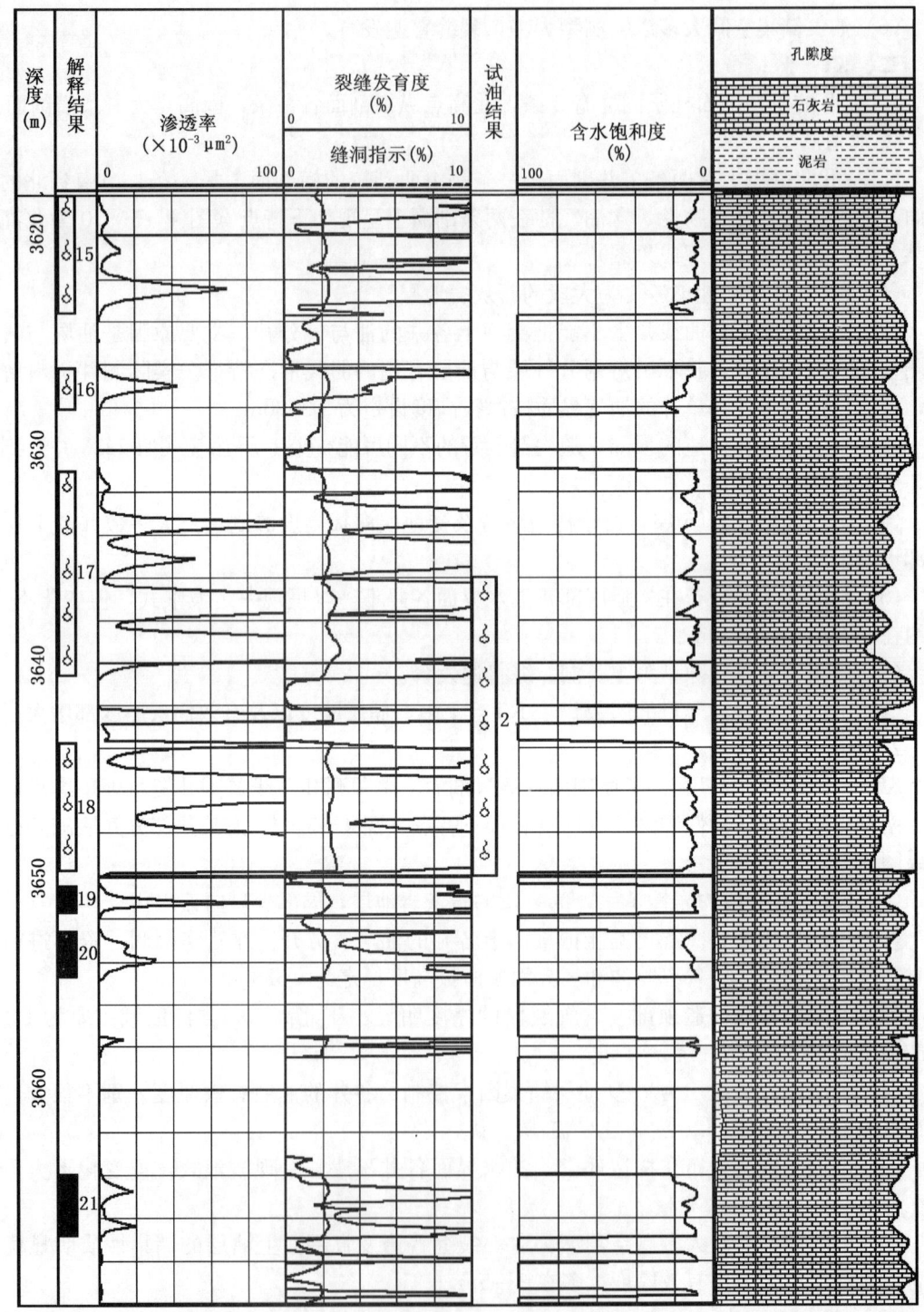

图 4-5-10 某井测井处理成果图（部分井段）

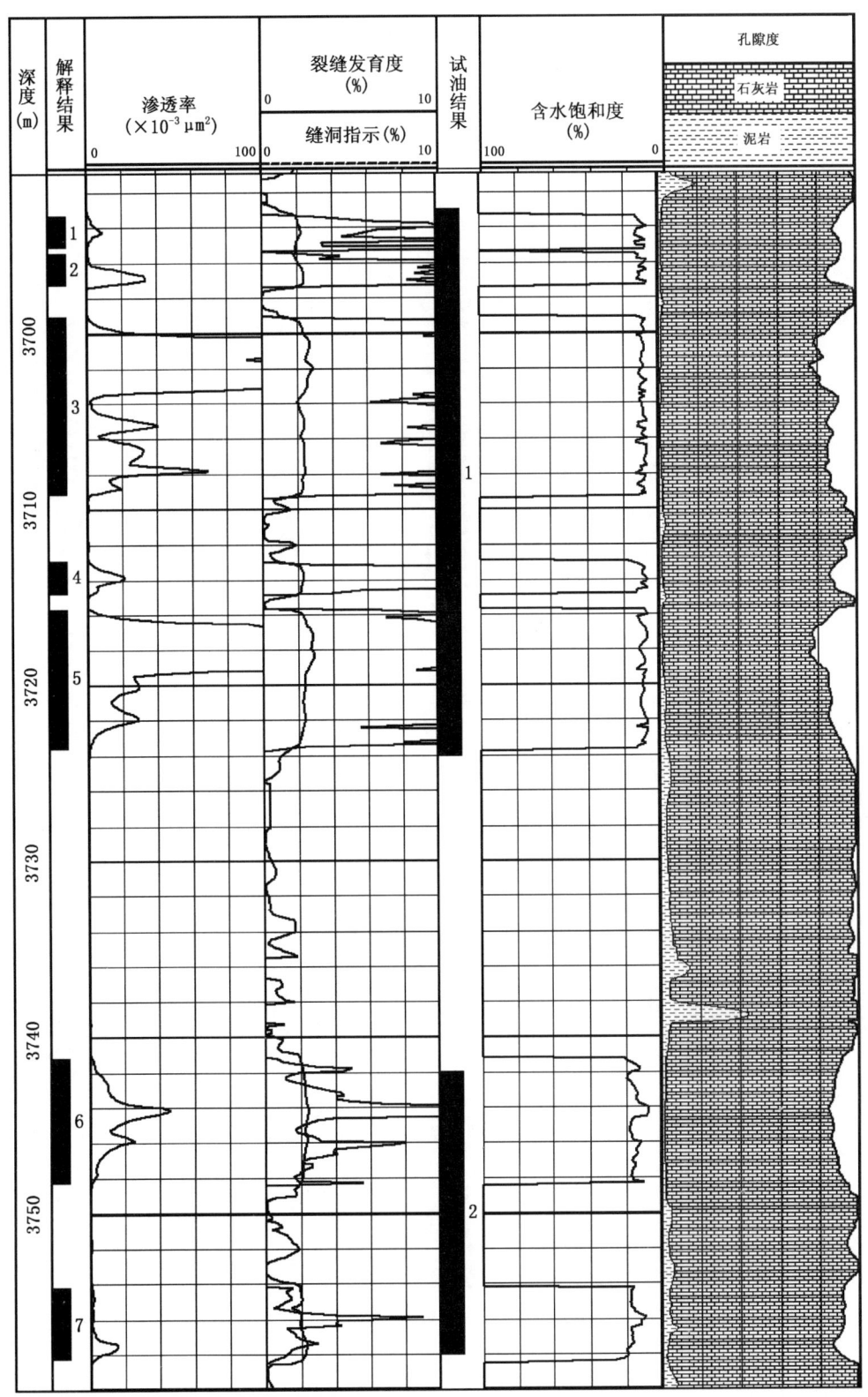

图 4-5-11 某井测井处理成果图（部分井段）

第五篇　塔里木油田碳酸盐岩储层测井评价

第一章　资料的编辑整理与标准化

第一节　测井资料的编辑整理

塔里木盆地碳酸盐岩储层的测井项目比较齐全，包括电法、声波、放射性、倾角、成像等。这些测井资料经过油田工作者的预处理，各条曲线之间深度已经基本对齐，测井曲线质量优良。但是，这些测井曲线在测井时使用的仪器型号不尽相同，不同的测井仪器系列之间差异较大，每次测井刻度的误差范围的差异及测量环境等因素的存在，必然会给测井数据带来一些非地层因素误差。主要表现为井径跳变，声波曲线数据在部分井段出现偏高或偏低，密度和中子测井资料均有类似情况。为了消除诸因素造成各井之间测井数据的不统一现象，在测井资料的储层参数处理前，有必要对储层参数计算有重大影响的声波、密度和中子资料进行标准化。

第二节　测井资料的标准化

测井资料标准化的方法很多，比较常用的方法有交会图法、直方图法、趋势面法、正态分布法等。塔河油田奥陶系为块状油藏，地层复杂，找不到对测井资料进行标准化的理想标志层，使得对奥陶系测井曲线进行标准化存在一定的难度。但是，通过对实际资料的统计发现，对于每口井的相对致密段，其测井数据呈近似的正态分布。针对塔河油田的测井资料和岩性特点，根据数理统计与概率理论，通过建立直方图模式，利用 Gauss 正态分布函数对直方图的拟合来对塔河油田的声波、密度和中子测井资料开展标准化工作。高斯函数的数学形式如下：

$$f(x) = \frac{1}{\sqrt{2\pi} \cdot \sigma} e^{-\frac{(x-\mu)^2}{2\sigma^2}} \qquad (5-1-1)$$

标准化的步骤如下：

(1) 综合电阻率、三孔隙度、自然伽马等测井曲线，对每口井选择电阻率较高、三孔隙度测井曲线平缓、自然伽马较低的井段地层作为相对标准层。从薄片分析来看多数为较纯的石灰岩层，孔隙度也相对较低。

(2) 利用各井所选相对标准层，建立孔隙度曲线测井数值与该数值出现频数之间关系的直方图，通过 Gauss 正态分布函数对直方图进行拟合，获得出现概率最高的测井曲线的峰值读数。

(3) 取各井的峰值，再作全区直方图，并进行高斯拟合，得到全区直方图的峰值读数，即为各相应曲线的标准值。

(4) 标准值与各井的峰值之差即为校正值。

根据上述方法，针对塔里木盆地的地质构造和储层特点，对油田内的声波、密度和中子测井资料分别进行了标准化处理，并对各油区现有的测井资料进行统一的标准化。图 5-1-1 至图 5-1-6 分别为油田区域上的声波、密度、中子测井直方图。

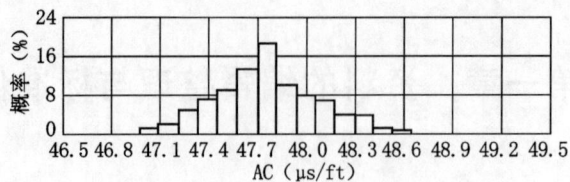

图 5-1-1　单井的声波测井直方图

图中峰值为 47.78μs/ft，概率为 19.4%

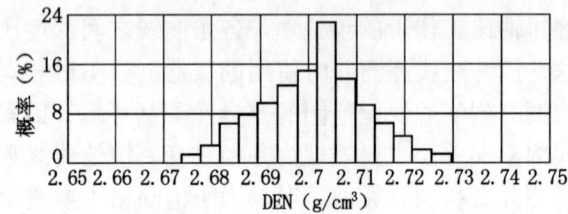

图 5-1-2　单密度测井直方图

图中峰值为 2.705g/cm³，概率为 22.6%

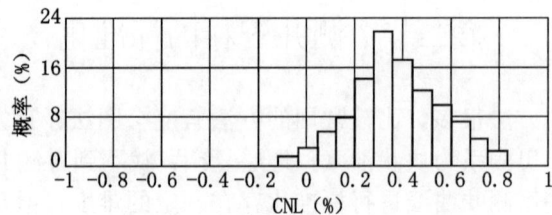

图 5-1-3　单井中子测井直方图

图中峰值为 0.32%，概率为 22.4%

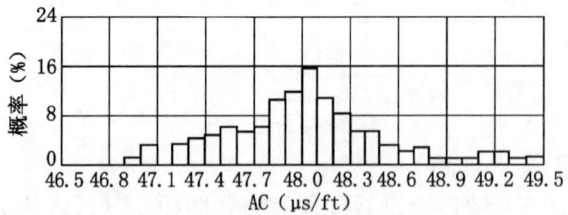

图 5-1-4　区域上的标准化声波测井值分布直方图

图中峰值在 48.05μs/ft，概率为 15.4%

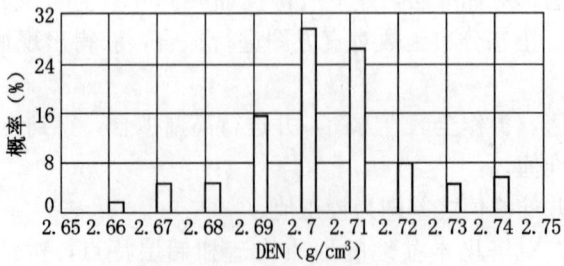

图 5-1-5　区域上的标准化密度测井值分布直方图

图中峰值为 2.70g/cm³，概率为 29.4%

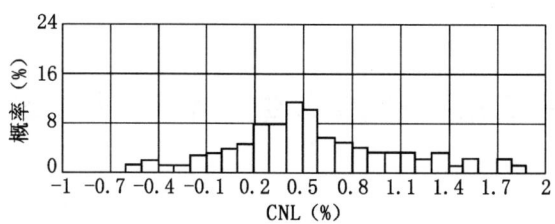

图 5-1-6 区域上的标准化中子测井值分布直方图

图中峰值为 0.44%，概率为 10.9%

第二章 储层参数解释方法原理

第一节 泥质含量

用自然伽马曲线资料采用如下经验公式：

$$SH_1 = \frac{GR - GR_{\min}}{GR_{\max} - GR_{\min}} \tag{5-2-1}$$

$$SH = \frac{2^{GCUR \times SH_1} - 1}{2^{GCUR} - 1} \tag{5-2-2}$$

式中 $GR_{\max}$——泥岩层的自然伽马值；
$GR_{\min}$——致密碳酸盐岩地层的自然伽马值；
GR——碳酸盐岩地层的自然伽马测井值。

第二节 孔隙度的计算

一、基质孔隙度

针对塔里木盆地碳酸盐岩储层岩性单一、泥质含量少的特点，基质孔隙度的获取方式一般采用理论关系式或者岩心实验统计关系式。

碳酸盐岩的基质孔隙度有许多种评价方法。当岩石骨架为岩性单一、ϕ 小于 5% 时，可采用 Wyllie 平均时间公式，即：

$$\phi_b = \frac{AC - TM}{TF - TM} - SH \times \frac{TSH - TM}{TF - TM} \tag{5-2-3}$$

式中 AC——声波测井值，$\mu s/m$；
TM——骨架的声波时差，$47.5\mu s/m$；
TF——孔隙流体的声波时差，$189\mu s/m$；
TSH——泥质的声波时差，$70\mu s/m$；
SH——泥质含量，%；
ϕ_b——基质孔隙度，%。

当 ϕ 在 5%~25% 时，可采用雷蒙—汉特公式：

$$\frac{1}{AC} = \frac{(1-\phi_b)^b}{TM} - \frac{\phi_b}{TF} \tag{5-2-4}$$

也可以采用岩心分析孔隙度与岩心的声波、密度或中子分析值来建立解释关系式。

当岩石骨架包含两种以上成分时，可以采用声波、密度或中子测井值的联立求解，或者采用岩心实验孔隙度等效。

二、裂缝孔隙度

在裂缝性碳酸盐岩储层评价中，裂缝孔隙度是一个重要的储层参数。用测井资料评价裂缝孔隙度一般根据双侧向电阻率测井资料计算，这是因为：

第一，基岩块的孔隙度和渗透率比较低，侵入只对裂缝和孔隙有影响；

第二，在双侧向的探测范围内裂缝中全部充满钻井液滤液；

第三，钻井液滤液电阻率与地层水电阻率有明显差别。

$$\phi_f = \sqrt[mf]{R_{mf}\left(\frac{1}{R_s} - \frac{1}{R_d}\right)} \qquad (5-2-5)$$

式中　R_s——浅侧向电阻率，$\Omega \cdot m$；

　　　R_d——深侧向电阻率，$\Omega \cdot m$；

　　　R_{mf}——钻井液滤液电阻率，$\Omega \cdot m$；

　　　mf——裂缝孔隙度指数。

除此而外，中国石化西北分公司在塔河油田的裂缝评价中还采用如下经验关系式。

（1）裂缝状态的判别：裂缝状态的判别关系式如下：

$$Y = \frac{R_d - R_s}{\sqrt{R_d \times R_s}} \qquad (5-2-6)$$

按（5-2-6）处理后，当 $Y>0.1$ 时，为高角度裂缝；当 $0.1 \geqslant Y>0$ 时，为斜交裂缝；当 $Y<0$ 时，为低角度裂缝。式中的 R_d、R_s 分别为深浅侧向测井电阻率，Y 为判别指数，无量纲。

（2）解释模型：裂缝孔隙度的解释模型如下：

$$\phi_f = \left(\frac{A_1}{R_s} + \frac{A_2}{R_d} + A_3\right) \times R_{mf} \qquad (5-2-7)$$

式中　ϕ_f——裂缝孔隙度，%；

　　　A_1、A_2、A_3——常数，其值依裂缝状态 Y 不同而不同，取值见表 5-2-1。

表 5-2-1　裂缝孔隙度解释模型常数取值表

裂缝状态	Y	A_1	A_2	A_3
低角度裂缝	$Y<0$	-0.992417	1.97247	0.000318291
倾斜裂缝	$0 \leqslant Y \leqslant 0.1$	-17.6332	20.36451	0.00093177
高角度裂缝	$Y>0.1$	8.522532	-8.242788	0.00071236

三、总孔隙度

碳酸盐岩总孔隙度比较小，不能用一种孔隙度测井资料来体现。为了比较准确地求准碳酸盐岩储层的总孔隙度，通常要使用两种或多种孔隙度测井资料的交会处理。在塔河油田的孔隙度测井资料中有声波、密度和中子，储层的总孔隙度计算时选用密度和中子的交会：

$$\phi_N = \frac{CNL - CNL_{MA}}{CNL_F - CNL_{MA}} \qquad (5-2-8)$$

$$\phi_D = \frac{DEN - DG}{DF - DG} - SH \times \frac{DSH - DG}{DF - DG} \qquad (5-2-9)$$

$$\phi_T = \sqrt{\frac{\phi_N^2 + \phi_D^2}{2}} \qquad (5-2-10)$$

式中　CNL——中子测井孔隙度；

　　　CNL_{MA}、CNL_F——岩石骨架和孔隙流体的含氢指数；

　　　DEN——岩石体积密度，g/cm^3；

SH——泥质含量，小数；

DG、DF、DSH——岩石骨架、孔隙流体和泥质的密度，g/cm^3；

ϕ_N、ϕ_D、ϕ_T——分别为中子、密度和总孔隙度，%。

四、溶洞孔隙度

由于总孔隙度是由基质、裂缝与溶洞孔隙度共同组成，因而在确定了基质、裂缝和总孔隙度之后，即可采用下式求出溶洞孔隙度。

$$\phi_D = \phi_T - \phi_B - \phi_f \tag{5-2-11}$$

式中 ϕ_B、ϕ_f、ϕ_D、ϕ_T——分别为基质、裂缝、溶孔和总孔隙度，%。

五、孔洞孔隙度

在实际计算储量时，由于基质孔隙度和洞穴孔隙度均对油气储集有很大贡献，因此将两者合并为孔洞孔隙度（ϕ_{KD}）。

$$\phi_{KD} = \phi_B + \phi_D \tag{5-2-12}$$

式中 ϕ_{KD}、ϕ_B、ϕ_D——分别为孔洞、基质、洞穴孔隙度，%。

第三节 渗透率的计算

一、岩块基孔渗透率

岩块的基孔渗透率通常根据本地区岩心分析资料来建立孔隙度与渗透率的经验关系。借助于塔河油田的岩心孔渗分析资料建立了如下孔渗关系：

$$\lg K = 2.3899 \times \lg\phi_B - 1.1679 \tag{5-2-13}$$

二、裂缝渗透率计算

（1）参照塔河油田的研究报告：

$$a = 10(5.352 - 2.2306\lg R_d)$$
$$b = -2.5 \times SH + 1.25 \tag{5-2-14}$$

当 $b > 1$ 时，$b_1 = 1$；$b \leq 1$ 时，$b_1 = b$；

当 $b_1 < 1$ 时，$b_2 = 0$；$b_1 > 0$ 时，$b_2 = b_1$；

又，当 $\phi_T \geq 0.5$ 或 $\phi_F \geq 0.05$ 时，$c = a \times b_2$；

否则，$c = 0.01 + (200 \times a \times b_2 - 2) \times \phi_T$；

若 $c < 0.01$ 时，$d = 0.01$；

若 $c \geq 0.01$ 时，$d = c$。

当 $LLD < 20$ 且 $d > \phi_T/500$ 时：

$$K_f = \phi_T/500 \tag{5-2-15}$$

否则：
$$K_f = d \tag{5-2-16}$$

式中 SH——泥质含量；

ϕ_T——总孔隙度；

ϕ_F——裂缝孔隙度；

K_f——裂缝渗透率。

（2）参照文献资料：裂缝产状的不同，裂缝渗透率不一样。裂缝在地层中的产状归纳起来分为三类。

①单组系裂缝系：单一条的水平裂缝和只有一个走向的单一一条垂直裂缝都是属于

这种情况，裂缝渗透率解释模型为：

$$K_f = 8.5 \times 10^{-4} d^2 \phi_f \quad (5-2-17)$$

②多组系裂缝系统：多组系裂缝系统类似于火柴棒的情况，裂缝渗透率解释模型为：

$$K_f = 4.24 \times 10^{-4} d^2 \phi_f \quad (5-2-18)$$

③网状裂缝系统：在网状裂缝系统中，裂缝在地层的分布纵横交错，裂缝渗透率解释模型为：

$$K_f = 4.24 \times 10^{-4} d^2 \phi_f \quad (5-2-19)$$

式中　d——裂缝宽度；

　　　ϕ_f——裂缝孔隙度；

　　　K_f——裂缝渗透率。

三、裂缝张开度

裂缝张开度参照油田相关资料采用以下经验关系式：

当 $R_d > R_s$ 时，$WF = 2.5 \times 10^6 R_m \left(\dfrac{1}{R_s} - \dfrac{1}{R_d} \right)$ （5-2-20）

当 $R_d = R_s$ 时，$WF = 3.7762 \times 10^6 R_m \left(\dfrac{1}{R_s} - \dfrac{1}{R_t} \right)$ （5-2-21）

当 $R_d < R_s$ 时，$WF = 2.2292 \times 10^6 R_m \left(\dfrac{1}{R_d} - \dfrac{1}{R_s} \right)$ （5-2-22）

式中　R_d——深侧向电阻率，$\Omega \cdot m$；

　　　R_s——浅侧向电阻率，$\Omega \cdot m$。

R_t 的取值同（5-2-25）式。

第四节　饱和度的计算

根据工区奥陶系碳酸盐岩储集类型特点，储层的总含油饱和度（S_{OT}）包括岩石孔洞含油饱和度（S_{KD}）和裂缝含油饱和度（S_{OF}）。

（1）孔洞含油饱和度：对于孔洞含油饱和度采用阿尔奇公式测井解释求得：

$$S_w = 1 - \left(\frac{abR_w}{\phi^m R_t} \right)^{\frac{1}{n}} \quad (5-2-23)$$

$$S_{OKD} = 1 - S_w \quad (5-2-24)$$

裂缝性碳酸盐岩的电阻率校正方法很多，这里 R_t 采用谭廷栋文献的方法：

$$R_t = \frac{K_s}{K_s - K_d} R_d - \frac{K_d}{K_s - K_d} R_s \quad (5-2-25)$$

式中　m——胶结指数；

　　　n——饱和度指数；

　　　R_w——地层水电阻率，$\Omega \cdot m$；

　　　ϕ——岩石孔隙度；

　　　R_t——地层电阻率，$\Omega \cdot m$；

　　　R_d——深侧向电阻率，$\Omega \cdot m$；

　　　R_s——浅侧向电阻率，$\Omega \cdot m$；

　　　K_d——深侧向电极系数；

K_s——浅侧向电极系数；
a——岩性系数；
b——饱和指数；
S_w——地层水饱和度。

依据油田方提供的资料，根据塔河油田奥陶系油藏的岩心样品岩电实验分析，取：$a=3.00$，$b=1.09$，$m=1.34$，$n=3.63$。

根据斯伦贝谢公司提供深浅侧向电极系数，$K_d=0.89$，$K_s=1.45$。

（2）裂缝含油饱和度：裂缝的含油饱和度参考国内外资料采用如下关系式：

$$S_{wf}=\frac{3B_w}{2b} \tag{5-2-26}$$

式中 B_w——裂缝壁水膜厚度，μm；
b——裂缝宽度，μm。

第三章 储层储集空间类型的判别和有效储层的划分

碳酸盐岩的储集特性，在很大程度上取决于其孔隙空间的几何形态，即孔隙、溶洞和裂缝的发育特征及组合情况；不同的孔隙空间结构特征决定了不同的储层类型。因此，碳酸盐岩储层评价的基本问题是孔隙空间结构特征和划分储层类型。

本油田在奥陶系主要的储集空间类型有基质孔隙、裂缝、洞穴。

奥陶系碳酸盐岩属低孔隙度、低渗透率致密岩石，次生的裂缝和溶洞为油气提供了运移通道和储存空间，形成非均质储层。总的特征为高电阻率、低自然伽马、低中子孔隙度、低时差、高密度、井径较稳定。当有裂缝发育时，随着裂缝张开的大小和走向的不同而发生不同程度的电阻率降低、中子孔隙度升高，密度降低，时差增大，甚至扩径，裂缝中充填泥质时亦表现出自然伽马升高。

第一节 体 积 模 型

对具有基质孔隙、溶孔、溶洞、裂缝等复杂孔隙的储集体，根据其储集体的孔隙空间分布类型和导电作用，可将其复杂的储层孔隙空间结构特征进行简化，如表5-3-1所示。

表5-3-1 复杂储层孔隙结构解释模型

V_T	V_{AC}	基质孔隙体积 V_B	V_f
		水平裂缝体积 V_{FH}	
		垂直裂缝体积 V_{FV}	
		孤立溶孔（洞）体积 V_D	
		干粘土体积 V_{CLAY}	
		骨架体积 V_{MA}	

均匀的小溶孔对声波及双侧向测井的响应与基质孔隙相近，把这部分孔隙归入到基质孔隙中，在模型中用 V_B 表示；V_{AC} 表示声波测井所反应的孔隙体积，为基质孔隙体积 V_B 与水平裂缝体积 V_{FH} 之和；V_{DLL} 表示双侧向测井反应的孔隙体积，为水平裂缝体积 V_{FH} 与垂直裂缝体积 V_{FV} 之和，在表5-3-1中用 V_f 表示，V_D 表示对双侧向和声波测井基本无响应的连通性不好、非均匀分布、孤立的溶蚀孔（洞）体积；V_T 表示各孔隙体积之和。

根据表5-3-1所示模型，岩石总孔隙体积 $V_T = V_B + V_{FH} + V_{FV} + V_D$；岩石总体积 $V = V_T + V_{CLAY} + V_{MA}$。

依照表5-3-1所示模型，可将塔河油田储集空间类型及其组合方式划分为5种类型：裂缝型、孔隙型、裂缝—孔隙型、裂缝—孔洞型、孔洞型。

第二节 有效储集孔隙空间类型的划分

除成像测井外，在大多数情况下无法用常规测井资料很好地将水平与垂直裂缝区分开，对溶洞的定量划分也变得比较困难。在实际中先将裂缝孔隙度计算出来,通过孔隙之间的相互关系,利用孔隙度综合判别方法(表5-3-2),来实现对储层孔隙空间类型的划分。

表5-3-2 复杂碳酸盐岩储层各孔隙度综合判别表

判断条件		储层类型	计算各孔隙度	备注
$\phi_{AC} \geqslant \phi_T$		水平裂缝型 裂缝孔隙型 孔洞型	$\phi_B = \phi_T - \phi_{DLL}$ $\phi_D = 0$	ϕ_{DLL}仅做为裂缝孔隙度,不做为区分产状
$\phi_{AC} < \phi_T$	$\phi_T \geqslant \phi_{AC} + \phi_{DLL}$	孔隙型 垂直裂缝型 孔洞型 裂缝孔隙型	$\phi_B = \phi_{AC}$ $\phi_D = \phi_T - \phi_{AC} - \phi_{DLL}$	
	$\phi_T < \phi_{AC} + \phi_{DLL}$	水平裂缝型 裂缝孔隙型	$\phi_B = \phi_T - \phi_{DLL}$ $\phi_{FH} = \phi_{AC} + \phi_{DLL} - \phi_T$ $\phi_{FV} = \phi_{DLL} - \phi_{FH}$ $\phi_D = 0$	

在塔河油田奥陶系碳酸盐岩储层有效储集孔隙空间类型的实际划分时,按孔隙、裂缝和溶洞之间的组合关系,把储集孔隙空间类型分为四种基本类型,即:
(1) 低角度裂缝型储层;
(2) 孔隙、孔洞型储层;
(3) 裂缝孔隙型储层;
(4) 高角度裂缝型储层。

根据上述对奥陶系储层特征的描述,结合测井曲线响应特征和油田的开发方案设计,将奥陶系碳酸盐岩储层分为三类(表5-3-3)。

表5-3-3 储集性能分类评价表

储层类别	储层类型	ϕ_{DLL}(%)	ϕ_B(%)
Ⅰ类	裂缝孔洞型 裂缝孔隙型	≥0.05	≥2.0
Ⅱ类	裂缝型	≥0.05	<2.0
Ⅲ类	孔、洞、缝均不发育	<0.05	

第三节 含油饱和度的下限及油水层的划分

(1) 基块的含油饱和度下限:由于本区尚无实测的含油饱和度值,其数值采用测井资料利用阿尔奇公式进行计算,下限值的确定参考塔北其他碳酸盐岩油田和本区的实际情况定为50%。

(2) 裂缝的含油饱和度下限:一般认为,在裂缝油气层中,裂缝孔隙中的束缚水饱和度极低,甚至可以忽略不计。

经实验分析测定,当裂缝宽度为100μm时,裂缝缝壁水膜厚度为0.32μm。当裂缝缝壁水膜厚度不变的情况下,裂缝的含水饱和度与裂缝宽度成反比。由成像测井(FMI)和薄片统计确定裂缝平均宽度为 0.0108mm 和 0.015mm,计算得出含水饱和度均小于 5%,即含油饱和度大于 95%,裂缝含油饱和度参考国内外其他裂缝性油藏的取值,综合分析取值 90%。

(3)油水层的划分:根据试油结果,结合动态测试资料及生产资料,塔河油田奥陶系一些井在海拔 -4700.00m 以下电阻率从上到下呈现出由高到低的变化。电阻率由高到低的变化说明了地层含油性越来越差,应该认为这是明显水层的标志。

为了进一步说明储层的含油性关系,图 5-3-1 的电阻率与孔隙度交会图指示,油层电阻率随孔隙度的不同在 200~400Ω·m 以上,水层电阻率随孔隙度在 100Ω·m 以下。

(4)低孔高渗岩心分析与标定:据对油田小岩心样品分析,绝大多数岩心样品不仅孔隙度很低,而且渗透率也很低,但有一部分样品的分析孔隙度很小渗透率却很高。对于分析孔隙度很小且渗透率很高的这部分岩心样品,可能是岩心中存在裂缝,并且裂缝的发展方向主要与小岩心的取样方向一致,即裂缝方向是在近于水平方向。一般情况下钻

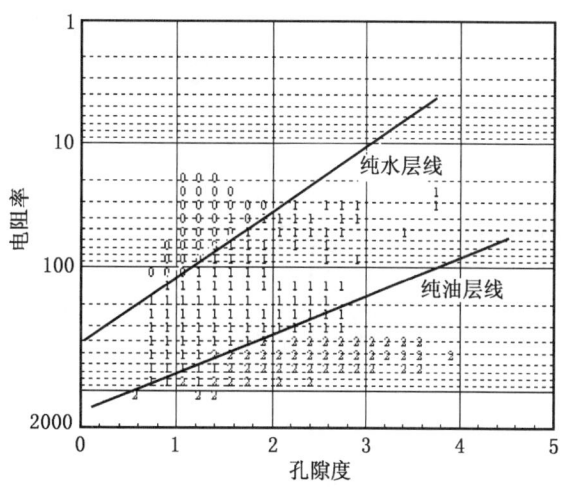

图 5-3-1 确定油水层的电阻率—孔隙度交会图

井能取出岩心并且还能取出小岩心样品的水平裂缝在井下的发育规模都不是很大,因此对应深度处附近的声波测井都没有出现曲线跳跃或者明显增大的现象。另一方面,井下低角度裂缝在覆压情况下可能已经完全闭合或者部分闭合,而这样的裂缝在地面情况下随着覆压的消失会呈现开启状态。这就是岩心分析时显示有裂缝存在而井下测井资料不能很好反映的原因,因此就很难实现岩心分析资料与测井资料之间的逐点对应研究。针对这种情况,在对岩心分析资料的处理时把孔隙度很小渗透率很高的这部分样品的孔隙度近似看作裂缝孔隙度,建立起近似的裂缝孔隙度与裂缝渗透率的关系如图 5-3-2 所示。

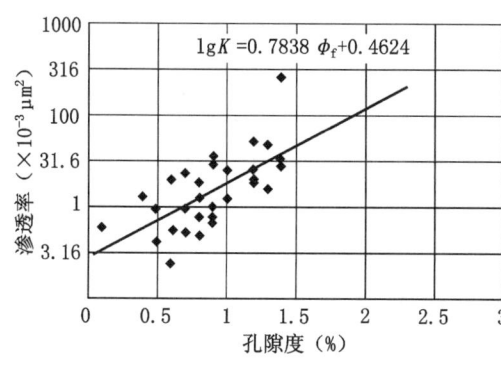

图 5-3-2 岩心分析孔隙度与岩心分析裂缝渗透率的关系

由图 5-3-2 可见,岩心确定的裂缝孔隙度与渗透率虽然存在一定的误差,但二者之间存在较为明显的规律,经回归得到以下关系式:

$$\lg K = 0.7838\phi_f + 0.4624 \qquad (5-3-1)$$

(5)裂缝孔隙度的测井标定:用测井资料准确对井下地层的裂缝孔隙度定量评价尤其是对碳酸盐岩地层的裂缝孔隙度定量评价属于世界级的难题。目前的定量确定方法主要有经验关系式方法(用双侧向测井资料)、FMI 成像测井方法、岩心的直观描述方法、CT 切

片成像等。

岩心资料描述的裂缝孔隙度清楚、直观，但只局限于取心井段，不能实现对油田所有井的全井段做整体描述，并且岩心上的裂缝描述还受到钻具、上覆地层压力的释放、人为主观因素及取心成本等的影响；成像测井的裂缝评价同样存在测量井段少、测井成本高、测井仪器对裂缝的分辨率等因素的制约；双侧向能实现对所有井进行全井段评价，但一样面临着对地层的分辨率低、测井时仪器的稳定性、井筒环境因素的影响；CT法是通过对岩心断面的多次成像来了解岩心内部的裂缝状况，描述结果精确细微，有点类似岩心的镜下鉴定，但是也存在样品点少、采样精度与测井资料不匹配等。

鉴于上述情况，对塔河油田碳酸盐岩储层的裂缝标定，采用取心段岩心的定量描述与测井的裂缝值之间建立关系。根据裂缝孔隙度的测井解释模型，对取心段的裂缝孔隙度进行解释。在对取心段的岩心观察、描述、统计的基础上，确定出岩心的裂缝孔隙度，通过对应井段的测井解释裂缝孔隙度与岩心裂缝孔隙度的对比来得到两者之间的关系（图5-3-3）。由此可见，岩心确定的裂缝孔隙度与测井解释值虽然存在一定的误差，但二者之间存在较为明显的规律，经回归得到以下关系式：

$$\phi_f = 2.3511\phi_{测}^{1.518} \tag{5-3-2}$$

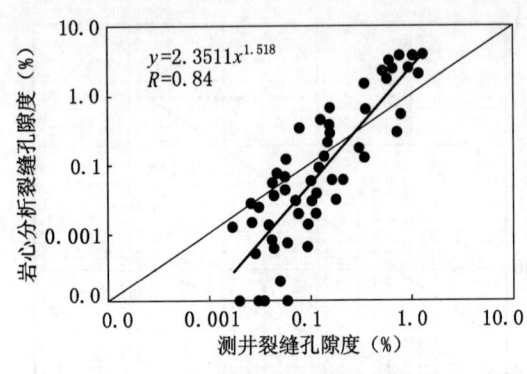

图5-3-3　岩心分析裂缝孔隙度与测井裂缝孔隙度的关系

第四章 编程与资料处理

第一节 程序运行环境

依照前述的储层参数解释方法,结合储层储集空间类型的判别和有效储层的划分原理,采用 FORTRAN 语言编写了应用程序,然后在 FORWARD 解释平台上进行可视化处理。程序设计原理框图见图 5－4－1。

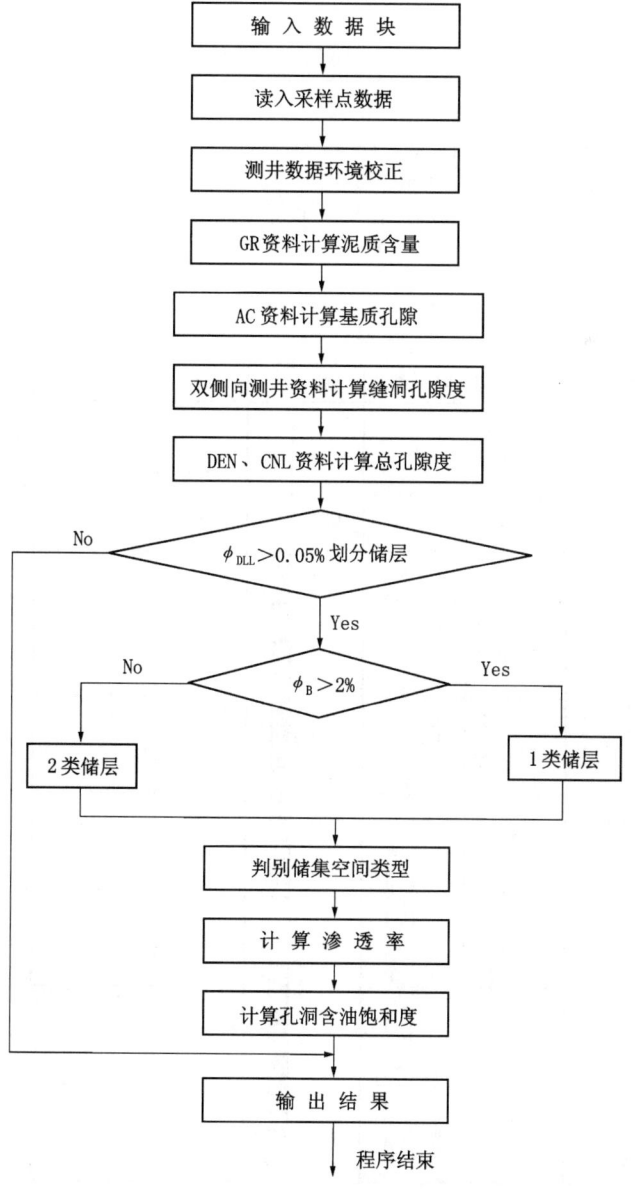

图 5－4－1 碳酸盐岩测井储层参数计算程序设计框图

第二节 输入、输出资料

一、输入资料

（1）测井曲线：输入的测井曲线包括了常规测井的七条曲线，即 GR、CAL、RD、RS、AC、DEN、CNL。

（2）输入参数：输入参数包括自然伽马测井资料的最大值和最小值、地面钻井液电阻率、泥质截止值、解释井的地区位置等。表5-4-1为测井资料处理的参数处理输入卡片。

表 5-4-1 测井资料处理输入卡片

```
xx05，xx30
A = 3,
AAC = 0, ACNL = -1.5, ADEN = 0.01, AGR = 0, ART = 0, ASP = 0,
B = 1.09, CNLF = 100, CNLM = -1, DF = 1, DM = 2.71, DSH = 2.50,
PFCT = 20,
GCUR = 1, GD = 0.25, GMN1 = 5, GMX1 = 100, GS = 1.25,
RM = 0.15, RMF = 0.12, RW = 0.01, SHCT = 0.15,
TF = 189, TM = 47.5, TSH = 70, XKD = 0.89, XKS = 1.45,
XM = 1.34, XMF = 1.1, XN = 3.63, X0 = 2.5, XPEF = 1, XWF = 0.02
END
```

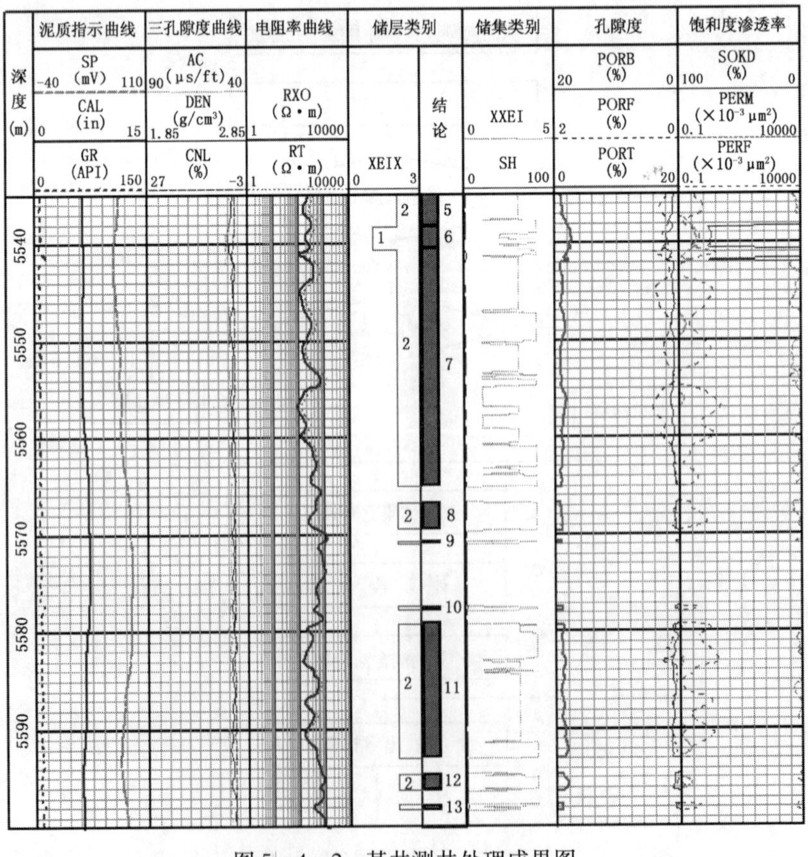

图-5-4-2 某井测井处理成果图

二、输出资料

输出资料中除了全部的七条测井曲线外，还包括泥质含量、基岩块孔隙度、基岩块渗透率、孔洞含油饱和度、裂缝孔隙度、裂缝渗透率、有效储层类型和储集空间类别的划分等。图5-4-2是塔里木油田某井的储层参数处理成果图。

第五章 储层参数综合评价

根据孔隙度等储层参数的下限标准，参考油田对储层类型的划分方法，把本油田的储层分为1类、2类和3类储层。由于3类储层对油气储集基本无贡献，故不计入有效储层。利用前述的储层参数解释方法和编制的计算机处理程序开展测井资料处理。

第一节 储层厚度在平面上的分布特点

本油田下奥陶统碳酸盐岩储层一般分布在风化面以下0～240m范围内，局部地区受断层影响，储集带厚度可达350m以上。在风化面以下0～240m范围内，总体上储层比较发育，但纵向上逐渐变差。我们按进入风化壳0～60m、进入风化壳60～120m、进入风化壳120～180m、进入风化壳180～240m、进入风化壳240m以下进行分段统计储层的发育情况。

表5-5-1显示的是测井解释的102口井0～240m范围内储层的分段厚度统计。从表中可以看出，无论是1类储层还是2类储层，其厚度在纵向上有逐渐减少的变化趋势，且主要分布在进入风化壳0～240m范围内。在统计的102口井中，1类储层与2类储层相比较，1类储层相对较少，仅占总厚度的15.2%，且由上向下减少的趋势明显，主要分布在进入风化壳0～120m范围内。

表5-5-1 测井解释分段储层厚度统计表（单位：m）

分段储层厚度	0～60m	60～120m	120～180m	180～240m	240m以下	合计
1类储层	529.7	377.2	179.8	86.8	29.8	1203.3
2类储层	1612.4	2153.3	1870.6	809	292.3	6737.6
储层总厚度	2142.1	2530.5	2050.4	895.8	322.1	7940.9

第二节 总孔隙度、基质孔隙度和裂缝孔隙度在平面上分布特征

本油田奥陶系碳酸盐岩储层孔隙度普遍比较小，储集空间主要由裂缝、溶洞和溶孔构成，这些构成了塔河地区的碳酸盐岩储层与其他地区的碳酸盐岩储层的显著区别。在塔河地区的碳酸盐岩储层中，裂缝是整个区块奥陶系油藏最发育、最常见的储集空间之一，以中—高角度裂缝为主，根据岩心和成像测井资料对不同深度裂缝密度及裂缝走向的统计结果显示，随深度的增加，裂缝发育频度总体在减少。而溶洞在本区块也很常见，70%以上的井均有大型溶洞存在，且在井段内发育有不只一个溶洞。这些构成了塔河油田奥陶系典型的裂缝—孔隙型、裂缝—孔洞型储层的特点。总体来说，随着纵向上有效储层厚度的减少，孔隙度数值在纵向上也有近似的下降分布趋势（表5-5-2）。

表 5-5-2　奥陶系油藏平均孔隙度分段统计表（单位:%）

分段平均孔隙度统计	0~60m	60~120m	120~180m	180~240m	240m 以下
总孔隙度	2.82	1.97	1.41	1.8	1.68
基质孔隙度	2.01	1.4	1.03	1.16	1.15
裂缝孔隙度	0.36	0.31	0.21	0.25	0.19

从表 5-5-2 可知，孔隙度在进入风化壳 0~120m 内都有较好的分布，总孔孔隙度都达 2%，裂缝孔隙度也在 0.3% 以上。同时 70% 以上的井在此段内发育有大型溶洞型储层。而向下孔隙度分布逐渐变差，溶洞型储层发育也变少。

第三节　孔隙度与厚度之积、含油体积的平面分布特征

从表 5-5-3 中可以看出，孔隙度与有效厚度之积、含油体积在纵向上均有逐渐减小的变化趋势，这也反映出储层在纵向上由好变差的一个变化趋势。两者主要分布在进入风化壳 0~120m 范围内，往下就不很理想了。

表 5-5-3　孔隙度与有效厚度之积、含油体积分段统计表

分段统计	0~60m	60~120m	120~180m	180~240m
孔隙度与有效厚度乘积（$\phi_T H$）	57.68	54.46	31.34	26.58
含油体积（$\phi_T S_o$）	374.26	248.16	124.37	116.81

第四节　渗透率的分布特征

由于裂缝和溶洞的存在，使得井段内以及各井之间储层的渗滤特性相差极大，没有一定规律可循，渗透率变化范围很大，可从 $0.1 \times 10^{-3} \mu m^2$ 到几甚至几十达西以上。

第六章 岩溶在测井曲线上的特征

油田的下奥陶统和中上奥陶统的巨厚碳酸盐岩是岩溶发育的有利层位，经历多期岩溶的作用。研究发现，塔河油田岩溶作用主要发生在海西早期和加里东中期，海西早期岩溶主要发生于地表或近地表氧化大气淡水条件下，当基岩在构造抬升（或者海平面下降）时发生持续时间很长的岩溶，加里东中期的岩溶相对表现为持续时间短、发生强度弱的特点。

第一节 岩溶的纵向发育规律

受地下水动力分布的控制，塔河油区古岩溶地貌在垂向上自上而下一般分为地表岩溶带、垂直渗滤岩溶带和水平潜流岩溶带。

地表岩溶带：该带以地表水的径流为主，形成一些溶沟、溶蚀洼地及地表河流等。

垂直渗滤岩溶带：该带地下水主要沿岩层中的裂缝向下渗流，发生淋滤溶蚀，形成一些垂直或近于垂直的溶蚀缝或串珠状溶孔、洞，有的甚至形成落水洞等。

水平潜流岩溶带：该带地下水水平运动的动力较强，且物理和化学溶蚀作用强烈，可形成众多规模较大的水平溶洞，并进一步发育为地下暗河。

第二节 岩溶相带测井响应特征

一、加里东中期岩溶带测井响应特征

加里东中期岩溶发育于中上奥陶统尖灭线以南的下奥陶统。由于地层暴露时间短，岩溶作用相对较弱，多以发育小的溶蚀孔、洞、缝为特征，且有的已被充填或半充填。在常规测井曲线上，加里东中期岩溶带一般如图5-6-1和图5-6-2测井响应特征。

地表岩溶带的井径略扩径或不扩径；自然伽马高于纯石灰岩，但低于泥岩的响应；双侧向电阻率较低，渐近泥岩，大大低于致密纯石灰岩的值，幅差多为正差异；孔隙度测井表现为向下逐渐由泥岩向石灰岩响应特征过渡。

垂直渗滤岩溶带的井径不扩径或只局部扩径；自然伽马较低，反映为较纯的石灰岩；双侧向电阻率变化范围较大，向下逐渐升高，反映向下溶蚀作用逐渐减弱，幅差多为正差异；孔隙度向下逐渐减小。

水平潜流岩溶带由于常沿层发育小的溶蚀孔、洞，其中部分为化学高阻矿物（方解石）充填，在FMI成像图上表现为白亮团块，周边为黑边包围或半包围，所以常规测井的井径不扩径或局部扩径；自然伽马较低；双侧向电阻率曲线呈"弓"形或"U"字形，且呈现剧烈的波浪起伏，幅差上部多为负差异，反映存在水平裂缝和沿层发育的溶蚀孔、洞，下部多为正差异，反映溶蚀孔洞纵向上具有很好的连通性；三孔隙度测井表现为稍低的孔隙度。

二、海西早期岩溶带的测井响应特征

早海西期，塔河油区先期表现为抬升后期下降，至少发育了两期岩溶作用：即第一期

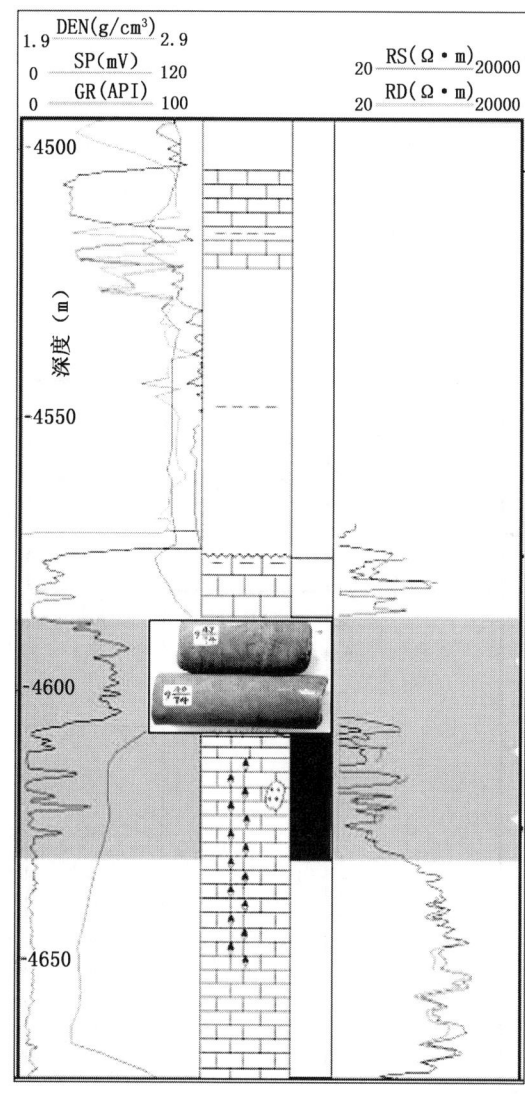

图 5-6-1 某井全充填岩溶实例

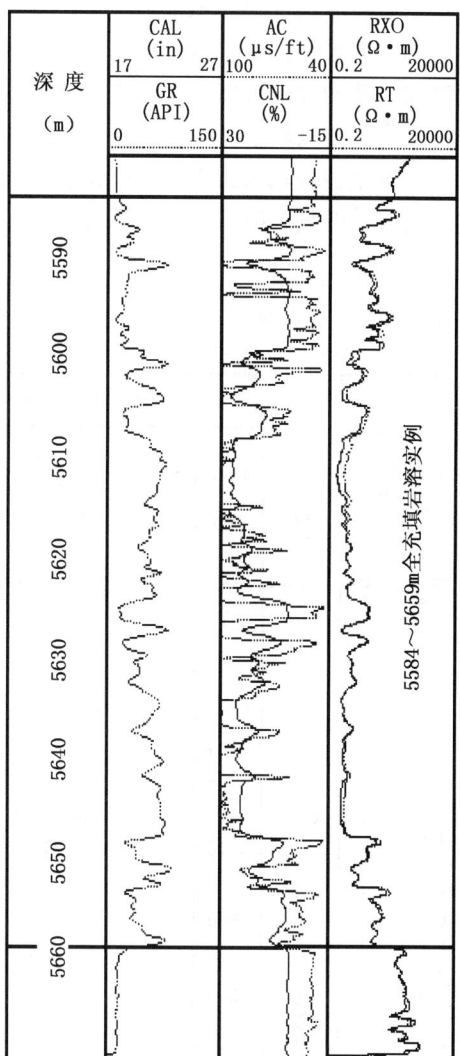

图 5-6-2 某井全充填岩溶实例

岩溶作用和第二期岩溶作用。其中，第二期岩溶作用时期，在海岸线附近，淡水与海水汇合，形成混合溶蚀作用，有利于大型溶洞的形成。

地表岩溶带的井径略扩径；自然伽马高于纯石灰岩，低于泥岩；双侧向电阻率较低，渐近泥岩，大大低于致密纯石灰岩的值，幅差多为正差异；中子孔隙度、声波时差增大，补偿密度测井值偏低。

垂直渗滤岩溶带的井径局部扩径或不扩径；自然伽马较地表岩溶带明显降低。双侧向电阻率变化范围较大，向下逐渐升高，反映向下溶蚀作用逐渐减弱。三孔隙测井反映的孔隙度较低，向下呈孔隙度逐渐减小的趋势。

第二期水平潜流岩溶带溶蚀孔、缝发育，有时发育大型溶洞且多被后期沉积砂泥质充填。其测井响应特征为：井径局部扩径，有时扩径严重。当溶洞中为泥质充填或半充填时，自然伽马较上下围岩明显增高；双侧向电阻率曲线呈"弓"形或"U"字形，且值较低。

孔隙度测井曲线反映孔隙度值升高。

第一期水平潜流岩溶带位于第二水平潜流岩溶带之下，溶蚀孔、缝发育，有时发育大型溶洞。其测井响应特征为：井径局部扩径，有时扩径严重。当溶洞中为泥质充填或半充填时，自然伽马较上下围岩明显增高；双侧向电阻率曲线呈"弓"形或"U"字形，且值较低，幅差多表现为正差异。孔隙度测井曲线反映孔隙度值升高。图5-6-3是某井海西早期岩溶带的测井响应特征。表5-6-1给出了海西早期岩溶作用在测井、钻井中的响应特征。

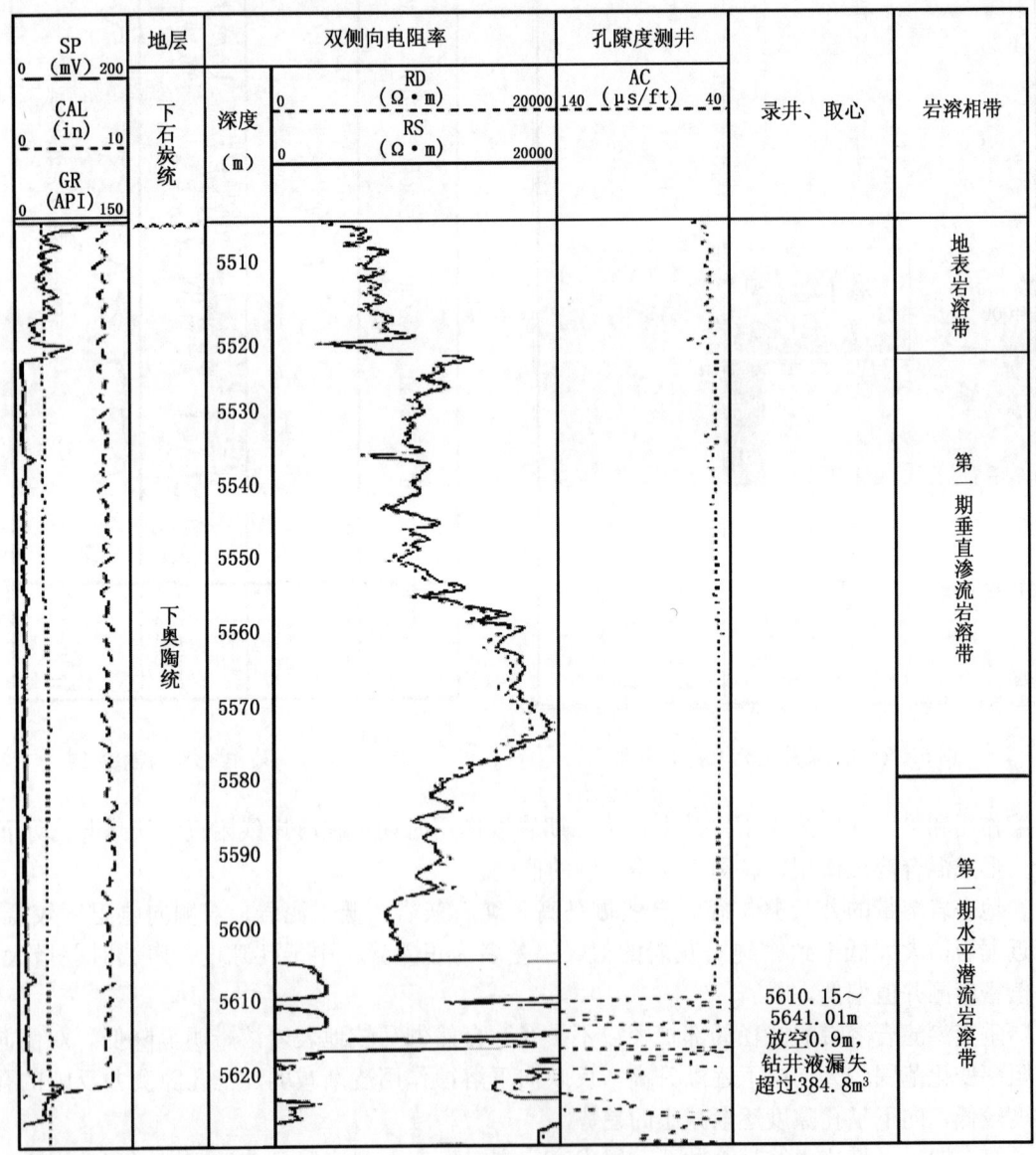

图5-6-3 某井海西早期岩溶带的测井响应特征

表 5–6–1　岩溶作用在测井、钻井中的响应特征

岩溶分带		测井响应特征	钻井响应特征
地表岩溶带		GR 呈锯齿状由高向低变化，一般为 30~60API；电阻明显降低且由低变高的过渡段呈锯齿状；AC 明显增加；井径扩径或略扩径	钻速加快或略加快，有时出现放空及钻井液漏失
渗滤岩溶带		GR 呈近于平直或微齿状；电阻略降低，呈正差异；AC 略增加；井径扩径或略扩径	钻速不加快或略加快，有时出现少量钻井液漏失
潜流岩溶带	角砾岩	GR 呈锯齿状，一般为 30~60API；电阻明显降低，呈锯齿状；AC 明显增加；井径扩径或略扩径	钻速加快或略加快，有时出现少量钻井液漏失
	砂泥质充填溶洞	GR 高，一般为 40~100API；电阻明显降低，呈锯齿状；AC 明显增加；井径扩径明显	钻速加快或略加快，出现少量钻井液漏失及放空
	未充填溶洞	GR 一般较低；电阻明显降低，呈锯齿状；AC 明显增加，有时出现周波跳跃；井径扩径严重	钻速明显加快，出现放空及大量钻井液漏失

第七章　解释精度评价

第一节　基质孔隙度

为了对比基质孔隙度的计算精度，开展了测井资料处理孔隙度与小岩心实验分析孔隙度之间的对比研究。

两者对比前需要进行如下准备工作：测井资料标准化；岩心滤波处理。

在选取井的岩心孔隙度样品中，经孔隙度滤波处理后，孔隙度最大为1.058%，最小为0.20%，主要分布在0.45%～0.8%区间（表5-7-1、图5-7-1）。

表5-7-1　某井岩心分析孔隙度与声波测井孔隙度误差表

深度（m）	岩心孔隙度（%）	测井孔隙度（%）	绝对误差（%）	相对误差（%）
5625.6	0.500	0.507	-0.007	1.400
5625.9	0.500	0.501	-0.001	0.200
5626.2	0.480	0.505	-0.025	5.200
5626.5	0.516	0.517	-0.001	0.194
5626.8	0.539	0.531	0.008	1.480
5627.6	0.591	0.605	-0.014	2.375
5627.9	0.546	0.533	0.013	2.380
5628.1	0.547	0.530	0.017	3.110
5628.3	0.539	0.527	0.012	2.230
5628.9	0.477	0.488	-0.011	2.310
5629.1	0.383	0.456	-0.073	19.060
5629.8	0.292	0.349	-0.057	19.520
5630	0.295	0.314	-0.019	6.401
5630.5	0.257	0.286	-0.029	11.284
5630.7	0.251	0.284	-0.033	13.147
5631	0.282	0.285	-0.003	1.064
5631.6	0.277	0.310	-0.033	11.910
5632.2	0.353	0.318	0.035	9.910

对本区5口井小样品分析孔隙度与声波孔隙度进行了对比，在5口井的12个层段中，声波孔隙度与小样品分析孔隙度误差大多控制在-0.01%～0.50%左右，平均绝对误差为0.047%，声波测井解释的孔隙度值略偏高。图5-7-2是声波测井孔隙度与小样品岩心孔隙度关系图，声波测井解释孔隙度与岩心小样品分析的孔隙度分布基本一致。

对于单井上的孔隙度对比关系，某井的小样品分析孔隙度主要分布在0.4%～0.6%之间（图5-7-3），声波测井孔隙度主要分布在0.45%～0.55%之间（图5-7-4），两者的

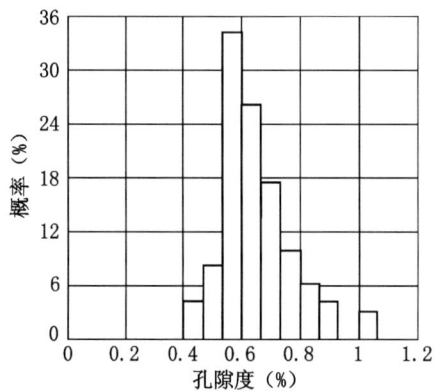

图 5-7-1 5 口井总的岩心分析直方图（滤波后）
峰值为 0.58%，概率为 33.97%

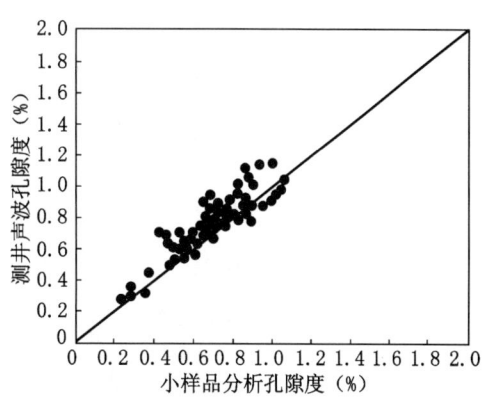

图 5-7-2 声波测井孔隙度与小样品孔隙度关系图

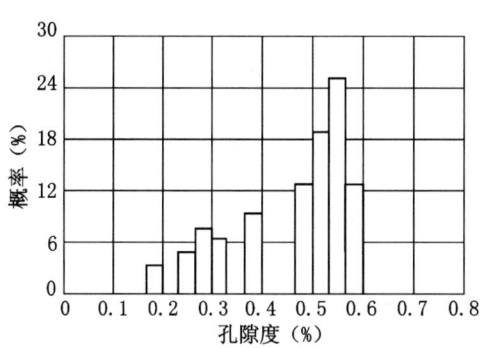

图 5-7-3 某井岩心分析孔隙度直方图（滤波后）
峰值为 0.55%，概率为 25.18%

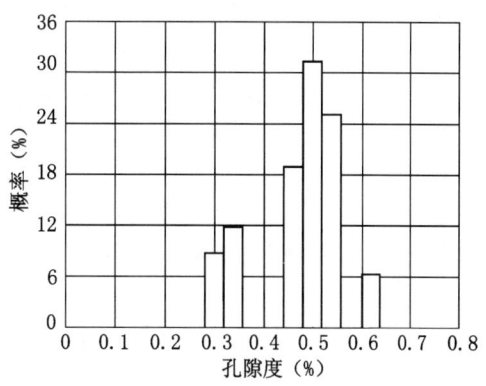

图 5-7-4 某井声波测井孔隙度直方图
峰值为 0.5%，概率为 31.19%

绝对误差主要分布在 -0.002%～0.002% 之间（图 5-7-5），分布频率约有 65%，平均绝对误差为 -0.00122%，平均相对误差为 6.29%。图 5-7-6 是声波测井孔隙度与小样品岩心孔隙度关系图，图 5-7-7 是声波测井孔隙度曲线与小样品岩心孔隙度杆状对比图。从图 5-7-6、图 5-7-7 可知，声波测井解释孔隙度与岩心小样品分析的孔隙度分布基本一致。

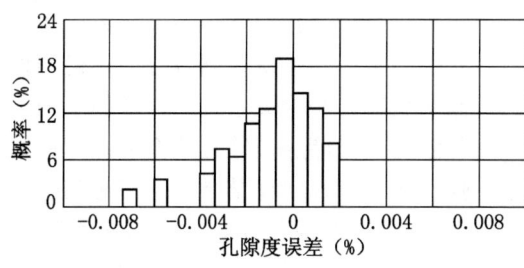

图 5-7-5 某井岩心分析孔隙度与
测井孔隙度绝对误差直方图
峰值为 -0.32%，概率为 19.12%

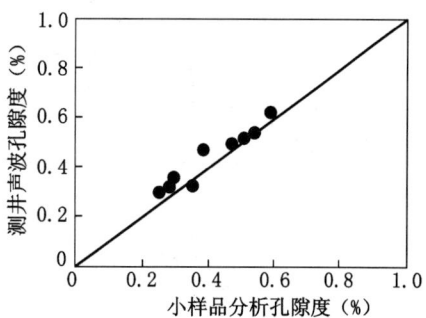

图 5-7-6 某井岩心分析孔隙度与
测井孔隙度交会图

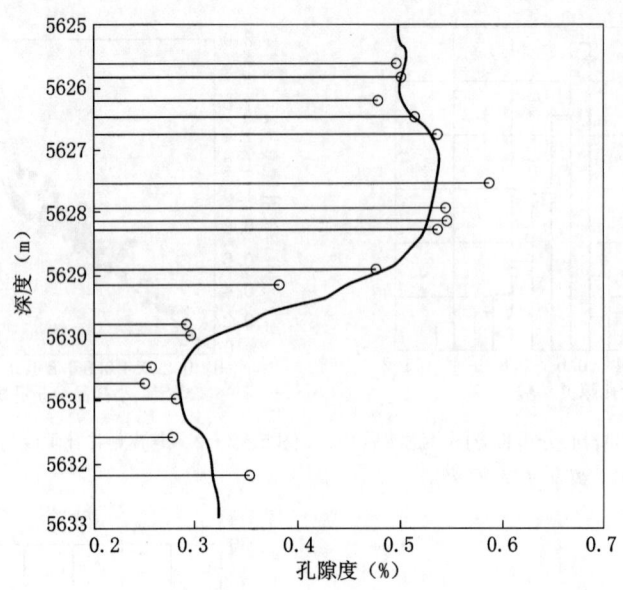

图 5-7-7 某井岩心分析孔隙度与测井孔隙度的对比图

类似情况,某井的小样品分析孔隙度主要分布在 0.7%~0.9% 之间,声波测井孔隙度也主要分布在 0.7%~0.9% 之间,两者的绝对误差主要分布在 -0.07%~0.003% 之间,分布频率约有 70%,平均绝对误差为 -0.046%,平均相对误差为 7.06%。

第二节 裂缝孔隙度解释

通过选取成像测井解释的裂缝孔隙度与常规测井资料解释的裂缝孔隙度对比。在相同井段,成像测井对于裂缝孔隙度的计算,是基于对 FMI 图像的定量评价方法,处理时仅考虑了图像中标准的、可直观拾取的裂缝——斜交井眼、图像上呈规则的正弦形态的斜交裂缝。而对复杂裂缝系统,如岩石网状破碎、直劈裂缝、不规则缝面的情况,则不能进行合理、有效的定量分析。因此,在裂缝的定量评价结果中,可能将大量的有效裂缝遗漏掉了,给出的裂缝孔隙度就远小于实际的岩石裂缝孔隙度,甚至是数量级上的差别。常规测井是根据岩心描述得到评价储层裂缝的经验关系式来计算储层的裂缝孔隙度,对储层裂缝孔隙度的计算针对性强,误差小,解释结果与生产相吻合。在对比的 11 个成像层段中,有 8 个层断两者解释的结果大小接近(图 5-7-8),有 3 个层段误差较大,符合率为 73%。

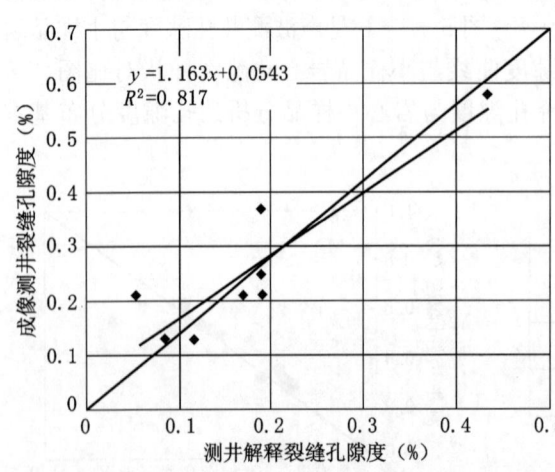

图 5-7-8 成像测井与常规测井的裂缝孔隙度对比图

第三节 储层对比

为了对比常规测井与成像测井在储层段的符合情况，开展了成像测井识别储层段孔隙结构类型与常规测井识别的对比。

（1）某井成像测井解释该段为高角度裂缝性储层段，成像测井图上也清楚地反映高角度裂缝性储层的特征（图5-7-9）。在对应井段的常规测井处理成果图上指示 XEIX 的值为2（2类储层），XXEI 的值为4（高角度裂缝型储层），解释的储层参数为总孔隙度1.36%，裂缝孔隙度0.19%，基质孔隙度0.55%，属于裂缝型低孔隙度的二类储层。很明显，两者的对应关系好，解释结果相符合。

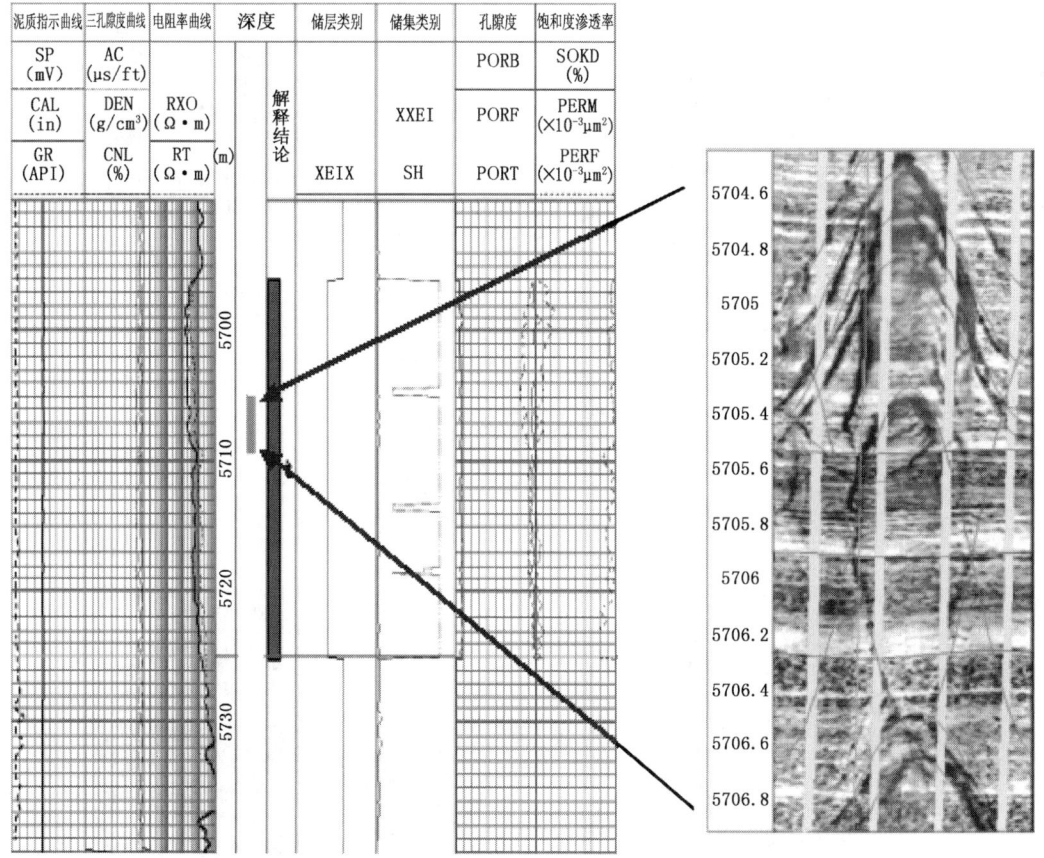

图5-7-9　某井高角度裂缝储层的成像测井和常规测井处理结果

（2）某井5524～5527m成像测井解释该段为裂缝孔隙型储层段，成像测井图上同样清楚地反映裂缝孔隙性储层的特征（图5-7-10）。在对应井段的常规测井处理成果图上指示 XEIX 的值为1、2（1、2类储层），XXEI 的值为3（裂缝孔隙型储集层），解释的储层参数为总孔隙度2.61%，裂缝孔隙度0.19%，基质孔隙度2.41%，属于裂缝—孔隙型的一类储层（图5-7-11）。图5-7-10、图5-7-11的对比说明，两者的对应关系好，解释结果相符合。

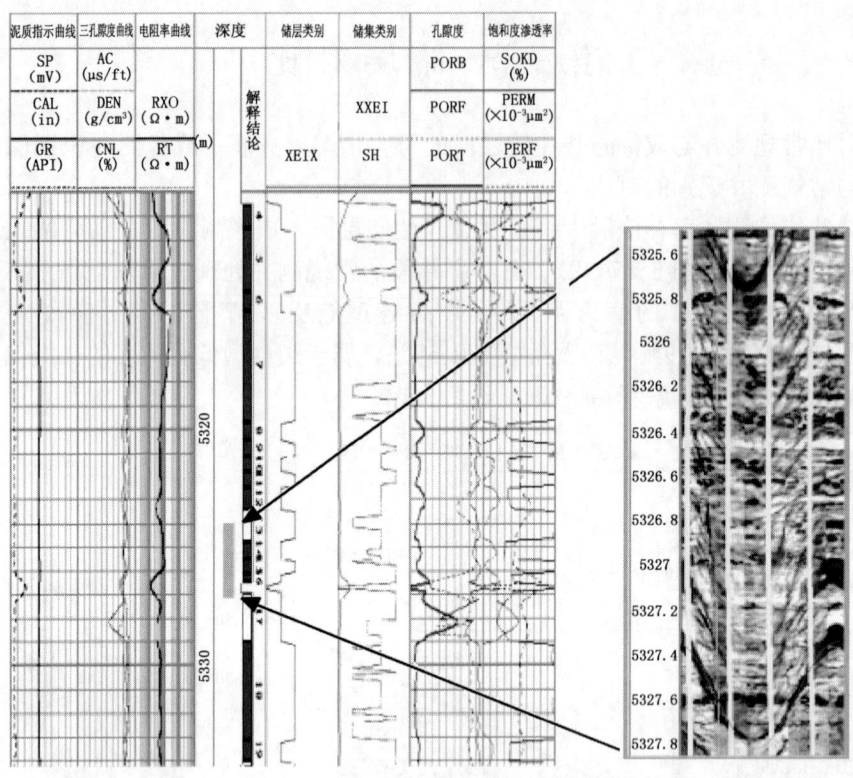

图 5-7-10 某井裂缝孔隙型储层的常规处理结果

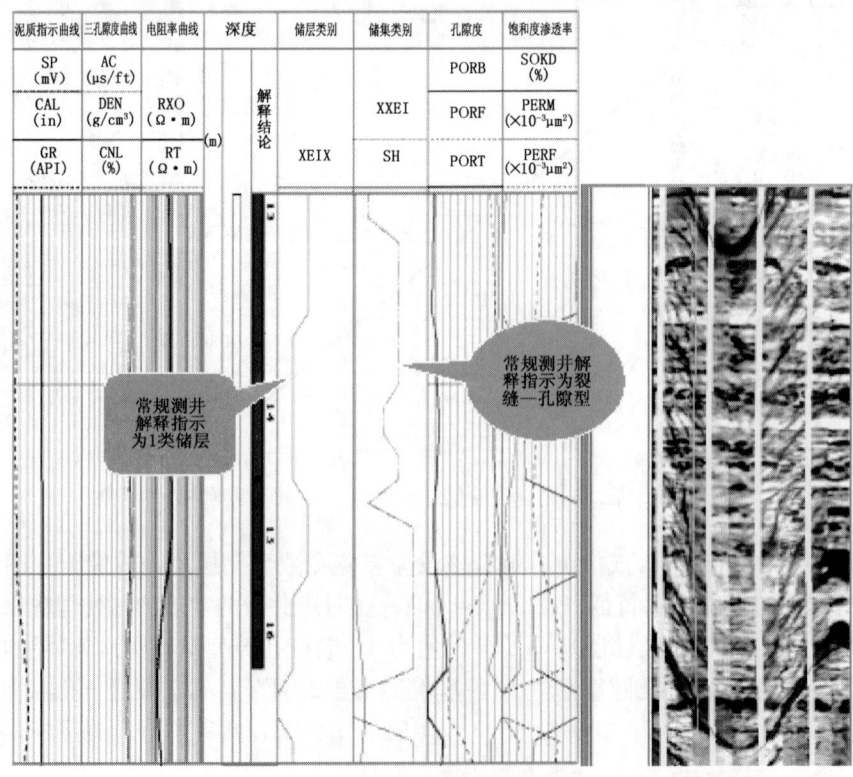

图 5-7-11 某井裂缝孔隙型的成像测井结果

第六篇　塔里木盆地地质录井储层评价

第一章　区域地质概况

塔里木盆地油气资源地质录井评价研究工区主要以库车坳陷和巴楚凸起作为评价工区。库车坳陷位于塔里木盆地北部，是在天山南侧所形成的中新生代陆相沉积坳陷（在中新生代是一个大型前陆盆地），北缘是南天山山前断裂带（前陆冲断褶皱带），南面是塔北隆起（前隆），呈 NEE 向展布，东西长 250km，南北宽 20~60km，面积约 $2.117×10^4 km^2$，坳陷内地势呈北高南低之势，地面海拔 1000~3000m。坳陷前陆冲断褶皱带是库车前陆盆地的一个重要构造单元，自北而南又划分为北部单斜带、克依构造带、拜城凹陷及秋里塔克背斜带。由于冲断褶皱带构造变形强烈，常表现为构造变型复杂，深浅构造变形多不一致。冲断带内的三叠—侏罗系发育成熟度适中、厚度大的腐殖型烃源岩，中新生界各层系广泛发育多套以原生孔隙为主的良好储层，侏罗系煤系与古近系膏盐泥岩构成良好的盖层，而冲断褶皱带断裂构造又可沟通烃源岩与圈闭构造带，这些优越的天然气地质条件为大中型天然气田的形成创造了条件。

巴楚凸起位于塔里木盆地中央隆起的西部，北以吐木休克断裂与阿瓦提凹陷相接，南临麦盖提斜坡，勘探面积 $4.167×10^4 km^2$，主要有 6 个二级构造带组成：吐木休克断裂构造带、卡拉沙依断裂构造带、古董山断裂构造带、玛扎塔格断裂构造带、海米罗斯断裂构造带、玛东构造带。巴楚凸起有石炭系和下奥陶统两套主要的烃源岩，发育石炭系、二叠系、志留—泥盆系、奥陶系、寒武系五套主要储盖组合，由于是一个活动性古隆起，多次隆升作用和喜马拉雅期的翘顶作用形成多排构造，有利于天然气聚集成藏。

由于不同地区、不同构造的天然气藏、油气藏在油气来源、运移距离、聚集成藏期次、成藏模式等方面的不同，其地质录井显示特征也有较大的差别。地质录井储层评价就是以气测组分数据为基础，结合岩样观察的储层特征，借助气测解释图版，对能反映气层、油气同层、水层特征的各项录井参数（钻井液参数、后效等）进行综合解释。根据库车坳陷和巴楚凸起的地质构造特征，采用逐步分区法进行气测解释分区，进而分层系，以此来寻找及建立录井资料与气层、油气同层、水层的关系。

第二章 油气水层的录井资料特征

第一节 气测资料特征

一、气层的气测组分特征

实时录井过程中,天然气储层的组分不尽相同,共有4种情况。

(1) 以甲烷为主,气测组分不全:录井气测组分多数出至C_1,个别出至C_2,有的能出至C_3。主要有两个因素:

①天然气层天然气组分的特殊性,如有的井甲烷含量为98%左右,乙烷含量为0.5%左右,非烃类(CO_2、N_2)为1.5%左右,无丙烷及其他烃类;而另外的井甲烷含量为97%左右,非烃类气体含量为2%左右,并有少量乙烷、丙烷及异丁烷等。

②过压钻进使进入井筒的天然气很少,所以其气测显示较弱,重组分则更弱以致于色谱仪检测不到。

(2) 以甲烷为主,气测组分较全:多数出至nC_4,天然气层多数以湿气、凝析气为主,而且在钻井过程中基本上为近平衡和负压钻进方式,使气显示较好,组分出得较全。

(3) 甲烷含量不足90%,气测组分较全:甲烷含量均小于90%,主要以凝析气和油气同层为主,反映在气测录井资料上,组分出得较全,多出至nC_4,且重组分含量较大。

(4) 非烃含量较高,气测组分不全:含有较高的非烃气体(CO_2、N_2—试气资料),一般在12%~20%之间,甲烷含量一般在77%~85%之间,乙烷至正丁烷基本上均存在但含量较少。反映在气测录井资料上则表现为C_1较高,占其组分含量的98%以上,组分一般出至C_2,个别出至C_3或仅出至C_1。

二、气测相对异常幅度

通常用气测相对异常幅度反映油气显示强度。相对异常幅度是用显示段气测值除以显示段前的气测基值得到的比值,能够直接反映地层有关显示情况。

通过对不同地区、不同储层321层试油井段进行统计,全烃、C_1气测的相对异常幅度值变化规律性较强(图6-2-1)。气层、油气同层全烃、C_1气测相对异常幅度值基本上较高,多数大于5,而水层、干层的全烃和C_1相对异常幅度值基本上较低,多数小于5。因此,全烃、C_1气测相对异常幅度值可作为气层、油气同层评价的辅助依据。

三、气测曲线形态特征与流体性质的关系

气测数据间接地反映了地层中的烃类成分组成,研究表明:地层岩性的不均质性、地层流体性质和能量大小对气测数据的变化有不同程度的影响,反映在气测井深曲线上表现为不同的变化形态,因此,研究气测井深曲线的形态能够清楚地判断气测值与地层物性的对应关系,即可以间接判断所钻储层纵向上的均质性、物性、流体性质及能量,为正确解释奠定了基础。通过对各区重点井的油层、油气同层、气层、气水层的曲线形态进行分析,将油气显示段气测曲线分为块状、尖峰状、锯齿状、楔状等基本形态(表6-2-1)和块状与楔状的一种复合形态,每种曲线形态与流体性质存在一定的内在规律。

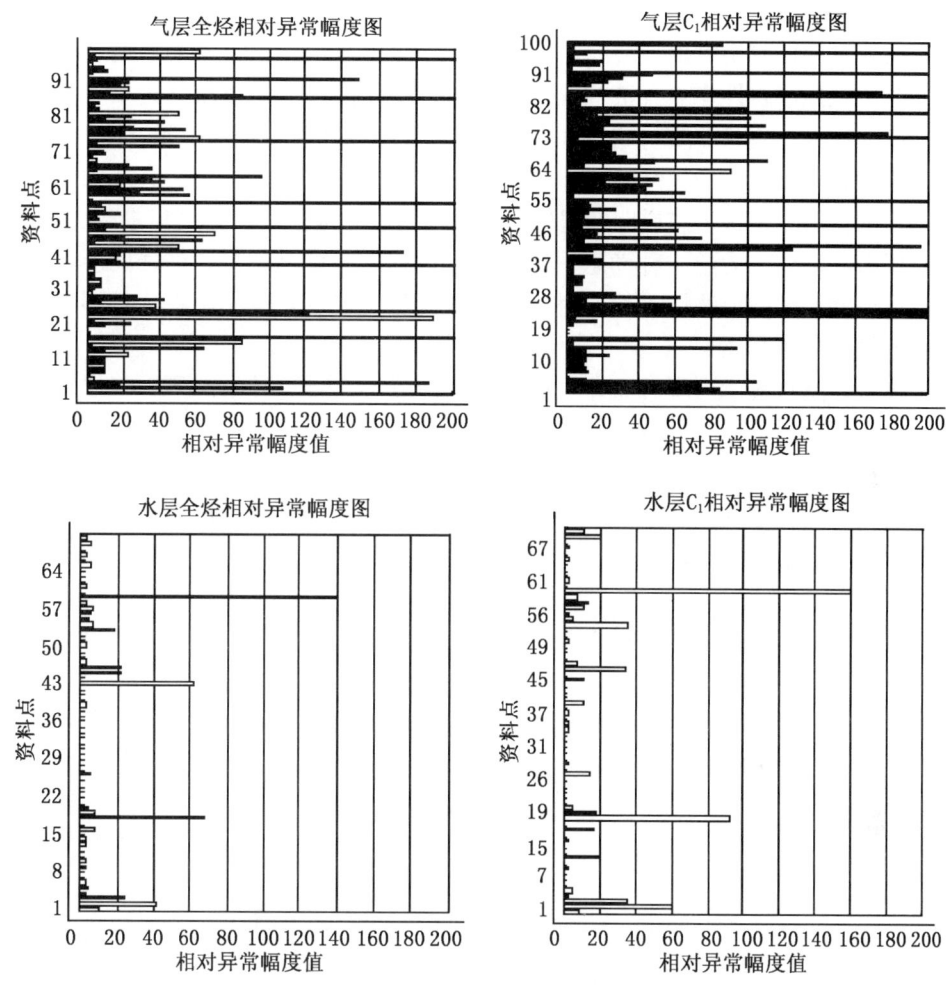

图 6-2-1 相对异常幅度值与储层性质关系

表 6-2-1 气测基本曲线形态与流体性质关系统计表

形态名称	井深曲线	与储层流体性质的关系	备 注
块 状		与储层对应；多为气层、油气同层显示	过压钻进
锯齿状		与储层对应；多为气层、油气同层显示	平衡钻进
楔 状		与储层无关，与提下钻对应；多为后效显示或水层显示	平衡钻进
尖峰状		与储层无关，周期性出现；多为单根气或干层	平衡钻进

1. 基本形态

(1) 块状：钻揭储层时出现显示，持续至钻穿储层显示结束，主要是地层破碎气的测量值，同时反映地层岩性均一且液柱压力略大于地层压力；或是过压钻进状态，气显示受到一定程度的压抑。块状曲线与储层对应较好，多是气层、油气同层显示。

(2) 锯齿状：锯齿状的包络线仍然是块状，可认为是块状的特例。有两种情况，在地层物性均一的情况下，该形态说明钻遇气层、油气同层时地层中流体涌出量忽大忽小变化，反映地层压力与液柱压力的一种动态平衡状态。这种形态多是气层、油气同层显示，应重点解释。但当储层纵向上物性不均一时（超薄砂泥岩交互层）也会出现这种形状，则可以认为是小型块状的集合体。

(3) 楔状：是指显示出现后立即缓慢下降的曲线形态，这种形态多为气层、油气同层后效显示，一般在提下钻后出现，其突出特点就是显示段与储层不对应，持续时间一般较短，但当负压状态、后效强烈时也会持续很长时间，这样的显示评价时可以不做解释。水层被钻开后其中所溶解的气释放过程也可能形成楔状曲线，这种情况钻井液密度、粘度和电导率参数会有明显的变化。

(4) 尖峰状：较小的峰形，这种显示多为单根气，也可能是超薄油气同层的显示。如果该峰形间隔一定时间出现，表现较好的周期性，在气测录井曲线图上间隔为一个单根的长度（约10m），则必然为单根气峰，这是由于钻遇油气同层后一段时间内在接单根井筒静止时地层油气涌入钻井液的结果。单根气的出现说明当前处于近平衡钻进状态。如果该峰形出现1次，且与钻时、储层对应，则有可能是储层的真实显示，但地层能量有限，多为干层。

2. 复合形态

块状后连着楔状，说明钻遇了气层、油气同层，且钻穿后显示持续不断。这种形态反映地层能量大，且持续时间越长，地层能量越大。同时也反映了当前钻井状态是负压钻进。这种情况会影响新钻层油气水显示的发现。气层的气测曲线形态与水层的气测曲线形态有明显的区别。气层段在物性均一的情况下，多呈块状形态，在物性不均一的情况下多呈锯齿状形态，而且形态的变化与钻时、岩性的变化吻合性较好；而水层气测曲线形态多表现出楔状或十分的不规则，很少具以上特征（图6-2-2）。

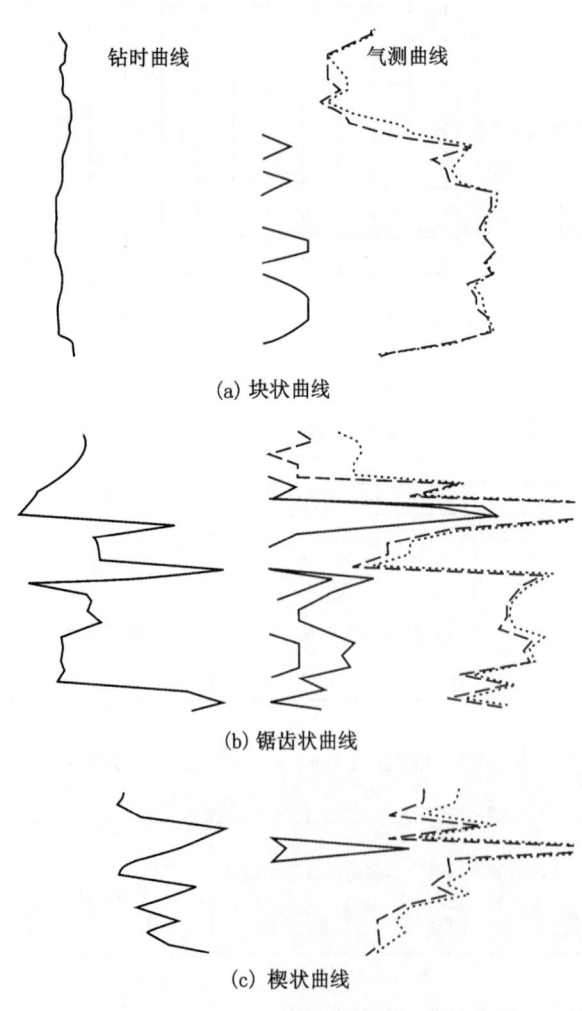

(a) 块状曲线

(b) 锯齿状曲线

(c) 楔状曲线

图6-2-2 气测录井曲线形态类型

四、天然气层的组分特征

天然气层从成分上包括干气、湿气及凝析气。它们的组分中甲烷占主要地位。表6-2-2列出了研究区各区块天然气层及油气同层组分数据。从这些数据中不难看出，研究区天然气组分分布范围较宽，甲烷含量从77.85%～97.52%。区域上天然气层的组分变化如此之大，说明研究区内具有多种成因类型的天然气。由于气测组分采集、分析的主要是烃类气体，而研究区天然气层含有较高的CO_2、N_2等，为了更好地表明烃类组分含量，对不同类型的天然气层气测数据进行了正规化处理，这些不同类型的天然气层气测数据经正规化处理后有很强的规律性，较原始气组分含量更能反映天然气性质。下面对各区块、层系的天然气层、油气、水层组分特征进行分析，仅以奥陶系为例：气层的甲烷含量在80%～99.8%之间，C_1/C_2在10～260之间；而含气水层、水层的甲烷含量大于99%，C_1/C_2多大于260。

表6-2-2 研究区天然气组分数据表

试油结果	甲烷 （%）	乙烷 （%）	相对密度
气层	97.52	0.56	0.569
	90.76	6.23	0.6237
	81.04	1.20	0.6643
凝析气层	88.69	5.86	0.6282
	83.51	9.21	0.6654
	77.85	10.3	0.6746
油气同层	85.31	5.98	0.6472
	78.10	13.59	0.6936
	83.21	7.22	0.6577
	86.71	6.26	0.6445
油层	81.09	7.66	0.6795
	83.49	6.61	0.6698
	73.29	13.65	0.7383
	77.80	9.45	0.6746

第二节 后效资料特征

由于压差屏蔽作用的影响，在过压钻进条件下气层、油气同层、水层（含气）等的气测显示较弱。在负压或近平衡钻进时，后效显示均较强，但水层（含气或有水溶气）气测值的强度大，持续时间短，气层或油气同层气测值强度相对较弱，持续时间长，由于油气水对显示的贡献不同，钻井液性能因此受到的影响也明显不同。

（1）油气同层：密度降低，粘度升高。

（2）气层：密度降低，粘度升高。对于油气同层、气层，当气测显示的幅度越大，密度降低的幅度和粘度升高的幅度也应越大，这主要是由于单一的油气对钻井液密度和粘度做贡献。如某井 4776.0～4785.0m 的气层段后效，气测全烃由 6.5% 升至 99.73%，密度由 1.9g/cm³ 降至 1.6g/cm³，粘度由 90s 升至 105s；而另一口井 4606.0～4620.0m 气层段后效，气测全烃由 3.03% 升至 42.33%，密度由 1.73g/cm³ 降至 1.53g/cm³，粘度由 72s 升至 148s。

(3) 气水同层、含气水层：密度降低、粘度或降低或不变或略升高。对于气水同层、含气水层，由于地层既出水又出气，气和水同时在对钻井液密度和粘度做贡献，故共有三种情况：

①水多气少：当水的贡献大于气的贡献时，密度降低，粘度降低，典型的水层特征。

②水气相当：当水的贡献和气的贡献相当时，密度降低，粘度不变，也是典型的水层特征。如某井 4536.0～4566.0m 水层段的后效，气测全烃由 0.6% 升至 25.65%，密度由 1.49g/cm³ 降至 1.48g/cm³，粘度为 56s。

③水少气多：当水的贡献小于气的贡献时，密度降低，粘度略升高，说明含有水，但尚难判断是含水层还是气水同层。如某井 4579.0～4584.0m 水层段后效，气测全烃由 5.4% 升至 98.57%，密度由 1.58g/cm³ 降至 1.51g/cm³，粘度由 60s 升至 65s。由于气体的存在，因地层水的密度明显小于钻井液的密度，所以水侵绝大多数都是引起密度下降。

(4) 水层：密度降低、粘度降低。

第三节　出口电导率资料特征

钻井液电导率就是钻井液的导电能力，反映的是矿化度的大小。通常，钻遇水层表现为电导率明显上升（因大多数情况下地层水矿化度都显著大于钻井液矿化度），而钻遇油气同层表现为电导率明显下降，具体表现为：

(1) 钻遇气层：由于钻井液向上流动过程中，压力逐渐降低，气体的体积不断膨胀，在上升至井口时，在钻井液体系中的气体多以分散针泡形式存在，且大部分气体已散失殆尽，因此气层在电导率资料上反映多微降或无变化，一般不会升高。如某井 4606.0～4620.0m 气层段，电导率由 0.25mS/cm 降至 0.23mS/cm；另一口井 1793.0～1800.0m 气层段，电导率由 10.96mS/cm 降至 10.73mS/cm。

(2) 钻遇气水同层或水层（含气或有水溶气）：由于气对电导率的贡献变化影响较小，水对电导率的变化贡献较大，因而电导率上升（地层水矿化度较钻井液大时），表现为明显的水显示。如某井 4069.0～4091.0m 含气水层，电导率由 0.42mS/cm 升至 0.46mS/cm。

(3) 钻遇油层或油气同层：电导率明显下降，如某井 4685.0～4700.0m 油气同层段，电导率由 1.04mS/cm 降至 0.45mS/cm。

第四节　出口温度资料特征

钻井液出口温度的变化反映的是钻遇油气水层时钻井液受油气水侵的程度。当钻开气层时，地层里的气体迅速进入井筒膨胀，为了保持原先状态平衡，要吸收周围大量的热能，使钻井液温度降低。当钻开水层时，地层水进入井筒钻井液中，由于地热因素，使钻井液温度升高（其条件是地层温度大于井筒钻井液温度）。但在实际录井过程中，对昼夜温差大的还要注意资料受环境温度的影响。钻遇含不同流体的储层则出口温度变化情况有一定的差异。

（1）油气同层：气体上返期间因液柱压力逐渐降低而快速逸出，其体积迅速膨胀，吸收大量的热量使钻井液温度降低，同时一定量的油也进入钻井液中，使钻井液温度升高，其温度的变化取决于气和油的贡献大小。从统计的结果来看，一般气对温度的贡献要大于油对温度的贡献，反映在出口温度上多数油气同层表现为降低，部分为不变。

（2）气水同层：当被钻开时为气水同出，出口温度的变化取决于气和水贡献的大小，当气量较大时，气的贡献大于水的贡献，表现为降低；当水量较大时，水的贡献大于气的贡献，表现为升高；当贡献相当时，则表现为无变化。从统计的结果看，多数气水同层出口温度无变化，部分层微升。

（3）含气水层：由于气量有限，在出口温度上主要表现为上升或不变。

（4）气层：出口温度降低。

（5）油水同层：出口温度上升。

（6）水层：出口温度上升。

第五节 地化资料特征

塔里木油田地化录井不仅推广使用得较早，而且项目也较为齐全，为区域上寻找地化录井的解释规律提供了极为丰富、详实的录井资料。但由于使用的仪器不同，资料的系统误差是客观存在的，尤其是因钻井复杂，多数井在钻井液中都不同程度地加入了对录井有一定影响的添加剂，所以在统计分析前要先对录井环境因素进行分析，尽可能地扣除背景值，从而使原始地化资料的受影响因素得到标准化处理，实践中常会有同一段储层中有个别离群的资料点，是现场因受地层的不均一性和岩屑挑样随机性影响所导致的，对这些离群的点需要进行对比分析，确认为不正常数据后应进行剔除。地化录井传统的解释方法有如下 8 种交会图版，针对工区显示特征，使用图版模版系统进行分区分层系统计，分别形成各自的解释图版，再结合判别的准确率对所绘的图版进行优选：

(1) S_1/S_2—$S_1/(S_0+S_1+S_2)$；

(2) $(S_0+S_1)/S_2$—$S_0+S_1+S_2$；

(3) S_1—P_g；

(4) S_1/S_2—S_t；

(5) $(S_0+S_1)/S_2$—$(S_0+S_1)/S_2(S_0+S_1+S_2)$；

(6) $S_2 100/(S_0+S_1+S_2)$ —S_2/S_1；

(7) S_1—S_1/S_2；

(8) P—$(S_1+S_2)/P$。

经分析和回判对比，选出其中 4 个效果较好的图版作为近期使用的标准图版，从效果最好的开始依次排列为：

(1) 地化亮点法解释图版：$(S_0+S_1)/S_2$ 与 $(S_0+S_1)/S_2(S_0+S_1+S_2)$；

(2) 轻烃/重烃与油产率图版：S_1/S_2 与 S_t；

(3) 重总烃比值图版：$S_2 \times 100/(S_0+S_1+S_2)$ 与 S_2/S_1；

(4) 轻烃与含油气总量图版：S_1 与 P_g。

图 6-2-3 和图 6-2-4 是塔里木油田另外两个分区、分层系建立起来的有效图版。

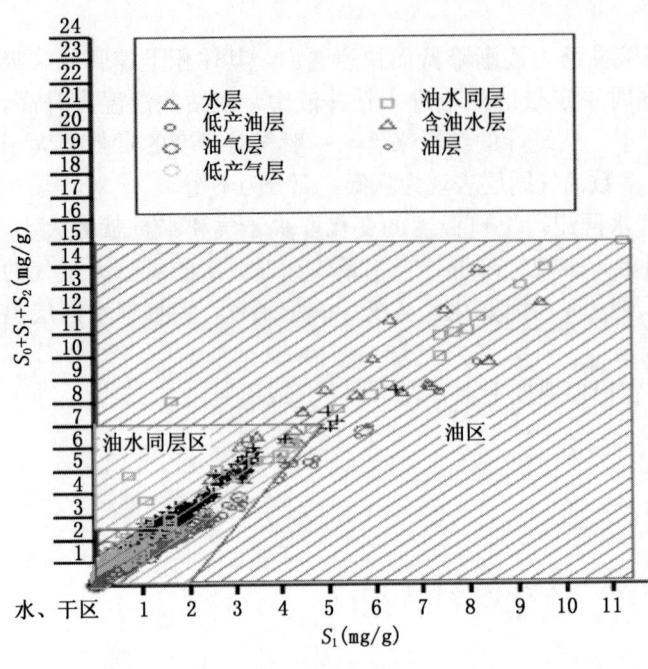

图6-2-3 某区某层系 $S_0+S_1+S_2$—S_1 图版

图版的适用性本质上是受油气层的性质（油气层的物性、油气的组成成分等特征）所决定的。

其多数气层的主要成份是甲烷，易散失，岩样中烃类的保存较少。虽然是以轻烃为主，但 S_0+S_1 反映的烃类范围挥发程度要大于 S_2 烃类范围挥发程度，造成 S_1 较小，表现出重质或水层及干层特征。通常，在图版上水层和干层主要表现出两种特征，一是重质油特征下的高含油气量，这种情况试油多为水层或干层，基本无油气显示；二是重质油下的低含油气量，这种情况并非是岩样中本身的油质较重，而是由于含油气量较少而引起 S_0+S_1 值都较小。再就是含油水层与油水

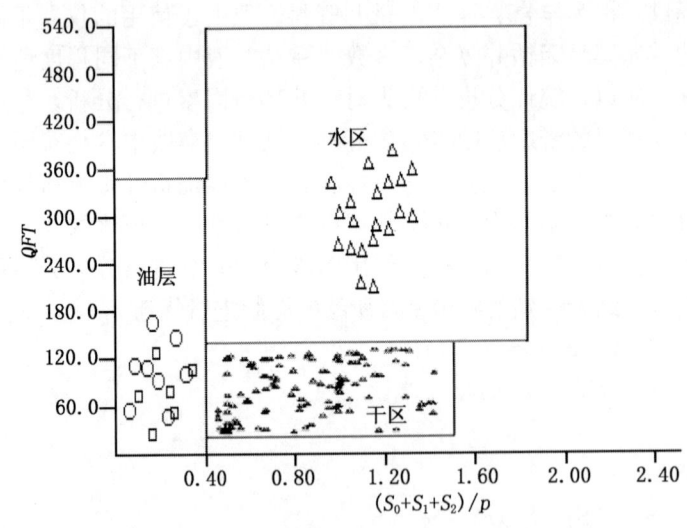

图6-2-4 塔里木油田某区碳酸盐岩解释图版

同层不易区分。几个图版上的共性是：

(1) 油层、油气层与含油层不易区分；

(2) 油水同层与含水油层不易区分；

(3) 含油水层、水层、干层、气层难以区分。

在进行某井的地化录井过程中，当钻至奥陶系良里塔格组时，地化录井井段为4871～4873m，岩性为灰色油斑生屑灰岩。地化参数 S_0 为 0.006～0.175mg/g，S_1 为 1.497～5.562mg/g，S_2 为 0.394～1.012mg/g，气测全烃为 1.10%～1.62%；含油级别为油斑，原油性质为中质油，热解解释为油层；热解气相色谱的主碳峰在 nC_{15}—nC_{19} 之间，主碳峰较

明显，原油性质反映了中质油的特征；曲线抬高隆起，各峰分离度也比较好、碳数组分 nC_{13}—nC_{35}、出峰较全、曲线峰形呈梳状特征，用多谱对比重复性好。在录井现场，地化录井在4872～4873.68m用热解谱图适时解释为低产油层，但组分资料显示油气特征非常明显，综合考虑解释为油层，油质为中质。结果在4851.10～4885m进行试油，产油104t/d，气47320m³/d，原油相对密度为0.84。使用地化亮点法解释图版，其地化数据分析点均落在油层、油气层区域。

某井在奥陶系良里塔格组岩性为褐灰色荧光灰岩、褐灰色含气灰岩，地化录井储集岩厚度为100m。在该层4690.00～4706.00m井段，地化录井厚度16m，分析样品16块，分析结果：S_0 为 0.38～1.88mg/g，S_1 为 3.08～11.1mg/g，S_2 为 1.8～4.31mg/g，P_g 为 5.47～17.10mg/g，B 值为 1.71～2.87，M 值为 9.36～46.07。含油性评价：轻质油气层。

第六节 钻井液添加剂对录井的影响与排除

研究区内使用的主要添加剂有：润滑剂、磺化沥青、乳化剂、防塌剂等，受影响最大的是荧光录井和气测录井，磺化沥青类添加剂的影响尤为突出。对荧光和气测录井所受的影响，现场一般采用扣除背景值的方法进行补救。

（1）基值的确定：井队加入任何添加剂都要事先通知录井人员，加入后要充分循环，直到钻井液的荧光和气测值基本稳定，这一稳定值即被确定为基值。每向井内加入一次影响录井的添加剂就需要重新确定一次基值，实际录井过程中，因各种干扰这个所谓的基值是不够稳定的。

（2）荧光录井的校正方法：系列对比和定量荧光可用钻井液的荧光值作为背景值，再用岩屑荧光测量值减去这一背景值，但不能出现负数，否则应查明原因；荧光灯下观测则用充分循环后所捞取的自身本来无荧光的岩屑观测其背景值，以便与正常录井的观测值进行对比，原则上是减去背景值，也不能出现负数，否则应查明原因。

（3）气测值的校正方法：用录井测得的气测值减去其对应的背景值，值得注意的是要正确确定后效、接单根因停泵造成的单根气。若出现负值也是不合理的。

第三章 气测解释方法及其图版的建立和应用

气测解释方法很多,而且在生产实践中发挥了一定的指导作用,但图版的解释区间值确定都是用气测值的特征进行的,气测特征反映的是油气藏油气自身的成分特征,而这些特征归根到底还是受沉积盆地、盆地的构造演化、油气成藏期次、区域沉积相带等综合因素的影响。所以笔者强调分区、分层系建立统计图版的重要性,并在塔里木盆地和准噶尔盆地的录井解释中得到了应用和发展。

第一节 常用气测解释方法的适用性

油气藏中因物性、烃组分特征及其相对含量的差别,造成不同气测解释方法的应用范围不同,即其适应性不同。

(1) 皮克斯勒法(Pixler):皮克斯勒法的优点很明显,它只需要简单地计算及结果绘图就能提供出评价结果;但它只适用于组分出至 C_3 及以后的数据,如果组分仅有 C_2 就变成了简单的 C_1/C_2 比值,其图版就失去了意义。

(2) 三角形图版法:只适用于组分出至 nC_4 的气测数据,如果组分出至 C_2、C_3 就无法制作三角图版了,也就无法解释。

(3) 乙烷/丙烷比值法:适用于组分出至 C_3 及以后的气测数据,方法简单,反映的是油气性质,对其产能的判断不足。

(4) 气体评价法:反映的是油气成分特征,判断油气水层的能力不足。

(5) 双对数比值法:是以 $\log C_1/\log C_2$ 为纵坐标,以 $\log C_1/\log(C_2-C_5)$ 为横坐标建立起的轻重烃比值与油气水层的关系。它适用于组分出至 C_2 及以后的数据,组分只有 C_1、C_2 时,$C_3+iC_4+nC_4+C_5=0$,双对数变为了单对数。

(6) 轻烃比值法:又称3H法,其突出的优点是可用打印机绘成连续曲线作直观分析,便于同电测作横向对比。缺点是对油气同层的判断较为繁琐且受解释人员的主观影响较大。它适用于气测组分出至 iC_4(至少 C_3)及以后的数据解释。因当组分只有 C_1、C_2、C_3 时,$ch=0$ 对解释无意义,当组分只有 C_1、C_2 时,烃平衡为无限大,对解释也无意义。

(7) 同源系数法:由于在实际录井过程中,油气同层、特别是气层组分出全很少,且 iC_4、nC_4 及 iC_5、nC_5 在油气同层气组分中含量较低,误差明显偏大。

第二节 分区、分层系建立和优选气测解释图版

根据研究区各区、各层系的组分特征及所适用的气测解释模型,应用图版模板制作软件分区、分层系分别进行分析统计,确定出各区、各层系规律性相对较好的解释图版及油气水层在图版中的不规则分布区,规律性极强,为了说明分区、分层系制作图版的科学性,专门制作了全盆地的综合图版,与分区、分层系图版相比其规律性显著降低。

(1) 依奇克里克地区:N、E、K 和 J 的 Wh—Bh 图版(图 6-3-1)和 ZC_1—Bh 图版

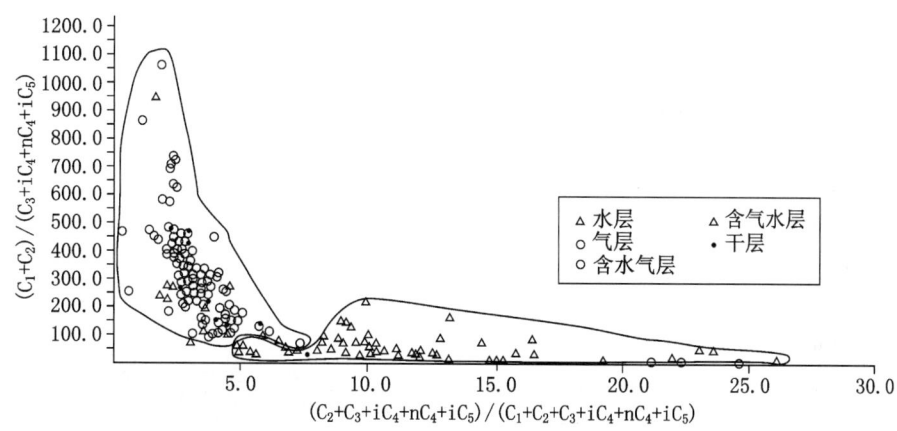

图 6-3-1 N、E、K 的 Wh—Bh 图版

效果更好。

（2）克拉苏地区：N、E 的双对数比值图版和 ZC_1—ZC_1/ZC_2 图版效果更好。

（3）羊塔克—英买力地区：

①羊塔克地区 N、E、K 的 ZC_1—ZC_2 图版和 ZC_1—ZC_1/ZC_2 图版（图 6-3-2）最好。

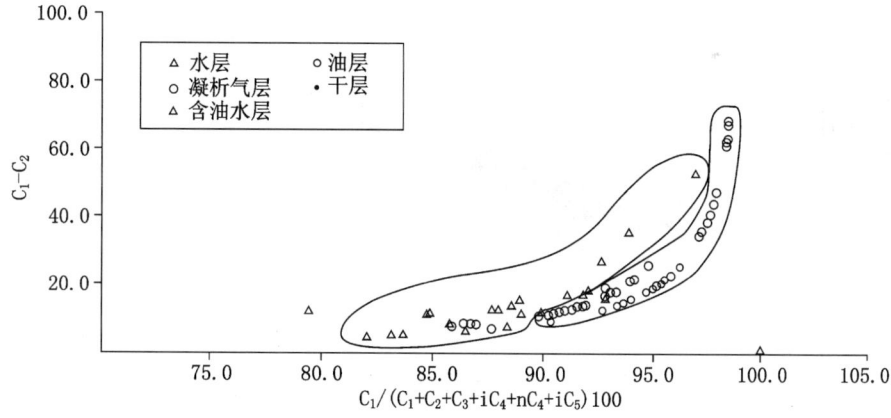

图 6-3-2 N、E、K 的 ZC_1—ZC_1/ZC_2 图版

②英买力地区 N、E 的双对数比值图版和 ZC_1—ZC_1/ZC_2 图版效果最好。

③英买力地区 K 的 ZC_1—ZC_1/ZC_2 图版和 ZC_1—ZC_2 图版效果最好。

④羊塔克—英买力地区 J、O、∈的 ZC_1—ZC_1/ZC_2 图版和双对数比值图版最好。

（4）牙哈—提尔根地区：

①牙哈地区 N、E、K 的 ZC_1—ZC_1/ZC_2 图版和双对数比值图版效果更好。

②提尔根地区 N、E、K 的 ZC_1—ZC_1/ZC_2 图版和 ZC_1—Bh 图版（有 C_3 及以后组分）效果更好。

③牙哈—提尔根地区 J、T、O、AnZ 的 Wh—Bh 图版（有 C_3 及以后组分）、ZC_1—ZC_1/ZC_2 图版（图 6-3-3）和双对数比值图版（图 6-3-4）效果更好。

（5）巴楚凸起：该地区天然气层含有较高的非烃气体。在气测组分上气层多数层段出至 C_2，部分层段出至 C_3 及以后或仅有 C_1，而水层及干层多数层段组分仅出至 C_1，部分层

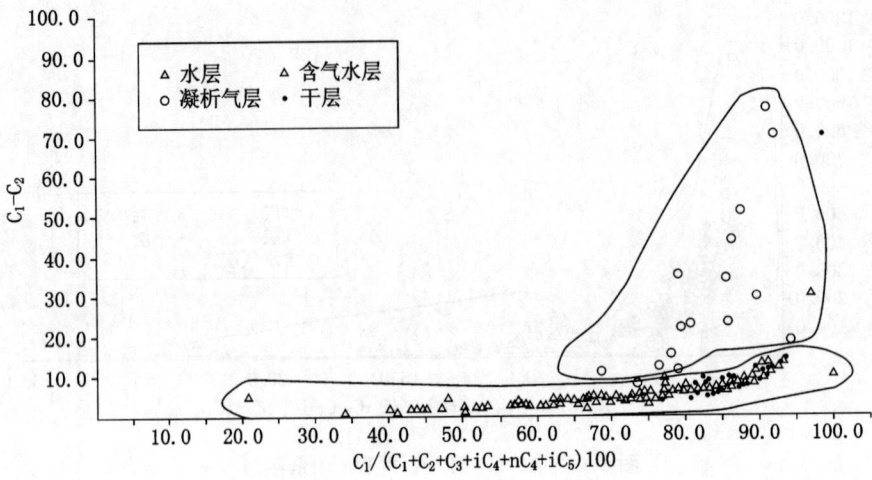

图 6-3-3　ZC_1-ZC_1/ZC_2 图版

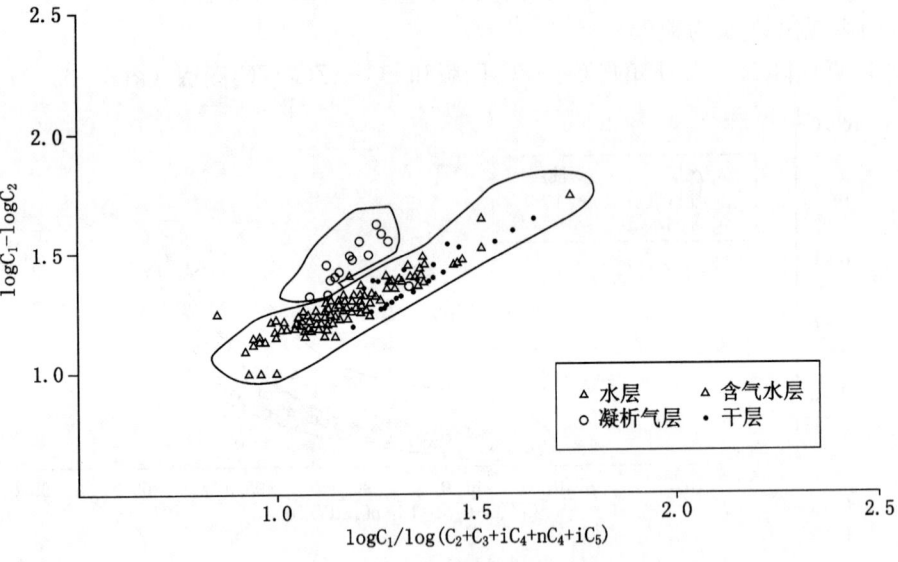

图 6-3-4　双对数比值图版

段出至 C_2 或 C_3。双对数比值图版（$C_2>0$）、ZC_1-ZC_1/ZC_2 图版（$C_2>0$）和 ZC_1-BH 图版（有 C_3 及以后组分）等效果较好。

第四章　地质录井综合识别方法

录井解释仅靠一种录井资料是不够的，分区、区层系所建立的气测解释图版、Fisher 准则系统解释模型、神经网络系统解释模型是气测解释的主要手段，但不是唯一手段，必须结合对油气水层有贡献的多种资料综合判别才能提高录井解释符合率。根据以上研究，得出不同地区、不同流体性质的判别指标。

第一节　依奇克里克地区

一、气层

（1）具气测异常，在分层系解释图版上，大多数气测值点落在气层圈闭区，个别点落在水层圈闭区。

（2）Fisher 准则解释系统 4 种方法解释，大多数气测值点为气层，个别气测值点为气水同层或干层、水层。

（3）神经网络解释模型系统解释，大多数气测值点为气层，个别气测值点为气水同层或干层、水层。

（4）气测曲线形态多呈块状或锯齿状。

（5）全烃或 C_1 相对异常幅度值多大于 5。

（6）气测随钻值一般大于全脱值，两者比值越大，可靠性越大，因为钻井液中的干气到达井口时已经逸散殆尽，即全脱取样失真。

（7）后效显示：密度降低、粘度升高，气显示持续时间较长。

（8）出口电导率在正常钻进及后效测量中微降或变化不明显。

（9）出口温度在正常钻进及后效测量中，若气显示强烈则多表现出降低；若气显示较弱，则多表现出无变化。

（10）储层中—好。录井上表现为岩性好或裂缝发育、钻时快。

二、气水同层

（1）在分层系解释图版上，部分气测值点落在气层圈闭区，部分气测点落在水层圈闭区。

（2）Fisher 准则解释系统 4 种方法解释，多数气测值点为气水同层，个别点解释为气层或水层、干层。

（3）神经网络解释模型系统解释，多数气测值点为气水同层，个别点解释为气层或水层、干层。

（4）气测曲线形态多呈块状或锯齿状，且有逐渐下滑趋势。

（5）全烃或 C_1 相对异常幅度值多大于 5。

（6）气测随钻值一般低于全脱值，两者比值越小，可靠性越大。

（7）后效显示：密度降低、粘度略升高或不变或降低，有含水特征。

（8）出口电导率在正常钻进及后效测量中上升或微升，有水显示特征。

(9) 出口温度在正常钻进及后效测量中，若气显示强烈多表现出微降；若显示较弱，则多表现出微升。

(10) 储层中—好。录井上表现为岩性好或裂缝发育、钻时快。

三、水层

(1) 在分层系解释图版上，气测值点落在水层圈闭区或大多数气测值点落在水层圈闭区，个别点落在气层圈闭区。

(2) Fisher 准则解释系统 4 种方法解释，气测值点为水层或大多数气测值点为水层，个别气测值点为气水同层。

(3) 神经网络解释模型系统解释，气测值点为水层或大多数气测值点为水层，个别气测值点为气水同层。

(4) 气测曲线形态多数为楔状。

(5) 全烃或 C_1 相对异常幅度值多数小于 5。

(6) 气测随钻值与全脱值多数为低值。

(7) 后效显示：密度降低、粘度降低，气显示持续时间短。

(8) 出口电导率在正常钻进及后效测量中上升或微升（盐水钻井液除外）。

(9) 出口温度在正常钻进及后效测量中上升或微升。

(10) 储层中—好。录井上表现为岩性好或裂缝发育、钻时快。

第二节 克拉苏地区

一、气层

(1) 对于气测组分出至 C_2 及以后的数据点，在分层系解释图版上，大多数点落在气层圈闭区，个别点落在水层圈闭区。

(2) Fisher 准则解释系统 4 种方法解释，多数气测值点为气层，个别气测值点为气水同层或水层、干层。

(3) 神经网络解释模型系统解释，多数气测值点为气层，个别气测值点为气水同层或水层、干层。

(4) 气测曲线形态多呈块状或锯齿状，且全烃和 C_1 曲线几乎重合。

(5) 全烃或 C_1 相对异常幅度值多数大于 3。

(6) 气测随钻值一般大于全脱气值，两者比值越大，可靠性越大。

(7) 后效显示：密度降低、粘度升高，气显示持续时间较长。

(8) 出口电导率在正常钻进及后效测量中微降或变化不明显。

(9) 出口温度在正常钻进及后效测量中，若气显示强烈多表现出降低；若气显示较弱，则多表现出无变化。

(10) 储层中—好。录井上表现为岩性好或裂缝发育、钻时快。

二、气水同层

(1) 对于气测组分出至 C_2 及以后的数据点，在分层系解释图版上，部分点落在水层圈闭区，部分点落在气层圈闭区。

(2) Fisher 准则解释系统 4 种方法解释，部分气测值点解释为气水同层，部分气测值点解释为水层或干层。

（3）神经网络解释模型系统解释，部分气测值点解释为气水同层，部分气测值点解释为水层或干层。

（4）气测曲线形态多呈块状或锯齿状，全烃与 C_1 曲线分离小，几乎重合，且曲线形态有逐渐下滑趋势。

（5）全烃或 C_1 相对异常幅度值多数大于3。

（6）气测随钻值一般低于全脱值，两者比值越小，可靠性越大。

（7）后效显示：密度降低、粘度略升高或不变或降低，有含水特征。

（8）出口电导率在正常钻进及后效测量中上升或微升，有水显示特征。

（9）出口温度在正常钻进及后效测量中，若气显示强烈，多表现出微降；若气显示较弱，则多表现出微升。

（10）储层中—好。录井上表现为岩性好或裂缝发育、钻时快。

三、水层

（1）对于气测组分出至 C_2 及以后的数据点，在分层系解释图版上，大多数点落在水层圈闭区，个别点落在气层圈闭区。

（2）Fisher 准则解释系统4种方法解释，大多数气测值点为水层，个别气测值点为气水同层或干层。

（3）神经网络解释模型系统解释，大多数气测值点为水层，个别气测值点为气水同层或干层。

（4）气测曲线形态多数为楔状，全烃与 C_1 曲线分离小，几乎重合。

（5）全烃或 C_1 相对异常幅度值多数小于3，部分大于3。

（6）气测随钻值与全脱值多数为低值，部分为高值，但随钻气值一般低于全脱气值。

（7）后效显示：密度降低、粘度降低，水特征明显，气显示持续时间短。

（8）出口电导率在正常钻进及后效测量中上升或微升（盐水钻井液除外）。

（9）出口温度在正常钻进及后效测量中上升或微升。

（10）储层中—好。录井上表现为岩性好或裂缝发育、钻时快。

第三节 羊塔克—英买力地区

一、气层

（1）在分层系解释图版上，大多数气测值点落在气层圈闭区，个别气测值点落在水层圈闭区。

（2）Fisher 准则解释系统4种方法解释，部分气测值点为气层，部分气测值点为油气同层，个别气测值点为气水同层或水层。

（3）神经网络解释模型系统解释，部分气测值点为气层，部分气测值点为油气同层，个别气测值点为气水同层或水层。

（4）气测曲线形态多呈块状或锯齿状。

（5）全烃或 C_1 相对异常幅度值多数大于5。

（6）气测随钻值一般大于全脱值，两者比值越大，可靠性越大。

（7）后效显示：密度降低、粘度升高，气显示持续时间较长。

（8）出口电导率在正常钻进及后效测量中微降或变化不明显。

(9) 出口温度在正常钻进及后效测量中，若气显示强烈，则多表现出降低；若气显示较弱，则多表现出无变化。

(10) 储层中—好。录井上表现为岩性好或裂缝发育、钻时快。

二、油气同层

(1) 在分层系解释图版上，大多数气测值点落在气层圈闭区，个别气测值点落在水层圈闭区。

(2) Fisher 准则解释系统 4 种方法解释，部分气测值点为油气同层，部分气测值点为气层，个别气测值点为气水同层或水层。

(3) 神经网络解释模型系统解释，部分气测值点为油气同层，部分气测值点为气层，个别气测值点为气水同层或水层。

(4) 气测曲线形态多呈块状或锯齿状。

(5) 全烃或 C_1 相对异常幅度值多数大于 5。

(6) 气测随钻值一般大于全脱值，两者比值越大，可靠性越大。

(7) 后效显示：密度降低、粘度升高，气显示持续时间较长。

(8) 出口电导率在正常钻进及后效测量中明显下降。

(9) 出口温度在正常钻进及后效测量中微降或不变。

(10) 储层中—好。录井上表现为岩性好或裂缝发育、钻时快。

三、气水同层

(1) 在分层系解释图版上，部分气测值点落在气层圈闭区，部分气测值点落在水层圈闭区。

(2) Fisher 准则解释系统 4 种方法解释，多数气测值点解释为气水同层，个别气测值点解释为气层、油气同层或水层。

(3) 神经网络解释模型系统解释，多数气测值点解释为气水同层，个别气测值解释为气层、油气同层或水层。

(4) 气测曲线形态多呈块状或锯齿状，且曲线形态有逐渐下滑趋势。

(5) 全烃或 C_1 相对异常幅度值多数大于 5。

(6) 气测随钻值一般低于全脱值，两者比值越小，可靠性越大。

(7) 后效显示：密度降低、粘度略升高或不变或降低，有含水特征，气显示持续时间较长。

(8) 出口电导率在正常钻进及后效测量中上升或微升，有含水特征。

(9) 出口温度在正常钻进及后效测量中，如果气显示强烈，多表现出微降；如果气显示较弱，多表现出微升。

(10) 储层中—好。录井上表现为岩性好或裂缝发育、钻时快。

四、水层

(1) 在分层系解释图版上，气测值点落在水层圈闭区或大多数气测值点落在水层圈闭区，个别点落在气层圈闭区。

(2) Fisher 准则解释系统 4 种方法解释，气测值点为水层或大多数气测值点为水层，个别气测值点为气水同层。

(3) 神经网络解释模型系统解释，气测值点为水层或大多数气测值点为水层，个别气测值点为气水同层。

(4) 气测曲线形态多数为楔状。
(5) 全烃或 C_1 相对异常幅度值多数小于 5。
(6) 气测随钻值与全脱值多数为低值。
(7) 后效显示：密度降低、粘度降低，水显示特征明显，气显示持续时间短。
(8) 出口电导率在正常钻进及后效测量中上升或微升（盐水钻井液除外）。
(9) 出口温度在正常钻进及后效测量中上升或微升。
(10) 储层中—好。录井上表现为岩性好或裂缝发育、钻时快。

第四节 牙哈—提尔根地区

一、气层

(1) 在分层系解释图版上，大多数气测值点落在气层圈闭区，个别气测值点落在水层区。
(2) Fisher 准则解释系统 4 种方法解释，大部分气测值点解释为气层、油气同层、油水同层，个别气测值点解释为水层、干层。
(3) 神经网络解释模型系统解释，大部分气测值点解释为气层、油气同层、油水同层，个别气测值点解释为水层、干层。
(4) 气测曲线形态多呈块状或锯齿状。
(5) 全烃或 C_1 相对异常幅度值多数大于 5。
(6) 气测随钻值一般大于全脱值，两者比值越大，可靠性越大。
(7) 后效显示：密度降低、粘度升高，气显示持续时间较长。
(8) 出口电导率在正常钻进及后效测量中微降或变化不明显。
(9) 出口温度在正常钻进及后效测量中，若气显示强烈，则多表现为降低；若气显示较弱，则多表现为无变化。
(10) 储层中—好。录井上表现为岩性好或裂缝发育、钻时快。

二、油气同层

(1) 在分层系解释图版上，大多数气测值点落在气层圈闭区，个别气测值点落在水层圈闭区。
(2) Fisher 准则解释系统 4 种方法解释，部分气测值点为油气同层，部分气测值点为气层和油水同层，个别气测值点为水层、干层。
(3) 神经网络解释模型系统解释，部分气测值点为油气同层，部分气测值点为气层和油水同层，个别气测值点为水层、干层。
(4) 气测曲线形态多呈块状或锯齿状。
(5) 全烃或 C_1 相对异常幅度值多数大于 5。
(6) 气测随钻值一般大于全脱值，两者比值越大，可靠性越大。
(7) 后效显示：密度降低、粘度升高，气显示持续时间较长。
(8) 出口电导率在正常钻进及后效测量中以下降。
(9) 出口温度在正常钻进及后效测量中微降或不变，属气水同层、油水同层。
(10) 储层中—好。录井上表现为岩性好或裂缝发育、钻时快。

三、气水同层或油水同层

（1）在分层系解释图版上，大部分气测值点落在气层圈闭区，个别气测值点落在水层圈闭区。

（2）Fisher 准则解释系统 4 种方法解释，部分气测值点解释为气水同层、油水同层，部分气测值点解释为气层、油气同层，个别气测值点解释为水层、干层。

（3）神经网络解释模型系统解释，部分气测值点解释为气水同层、油水同层，部分气测值点解释为气层、油气同层，个别气测值点解释为水层、干层。

（4）气测曲线形态多呈块状或锯齿状，且曲线形态有逐渐下滑趋势。

（5）全烃或 C_1 相对异常幅度值多数大于 5。

（6）气测随钻值一般低于全脱值，两者比值越小，可靠性越大。

（7）后效显示：密度降低、粘度升高或不变或降低，有含水特征，气显示持续时间较长。

（8）出口电导率在正常钻进及后效测量中上升或微升，有含水特征。

（9）出口温度在正常钻进及后效测量中，若气显示强烈，则多表现出微降；若气显示较弱，则多表现出微升。

（10）储层中—好。录井上表现为岩性好或裂缝发育、钻时快。

四、水层

（1）在分层系解释图版上，气测值点落在水层圈闭区或大多数气测值点落在水层圈闭区，个别点落在气层圈闭区。

（2）Fisher 准则解释系统 4 种方法解释，气测值点解释为水层或大多数气测值点解释为水层，个别气测值点解释为气水同层、油水同层、干层。

（3）神经网络解释模型系统解释，气测值点解释为水层或大多数气测值点解释为水层，个别气测值点解释为气水同层、油水同层、干层。

（4）气测曲线形态多数为楔状。

（5）全烃或 C_1 相对异常幅度值多数小于 5。

（6）气测随钻值与全脱值多数为低值。

（7）后效显示：密度降低、粘度降低，水显示特征明显，气显示持续时间短。

（8）出口电导率在正常钻进及后效测量中上升或微升（盐水钻井液除外）。

（9）出口温度在正常钻进及后效测量中上升或微升。

（10）储层中—好。录井上表现为岩性好或裂缝发育，钻时快。

第五节　巴楚玛扎塔克地区

一、气层

（1）在分层系解释图版上，大多数气测值点落在气层圈闭区，个别气测值点落在水层圈闭区。

（2）Fisher 准则解释系统 4 种方法解释，部分气测值点为气层，部分气测值点为气水同层，个别气测值点为水层。

（3）神经网络解释模型系统解释，部分气测值点为气层，部分气测值点为气水同层，个别气测值点为水层。

(4) 气测曲线形态多呈块状或锯齿状。

(5) 全烃或 C_1 相对异常幅度值多数大于 5。

(6) 气测随钻值一般大于全脱值，两者比值越大，可靠性越大。

(7) 后效显示：密度降低、粘度升高，气显示持续时间较长。

(8) 出口电导率在正常钻进及后效测量中微降或变化不明显。

(9) 出口温度在正常钻进及后效测量中，若气显示强烈，则多表现出降低；若气显示较弱，则多表现出无变化。

(10) 储层物性中—好。录井上表现为岩性好或裂缝发育、钻时快。

二、气水同层

(1) 在分层系解释图版上，大多数气测值点落在气层圈闭区，个别气测值点落在水层圈闭区。

(2) Fisher 准则解释系统 4 种方法解释，部分气测值点解释为气水同层，部分气测值点解释为气层，个别气测值点解释为水层。

(3) 神经网络解释模型系统解释，部分气测值点解释为气水同层，部分气测值点解释为气层，个别气测值点解释为水层。

(4) 气测曲线形态多呈块状或锯齿状，且曲线形态有逐渐下滑趋势。

(5) 全烃或 C_1 相对异常幅度值多数大于 5。

(6) 气测随钻气值一般低于全脱值，两者比值越小，可靠性越大。

(7) 后效显示：密度降低、粘度略升高或不变或降低，有含水特征，气显示持续时间较长。

(8) 出口电导率在正常钻进及后效测量中微升或微降，有含水特征。

(9) 出口温度在正常钻进及后效测量中，若气显示强烈，则多表现为微降；若气显示较弱，则多表现为不变或微升。

(10) 储层物性中—好。录井上表现为岩性好或裂缝发育、钻时快。

三、水层

(1) 在分层系解释图版上，气测值点落在水层圈闭区或大多数气测值点落在水层圈闭区，个别点落在气层圈闭区。

(2) Fisher 准则解释系统 4 种方法解释，气测值点为水层或大多数气测值点为水层，个别气测值点为气水同层、气层。

(3) 神经网络解释模型系统解释，气测值点解释为水层或大多数气测值点解释为水层，个别气测值点解释为气水同层、气层。

(4) 气测曲线形态多数为楔状。

(5) 全烃或 C_1 相对异常幅度值多数小于 5。

(6) 气测随钻气值与全脱值多数为低值。

(7) 后效显示：密度降低、粘度降低，水显示特征明显，气显示持续时间短。

(8) 出口电导率在正常钻进及后效测量中上升或微升（盐水钻井液除外）。

(9) 出口温度在正常钻进及后效测量中上升或微升。

(10) 储层物性中—好。录井上表现为岩性好或裂缝发育、钻时快。

综上所述，气测显示、荧光显示、槽面显示、取心和岩屑等资料，不论显示强弱都无可争议地说明地层中有油气存在，考虑到显示强度及钻井过程中使用钻井液密度的过压状况，初步判定含油丰度，再结合录井显示的气测组分、热解组分及荧光光谱的特征等初步判断油质的轻重，综合岩性特征及其物性特征，对异常显示段进行气层、油气同层、气水同层、水层划分的依据是充分的，但录井资料也有影响因素多、精度不够高等不足，所以结合测井资料和区域资料，就能使解释规范、科学，减少人为因素。实践证明，若要合理解释油气水层，必须运用多种录井资料进行综合判断，所建立的解释图版和运行软件已于 2001 年在塔里木油田现场推广，利用上述录井解释系统每年解释 20 多口正钻井，为实现现场录井资料解释工作程序化、解释资料和解释结果规范化起到了积极的推动和示范作用，达到了预期的效果。

参 考 文 献

《测井学》编写组.1998.测井学.北京：石油工业出版社
雍世和，张超谟主编.1996.测井数据处理与综合解释.北京：石油工业出版社
赵良孝，补勇编著.1994.碳酸盐岩储层测井评价技术.北京：石油工业出版社
郝石生，贾振远等编著.1989.碳酸盐岩油气形成和分布.北京：石油工业出版社
马永生主编.1999.碳酸盐岩储层沉积学.北京：地质出版社
西北大学地质系石油地质教研室编.1979.石油地质学.北京：地质出版社
强子同主编.1998.碳酸盐岩储层地质学.东营：石油大学出版社
陈永武等著.1995.储集层与油气分布.北京：石油工业出版社
石油测井情报协作组编.1998.测井新技术应用.北京：石油工业出版社
吴锡令编著.1997.生产测井原理.北京：石油工业出版社
A. D. Hill 著，张宁编译.1995.生产测井——理论与评价.北京：石油工业出版社
张守谦等编著.1997.成像测井技术与应用.北京：石油工业出版社
CNPC 测井重点实验室编著.2004.测井新技术培训教材.北京：石油工业出版社
司马立强编著.2002.测井地质应用技术.北京：石油工业出版社
陆大卫主编.2001.石油测井新技术适用性典型图集.北京：石油工业出版社
欧阳健，王贵文等.1999.测井地质分析与油气层定量评价.北京：石油工业出版社
楚泽涵编著.1987.声波测井.北京：石油工业出版社
张庚骥编著.1989.电法测井.北京：石油工业出版社
黄隆基编著.1985.反射性测井原理.北京：石油工业出版社
贾文玉，田素月等编著.2000.成像测井技术与应用.北京：石油工业出版社
石德勤，陶宏根，傅有升主编.2004.大庆测井公司优秀论文集.北京：石油工业出版社
大庆油田测井公司译.2000.测井分析家协会第 36—37 界年会论文集.北京：石油工业出版社
王贵文，郭荣坤编著.2000.测井地质学.北京：石油工业出版社
赵澄林，陈丽华等著.1999.中国天然气储层.北京：石油工业出版社
吴崇筠等著.1992.中国含油气盆地.北京：石油工业出版社